实战从入门到精通(视频教学版)

Windows 7+Office 2013 高效办公实战从入门到精通(视频教学版)

刘玉红　李园　编著

清华大学出版社

北京

内 容 提 要

本书以零基础讲解为宗旨，用实例引导读者深入学习，采取“Windows 7 系统应用→ Word 高效办公→ Excel 高效办公→ PowerPoint 高效办公→高效信息化办公”的讲解模式，深入浅出地讲解 Windows 7 系统和 Office 办公操作及实战技能。

本书第 1 篇“Windows 7 系统应用”主要讲解流行的办公操作系统、文件和文件夹的操作、系统设置、轻松学打字和常用系统小工具等；第 2 篇“Word 高效办公”主要讲解 Word 文档的基本操作、美化文档、审阅与打印初级编辑等；第 3 篇“Excel 高效办公”主要讲解 Excel 报表的制作与美化、公式和函数、使用宏等；第 4 篇“PowerPoint 高效办公”主要讲解认识 PowerPoint 2013，编辑幻灯片，美化幻灯片，放映、打包和发布幻灯片等；第 5 篇“高效信息化办公”主要讲解使用 Outlook 2013 收发信件、Office 2013 组件间的协同办公、实现网络化协同办公、常见故障处理与系统维护等。

本书适合任何想学习 Office 2013 办公技能的人员，无论您是否从事计算机相关行业，无论您是否接触过 Office 2013，通过学习本书均可快速掌握 Office 的使用方法和技巧。

图书在版编目(CIP)数据

Windows 7+Office 2013高效办公实战从入门到精通：视频教学版 / 刘玉红，李园编著.
—北京：清华大学出版社，2016
（实战从入门到精通：视频教学版）

ISBN 978-7-302-44623-1

Ⅰ. ①W… Ⅱ. ①刘… ②李… Ⅲ. ①Windows操作系统 ②办公自动化—应用软件 Ⅳ. ①TP316.7 ②TP317.1

中国版本图书馆CIP数据核字（2016）第178426号

责任编辑：张彦青
封面设计：张丽莎
责任校对：杨作梅
责任印制：杨 艳
出版发行：清华大学出版社
网 址：http://www.tup.com.cn， http://www.wqbook.com
地 址：北京清华大学学研大厦A座 邮 编：100084
社 总 机：010-62770175 邮 购：010-62786544
投稿与读者服务：010-62776969，c-service@tup.tsinghua.edu.cn
质量反馈：010-62772015，zhiliang@tup.tsinghua.edu.cn
印 刷 者：北京富博印刷有限公司
装 订 者：北京市密云县京文制本装订厂
经 销：全国新华书店
开 本：190mm×260mm 印 张：29.25 字 数：710千字
（附DVD 1张）
版 次：2016年9月第1版 印 次：2016年9月第1次印刷
印 数：1～3000
定 价：68.00元

产品编号：069548-01

前　言
PREFACE

“实战从入门到精通（视频教学版）”系列图书是专门为职场办公初学者量身定制的一套学习用书，整套书涵盖办公、网页设计等方面。整套书具有以下特点。

前沿科技

无论是 Office 办公，还是 Dreamweaver CC、Photoshop CC，我们都精选较为前沿或者用户群较大的领域进行介绍，帮助大家认识和了解最新动态。

权威的作者团队

该套图书由国家重点实验室和资深应用专家联手编著，融合了丰富的教学经验与优秀的管理理念。

学习型案例设计

以技术的实际应用过程为主线，全程采用图解和同步多媒体结合的教学方式，生动、直观、全面地剖析使用过程中的各种应用技能，降低学习难度，提升学习效率。

本书写作缘由

Office 在办公中应用非常普遍，正确熟练地使用 Office 已成为信息时代对每个人的要求。为满足广大读者的学习需要，我们针对不同学习对象的接受能力，总结了多位 Office 高手、实战型办公讲师的丰富经验，精心编写了本书，主要目的是提高办公效率，轻松完成工作任务。

本书学习目标

◇ 精通 Windows 7 操作系统的应用技能
◇ 精通 Word 2013 办公文档的应用技能
◇ 精通 Excel 2013 电子表格的应用技能
◇ 精通 PowerPoint 2013 演示文稿的应用技能
◇ 精通 Outlook 2013 收发信件的应用技能
◇ 精通 Office 2013 组件之间协同办公的应用技能
◇ 精通现代网络化协同办公的应用技能
◇ 精通常见故障处理与系统维护的应用技能

本书特色

▶ 零基础、入门级的讲解

无论你是否从事计算机相关行业，无论你是否接触过 Windows 7 操作系统和 Office 办公，都能从本书中找到最佳的学习起点。

▶ 超多、实用、专业的范例和项目

本书在编排上紧密结合深入学习 Office 办公技术的先后过程，从 Office 软件的基本操作开始，带领大家逐步深入地学习各种应用技巧，侧重实战技能，通过简单易懂的实际案例进行分析和操作指导，让读者读起来简明轻松，操作起来有章可循。

▶ 职业范例为主，一步一图，图文并茂

本书在讲解过程中，每一个技能点均配有与办公领域紧密结合的案例辅助讲解，每一步操作均配有相应的操作截图，使学习者更轻松。读者在学习过程中能直观、清晰地看到每一步的操作过程和效果，更利于加深理解和快速掌握。

▶ 职业技能训练，更切合办公实际

本书在每个章节的最后均设置有“高效办公技能实战”环节，此环节是特意为读者提高电脑办公实战技能安排的，案例的选择和实训策略均符合行业应用技能的需求，以便读者通过学习本书能更好地融入电脑办公行业。

▶ 随时检测自己的学习成果

每章首页均提供了学习目标，以指导读者重点学习及学后检查。

每章最后的“课后练习与指导”板块均根据本章内容提炼而成，读者可以随时检测自己的学习成果和实战能力，做到融会贯通。

▶ 细致入微、贴心提示

本书在各章中使用了“注意”“提示”“技巧”等小栏目，使读者在学习过程中能更清楚地了解相关操作、理解相关概念，并轻松掌握各种操作技巧。

▶ 专业创作团队和技术支持

你在学习过程中遇到任何问题，都可加入智慧学习乐园 QQ 群 221376441 进行提问，随时有资深实战型讲师在旁指点。这些讲师还会精选难点、重点在腾讯课堂直播讲授。

超值光盘

▶ 全程同步教学录像

涵盖本书所有知识点，详细讲解每个实例与项目的过程及技术关键点能更轻松地掌握书中所有 Office 2013 的相关技能，而且扩展的讲解部分能使你得到更多的收获。

▶ 超多容量王牌资源大放送

赠送大量王牌资源，包括本书实例完整素材和结果文件、教学幻灯片、本书精品教学视频、600 套涵盖各个办公领域的实用模板、Office 2013 快捷键速查手册、Office 2013 常见问题解答 400 例、Excel 公式与函数速查手册、常用的办公辅助软件使用技巧、办公好助手——英语课堂、做个办公室的文字达人、打印机 / 扫描仪等常用办公设备的使用与维护、快速掌握必需的办公礼仪等内容。

读者对象

- ▶ 没有任何 Windows 7 操作系统和 Office 2013 办公基础的初学者
- ▶ 有一定的 Office 2013 办公基础，想实现 Office 2013 高效办公的人员
- ▶ 大专院校及培训学校的老师和学生

创作团队

本书由刘玉红、李园编著，参加编写的人员还有刘玉萍、周佳、付红、王攀登、郭广新、侯永岗、蒲娟、刘海松、孙若淞、王月娇、包慧利、陈伟光、胡同夫、梁云梁和周浩浩。

在编写过程中，我们会尽所能地将最好的讲解呈现给读者，但也难免有疏漏和不妥之处，敬请不吝指正。若你在学习中遇到困难、疑问或有任何建议，可发邮件至 357975357@qq.com。

编　者

目录

第1篇 Windows 7系统应用

第1章 信息化办公初体验——流行的办公操作系统

第2章 轻轻松松管理办公资源——文件和文件夹的操作

第3章 定制适合自己的办公系统——系统设置

第4章 电脑办公第一步——轻松学打字

第5章 高效办公小助手——常用系统小工具

第2篇 Word高效办公

第6章 做个办公文档处理高手——Word文档的基本操作

第7章 让自己的文档更美丽——美化文档

第8章 输出准确无误的文档——审阅与打印

第3篇 Excel高效办公

第9章 强大的电子表格——Excel报表的制作与美化

第10章 自动计算数据——公式和函数的应用

第11章 更专业的数据分析——报表的分析

第12章 自动化处理数据——宏的应用

第4篇 PowerPoint高效办公

第13章 认识PPT的制作软件——PowerPoint 2013

第14章 丰富幻灯片的内容——编辑幻灯片

第15章 让幻灯片有声有色——美化幻灯片

第16章　展示制作的幻灯片——放映、打包和发布幻灯片

第5篇　高效信息化办公

第17章　办公信件收发自如——使用Outlook 2013收发信件

第18章 办公软件的合作——Office 2013组件间的协作办公

第19章 联网办公——实现网络化协同办公

第20章 电脑安全攻略——常见故障处理与系统维护

第 1 篇

Windows 7 系统应用

电脑办公是目前最常用的办公方式，使用电脑可以轻松步入无纸化办公时代，节约能源、提高效率。本篇学习 Windows 7 系统应用的相关知识。

第1章 信息化办公初体验——流行的办公操作系统

- **本章导读**

目前，最流行的办公操作系统就是 Windows 7，熟练操作 Windows 7 系统是高效办公的前提。本章将为读者介绍 Windows 7 操作系统的桌面组成、窗口的基本操作以及一些桌面小工具的使用。

- **学习目标**

◎ 了解 Windows 7 操作系统的优势
◎ 了解 Windows 7 操作系统的界面组成元素
◎ 掌握桌面小图标的设置方法
◎ 掌握窗口的基本操作

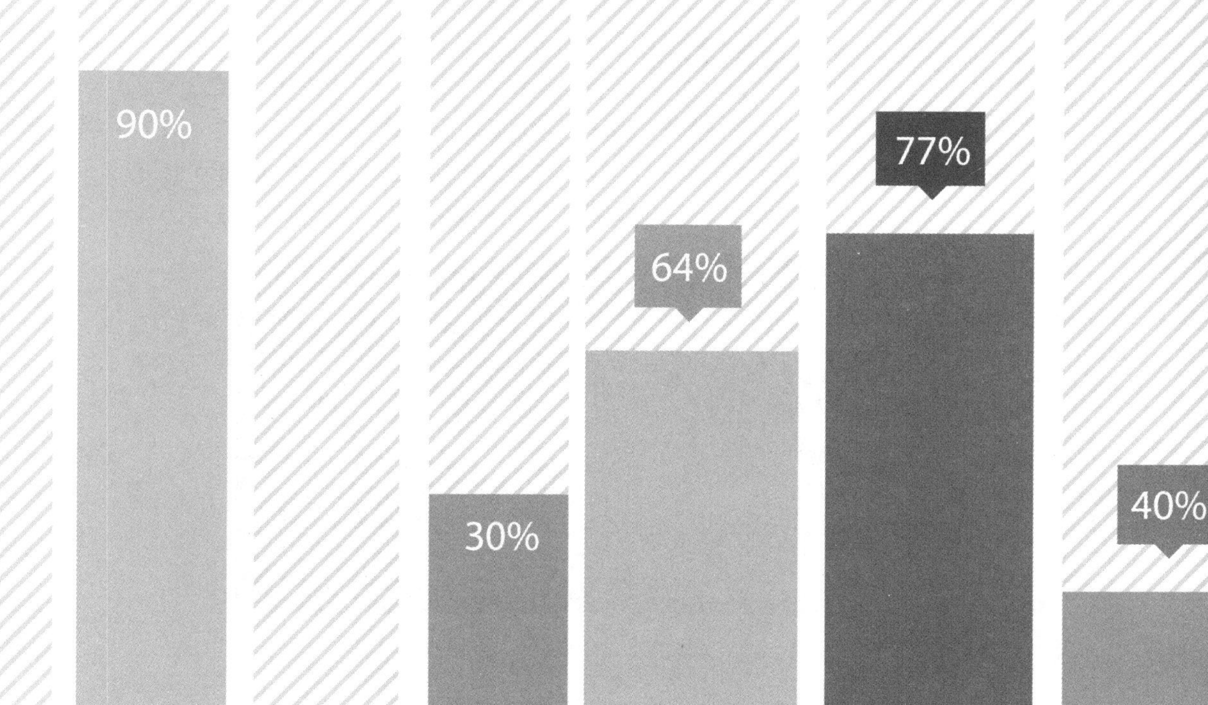

1.1 Windows 7操作系统的亮点

Windows 7 是微软公司推出的电脑操作系统，供个人、家庭及商业使用，一般安装于笔记本电脑、平板电脑、多媒体中心等。本节将为读者介绍 Windows 7 操作系统的亮点。

1.1.1 更人性化的设计

Windows 7 做了许多方便用户的设计，如快速最大化、窗口半屏显示、跳跃列表、系统故障快速修复等，这些新功能使 Windows 7 成为最易用的操作系统。如图 1-1 所示为窗口的半屏显示方式。

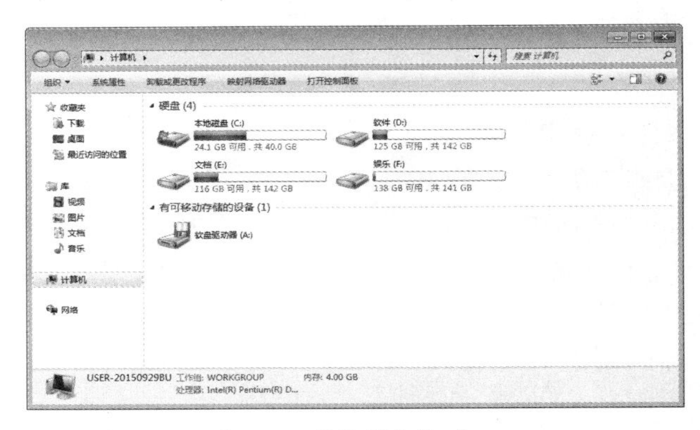

图 1-1 【计算机】窗口

1.1.2 更快的速度和性能

微软在开发 Windows 7 的过程中，始终将性能放在首要的位置。Windows 7 不仅仅在系统启动时间上进行了大幅度的改进，并且对从休眠模式唤醒系统这样的细节也进行了改善，使 Windows 7 成为一款反应更快速，令人感觉更清爽的操作系统，如图 1-2 所示。

图 1-2 Windows 7 操作界面

1.1.3 功能更强大的多媒体功能

Windows 7 具有远程媒体流控制功能，能够帮助用户解决多媒体文件共享的问题。其强大的综合娱乐平台和媒体库 Windows Media Center 不但可以让用户轻松管理电脑硬盘上的音乐、图片和视频，更是一款可定制化的个人电视。只要将电脑与网络连接或是插上一块电视卡，就可以随时随处享受 Windows Media Center 上丰富多彩的互联网视频内容或者高清的地面数字电视节目。同时也可以将 Windows Media Center 电脑与电视连接，给电视屏幕带来全新的使用体验，如图 1-3 所示。

图 1-3　Windows 7 多媒体

1.1.4 更安全的用户控制功能

用户账户控制这个概念由 Windows Vista 系统首先引入。虽然它能够提供更高级别的安全保障，但是频繁弹出的提示窗口让一些用户感到不便。在 Windows 7 系统中，微软对这项安全功能进行了革新，不仅大幅降低提示窗口出现的频率，用户将在设置方面还将拥有更大的自由度。而 Windows 7 自带的 Internet Explorer 8 也在安全性方面较之前版本提升了不少，诸如 SmartScreen 筛选器、InPrivate 浏览等新功能让用户在互联网上能够更有效地保障自己的账户安全，如图 1-4 所示。

图 1-4　IE 浏览器窗口

1.1.5 革命性的任务栏设计

进入 Windows 7 操作系统，屏幕最下方的就是经过全新设计的任务栏。将鼠标指针移到图标上时会出现已打开窗口的缩略图，再次点击便会打开该窗口。在任何一个程序图标上单击右键，会出现一个显示相关选项的选单，微软称为 Jump List。在这个选单中除了增加了更多的操作选项之外，还增加了一些强化功能，可让用户更轻松地实现精确导航并找到搜索目标，如图 1-5 所示。

图 1-5 Windows 7 的任务栏

1.2 桌面的组成

进入 Windows 7 操作系统后，用户首先看到的就是桌面，桌面的组成元素主要包括桌面图标、桌面背景、【开始】按钮，快速启动任务栏、任务栏和状态栏。

1.2.1 桌面图标

在 Windows 7 操作系统中，所有的文件、文件夹和应用程序等都由相应的图标表示。桌面图标一般由文字和图片组成，文字说明图标的名称或功能，图片是它的标识符，如图 1-6 所示。

图 1-6 【计算机】图标

双击桌面上的图标，可以快速地打开相应的文件、文件夹或者应用程序，例如双击桌面上的【计算机】图标，即可打开【计算机】窗口，如图 1-7 所示。

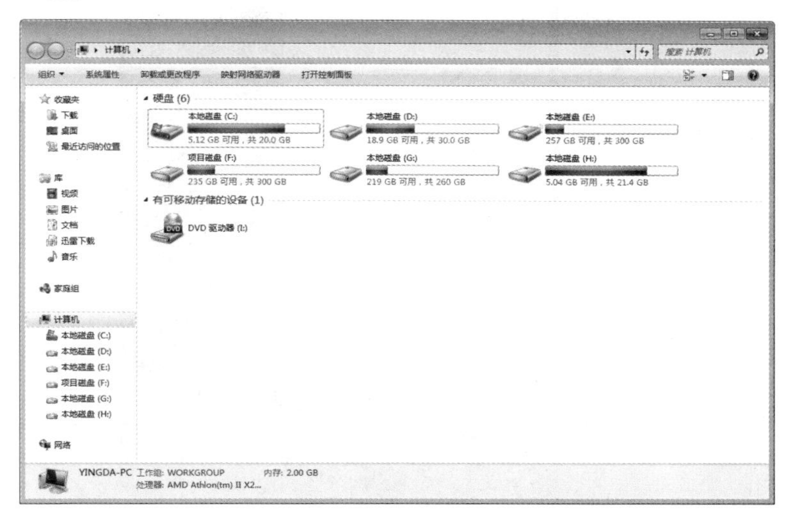

图 1-7　【计算机】窗口

1.2.2 桌面背景

桌面背景也称为墙纸，是指 Windows 7 桌面系统背景图案，用户有多种方法设置桌面的背景。如图 1-8 所示为 Windows 7 操作系统的默认桌面背景。

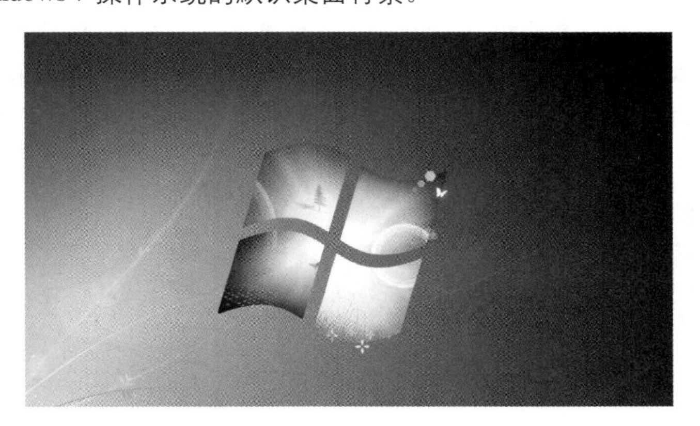

图 1-8　桌面背景

1.2.3 【开始】按钮

单击桌面左下角的【开始】按钮，即可弹出【开始】菜单。它主要由【固定程序】列表、【常用程序】列表、【所有程序】列表、【启动】菜单、【关闭】按钮和【搜索】框组成，如图 1-9 所示。

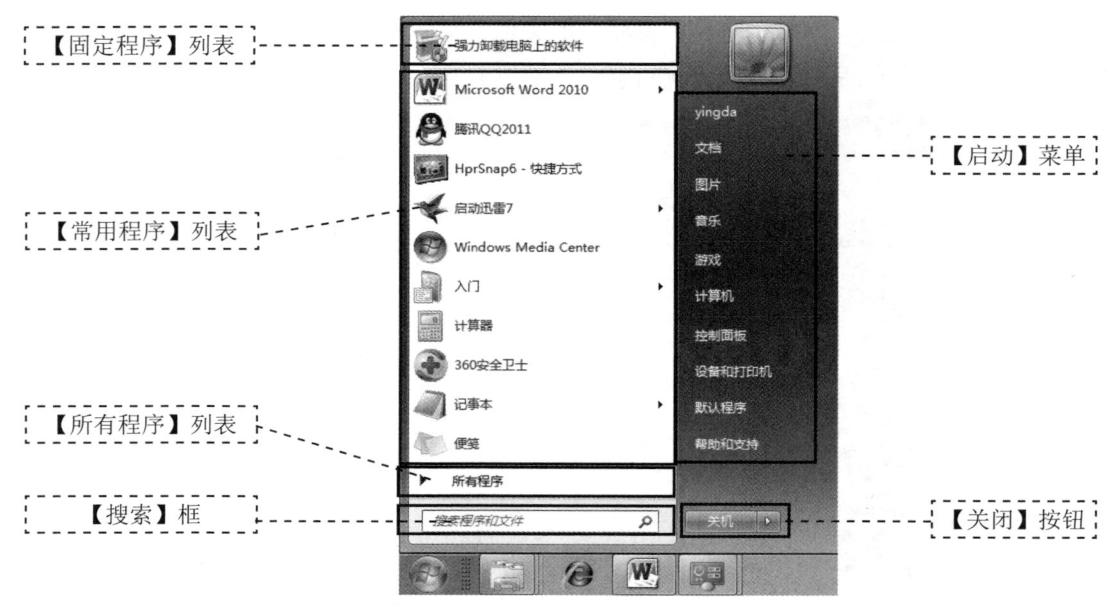

图 1-9 【开始】菜单

1. 【固定程序】列表

该列表中显示开始菜单中的固定程序。默认情况下，菜单中显示的固定程序只有两个，包括【入门】和 Windows Media Center。通过选择不同的选项，可以快速地打开应用程序，如图 1-10 所示为 Windows 7 的【入门】窗口。

图 1-10 【入门】窗口

2. 【常用程序】列表

此列表中主要存放系统常用程序，包括【计算器】、【便签】、【截图工具】、【画图】等。此列表是随着时间动态分布的，如果超过 10 个，它们会按照时间的先后顺序依次替换，如图 1-11 所示。

图 1-11 【常用程序】列表

3. 【启动】菜单

【开始】菜单的右侧窗格是【启动】菜单。在【启动】菜单中列出了经常使用的 Windows 程序链接，常见的有【文档】、【计算机】、【控制面板】、【图片】和【音乐】等，单击不同的程序选项，即可快速打开相应的程序，如图 1-12 所示。

4. 【所有程序】列表

用户在【所有程序】列表中可以查看系统中安装的所有软件程序。单击【所有程序】命令，即可打开所有程序列表；单击文件夹的图标，可以继续展开相应的程序；单击【返回】命令，即可隐藏所有程序列表，如图 1-13 所示。

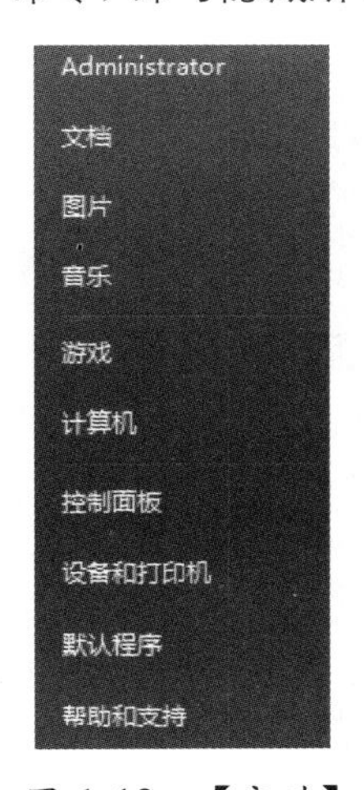

图 1-12　【启动】菜单

图 1-13　【所有程序】列表

5. 【搜索】框

【搜索】框主要用来搜索计算机上的项目资源，是快速查找资源的有力工具。例如，在【搜索】框中输入“记事本”，按 Enter 键即可显示搜索结果，如图 1-14 所示。

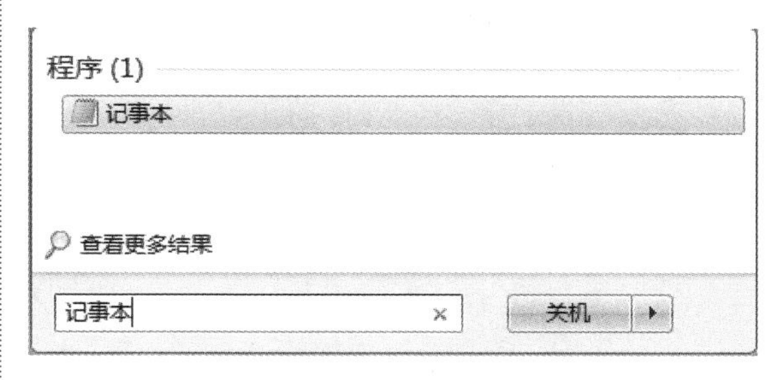

图 1-14　【搜索】框

6. 【关闭】按钮

【关闭】按钮主要用来对操作系统进行关闭操作，包括【关机】、【切换用户】、【注销】、【锁定】、【重新启动】、【睡眠】和【休眠】等选项，如图 1-15 所示。

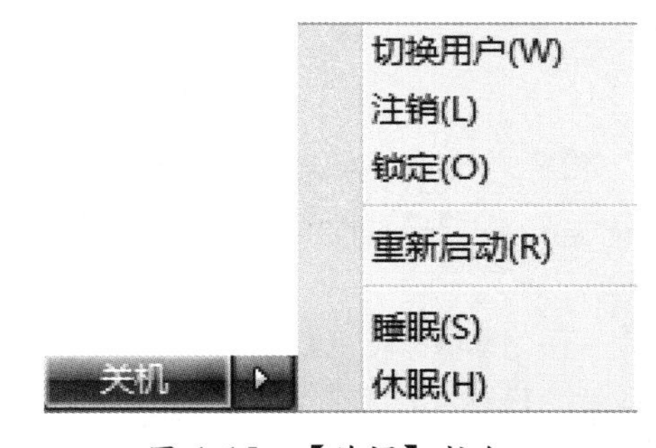

图 1-15　【关闭】按钮

1.2.4 任务栏

任务栏是位于桌面最底部的长条，主要由【程序】区域、【通知】区域和【显示桌面】按钮组成。和以前的系统相比，Windows 7 中的任务栏设计更加人性化，使用更加方便、功能和灵活性更强大，用户按 Alt+Tab 组合键可以在不同的窗口之间进行切换，如图 1-16 所示。

图 1-16　任务栏

1.2.5 快速启动任务栏

默认情况下，快速启动任务栏在 Windows 7 中并不显示。如果用户需要显示快速启动任务栏，可以将程序锁定到任务栏，具体操作步骤如下。

Step 01 选择【开始】→【所有程序】命令，在弹出的列表中选择需要添加到任务栏中的应用程序，右击并在弹出的快捷菜单中选择【锁定到任务栏】菜单命令即可，如图 1-17 所示。

Step 02 如果程序已经启动，在任务栏上选择程序并右击，从弹出的快捷菜单中选择【将此程序锁定到任务栏】命令，如图 1-18 所示。

Step 03 任务栏上将会一直存在添加的应用程序，用户可以随时打开程序，如图 1-19 所示。

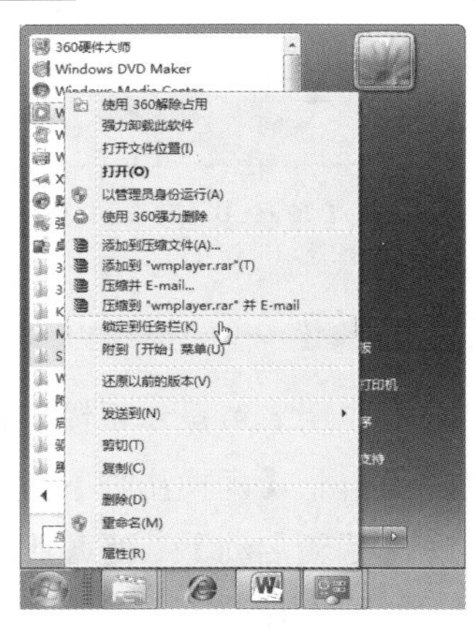

图 1-17　选择【锁定到任务栏】命令

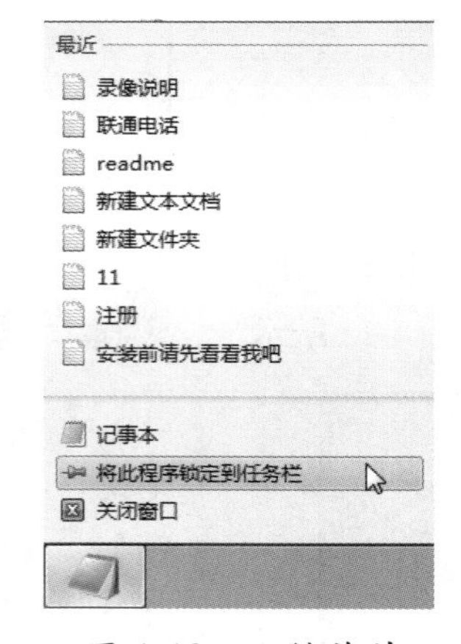

图 1-18　右键菜单

图 1-19　快速启动任务栏

1.3 窗口的基本操作

在 Windows 7 操作系统中，窗口是用户界面中最重要的组成部分，对窗口的操作是最基本的操作。

1.3.1 窗口的概念

在 Windows 7 操作系统中，显示屏幕被划分成许多框，即为窗口。每个窗口负责显示和处理某一类信息。例如，单击桌面左下角的【开始】按钮，即可弹出【开始】菜单，选择【音乐】选项，弹出【音乐】窗口，如图 1-20 所示。

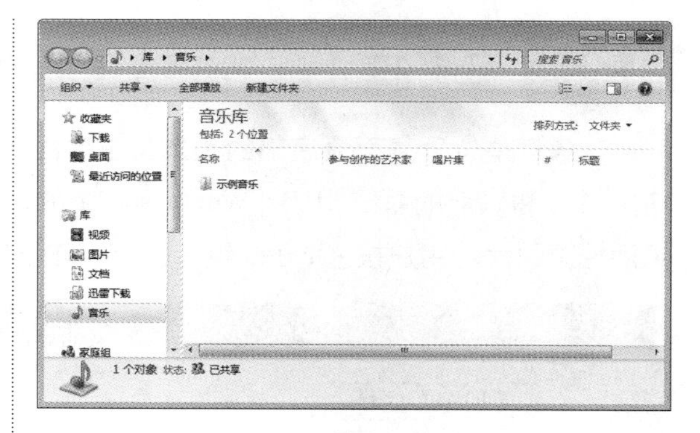

图 1-20　【音乐】窗口

1.3.2 打开窗口

打开窗口的常见方法有以下两种。

1. 利用桌面快捷方式

如果应用程序的快捷方式显示在桌面上，可以双击图标直接打开该程序的窗口；或右击图标，在弹出的快捷菜单中选择【打开】命令，如图 1-21 所示。

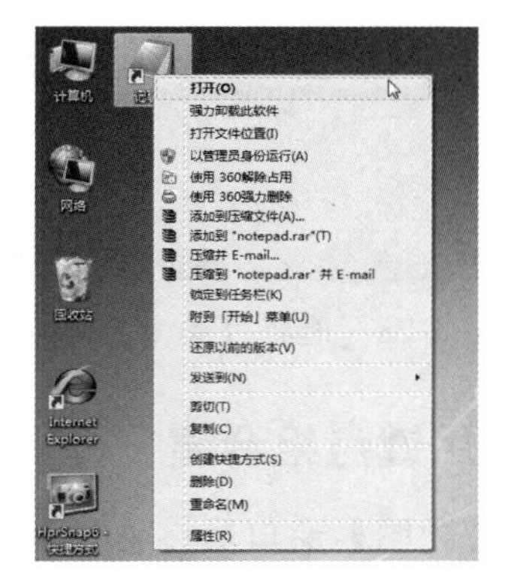

图 1-21　选择【打开】命令

2. 利用【开始】菜单

如果应用程序的快捷方式没有显示在桌面上，可以通过【开始】菜单打开其窗口。下面以打开【画图】窗口为例，讲述如何利用【开始】菜单打开窗口。

Step 01 单击【开始】按钮，在弹出的【开始】菜单中选择【画图】命令，如图 1-22 所示。

图 1-22　选择【画图】命令

Step 02 打开【画图】窗口，如图 1-23 所示。

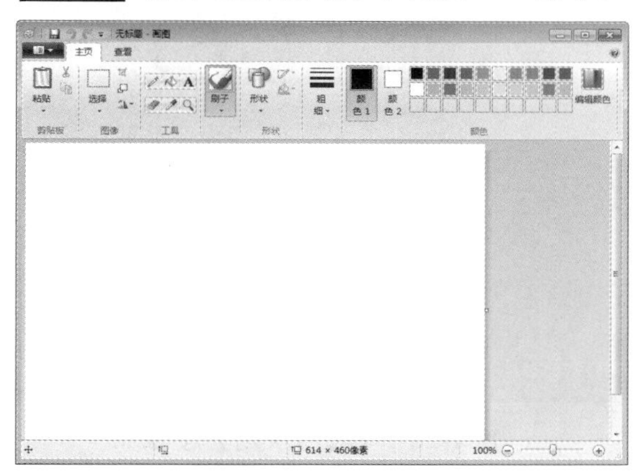

图 1-23　【画图】窗口

1.3.3 关闭窗口

窗口使用完后，用户可以将其关闭，常见的关闭窗口的方法有以下几种。下面以关闭【画图】窗口为例来进行讲述。

1. 利用菜单命令

在【画图】窗口中单击【画图】按钮，在弹出的菜单中选择【退出】命令，如图 1-24 所示。

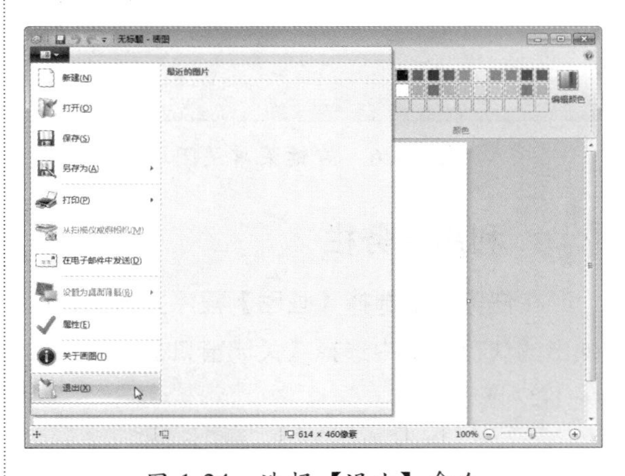

图 1-24　选择【退出】命令

2. 利用【关闭】按钮

单击【画图】窗口右上角的【关闭】按钮，关闭窗口，如图 1-25 所示。

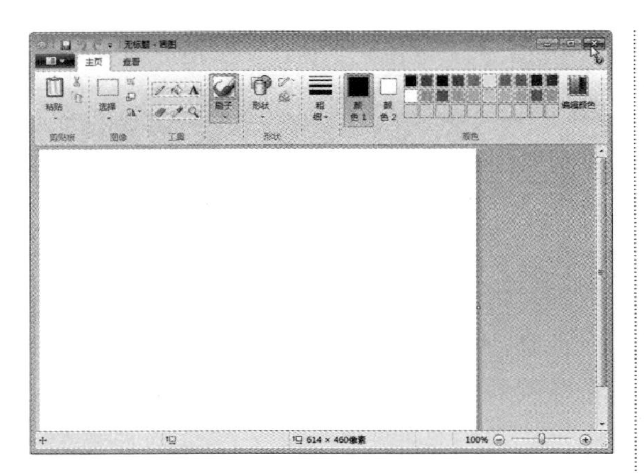

图 1-25　单击【关闭】按钮

3. 利用标题栏

在标题栏上右击，在弹出的快捷菜单中选择【关闭】命令，如图 1-26 所示。

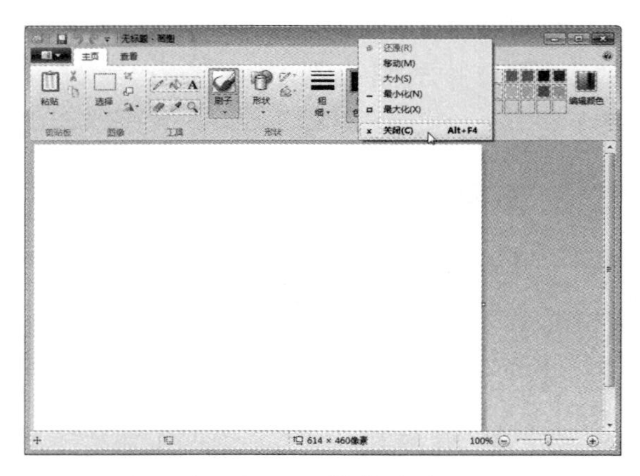

图 1-26　右键菜单关闭

4. 利用任务栏

在任务栏上选择【画图】程序并右击，在弹出的快捷菜单中选择【关闭窗口】命令，如图 1-27 所示。

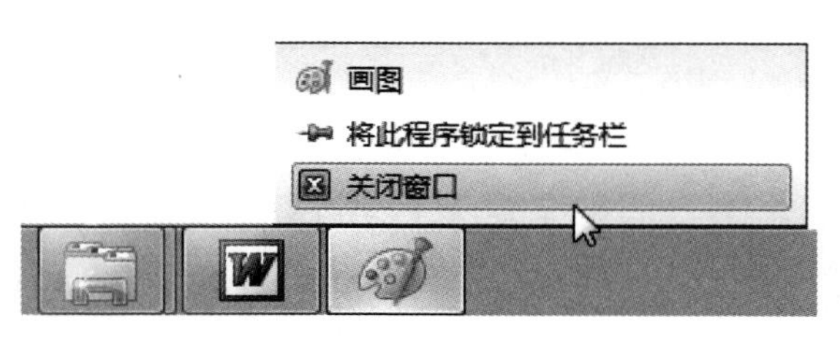

图 1-27　选择【关闭窗口】命令

5. 利用软件图标

单击窗口左上角的【画图】图标，在弹出的下拉菜单中选择【关闭】命令，如图 1-28 所示。

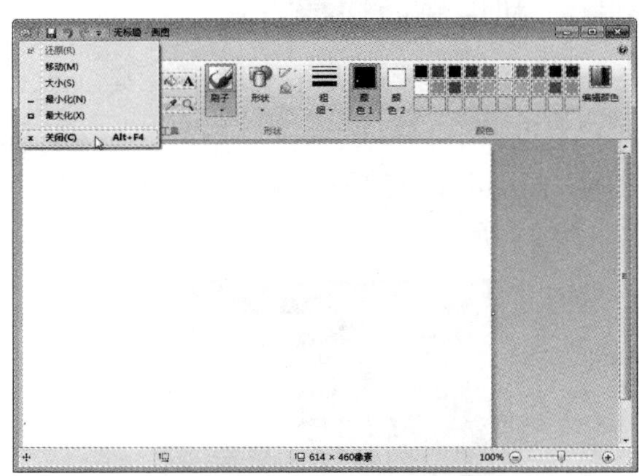

图 1-28　选择【关闭】命令

6. 利用键盘组合键

激活【画图】窗口后按 Alt+F4 组合键，即可关闭窗口。

1.3.4 设置窗口的大小

默认情况下，打开的窗口大小和上次关闭时的大小一样，用户可以根据需要调整窗口的大小。下面以设置【画图】软件的窗口为例，讲述设置窗口大小的方法。

1. 利用窗口按钮设置窗口大小

【画图】窗口的右上角包括【最大化】、【最小化】和【还原】三个按钮，如图 1-29 所示。单击【最大化】按钮，则【画图】窗口将扩展到整个屏幕，显示所有的窗口内容，此时最大化窗口变成【还原】按钮，单击该按钮，即可将窗口还原到原来的大小。

单击【最小化】按钮，则【画图】窗口会最小化到任务栏上，用户要想显示窗口，需要单击任务栏上的程序图标。

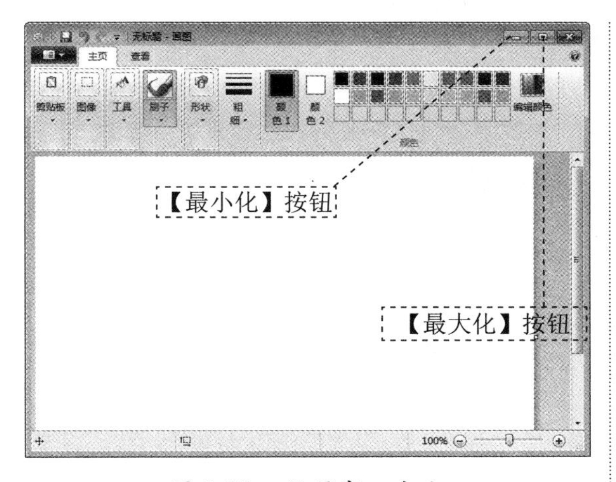

图 1-29　设置窗口大小

 手动调整窗口的大小

当窗口处于非最小化和最大化状态时，用户可以手动调整窗口的大小。下面以调整【画图】软件窗口为例，讲述手动调整窗口大小的方法。

Step 01 将鼠标指针移动到【画图】窗口的下边框上，此时鼠标指针变成上下箭头的形状，如图 1-30 所示。

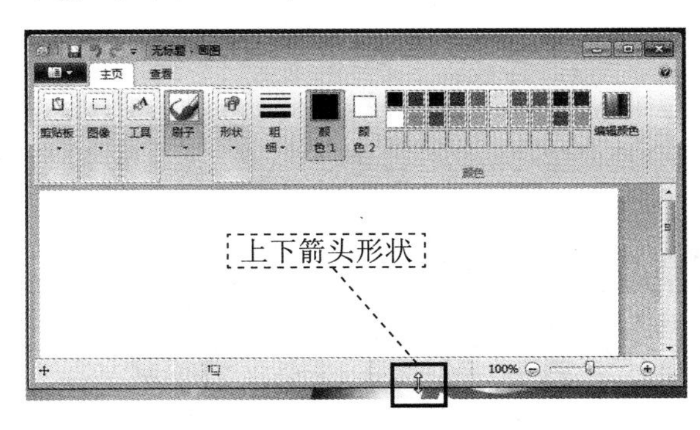

图 1-30　上下箭头形状

Step 02 按住鼠标左键不放拖曳边框，拖曳到合适的位置松开鼠标即可，如图 1-31 所示。

Step 03 将鼠标指针移动到【画图】窗口的右边框上，此时鼠标指针变成左右箭头的形状，如图 1-32 所示。

Step 04 按住鼠标左键不放拖曳边框，拖曳到合适的位置松开鼠标即可，如图 1-33 所示。

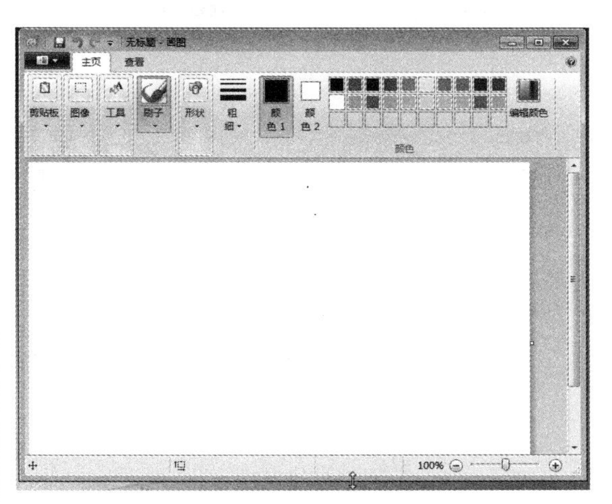

图 1-31　调整窗口高度

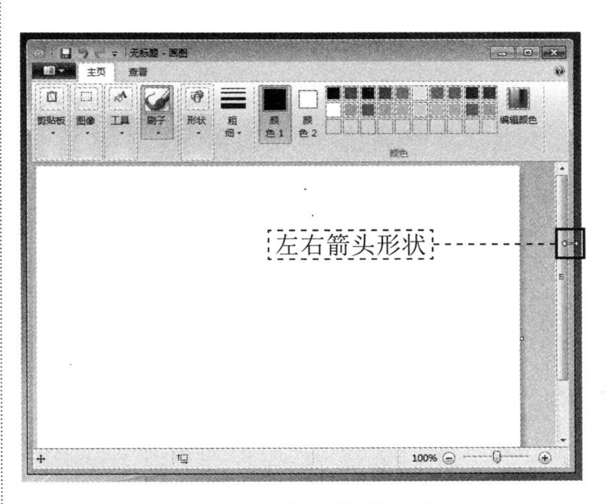

图 1-32　左右箭头形状

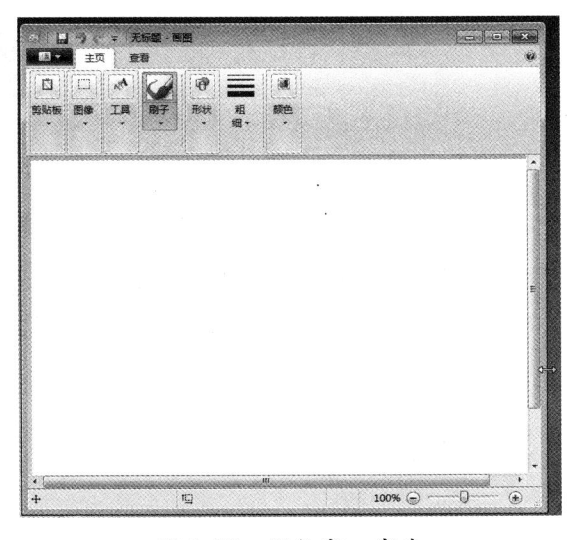

图 1-33　调整窗口宽度

Step 05 将鼠标指针放在窗口的右下角，此时鼠标指针变成倾斜的双向箭头，如图 1-34 所示。

Step 06 按住鼠标左键不放拖曳边框，拖曳到合适的位置松开鼠标即可，如图 1-35 所示。

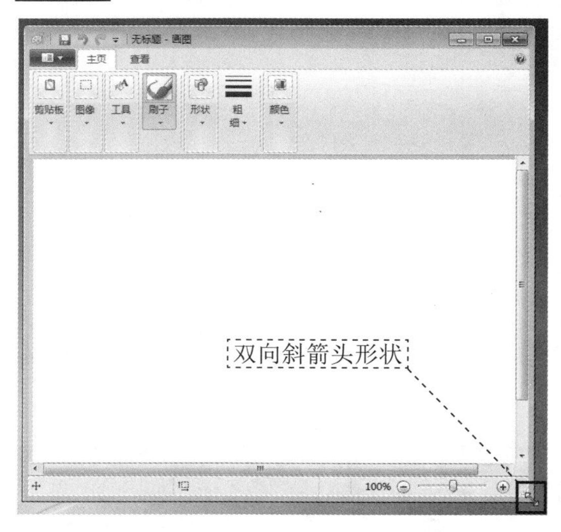

图 1-34 双向斜箭头形状

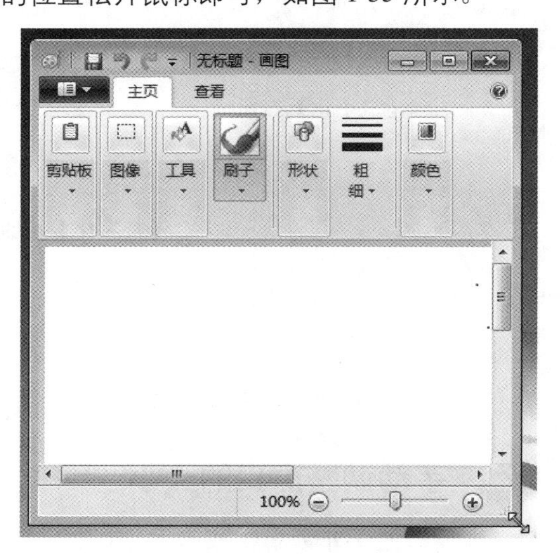

图 1-35 调整窗口的大小

1.3.5 切换当前活动窗口

虽然在 Windows 7 操作系统中可以同时打开多个窗口，但是当前窗口只有一个。根据需要，用户需要在各个窗口之间进行切换。

 1. 利用程序按钮区

每个打开的程序在任务栏上都有一个相对应的程序图标按钮。将鼠标指针放在程序图标按钮区域上，即可弹出打开软件的预览窗口，单击某个预览窗口即可打开该窗口，如图 1-36 所示。

图 1-36 程序图标按钮区域

 2. 利用 Alt+Tab 组合键

利用 Alt+Tab 组合键可以实现各个窗口的快速切换。按住 Alt 键不放，然后按 Tab 键可以在不同的窗口之间进行切换，选择需要的窗口后，松开按键，即可打开相应的窗口，如图 1-37 所示。

图 1-37　Alt+Tab 组合键

3. 利用 Alt+Esc 组合键

按 Alt+Esc 组合键，即可在各个程序窗口之间依次切换。系统按照从左到右的顺序，依次进行选择，这种方法和上个方法相比，比较耗费时间。

1.4 实用桌面小工具

和 Windows XP 相比，Windows 7 又新增了桌面小图标工具。虽然 Windows Vista 中也提供了桌面小图标工具，但和 Windows 7 相比，缺少灵活性。在 Windows 7 操作系统中，用户只要将小工具的图片添加到桌面上，即可快捷地使用。

1.4.1 添加小工具

Windows 7 中的小工具非常漂亮实用，用户可以根据自己的需要进行添加。

1. 添加本地桌面小工具

Step 01 在桌面的空白处右击，从弹出的快捷菜单中选择【小工具】命令，如图 1-38 所示。

Step 02 在弹出的【小工具库】窗口中列出了多个自带的小工具。用户可以直接选择小工具，将其拖曳到桌面上；或者直接双击小工具；或者选择小工具后右击鼠标，在弹出的快捷菜单中选择【添加】命令。本实例选择【货币】小工具，如图 1-39 所示。

Step 03 选择的小工具被成功地添加到桌面上，如图 1-40 所示。

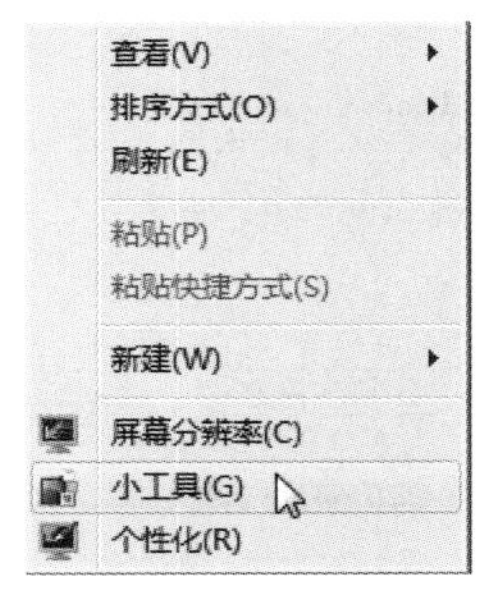

图 1-38　选择【小工具】命令

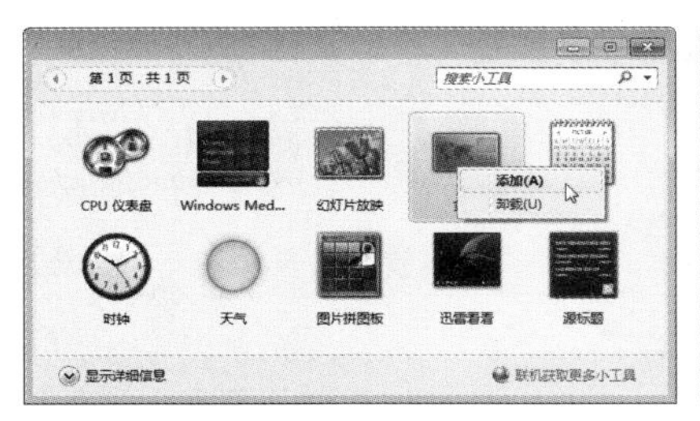

图 1-39　【小工具库】窗口

图 1-40　添加小工具到桌面

2. 添加联机桌面小工具

Step 01 在【小工具库】窗口中单击【联机获取更多小工具】按钮，如图 1-41 所示。

图 1-41 单击【联机获取更多小工具】按钮

Step 02 弹出小工具页面，选择【小工具】选项，单击【下载】按钮，如图 1-42 所示。

图 1-42 单击【下载】按钮

Step 03 在弹出的页面中，单击【下载】按钮，如图 1-43 所示。

图 1-43 下载界面

Step 04 弹出【文件下载 - 安全警告】对话框，单击【保存】按钮，如图 1-44 所示。

图 1-44 提示对话框

Step 05 弹出【另存为】对话框，单击【保存】按钮，如图 1-45 所示。

图 1-45 【另存为】对话框

Step 06 系统开始自动下载，下载完成后，单击【打开】按钮，如图 1-46 所示。

图 1-46 【下载完毕】对话框

Step 07 弹出【桌面小工具 - 安全警告】对话框，单击【安装】按钮，如图 1-47 所示。

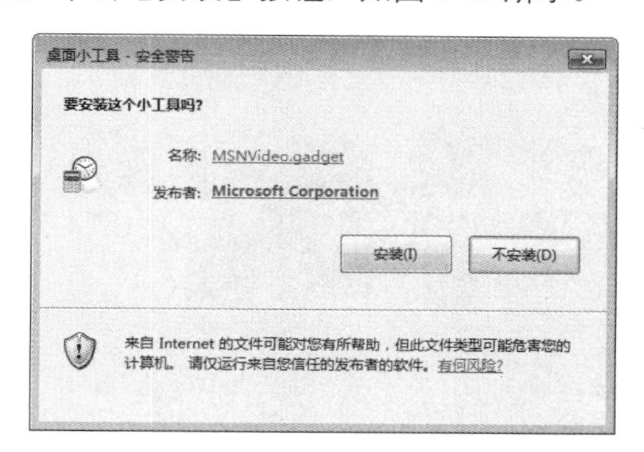

图 1-47　【桌面小工具 - 安全警告】对话框

Step 08 安装完成后，小工具被成功地添加到桌面，如图 1-48 所示。

图 1-48　添加联机小工具

1.4.2 移除小工具

如果添加到桌面上的小工具不再使用，可以将其从桌面移除，方法如下。

1. 关闭小工具

将鼠标指针放在小工具的右侧，单击【关闭】按钮即可将小工具从桌面上移除，如图 1-49 所示。

图 1-49　【关闭】按钮

2. 卸载小工具

如果用户想将小工具从系统中彻底删除，则需要将其卸载，具体操作步骤如下。

Step 01 在桌面的空白处右击，从弹出的快捷菜单中选择【小工具】命令，如图 1-50 所示。

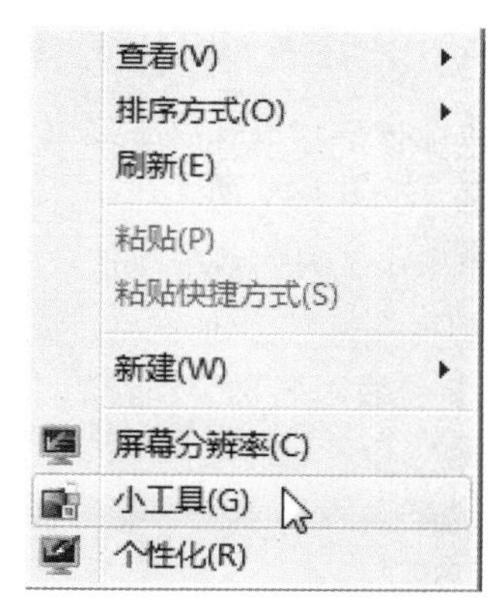

图 1-50　选择【小工具】命令

Step 02 弹出【小工具库】窗口，选择需要卸载的小工具，右击并在弹出的快捷菜单中选择【卸载】命令，如图 1-51 所示。

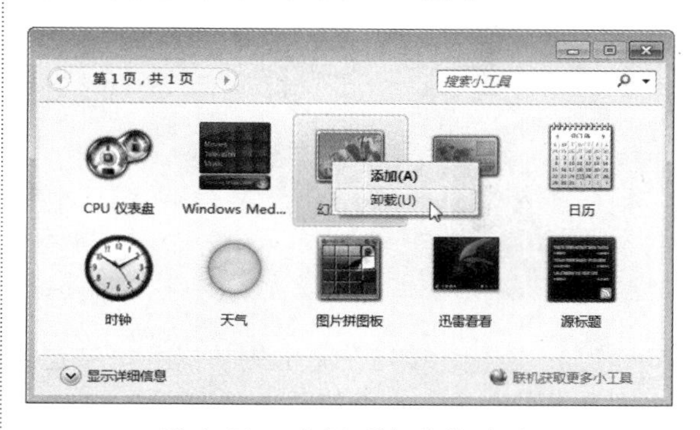

图 1-51　选择【卸载】命令

Step 03 弹出【桌面小工具】对话框，单击【卸载】按钮，如图 1-52 所示。

Step 04 选择的【幻灯片放映】小工具被成功卸载，如图 1-53 所示。

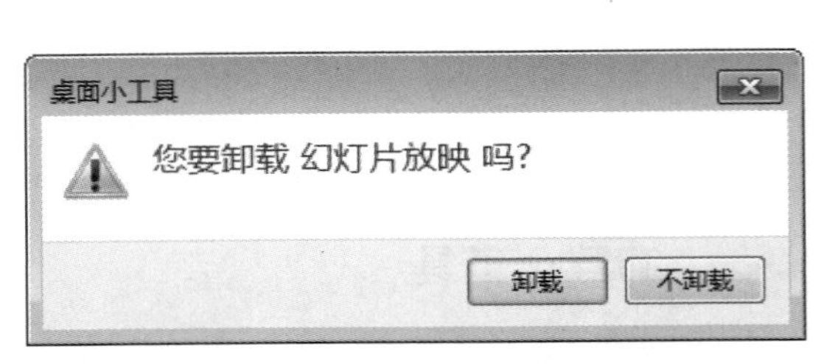

图 1-52　信息提示对话框

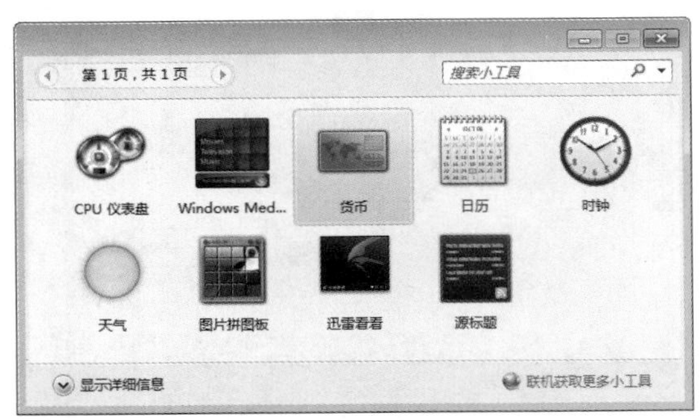

图 1-53　卸载小工具

1.4.3 设置小工具

小工具被添加到桌面上之后，即可直接使用。同时，用户还可以移动、关闭小工具，为其设置不透明度等。下面以时钟小工具为例，介绍设置小工具的具体操作步骤。

Step 01 将鼠标指针放在小工具上，按住鼠标左键不放，直接拖曳到适当的位置，即可移动小工具的位置，如图 1-54 所示。

Step 02 单击小工具右侧的【选项】按钮，即可展开小工具，如图 1-55 所示。

Step 03 系统预设了 8 种外观效果，单击【下一页】按钮，即可在各个外观之间切换。在【时钟名称】中输入名称为“我的小时钟”，并选择【显示秒针】复选框，单击【确定】按钮，如图 1-56 所示。

图 1-54　移动小工具的位置

图 1-55　展开小工具

图 1-56　设置小工具外观

Step 04 右击时钟并在弹出的快捷菜单中选择【不透明度】→ 40% 命令，如图 1-57 所示。透明度发生了变化，效果如图 1-58 所示。

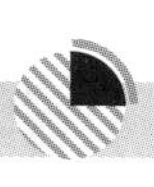

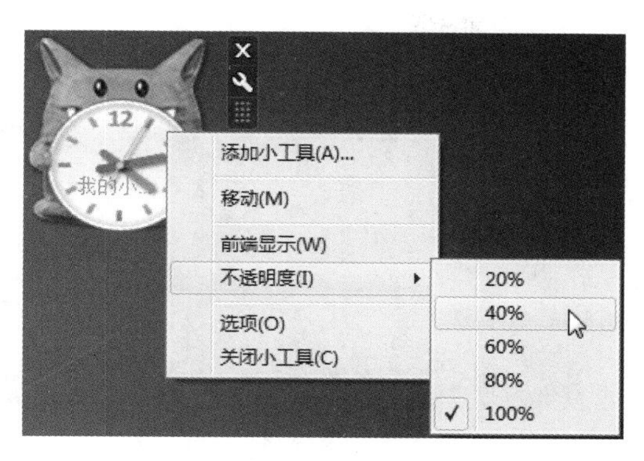

12
我的小...
添加小工具(A)...
移动(M)
前端显示(W)
不透明度(I)
选项(O)
关闭小工具(C)
20%
40%
60%
80%
100%

图 1-57　设置小工具的不透明度

12
我的小

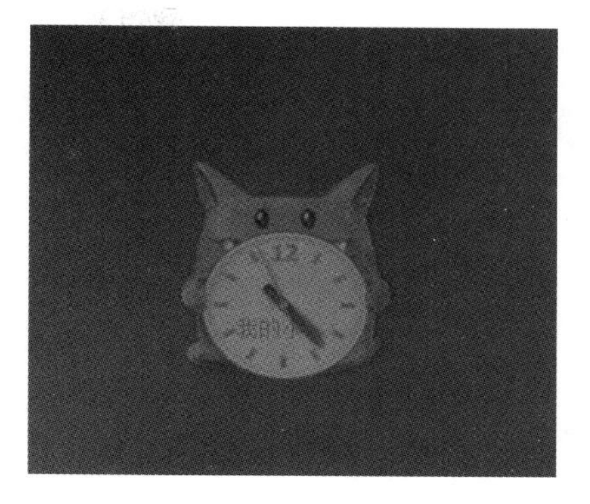

图 1-58　小工具的显示效果

1.5 高效办公技能实战

1.5.1 高效办公技能实战 1——DIY 自己的任务栏

系统默认的任务栏位于桌面的最下方，用户可以根据自己的需要把它拖到桌面的任意边缘处及改变任务栏的宽度，通过改变任务栏的属性，还可以让它自动隐藏，具体操作步骤如下。

Step 01 在任务栏上的非按钮区域右击，在弹出的快捷菜单中选择【属性】命令，打开【任务栏和「开始」菜单属性】对话框，如图 1-59 所示。

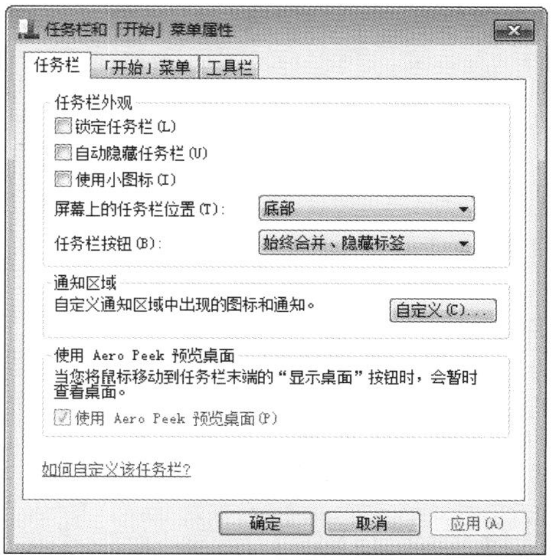

任务栏和「开始」菜单属性
任务栏
「开始」菜单
工具栏
任务栏外观
锁定任务栏(L)
自动隐藏任务栏(U)
使用小图标(I)
屏幕上的任务栏位置(T):
底部
任务栏按钮(B):
始终合并、隐藏标签
通知区域
自定义通知区域中出现的图标和通知。
自定义(C)...
使用 Aero Peek 预览桌面
当您将鼠标移动到任务栏末端的“显示桌面”按钮时，会暂时查看桌面。
使用 Aero Peek 预览桌面(P)
如何自定义该任务栏?
确定
取消
应用(A)

图 1-59　【任务栏】选项卡

Step 02 在【任务栏外观】选项组中，用户可以通过对复选框的选择来设置任务栏的外观，如这里选中【自动隐藏任务栏】复选框，如图 1-60 所示。

任务栏和「开始」菜单属性
任务栏
「开始」菜单
工具栏
任务栏外观
锁定任务栏(L)
自动隐藏任务栏(U)
使用小图标(I)
屏幕上的任务栏位置(T):
底部
任务栏按钮(B):
始终合并、隐藏标签
通知区域
自定义通知区域中出现的图标和通知。
自定义(C)...
使用 Aero Peek 预览桌面
当您将鼠标移动到任务栏末端的“显示桌面”按钮时，会暂时查看桌面。
使用 Aero Peek 预览桌面(P)
如何自定义该任务栏?
确定
取消
应用(A)

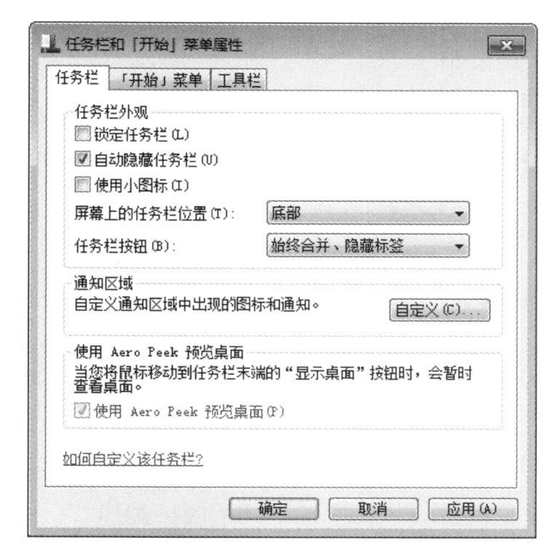

图 1-60　选中【自动隐藏任务栏】复选框

Step 03 在【通知区域】选项组中，单击【自定义】按钮，打开【通知区域图标】对话框，用户可以选择在任务栏上出现的图标和通知的设置。如果想要还原为默认设置，单击【还原默认图标行为】选项即可，如图 1-61 所示。

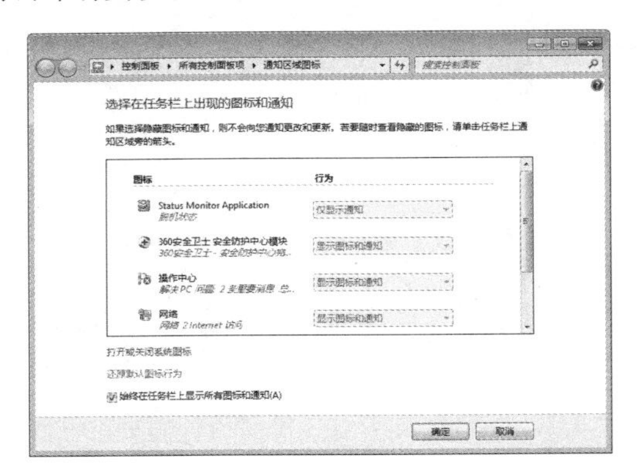

图 1-61 【通知区域图标】对话框

Step 04 改变任务栏的位置。可以把任务栏拖动到桌面的任意边缘，在移动时，要先确定任务栏处于非锁定状态，然后在任务栏上的非按钮区按住鼠标左键拖动，到目标位置再放手，这样任务栏就会改变位置，如图 1-62 所示。

图 1-62 改变任务栏的位置

Step 05 改变任务栏的大小。将鼠标指针放在任务栏的上边缘，当出现双箭头指示时，按下鼠标左键不放拖动到合适位置再松开，即可改变任务栏的大小，如图 1-63 所示。

图 1-63 改变任务栏的大小

1.5.2 高效办公技能实战 2——设置系统的字体大小

为了使屏幕上的字体看起来更加清晰，用户可以根据需求对字体的大小进行设置，具体操作步骤如下。

Step 01 单击【开始】按钮，在弹出的菜单中选择【控制面板】命令，如图 1-64 所示。

图 1-64 选择【控制面板】命令

Step 02 弹出【控制面板】窗口，单击【查看方式】右侧的向下按钮，在弹出的菜单中选择【大图标】命令，如图 1-65 所示。

图 1-65 【控制面板】窗口

Step 03 弹出【所有控制面板项】窗口，选择【字体】选项，如图 1-66 所示。

Step 04 弹出【字体】窗口，选择【更改字体大小】选项，如图 1-67 所示。

图 1-66　【所有控制面板项】窗口

图 1-67　【字体】窗口

Step 05 弹出【显示】窗口，系统预设了 3 种显示字体，包括【较小】、【中等】和【较大】。本实例选择【中等】单选按钮，然后单击【应用】按钮，如图 1-68 所示。

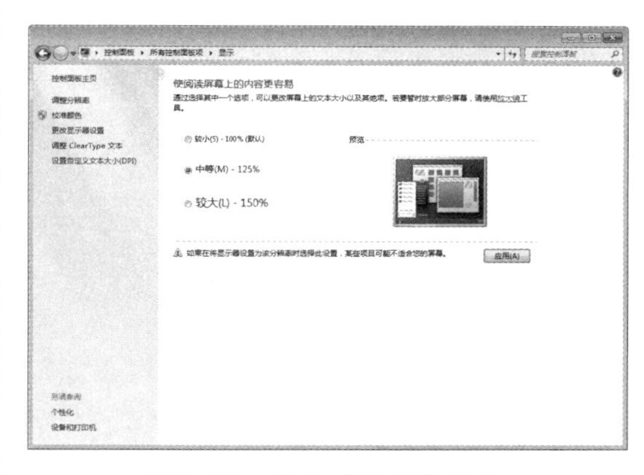

图 1-68　单击【应用】按钮

Step 06 弹出是否注销的警告对话框，单击【立即注销】按钮更改设置。如果单击【稍后注销】按钮，设置将会在下次登录时生效，如图 1-69 所示。

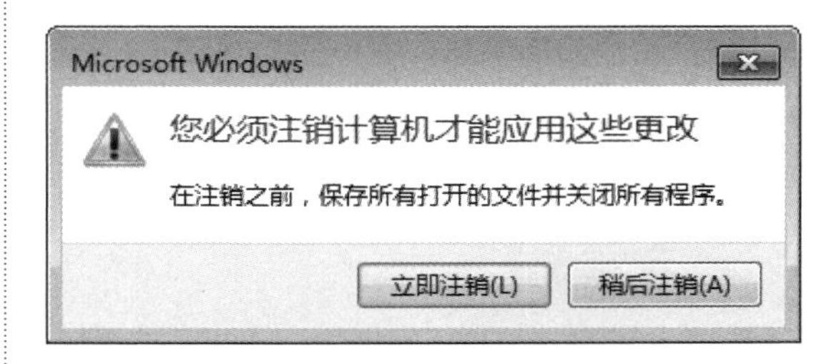

图 1-69　警告对话框

1.6 课后练习与指导

1.6.1 自定义桌面图标和【开始】菜单

- **练习目标**

了解：自定义桌面图标和【开始】菜单的过程。

掌握：自定义桌面图标和【开始】菜单的方法。

- **专题练习指南**

01 取消桌面图标的自动排列和对齐网格。具体的操作方法为：在桌面上右击鼠标，在弹出的快捷菜单中选择【排列】命令，然后根据需要选择【自动排列】和【对其网格】子命令。

02 选中需要移动的桌面图标，即可将其移动到桌面上的任意位置。

03 右击【开始】按钮，在弹出的快捷菜单中选择【属性】命令，打开【任务栏和「开始」菜单属性】对话框，并选择【「开始」菜单】选项卡，通过单击【自定义】按钮，可以在打开的【自定义】对话框中自定义开始菜单。

1.6.2 管理多个窗口

● 练习目标

了解：管理多个窗口的过程。

掌握：窗口的基本操作方法。

● 专题练习指南

01 打开多个窗口。

02 操作打开的多个窗口。

03 排列打开的多个窗口。

04 关闭打开的多个窗口。

轻轻松松管理办公资源——文件和文件夹的操作

- **本章导读**

熟练操作文件和文件夹是办公人员能够高效办公的基础，本章将为读者介绍如何在 Windows 7 操作系统中对文件和文件夹进行管理。

- **学习目标**

◎ 了解办公资源的存放位置

◎ 了解文件和文件夹

◎ 掌握文件和文件夹的基本操作

◎ 掌握文件和文件夹的查看和搜索技巧

◎ 掌握文件和文件夹的加密和解密

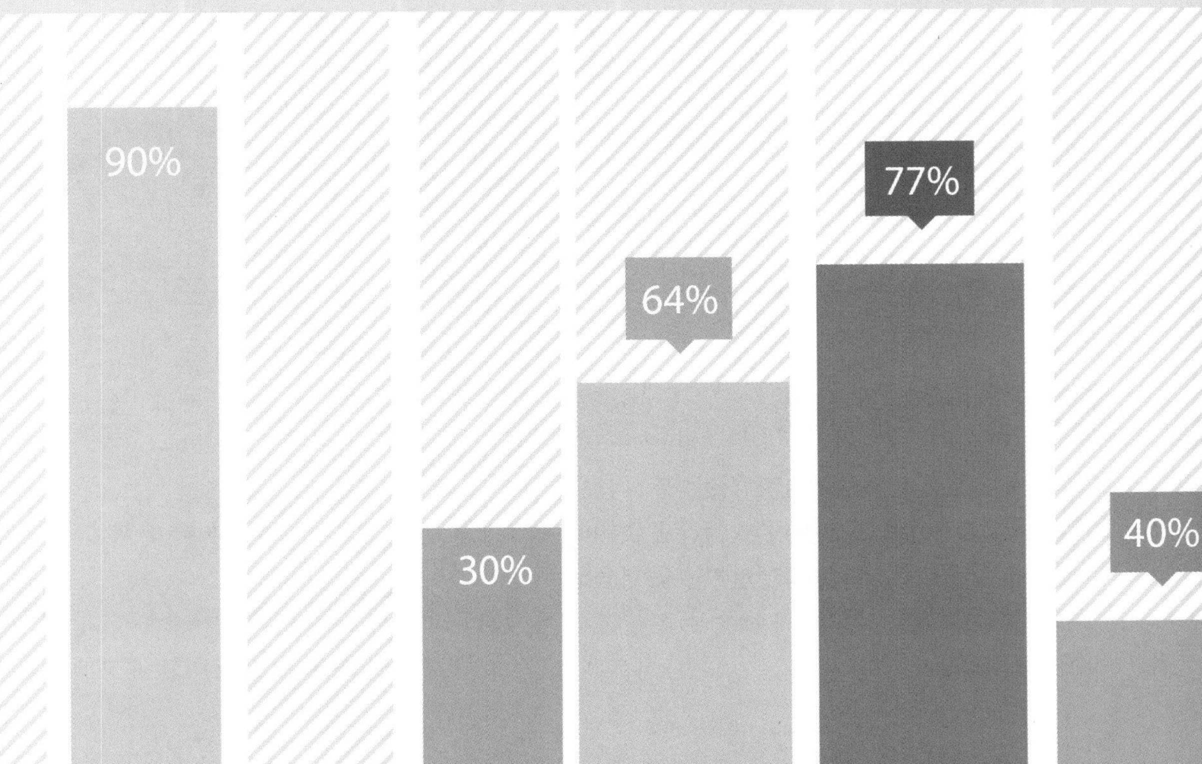

2.1 办公资源的存放场所

在 Windows 7 系统中，一般是用“我的文档”文件夹和计算机磁盘来存放文件，有时也可以使用 U 盘或可移动硬盘来存储文件。

2.1.1 我的文档

双击桌面上的文件夹图标，就可以打开文件夹窗口，例如这里双击桌面上的 Administrator 图标，如图 2-1 所示，就可以打开如图 2-2 所示的文件夹窗口，在其中可以看到【我的文档】文件夹。

图 2-1 文件夹图标

图 2-2 文件夹窗口

2.1.2 电脑的磁盘

电脑相当于一个庞大的信息资料库，其中的信息和数据大都以文件的形式保存在我的电脑中。通常情况下，电脑的硬盘最少被划分为三个分区：C、D、E 盘，有时会更多一些，如图 2-3 所示。

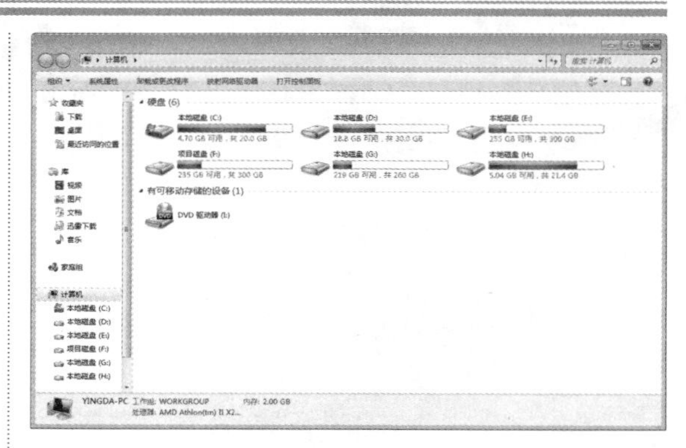

图 2-3 【计算机】窗口

三个盘的功能分别如下。

 C 盘

C 盘主要用来存放系统文件。系统文件是指操作系统和应用软件中的系统操作部分。一般系统默认情况下都会被安装在 C 盘，包括常用的程序。如图 2-4 所示为 C 盘中的 Windows 系统文件夹。

图 2-4 C 盘中的 Windows 系统文件夹

 D 盘

D 盘主要用来存放应用软件文件。比如

Office、Photoshop 和 3ds Max 等程序，常常被安装在 D 盘。如图 2-5 所示为某电脑的 D 盘，用来存放的文件主要是安装的应用程序。

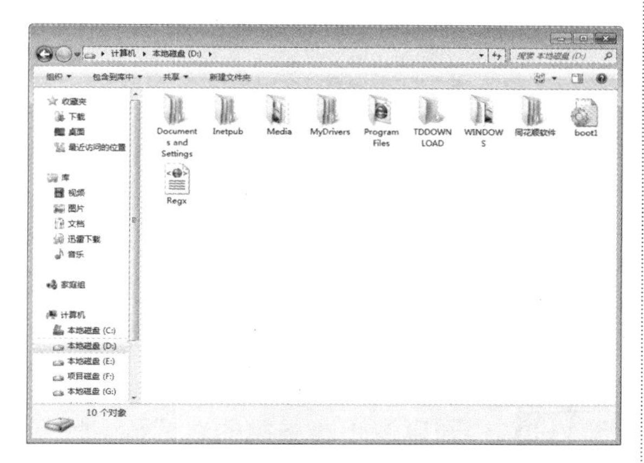

图 2-5　D 盘中的文件

提示　安装软件的常见原则如下。

(1) 一般小的软件，如 RAR 压缩软件等可以安装在 C 盘。

(2) 对于大的软件，如 3ds Max 等，需要安装在 D 盘。

几乎所有软件的默认安装路径都是 C 盘，电脑用的时间越久，C 盘被占用的空间越多。随着时间的增加，系统反应会越来越慢。所以安装软件时，需要根据具体情况改变安装路径。

3. E 盘

E 盘主要用来存放用户自己的文件。比如用户自己的电影、图片和资料文件等，如图 2-6 所示。

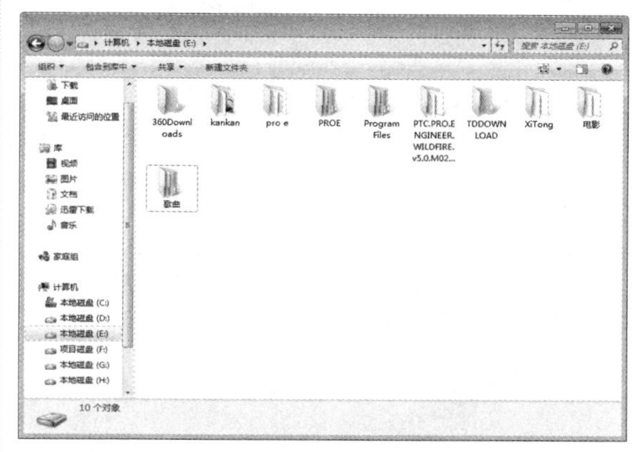

图 2-6　E 盘中的文件

注意　有的用户可能会疑惑，明明硬盘大小标明是 320GB，而实际在系统中显示的空间并没有那么大。其主要原因是换算单位的误差。硬盘供应商是按照 1GB=1000MB 来计算并宣传的，而操作系统是按照 1GB=1024MB 来计算的，所以才会产生上述误差。

2.1.3 U 盘和移动硬盘

U 盘和移动硬盘是即插即用的可移动存储设备，所存储文件的大小由 U 盘或移动硬盘的磁盘空间来决定。目前，市面上常见的 U 盘存储大小有 8GB、16GB、32GB、64GB 等，移动硬盘的空间则比 U 盘大很多，常见的有 500GB、640GB、750GB、1TB、1.5TB、2TB 等。

下面以将电脑中的“歌曲”文件夹存储到 U 盘为例，介绍使用 U 盘存储文件的方法，具体操作步骤如下。

Step 01　准备一个 U 盘，对于存储数据来说，最好准备一个存储空间比较大的 U 盘，如图 2-7 所示。

Step 02　拔去 U 盘上的保护盖，将其插入电脑主机上的 USB 接口，如图 2-8 所示。

图 2-7　U 盘

图 2-8　将 U 盘插入 USB 接口

Step 03 双击桌面上的【计算机】图标，打开【计算机】窗口，在其中可以看到【可移动磁盘 (J:)】，说明该 U 盘可用，如图 2-9 所示。

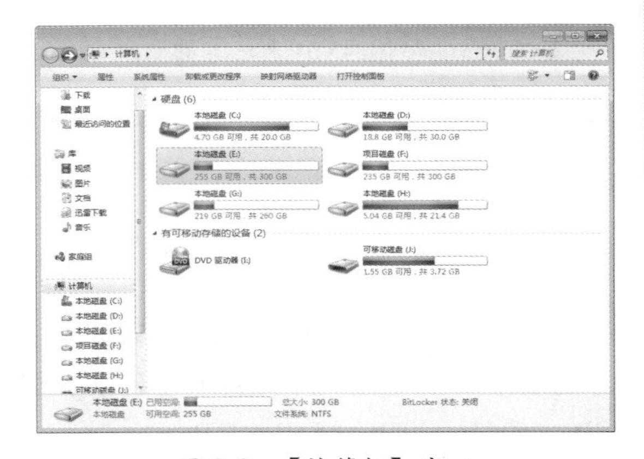
图 2-9　【计算机】窗口

Step 04 打开需要存储数据所在的磁盘，这里打开本地磁盘 (E:)，选中【歌曲】文件夹并右击鼠标，在弹出的快捷菜单中选择【发送到】→【可移动磁盘 (J:)】菜单命令，如图 2-10 所示。

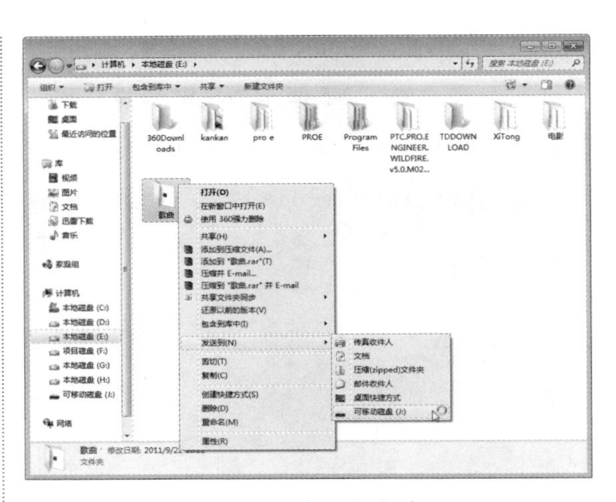
图 2-10　右键菜单

Step 05 打开显示正在复制的对话框，提示用户正在复制项目，并显示复制的进度，如图 2-11 所示。

图 2-11　开始复制文件

Step 06 复制完成后，打开【可移动磁盘 (J:)】，可以看到存储的“歌曲”文件夹，如图 2-12 所示。

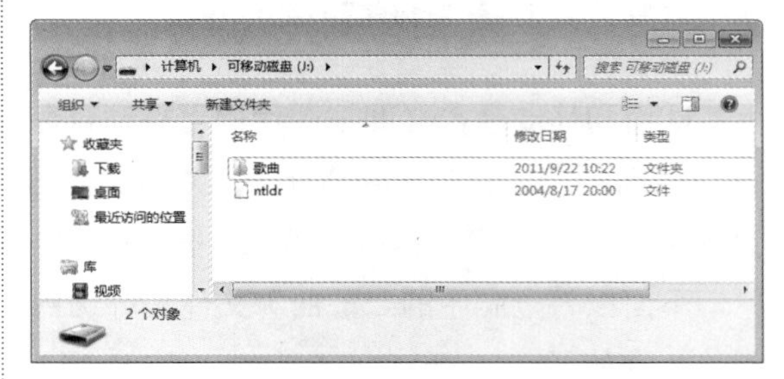

图 2-12　移动完毕后结果

至此，就完成了复制数据的操作，这样“歌曲”文件夹以及文件夹中的歌曲都存储在 U 盘中了。

2.2 认识文件夹和文件

电脑中的数据大多数都是以文件的形式存储的，而文件夹是用来存放文件的，合理地管理和操作文件及文件夹，可使电脑中的数据分门别类地存储，便于文件的查找。下面来认识一下什么是文件和文件夹。

2.2.1 文件的类型

文件的扩展名表示文件的类型，它是电脑操作系统识别文件的重要方法，因而了解常见的文件扩展名对于学习和管理文件有很大的帮助，下面列出一些常见文件的扩展名及其对应的文件类型。

1. 文本文件

文本文件是一种典型的顺序文件，其文件的逻辑结构又属于流式文件。如表 2-1 所示为文本文件的扩展名和文件简介。

表 2-1 文本文件的扩展名与文件简介

文件扩展名	文件简介
.TXT	文本文件，用于存储无格式文字信息
.DOC/.DOCX	Word 文件，使用 Microsoft Office Word 创建
.XLS	Excel 电子表格文件，使用 Microsoft Office Excel 创建
.PPT	PowerPoint 幻灯片文件，使用 Microsoft Office PowerPoint 创建
.PDF	PDF 全称 Portable Document Format，是一种电子文件格式

2. 图像和照片文件类型

图像文件由图像程序生成，或通过扫描、数码相机等方式生成。如表 2-2 所示为图像和照片文件类型的扩展名与文件简介。

表 2-2 图像和照片文件的扩展名与文件简介

文件扩展名	文件简介
.JPEG	广泛使用的压缩图像文件格式，文件颜色没有限制，效果好，体积小
.PSD	由著名的图像软件 Photoshop 生成的文件，可保存 Photoshop 中的各种专用属性，如图层、通道等信息，体积较大
.GIF	用于互联网的压缩文件格式，只能显示 256 种颜色，不过可以显示多帧动画
.BMP	位图文件，不压缩的文件格式，显示文件颜色没有限制，效果好，唯一的缺点就是文件体积大
.PNG	GIF 能够提供长度比 PNG 小 30%的无损压缩图像文件，是网上比较受欢迎的图片格式之一

3. 压缩文件类型

通过压缩算法将普通文件打包压缩之后生成的文件，可以有效地节省存储空间。如表 2-3 所示为压缩文件类型的扩展名与文件简介。

表 2-3　压缩文件的扩展名与文件简介

文件扩展名	文件简介
.RAR	通过 RAR 算法压缩的文件，目前使用较为广泛
.ZIP	使用 ZIP 算法压缩的文件，是历史比较悠久的压缩格式
.JAR	用于 JAVA 程序打包的压缩文件
.CAB	微软制定的压缩文件格式，用于各种软件压缩和发布

4. 音频文件类型

音频文件类型是通过录制和压缩而生成的声音文件。如表 2-4 所示为音频文件类型的扩展名与文件简介。

表 2-4　音频文件的扩展名与文件简介

文件扩展名	文件简介
.WAV	波形声音文件，通常通过直接录制采样生成，其体积比较大
.MP3	使用 MP3 格式压缩存储的声音文件，是使用得最为广泛的声音文件格式
.WMA	微软制定的声音文件格式，可被媒体播放器直接播放，体积小，便于传播
.RA	RealPlayer 声音文件，广泛用于播放互联网声音

5. 视频文件类型

由专门的动画软件制作而成或通过拍摄方式生成。如表 2-5 所示为视频文件类型的扩展名与文件简介。

表 2-5　视频文件的扩展名与文件简介

文件扩展名	文件简介
.SWF	Flash 视频文件，通过 Flash 软件制作并输出的视频文件，用于互联网传播
.AVI	使用 MPG4 编码的视频文件，用于存储高质量视频文件
.WMV	微软制定的视频文件格式，可被媒体播放器直接播放，体积小，便于传播
.RM	RealPlayer 视频文件，广泛用于播放互联网视频

6. 其他常见类型

其他常见类型扩展名如表 2-6 所示。

提示 不同的文件类型，往往其图标不一样，查看方式也不一样，因此只有安装了相应的软件，才能查看文件的内容。

表 2-6　其他文件的扩展名与文件简介

文件扩展名	文件简介
.EXE	可执行文件，二进制信息，可以被计算机直接执行
.ICO	图标文件，固定大小和尺寸的图标图片
.DLL	动态链接库文件，被可执行程序调用，用于功能封装

2.2.2 文件

文件是指保存在电脑中的各种信息和数据，电脑中的文件有各种各样的类型，如常见的文本文件、图像文件、视频文件、音乐文件等。一般情况下，文件由文件图标、文件名称和文件扩展名几个部分组成，如图 2-13 所示。

图 2-13　文件图标

2.2.3 文件夹

文件夹用于保存和管理电脑中的文件。形象地讲，文件夹就是存放文件的容器，其本身并没有任何内容。文件夹中不但可以有文件，还可以有很多子文件夹，子文件夹中还可以再包含多个文件夹及文件。文件夹由文件夹图标和文件夹名称两部分组成，如图 2-14 所示。

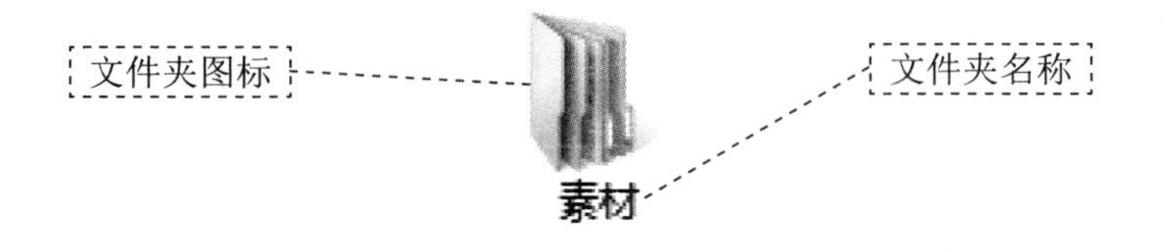

图 2-14　文件夹图标

当电脑中的文件过多时，将大量的文件分类后保存在不同名称的文件夹中可以方便查找。但是，同一个文件夹中不能存放相同名称的文件或文件夹。

一般情况下，每个文件夹都存放在磁盘空间中，文件夹路径是指文件夹在磁盘中的位置，例如“System32”文件夹中文件的存放路径为“计算机 \ 本地磁盘 (C:)\Windows\System32”，如图 2-15 所示。

图 2-15　系统文件

另外，根据文件夹的性质，可以将文件夹分为两类：标准文件夹和特殊文件夹。

(1) 标准文件夹：用户平常所使用的用于存放文件和文件夹的容器就是标准文件夹，当打开这样的文件夹时，它会以窗口的形式出现在屏幕上，关闭它时，则会收缩为一个文件夹图标，用户还可以对文件夹中的对象进行剪切、复制和删除等操作，如图 2-16 所示。

(2) 特殊文件夹：特殊文件夹是 Windows 系统所支持的另一种文件夹格式，其实质就是一种应用程序，例如“控制面板”“打印机”和“网络”等。特殊文件夹是不能用于存放文件和文件夹的，但是可以查看和管理操作系统的设置，如图 2-17 所示。

图 2-16　标准文件夹

图 2-17　特殊文件夹

2.3 查看文件和文件夹

通过查看文件和文件夹，可以了解文件和文件夹的属性与内容。

2.3.1 文件和文件夹的显示方式

用户可以通过改变文件和文件夹的显示方式来查看文件，以满足实际需要。

1. 设置单个文件夹的显示方式

这里以设置 Administrator 文件夹的显示方式为例，介绍设置单个文件夹的显示方式，具体操作步骤如下。

Step 01 双击桌面上的 Administrator 图标，打开 Administrator 窗口，如图 2-18 所示。

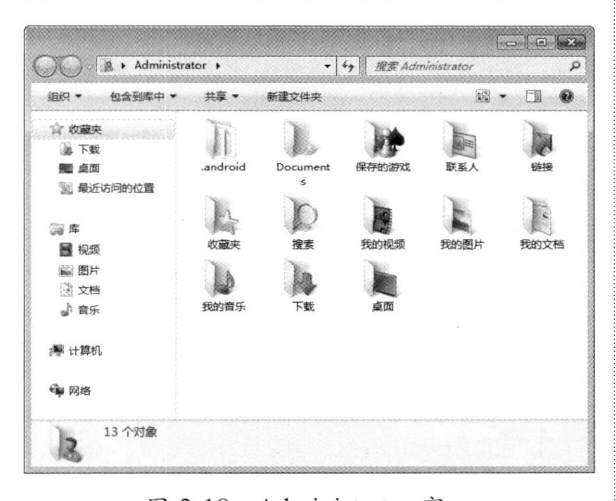

图 2-18　Administrator 窗口

Step 02 在窗口的空白处右击，在弹出的快捷菜单中选择【查看】命令，子菜单中列出了 8 个查看方式，分别是【超大图标】、【大图标】、【中等图标】、【小图标】、【列表】、【详细信息】、【平铺】和【内容】，如图 2-19 所示。

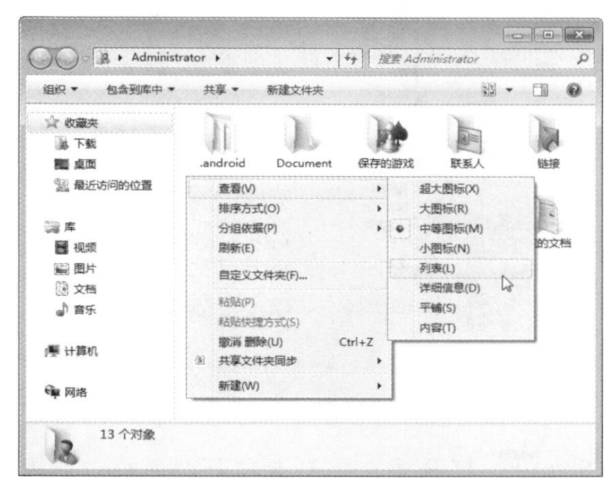

图 2-19　查看方式

Step 03 选择任意一种查看方式，如这里选择【详细信息】命令，则 Administrator 文件夹窗口中的文件和文件夹均以【详细信息】的方式显示，如图 2-20 所示。

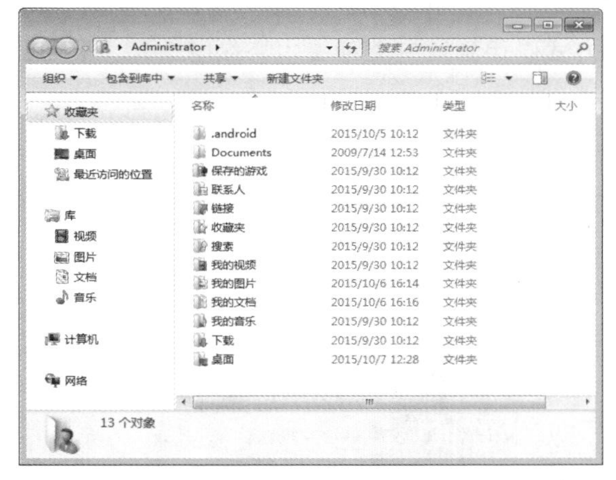

图 2-20　以详细信息方式查看文件夹效果

2. 设置所有文件和文件夹的显示方式

如果想要将电脑中的所有文件和文件夹的显示方式都设置为【详细信息】，就需要在【文件夹选项】对话框中进行设置，具体操作步骤如下。

Step 01 在 Administrator 文件夹窗口中选择【组织】→【文件夹和搜索选项】菜单命令，如图 2-21 所示。

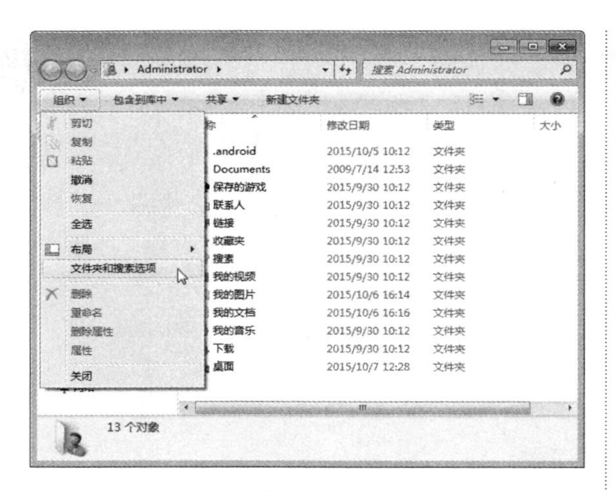

图 2-21　选择【文件夹和搜索选项】命令

Step 02 打开【文件夹选项】对话框，切换到【查看】选项卡，单击【应用到文件夹】按钮，即可将 Administrator 文件夹使用的视图显示方式应用到所有文件夹中，如图 2-22 所示。

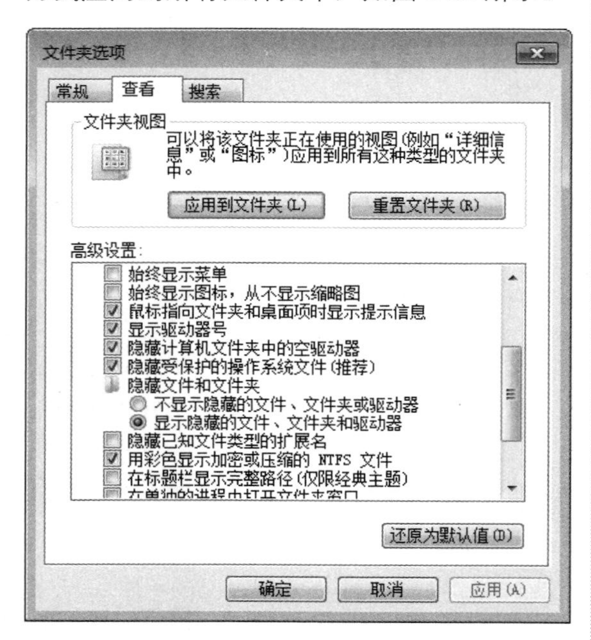

图 2-22　【文件夹选项】对话框

Step 03 单击【确定】按钮，弹出【文件夹视图】对话框，询问“是否让这种类型的所有文件夹与此文件夹的视图设置匹配？”，如图 2-23 所示。

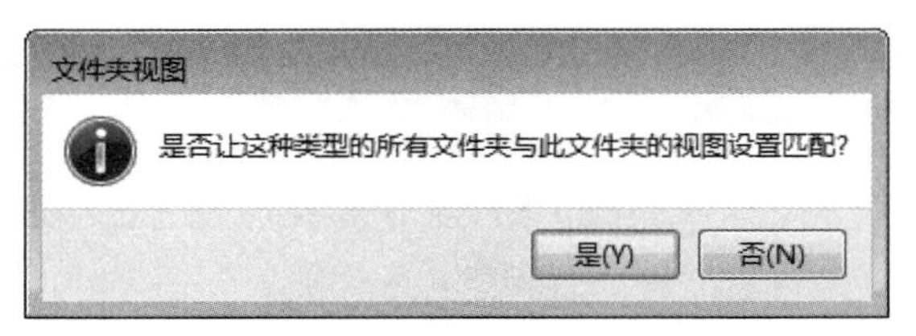

图 2-23　信息提示对话框

Step 04 单击【是】按钮，返回到【文件夹选项】对话框，然后单击【确定】按钮即可完成设置。

2.3.2 文件和文件夹的属性

通过查看文件和文件夹的属性，可以获得文件和文件夹的相关信息，以便对其进行操作和设置。

1. 查看文件的属性

这里以查看一个记事本文件为例介绍查看文件属性的方法，具体操作步骤如下。

Step 01 选择需要查看属性的文件，右击鼠标，在弹出的快捷菜单中选择【属性】命令，如图 2-24 所示。

图 2-24　选择【属性】命令

Step 02 弹出【属性】对话框，在【常规】

选项卡中可以查看文件的属性，包括文件类型、打开方式、创建时间、修改时间等，如图 2-25 所示。

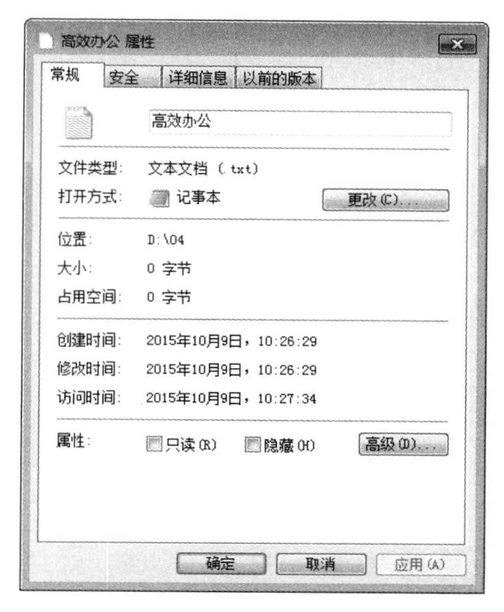

图 2-25　【常规】选项卡

Step 03　切换到【安全】选项卡，在此可设置计算机中每个用户的权限，如图 2-26 所示。

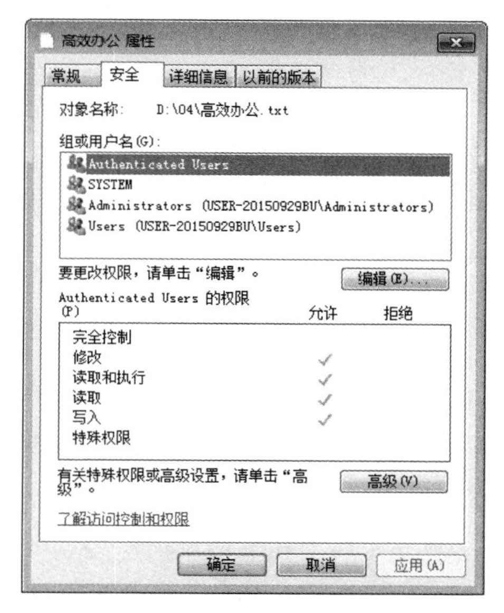

图 2-26　【安全】选项卡

Step 04　切换到【详细信息】选项卡，在此可查看文件的详细信息，如图 2-27 所示。

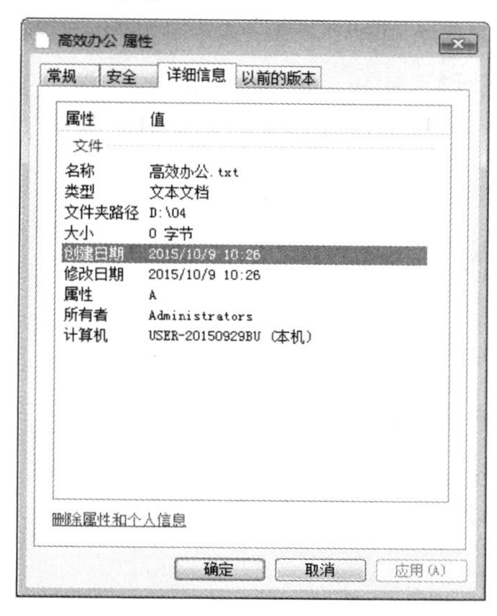

图 2-27　【详细信息】选项卡

2. 查看文件夹的属性

这里以查看 Administrator 文件夹下的“我的图片”文件夹为例，来介绍查看文件夹属性的方法，具体操作步骤如下。

Step 01　在 Administrator 文件夹中找到“我的图片”文件夹，选中该文件夹并右击，从弹出的快捷菜单中选择【属性】命令，如图 2-28 所示。

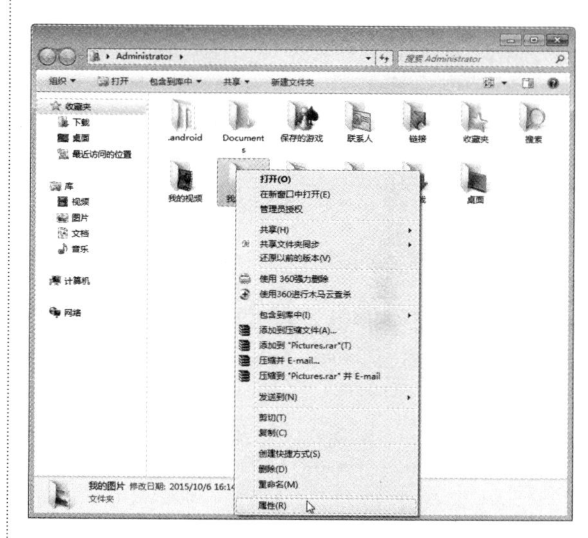

图 2-28　选择【属性】命令

Step 02 弹出【我的图片属性】对话框，在【常规】选项卡中可以查看文件夹的类型、位置、大小、占用空间、包含文件和文件夹的数目等相关信息，如图 2-29 所示。

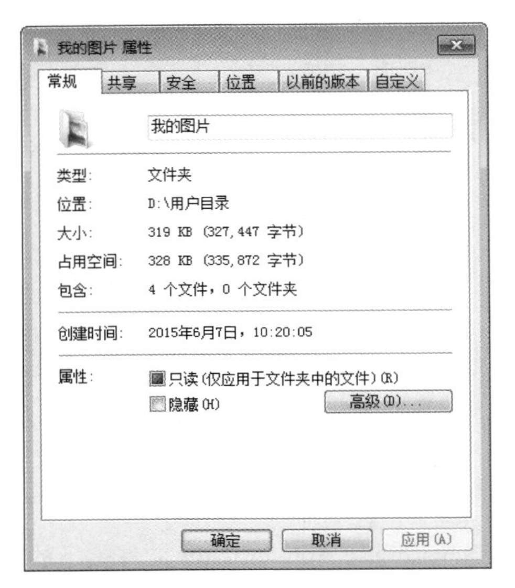

图 2-29 【常规】选项卡

Step 03 切换到【共享】选项卡，单击【共享】按钮，可实现文件夹的共享操作，如图 2-30 所示。

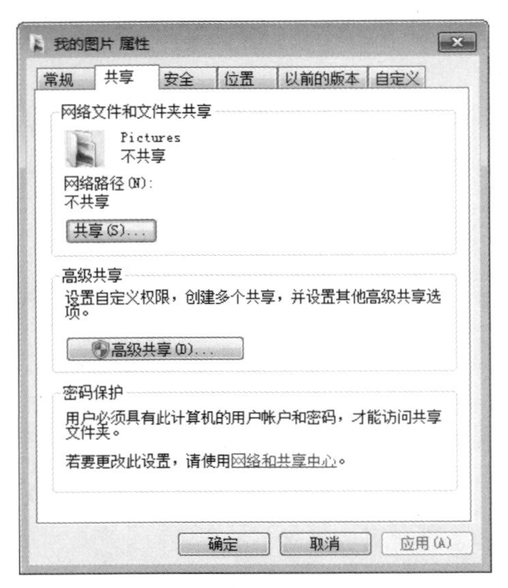

图 2-30 【共享】选项卡

Step 04 切换到【安全】选项卡，在此可设置计算机中每个用户对文件夹的访问权限，如图 2-31 所示。

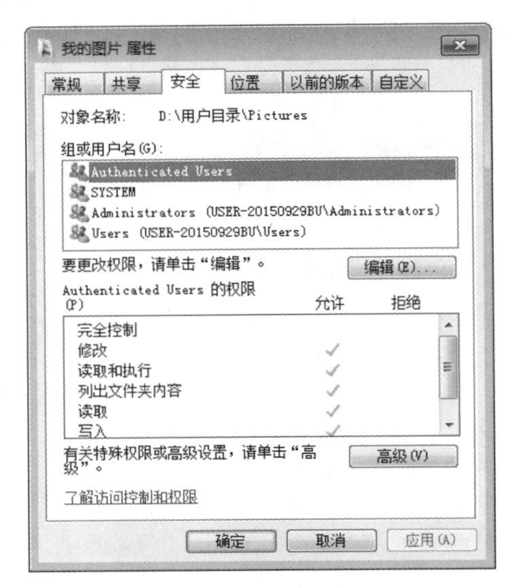

图 2-31 【安全】选项卡

Step 05 单击【关闭】按钮，即可完成对文件夹属性的查看。

2.3.3 文件和文件夹的内容

要想查看文件和文件夹的内容，只需将文件和文件夹打开就可以了。

1. 查看文件的内容

查看文件内容的前提是打开文件或文件夹，常见的方法有以下 3 种。

(1) 选择需要打开的文件，双击即可打开文件。

(2) 选择需要打开的文件，然后右击鼠标，在弹出的快捷菜单中选择【打开】命令，如图 2-32 所示。

(3) 利用【打开方式】命令打开文件。

下面介绍用第 3 种方法打开文件的具体操作。

Step 01 选择需要打开的文件，然后右击鼠标，在弹出的快捷菜单中选择【打开方式】命令，本实例选择【写字板】命令，如图 2-33 所示。

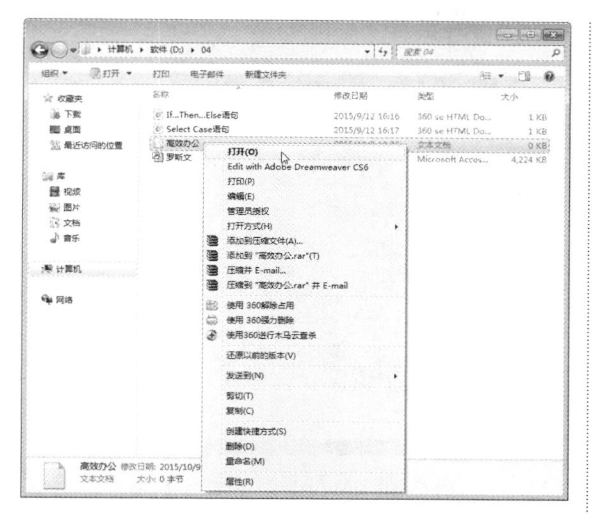

图 2-32　选择【打开】命令

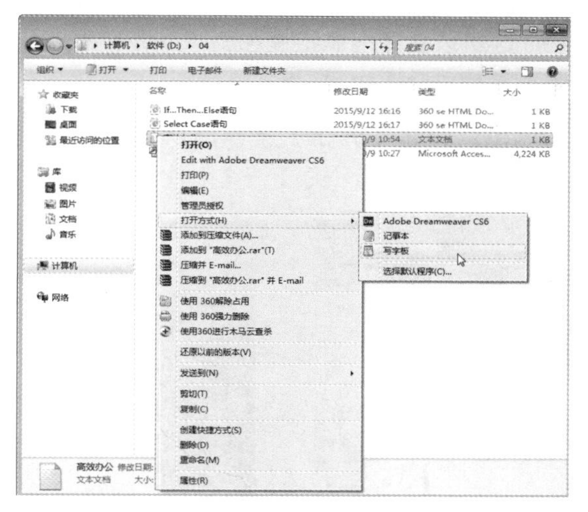

图 2-33　选择【写字板】命令

Step 02 写字板软件将自动打开选择的文件，这样就可以查看文件中的内容了，如图 2-34 所示。

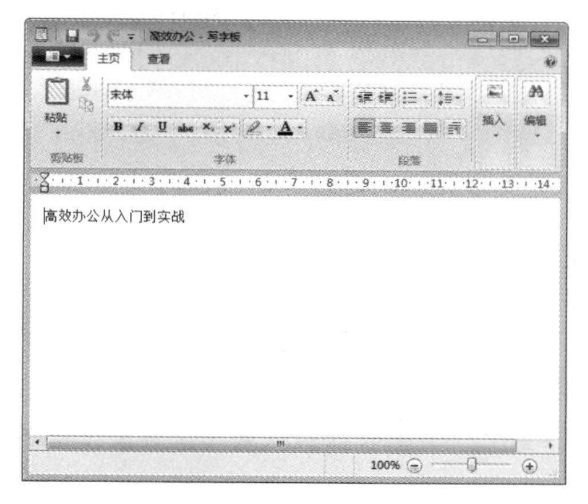

图 2-34　用写字板查看文件内容

提示 关闭文件的常见方法如下。

(1) 一般打开文件都要用到软件，在软件的右上角都有一个关闭按钮。如以记事本为例，单击【关闭】按钮，可以直接关闭文件，如图 2-35 所示。

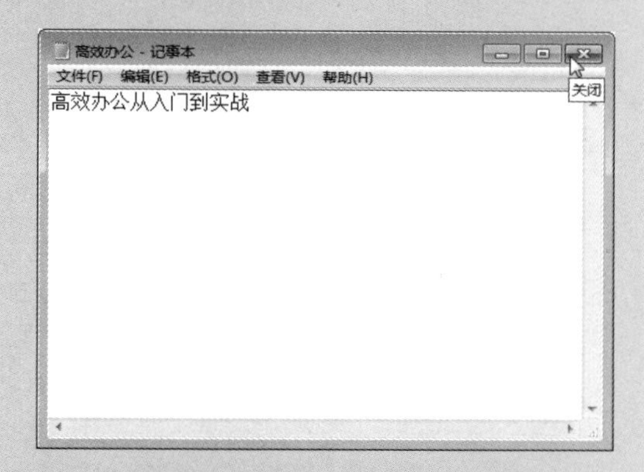

图 2-35　单击【关闭】按钮

(2) 按 Alt+F4 功能键，可以快速地关闭当前被打开的文件。

2.4 管理文件和文件夹

要想管理好电脑中的资源信息，首先需要掌握文件与文件夹的基本操作，包括文件和文件夹的创建，复制、删除文件和文件夹等。

 创建文件或文件夹

当用户需要存储一些文件信息或者将信息分类存储时，就需要创建新的文件或者文件夹。

1. 创建文件

创建文件的方法一般有两种：一种是通过右键快捷菜单新建文件；一种是在应用程序中新建文件。下面分别对这两种创建文件的方法进行介绍。

方法 1：通过右键快捷菜单创建文件

这里以创建一个扩展名为“.docx”的文件为例，介绍创建文件的具体操作步骤。

Step 01 在桌面的空白处右击鼠标，从弹出的快捷菜单中选择【新建】→【Microsoft Word 文档】命令，如图 2-36 所示。

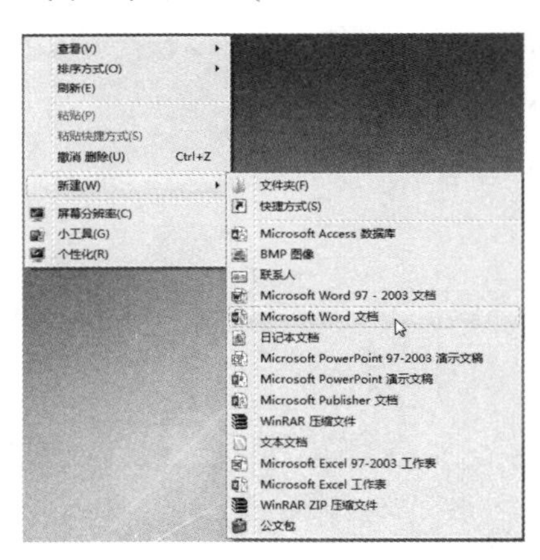

图 2-36　右键快捷菜单

Step 02 此时会在桌面上新建一个名为“新建 Microsoft Word 文档”的文件，如图 2-37 所示。

图 2-37　新建 Word 文档

Step 03 双击新建的文件，即可打开该文件窗口，这样就完成了文件的新建操作，如图 2-38 所示。

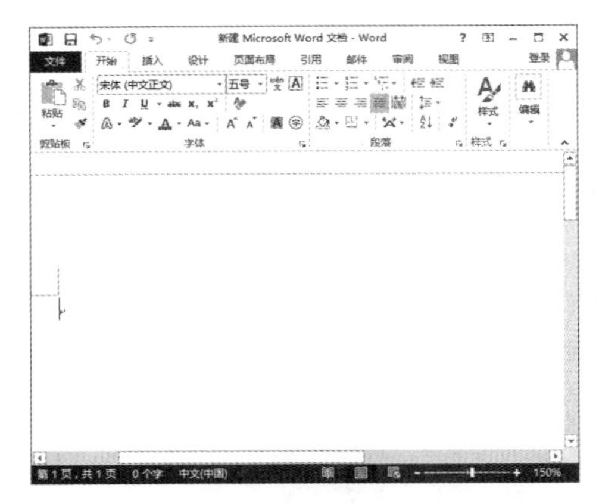

图 2-38　Word 文件工作界面

方法 2：在应用程序中新建文件

这里以新建一个扩展名为“.bmp”的图像文件为例进行介绍。

Step 01 单击【开始】按钮，从弹出的快捷菜单中选择【所有程序】→【附件】→【画图】命令，如图 2-39 所示。

图 2-39　选择【画图】命令

Step 02 随即启动画图程序，并弹出【无标题 - 画图】窗口，用户即可在窗口中绘制图形，如图 2-40 所示。

Step 03 选择【文件】→【保存】命令，打开【另存为】对话框，在【文件名】文本框中输入新建文件的名称，并选择文件的保存类型，如图 2-41 所示。

图 2-40　输入文字

图 2-41　保存文件

Step 04 单击【保存】按钮，即可完成创建文件的操作。

2. 创建文件夹

创建文件夹的方法也有两种：一种是通过右键快捷菜单创建文件夹；另一种是通过窗口工具栏上的【新建文件夹】按钮创建文件夹。下面分别对这两种创建文件夹的方法进行介绍。

方法 1：通过右键快捷菜单新建文件夹

这里以新建一个名为“我的资料夹”的文件夹为例，介绍创建文件夹的具体操作步骤。

Step 01 打开要创建文件夹的驱动器窗口或文件夹窗口，这里选择【计算机】→【本地磁盘 (F:)】命令，打开【本地磁盘 (F:)】窗口，如图 2-42 所示。

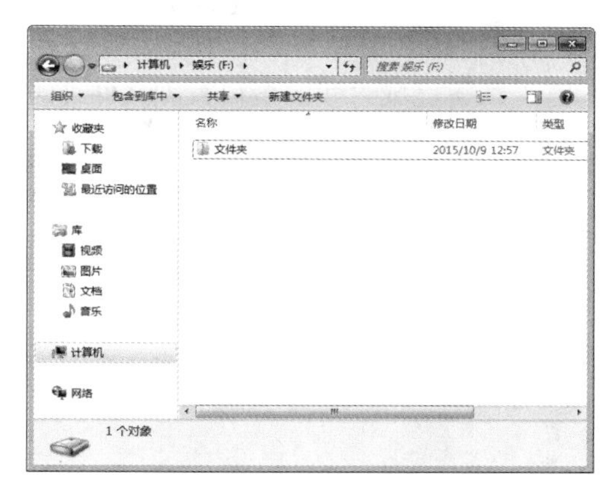

图 2-42　磁盘窗口

Step 02 在窗口的空白处右击，在弹出的快捷菜单中选择【新建】→【文件夹】命令，如图 2-43 所示。

图 2-43　右键菜单命令

Step 03 此时就会在窗口中新建一个名为“新建文件夹”的文件夹，如图 2-44 所示。

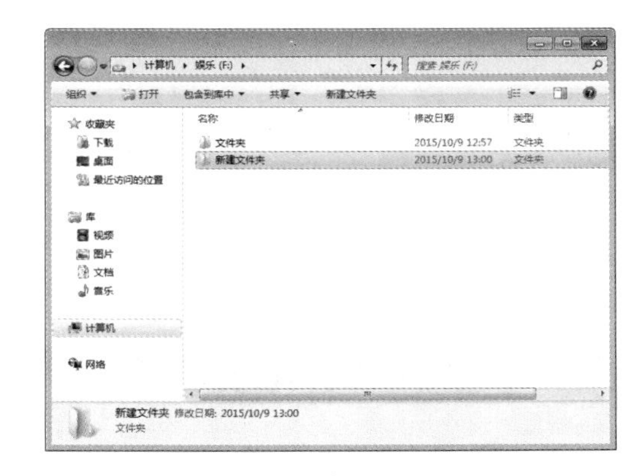

图 2-44　新建一个文件夹

Step 04 在文件夹名称处于可编辑状态时直

接输入“我的资料夹”，然后在窗口的空白区域单击，即可完成“我的资料夹”文件夹的创建，如图 2-45 所示。

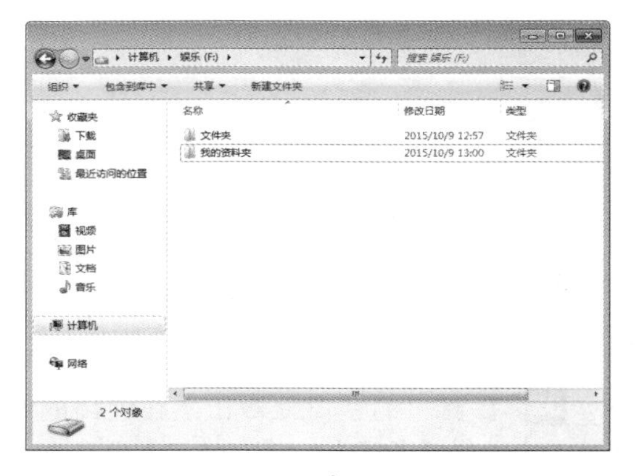

图 2-45　重命名文件夹

方法 2：通过窗口菜单栏上的按钮新建文件夹

这里以在“我的资料夹”文件夹中新建一个名称为“个人资料”的文件夹为例进行介绍，具体操作步骤如下。

Step 01 在【本地磁盘 (F:)】窗口中双击“我的资料夹”文件夹，打开【我的资料夹】窗口，如图 2-46 所示。

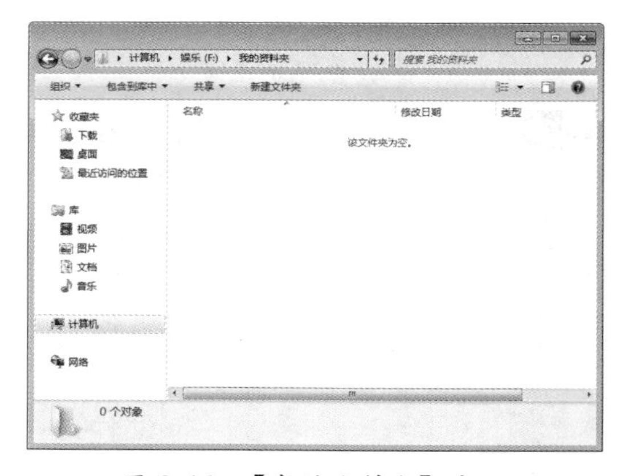

图 2-46　【我的资料夹】窗口

Step 02 单击菜单栏上的【新建文件夹】按钮，就会在窗口中新建一个名为“新建文件夹”的文件夹，如图 2-47 所示。

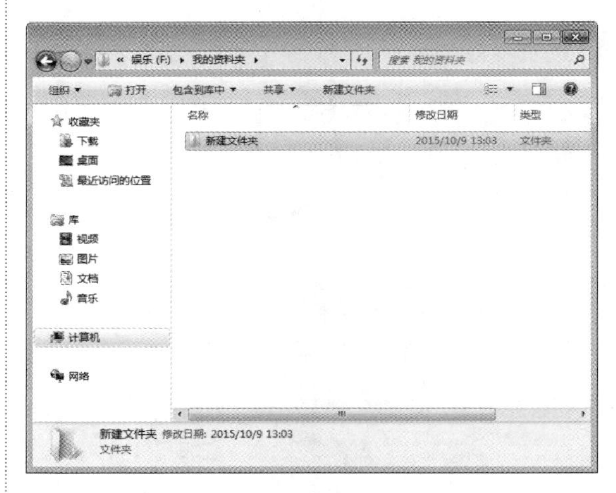

图 2-47　新建一个文件夹

Step 03 在文件夹名称处于可编辑状态时输入“个人资料”，然后在窗口的空白区域单击，即可完成“个人资料”文件夹的创建，如图 2-48 所示。

图 2-48　重命名文件夹

2.4.2 复制和移动文件或文件夹

在对文件和文件夹的操作过程中，经常要复制和移动文件或文件夹。复制操作是指在目标位置生成一个完全相同的文件或文件夹，原来位置的文件或文件夹仍然存在；移动操作是指将文件或文件夹移动到目标位置，而原来的文件或文件夹则被删除。

1. 复制文件或文件夹

复制文件或文件夹的方法有以下几种。

方法 1：通过右键快捷菜单复制

这里以复制【娱乐 (F:)】窗口下【我的资料夹】文件夹为例，介绍具体操作步骤。

Step 01 选中【娱乐 (F:)】窗口中的【我的资料夹】文件夹，右击鼠标，从弹出的快捷菜单中选择【复制】命令，如图 2-49 所示。

图 2-49　选择【复制】命令

Step 02 打开要存储副本的磁盘分区或文件夹窗口，然后单击鼠标右键，从弹出的快捷菜单中选择【粘贴】命令，即可将【我的资料夹】文件夹复制到此文件夹窗口中，如图 2-50 所示。

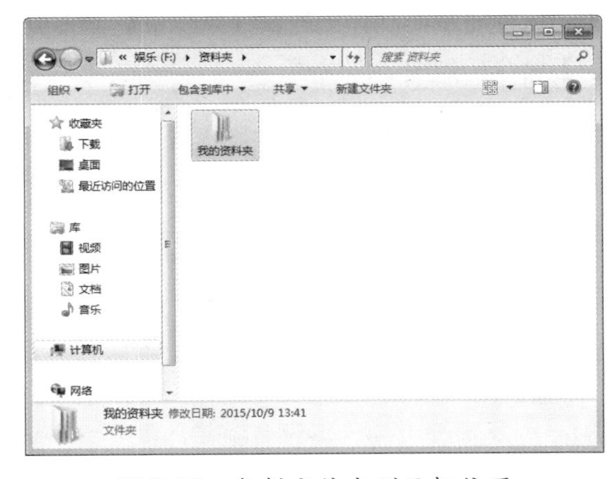

图 2-50　复制文件夹到目标位置

方法 2：通过【组织】菜单命令复制

Step 01 在磁盘分区或文件夹窗口中选中需要复制的文件夹，然后选择【组织】→【复制】命令，如图 2-51 所示。

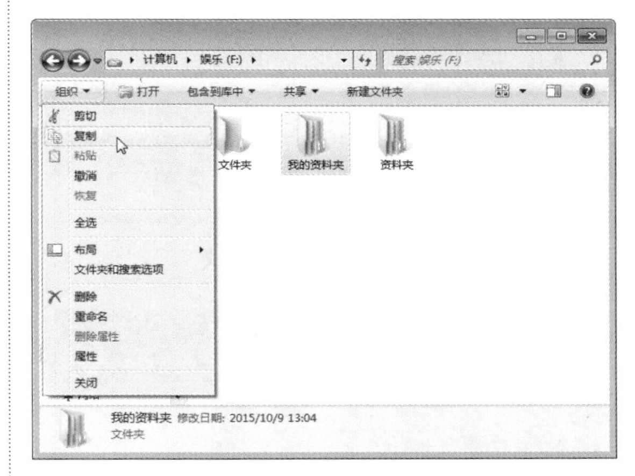

图 2-51　选择【复制】命令

Step 02 打开要存储副本的磁盘分区或文件夹窗口，选择【组织】→【粘贴】命令，如图 2-52 所示。

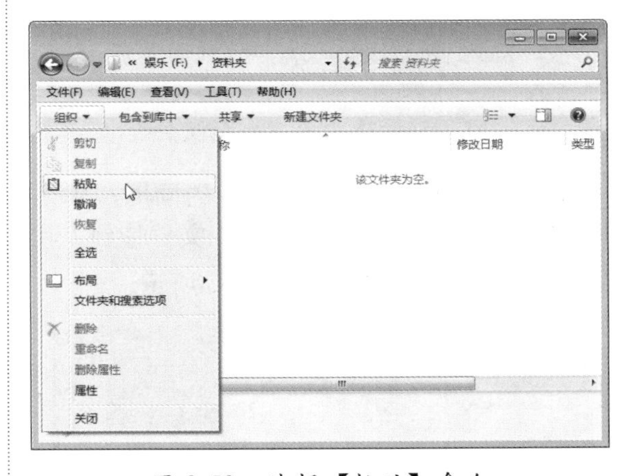

图 2-52　选择【粘贴】命令

Step 03 选择完毕后，即可在该文件夹中看到复制的文件夹，如图 2-53 所示。

方法 3：通过鼠标拖动复制

Step 01 这里以“公司合同书 .doc”文件为例进行介绍，选中【本地磁盘 (H:)】窗口中的“公司合同书 .doc”文件，如图 2-54 所示。

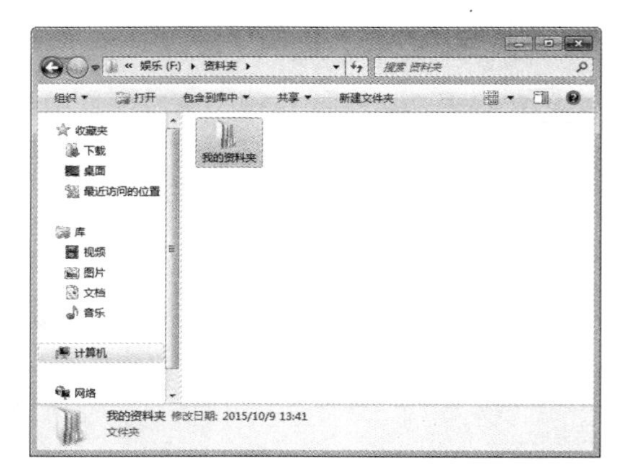

图 2-53　粘贴文件夹

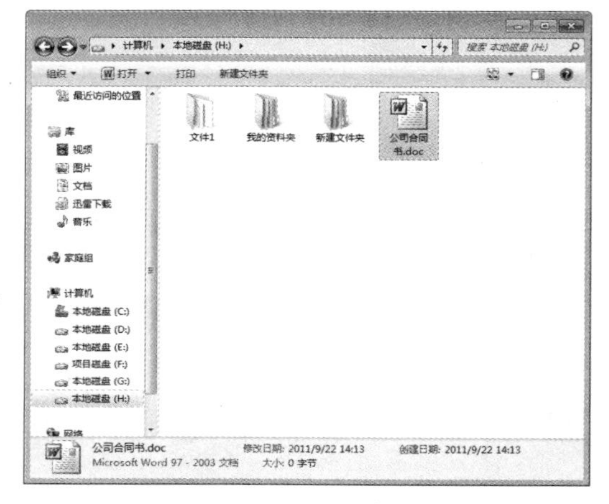

图 2-54　选中要复制的文件

Step 02 按住键盘上的 Ctrl 键的同时，单击鼠标不放将“公司合同书 .doc”文件拖到“我的资料夹”文件夹中，如图 2-55 所示。

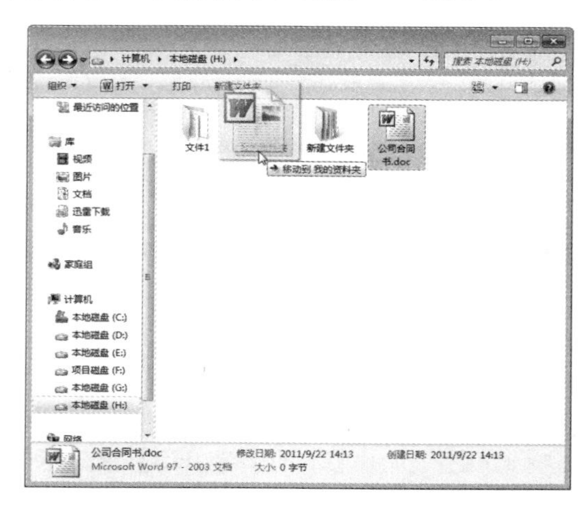

图 2-55　拖动文件

Step 03 打开【我的资料夹】窗口，在其中就可以看到复制的文件，如图 2-56 所示。

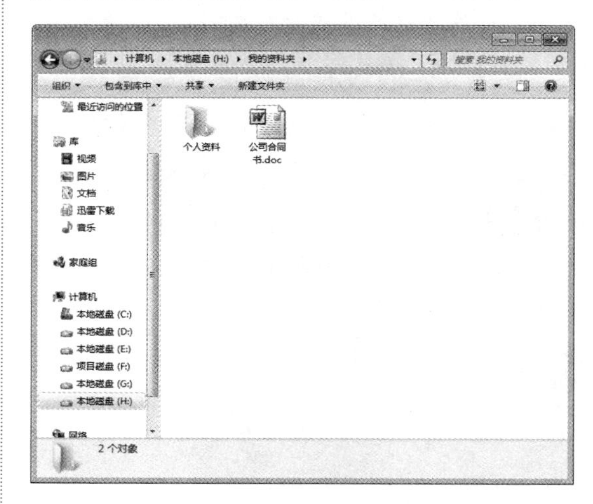

图 2-56　复制的文件

方法 4：通过组合键复制

按 Ctrl+C 组合键可以复制文件，按 Ctrl+V 组合键可以粘贴文件。

2. 移动文件或文件夹

移动文件或文件夹也可以通过 4 种方法来实现。

方法 1：通过右键快捷菜单中的【剪切】和【粘贴】命令移动

Step 01 选中要移动的文件或文件夹，然后单击鼠标右键，从弹出的快捷菜单中选择【剪切】命令，如图 2-57 所示。

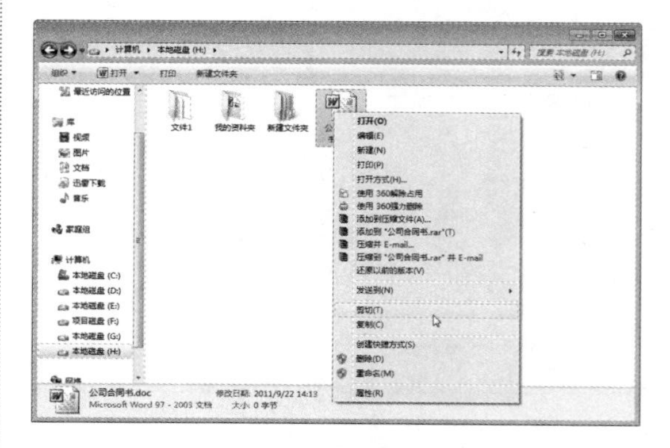

图 2-57　选择【剪切】命令

Step 02 打开存放该文件或文件夹的目标位置，然后单击鼠标右键，从弹出的快捷菜单中选择【粘贴】命令，如图 2-58 所示。

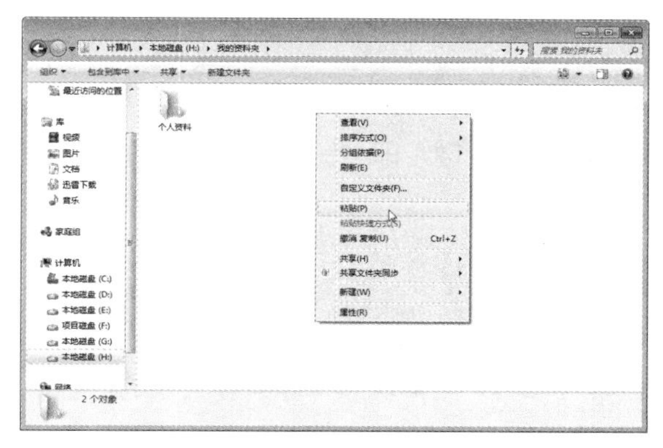

图 2-58　选择【粘贴】命令

Step 03 此时，选定的文件就被移动到当前文件夹中了，如图 2-59 所示。

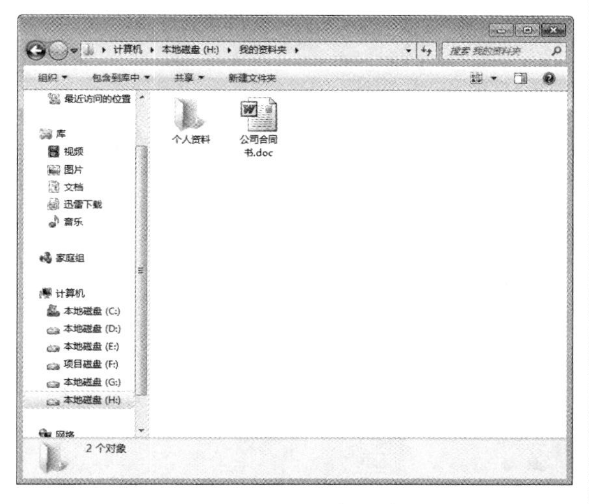

图 2-59　移动文件

方法 2：通过【组织】菜单移动文件或文件夹

Step 01 选中需要移动的文件或文件夹，然后选择【组织】→【剪切】命令，如图 2-60 所示。

Step 02 打开存放该文件或文件夹的目标位置，然后选择【组织】→【粘贴】命令，如图 2-61 所示。

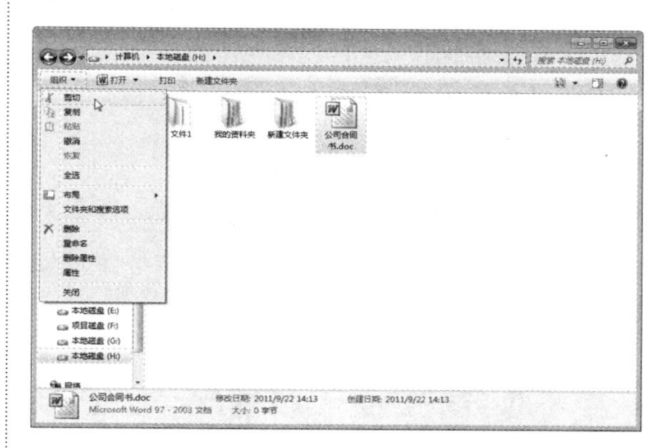

图 2-60　选择【剪切】命令

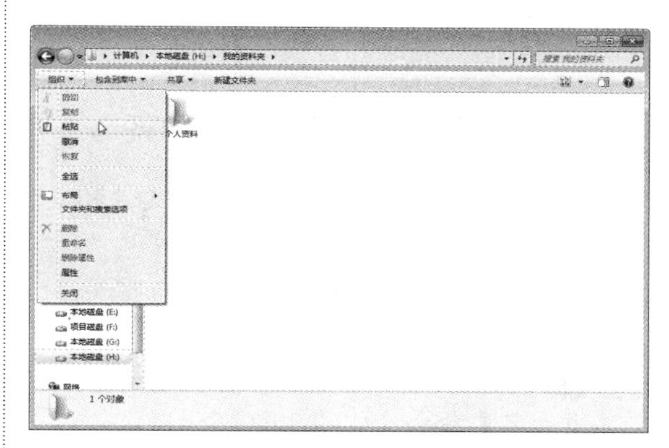

图 2-61　选择【粘贴】命令

Step 03 此时，选定的文件就被移动到当前文件夹中了，如图 2-62 所示。

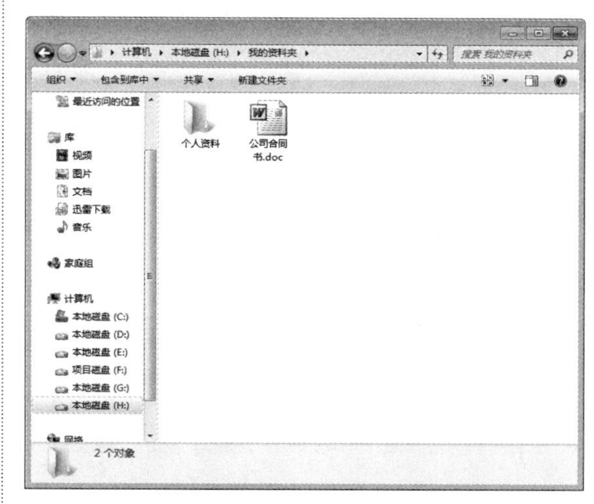

图 2-62　移动文件

方法 3：通过鼠标拖动移动文件或文件夹

选中需要移动的文件或文件夹，按下鼠标左键不放，将其拖动到目标文件夹中，然后释放鼠标即可完成移动操作。

方法 4：通过组合键

首先选中要移动的文件或文件夹，按下 Ctrl+X 组合键可以剪切文件，然后打开要存放该文件或文件夹的目标位置，接着在该目标位置处按下 Ctrl+V 组合键，即可完成文件或文件夹的移动操作。

2.4.3 重命名文件和文件夹

重命名文件或文件夹，也就是为其换个名字，这样可以更好地体现文件和文件夹中的内容，以便于对其进行管理和查找，重命名文件和文件夹的操作相同。

1. 重命名单个文件和文件夹

用户可以通过 3 种方法对单个文件和文件夹进行重命名，这里以重命名文件“公司合同书”Word 文件为例进行介绍。

方法 1：通过右键快捷菜单重命名

Step 01 在文档窗口中选中“公司合同书”文件，然后单击鼠标右键，从弹出的快捷菜单中选择【重命名】命令，如图 2-63 所示。

Step 02 此时文件名称处于可编辑的状态，直接输入新的文件名称即可，如这里输入“合同书”，如图 2-64 所示。

图 2-63 选择【重命名】命令

图 2-64 输入名称

Step 03 输入完毕后，在窗口的空白区域单击或按 Enter 键，即可完成重命名单个文件的操作，如图 2-65 所示。

注意 重命名单个文件夹的操作与重命名单个文件的操作类似，这里不再赘述。但需要注意的是，重命名文件时，一定不要修改文件的扩展名。

图 2-65　重命名文件

方法 2：通过鼠标单击重命名

首先选中需要重命名的文件或者文件夹，单击所选文件或文件夹的名称使其处于可编辑状态，然后直接输入新的文件或文件夹的名称即可，如图 2-66 所示。

图 2-66　重命名记事本文件

方法 3：通过【组织】菜单重命名

Step 01 选中需要重命名的文件或文件夹，选择【组织】→【重命名】命令，如图 2-67 所示。

Step 02 此时文件名称处于可编辑的状态，直接输入新的文件名称即可，如这里输入“公司销货合同书”，如图 2-68 所示。

图 2-67　选择【重命名】命令

图 2-68　输入名称

Step 03 输入完毕后，在窗口的空白区域单击或按 Enter 键，即可完成重命名单个文件的操作。

2. 批量重命名文件和文件夹

有时需要重命名多个相似的文件或文件夹，这时就可以使用批量重命名文件或文件夹的方法，方便快捷地完成操作，具体操作步骤如下。

Step 01 在磁盘分区或文件夹窗口中选中需要重命名的多个文件或文件夹，如图 2-69 所示。

图 2-69　选中多个文件

Step 02 单击鼠标右键，从弹出的快捷菜单中选择【重命名】命令，如图 2-70 所示。

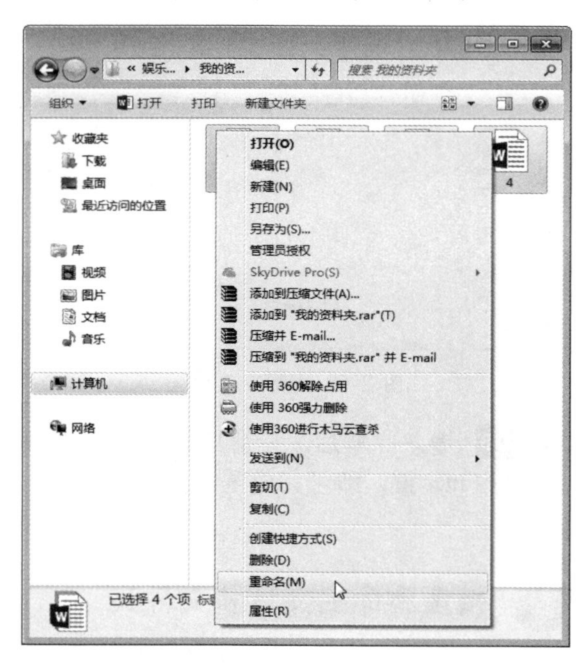

图 2-70　选择【重命名】命令

Step 03 此时，所选中的文件夹中的第 1 个文件的名称处于可编辑状态。直接输入新的文件名称，如这里输入“公司合同”，如图 2-71 所示。

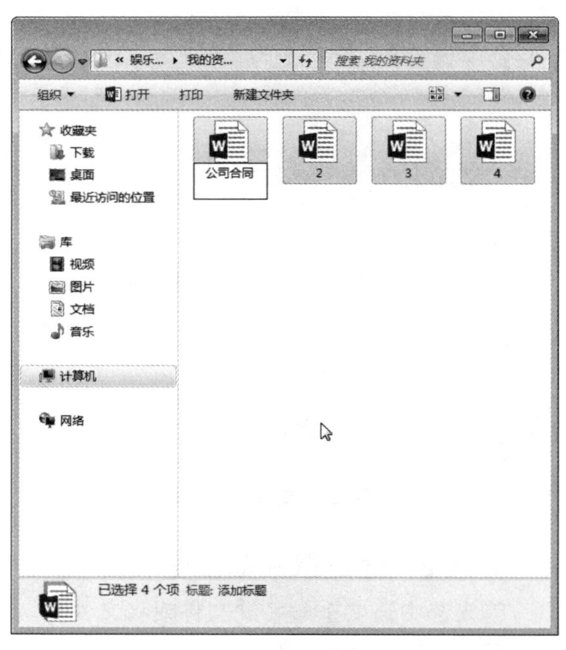

图 2-71　输入文件名称

Step 04 输入完毕后，在窗口的空白区域单击或按 Enter 键，可以看到所选的其他文件夹都会被重新命名，如图 2-72 所示。

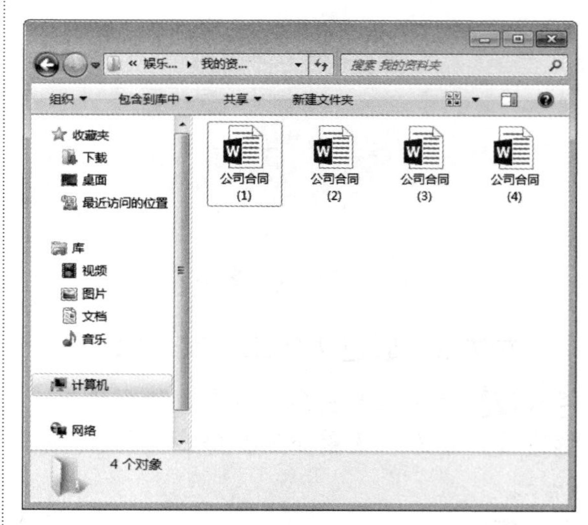

图 2-72　完成重命名操作

提示 对文件或文件夹进行命名时，需要注意以下几点。

(1) 文件和文件夹名称长度最多可达 256 个字符，1 个汉字相当于两个字符。

(2) 文件、文件夹名中不能出现这些字符：斜线 (\、/)、竖线 (|)、小于号 (<)、大于号 (>)、冒号 (:)、引号 ("、 ')、问号 (?)、星号 (*)。

(3) 文件和文件夹不区分大小写字母。如 "abc" 和 "ABC" 是同一个文件名。

(4) 通常文件都有扩展名 (通常为 3 个字符)，用来表示文件的类型。文件夹通常没有扩展名。

(5)　同一个文件夹中的文件、文件夹不能同名。

2.4.4 选择文件和文件夹

选择文件和文件夹的操作非常简单，只需用鼠标单击想要选择的文件或文件夹图标，即可选中该文件或文件夹。另外，根据选择对象的不同，选择文件或文件夹包括以下几种情况，分别是选择全部文件或文件夹、选择多个连续的文件或文件夹、选择多个不连续的文件或文件夹。

1. 选择全部文件或文件夹

选择全部文件或文件夹有两种方法。

方法 1：通过鼠标拖动全选

Step 01 打开文件或文件夹所在磁盘分区或文件夹窗口，如图 2-73 所示。

图 2-73　打开文件所在文件夹

Step 02 在文件夹窗口中的空白处单击鼠标，在不松开鼠标的情况下拖曳出一个矩形，使文件和文件夹都处在该矩形当中，如图 2-74 所示。

图 2-74　拖曳出一个矩形

Step 03 完成之后，松开鼠标，即可完成全选操作，如图 2-75 所示。

方法 2：通过【组织】菜单全选

Step 01 打开文件或文件夹所在磁盘分区或文件夹窗口，选择【组织】→【全选】命令，如图 2-76 所示。

图 2-75　选中全部文件

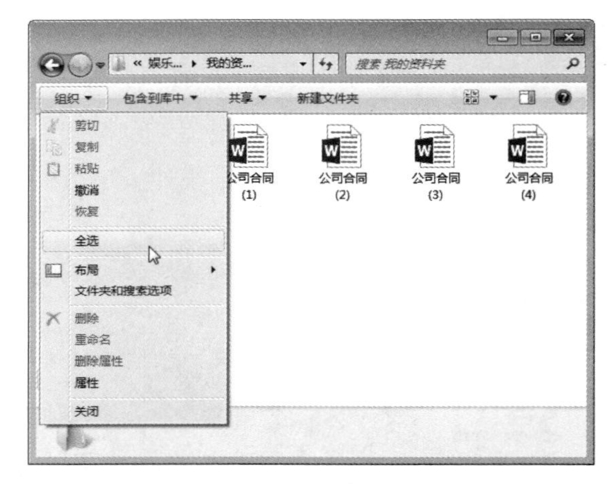

图 2-76　选择【全选】命令

Step 02 这样就可以将该文件夹窗口中的所有文件选中，如图 2-77 所示。

图 2-77　选中全部文件

2. 选择多个连续的文件或文件夹

通过鼠标拖动可以选择多个连续的文件或文件夹，具体操作步骤如下。

Step 01 打开文件或文件夹所在磁盘分区或文件夹窗口，在文件夹窗口中的空白处单击鼠标，在不松开鼠标的情况下拖曳出一个矩形，使连续的文件或文件夹都处在该矩形当中，如图 2-78 所示。

图 2-78　选择多个连续文件或文件夹

Step 02 完成之后，松开鼠标，即可完成多个连续文件或文件夹的选择操作，如图 2-79 所示。

图 2-79　选中多个连续文件

3. 选择多个不连续的文件或文件夹

通过鼠标单击和键盘上的 Ctrl 键可以选择多个不连续的文件或文件夹，具体操作步骤如下。

Step 01 打开文件或文件夹所在磁盘分区或文件夹窗口。

Step 02 在文件夹窗口中单击想要选择的文件或文件夹，然后按下键盘上的 Ctrl 键，再单击与之不相邻的文件或文件夹，即可完成多个不连续文件或文件夹的选择操作，如图 2-80 所示。

图 2-80　选择多个不连续文件或文件夹

2.4.5 删除文件和文件夹

有时，为了节省磁盘存储空间，以存放更多的资源，可以将不需要的文件或文件夹删除。一般情况下，删除后的文件或文件夹被放到回收站中，用户可以选择将其彻底删除或还原到原来的位置。

1. 暂时删除文件或文件夹

可以通过 4 种方法暂时删除文件或文件夹。

方法 1：通过右键快捷菜单删除

Step 01 在需要删除的文件或文件夹上单击鼠标右键，从弹出的快捷菜单中选择【删除】命令，如图 2-81 所示。

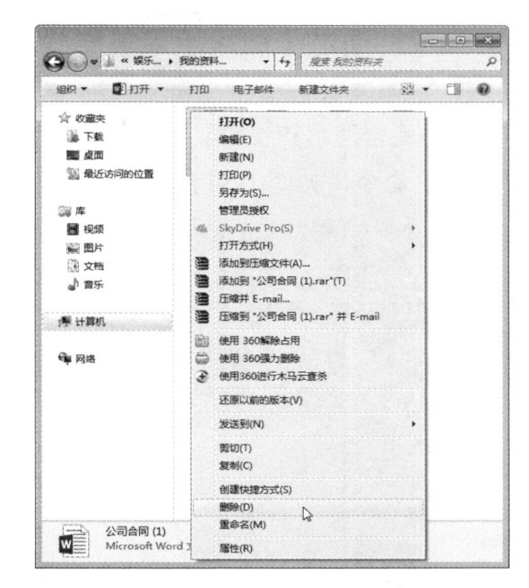

图 2-81　选择【删除】命令

Step 02 弹出【删除文件】对话框，提示用户是否确实要删除文件并将此文件放入回收站，如图 2-82 所示。

图 2-82　【删除文件】对话框

Step 03 单击【是】按钮，即可将选中的文件或文件夹放入回收站中，如图 2-83 所示。

图 2-83　放入回收站中

方法 2：通过【组织】菜单删除

Step 01 选中需要删除的文件或文件夹，这里选择“公司合同 (1)”文件，然后选择【组织】→【删除】命令，如图 2-84 所示。

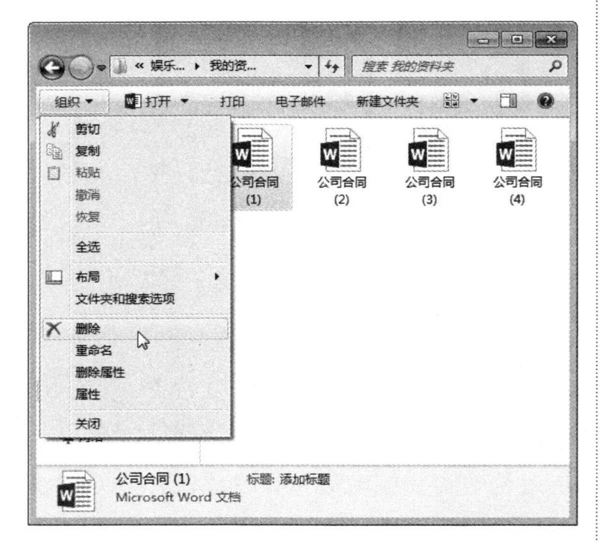

图 2-84　选择【删除】命令

Step 02 弹出【删除文件】对话框，提示用户是否确实要把此文件放入回收站中，如图 2-85 所示。

图 2-85　【删除文件】对话框

Step 03 单击【是】按钮，即可将选中的文件或文件夹放入回收站中。

方法 3：通过 Delete 键删除

选中要删除的文件或文件夹，然后按下键盘上的 Delete 键，弹出【删除文件夹】对话框，单击【是】按钮，即可将选中的文件或文件夹放入回收站中，如图 2-86 所示。

图 2-86　【删除文件夹】对话框

方法 4：通过鼠标拖动删除

选中需要删除的文件或文件夹，按下鼠标左键不放，将其拖动到桌面上的【回收站】图标上，然后释放鼠标即可。

 彻底删除文件或文件夹

彻底删除文件或文件夹之后，在回收站中将不再存放这些文件或文件夹，而是永久删除，用户可以通过 4 种方法彻底删除文件或文件夹。

方法 1：Shift+ 右键菜单

Step 01 选中需要删除的文件或文件夹，按下 Shift 键的同时，在该文件或文件夹上单击鼠标右键，从弹出的快捷菜单中选择【删除】命令，如图 2-87 所示。

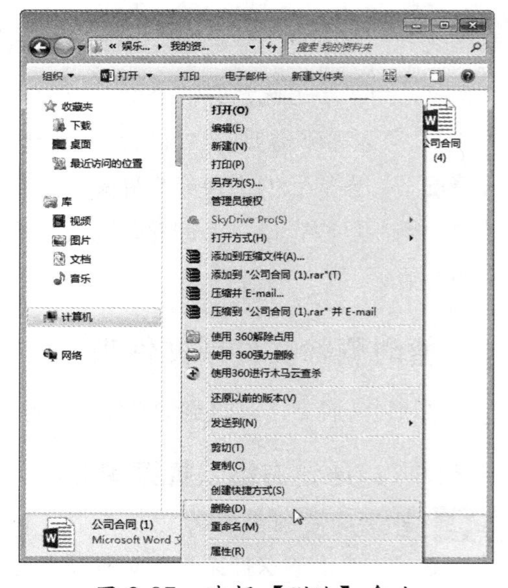

图 2-87　选择【删除】命令

Step 02 随即弹出【删除文件】对话框，提示用户是否确实要删除“公司合同 (1)”文件，如图 2-88 所示。

图 2-88　【删除文件】对话框

Step 03 单击【是】按钮，即可将选中的文件或文件夹彻底删除。

方法 2：通过 Shift+【组织】菜单

选中要删除的文件或文件夹，按下 Shift 键的同时，选择【组织】→【删除】命令，随即弹出一个【文件删除】对话框，单击【是】按钮即可将其彻底删除。

方法 3：通过 Shift+Delete 组合键

选中要删除的文件或文件夹，然后按下 Shift+Delete 组合键，在弹出的对话框中单击【是】按钮即可。

方法 4：通过 Shift+ 鼠标移动

按下 Shift 键的同时，按下鼠标左键将要删除的文件或文件夹拖到桌面上的【回收站】图标上，也可以将其彻底删除。

2.4.6 隐藏、显示文件和文件夹

电脑中有一些重要文件和文件夹，为了避免让其他人看到，可以将其设置为隐藏属性，当需要查看这些文件时，再将其设置为显示属性。

1. 隐藏文件和文件夹

用户如果想要隐藏文件和文件夹，首先要将想要隐藏的文件或文件夹设置为隐藏属性，然后再对文件夹选项进行相应的设置，具体操作步骤如下。

Step 01 在需要隐藏的文件或文件夹，例如“我的资料夹”文件夹上单击鼠标右键，从弹出的快捷菜单中选择【属性】命令，如图 2-89 所示。

Step 02 弹出【我的资料夹 属性】对话框，切换到【常规】选项卡，选择【隐藏】复选框，如图 2-90 所示。

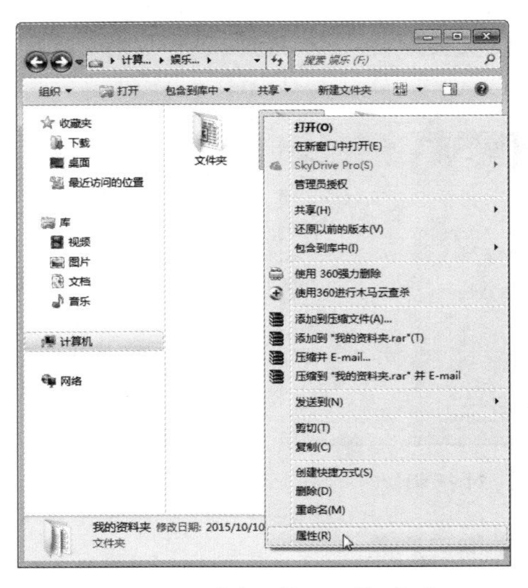

图 2-89　选择【属性】命令

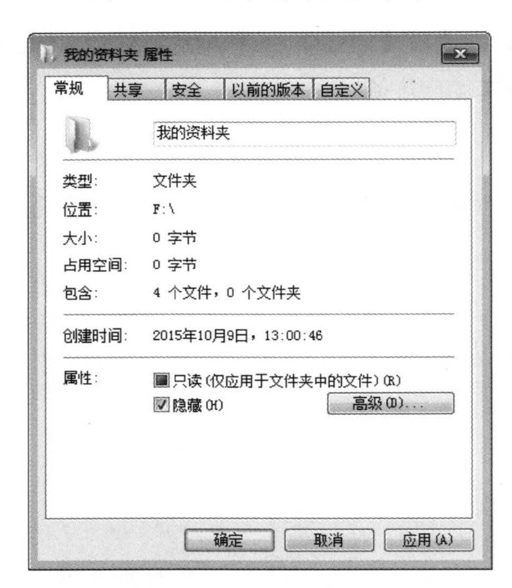

图 2-90　【常规】选项卡

Step 03 单击【确定】按钮，弹出【确认属性更改】对话框，在其中选择相应的单选按钮，如图 2-91 所示。

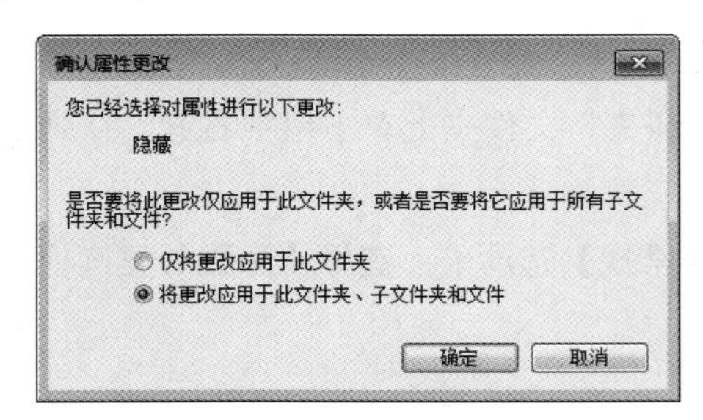

图 2-91　【确认属性更改】对话框

Step 04 单击【确定】按钮，则选择的文件被成功隐藏，如图 2-92 所示。

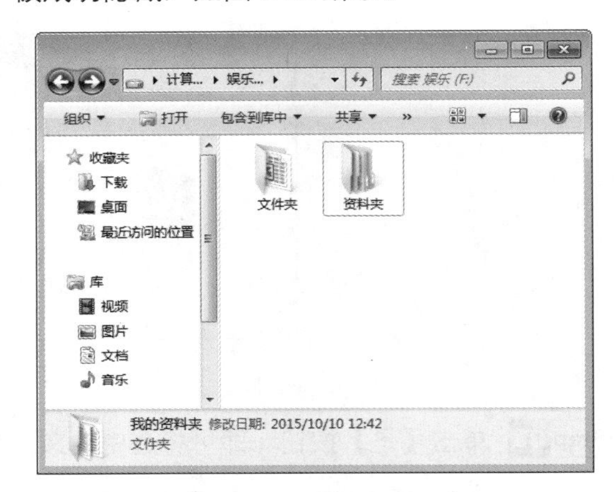

图 2-92　隐藏文件

注意　如果在文件夹选项中设置了显示隐藏文件，那么隐藏的文件将会以半透明状态显示，此时还可以看到文件夹，这就不能起到保护的作用，所以要在文件夹选项中设置不显示隐藏文件。

在文件夹窗口中选择【组织】→【文件夹选项】命令，弹出【文件夹选项】对话框。切换到【查看】选项卡，然后在【高级设置】列表框中选中【不显示隐藏的文件、文件夹或驱动器】单选按钮，如图 2–93 所示。

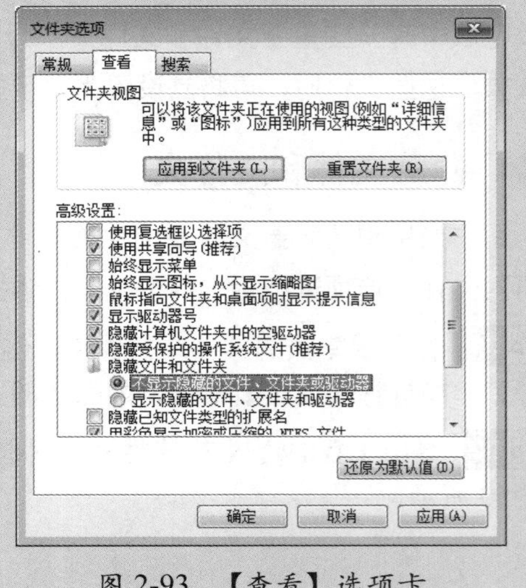

图 2-93　【查看】选项卡

2. 显示所有隐藏的文件和文件夹

文件被隐藏后，用户要想调出隐藏文件，需要显示文件，具体操作步骤如下。

Step 01 在文件夹窗口中选择【组织】→【文件夹选项】命令，弹出【文件夹选项】对话框，在【高级设置】列表框中选中【显示隐藏的文件、文件夹或驱动器】单选按钮，如图 2-94 所示。

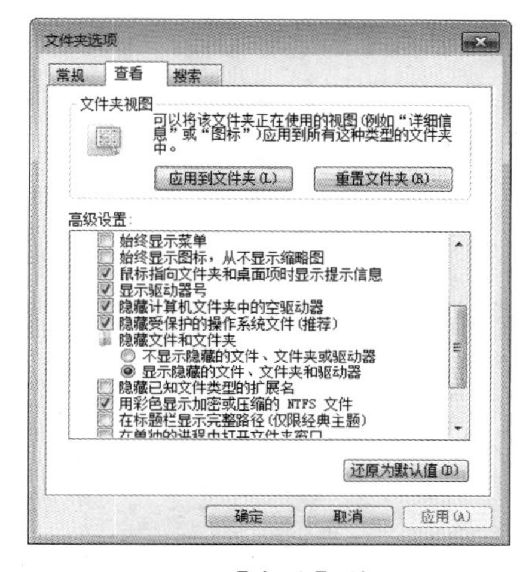

图 2-94　【查看】选项卡

Step 02 单击【确定】按钮，返回到文件窗口中，选择隐藏的文件，右击鼠标，在弹出的快捷菜单中选择【属性】命令，如图 2-95 所示。

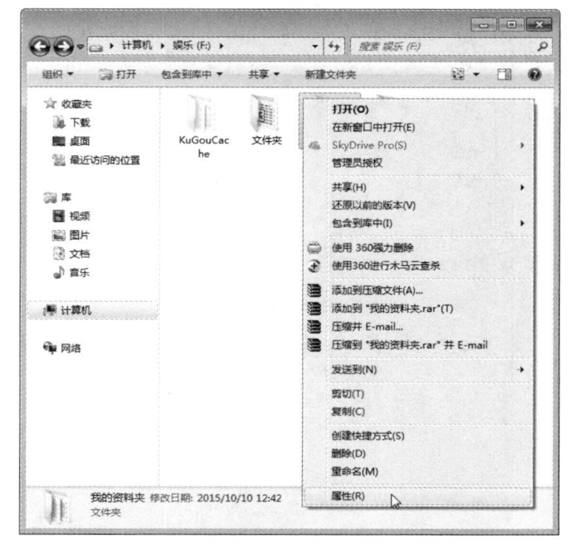

图 2-95　选择【属性】命令

Step 03 弹出【我的资料夹属性】对话框，取消选中【隐藏】复选框，单击【确定】按钮，如图 2-96 所示。

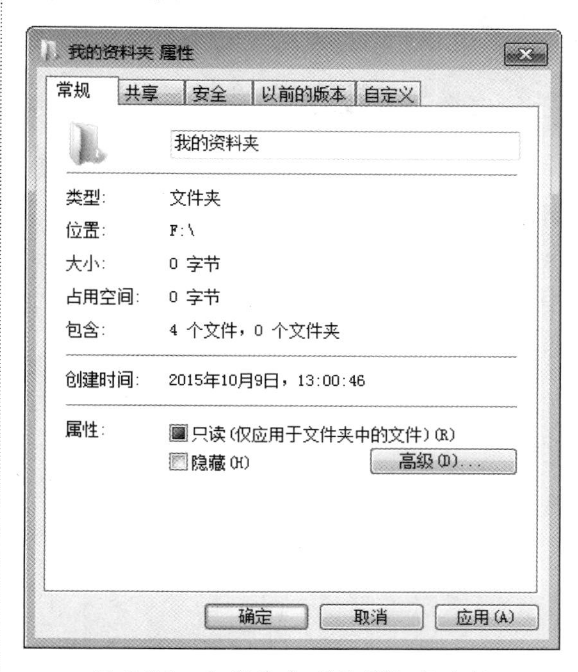

图 2-96　取消选中【隐藏】复选框

Step 04 弹出【确认属性更改】对话框，单击【确定】按钮，即可成功显示隐藏的文件，如图 2-97 所示。

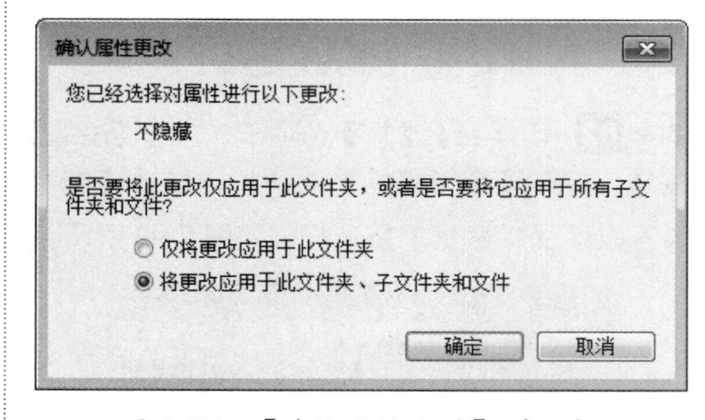

图 2-97　【确认属性更改】对话框

2.5 高效办公技能实战

2.5.1 高效办公技能实战 1——加密公司的重要文件

对文件或文件夹加密，可以保护它们免受未经授权的访问。Windows 7 提供的加密文件功能，可以加密文件或文件夹，具体操作步骤如下。

Step 01 选择需要加密的文件或文件夹，右击鼠标，从弹出的快捷菜单中选择【属性】命令，打开属性对话框，如图 2-98 所示。

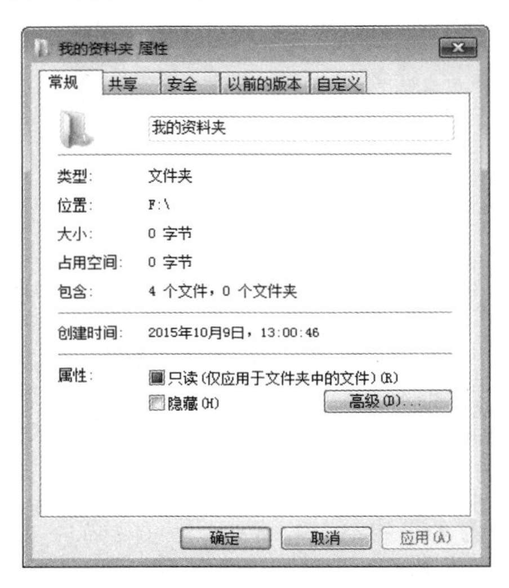

图 2-98　【常规】选项卡

Step 02 切换到【常规】选项卡，单击【高级】按钮，打开【高级属性】对话框，选择【加密内容以便保护数据】复选框，如图 2-99 所示。

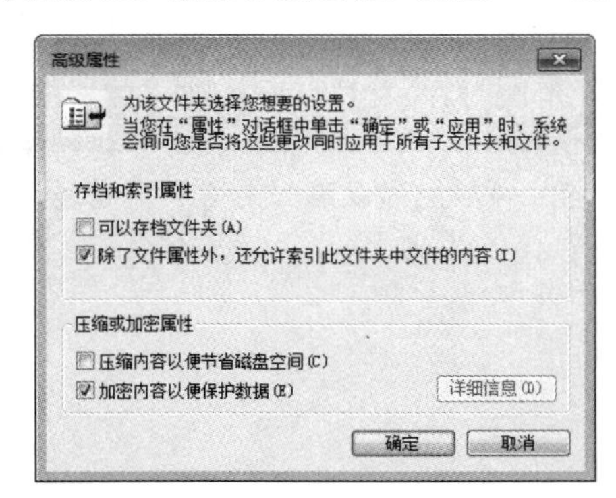

图 2-99　【高级属性】对话框

Step 03 单击【确定】按钮，返回到属性对话框，单击【应用】按钮，弹出【确认属性更改】对话框，选择【将更改应用于此文件夹、子文件夹和文件】单选按钮，如图 2-100 所示。

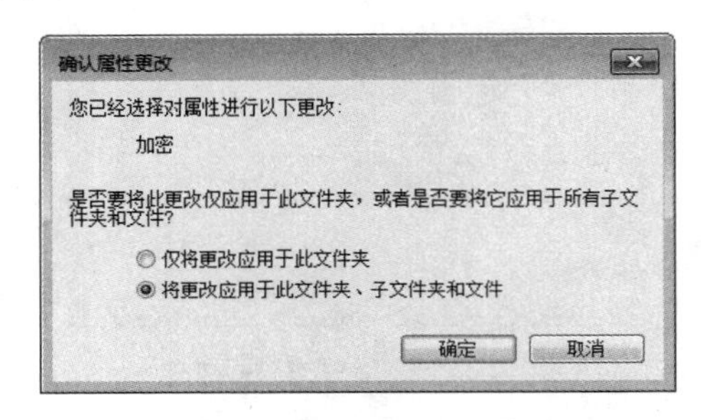

图 2-100　【确认属性更改】对话框

Step 04 单击【确定】按钮，返回到属性对话框，如图 2-101 所示。

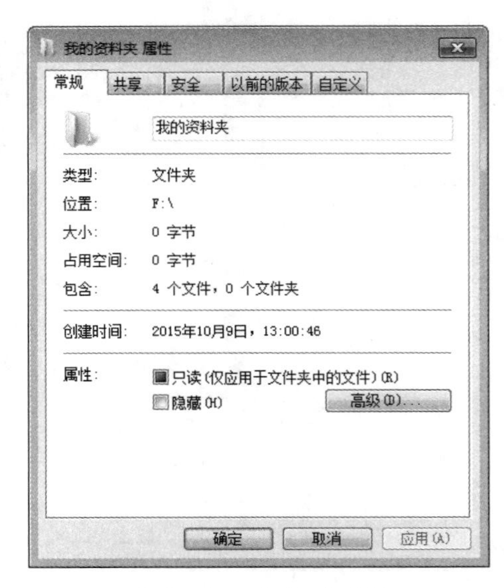

图 2-101　属性对话框

Step 05 单击【确定】按钮，弹出【应用属性】对话框，系统开始自动对所选的文件夹进行加密操作，如图 2-102 所示。

Step 06 加密完成后，可以看到被加密的文件夹名称显示为绿色，表示加密成功，如图 2-103 所示。

图 2-102　【应用属性】对话框

图 2-103　加密后的文件夹

2.5.2　高效办公技能实战 2——搜索公司需求的资料

有时用户需要查看某个文件或文件夹的内容，却忘记了该文件或文件夹存放的具体位置或名称，而 Windows 7 提供的搜索文件或文件夹功能就可以帮用户查找该文件或文件夹，具体操作步骤如下。

Step 01 单击【开始】按钮，在弹出的菜单中输入需要搜索的文件名称，在搜索列表中即可显示结果文件，如图 2-104 所示。

图 2-104　搜索文件结果

Step 02 如果不能确定文件的名称，可以直接输入名称中的关键词，例如输入“合同”，如图 2-105 所示。

图 2-105　输入搜索关键词

Step 03 单击【查看更多结果】选项，打开搜索结果窗口，从中即可查看含有此关键词的文件，如图 2-106 所示。

图 2-106　搜索结果窗口

2.6 课后练习与指导

2.6.1 解密公司的重要文件

● 练习目标

了解： 解密的原理。

掌握： 解密公司重要文件的方法。

● 专题练习指南

01 选择被加密的文件或文件夹并右击，在弹出的快捷菜单中选择【属性】命令。

02 弹出【属性】对话框，单击【高级】按钮。

03 弹出【高级属性】对话框，在【压缩或加密属性】设置区域中取消选中【加密内容以便保护数据】复选框，并单击【确定】按钮。

04 返回到【属性】对话框，单击【应用】按钮。

05 弹出【确认属性更改】对话框，选中【将更改应用于此文件夹、子文件夹和文件】单选按钮，单击【确定】按钮。

06 返回到【属性】对话框，单击【确定】按钮，弹出【应用属性】对话框，系统开始对文件夹进行解密操作。

07 解密完成后，系统自动关闭【应用属性】对话框。

2.6.2 个性化设置文件夹图标

● 练习目标

了解： 自定义文件夹图标的过程。

掌握： 自定义文件夹图标的方法。

● 专题练习指南

01 选中需要更改图标的文件夹，右击鼠标，在弹出的快捷菜单中选择【属性】命令。

02 在打开的文件夹属性对话框中切换到【自定义】选项卡。

03 单击【文件夹图标】设置区域中的【更改图标】按钮，打开【为文件夹类型更改图标】对话框，在其中选择需要的图标。

04 最后单击【确定】按钮，即可完成更改文件夹图标的操作。

2.6.3 对文件进行排序和分组查看

- 练习目标

了解：文件排序和分组查看文件的过程。

掌握：对文件进行排序和分组查看的方法。

- 专题练习指南

01 打开需要排序和分组查看的文件夹。

02 在该文件夹的空白处右击，在弹出的快捷菜单中选择【分组依据】→【类型】命令，则该文件夹中的文件就会以类型的方式进行分组排列。

定制适合自己的办公系统——系统设置

- **本章导读**

作为新一代的操作系统，Windows 7 进行了重大的变革，不仅延续了 Windows 家族的传统，而且还带来了更多新的体验。本章将为读者介绍如何调整日期和时间、设置屏幕的背景和分辨率、设置屏幕的刷新率和颜色、设定桌面图标的大小等内容。

- **学习目标**

◎ 了解调整日期和时间的方法

◎ 掌握设置屏幕、桌面图标的方法

◎ 掌握设置账户的方法

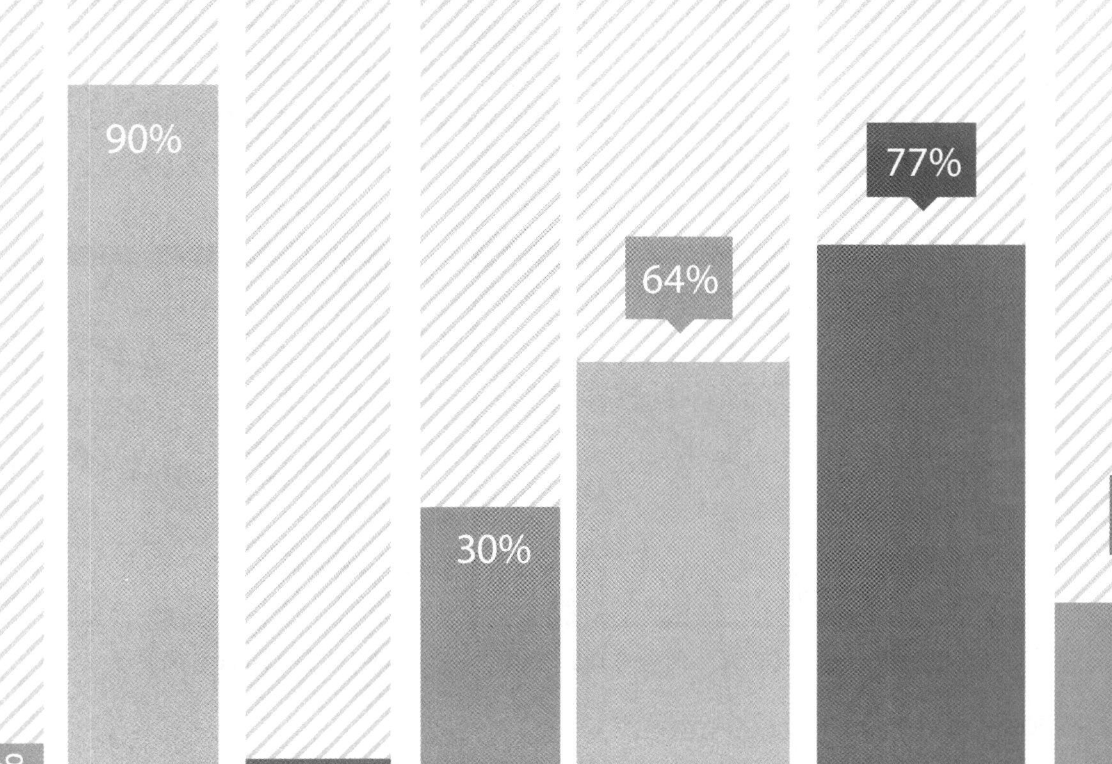

3.1 调整日期和时间

Windows 7 中显示的日期和时间可以更改，常用的方法有自动更新和手动调整两种。

3.1.1 自动更新系统时间

用户可以使计算机时钟与 Internet 时间服务器同步，在自动更新前，需要将计算机连接到因特网。

自动更新系统时间的具体操作步骤如下。

Step 01 单击【开始】按钮，在弹出的【开始】菜单中选择【控制面板】命令，如图 3-1 所示。

Step 02 弹出【控制面板】窗口，选择【时钟、语言和区域】选项，如图 3-2 所示。

图 3-1 选择【控制面板】命令

图 3-2 【控制面板】窗口

Step 03 弹出【时钟、语言和区域】窗口，选择【设置时间和日期】选项，如图 3-3 所示。

Step 04 弹出【日期和时间】对话框，切换到【Internet 时间】选项卡，单击【更改设置】按钮，如图 3-4 所示。

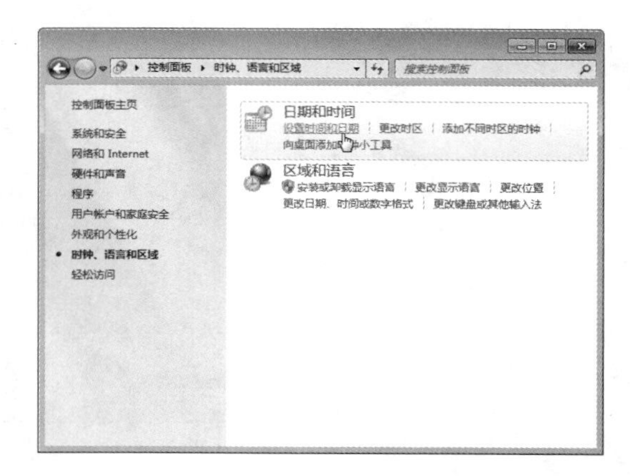

图 3-3 选择【设置时间和日期】选项

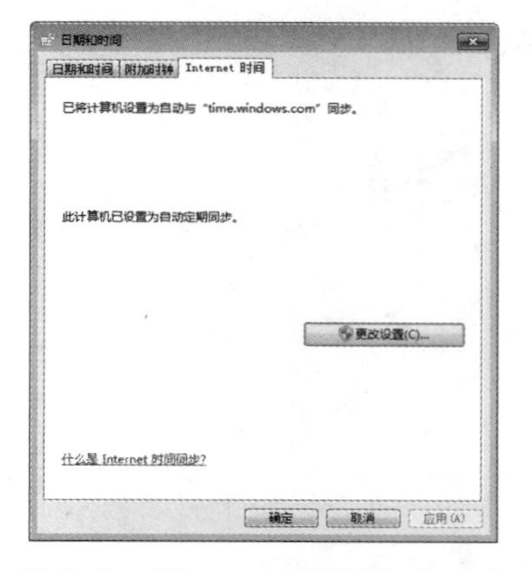

图 3-4 【Internet 时间】选项卡

Step 05 弹出【Internet 时间设置】对话框，选中【与 Internet 时间服务器同步】复选框，单击【服务器】右侧的下拉按钮，在弹出的下拉列表中选择 time.windows.com，单击【确定】按钮，如图 3-5 所示。

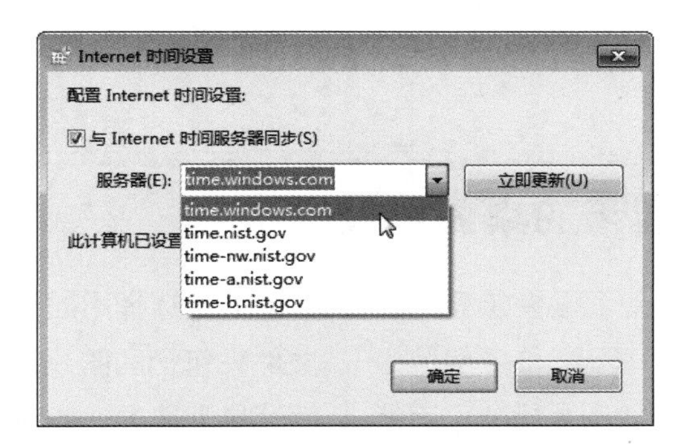

图 3-5 【Internet 时间设置】对话框

Step 06 返回到【日期和时间】对话框，单击【确定】按钮，即可完成设置。

3.1.2 手动更新系统时间

用户也可以手动更新系统精确的时间，具体操作步骤如下。

Step 01 利用上一节的方法打开【日期和时间】对话框，切换到【Internet 时间】选项卡，在此用户可以设置时区、日期和时间，单击【更改日期和时间】按钮，如图 3-6 所示。

Step 02 弹出【时间和日期设置】对话框，在【日期】列表中可以设置年份、月份和时间，设置完成后单击【确定】按钮即可，如图 3-7 所示。

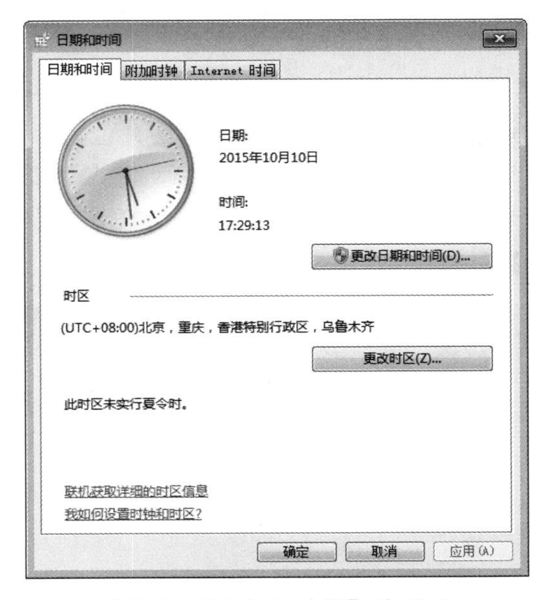

图 3-6 【日期和时间】选项卡

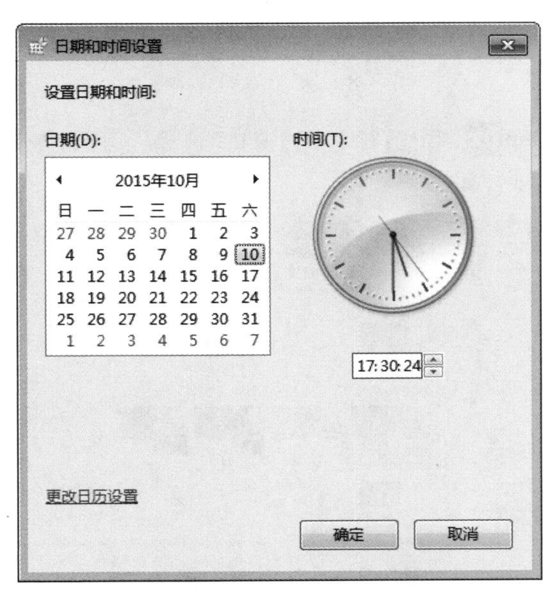

图 3-7 【日期和时间设置】对话框

3.2 屏幕外观的个性化

桌面是打开计算机并登录 Windows 系统之后看到的主屏幕区域，适当地修改桌面，可以让用户看起来更舒服。

3.2.1 利用系统自带的桌面背景

Windows 7 操作系统自带了很多漂亮的背景图片，包括建筑、人物、风景和自然等，用户可以从中选择自己喜欢的图片作为桌面背景，具体操作步骤如下。

Step 01 在桌面的空白处右击，在弹出的快捷菜单中选择【个性化】命令，如图 3-8 所示。

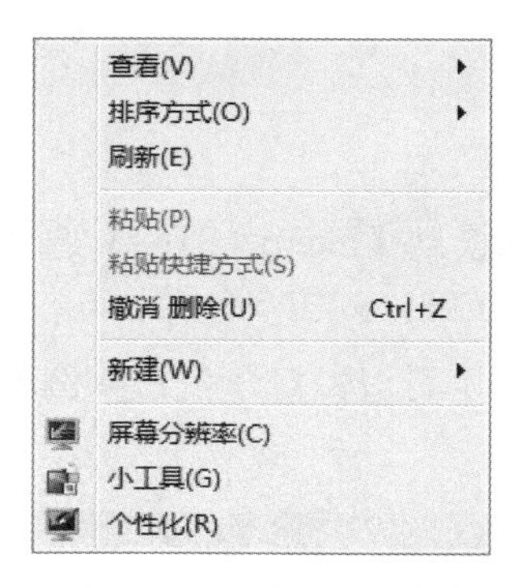

图 3-8　桌面右键菜单

Step 02 弹出【个性化】窗口，选择【桌面背景】选项，如图 3-9 所示。

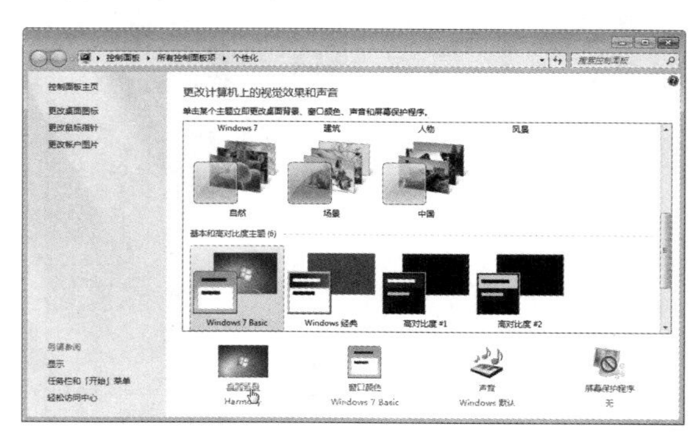

图 3-9　【个性化】窗口

Step 03 弹出【桌面背景】窗口，在【图片位置】下拉列表中列出了系统默认的图片存放文件夹，选择不同的选项，系统将会列出相应文件夹包含的图片。本实例选择【Windows 桌面背景】选项。此时下面的列表框中会显示场景、风景、建筑、人物、中国和自然等 6 个图片分组，在其中的一幅图片上单击鼠标将其选中，如图 3-10 所示。

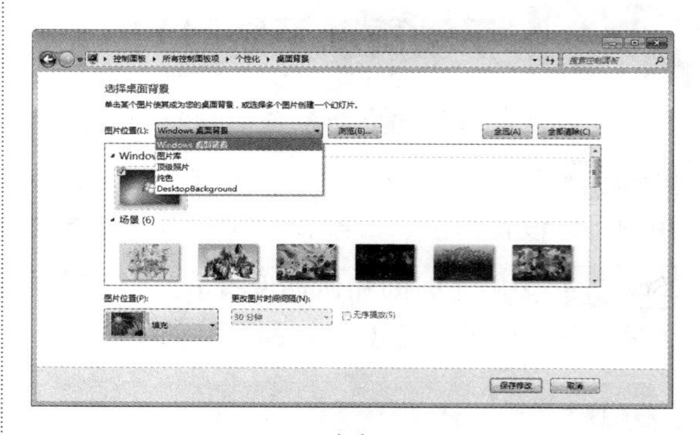

图 3-10　选择图片位置

Step 04 单击窗口左下角的【图片位置】下方的【填充】按钮，弹出背景显示方式，包括填充、适应、拉伸、平铺和居中，这里选择【拉伸】显示方式，如图 3-11 所示。

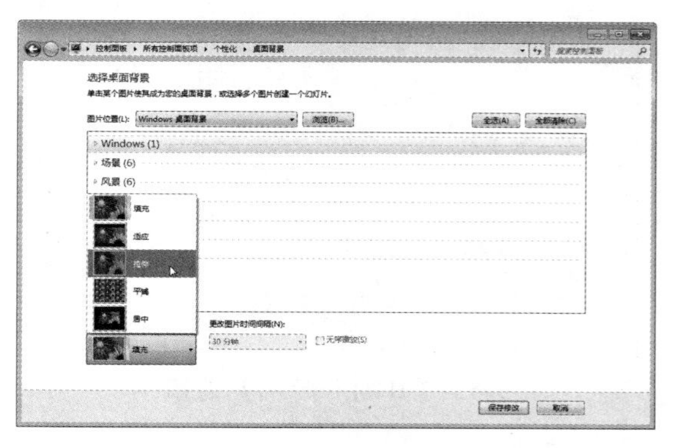

图 3-11　选择图片放置方式

Step 05 如果用户想以幻灯片的形式显示桌面背景，可以单击【全选】按钮，在【更改图片时间间隔】下拉列表中选择桌面背景的替换间隔时间，选中【无序播放】复选框，单击【保存修改】按钮即可完成设置，如图 3-12 所示。

图 3-12　更改图片间隔时间

Step 06 如果用户对系统自带的图片不满意，可以将自己保存的图片设置为桌面背景，在上一步骤中单击【浏览】按钮，弹出【浏览文件夹】对话框，选择图片所在的文件夹，单击【确定】按钮，如图 3-13 所示。

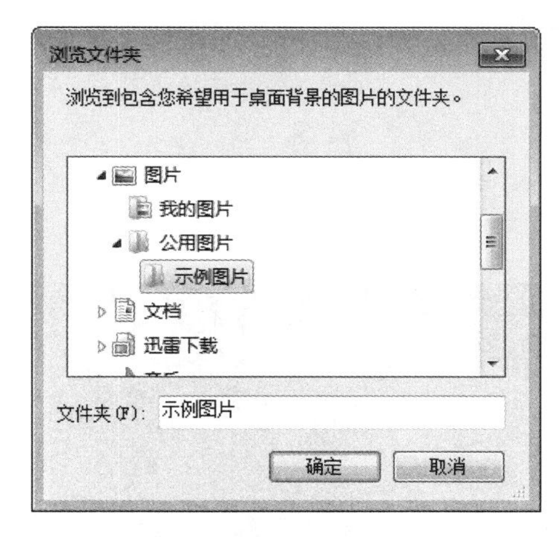

图 3-13　【浏览文件夹】对话框

Step 07 选择的文件夹中的图片被加载到【图片位置】下面的列表框中，从列表框中选择一张图片作为桌面背景图片，单击【保存修改】按钮，返回到【桌面背景】窗口，如图 3-14 所示。

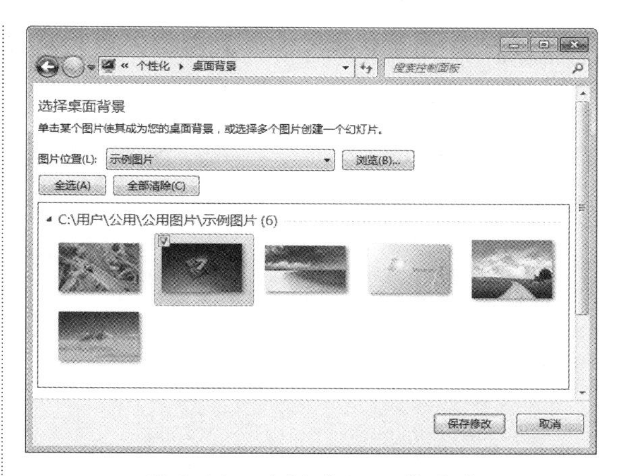

图 3-14　选择桌面背景图片

Step 08 关闭【桌面背景】窗口，返回到桌面，即可看到设置桌面背景后的效果，如图 3-15 所示。

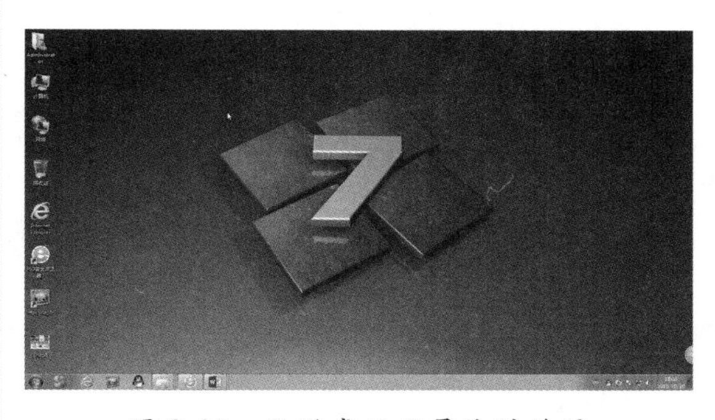

图 3-15　设置桌面背景后的效果

3.2.2 调整分辨率大小

屏幕分辨率指的是屏幕上显示的文本和图像的清晰度。分辨率越高，项目越清楚，同时屏幕上的项目越小，因此屏幕可以容纳越多的项目。分辨率越低，在屏幕上显示的项目越少，但尺寸越大。

设置适当的分辨率，有助于提高屏幕上图像的清晰度，具体操作步骤如下。

Step 01 在桌面的空白处右击，在弹出的快捷菜单中选择【屏幕分辨率】命令，如图 3-16 所示。

Step 02 弹出【屏幕分辨率】窗口，用户可以看到系统默认设置的分辨率和方向，如图 3-17 所示。

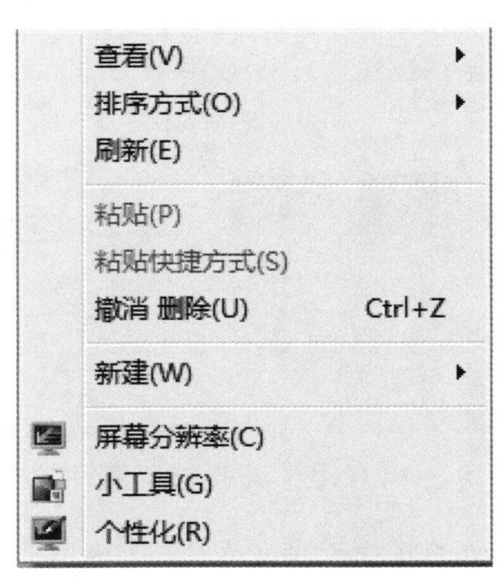

图 3-16　桌面右键菜单

图 3-17　【屏幕分辨率】窗口

Step 03 单击【分辨率】右侧的下拉按钮，在弹出的列表中拖动滑块，选择需要设置的分辨率即可。本实例选择 1600×900，如图 3-18 所示。

> **提示** 更改屏幕分辨率会影响登录此计算机上的所有用户。如果将监视器设置为它不支持的屏幕分辨率，那么该屏幕在几秒钟内将变为黑色，监视器则还原至原始分辨率。

Step 04 单击【确定】按钮即可看到设置分辨率后的显示效果，如图 3-19 所示。

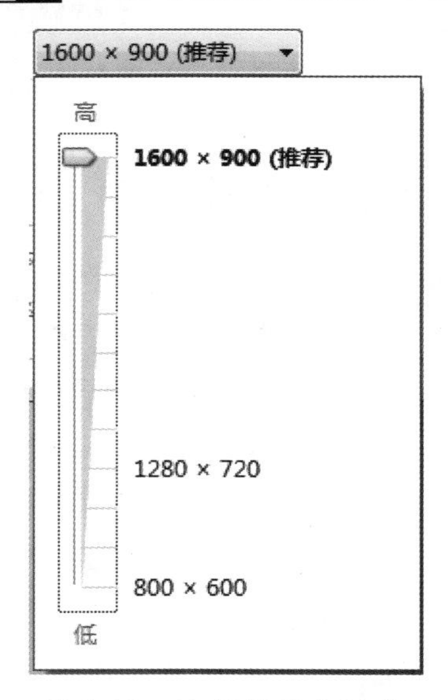

图 3-18　选择屏幕分辨率

图 3-19　设置分辨率后的桌面显示效果

3.2.3 调整刷新频率

刷新频率是指屏幕画面每秒钟被刷新的次数。当屏幕出现闪烁的时候，会导致眼睛疲劳和头痛，此时用户可以通过设置屏幕刷新频率，消除闪烁的现象。具体操作步骤如下。

Step 01 采用上节中同样的方法，打开【屏幕分辨率】窗口，单击【高级设置】链接，如图 3-20 所示。

Step 02 在弹出的对话框中切换到【监视器】选项卡，然后在【屏幕刷新频率】下拉列表中选择合适的刷新频率，单击【确定】按钮即可完成设置。其中刷新频率的选择以无屏幕闪烁为原则，如图 3-21 所示。

图 3-20 单击【高级设置】链接

图 3-21 【监视器】选项卡

Step 03 返回到【屏幕分辨率】窗口，单击【确定】按钮即可。

提示 如果屏幕出现闪烁，则在更改刷新频率之前，可能需要更改屏幕分辨率。分辨率越高，刷新频率就应该越高，但不是每个屏幕分辨率与每个刷新频率都兼容。更改刷新频率会影响登录这台计算机上的所有用户。

3.2.4 设置颜色质量

将监视器设置为 32 位色时，Windows 颜色和主题工作在最佳状态。也可以将监视器设置为 24 位色，但将看不到所有的可视效果。如果将监视器设置为 16 位色，则图像将比较平滑，但不能正确显示。下面以设置颜色质量为 32 位真彩色为例进行讲解，具体操作步骤如下。

Step 01 利用上一节的方法打开【屏幕分辨率】窗口，单击【高级设置】链接，如图 3-22 所示。

Step 02 在弹出的对话框中切换到【监视器】选项卡，然后在【颜色】下拉列表中选择【真彩色 (32 位)】选项，单击【确定】按钮即可完成设置，如图 3-23 所示。

图 3-22　单击【高级设置】链接

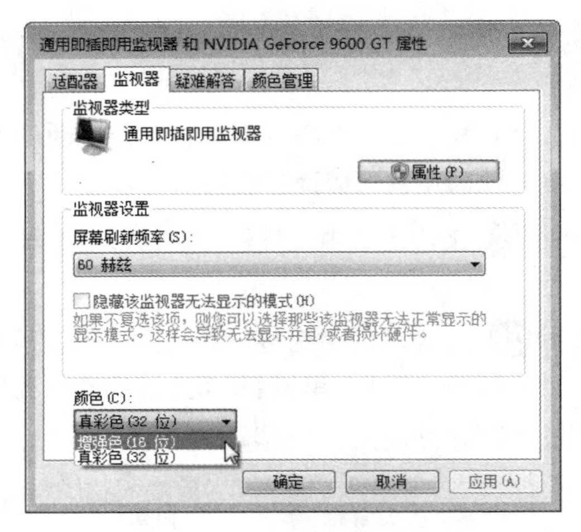

图 3-23　选择颜色

提示 如果不能选择 32 位颜色，请检查分辨率是否已设为可能的最高值，然后再重新设置即可。

Step 03 返回到【屏幕分辨率】窗口，单击【确定】按钮即可。

3.3 桌面图标设置

在 Windows 操作系统中，所有的文件、文件夹以及应用程序都有形象化的图标表示。在桌面上的图标被称为桌面图标，双击桌面图标可以快速打开相应的文件、文件夹或应用程序。本节将介绍个性化桌面图标的设置方法。

3.3.1 添加桌面图标

为了方便使用，用户可以将文件、文件夹和应用程序的图标添加到桌面上。

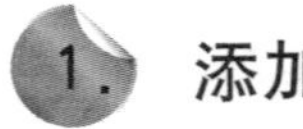

1. 添加系统图标

刚装好 Windows 7 操作系统时，桌面上只有【回收站】一个图标，用户需要添加【计算机】、【网上邻居】和【控制面板】等图标，具体操作步骤如下。

Step 01 在桌面的空白处右击，从弹出的快捷菜单中选择【个性化】命令，如图 3-24 所示。

Step 02 弹出【更改计算机上的视觉效果和声音】界面，选择【更改桌面图标】选项，如图 3-25 所示。

图 3-24　桌面右键菜单

图 3-25　选择【更改桌面图标】选项

Step 03 弹出【桌面图标设置】对话框，用户可以根据需要添加桌面图标，选择相应的复选框，如图 3-26 所示。

Step 04 设置完成后，单击【应用】或【完成】按钮，即可添加系统图标，如图 3-27 所示。

图 3-26　【桌面图标设置】对话框

图 3-27　添加系统图标

2. 添加应用程序快捷方式

用户也可以在桌面上添加程序的快捷方式，下面以添加【记事本】为例进行讲解，具体操作步骤如下。

Step 01 单击【开始】按钮，在弹出的菜单中选择【所有程序】→【附件】→【记事本】命令，如图 3-28 所示。

Step 02 右击【记事本】命令，在弹出的快捷菜单中选择【发送到】→【桌面快捷方式】命令，如图 3-29 所示。

Step 03 返回到桌面，可以看到桌面上已经添加了一个【记事本】图标，如图 3-30 所示。

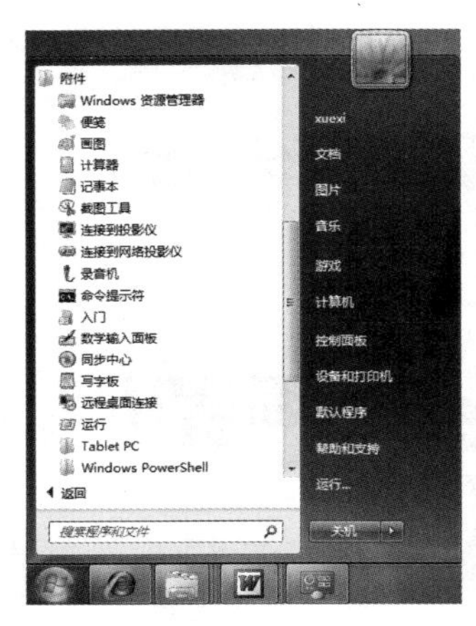

图 3-28　选择【记事本】命令　图 3-29　记事本命令右键菜单　图 3-30　添加记事本图标

3.3.2 更改桌面图标

用户可以根据实际需求更改桌面的图标和名称，具体操作步骤如下。

Step 01 利用上一节的方法打开【桌面图标设置】对话框，在【桌面图标】选项卡中选择要更改标识的桌面图标，本实例选择【计算机】选项，然后单击【更改图标】按钮，如图 3-31 所示。

Step 02 弹出【更改图标】对话框，从【从以下列表中选择一个图标】列表框中选择一个自己喜欢的图标，然后单击【确定】按钮，如图 3-32 所示。

图 3-31　单击【更改图标】按钮

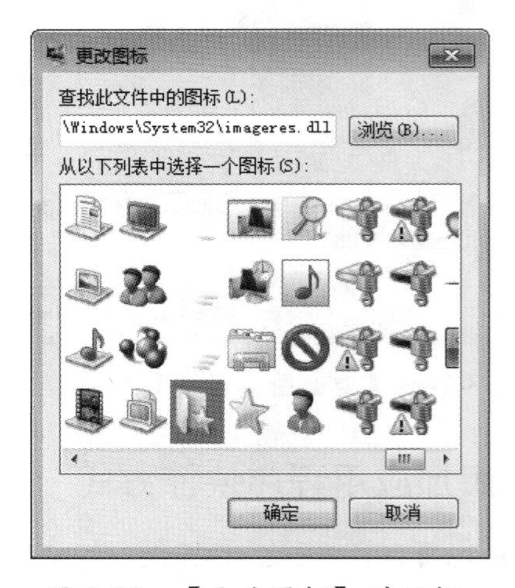

图 3-32　【更改图标】对话框

Step 03 返回到【桌面图标设置】对话框，可以看出【计算机】的图标已经更改，单击【确定】按钮，如图 3-33 所示。

Step 04 返回到桌面，可以看出【计算机】的图标已经发生了变化，如图 3-34 所示。

Step 05 选择【计算机】图标，右击鼠标，在弹出的快捷菜单中选择【重命名】命令，使该图标处于可编辑状态，此时输入新的名称即可，本实例输入“我的电脑”，按 Enter 键即可确认，如图 3-35 所示。

图 3-33　【桌面图标设置】对话框

图 3-34　添加图标到桌面

图 3-35　修改桌面图标的名称

3.3.3 删除桌面图标

对于不常用的桌面图标，可以将其删除，这样有利用管理，同时可以使桌面看起来更简洁美观。

 1. 背图标删除到【回收站】

这里以删除【控制面板】图标为例进行讲解，具体操作步骤如下。

Step 01 在桌面上选择【控制面板】图标并右击，在弹出的快捷菜单中选择【删除】命令，如图 3-36 所示。

Step 02 弹出【确认删除】对话框，单击【是】按钮即可，如图 3-37 所示。

图 3-36　选择【删除】命令

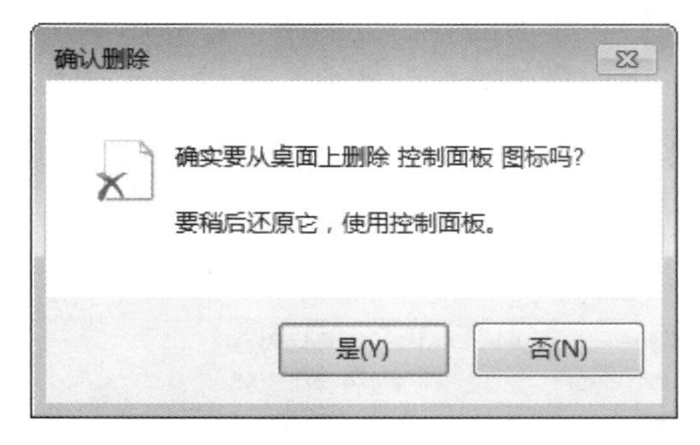

图 3-37　【确认删除】对话框

提示　删除的图标被放在【回收站】中，用户可以将其还原。

另外，用户也可以使用快捷键的方式删除。选择需要删除的桌面图标，按下 Delete 键，即可弹出【确认删除】对话框，然后单击【是】按钮，即可将图标删除。

2. 彻底删除图标

如果想彻底删除桌面图标，按下 Delete 键的同时按下 Shift 键，此时会弹出【删除快捷方式】对话框，提示“您确定要永久删除此快捷方式吗？”，单击【是】按钮，如图 3-38 所示。

图 3-38 【删除快捷方式】对话框

3.3.4 排列桌面图标

日常办公中，用户不断地添加桌面图标会显得桌面很乱，这时可以通过设置桌面图标的大小和排列方式等来整理桌面，具体操作步骤如下。

Step 01 在桌面的空白处右击，在弹出的快捷菜单中选择【查看】命令，在弹出的子菜单中显示 3 种图标大小，包括大图标、中等图标和小图标。本实例选择【小图标】命令，如图 3-39 所示。

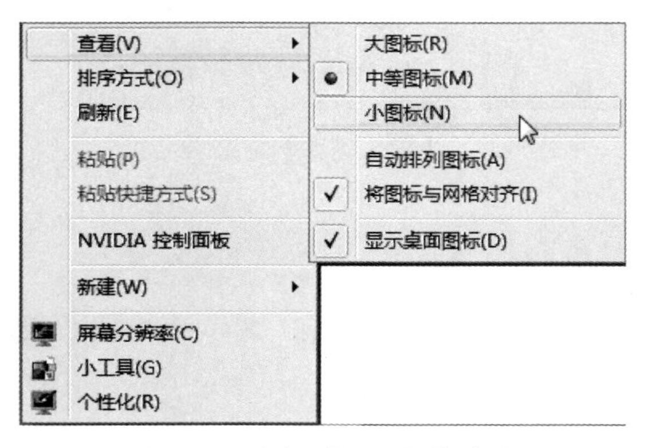

图 3-39 选择【小图标】命令

Step 02 返回到桌面，此时桌面图标已经以小图标的方式显示，如图 3-40 所示。

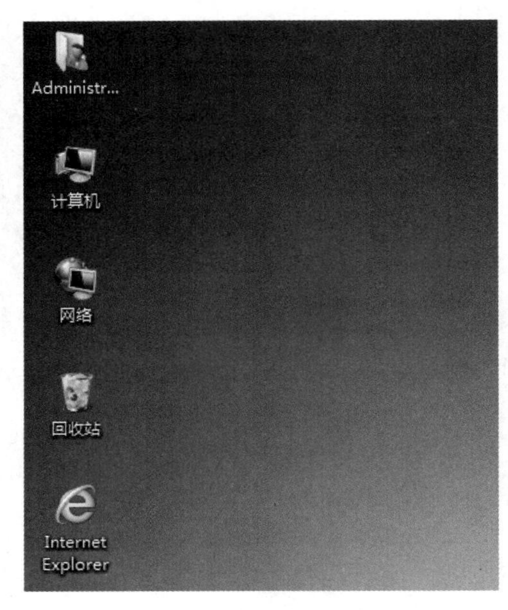

图 3-40 系统桌面以小图标显示

Step 03 在桌面的空白处右击，然后在弹出的快捷菜单中选择【排序方式】命令，弹出的子菜单中有 4 种排列方式，分别为名称、大小、项目类型和修改日期，用户可以根据自己的需要选择排列方式，如图 3-41 所示。

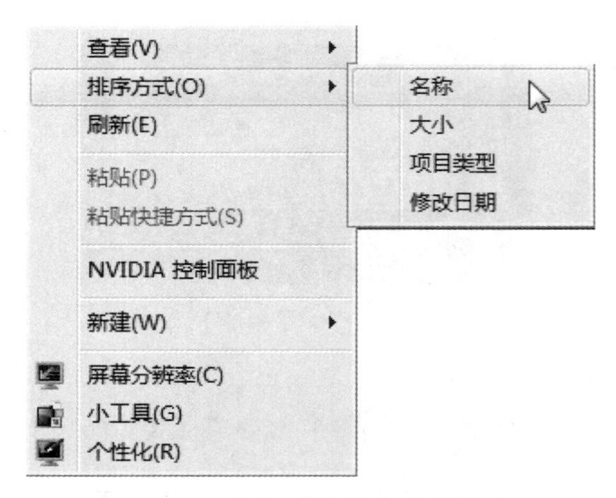

图 3-41 选择【排序方式】命令

3.4 【开始】菜单个性化

Windows 7 目前只有一种默认的【开始】样式，不能更改，但是用户可以根据个人习惯，更改其属性。

3.4.1 设置【开始】菜单

用户可以对【开始】菜单中的项目进行添加和删除等操作，具体操作步骤如下。

Step 01 在【开始】按钮上右击，在弹出的快捷菜单中选择【属性】命令，如图 3-42 所示。

图 3-42　选择【属性】命令

Step 02 弹出【任务栏和「开始」菜单属性】对话框，单击【自定义】按钮，如图 3-43 所示。

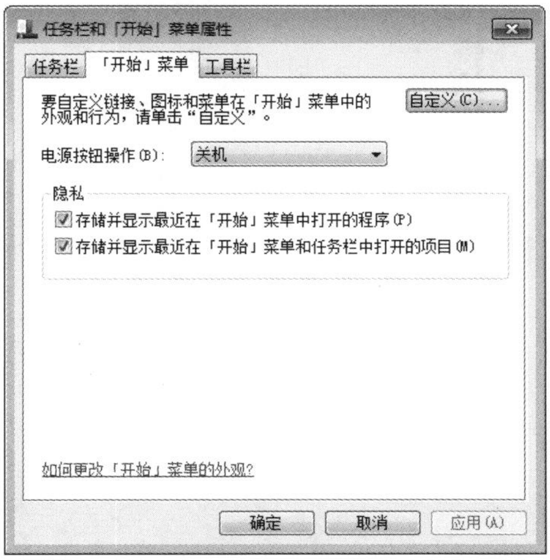

图 3-43　【任务栏和「开始」菜单属性】对话框

Step 03 弹出【自定义「开始」菜单】对话框，选择需要添加到【开始】菜单中的选项，如果想删除某个程序，取消选中相应的复选框即可。本实例选择【连接到】复选框，然后单击【确定】按钮，如图 3-44 所示。

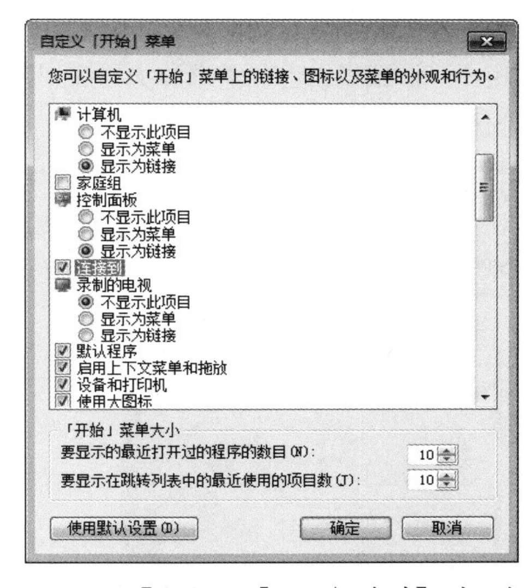

图 3-44　【自定义「开始」菜单】对话框

Step 04 打开【开始】菜单即可看到新添加的【连接到】命令，如图 3-45 所示。

图 3-45　【启动】菜单

3.4.2 【固定程序】列表个性化

在 Windows 7 操作系统的【固定程序】列表位于【开始】菜单的左上角，默认情况下，只有【入门】和 Windows Media Center 两个程序，如图 3-46 所示。

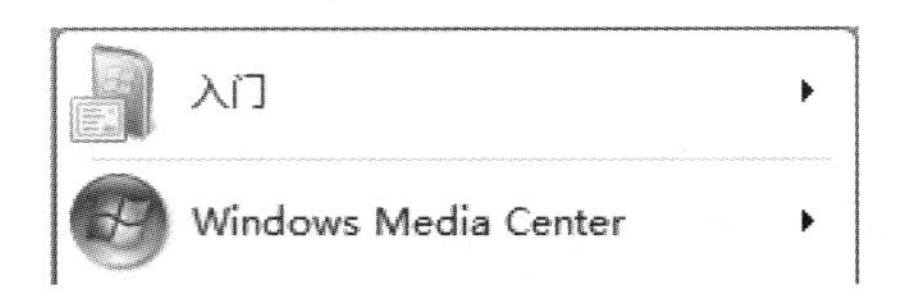

图 3-46 【固定程序】列表

用户可以根据自己的需求添加程序到【固定列表】中，下面以添加【画图】程序为例进行讲解，具体操作步骤如下。

Step 01 单击【开始】按钮，选择【所有程序】→【附件】→【画图】命令，然后右击并在弹出的快捷菜单中选择【附加「开始」菜单】命令，如图 3-47 所示。

Step 02 返回到【开始】菜单，即可看到新添加的【画图】程序，如图 3-48 所示。

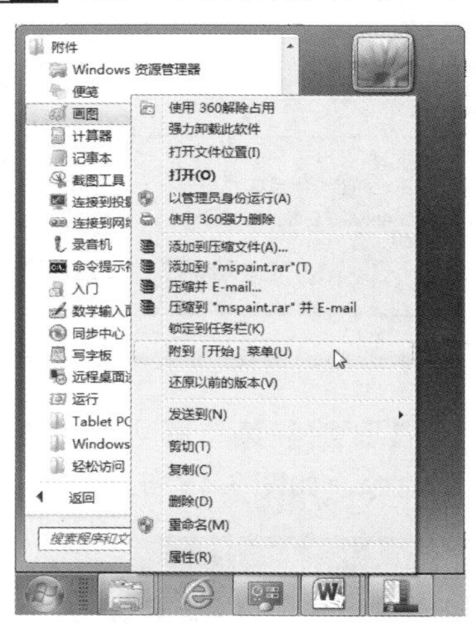

图 3-47 选择【附到「开始」菜单】命令

图 3-48 添加【画图】程序到【固定程序】列表

3.5 高效办公技能实战

3.5.1 高效办公技能实战 1——为公司公用电脑设置多个账号

公司中如果有一台电脑由多个用户使用，那么可以添加多个账号。Windows 7 操作系统支持多用户账号，可以为不同的账号设置不同的权限，它们之间互不干扰，可以独立完成各自的工作。下面以添加账号并设置账号属性为例进行讲解，具体操作步骤如下。

Step 01 单击【开始】按钮，在弹出的【开始】菜单中选择【控制面板】命令，弹出【控制面板】窗口，在【用户账户和家庭安全】功能区中单击【添加或删除用户账户】选项，如图 3-49 所示。

Step 02 弹出【管理账户】窗口，单击【创建一个新账户】选项，如图 3-50 所示。

图 3-49　【控制面板】窗口

图 3-50　单击【创建一个新账户】选项

Step 03 弹出【创建新账号】窗口，输入账户名称"李园"，将账号类型设置为【标准用户】，单击【创建账号】按钮，如图 3-51 所示。

Step 04 返回到【管理账号】窗口，可以看到新建的账户。如果想删除某个账号，可以单击账号名称，如图 3-52 所示。

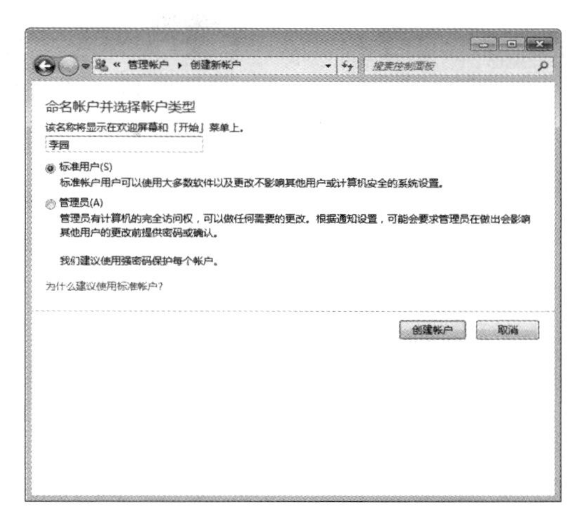

图 3-51　【创建新账户】窗口

图 3-52　选中需要删除的账户

Step 05 弹出【更改账号】窗口，单击【删除账号】选项，如图 3-53 所示。

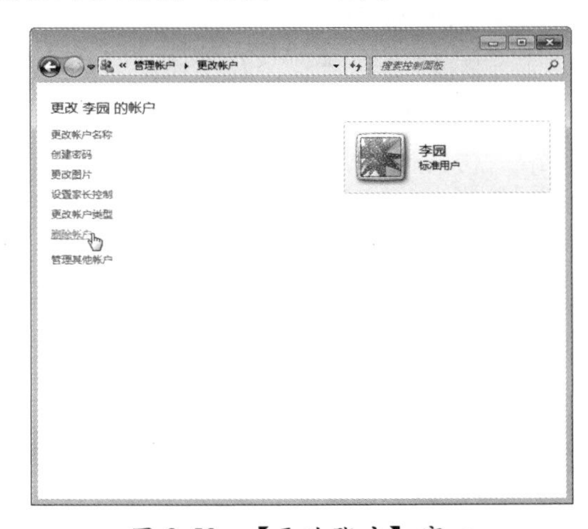

图 3-53　【更改账户】窗口

Step 06 弹出【删除账户】窗口，因为系统为每个账户设置了不同的文件，包括桌面、文档、音乐、收藏夹、视频文件等，如果用户想保留账号中的这些文件，可以单击【保留文件】按钮，否则单击【删除文件】按钮即可，如图3-54所示。

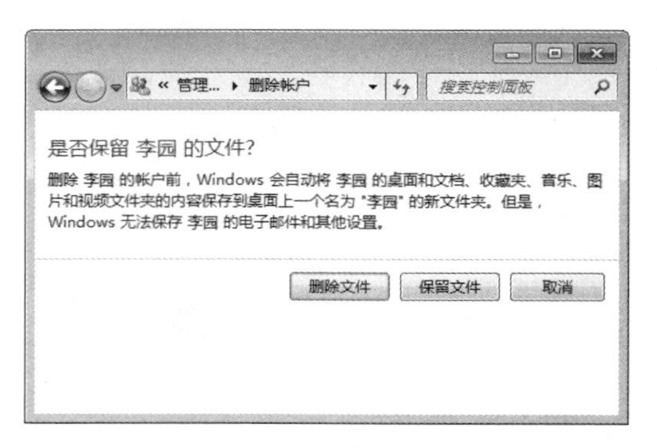

图 3-54　信息提示框

Step 07 弹出【确认删除】窗口，单击【删除账号】按钮即可，如图3-55所示。

Step 08 返回到【管理账号】窗口，可以看到选择的账户已被删除，如图3-56所示。

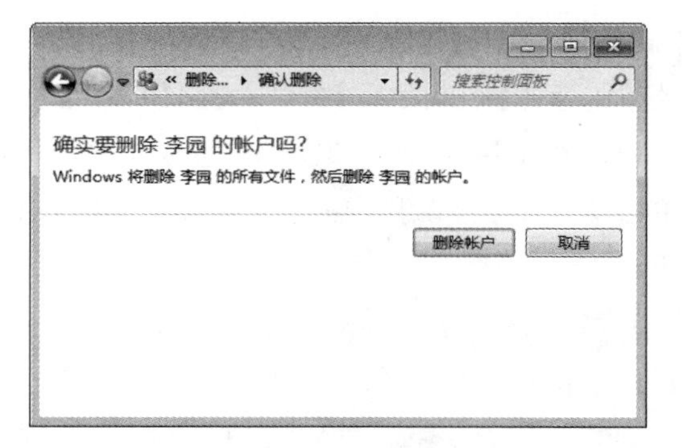

图 3-55　信息提示框

图 3-56　删除选择的账户

3.5.2 高效办公技能实战1——通过屏保增加电脑的安全性

屏幕保护程序最初用于保护较旧的单色显示器免遭损坏，但现在它们主要是个性化计算机或通过提供密码保护来增强计算机安全性的一种方式。设置屏幕保护的具体操作步骤如下。

Step 01 在桌面的空白处右击，在弹出的快捷菜单中选择【个性化】命令，如图3-57所示。

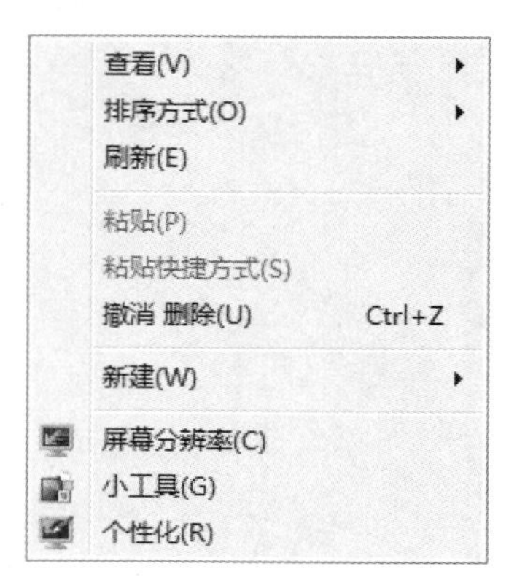

图 3-57　桌面右键菜单

Step 02 弹出【个性化】窗口，选择【屏幕保护程序】选项，如图3-58所示。

图 3-58　【个性化】窗口

Step 03 弹出【屏幕保护程序设置】对话框，在【屏幕保护程序】下拉列表中选择系统自带的屏幕保护程序，本实例选择【气泡】选项，此时在上方的预览框中可以看到设置后的效果，如图 3-59 所示。

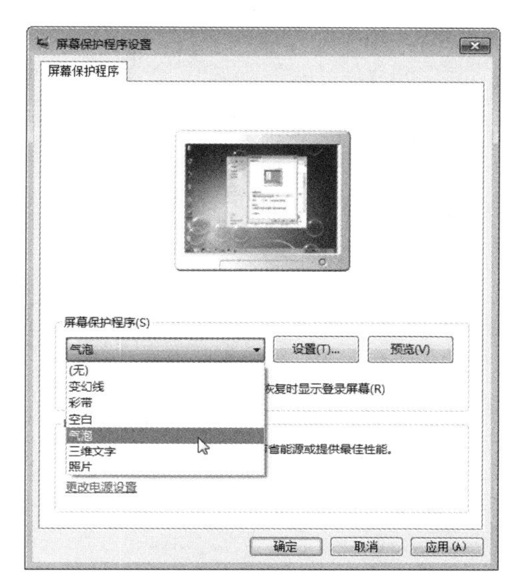

图 3-59　选择屏幕保护程序

Step 04 在【等待】微调框中设置等待的时间，本实例设置为 3 分钟，选择【在恢复时显示登录屏幕】复选框，如图 3-60 所示。

Step 05 单击【预览】按钮，即可查看气泡效果，如图 3-61 所示。

Step 06 返回到【屏幕保护程序设置】对话框，单击【确定】按钮。如果用户在 3 分钟内没有对电脑进行任何操作，系统会自动启动屏幕保护程序。

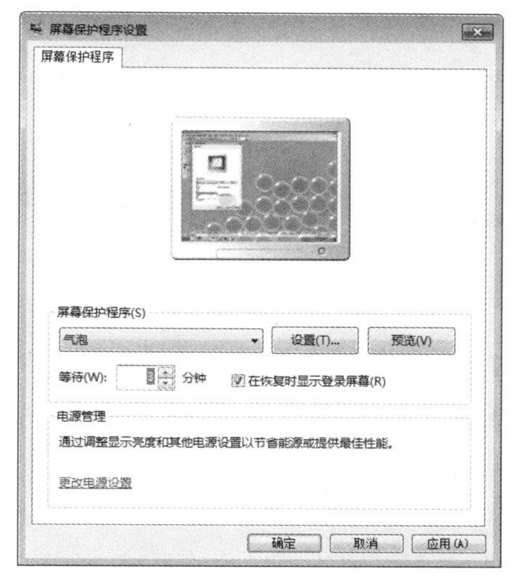

图 3-60　设置等待时间

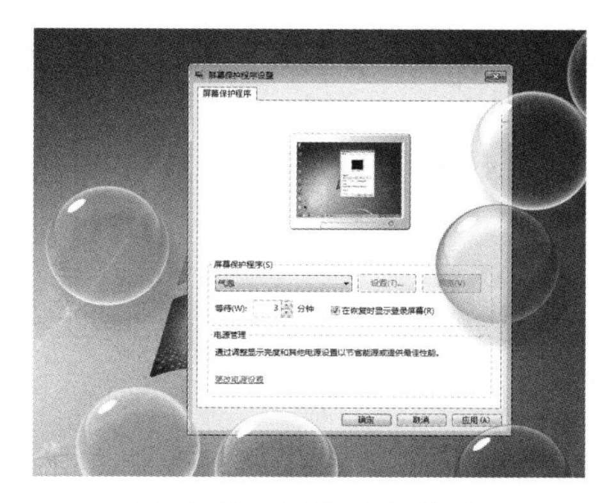

图 3-61　预览屏保效果

3.6 课后练习与指导

3.6.1 快速设置桌面背景

- 练习目标

了解：桌面背景的创建过程。

掌握：自定义桌面背景的方法。

● 专题练习指南

对于用户自己保存的图片，可以快速设置为桌面背景，具体操作步骤如下。

01 直接找到图片的位置，选择图片并右击，在弹出的快捷菜单中选择【设置为桌面背景】命令。

02 即可将该图片设置为桌面背景图片。

3.6.2 创建账户并设置使用环境

● 练习目标

了解：创建账户并设置使用环境的过程。

掌握：创建账户并设置使用环境的方法。

● 专题练习指南

01 以管理员的身份登录操作系统，创建一个用户账户。

02 设置用户账户密码并选择用户账户显示图标。

03 重新启动电脑以创建的新账户登录系统并设置桌面主题。

04 设置系统窗口的颜色。

05 设置屏幕保护程序。

电脑办公第一步——轻松学打字

- **本章导读**

  学会打字是办公人员的基本功，也是实现高效办公的重要一步。本章将为读者介绍如何轻松学会打字，包括了解和使用输入法，设置输入法，微软输入法的使用等。

- **学习目标**

  ◎ 了解输入法的基本概念

  ◎ 掌握正确的打字姿势

  ◎ 掌握输入法常见的管理方法

  ◎ 学会使用拼音打字

  ◎ 掌握语音输入文字和触摸键盘输入文字的方法

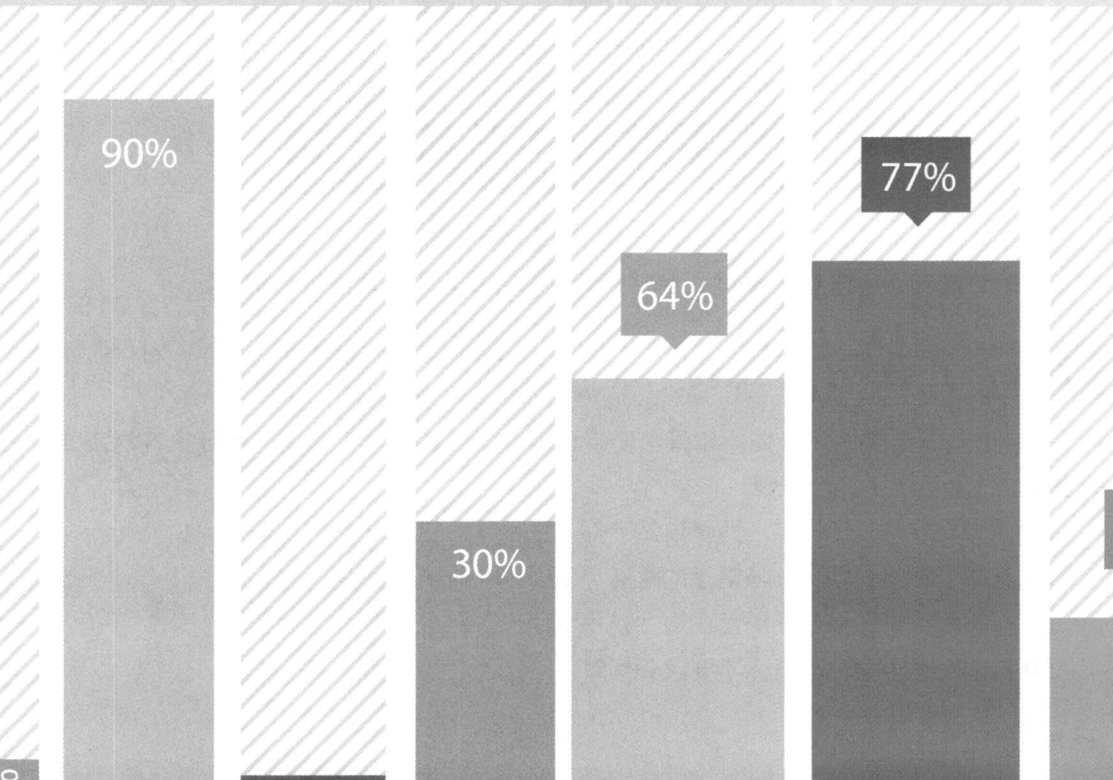

4.1 了解和使用输入法

用户初学打字时，需要掌握正确的打字姿势，然后选择适合自己的输入法，这对提高自己的打字速度很有帮助。

4.1.1 什么是输入法

输入法是指为了将各种符号输入计算机或其他设备而采用的编码方法。汉字输入的编码方法，基本上都是采用将音、形、义与特定的键相联系，再根据不同汉字进行组合来完成汉字的输入。

目前，键盘输入的解决方案大概有区位码、拼音、表形码和五笔字型等几种。这几种输入方案中，又以拼音输入和五笔字型输入为主。其中，常见的拼音输入法有：搜狗拼音输入法、微软拼音输入法、QQ 拼音输入法等；而五笔字型输入法主要是指王码和极品五笔输入法为主，而王码五笔输入法已经经过了 20 多年的实践和检验，是国内占主导地位的汉字输入技术。

4.1.2 选择输入法

选择输入法的常见方法有以下两种。

⑴ 单击状态栏中的输入法图标，即可在弹出的列表中选择需要的输入法，如图 4-1 所示。

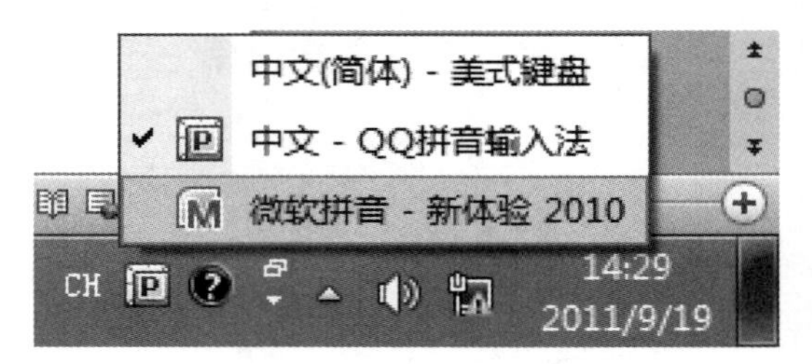

图 4-1　输入法列表

⑵ 默认情况下，按 Ctrl+Shift 组合键，即可在各个输入法之间进行切换。

4.1.3 正确的打字坐姿

打字之前一定要端正坐姿，如果坐姿不正确，不但影响打字速度，而且很容易疲劳。正确的坐姿应该遵循以下几个原则。

(1) 两脚平放，腰部挺直，两臂自然下垂，双手平放在键盘上。

(2) 身体可略向前倾斜，与键盘的距离为 20 ～ 30 厘米。

(3) 打字教材或文稿放在键盘左边，或用专用夹夹在显示器旁边。

(4) 打字时眼观文稿，身体不要跟着倾斜。

4.1.4 练习打字的方法

在 Windows 7 操作系统中，打字之前，需要打开相关的文字处理软件。比如在记事本和写字板等软件中，用户可以轻松地实现打字操作。

具体操作步骤如下。

Step 01 单击【开始】按钮，在弹出的菜单中选择【所有程序】命令，然后在弹出的菜单中选择【附件】→【记事本】命令，如图 4-2 所示。

Step 02 打开【记事本】软件，用户可以直接输入英文字母，如图 4-3 所示。

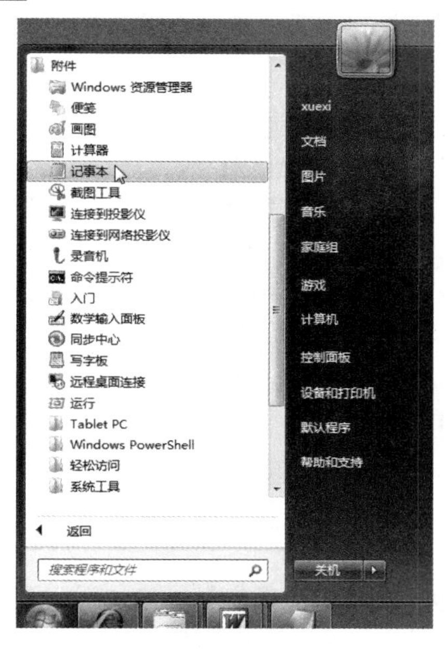

图 4-2 选择【记事本】命令

图 4-3 【记事本】窗口

Step 03 按 Ctrl+Shift 组合键，即可调出输入法，再次敲动键盘，即可拼出汉字，如图 4-4 所示。

Step 04 按空格键即可将文字输入软件中，如图 4-5 所示。

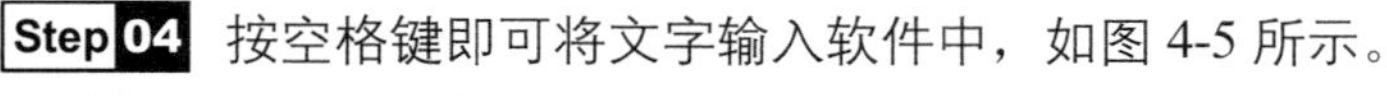

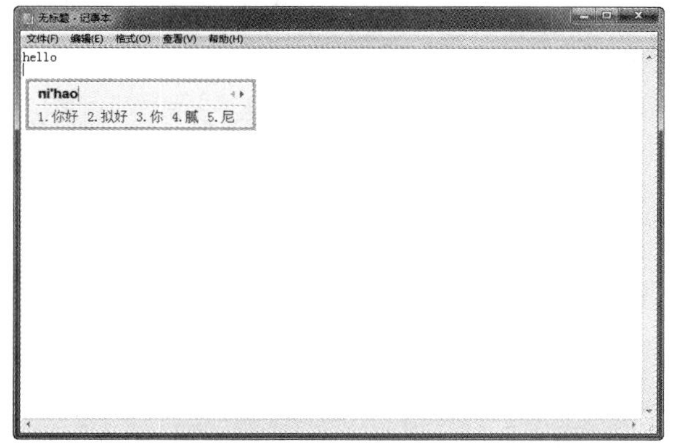

图 4-4 拼音输入法

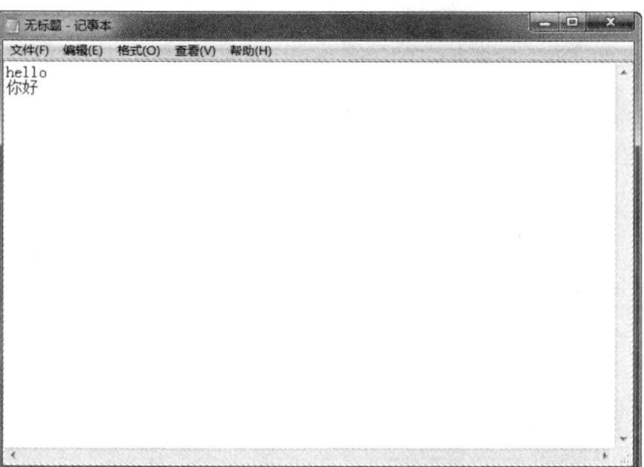

图 4-5 输入汉字

4.2 设置输入法

在输入文字之前，需要了解输入法的基本设置方法。

4.2.1 添加系统自带输入法

Windows 7 操作系统中自带有一些输入法，用户可以通过【添加】按钮添加自己需要的输入法，具体操作步骤如下。

Step 01 在任务栏中选择输入法的图标，单击鼠标右键，在弹出的快捷菜单中选择【设置】命令，如图 4-6 所示。

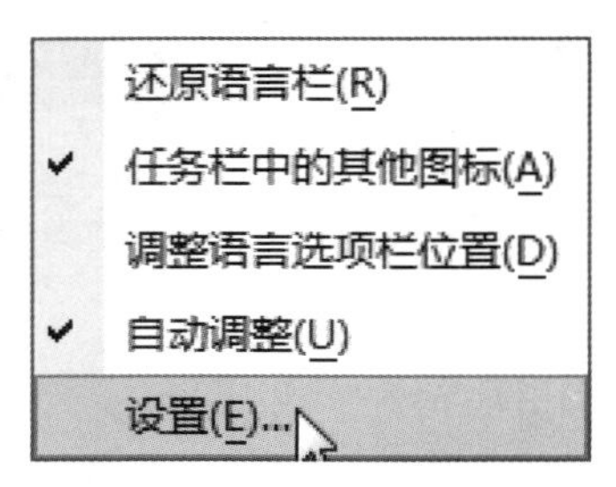

图 4-6 选择【设置】命令

Step 02 随即打开【文本服务和输入语言】对话框，切换到【常规】选项卡，如图 4-7 所示。

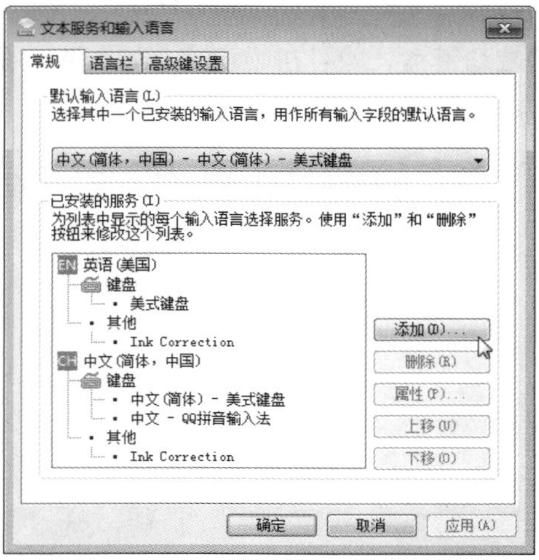

图 4-7 【常规】选项卡

Step 03 单击【添加】按钮，打开【添加输入语言】对话框，选择想要添加的输入法，如图 4-8 所示。

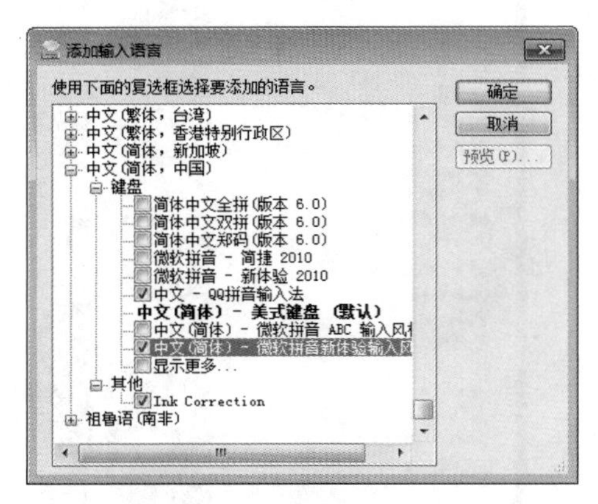

图 4-8 【添加输入语言】对话框

Step 04 单击【确定】按钮，返回到【文本服务和输入语言】对话框，如图 4-9 所示。

图 4-9 【文本服务和输入语言】对话框

Step 05 单击【确定】按钮，即可完成添加输入法的操作。单击任务栏中的输入法图标，即可看到新添加的输入法，如图 4-10 所示。

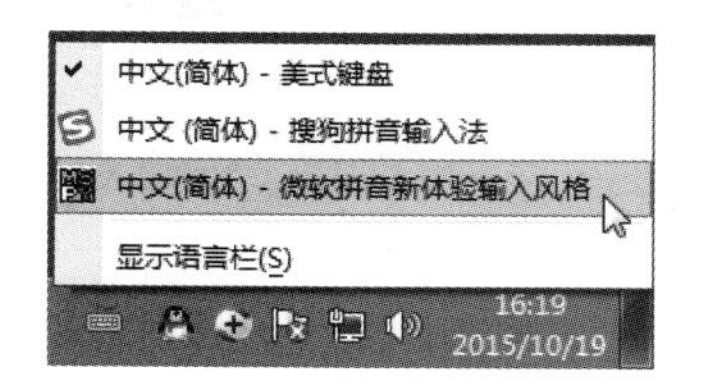

图 4-10　添加输入法

4.2.2 删除输入法

对于不经常使用的输入法，可以将其从输入法列表中删除，具体操作步骤如下。

Step 01 在任务栏中选择输入法的图标，单击鼠标右键，在弹出的快捷菜单中选择【设置】命令，如图 4-11 所示。

Step 02 随即弹出【文本服务和输入语言】对话框，选择想删除的输入法，如图 4-12 所示。

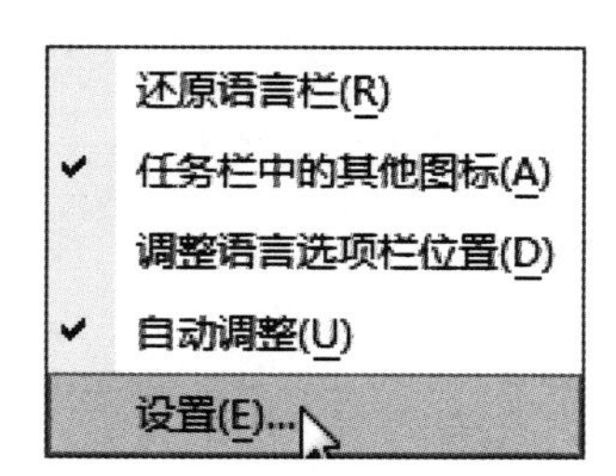

图 4-11　【设置】命令

图 4-12　【文本服务和输入语言】对话框

Step 03 单击【删除】按钮，即可删除选中的输入法，如图 4-13 所示。

Step 04 单击【确定】按钮，即可完成删除输入法的操作。单击任务栏中的输入法图标，即可看到删除输入法后的效果，如图 4-14 所示。

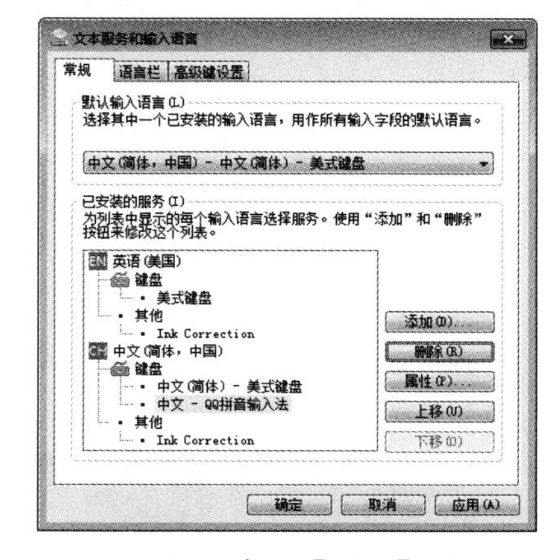

图 4-13　单击【删除】按钮

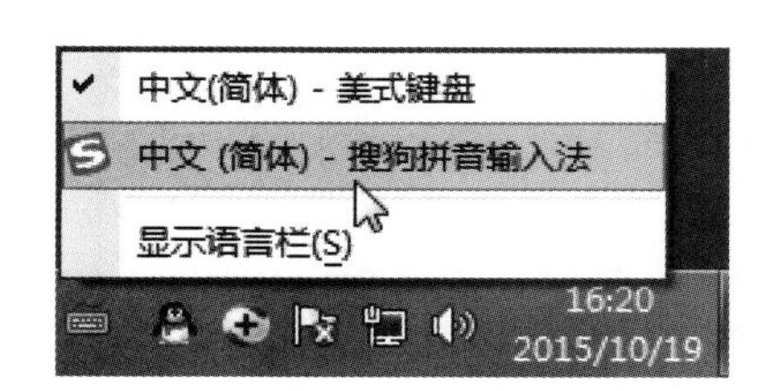

图 4-14　删除输入法后的效果

4.3 使用其他的输入法

微软拼音输入法是微软公司开发的智能化拼音输入法，是一种以语句输入为特征的第三代输入法，适合熟悉拼音的用户使用。

4.3.1 安装微软拼音输入法

Windows 7 操作系统自带了一些输入法，但不一定能满足每个用户的需求，用户可以安装和删除相关的输入法，安装输入法之前，用户需要先从网上下载输入法程序。

下面以微软拼音输入法的安装为例，讲述安装输入法的操作步骤。

Step 01 双击下载的微软拼音安装程序，即可打开【微软拼音输入法 2010 安装】对话框。在其中选择【单击此处接受《Microsoft 软件许可条款》(A)】复选框，如图 4-15 所示。

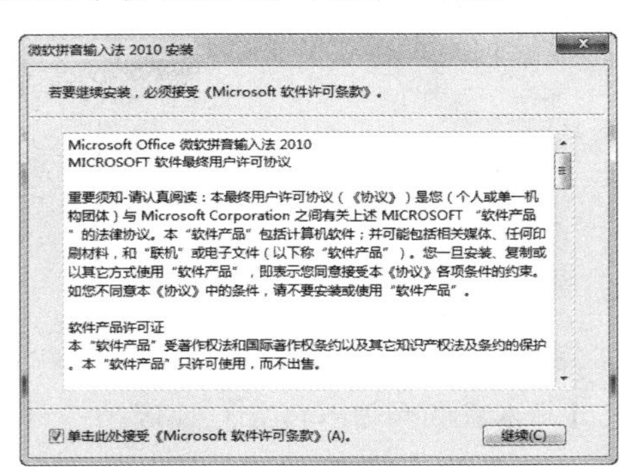

图 4-15 【微软拼音输入法 2010 安装】对话框

Step 02 单击【继续】按钮，系统开始自动安装微软输入法 2010，并显示安装的进度，如图 4-16 所示。

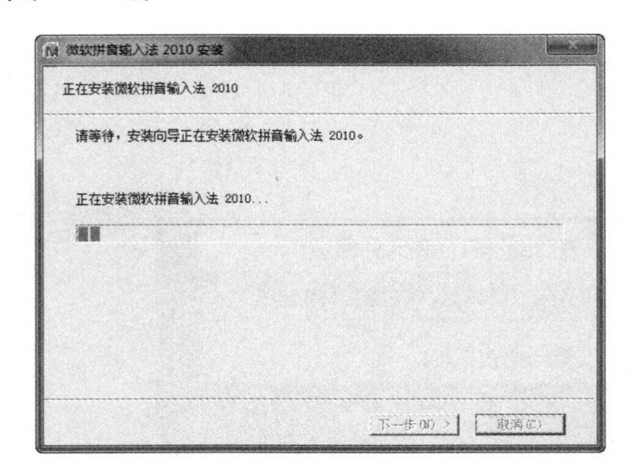

图 4-16 显示安装的进度

Step 03 安装完成后，即打开【完成微软拼音输入法 2010 安装】界面，提示用户安装成功，如图 4-17 所示。

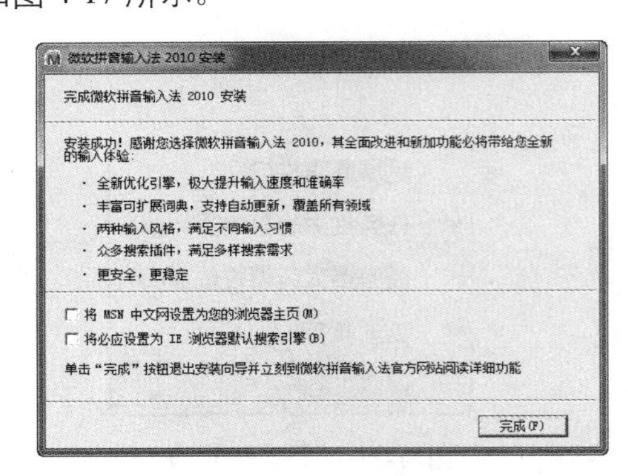

图 4-17 完成微软拼音输入法的安装

Step 04 单击【完成】按钮，即可关闭安装向导对话框。单击任务栏中的键盘小图标，在弹出的输入法中即可看到新安装的微软输入法，如图 4-18 所示。

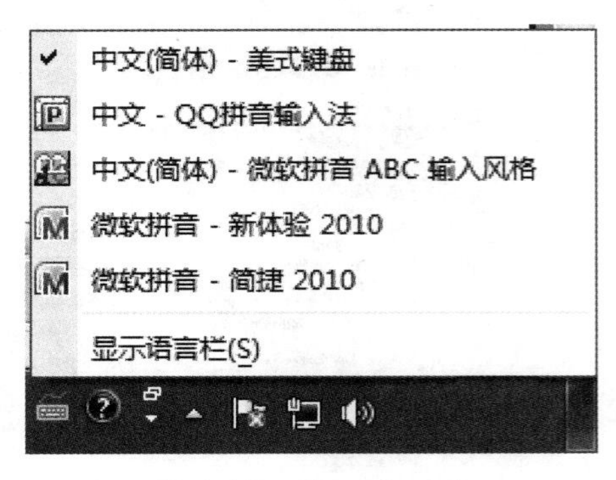

图 4-18 输入法列表

4.3.2 微软拼音输入法的强大功能

安装微软拼音输入法 2010 之后，用鼠标单击输入法图标，然后选择微软拼音输入法 2010，即可切换到该输入法的状态。微软拼音输入法的状态条集成在系统的语言栏中，语言栏上的按钮是可以定制的，单击状态条上的按钮可以切换输入状态或者激活菜单。

1. 选择输入风格

微软根据用户不同的使用习惯，设置了三种输入方式，它们是“微软拼音 - 新体验 2010”“微软拼音 - 简捷 2010”和“中文 (简体)- 微软拼音 ABC 输入风格”，用户可以单击输入法图标，在弹出的列表中选择自己需要的相应风格的输入方法，如图 4-19 所示。

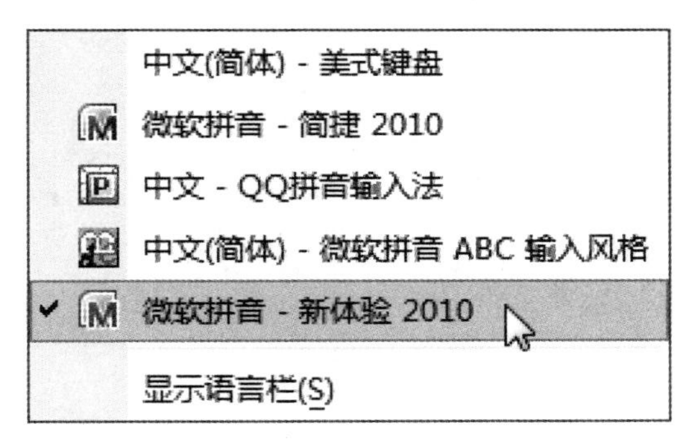

图 4-19　选择输入法的风格

2. 自造词工具

自造词工具用于管理和维护自造词词典以及自学习词表，用户可以对自造词的词条进行编辑、删除、设置快捷键，导入或导出到文本文件等，具体操作步骤如下。

Step 01 在输入法状态条上单击【功能菜单】按钮，在弹出的快捷菜单中选择【自造词工具】命令，如图 4-20 所示。

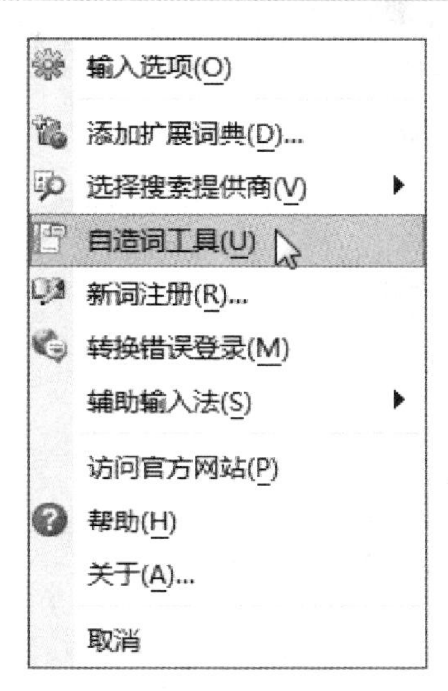

图 4-20　选择【自造词工具】命令

Step 02 弹出自造词工具窗口，选择【编辑】→【增加】命令，如图 4-21 所示。

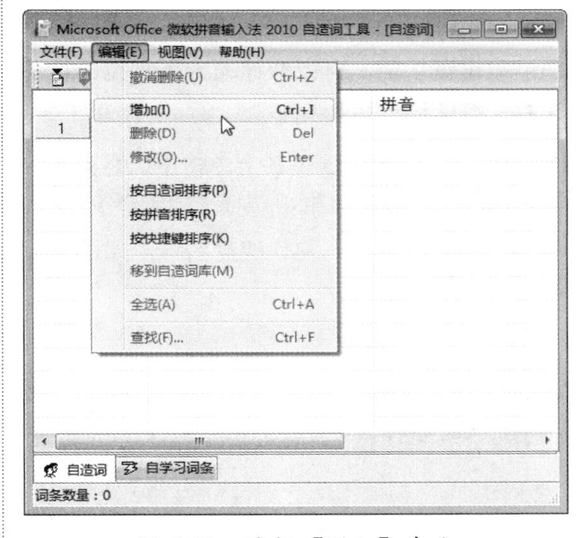

图 4-21　选择【增加】命令

Step 03 弹出【词条编辑】对话框，在【自造词】文本框中，输入需要造词的字符，再在【快捷键】文本框中，输入需要的按键(快捷键由 2～8 个小写英文字母或数字组成)，然后单击【确定】按钮即可，如图 4-22 所示。

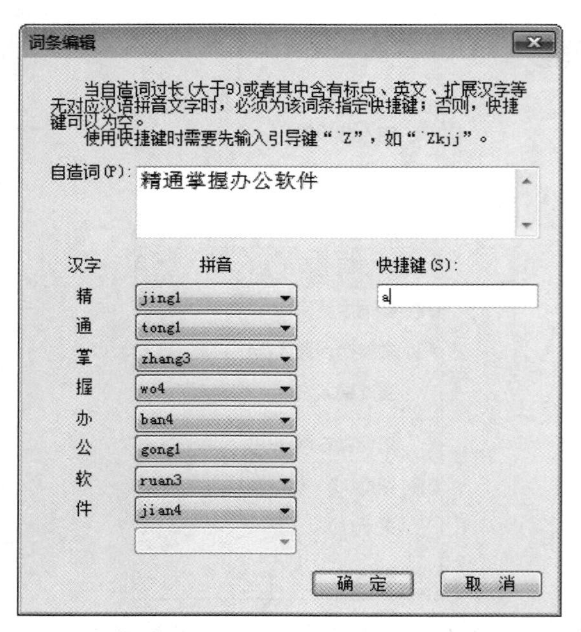

图 4-22 【词条编辑】对话框

3. 软键盘

微软拼音输入法提供了 13 种软键盘布局。通过软键盘功能，可以快速输入不常见的特殊字符，具体操作步骤如下。

Step 01 在输入法状态条上单击【功能菜单】按钮，在打开的菜单中选择【软键盘】命令，再在子菜单中选择一种软键盘名称，如图 4-23 所示。

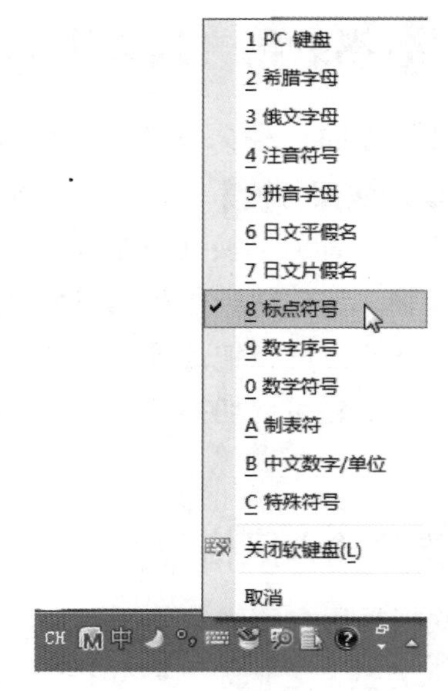

图 4-23 选择软键盘名称

Step 02 本实例选择【标点符号】命令，即可打开标点符号的软键盘。单击软键盘的相关按钮，即可输入对应的标点符号，如图 4-24 所示。

图 4-24 软键盘

> **提示** 软件盘上有上下两行符号，按住 Shift 键不放单击软键盘的相关按钮，即可输入上面的字符。

4.3.3 使用微软拼音输入法

微软拼音输入法有多种输入方式，所以在输入前，先要选择一种输入风格，以微软拼音新体验为例，若要输入“山外青山楼外楼”这一句子，输入效果如图 4-25 所示。

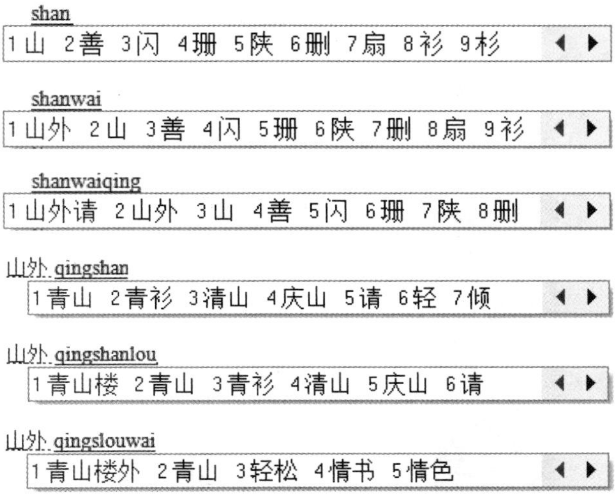

shan

1山 2善 3闪 4珊 5陕 6删 7扇 8衫 9杉

shanwai

1山外 2山 3善 4闪 5珊 6陕 7删 8扇 9衫

shanwaiqing

1山外请 2山外 3山 4善 5闪 6珊 7陕 8删

山外 qingshan

1青山 2青衫 3清山 4庆山 5请 6轻 7倾

山外 qingshanlou

1青山楼 2青山 3青衫 4清山 5庆山 6请

山外 qingslouwai

1青山楼外 2青山 3轻松 4情书 5情色

图 4-25　使用微软拼音输入法输入汉字

可见，当连续输入一串汉语拼音时，微软拼音输入法通过语句的上下文自动选取最优的输出结果。当输入一句话完成时，可以按空格键结束，但此时并不表示输入结束，还可以对整句话进行修改，如图 4-26 所示。

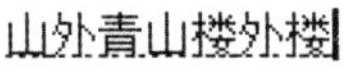

山外青山楼外楼

图 4-26　修改整个语句

当输入法自动转换的结果与用户希望的有所不同时，就可以移动光标到错字处，此时候选窗口自动打开，可以用鼠标或键盘从候选窗口中选出正确的字或词。也可以用鼠标单击候选窗口右边的 ▸ 按钮或按键盘上的“=”键向后翻，查找所要的文字，如图 4-27 所示。

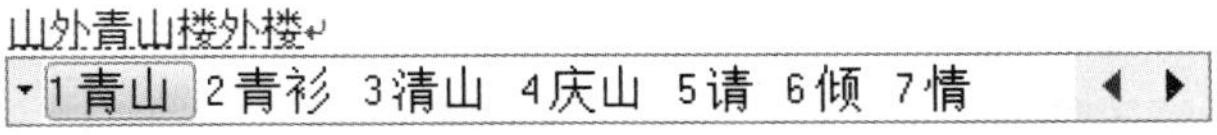

山外青山楼外楼

1青山 2青衫 3清山 4庆山 5请 6倾 7情

图 4-27　查找需要的文字

4.4 练习使用输入法

提高打字速度是每个使用电脑办公的人员都必须掌握的基本功，通过练习使用输入法可以提高打字速度。

4.4.1 输入英文文字和中文文字

可以输入文字的软件有很多，如系统自带的记事本和写字板等软件。下面以使用写字板为例，讲述如何使用输入法。

具体操作步骤如下。

Step 01 单击【开始】按钮，在弹出的菜单中选择【所有程序】→【附件】→【写字板】命令，如图 4-28 所示。

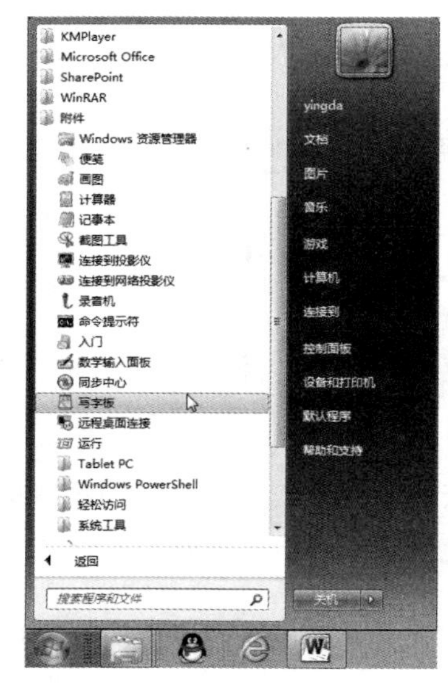

图 4-28　选择【写字板】命令

Step 02 随即打开【文档 - 写字板】窗口。按下键盘上的字母键，即可直接输入英文字母，如输入“huan ying da jia xue xi xin shu ru fa”，就需要依次按下键盘上的相应字母键，如图 4-29 所示。

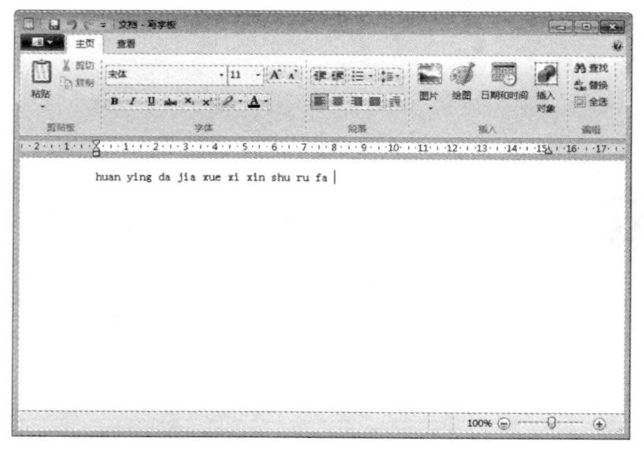

图 4-29　在【写字板】窗口中输入字符

Step 03 如果输入中文汉字，应首先按 Ctrl+Shift 组合键，调出输入法，再次敲动键盘，即可拼出汉字，如图 4-30 所示。

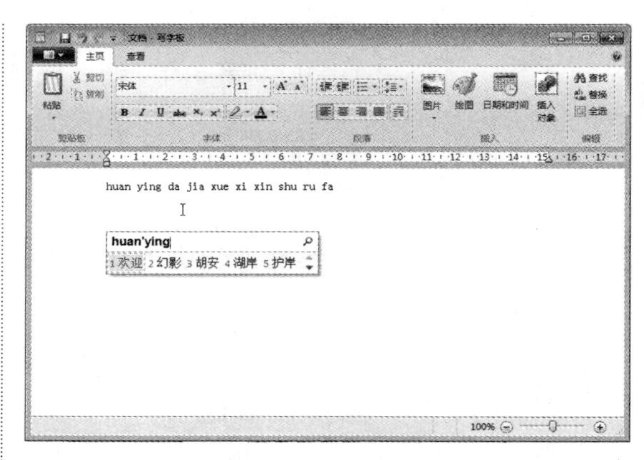

图 4-30　输入汉字

Step 04 按键盘上的“空格键”，即可将文字输入到写字板中，如图 4-31 所示。

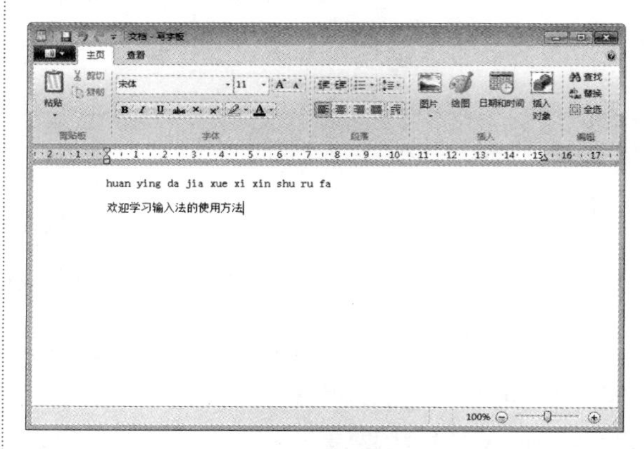

图 4-31　将文字输入到写字板中

4.4.2 输入特殊字符

键盘中打字键区的上方以及右边有一些特殊的按键，它们都有两个符号，位于上方的符号是无法直接打出的，它们就是上挡键。只有同时按住 Shift 键与所需的符号键，才能打出这个符号。例如，打一个感叹号 (!) 的指法是右手小指按住右边的 Shift 键，左手小指敲击“!”键。另外，用户也可以利用软键盘输入特殊字符。

提示 按住 Shift 键的同时按字母键，还可以切换英文的大小写输入方式。

4.5 高效办公技能实战

4.5.1 高效办公技能实战 1——自定义默认的输入法

默认情况下，输入法为英文输入状态。如果需要经常使用某个输入法，可以将此输入法设为默认的输入法，具体操作步骤如下。

Step 01 在任务栏中右击输入法的图标，在弹出的快捷菜单中选择【设置】命令，如图 4-32 所示。

Step 02 随即弹出【文本服务和输入语言】对话框，单击【默认输入语言】设置区域中的下拉按钮，在打开的下拉列表中选择默认的输入法，如图 4-33 所示。

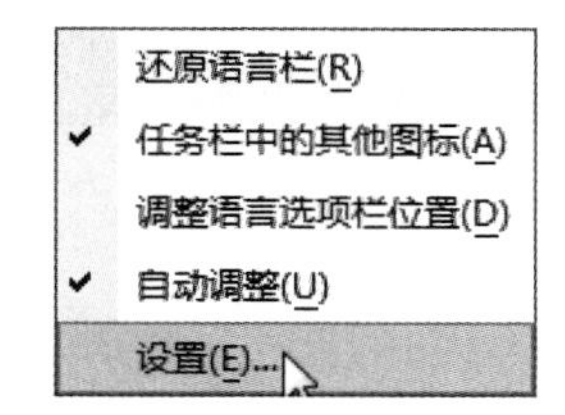

图 4-32　选择【设置】命令

图 4-33　【文本服务和输入语言】对话框

Step 03 单击【确定】按钮完成操作，每次启动系统时，默认的输入法将会变为用户自己选择的输入法，如图 4-34 所示。

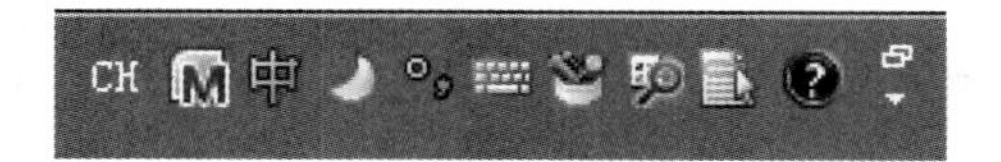

图 4-34　系统默认输入法

4.5.2 高效办公技能实战 2——使用语音输入文字

Windows 7 操作系统提供了语音输入文字的功能，用户在使用该功能前，需要将麦克风和电脑正确地连接。使用语音输入文字的具体操作步骤如下。

Step 01 单击【开始】按钮，在弹出的菜单中选择【控制面板】命令，打开【控制面板】窗口，如图 4-35 所示。

图 4-35 【控制面板】窗口

Step 02 选择【轻松访问】选项，即可弹出【轻松访问】窗口，如图 4-36 所示。

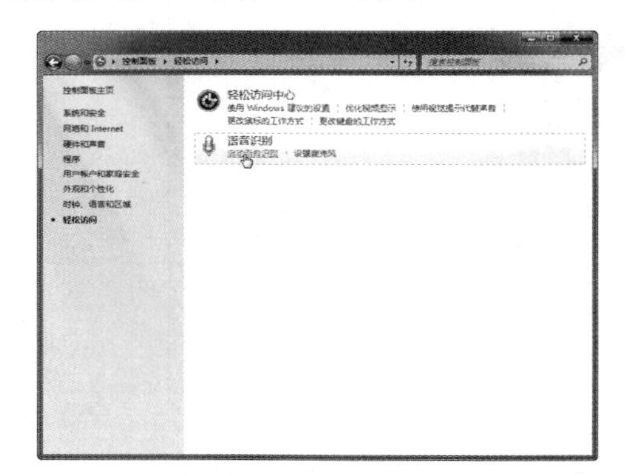

图 4-36 【轻松访问】窗口

Step 03 选择【启动语音识别】选项，弹出【设置语音识别】对话框，如图 4-37 所示。

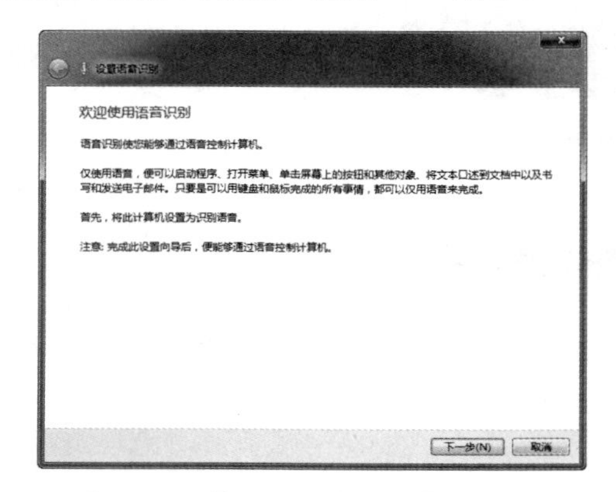

图 4-37 【设置语音识别】对话框

Step 04 单击【下一步】按钮，打开【麦克风 (Realtek High Definition Audio) 是什么类型的麦克风？】界面，根据自己的实际情况选择麦克风的类型，这里选择【耳机式麦克风】单选按钮，如图 4-38 所示。

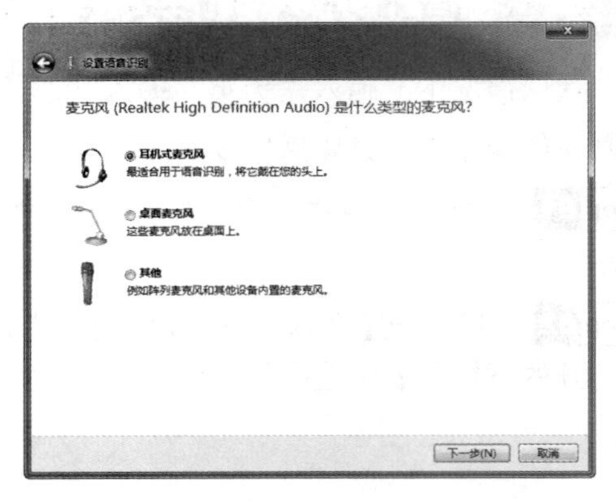

图 4-38 选择麦克风类型

Step 05 单击【下一步】按钮，即可打开【设置麦克风】界面，按照提示，查看自己的麦克风戴得是否正确，如图 4-39 所示。

图 4-39 【设置麦克风】界面

Step 06 单击【下一步】按钮，即可打开【调整麦克风 (Realtek High Definition Audio) 的音量】界面，按照提示用普通话大声朗读对话框中的斜体字，并调整麦克风的音量，如图 4-40 所示。

Step 07 调整完毕后，单击【下一步】按钮，即可打开【现在已设置好您的麦克风】界面，如图 4-41 所示。

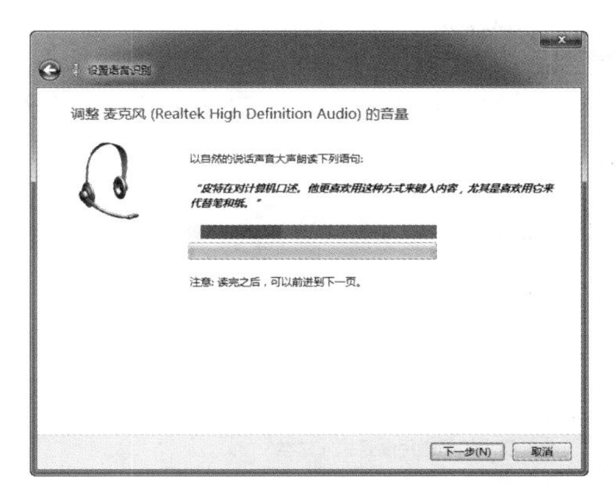

图 4-40　调整麦克风的音量

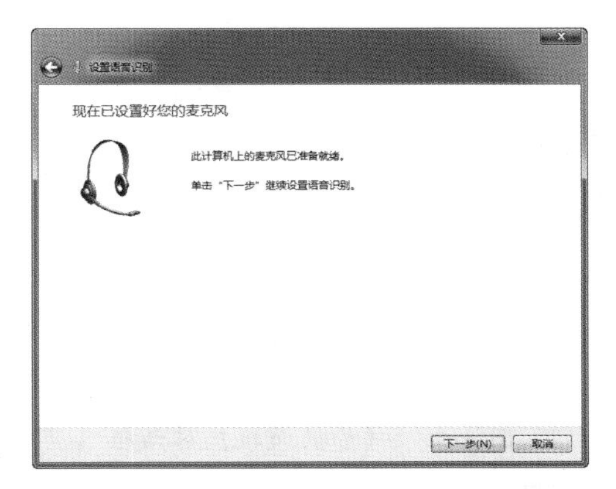

图 4-41　【现在已设置好您的麦克风】界面

Step 08 单击【下一步】按钮，即可打开【改善语音识别的精确度】界面，在其中选择【启用文档审阅】单选按钮，如图 4-42 所示。

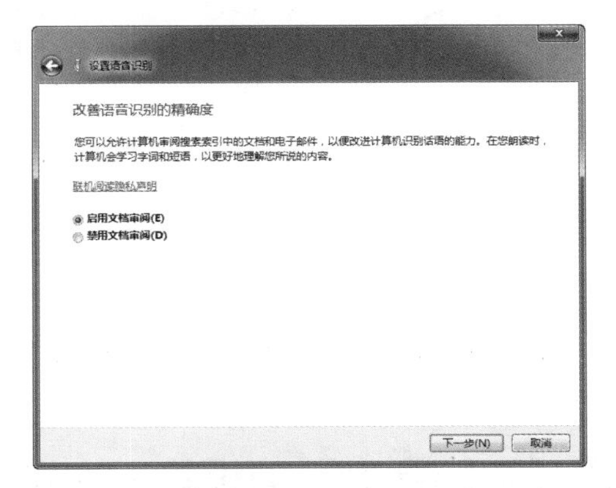

图 4-42　【改善语音识别的精确度】界面

Step 09 单击【下一步】按钮，即可打开【选择激活模式】界面，在其中选择【使用手动激活模式】单选按钮，如图 4-43 所示。

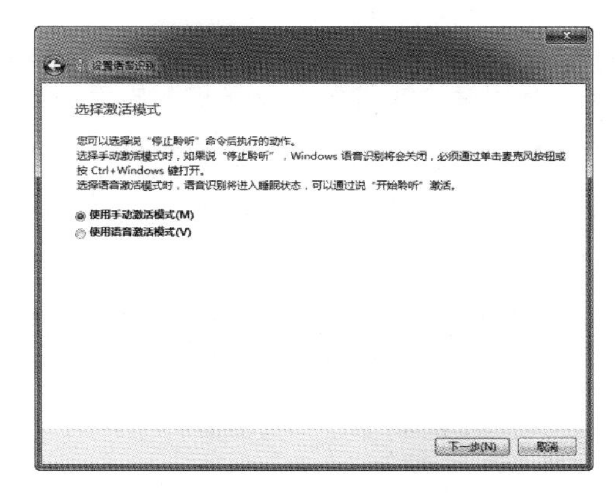

图 4-43　【选择激活模式】界面

Step 10 单击【下一步】按钮，即可打开【打印语音参考卡片】界面，如图 4-44 所示。

图 4-44　【打印语音参考卡片】界面

Step 11 单击【下一步】按钮，即可打开【每次启动计算机时运行语音识别】界面，在其中选择【启动时运行语音识别】复选框，如图 4-45 所示。

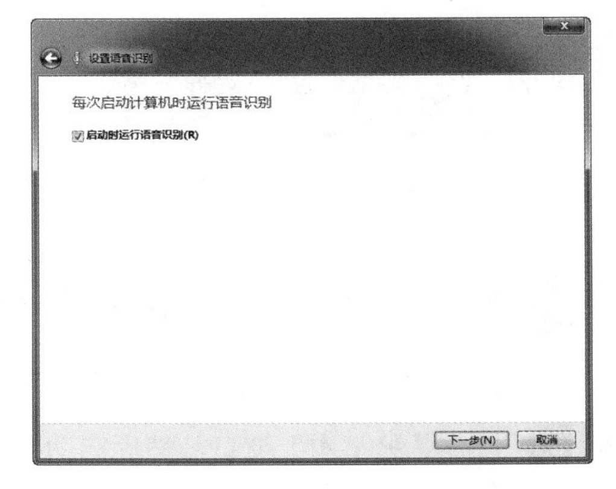

图 4-45　选择【启动时运行语音识别】复选框

Step 12 单击【下一步】按钮，即可打开【现在可以通过语音来控制此计算机】界面，至此语音识别设置完毕。如果想查看教材，可以单击【开始教程】按钮，这里单击【跳过教程】按钮，如图 4-46 所示。

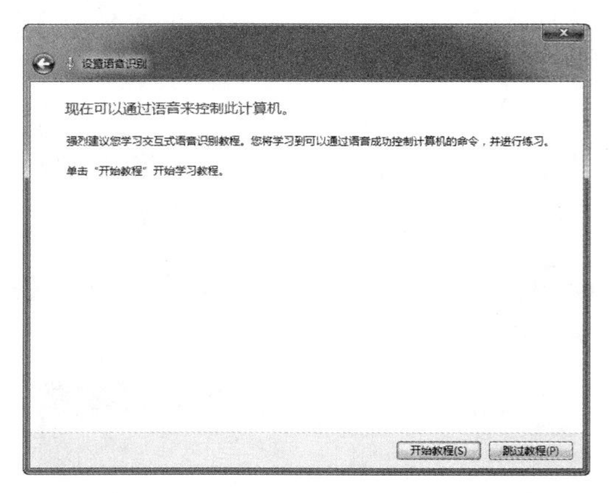

图 4-46　语音识别设置完成

Step 13 设置完语音识别后，在屏幕中就会出现一个【语音识别】控制面板，它是浮动的。用户可以用鼠标将其拖动至屏幕的任意位置，如图 4-47 所示。

图 4-47　【语音识别】控制面板

Step 14 单击【语音识别】左侧的【开始】按钮，即可开始录入语音，如图 4-48 所示。

图 4-48　开始录入语音

Step 15 录入完毕后，系统将弹出【替换面板】对话框，选择和录入语音相同的文本，如图 4-49 所示。

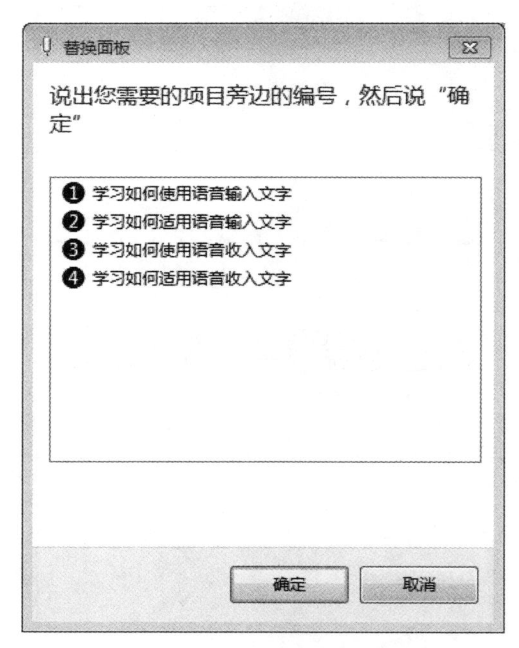

图 4-49　【替换面板】对话框

Step 16 单击【确定】按钮，即可完成用语音输入文字的操作，如图 4-50 所示。

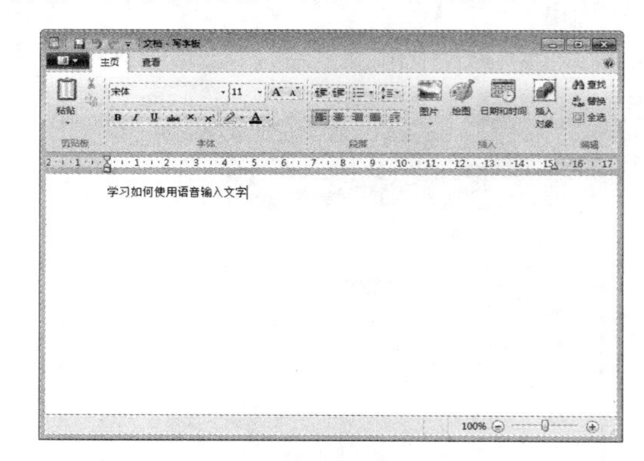

图 4-50　完成用语音输入文字的操作

4.5.3 高效办公技能实战 3——使用【触摸键盘】面板输入文字

使用【触摸键盘】面板输入文字的具体操作步骤如下。

Step 01 打开【记事本】窗口，然后启动 Tablet PC 输入面板，单击其中的【触摸键盘】按钮切换到【触摸键盘】面板，如图 4-51 所示。

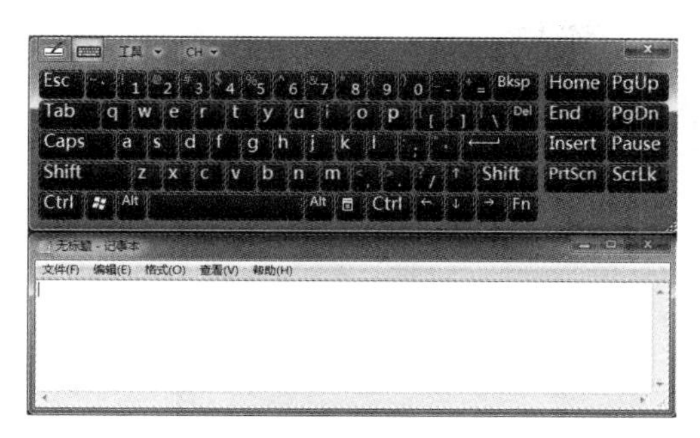

图 4-51　【触摸键盘】面板

Step 02 单击系统任务栏右侧的小键盘按钮，在弹出的菜单中选择中文输入法命令，这里选择【中文 -QQ 拼音输入法】命令，将系统输入法切换到 QQ 拼音，如图 4-52 所示。

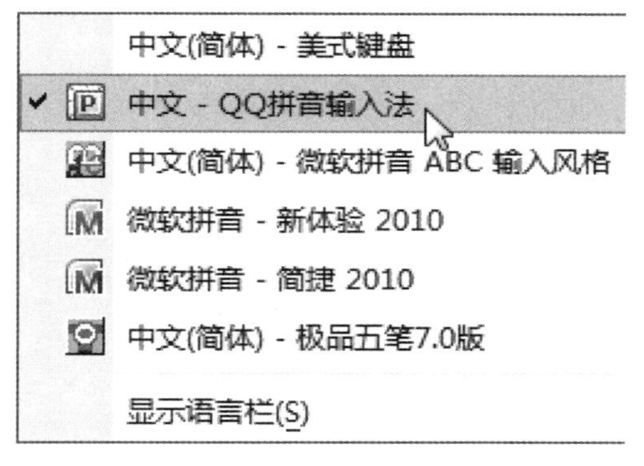

图 4-52　选择输入法

Step 03 按照“百度网址”的拼音组合“baiduwangzhi”，依次单击【触摸键盘】面板中的按键，此时在组合字窗口中出现对应的汉字，如图 4-53 所示。

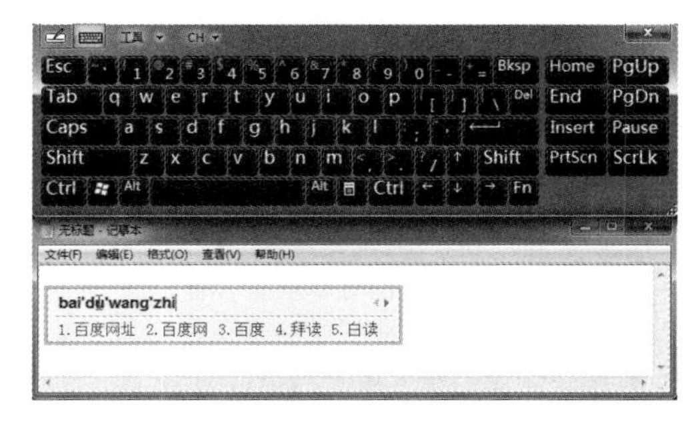

图 4-53　输入汉语拼音

Step 04 由于“百度网址”在组合字窗口中的序列号是“1”，因此直接单击【触摸键盘】面板中的1按钮，即可将其输入到记事本窗口中，如图 4-54 所示。

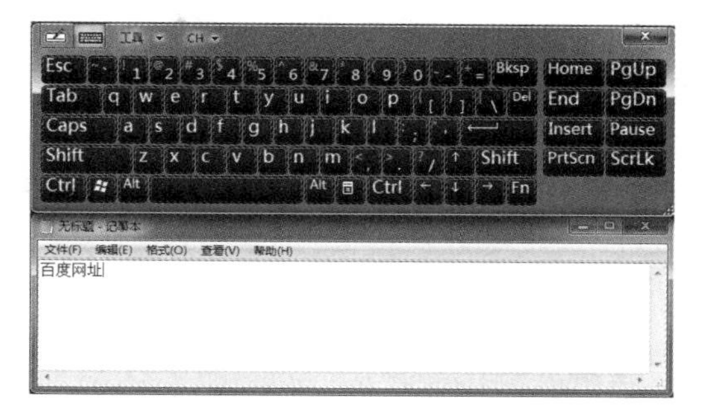

图 4-54　输入汉字

Step 05 按照步骤 02 的方法，将输入法切换到英文状态，再按照“http://www.baidu.com”的顺序依次单击【触摸键盘】面板中对应的按键，即可完成“百度网址 http://www.baidu.com”的输入，如图 4-55 所示。

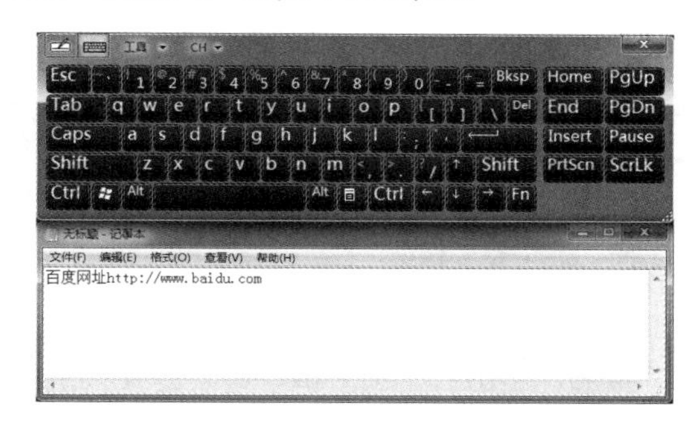

图 4-55　输入百度网址

Step 06 在【触摸键盘】面板中单击【工具】按钮，在弹出的下拉菜单中选择【退出】命令，即可成功地退出 Tablet PC 输入面板，如图 4-56 所示。

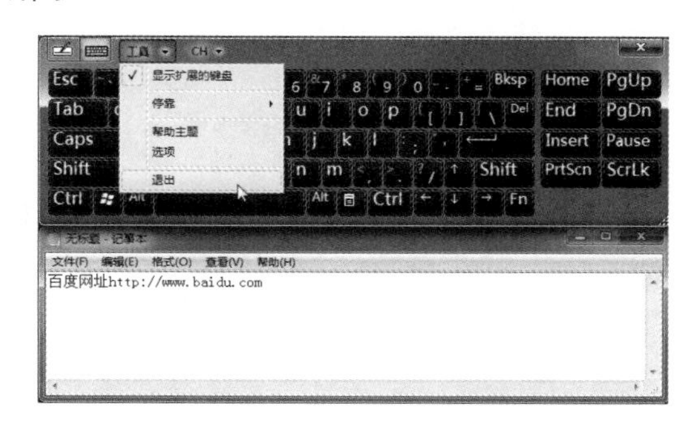

图 4-56　退出 Tablet PC 输入面板

4.6 课后练习与指导

4.6.1 写一篇公司公告

- **练习目标**

了解：输入法的相关概念。

掌握：汉字输入法的使用方法。

- **专题练习指南**

01 启动记事本程序。

02 切换到智能 ABC 输入法的状态。

03 用智能 ABC 输入法输入公司标题。

04 用五笔字型输入法输入日记内容。

4.6.2 五笔字型字根与输入练习

- **练习目标**

了解：五笔字型字根输入法的使用过程。

掌握：金山打字通五笔字型字根输入法的练习技巧。

- **专题练习指南**

01 下载并安装金山打字通。

02 在打开的金山打字通主界面中输入用户名后选择“五笔打字”。

03 根据提示输入字根所在键位进行练习。

04 选择“单字练习”等选项卡进行练习。

高效办公小助手——常用系统小工具

- **本章导读**

Windows 7 操作系统自带了一些附件小程序，它们非常实用，例如使用画图工具画图、使用截图工具截取屏幕画面、使用计算机算账、使用便签做备忘录、使用录音机自娱自乐等。

- **学习目标**

◎ 掌握画图工具的使用方法

◎ 掌握截图工具的使用方法

◎ 掌握计算器的使用方法

◎ 掌握便签的使用方法

◎ 掌握录音机的使用方法

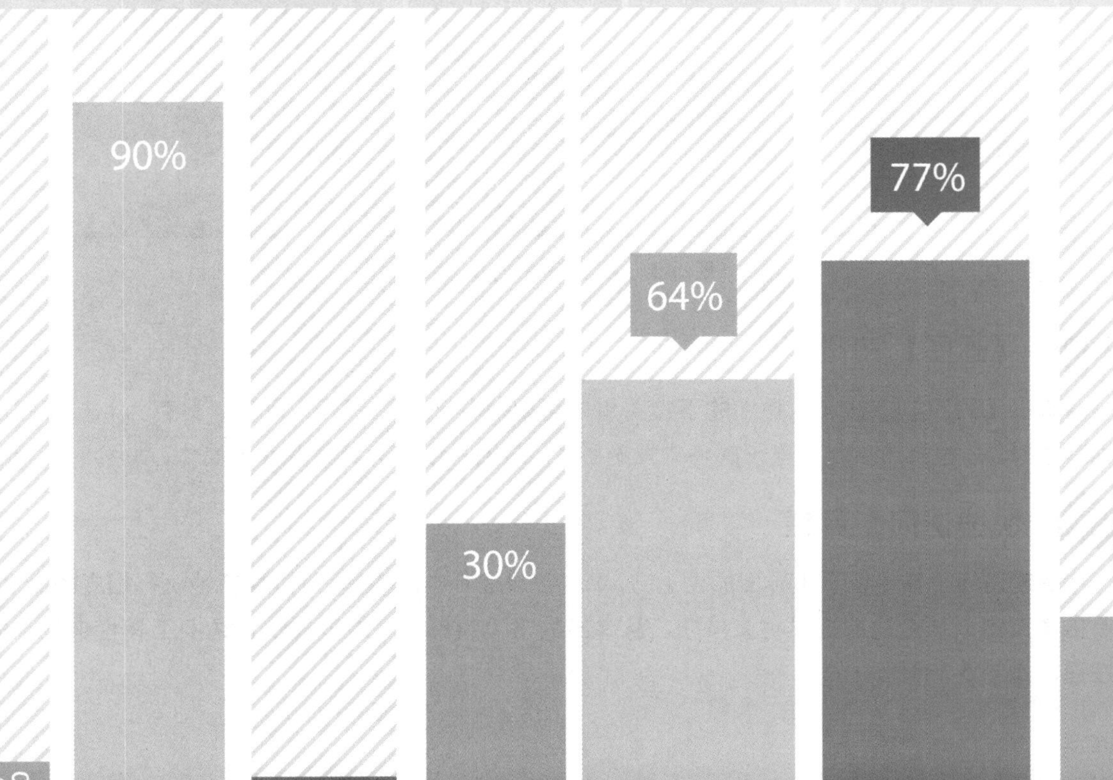

5.1 使用画图工具画图

使用画图工具可以绘制、编辑图片，任意涂鸦和为图片着色等；还可以像使用数字画板那样使用画图工具来绘制简单图片、有创意的设计，或者将文本和设计图案添加到其他图片上，如那些用数字照相机拍摄的照片。

5.1.1 画图简介

单击【开始】按钮，从弹出的菜单中选择【所有程序】→【附件】→【画图】命令，即可启动画图程序。【画图】程序的窗口由 4 部分组成，包括【画图】按钮、快速访问工具栏、功能区和绘图区域，如图 5-1 所示。

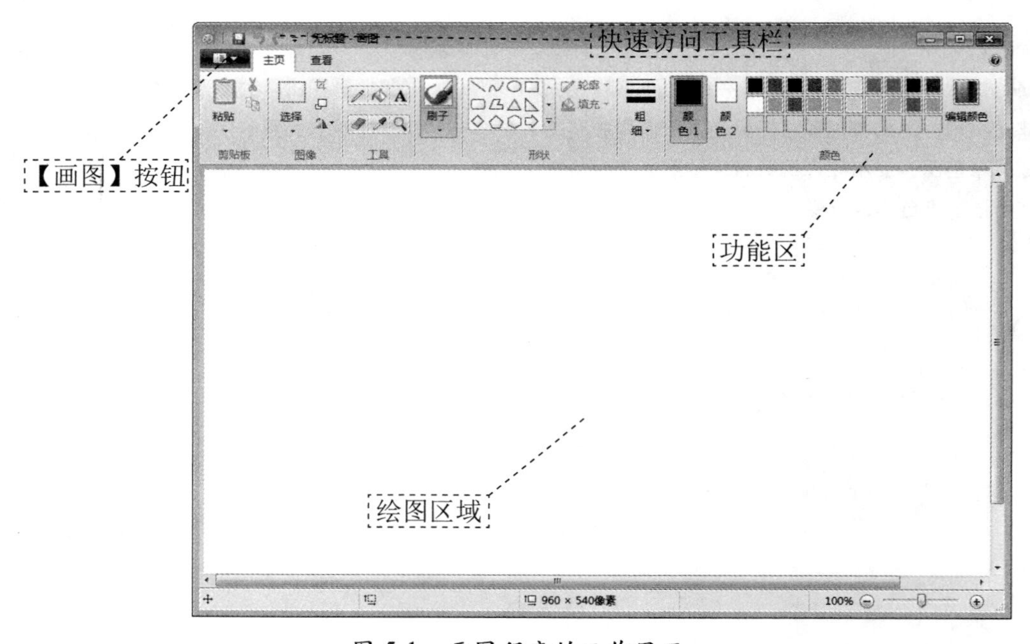

图 5-1　画图程序的工作界面

1. 【画图】按钮

单击【画图】按钮，从弹出的下拉菜单中可以执行新建、打开、保存、另存为和打印图片等基本操作，也可以执行在电子邮件中发送图片、将图片设置为背景等其他操作，如图 5-2 所示。

2. 快速访问工具栏

快速访问工具栏位于主界面的左上方，单击存放在其中的按钮，可以快速地执行相应的命令。单击【自定义快速访问工具栏】按钮，从弹出的下拉菜单中可以设置快速访问工具栏中显示的按钮，如图 5-3 所示。

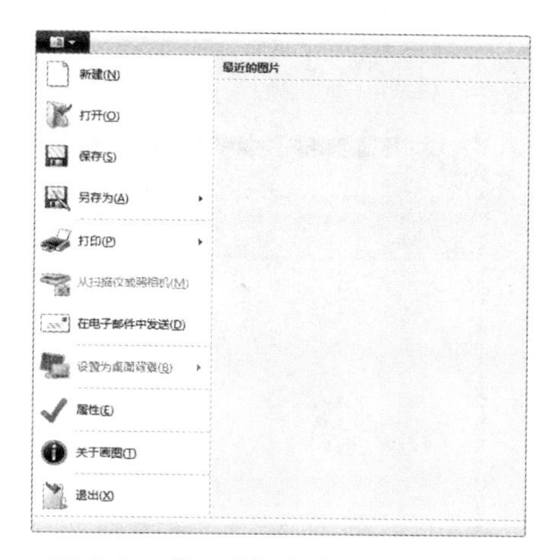

图 5-2　【画图】按钮的下拉菜单

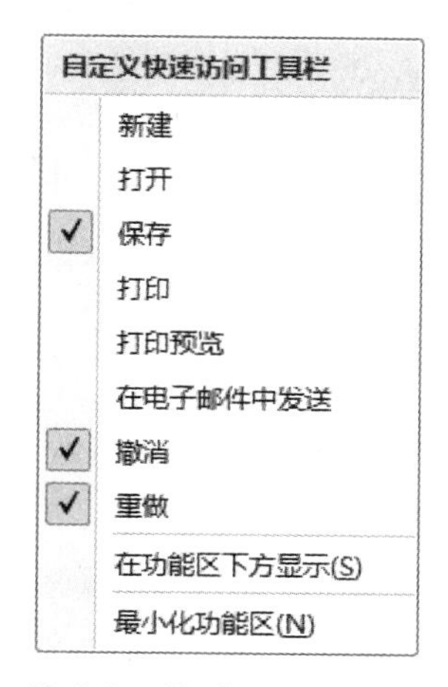

图 5-3　快速访问工具栏

(1)【新建】：主要用于新建图片文件。

(2)【打开】：用于打开图片文件。

(3)【保存】：主要用于保存当前打开或正在编辑的图片。

(4)【打印】：主要用于打印当前打开或正在编辑的图片。

(5)【在电子邮件中发送】：将当前打开的图片用电子邮件发送给接收者。

(6)【撤销】：主要用于撤销上一步的操作，按下 Ctrl+Z 组合键也可以快速进行撤销操作。

(7)【重做】：主要用于重做上一个操作，恢复上一个撤销的操作，按下 Ctrl+Y 组合键也可以快速进行重做操作。

 3. 功能区

功能区主要包括【主页】和【查看】两个选项卡。

(1)【主页】选项卡主要用于各种图片的绘制、着色和编辑图片等操作，包括【剪切板】【图像】【工具】【形状】【粗细】【颜色 1】【颜色 2】【颜色】和【编辑颜色】等功能选项，如图 5-4 所示。

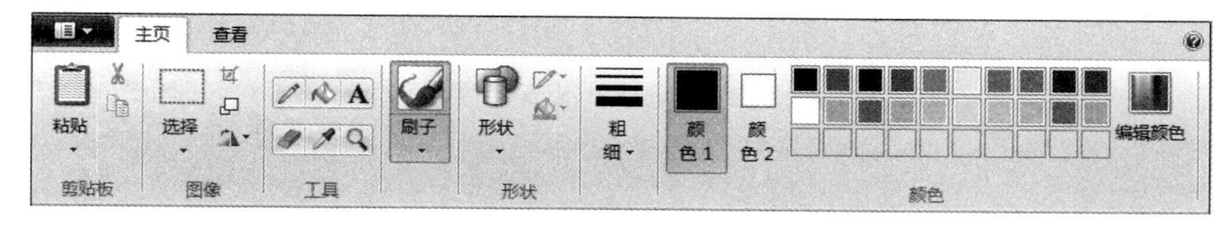

图 5-4　功能区

(2)【查看】选项卡主要用于对图片进行放大、缩小、100% 显示、全屏查看、在绘图区设置标尺和网格线等操作，包括【缩放】【显示或隐藏】和【显示】三个功能选区，如图 5-5 所示。

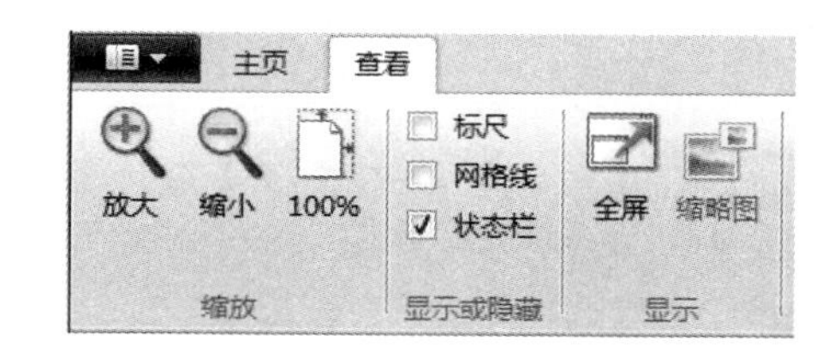

图 5-5　【查看】选项卡

5.1.2 绘制图形

画图工具的操作比较简单，主要用于绘制简单的集合图形，包括直线、曲线和形状等。

 绘制直线

使用画图工具绘制直线的具体操作步骤如下。

Step 01 启动画图工具，单击【形状】按钮，在展开的列表中单击【直线】按钮，如图5-6所示。

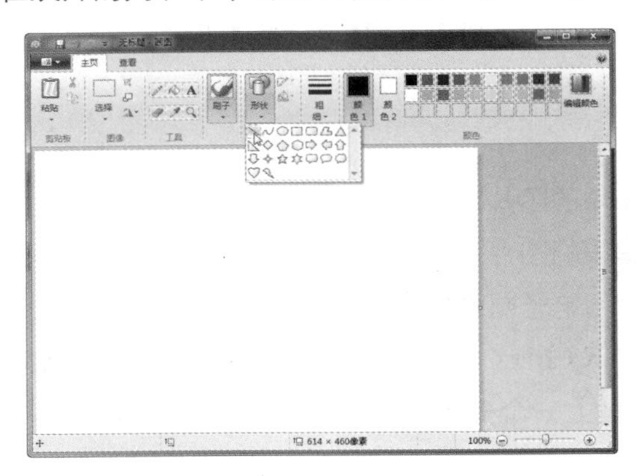

图 5-6 单击【直线】按钮

Step 02 单击【粗细】按钮，在弹出的下拉菜单中选择直线的粗细，如图 5-7 所示。

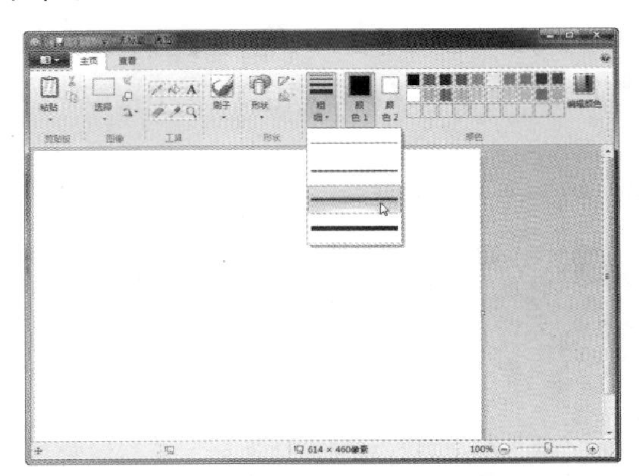

图 5-7 选择直线的粗细

Step 03 在【颜色】组中选择【红色】作为直线的颜色，如图 5-8 所示。

Step 04 单击【形状轮廓】按钮，在弹出的下拉菜单中选择【水彩】命令，如图 5-9 所示。

图 5-8 选择直线的颜色

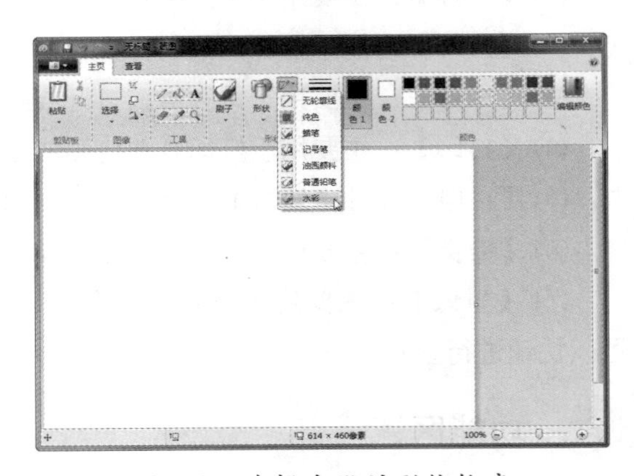

图 5-9 选择直线的形状轮廓

Step 05 将鼠标指针移动到绘图区域，当指针变成十字形状时，单击鼠标确定直线的第一点，然后拖曳鼠标在合适的位置单击确定直线的第二点即可绘制直线，如图 5-10 所示。

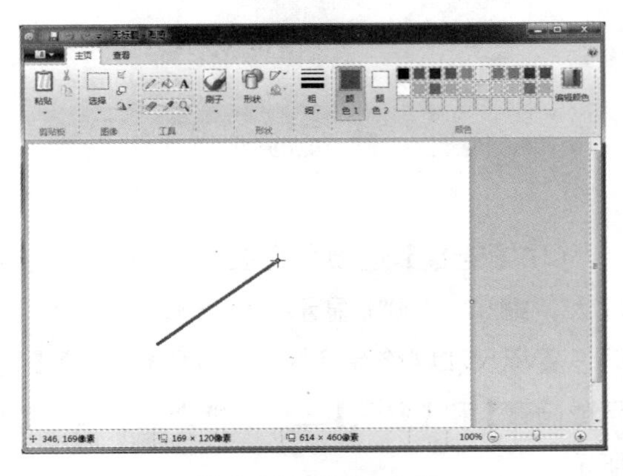

图 5-10 绘制直线

绘制直线时，按下 Shift 功能键可以绘制 0°、45° 和 90° 角的直线。

2. 绘制曲线

绘制曲线的方法和绘制直线大致相似，只是使用的工具不同，具体操作步骤如下。

Step 01 单击【形状】按钮，在展开的列表中单击【曲线】按钮，如图 5-11 所示。

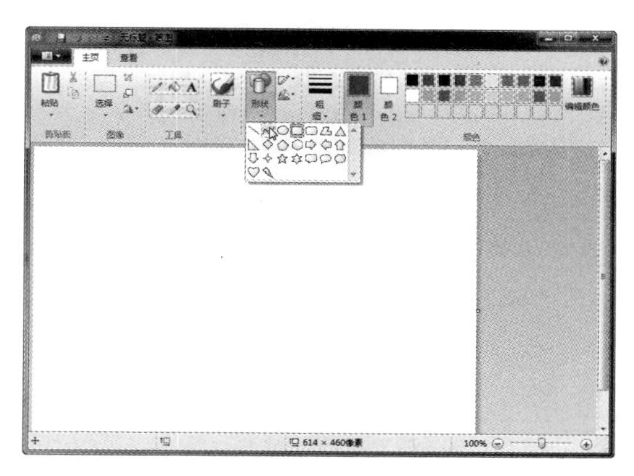

图 5-11 单击【曲线】按钮

Step 02 单击【形状轮廓】按钮，在弹出的下拉菜单中选择【油画颜料】命令，如图 5-12 所示。

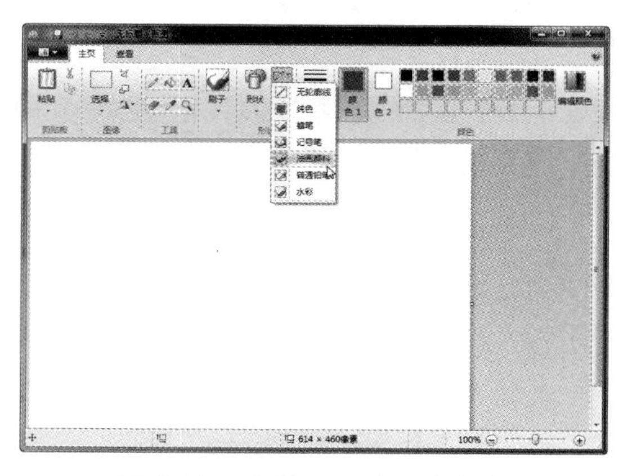

图 5-12 选择曲线的形状轮廓

Step 03 单击【粗细】按钮，在弹出的下拉菜单中选择曲线的粗细，如图 5-13 所示。

Step 04 在【颜色】组中选择【绿色】作为曲线的颜色，如图 5-14 所示。

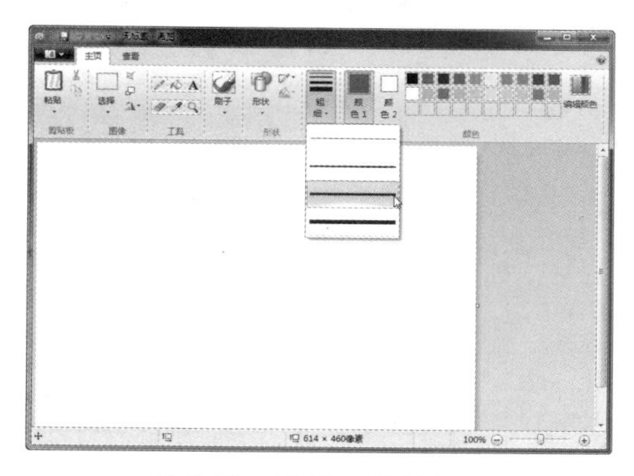

图 5-13 选择曲线的粗细

图 5-14 选择曲线的颜色

Step 05 将鼠标指针移动到绘图区域，绘制一条直线，如图 5-15 所示。

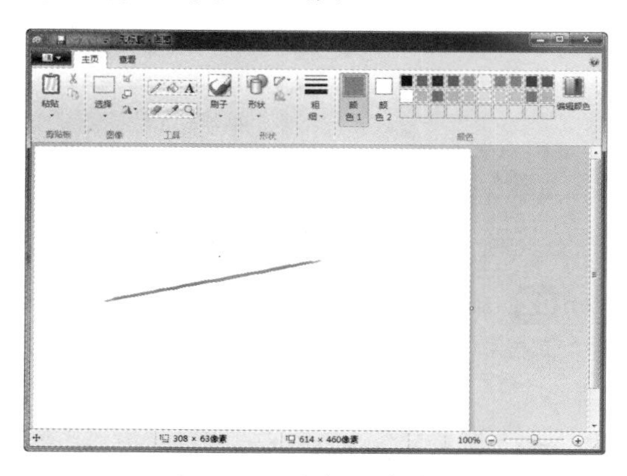

图 5-15 绘制一条直线

Step 06 在直线上的任意一点单击，并按住鼠标拖曳到合适的位置后单击，即可完成曲线的绘制，如图 5-16 所示。

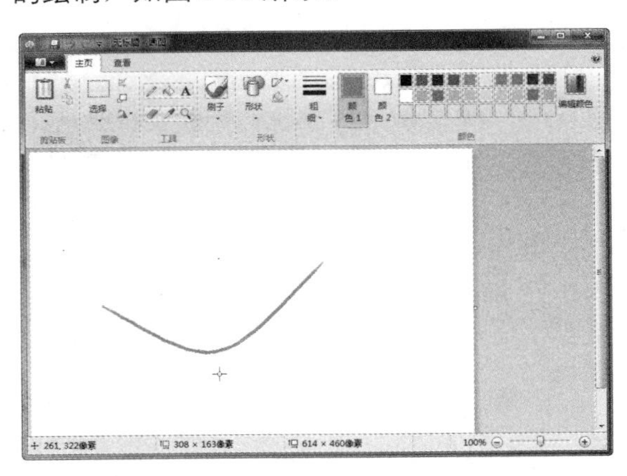

图 5-16　绘制曲线

 绘制形状

使用绘图工具，可以轻松地绘制各种形状。下面以绘制五边形为例进行讲解，具体操作步骤如下。

Step 01 单击【形状】按钮，在展开的列表中单击【五边形】按钮，如图 5-17 所示。

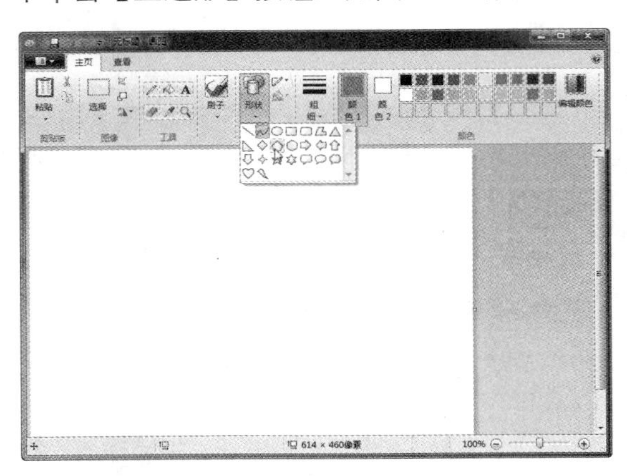

图 5-17　单击【五边形】按钮

Step 02 单击【形状轮廓】按钮，在弹出的下拉菜单中选择【油画颜料】选项，如图 5-18 所示。

Step 03 单击【粗细】按钮，在弹出的下拉菜单中选择直线的粗细，如图 5-19 所示。

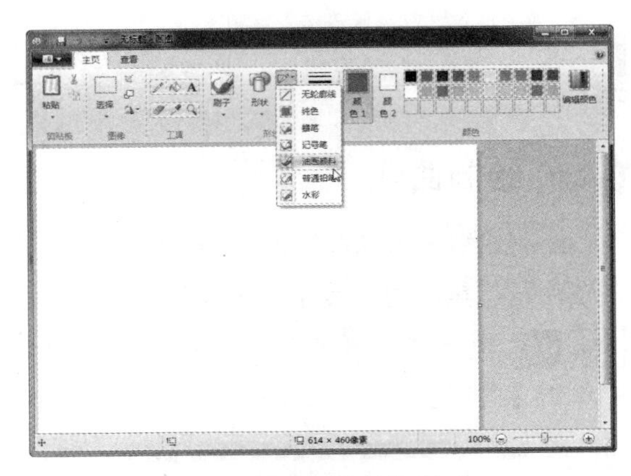

图 5-18　选择形状轮廓

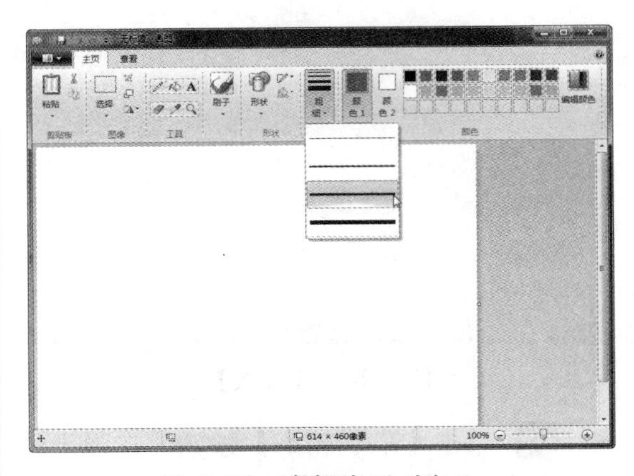

图 5-19　选择直线的粗细

Step 04 在【颜色】组中选择【绿色】作为直线的颜色，如图 5-20 所示。

图 5-20　选择直线的颜色

Step 05 将鼠标指针移动到绘图区域，按住鼠标并拖曳即可绘制一个五边形，如图 5-21 所示。

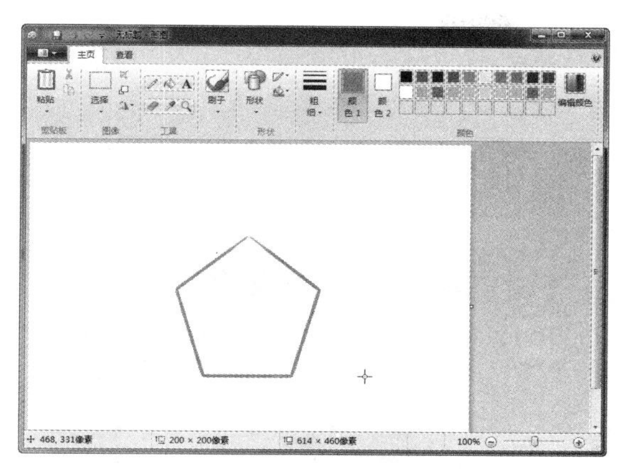

图 5-21　绘制五边形

5.1.3 编辑图片

画图工具具有编辑图片的功能，包括调整图片对象的大小、移动或复制图片对象、旋转对象或裁剪图片使之只显示选定的内容等。

1. 打开图片

具体操作步骤如下。

Step 01 启动画图软件，单击【画图】按钮，在弹出的下拉菜单中选择【打开】命令，如图 5-22 所示。

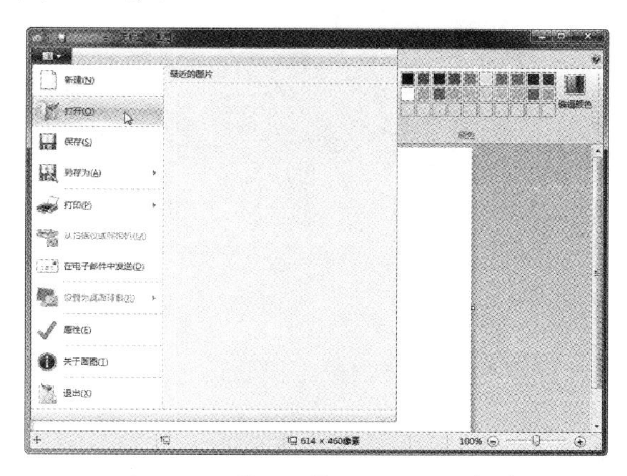

图 5-22　【画图】按钮下拉菜单

Step 02 打开【打开】对话框，在其中选择需要使用画图工具打开的图片，如图 5-23 所示。

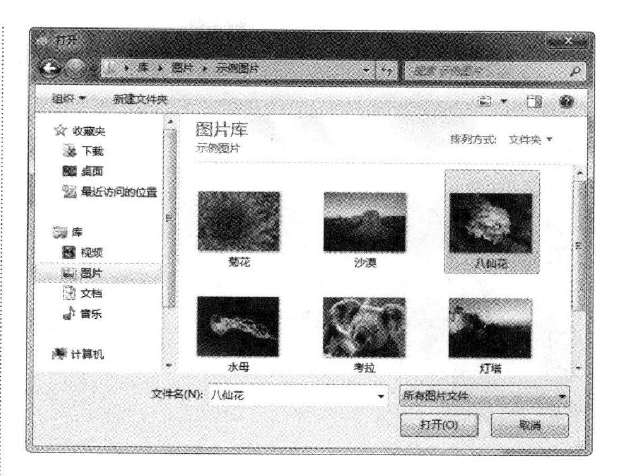

图 5-23　【打开】对话框

Step 03 单击【打开】按钮打开图片，如图 5-24 所示。

图 5-24　打开图片

2. 选择图片

使用选择工具可以选择图片中需要编辑的内容，具体操作步骤如下。

Step 01 在画图工具界面中选择【主页】选项卡，然后单击【选择】按钮，在弹出的下拉菜单中选择【矩形选框】命令，如图 5-25 所示。

Step 02 在绘图区域中按下鼠标左键并拖动鼠标，即可以矩形的方式选择图片，如图 5-26 所示。

图 5-25　选择【矩形选框】命令

图 5-26　以矩形方式选择图片

Step 03 单击【选择】按钮，在弹出的下拉菜单中选择【自由图形选框】命令，如图 5-27 所示。

图 5-27　选择【自由图形选框】命令

Step 04 在绘图区域中单击鼠标并自由拖动，选择图片区域，如图 5-28 所示。

图 5-28　自由选择图片区域

Step 05 选择完毕后，松开鼠标，即可在绘图区域中显示选择的图片效果，如图 5-29 所示。

图 5-29　选择的图片效果

 调整图片

如果对图片的效果不满意，还可以对图片进行调整，具体操作步骤如下。

Step 01 使用画图工具打开图片，然后单击【主页】选项卡的【图像】组中的【调整大小和扭曲】按钮，如图 5-30 所示。

图 5-30 单击【调整大小和扭曲】按钮

Step 02 打开【调整大小和扭曲】对话框，在其中可以设置调整图片的相关参数，如这里设置水平角度为“45”，如图 5-31 所示。

图 5-31 【调整大小和扭曲】对话框

Step 03 单击【确定】按钮，即可将图片以 45 度的方式倾斜，如图 5-32 所示。

图 5-32 以倾斜方式显示图片

Step 04 单击【旋转或翻转】按钮，在弹出的下拉菜单中选择【水平翻转】命令，如图 5-33 所示。

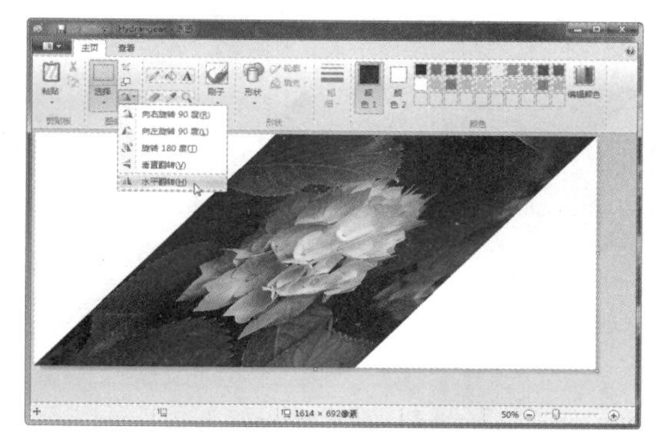

图 5-33 水平翻转图片

Step 05 随即图片进行水平翻转，显示效果如图 5-34 所示。

图 5-34 水平翻转图片的显示效果

Step 06 单击【文本】按钮，然后在绘图区域绘制文本框，并在文本框中输入文字，如图 5-35 所示。

图 5-35 输入文字

Step 07 单击【颜色】功能区中的色块，可以为文字设置颜色，如图 5-36 所示。

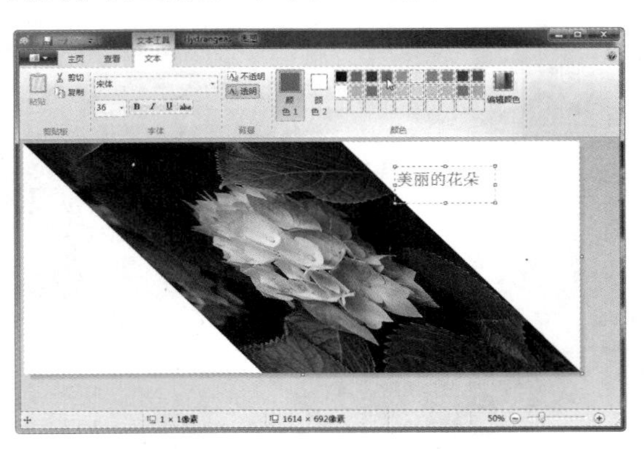

图 5-36　设置文字的颜色

5.1.4 保存图片

图片编辑完成后，可以将图片保存到电脑上。常见的保存图片的方法有使用命令保存和使用快捷键保存两种。

 1. 使用菜单命令保存

保存图片的具体操作步骤如下。

Step 01 单击【画图】按钮，在下拉菜单中选择【保存】命令，也可以选择【另存为】命令，如图 5-37 所示。

Step 02 弹出【保存为】对话框，在左侧的列表中选择图片保存的位置，在【文件名】文本框中输入保存图片的名称，单击【保存】按钮，如图 5-38 所示。

图 5-37　选择【保存】命令

图 5-38　【保存为】对话框

2. 使用快捷键保存

按下 Ctrl+S 组合键，打开【保存为】对话框，保存图片文件。

5.2 使用截图工具截图

Windows 7 自带的截图工具可以帮助用户截取屏幕上的图像，并且可以编辑图片。

5.2.1 新建截图

新建截图的具体操作步骤如下。

Step 01 单击【开始】按钮，从弹出的菜单中选择【所有程序】→【附件】→【截图工具】命令，如图 5-39 所示。

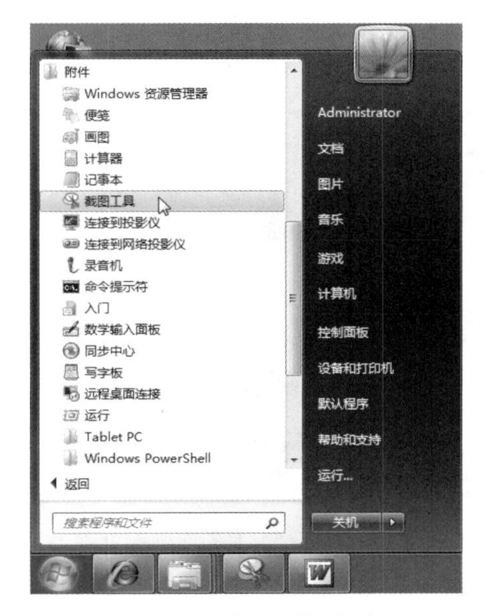

图 5-39 【开始】菜单

Step 02 弹出【截图工具】窗口，单击【新建】按钮右侧的下拉按钮，从弹出的菜单中选择【矩形截图】命令，如图 5-40 所示。

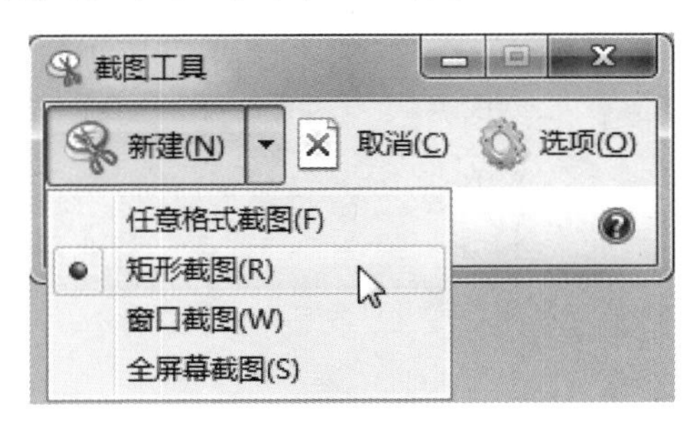

图 5-40 【截图工具】窗口

Step 03 单击要截图的起始位置，然后按住鼠标不放，拖动选择要截取的图像区域，如图 5-41 所示。

图 5-41 截取图像区域

Step 04 释放鼠标即可完成截图，在【截图工具】窗口中会显示截取的图像，如图 5-42 所示。

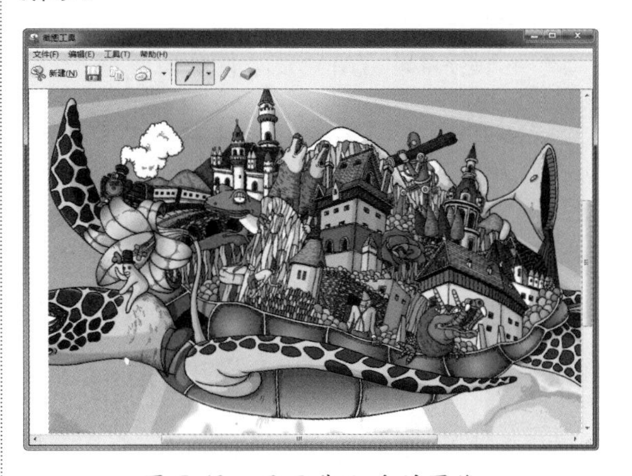

图 5-42 显示截取后的图像

5.2.2 编辑截图

使用截图工具可以简单地编辑截图，包括输入文字和复制等操作，具体操作步骤如下。

Step 01 在【截图工具】窗口中单击【笔】按钮右侧的向下按钮，从弹出的下拉菜单中选择【自定义】命令，如图 5-43 所示。

Step 02 弹出【自定义笔】对话框，单击【颜色】右侧的向下按钮，选择【红色】作为笔触的颜色，用户还可以设置【粗细】和【笔尖】属性，设置完成后单击【确定】按钮，如图 5-44 所示。

图 5-43　选择【自定义】命令

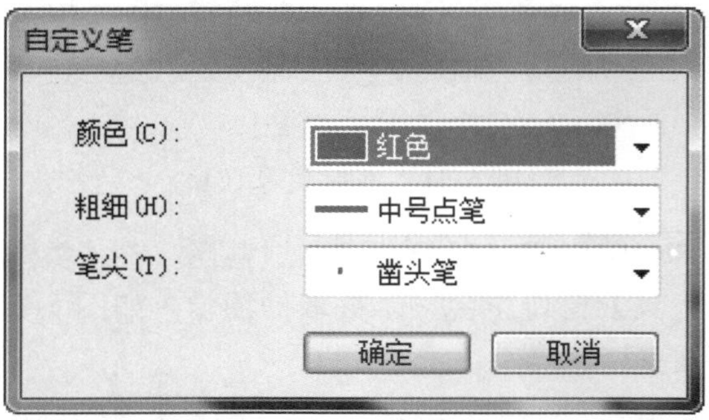

自定义笔

颜色(C)：　红色

粗细(H)：　中号点笔

笔尖(T)：　凿头笔

确定　取消

图 5-44　【自定义笔】对话框

Step 03 返回到【截图工具】窗口，按住鼠标不放在图像上书写文字。如果感觉书写的不满意，可以单击【橡皮擦】按钮，然后用鼠标在笔画上单击，即可擦除文字的笔画，如图 5-45 所示。

图 5-45　输入文字

5.2.3 保存截图

保存截图的具体操作步骤如下。

Step 01 选择【文件】→【另存为】命令，如图 5-46 所示。

图 5-46　选择【另存为】命令

提示 用户也可以单击 Ctrl+S 组合键保存截图。

Step 02 弹出【另存为】对话框，在左侧的列表中选择图片保存的位置，在【文件名】文本框中输入保存图片的名称，单击【保存】按钮，如图 5-47 所示。

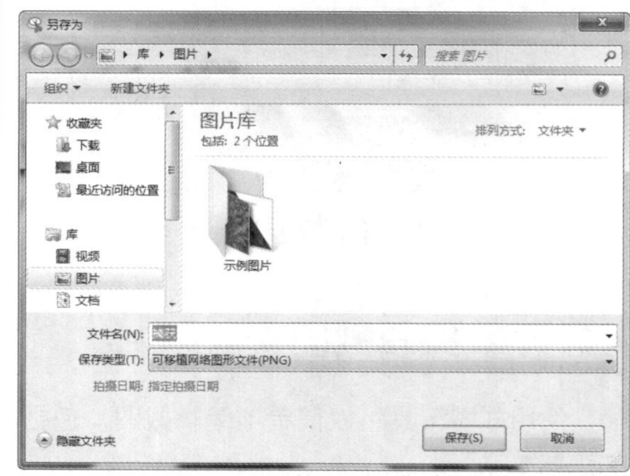

图 5-47　【另存为】对话框

5.3 使用“计算器”算账

Windows 7 自带的计算器程序不仅具有标准计算器功能，而且还集成了编程计算器、科学型计算器和统计信息计算器的高级功能，通过使用计算器，可以计算日常数据。

5.3.1 启动计算器

启动计算器的具体操作步骤如下。

Step 01 单击【开始】按钮，从弹出的菜单中选择【所有程序】→【附件】→【计算器】命令，如图 5-48 所示。

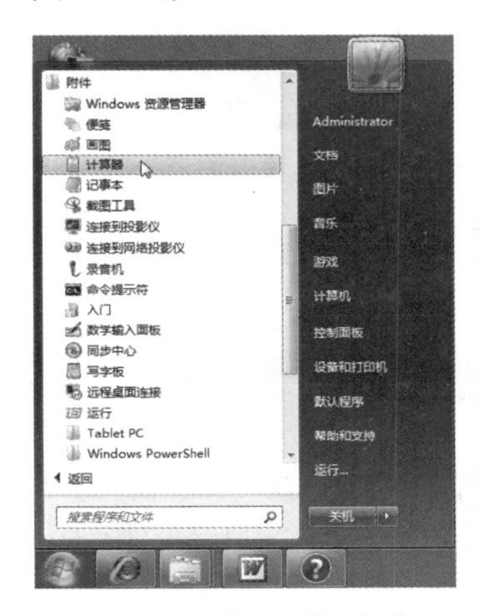

图 5-48 【开始】菜单

Step 02 弹出【计算器】对话框，如图 5-49 所示。

图 5-49 【计算器】对话框

5.3.2 设置计算器类型

计算器从类型上可分为标准型、科学型、程序员型和统计信息型等。

1. 标准型

默认情况下，软件打开时是标准型界面，包括加、减、乘和除等常规运算，如图 5-50 所示。

图 5-50 计算器的标准型界面

2. 科学型

使用科学型计算器主要是进行复杂的运算，包括平方、立方、三角函数运算等。选择【查看】→【科学型】命令，即可打开科学型界面，如图 5-51 所示。

3. 程序员型

使用程序员型计算器不仅可以实现进制之间的转换，还可以进行与、或、非等逻辑运算。选择【查看】→【程序员】命令，即可打开程序员型界面，如图 5-52 所示。

图 5-51　计算器的科学型界面

图 5-52　计算器的程序员型界面

4. 统计信息型

使用统计信息型计算器可以进行平均值、求和、标准偏差等统计运算。选择【查看】→【统计信息】命令，即可打开统计信息型界面，如图 5-53 所示。

图 5-53　计算器的统计信息型界面

5.3.3 计算器的运算

下面以平方运算为例，讲解如何使用计算器运算。本实例计算 5^2 的值，具体操作步骤如下。

Step 01 启动计算器，选择【查看】→【科学型】命令，打开科学型界面，如图 5-54 所示。

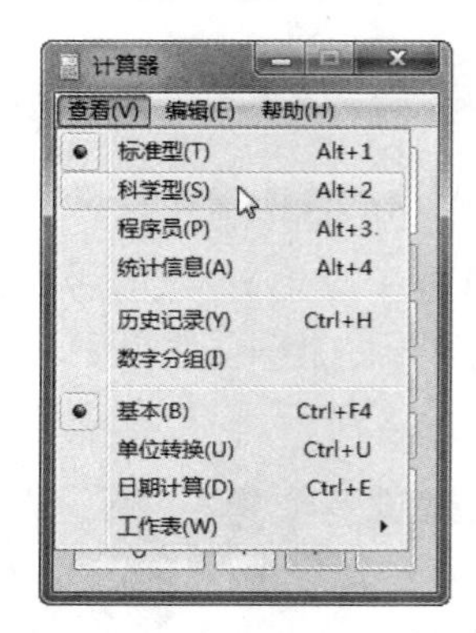

图 5-54　选择【科学型】命令

Step 02 单击软键盘上的数字 5，如图 5-55 所示。

图 5-55　输入数字

Step 03 单击 x^2 按钮，即可得到运算的结果，如图 5-56 所示。

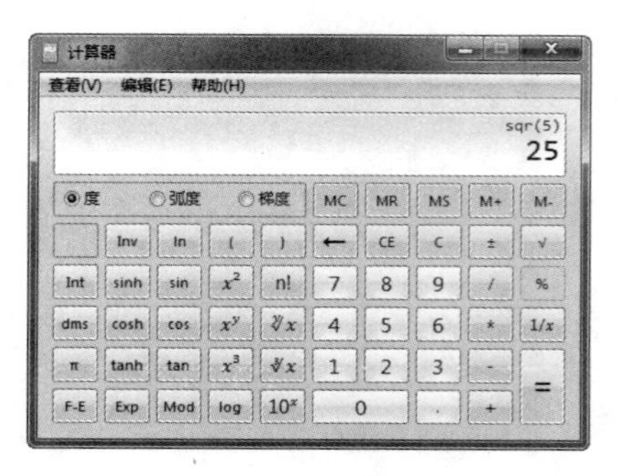

图 5-56　运算结果

5.4 使用“便笺”做备忘录

使用 Windows 7 自带的便笺软件，可以记录需要注意的事项，具体操作步骤如下。

Step 01 单击【开始】按钮，从弹出的菜单中选择【所有程序】→【附件】→【便笺】命令，如图 5-57 所示。

图 5-57　选择【便笺】命令

Step 02 弹出便笺窗口，用户可以直接输入备忘录的内容，如图 5-58 所示。

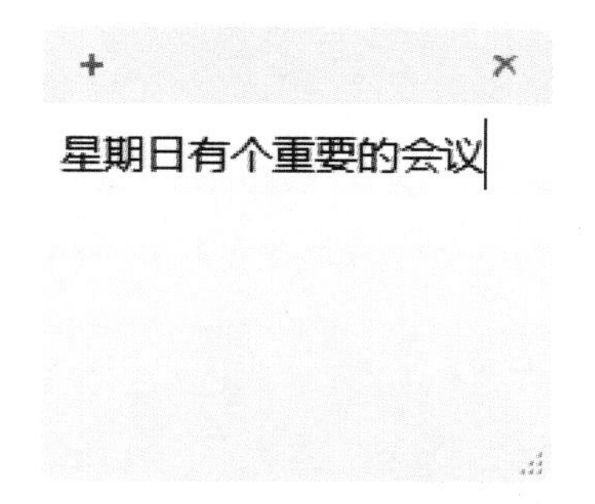

图 5-58　便笺窗口

Step 03 在窗口上右击，并在弹出的快捷菜单中选择【粉红】命令，如图 5-59 所示。

Step 04 窗口界面被修改为粉红色，单击【新建便笺】按钮，可以新增便笺，如图 5-60 所示。

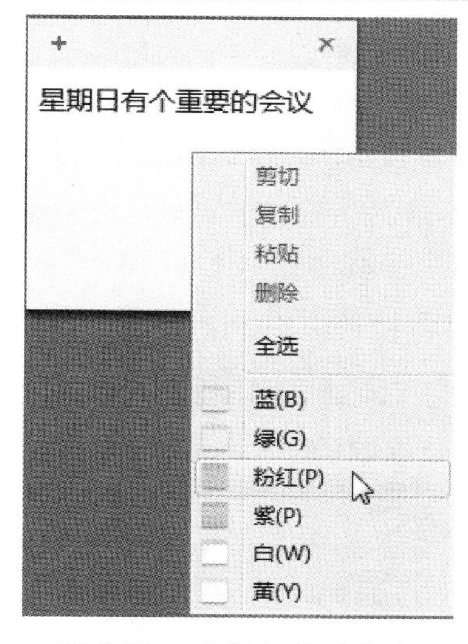

图 5-59　选择便笺的颜色

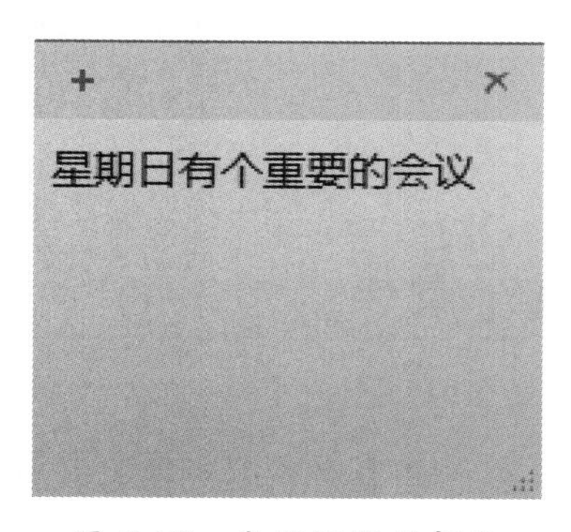

图 5-60　应用便笺的颜色

Step 05 单击【关闭便笺】按钮，弹出【便笺】对话框，单击【是】按钮，即可删除便笺，如图 5-61 所示。

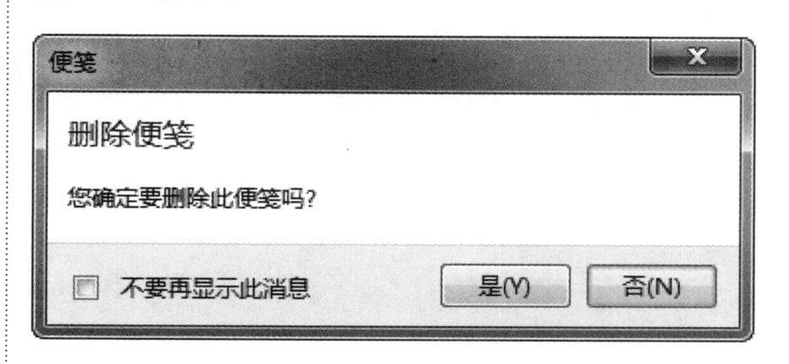

图 5-61　【便笺】对话框

5.5 使用录音机自娱自乐

Windows 7 提供了录音机功能，使用录音机可以录制声音，并可以将其作为音频文件保存在计算机上。可以用不同的音频设备录制声音，例如计算机上插入声卡的麦克风。音频输入源的类型取决于所拥有的音频设备以及声卡上的输入源。

使用录音机的具体操作步骤如下。

Step 01 单击【开始】按钮，从弹出的菜单中选择【所有程序】→【附件】→【录音机】命令，如图 5-62 所示。

图 5-62　选择【录音机】命令

Step 02 弹出【录音机】对话框，单击【开始录制】按钮，即可开始录音，如图 5-63 所示。

Step 03 单击【停止录制】按钮，即可停止录音，如图 5-64 所示。

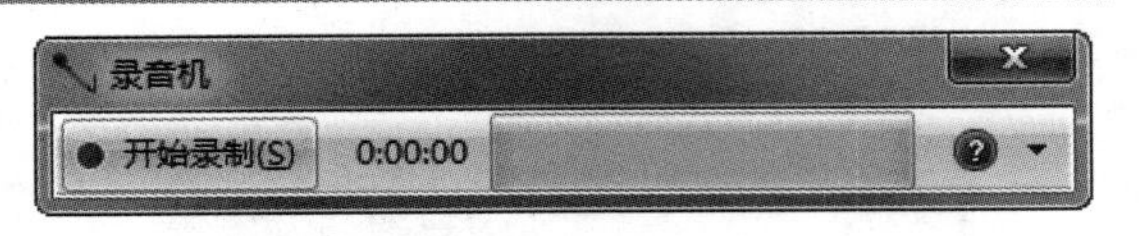

图 5-63　【录音机】对话框

图 5-64　停止录音

Step 04 弹出【另存为】对话框，选择录制文件的保存位置，单击【保存】按钮，如图 5-65 所示。

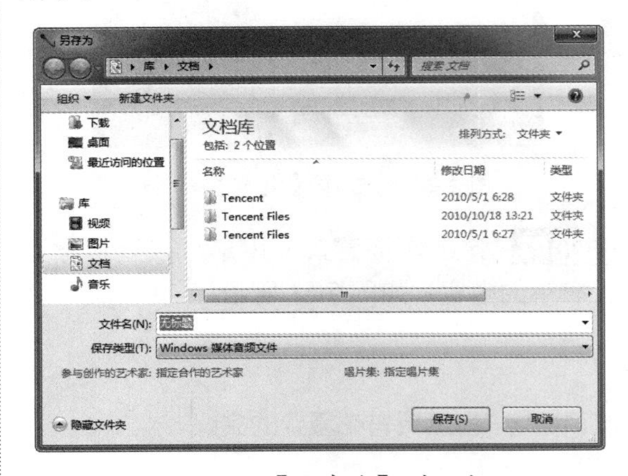

图 5-65　【另存为】对话框

5.6 高效办公技能实战

5.6.1 高效办公技能实战 1——管理联系人

用户可以通过在 Windows 7 联系人中创建个人和组织的联系人，并通过 Windows 保持与他们的联系。每个联系人都包含个人或组织的相关信息。

管理联系人的具体操作步骤如下。

Step 01 单击【开始】按钮，在弹出的菜单的【搜索框】中输入“联系人”，然后单击搜索到的【联系人】选项，如图 5-66 所示。

图 5-66　【联系人】选项

Step 02 弹出【联系人】窗口，单击【新建联系人】按钮，如图 5-67 所示。

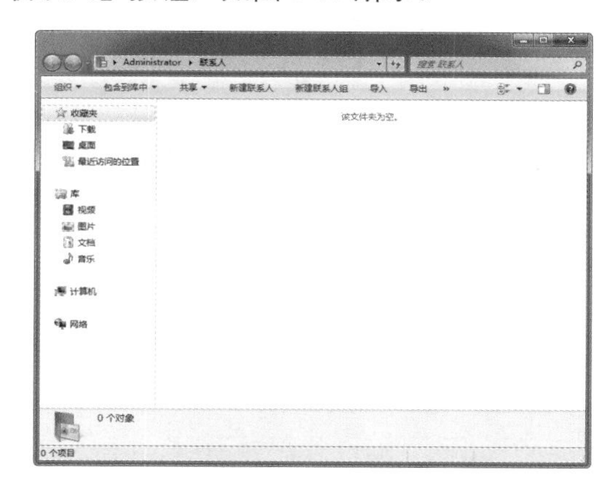

图 5-67　【联系人】窗口

Step 03 在弹出的对话框中输入联系人的相关信息，单击图片下的向下按钮，在弹出的下拉菜单中选择【更改图片】命令，如图 5-68 所示。

Step 04 弹出【为联系人选择图片】对话框，选择需要为联系人设置的图片，单击【设置】按钮，如图 5-69 所示。

图 5-68　选择【更改图片】命令

图 5-69　【为联系人选择图片】对话框

Step 05 返回到联系人属性对话框中，可以看到联系人的图片已经修改，如图 5-70 所示。

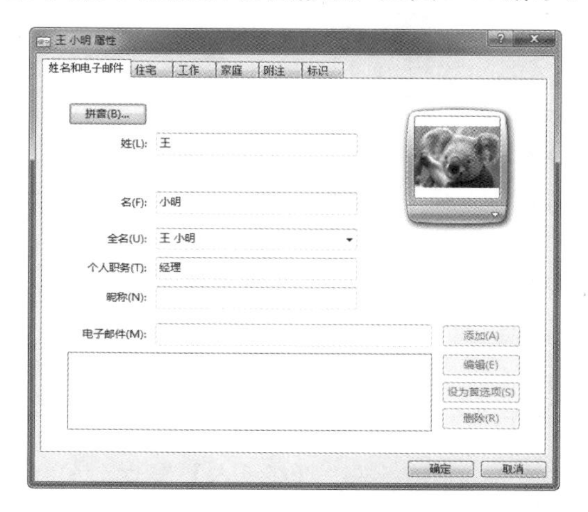

图 5-70　修改联系人的图片

Step 06 切换到【住宅】选项卡，可以设置住宅的详细信息，其他选项卡的设置方法都类似，这里不再详细介绍。设置完成后，单击【确定】按钮，如图 5-71 所示。

Step 07 返回到【联系人】窗口，可以看到新添加的联系人，如图 5-72 所示。

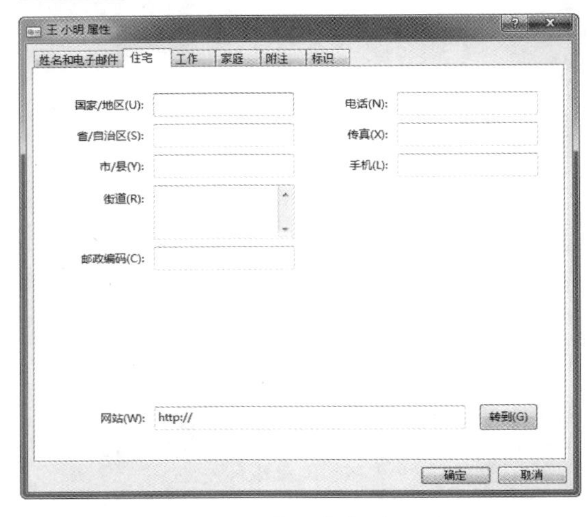

图 5-71 【住宅】选项卡

图 5-72 新添加的联系人

5.6.2 高效办公技能实战 2——将联系人分组

为了更好地管理联系人，可以将其进行分组，具体操作步骤如下。

Step 01 使用上述方法打开【联系人】窗口，单击【新建联系人组】按钮，如图 5-73 所示。

Step 02 在弹出的对话框的【组名】文本框中输入“同学”，单击【添加到联系人组】按钮，如图 5-74 所示。

图 5-73 【联系人】窗口

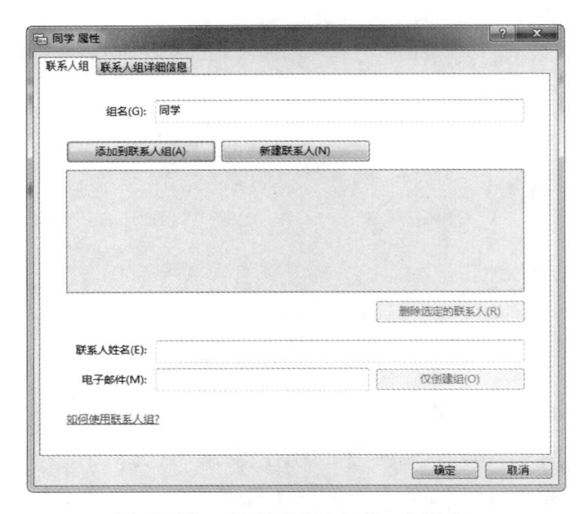

图 5-74 【同学 属性】对话框

Step 03 弹出【将成员添加到联系人组】对话框，按住鼠标左键即可选择多个联系人，单击【添

加】按钮，如图 5-75 所示。

Step 04 返回到属性对话框，单击【确定】按钮，如图 5-76 所示。如果向组中添加新的联系人，可以单击【新建联系人】按钮。

图 5-75　选择多个联系人

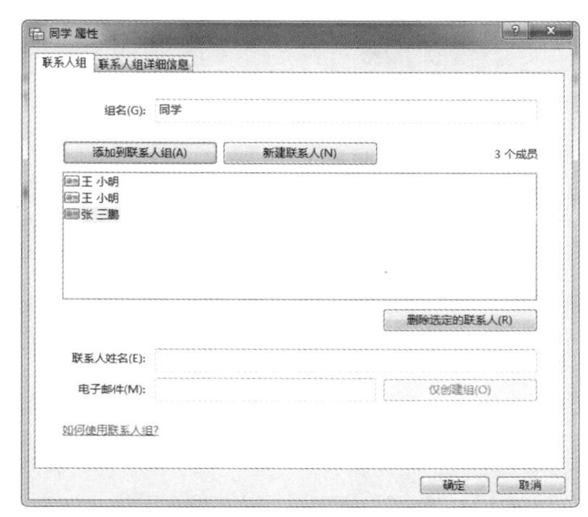

图 5-76　添加多个联系人

Step 05 联系人组建好后，在【联系人】窗口中可以看到新建的组“同学”，如图 5-77 所示。

图 5-77　新建的联系人组

5.6.3　高效办公技能实战 3——使用计算器统计运算

本实例计算 2、16、10 和 20 这几个数值的平均值和总和，具体操作步骤如下。

Step 01 启动计算器软件，选择【查看】→【统计信息】命令，如图 5-78 所示。

Step 02 即可打开统计信息型界面，在小键盘上单击数字 2，然后单击 Add（添加）按钮，如图 5-79 所示。

Step 03 使用同样的方法添加数字 16、10 和 20，如图 5-80 所示。

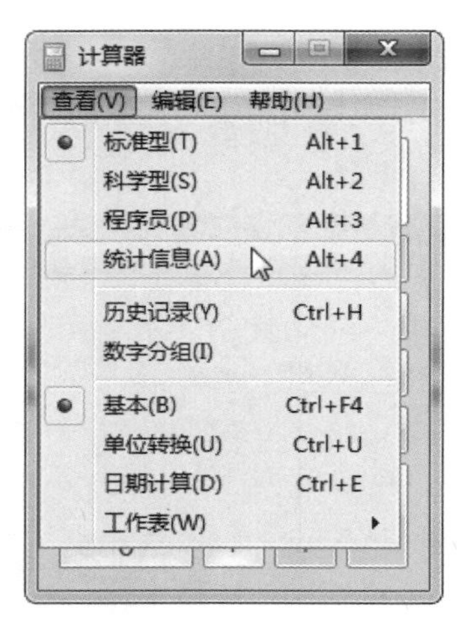

图 5-78 选择【统计信息】命令

图 5-79 统计信息界面

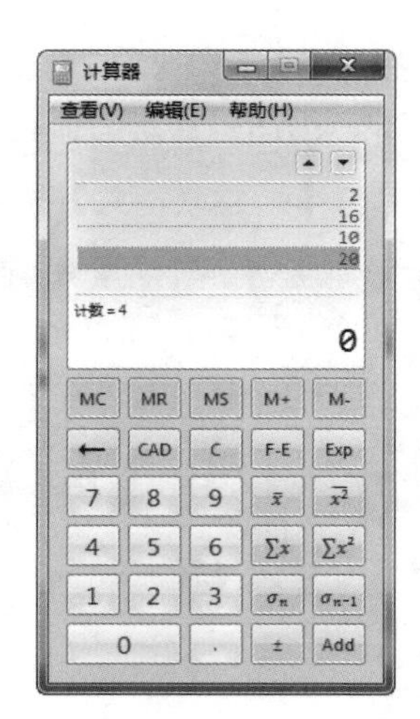

图 5-80 输入数字

Step 04 单击【平均值】按钮，即可计算出 4 个数值的平均值为 12，如图 5-81 所示。

Step 05 单击【求和】按钮，即可计算出 4 个数值的和为 48，如图 5-82 所示。

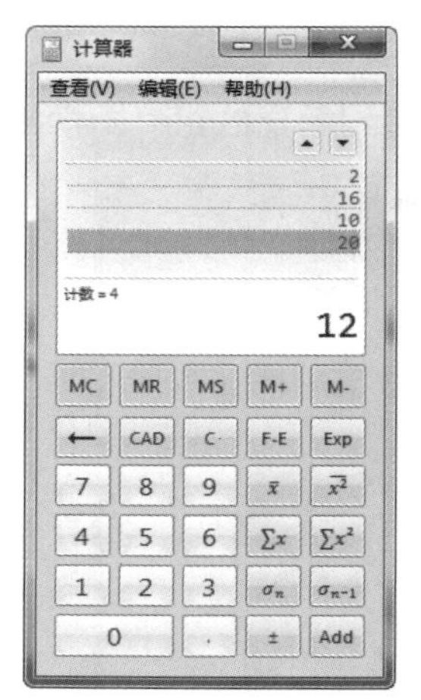

图 5-81 求平均值

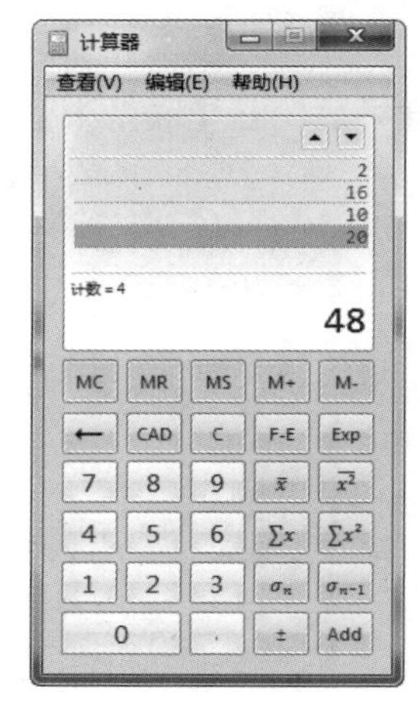

图 5-82 求和

5.7 课后练习与指导

5.7.1 画图工具的使用

- 练习目标

了解： 画图工具的基本功能。

掌握： 画图工具的使用方法。

- **专题练习指南**

01 启动画图工具。

02 使用画图工具绘制图形。

03 使用画图工具编辑图片。

04 使用画图工具保存图片。

5.7.2 截图工具的使用

- **练习目标**

了解：截图工具的基本功能。

掌握：截图工具的使用方法。

- **专题练习指南**

01 启动截图工具。

02 使用截图工具编辑图形。

03 使用截图工具保存图片。

第 2 篇

Word 高效办公

Word 2013 是 Office 2013 办公组件中的一个，是编辑文字文档的主要工具。本篇学习编辑文档、美化文档、审阅与打印文档等知识。

第6章 做个办公文档处理高手——Word 文档的基本操作

- **本章导读**

Word 2013 是 Office 2013 办公组件中的一个，是编辑文字文档的主要工具。本章为读者介绍 Word 2013 的工作界面和基本操作，包括新建文档、保存文档、输入文本内容、编辑文本内容等。

- **学习目标**

◎ 了解 Word 2013 的工作界面
◎ 掌握 Word 2013 的基本操作
◎ 掌握文本的输入方法
◎ 掌握编辑文本的方法

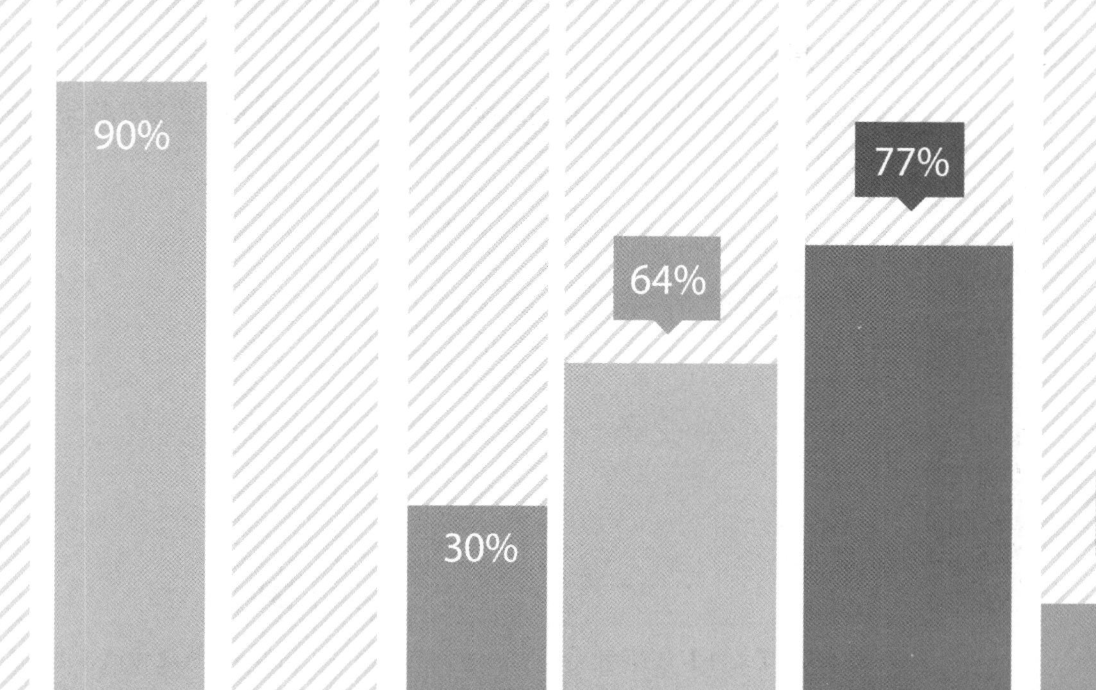

6.1 Word 2013的工作界面

启动 Word 2013 中文版就可以打开 Word 文档窗口，Word 文档窗口由标题栏、功能区、快速访问工具栏、文档编辑区和状态栏等部分组成，如图 6-1 所示。

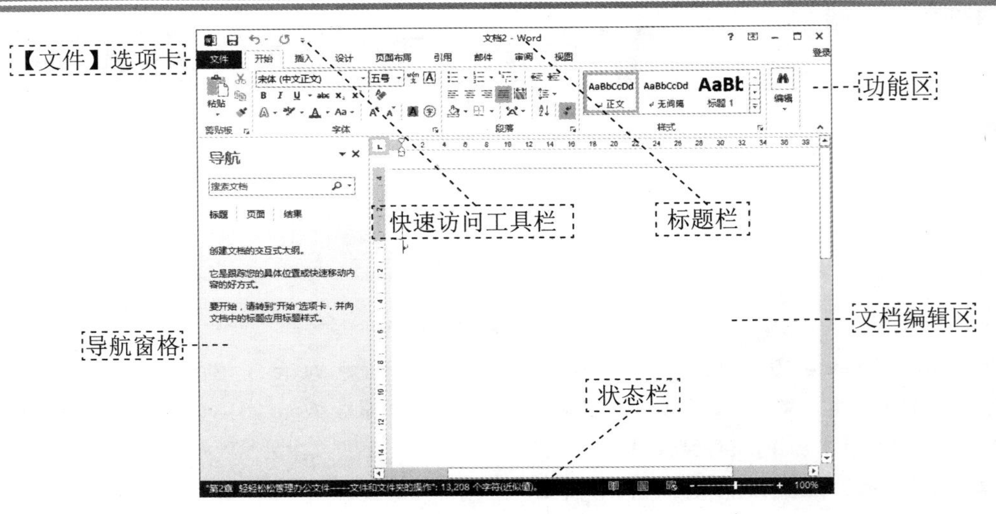

图 6-1　Word 2013 的工作界面

1.【文件】选项卡

【文件】选项卡可实现文档的打开、保存、打印、新建和关闭等功能，如图 6-2 所示。

2.快速访问工具栏

用户可以使用快速访问工具栏实现常用的功能，例如，保存、撤销、恢复、打印预览和快速打印等，如图 6-3 所示。

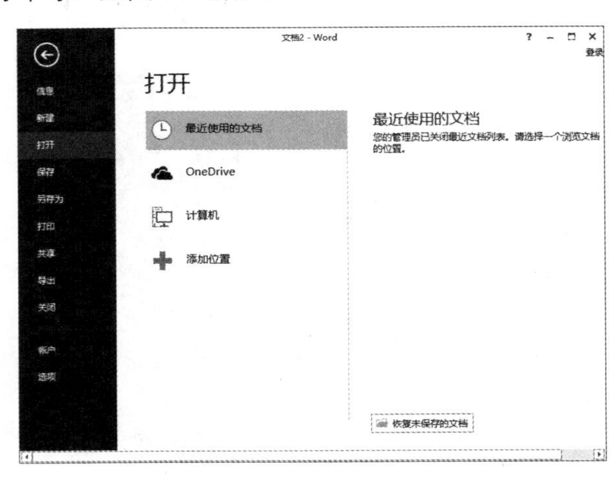

图 6-2　【文件】选项卡

图 6-3　快速访问工具栏

单击右边的【自定义快速访问工具栏】按钮，在弹出的下拉列表中可以选择快速访问工具栏中显示的工具按钮，如图 6-4 所示。

3. 标题栏

标题栏显示了当前打开的文档的名称，还为用户提供了 3 个窗口控制按钮，分别为【最小化】按钮、【最大化】按钮（或【还原】按钮）和【关闭】按钮，如图 6-5 所示。

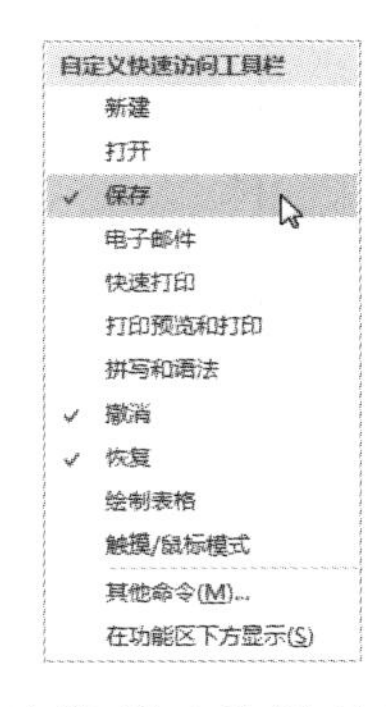

图 6-4　快速访问工具栏的下拉列表

文档2 - Word

图 6-5　标题栏中的控制按钮

4. 功能区

功能区是菜单和工具栏的主要显现区域，几乎涵盖了所有的按钮、组和对话框。功能区首先将控件对象分为多个选项卡，然后在选项卡中将控件细化为不同的组，如图 6-6 所示。

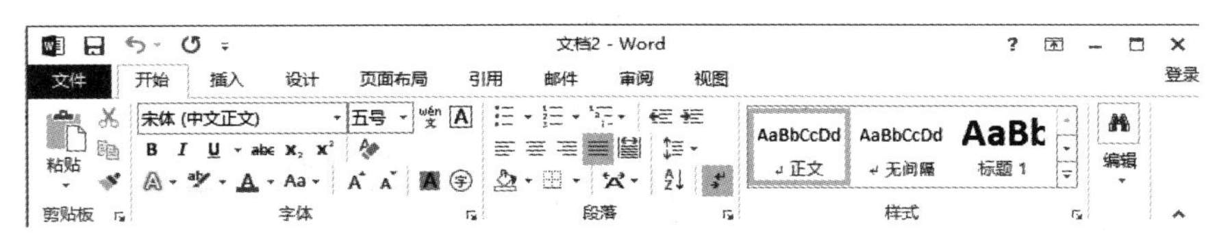

图 6-6　Word 2013 的功能区

> **提示**　选项卡分为固定选项卡和隐藏式选项卡。例如，当用户选择一张图片时，则会显示【图片工具】→【格式】隐藏式选项卡。

5. 文档编辑区

文档编辑区是用户工作的主要区域，用来显示和编辑文档、表格、图表和演示文稿等。Word 2013 的文档编辑区窗口除了文档编辑区之外，还有水平标尺、垂直标尺、水平滚动条和垂直滚动条等进行文档编辑的辅助工具，如图 6-7 所示。

6. 【导航】窗格

【导航】窗格中的上方是搜索框，用于搜索文档中的内容；下方是【标题】、【页面】和【结果】按钮，通过单击这些按钮，可以分别浏览文档中的标题、页面和搜索结果，如图 6-8 所示。

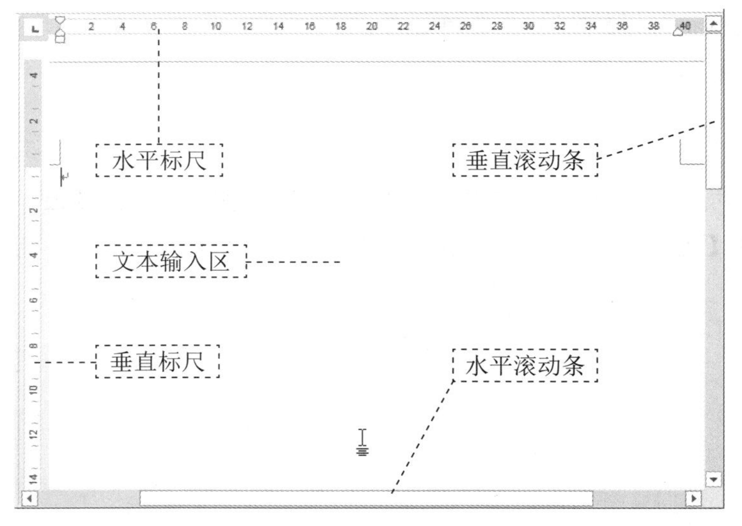

图 6-7　文档编辑区

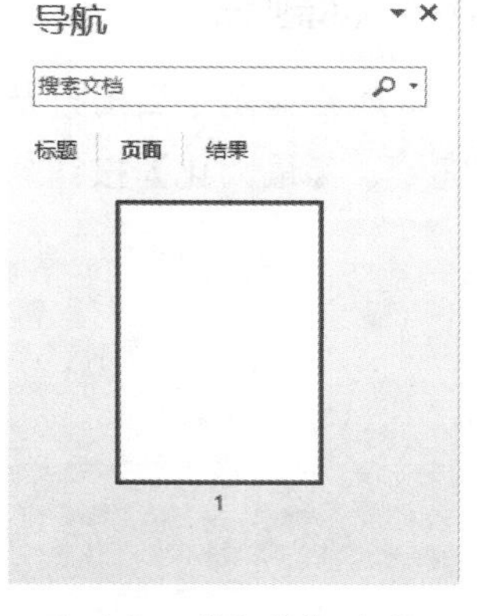

图 6-8　【导航】窗格

7. 状态栏

状态栏提供有页码、字数统计、拼音、语法检查、改写、视图方式、显示比例和缩放滑块等辅助功能，以显示当前的各种编辑状态，如图 6-9 所示。

第 7 页，共 31 页　4 个字　中文(中国)　100%

图 6-9　Word 2013 的状态栏

6.2 Word 2013的基本操作

Word 2013 的基本操作主要包括新建文档、保存文档、打开文档和关闭文档等，用户可以通过多种方法来完成这些基本操作。

6.2.1 新建文档

新建 Word 文档是编辑文档的前提，默认情况下，每一次新建的文档都是空白文档，用户对文档可以进行各种编辑操作。

1. 新建空白 Word 文档

Step 01 在 Word 2013 中，选择【文件】选项卡，在打开的界面中选择【新建】命令，然后选择【空白文档】选项，如图 6-10 所示。

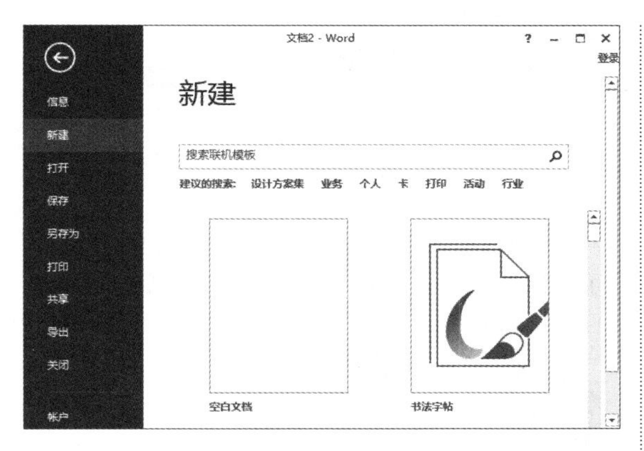

图 6-10　选择【空白文档】选项

Step 02 随即创建一个空白文档，如图 6-11 所示。

图 6-11　新建空白文档

2. 使用模板新建文档

使用模板可以创建新文档。文档模板分为两种类型：一种是系统自带的模板，另一种是专业联机模板，使用这两种方法创建文档的步骤大致相同。下面以使用系统自带的模板为例进行讲解，具体操作步骤如下。

Step 01 在 Word 2013 中，选择【文件】选项卡，在打开的界面中选择【新建】命令，在可用模板设置区域中选择【报表设计（空白）】选项，如图 6-12 所示。

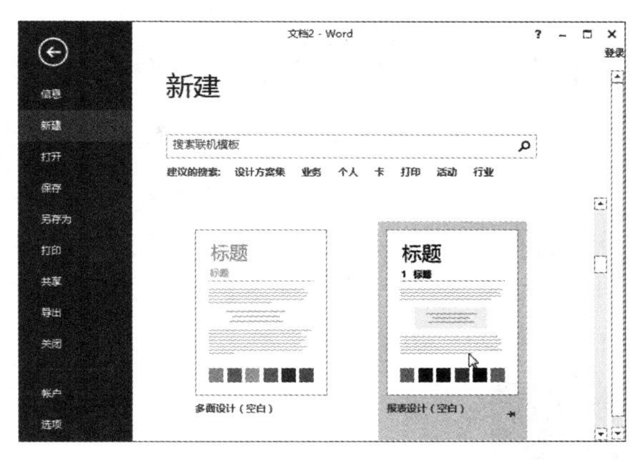

图 6-12　选择【报表设计（空白）】选项

Step 02 随即弹出【报表设计（空白）】界面，如图 6-13 所示。

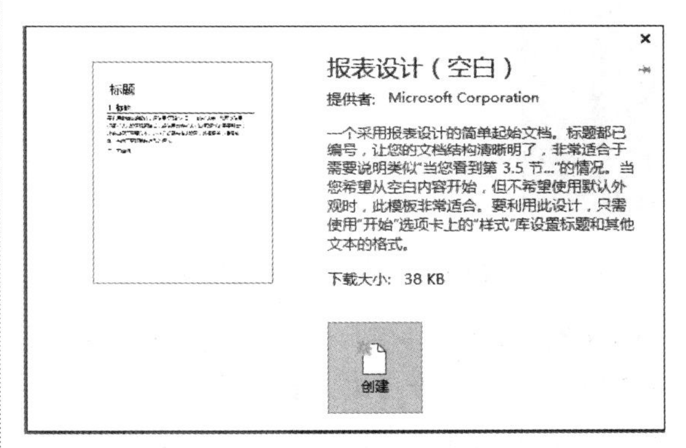

图 6-13　【报表设计（空白）】界面

Step 03 单击【创建】按钮，即可创建一个以报表设计为模板的文档，在其中根据实际情况可以输入文字，如图 6-14 所示。

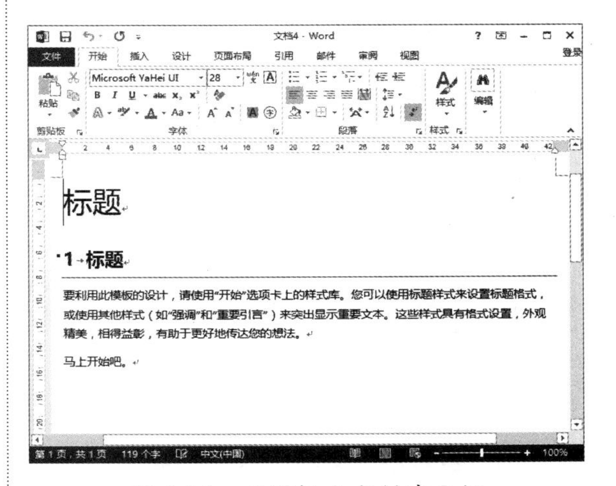

图 6-14　以模板方式创建文档

6.2.2 保存文档

要想永久地保留编辑的文档，就需要将文档进行保存，保存文档的具体操作步骤如下。

Step 01 选择【文件】选项卡，在打开的界面中选择【保存】或【另存为】命令，进入【另存为】界面，如图 6-15 所示。

图 6-15 【另存为】界面

Step 02 选择文件保存的位置，这里选择【计算机】，然后单击【浏览】按钮，打开【另存为】对话框，在【文件名】文本框中输入文件的名称，在【保存类型】下拉列表中选择文档的保存类型，最后单击【保存】按钮，如图 6-16 所示。

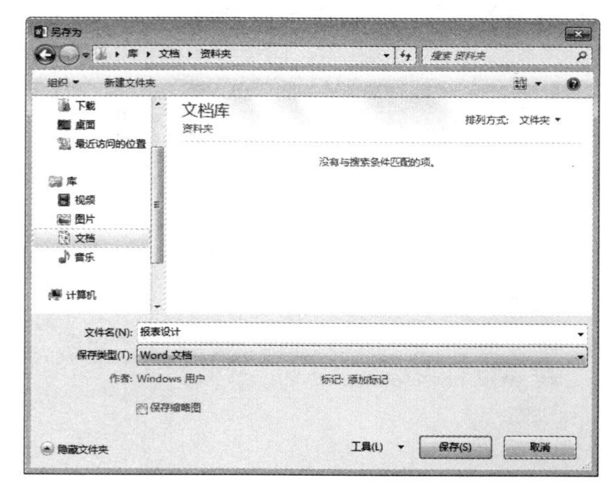

图 6-16 【另存为】对话框

6.2.3 打开文档

要想查看编辑过的文档，首先需要打开文档，具体操作步骤如下。

Step 01 选择【文件】选项卡，在打开的界面中选择【打开】命令，然后选择【计算机】选项，如图 6-17 所示。

图 6-17 【打开】界面

Step 02 单击【浏览】按钮，打开【打开】对话框，然后选中要打开的文档，如图 6-18 所示。

图 6-18 【打开】对话框

Step 03 单击【打开】按钮，即可打开需要查看的文档。

> **提示** 用户也可以双击 Word 文档，从而快速打开文档。

6.2.4 关闭文档

Word 文档编辑保存之后就可以将其关闭，关闭的方法比较多。可以选择【文件】选项卡，在打开的界面中选择【关闭】命令，如图 6-19 所示，从而关闭 Word 文档；也可以单击文档右上角的 × 按钮关闭 Word 文档，如图 6-20 所示。

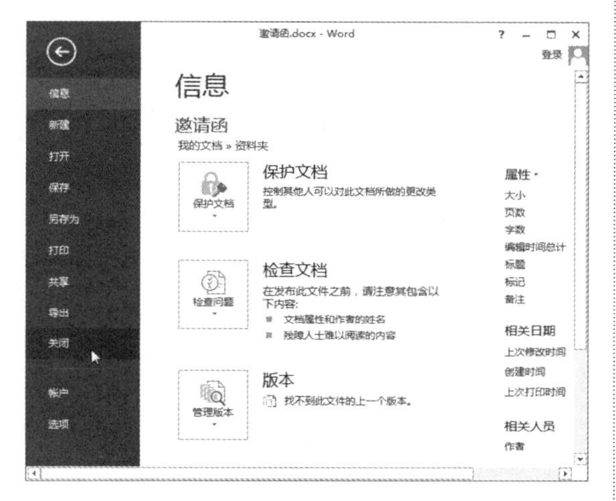

图 6-19　选择【关闭】命令

图 6-20　单击【关闭】按钮

6.2.5 将文档保存为其他格式

在 Word 2013 中，用户可以自定义文档的保存格式。下面以保存为网页格式为例进行讲解，具体操作步骤如下。

Step 01 选择【文件】选项卡，在打开的界面中选择【另存为】命令，然后选择【计算机】选项，如图 6-21 所示。

图 6-21　【另存为】界面

Step 02 单击【浏览】按钮，打开【另存为】对话框，如图 6-22 所示。

图 6-22　【另存为】对话框

Step 03 单击【保存类型】右侧的向下按钮，在弹出的列表中选择【网页】选项，如图 6-23 所示。

Step 04 选择【保存缩略图】复选框，然后单击【更改标题】按钮，弹出【输入文字】对话框，输入“公司介绍”，如图 6-24 所示。

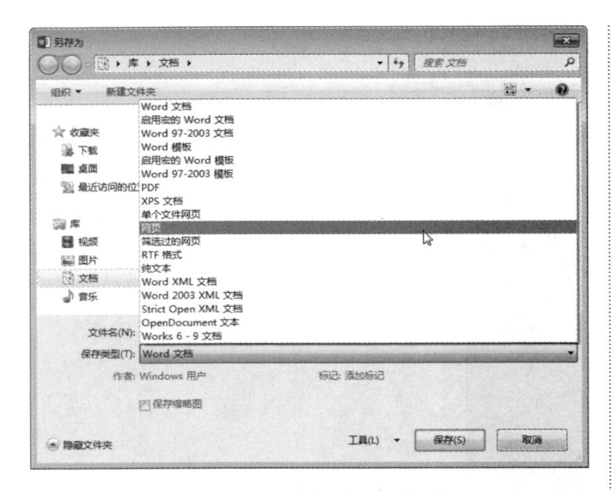

图 6-23　选择保存类型

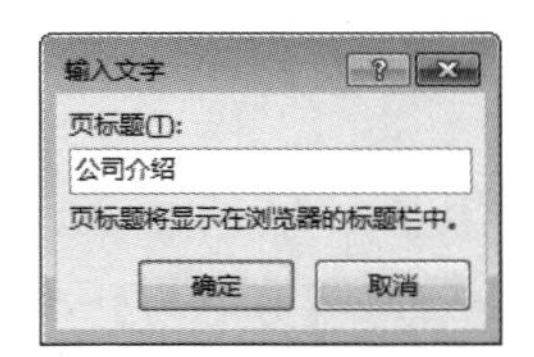

图 6-24　【输入文字】对话框

Step 05　单击【确定】按钮，返回到【另存为】对话框，在其中可以看到设置参数后的效果，如图 6-25 所示。

Step 06　单击【保存】按钮，找到文件保存的位置，可以看到文件保存之后的效果，如图 6-26 所示。

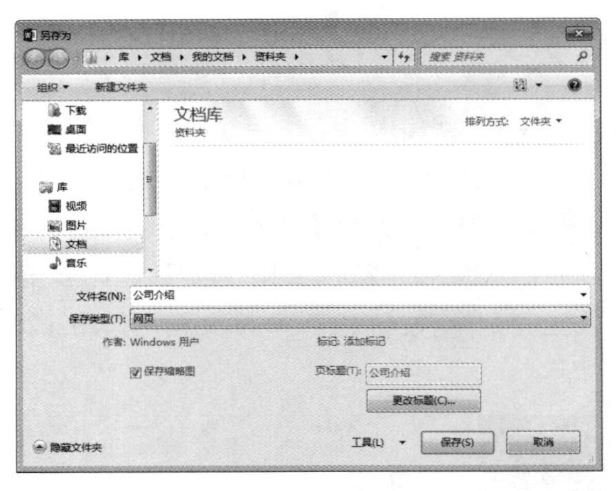

图 6-25　【另存为】对话框

图 6-26　文件保存后的效果

6.3 输入文本内容

编辑文档的第一步就是向文档中输入文本内容，文本内容主要包括中英文内容、各类符号等。

6.3.1 输入中英文内容

输入中英文内容的方法很简单，具体操作步骤如下。

Step 01　启动 Word 2013，新建一个 Word 文档，并在文档中显示一个闪烁的光标，如果要输入英文内容，则直接输入即可，如图 6-27 所示。

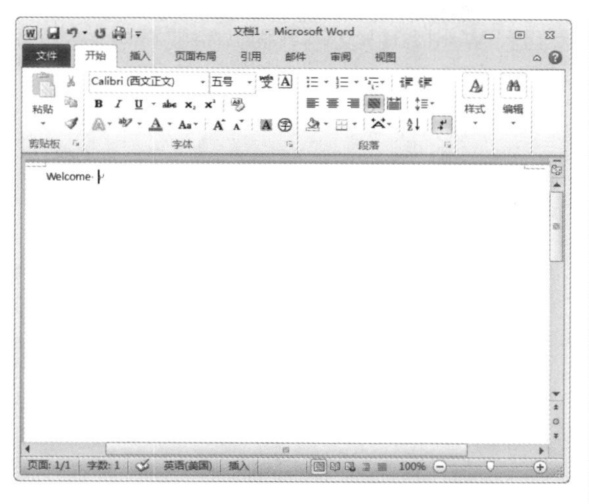

图 6-27 输入英文

Step 02 按 Enter 键将从新的一行输入文本内容，按 Ctrl+Shift 组合键切换到中文输入法状态，即可在光标处显示所输入的内容，且光标显示在最后一个文字的右侧，如图 6-28 所示。

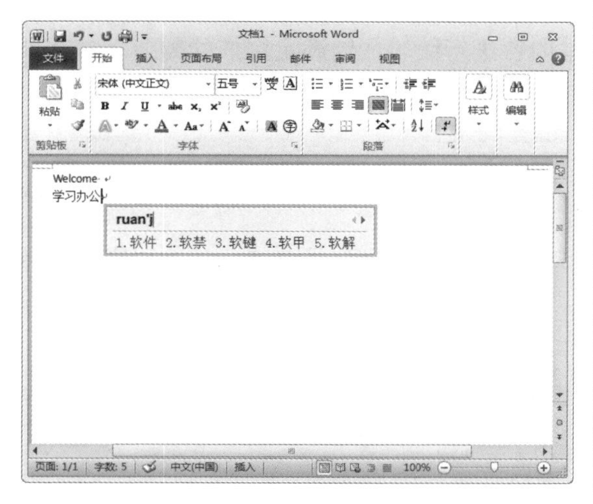

图 6-28 输入中文

提示 如果系统中安装了多个中文输入法，则需要按 Ctrl+Shift 组合键切换到需要的输入法。按 Shift 键，即可直接在文档中输入英文，输入完毕后再次按 Shift 键返回中文输入状态。

6.3.2 输入各类符号

常见的字符在键盘上都有显示，但是要遇到一些特殊符号类型的文本，就需要使用 Word 2013 自带的符号库来输入，具体操作步骤如下。

Step 01 把光标定位到需要输入符号的位置，然后选择【插入】选项卡，单击【符号】组中的【符号】按钮，从弹出的下拉列表中选择【其他符号】命令，如图 6-29 所示。

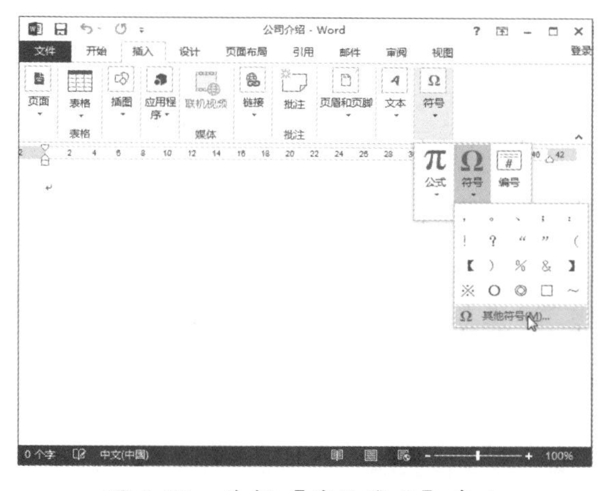

图 6-29 选择【其他符号】命令

Step 02 打开【符号】对话框，在【字体】下拉列表中选择需要的字体选项，并在下方选择要插入的符号，然后单击【插入】按钮。重复操作，即可输入多个符号，如图 6-30 所示。

图 6-30 【符号】对话框

Step 03 插入符号完成后，单击【关闭】按钮，返回到 Word 2013 文档界面，完成符号的插入，如图 6-31 所示。

图 6-31　插入符号

6.4 进行文本编辑

文档创建完毕后，还需要对文档中的文本内容进行编辑，以满足用户的需要。对文本进行编辑的操作主要有选择文本、复制文本、移动文本、查找与替换文本等。

6.4.1 选择、复制与移动文本

选择、复制与移动文本是文本编辑中不可或缺的操作，只有选中了文本，才能对文本进行复制与移动操作。

1. 快速选择文本

选择文本是进行文本编辑的基础，所有的文本只有被选择后才能实现各种编辑操作，不同的文本范围，其选择的方法也不尽相同，下面分别进行介绍。

如果要选择一个词组，需要将光标定位在词组中第 1 个字的左侧，然后双击即可选择该词组，如图 6-32 所示。

如果要选择一个整句，则需要按住 Ctrl 键的同时，单击需要选择句子中的位置，如图 6-33 所示。

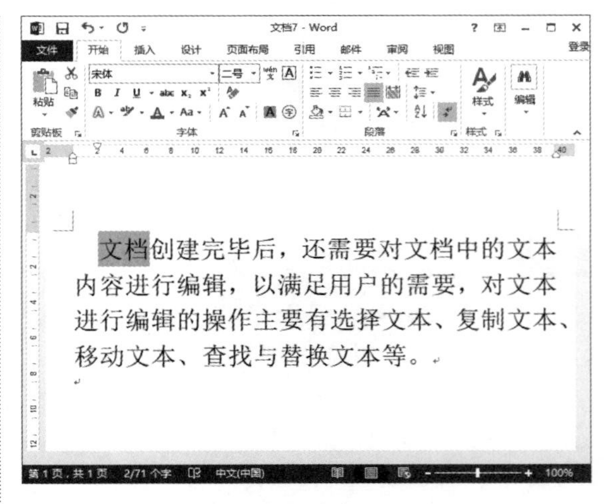

图 6-32　选择词组

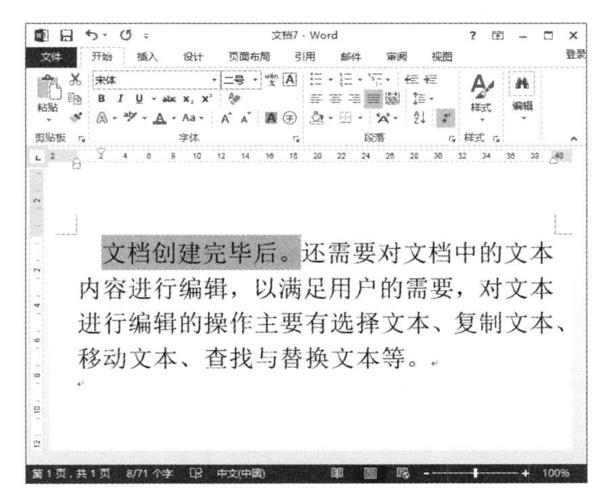

图 6-33　选择整句内容

如果要选择一行文本，则需要将光标移动到要选择行的左侧，当光标变成↗形状时单击，即可选择光标右侧的行，如图 6-34 所示。

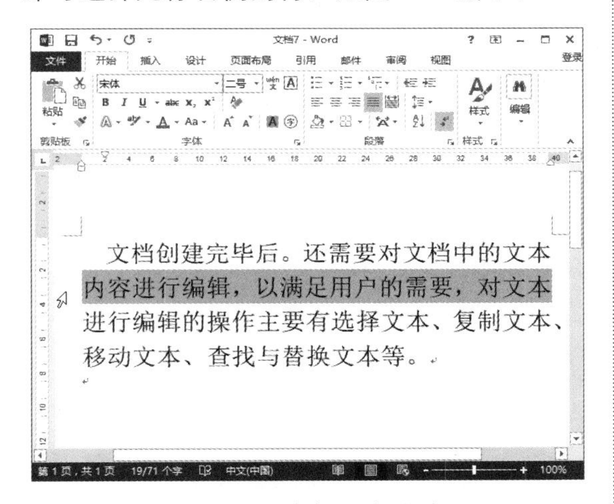

图 6-34　选择一行文本

如果要选择一段文本，则需要将光标移动到要选择行的左侧，当光标变成↗形状时双击，即可选择光标右侧的整段内容，如图 6-35 所示。

如果要选择的文本是任意的，则只用单击要选择文本的起始位置或结束位置，然后按住鼠标左键向结束位置或是起始位置拖动，即可选择鼠标经过的文本内容，如图 6-36 所示。

如果选择的文本是纵向的，则只用按住 Alt 键，然后从起始位置拖动鼠标到终点位置，即可纵向选择拖动鼠标所经过的内容，如图 6-37 所示。

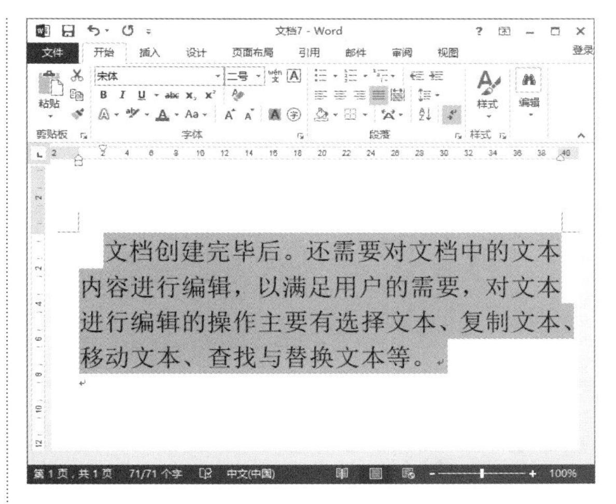

图 6-35　选择一段文字

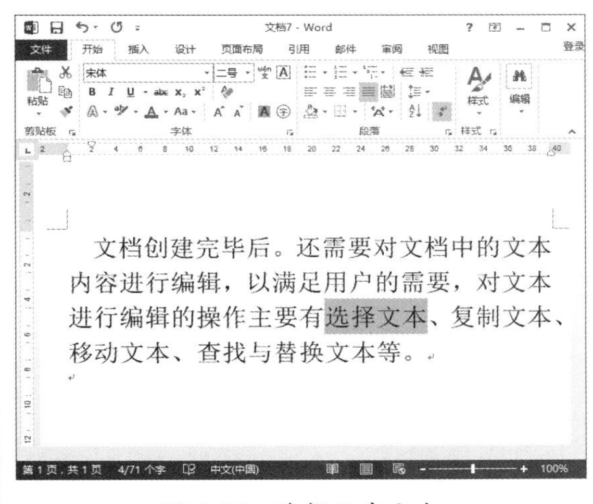

图 6-36　选择任意文本

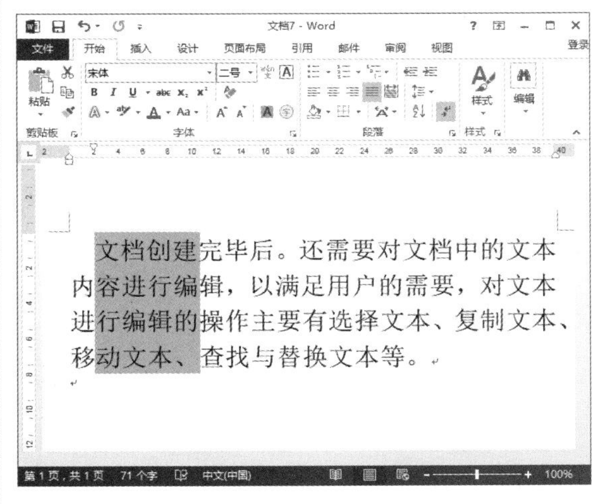

图 6-37　纵向选择文字

如果要选择文档中的所有文本，则需要将光标移动到要选择行的左侧，当光标变成↗形状时三击，即可选择全部内容，如图 6-38 所示。另外，切换到【开始】选项卡，单击【编辑】组中的【选择】按钮，在弹出的下拉菜单中选择【全选】命令，也可以选择文档中的全部内容，如图 6-39 所示。

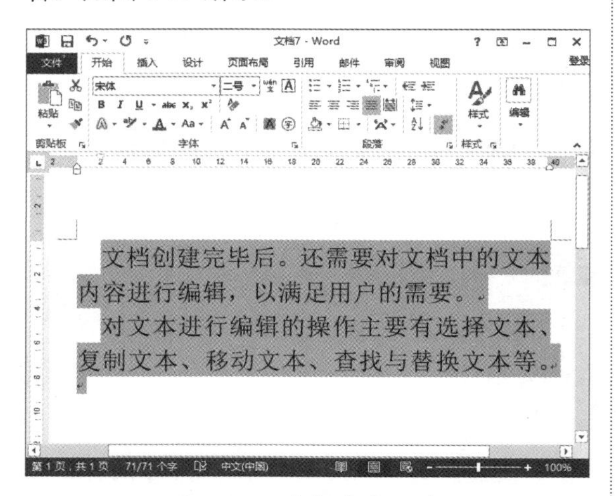

图 6-38　选择全部文字

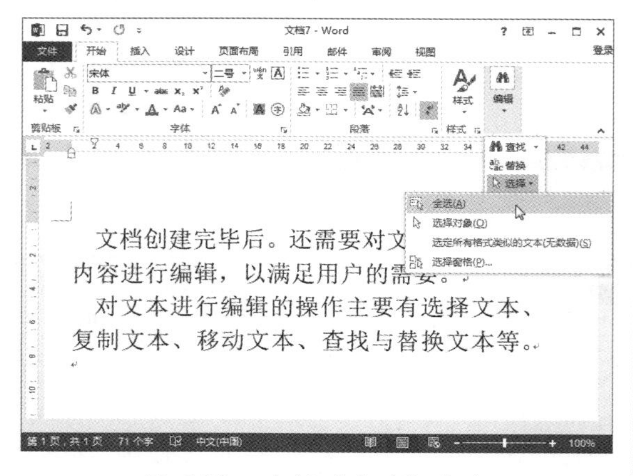

图 6-39　选择【全选】命令

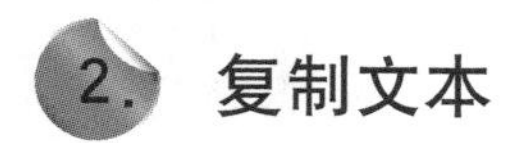

复制文本

在文本编辑过程中，有些文本内容需要重复使用，这时利用 Word 2013 的复制功能即可实现操作，不必一次次地重复输入，具体操作步骤如下。

Step 01 选择要复制的文本内容，切换到【开始】选项卡，在【剪贴板】组中单击【复制】按钮，如图 6-40 所示。

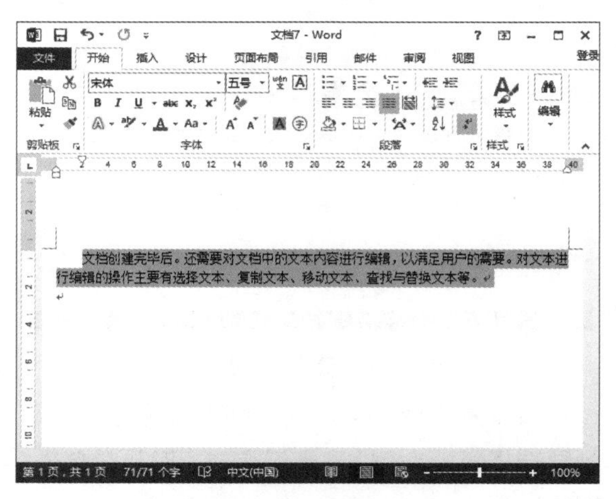

图 6-40　选择要复制的文本

Step 02 将光标定位到文本要复制到的位置，然后单击【开始】选项卡中的【粘贴】按钮，即可将选择的文本复制到指定的位置，如图 6-41 所示。

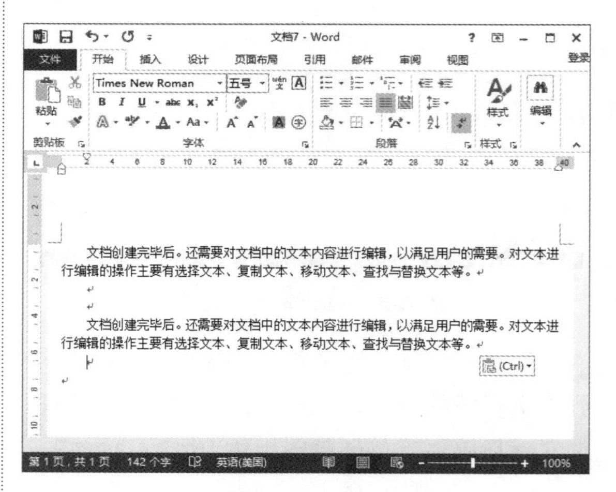

图 6-41　粘贴文本

提示　使用组合键也可以复制和粘贴文本，其中 Ctrl+C 为复制文本组合键，Ctrl+V 为粘贴文本组合键。

3. 移动文本

使用剪切方式可以移动文本，具体操作步骤如下。

Step 01 选中需要剪切的文字，按下 Ctrl+X 组合键，剪切被选中的文字，如图 6-42 所示。

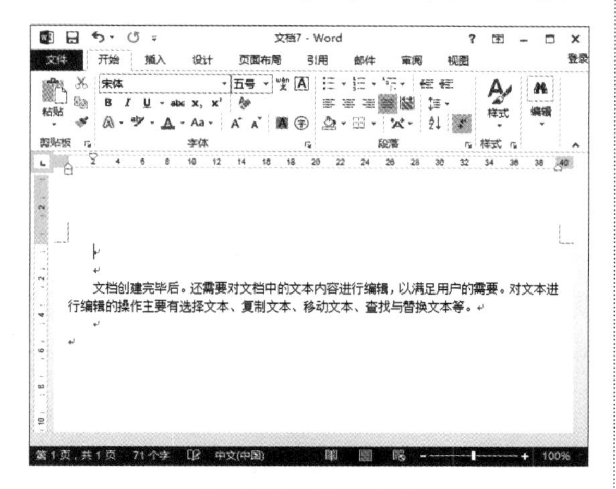

图 6-42　剪切文本

Step 02 移动光标到第一段的末尾，然后按下 Ctrl+V 组合键粘贴剪切的内容，如图 6-43 所示。

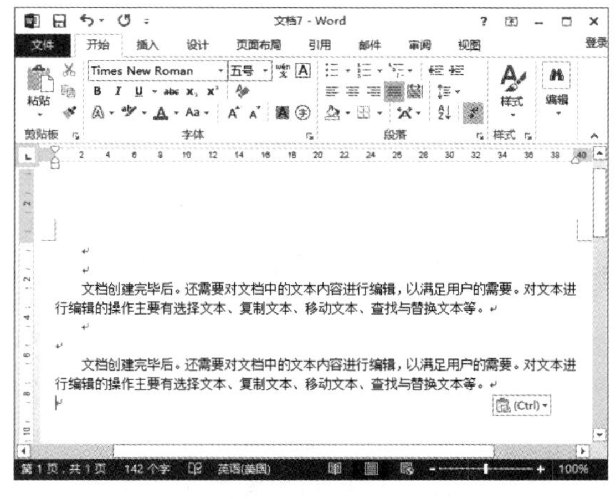

图 6-43　粘贴文本

提示 使用鼠标也可以移动文本。首先选中需要移动的文字，单击并拖曳鼠标至目标位置，然后释放鼠标左键，文本即被移动。

6.4.2 查找与替换文本

在编辑文档的过程中，如果需要修改文档中多个相同的内容，而这个文档的内容又比较冗长的时候，就需要借助 Word 2013 的查找与替换功能来实现，具体操作步骤如下。

Step 01 打开文档，并将光标定位到文档的起始处，然后单击【开始】选项卡中的【查找】按钮，打开【导航】窗格，输入要查找的内容，例如输入“文档”，即可看到所有要查找的文本以黄色底纹显示，如图 6-44 所示。

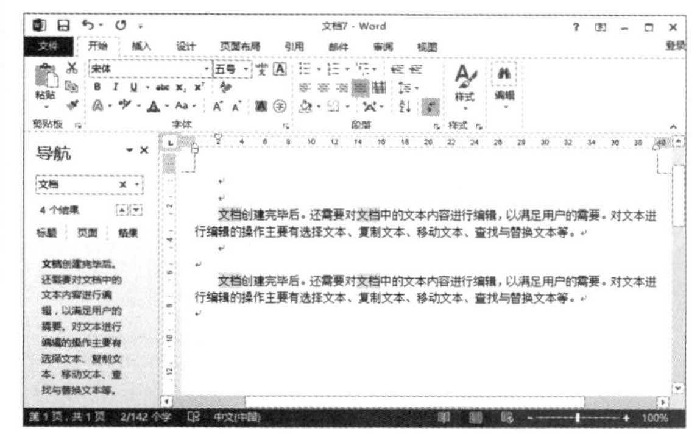

图 6-44　定位文本

Step 02 单击【开始】选项卡中的【替换】按钮，弹出【查找和替换】对话框，并在【查找内容】下拉列表框中输入要查找的内容，在【替换为】下拉列表框中输入要替换的内容，如图 6-45 所示。

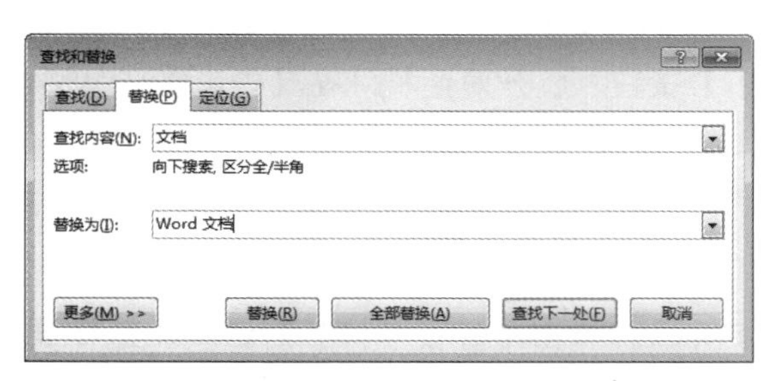

图 6-45　【查找和替换】对话框

Step 03 如果只希望替换当前光标所在位置的下一个“文档”文字，则单击【替换】按钮，如果希望替换 Word 文档中的所有“文档”文字，则单击【全部替换】按钮，替换完毕后会弹出一个替换数量提示框，如图 6-46 所示。

图 6-46　替换数量提示框

Step 04 单击【确定】按钮关闭提示框，返回到【查找和替换】对话框，然后单击【关闭】按钮，即可在 Word 文档中看到替换后的效果，如图 6-47 所示。

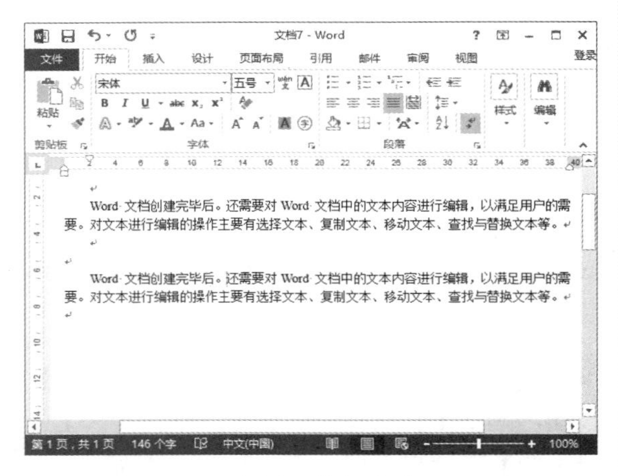

图 6-47　替换文本

Step 05 另外，用户如果需要查找不同格式的文本，可以在【查找和替换】对话框中单击【更多】按钮，展开对话框，在其中设置在 Word 文档中查找的方向和其他选项，例如单击【格式】按钮，从弹出的列表中选择【字体】命令，如图 6-48 所示。

Step 06 弹出【查找字体】对话框，选择需要查找的文字格式，单击【确定】按钮即可，如图 6-49 所示。

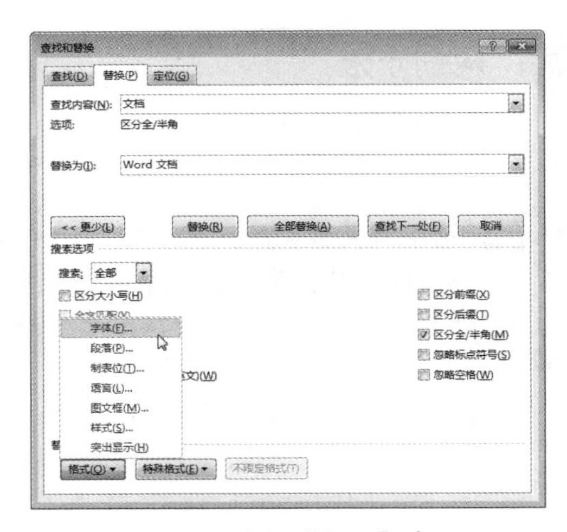

图 6-48　选择【字体】命令

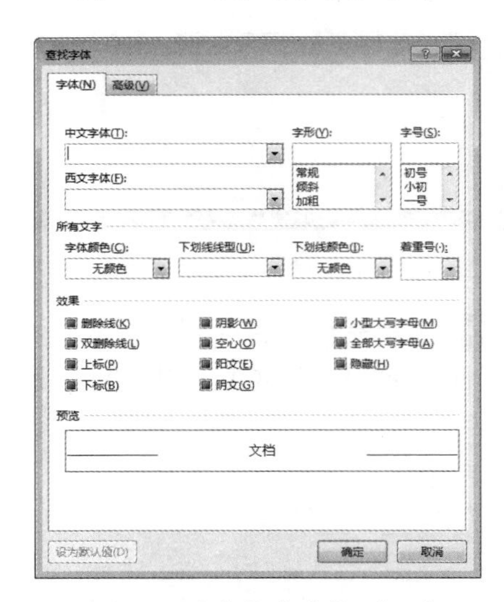

图 6-49　【查找字体】对话框

6.4.3 删除输入的文本内容

删除文本的内容就是将指定的内容从 Word 文档中删除，常见的方法有以下三种。

(1) 将光标定位到要删除的文本内容右侧，然后按 Backspace 键即可删除左侧的文本。

(2) 将光标定位到要删除的文本内容左侧，按 Delete 键即可删除右侧的文本。

(3) 选择要删除的文本内容，然后单击【开始】选项卡下【剪贴板】组中的【剪切】按钮，即可将所选内容删除。

6.5 将现成文件的内容添加到Word中

将现成文件添加到 Word 中，可以节省创建文档的时间，在 Word 中插入的文档包括 Word 文件、网页文件和记事本文件。

6.5.1 插入 Word 文件

在编辑文档的过程中经常会插入文件，要在文档中插入一个完整的文件时，可使用 Word 提供的插入文件功能来实现，具体操作步骤如下。

Step 01 打开需要插入 Word 文件的文档，将光标定位在插入点的位置，如图 6-50 所示。

Step 02 单击【插入】选项卡下【文本】组中的【对象】按钮，在弹出的下拉菜单中选择【文件中的文字】命令，如图 6-51 所示。

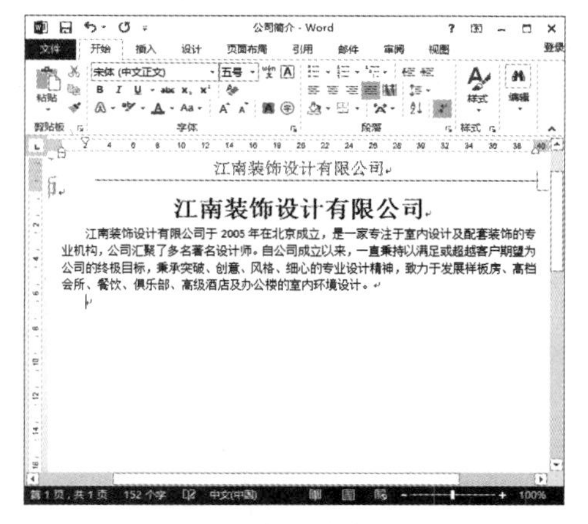

图 6-50　定位光标的位置

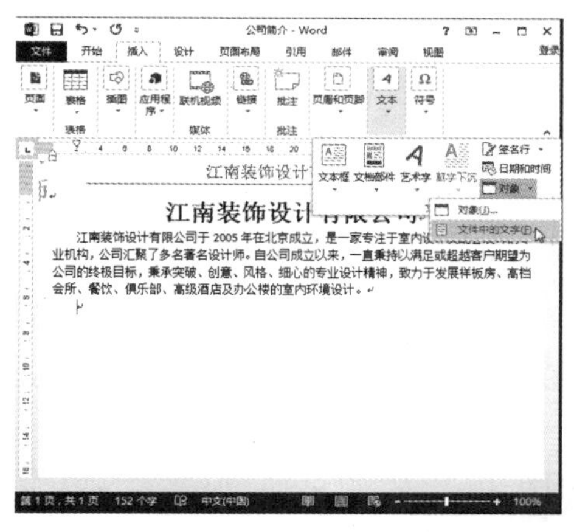

图 6-51　选择【文件中的文字】命令

Step 03 在打开的对话框中选择要插入的文件，如图 6-52 所示。

Step 04 单击【插入】按钮，即可在光标显示的位置插入选择的文件内容，如图 6-53 所示。

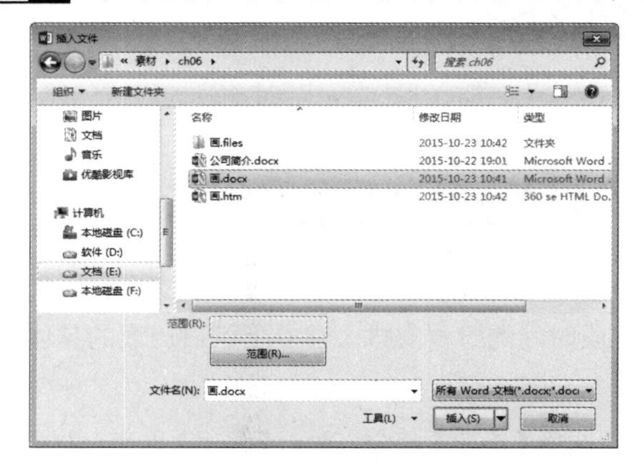

图 6-52　选择要插入的文件

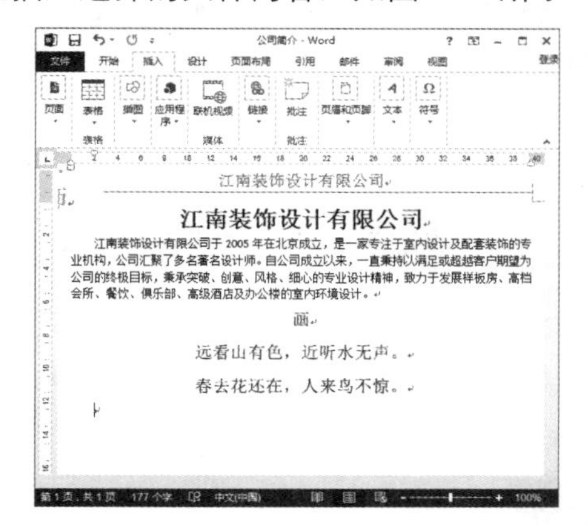

图 6-53　插入文件内容

6.5.2 插入记事本文件

把记事本文件插入 Word 中，便于翻页查看，而且编辑起来更简便，具体操作步骤如下。

Step 01 打开需要插入记事本文件的 Word 文档，将光标定位在插入点的位置。单击【插入】选项卡下【文字】组中的【对象】按钮，在弹出的下拉菜单中选择【文件中的文字】命令。在打开的对话框中选择要插入的文件，如图 6-54 所示。

图 6-54 选择要插入的文件

Step 02 单击【插入】按钮，打开【文件转换】对话框，在其中选择文件的编码，如图 6-55 所示。

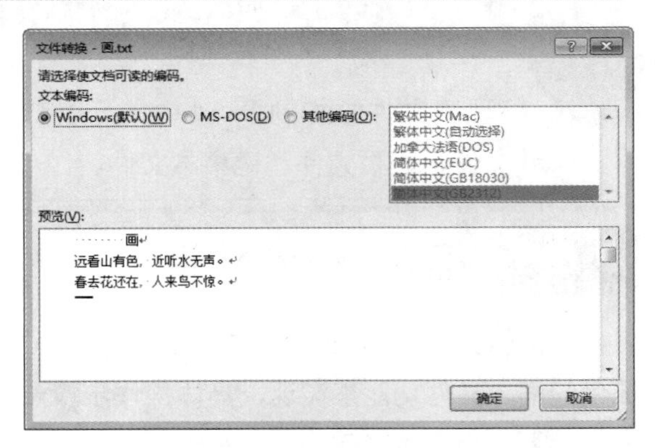

图 6-55 选择文件的编码

Step 03 单击【确定】按钮，即可在光标显示的位置插入选择的记事本文件中的内容，如图 6-56 所示。

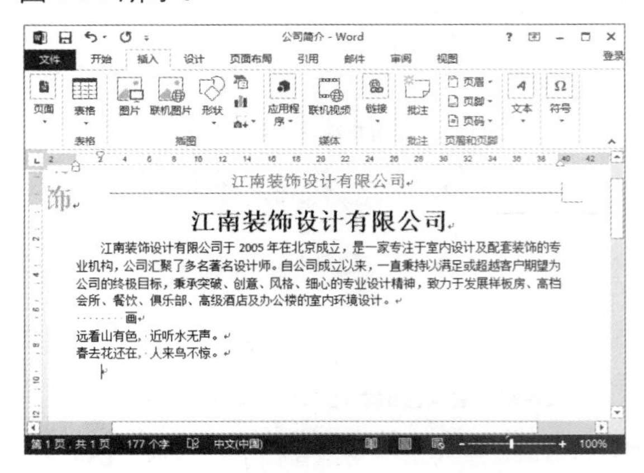

图 6-56 插入记事本文件中的内容

6.6 高效办公技能实战

6.6.1 高效办公技能实战 1——创建上班日历表

对于一些重要事情的安排问题，往往容易被用户遗忘，为此，用户可以建立上班日历表，然后放在办公桌前，这样可以提醒用户未来一段时间的日程安排。建立上班日历表的具体操作步骤如下。

Step 01 选择【文件】选项卡，在打开的菜单中选择【新建】命令，进入【新建】界面，如图 6-57 所示。

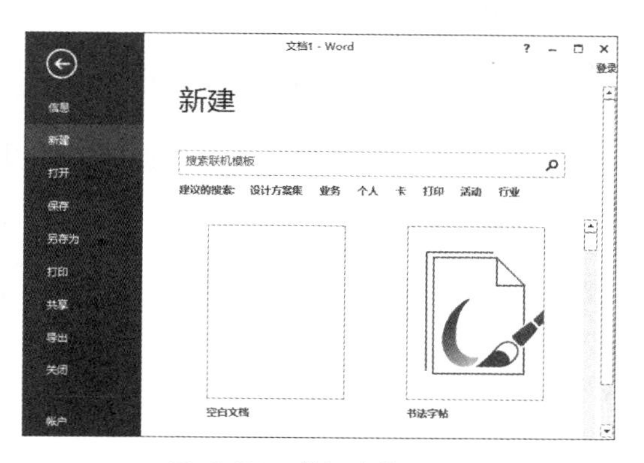

图 6-57　【新建】界面

Step 02　在【搜索联机模板】文本框中输入文字“日历”，然后单击【开始搜索】按钮，搜索日历模板，如图 6-58 所示。

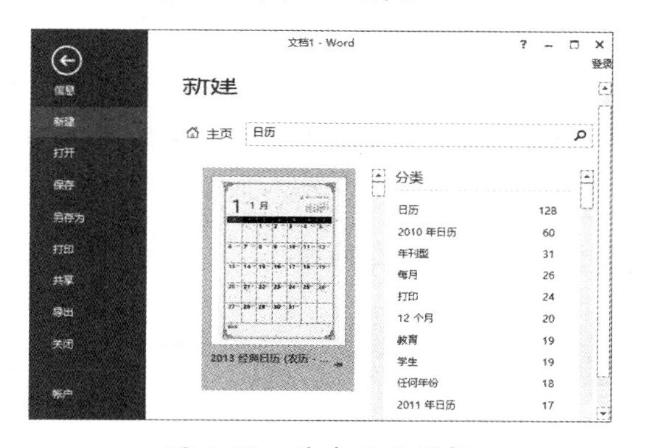

图 6-58　搜索日历模板

Step 03　在搜索出来的模板中，根据实际需要选择一个模板，即可弹出该模板的创建界面，如图 6-59 所示。

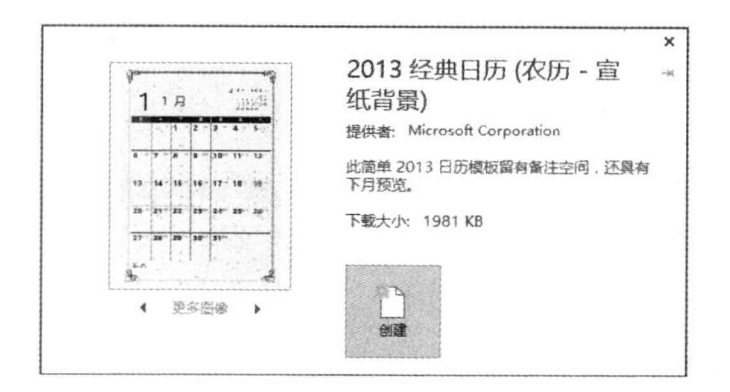

图 6-59　选择要创建的模板

Step 04　单击【创建】按钮，即可下载该模板，下载完毕后，返回到 Word 文档窗口，在其中可以看到创建的日历，如图 6-60 所示。

图 6-60　创建的日历文件

Step 05　拖动右侧滑块，即可查看各个月份的日历表，如图 6-61 所示。

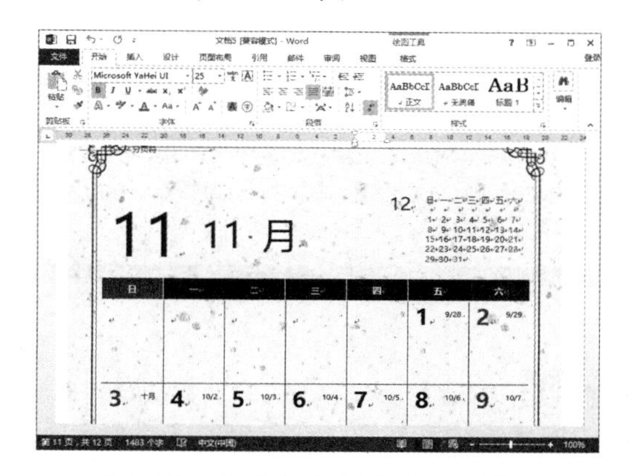

图 6-61　查看各个月份的日历信息

Step 06　用户可以根据需要修改文字部分，如可以在月份的下方输入这个月的重要事情，这里输入“总部后勤部领导检查卫生”，如图 6-62 所示。

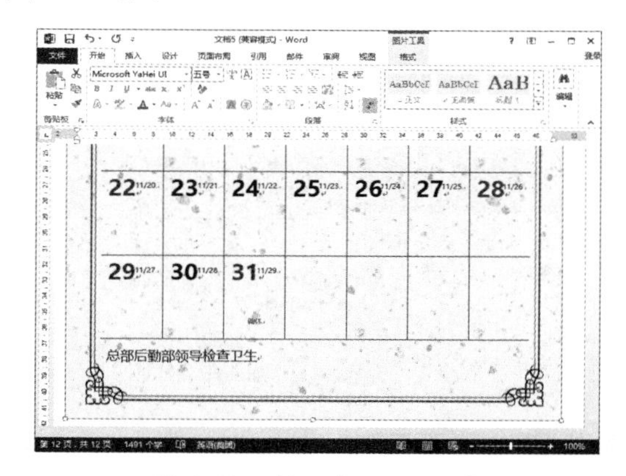

图 6-62　输入提示性文字

6.6.2 高效办公技能实战 2——为 Word 文档添加公司标识

对于一些公司的 Word 文档，可以在页眉和页脚处添加公司标识。本实例介绍如何使用内置的模板插入页眉和页脚，具体操作步骤如下。

Step 01 新建 Word 2013 文档，命名为“公司简介”，并输入需要的文档内容，如图 6-63 所示。

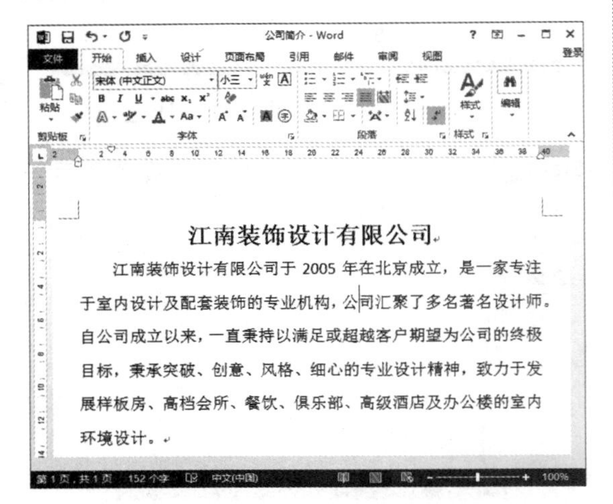

图 6-63 创建“公司简介”文件

Step 02 单击【插入】选项卡下【页眉和页脚】组中的【页眉】按钮，在弹出的【页眉】下拉列表中选择需要的页眉模板，本例中选择【平面（偶数页）】选项，如图 6-64 所示。

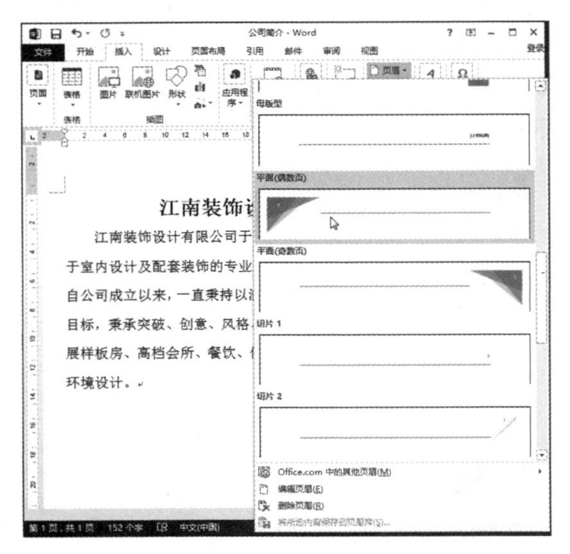

图 6-64 选择页眉类型

Step 03 在 Word 文档中每一页的顶部插入页眉，并显示两个文本域，如图 6-65 所示。

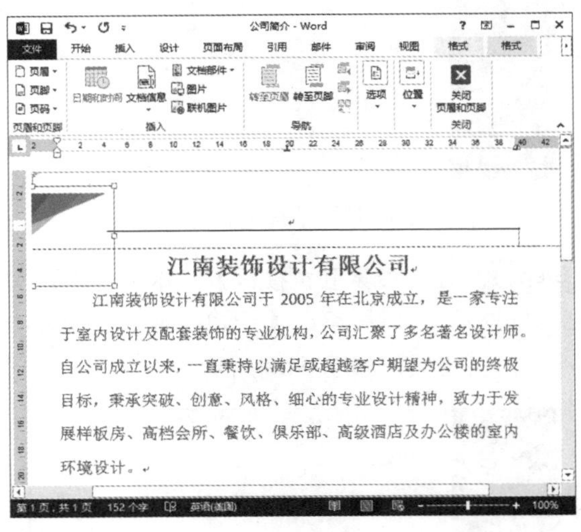

图 6-65 插入页眉

Step 04 在页眉的位置输入公司名称，如图 6-66 所示。

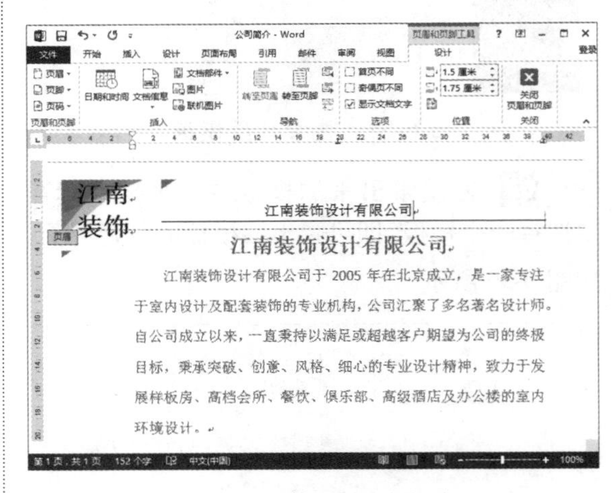

图 6-66 输入公司名称

Step 05 在【设计】选项卡中单击【页眉和页脚】组中的【页脚】按钮，在弹出的【页脚】下拉列表中选择需要的页脚模板，本例中选择【怀旧】选项，如图 6-67 所示。

Step 06 在 Word 文档每一页的底部插入页脚，显示当前页的页码，在页脚文本框中输入

显示文字即可。单击【关闭页眉和页脚】按钮，完成页眉和页脚的编辑。这样在文档中就添加了公司的标识，如图 6-68 所示。

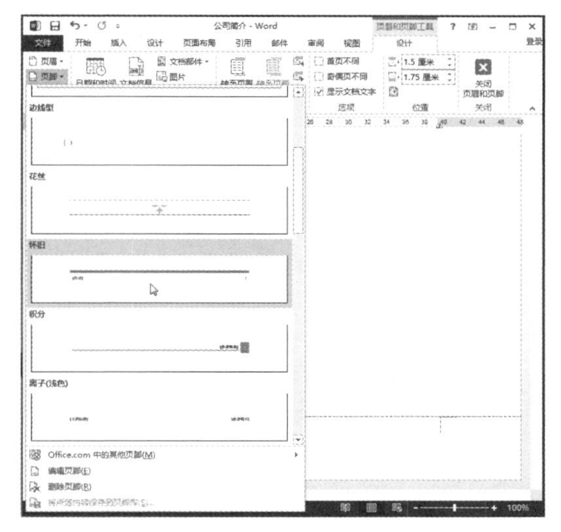

图 6-67　选择页脚类型

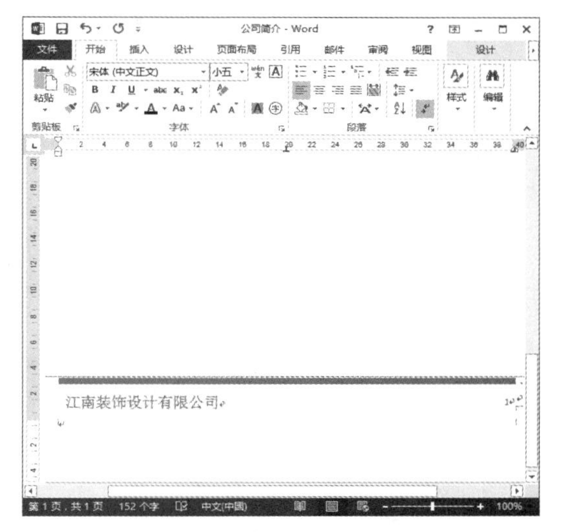

图 6-68　输入页脚内容

6.7 课后练习与指导

6.7.1 使用 Word 制作一则公司公告

- 练习目标

了解： Word 文档编辑软件的使用方法。

掌握： Word 文档编辑基础操作内容。

- 专题练习指南

01 新建一个空白的 Word 文档。

02 在其中输入公司公告内容。

03 选定公司公告内容，删除并修改文本内容。

6.7.2 制作公司新员工试用合同

- 练习目标

了解： 制作 Word 文档的过程。

掌握： 制作 Word 文档的方法。

- 专题练习指南

01 新建一个空白的 Word 文档。

02 输入试用合同文本内容。

03 修改 Word 文档内容。

让自己的文档更美丽——美化文档

- **本章导读**

在 Word 文档中通过设置字体样式、段落样式和添加各种艺术字、图片、图形等元素的方式，可以达到美化文档的效果。本章为读者介绍各种美化文档的方法。

- **学习目标**

◎ 掌握设置字体样式的方法
◎ 掌握设置段落样式的方法
◎ 掌握如何使用艺术字
◎ 掌握使用图片为文档添彩的方法
◎ 掌握使用表格美化文档的方法
◎ 掌握使用图表美化文档的方法

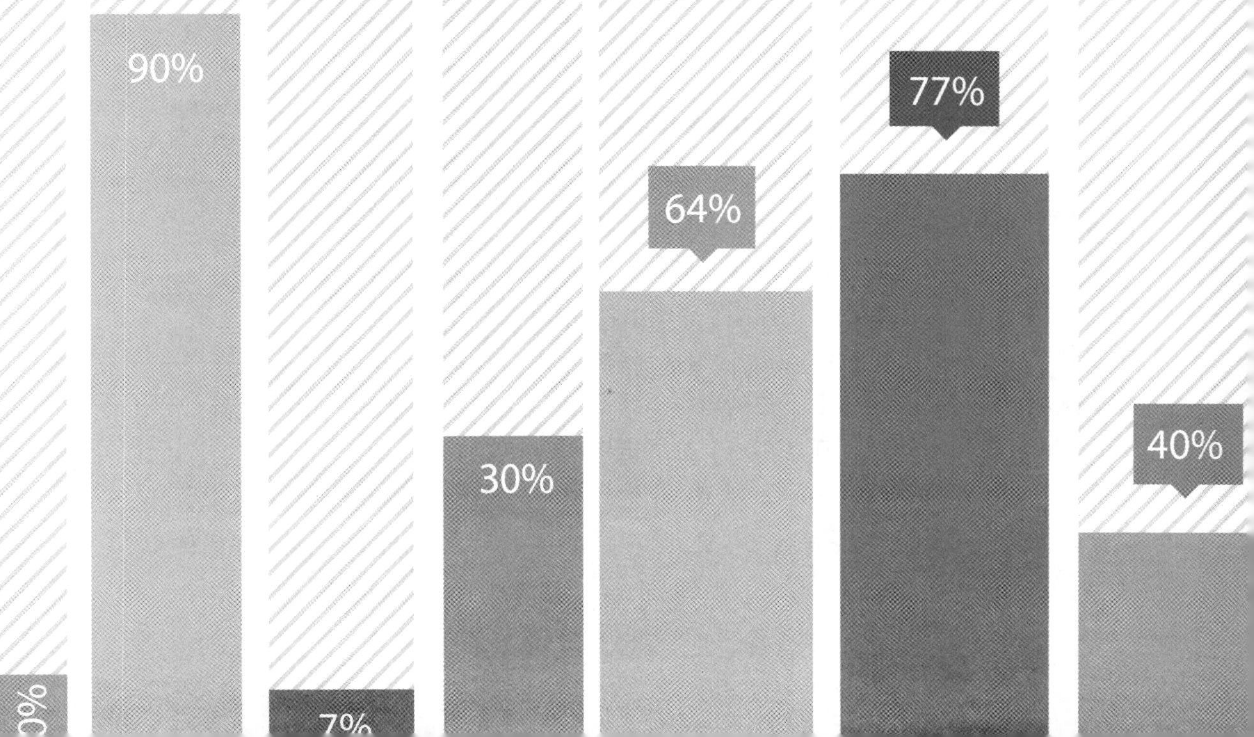

7.1 设置字体样式

字体样式主要包括字体的基本格式、边框、底纹、间距和突出显示等。下面开始学习如何设置字体的样式。

7.1.1 设置字体的基本格式与效果

在 Word 2013 文档中，选择【开始】选项卡，在该选项卡中有【字体】选项组，在该选项组中即可根据实际需要设置字体的基本格式和效果，具体操作步骤如下。

Step 01 新建一个 Word 文档，在其中输入相关文字，并选中需要设置的文字，如图 7-1 所示。

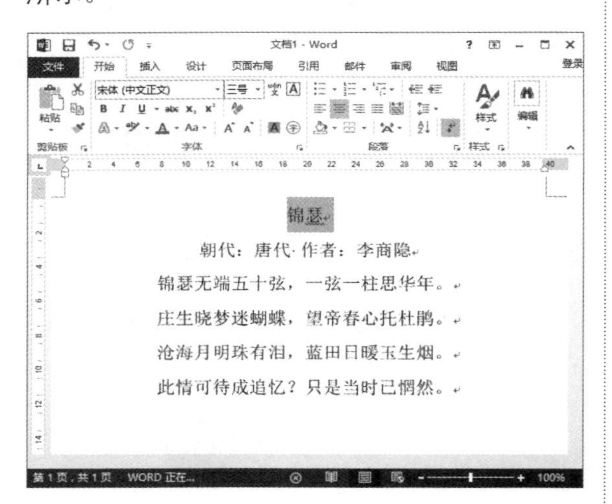

图 7-1　选择需要设置的文字

Step 02 单击【开始】选项卡下【字体】组中右下角的【字体】按钮，打开【字体】对话框，切换到【字体】选项卡，如图 7-2 所示。

Step 03 在【中文字体】下拉列表框中选择【黑体】选项，在【西文字体】下拉列表框中选择 Times New Roman 选项，在【字形】列表框中选择【常规】选项，在【字号】列表框中选择【二号】选项，如图 7-3 所示。

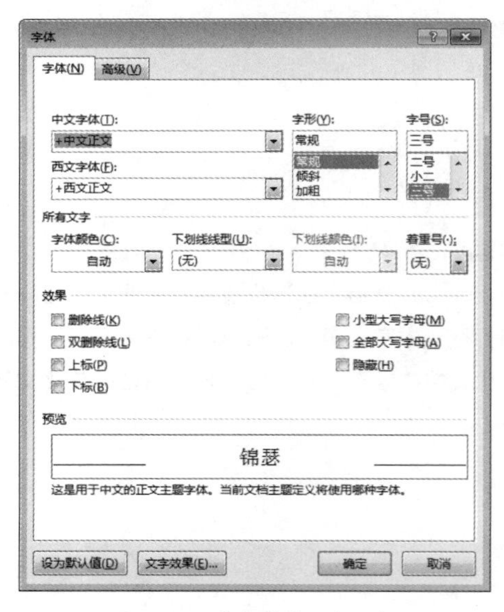

图 7-2　【字体】对话框

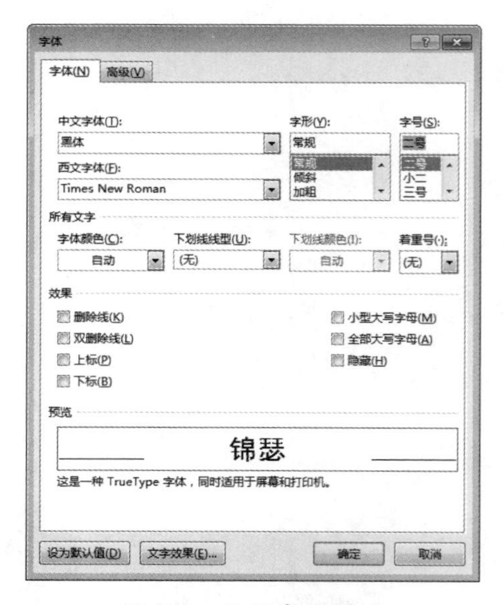

图 7-3　设置字体样式

Step 04 在【所有文字】选项组中可以对文本的颜色、下划线以及着重号等进行设置。单击【字体颜色】下拉列表框右侧的下拉箭头按钮，在打开的颜色列表中选择【红色】选项，使用同样的方法可以选择下划线类型和着重号，如图 7-4 所示。

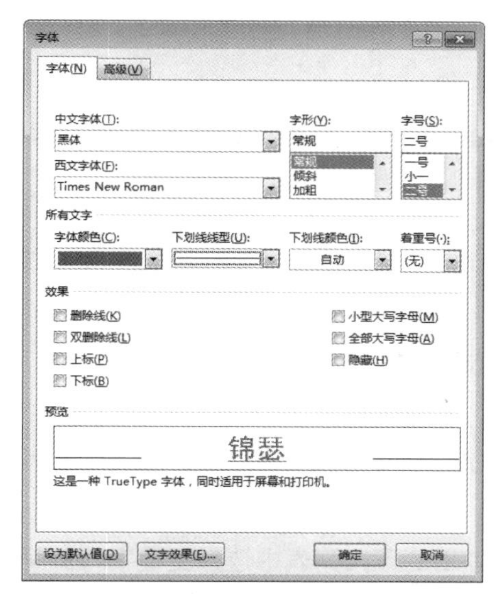

图 7-4 设置字体颜色

Step 05 在【效果】选项组中可以选择文本的显示效果，包括删除线、双删除线、上标和下标等，如图 7-5 所示。

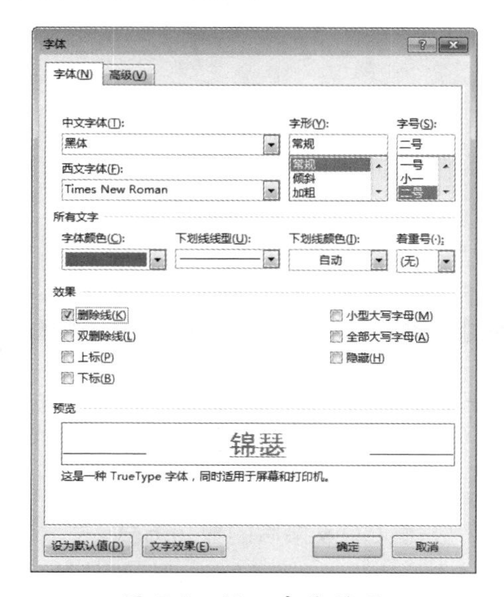

图 7-5 添加字体效果

Step 06 单击【确定】按钮，返回到 Word 的工作界面，在其中可以看到设置之后的文字效果，如图 7-6 所示。

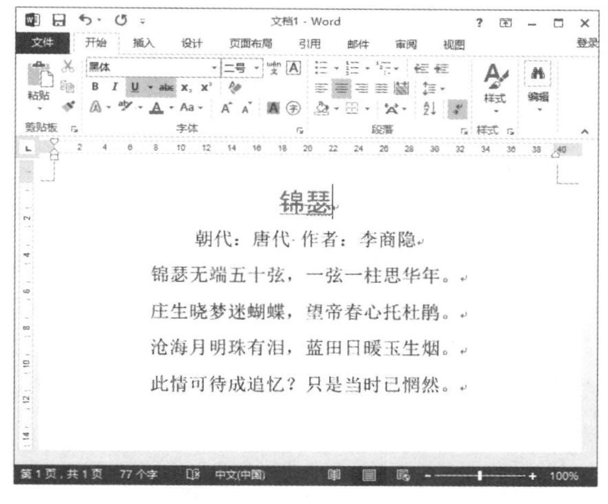

图 7-6 最终显示效果

> **提示** 对于字体效果的设置，除了使用【字体】对话框外，还可以在【开始】选项卡下的【字体】组中进行快速设置，如图 7-7 所示。

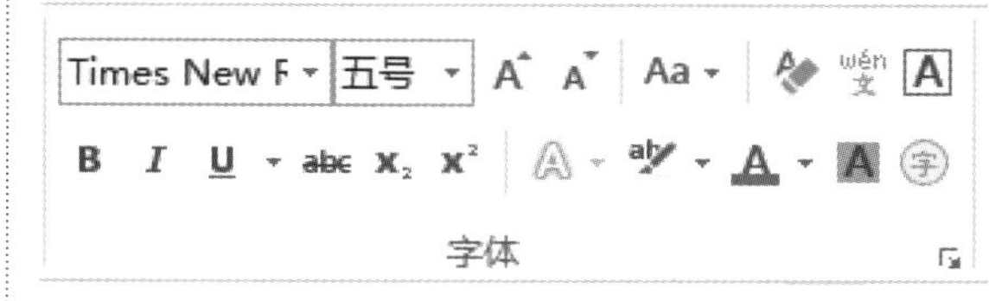

图 7-7 【字体】组

7.1.2 设置字体的底纹和边框

为了更好地美化输入的文字，还可以为文本设置底纹和边框，具体操作步骤如下。

Step 01 选择要设置边框和底纹的文本，选择【开始】选项卡，在【字体】组中单击【字符底纹】按钮，即可为文本添加底纹效果，如图 7-8 所示。

Step 02 单击【字符边框】按钮，即可为选择的文本添加边框，如图 7-9 所示。

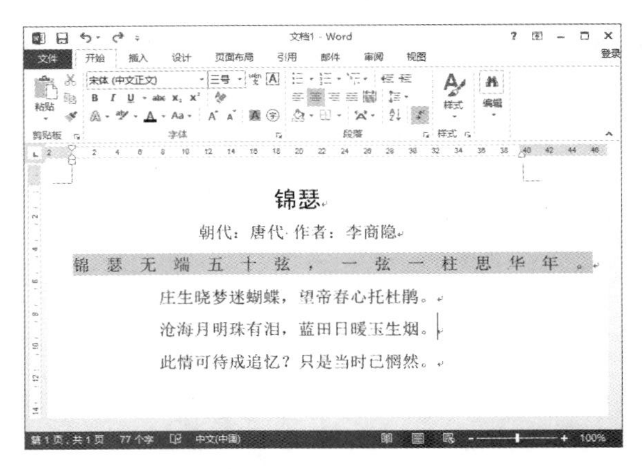

图 7-8　设置字体底纹效果

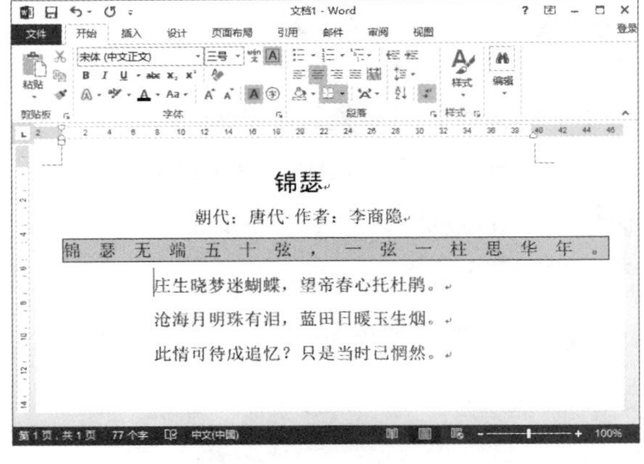

图 7-9　设置字体边框

7.1.3　设置文字的文本效果

Word 2013 提供了文本效果设置功能，用户可以通过【开始】选项卡中的【文本效果与版本】按钮 进行设置，具体操作步骤如下。

Step 01 新建一个 Word 文档，在其中输入文字，然后选中需要添加文本效果的文字，如图 7-10 所示。

Step 02 在【字体】组中单击【字体颜色】按钮，在弹出的下拉列表中选择更换字体的颜色。这里以选择红色为例，如图 7-11 所示。

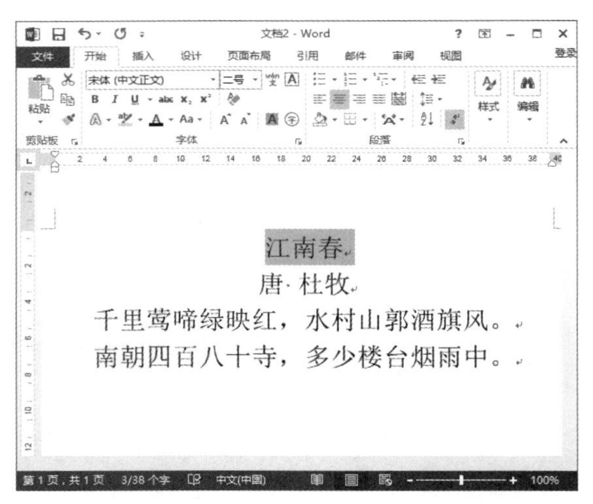

图 7-10　选择需要添加文本效果的文字

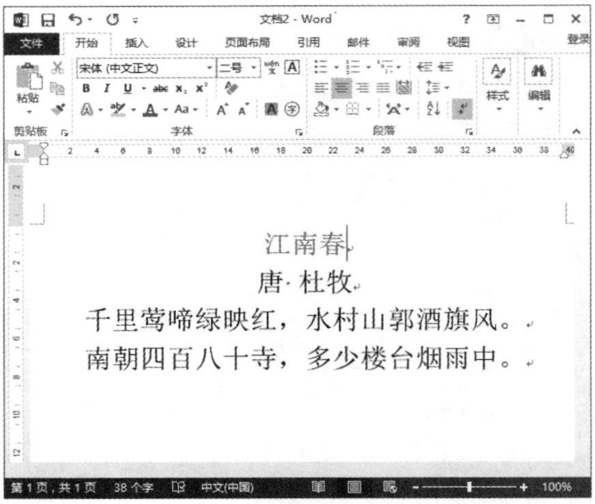

图 7-11　更换字体颜色

Step 03 再次选中需要添加文本效果的文字，单击【开始】选项卡的【字体】组中的【文本效果】按钮，在弹出的下拉列表中选择需要添加的艺术效果，如图 7-12 所示。

Step 04 返回到 Word 2013 的工作界面，可以看到文字应用文本效果后的显示方式，如图 7-13 所示。

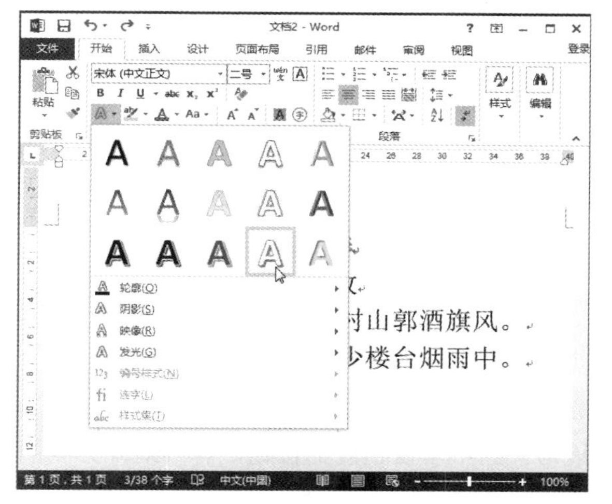

图 7-12　为文本添加艺术字效果

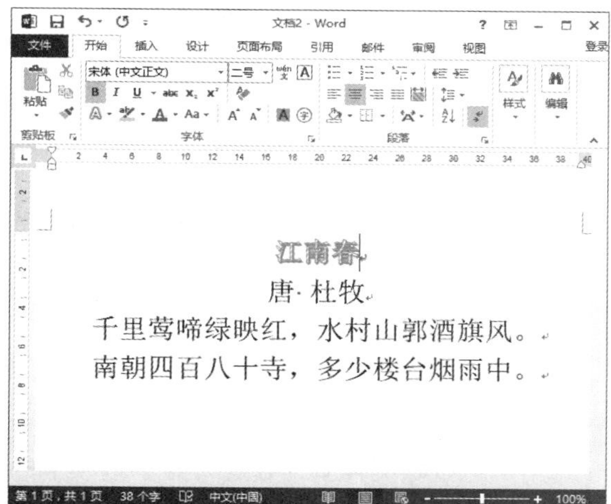

图 7-13　艺术字效果

Step 05 通过【文本效果】按钮的下拉列表中的【轮廓】、【阴影】、【映像】或【发光】选项，可以更详细地设置文字的艺术效果，如图 7-14 所示。

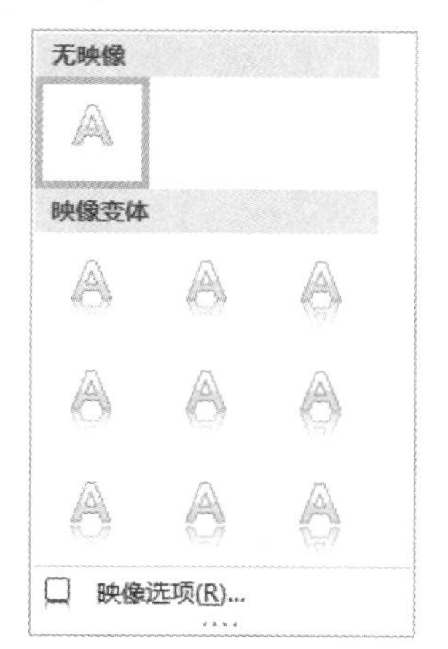

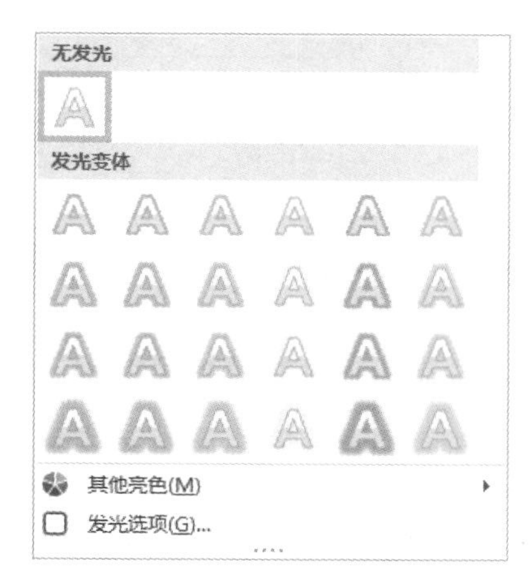

图 7-14　文本效果设置界面

7.2 设置段落样式

段落样式包括段落对齐、段落缩进、段落间距、段落行距、边框和底纹、符号、编号以及制表位等，合理地设置段落样式可以美化文档。

7.2.1 设置段落对齐与缩进方式

整齐的排版效果可以使文本更美观，对齐方式就是段落中文本的排列方式。Word 2013 提供有常用的 5 种对齐方式，如图 7-15 所示。

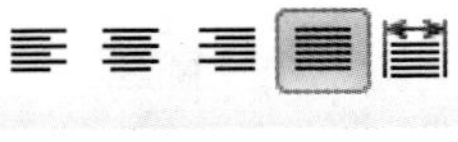

图 7-15　段落对齐方式

各按钮的含义如下。

(1) ≡：使文字左对齐。

(2) ≡：使文字居中对齐。

(3) ≡：使文字右对齐。

(4) ≡：将文字两端同时对齐，并根据需要增加字间距。

(5) ≡：使段落两端同时对齐，并根据需要增加字符间距。

用户可以根据需要，在【开始】选项卡的【段落】组中单击相应的按钮，各种对齐方式的效果如图 7-16 所示。

如果用户希望文档内容层次分明，结构合理，就需要设置段落的缩进方式。选择需要设置样式的段落，单击【开始】选项卡下【段落】组中的【段落】按钮，打开【段落】对话框，切换到【缩进和间距】选项卡，在【缩进】选项中可以设置缩进量，如图 7-17 所示。

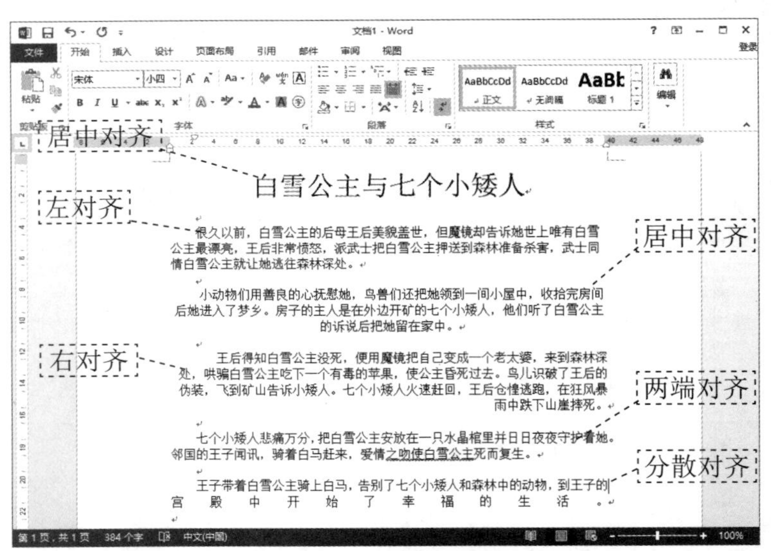

图 7-16　段落对齐方式显示效果

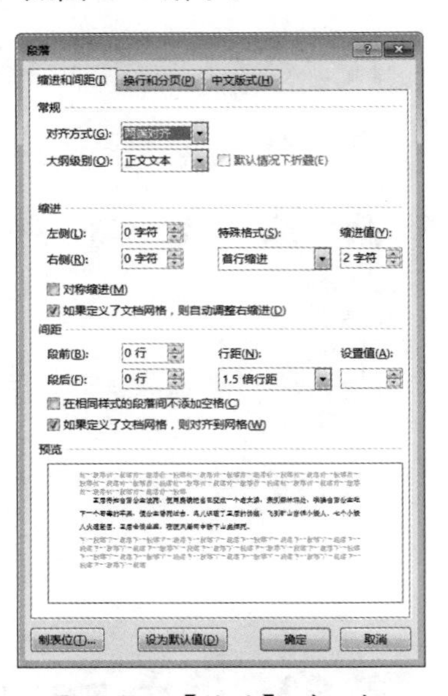

图 7-17　【段落】对话框

1. 左缩进

在【缩进】设置区域的【左侧】微调框中输入“15 字符”，如图 7-18 所示。单击【确定】按钮，即可实现对光标所在行左侧缩进 15 个字符，如图 7-19 所示。

2. 右缩进

在【缩进】设置区域的【右侧】微调框中输入“15 字符”，如图 7-20 所示。单击【确定】按钮，即可实现对光标所在行右侧缩进 15 个字符，如图 7-21 所示。

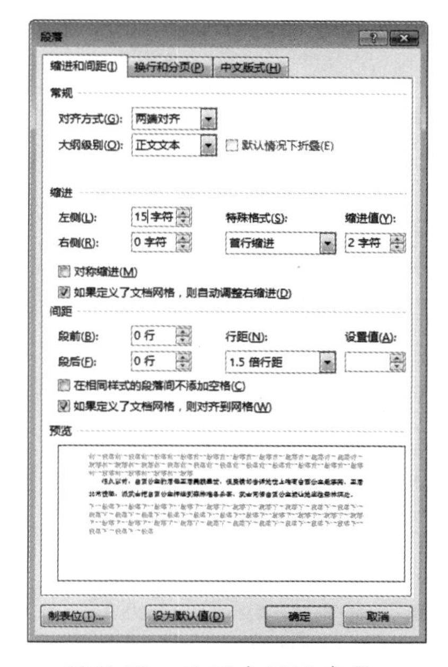

图 7-18　设置左缩进参数

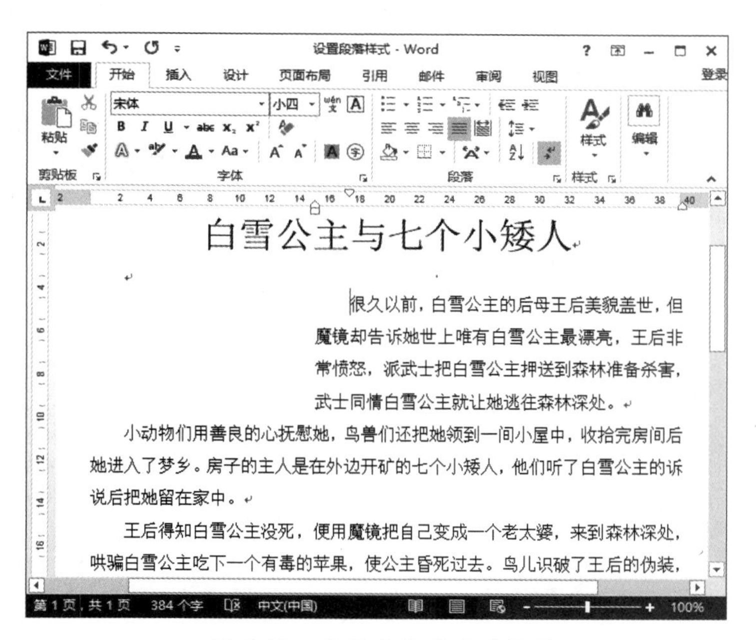

图 7-19　段落左缩进显示效果

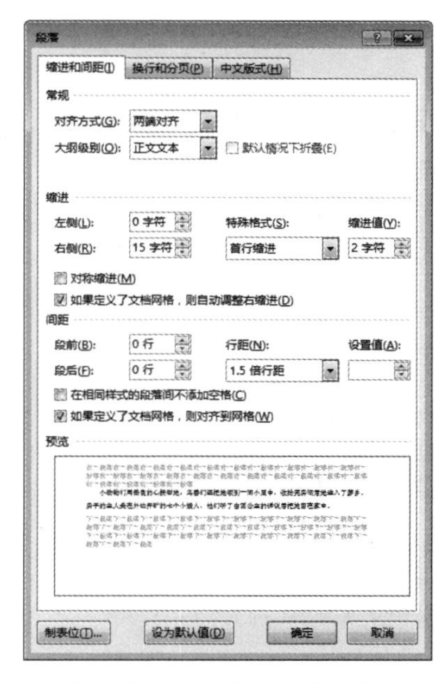

图 7-20　设置右缩进参数

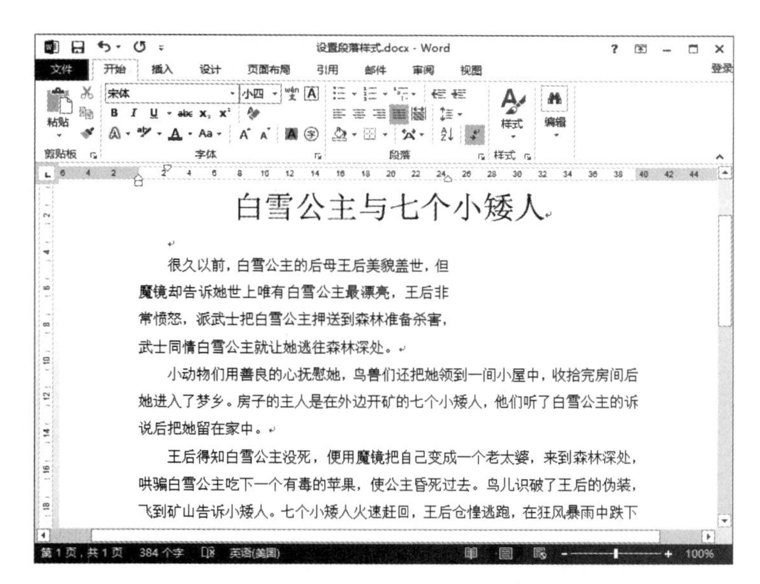

图 7-21　段落右缩进显示效果

3. 首行缩进

在【缩进】项中的【特殊格式】下拉列表中选择【首行缩进】选项，在右侧的【磅值】微调框中输入“4 字符”，如图 7-22 所示，单击【确定】按钮，即可实现段落首行缩进 4 字符，如图 7-23 所示。

4. 悬挂缩进

在【缩进】项中的【特殊格式】下拉列表中选择【悬挂缩进】选项，然后在右侧的【磅值】微调框中输入“4 字符”，如图 7-24 所示。单击【确定】按钮，即可实现本段落除首行外其他各行缩进 4 字符，如图 7-25 所示。

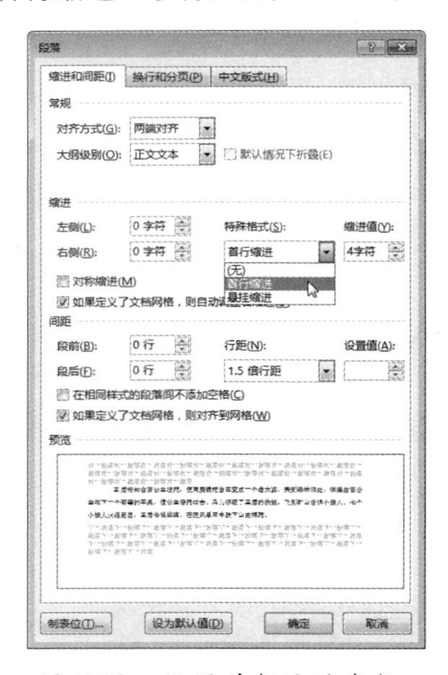

图 7-22　设置首行缩进参数

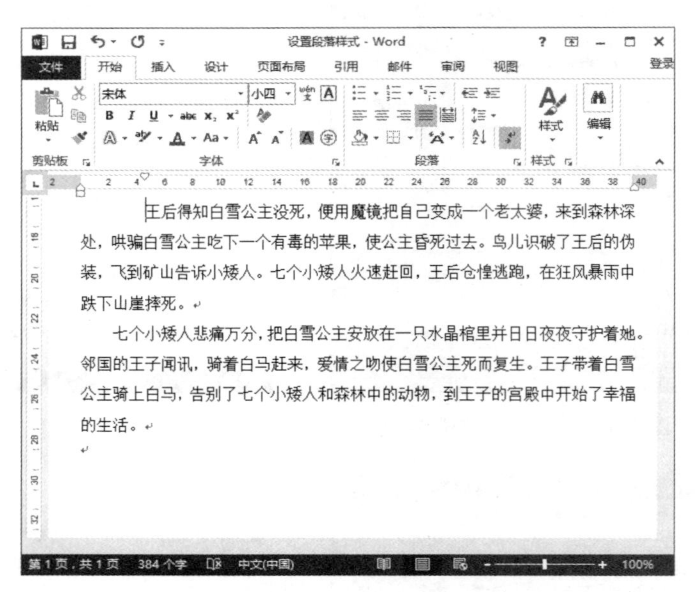

图 7-23　段落显示效果

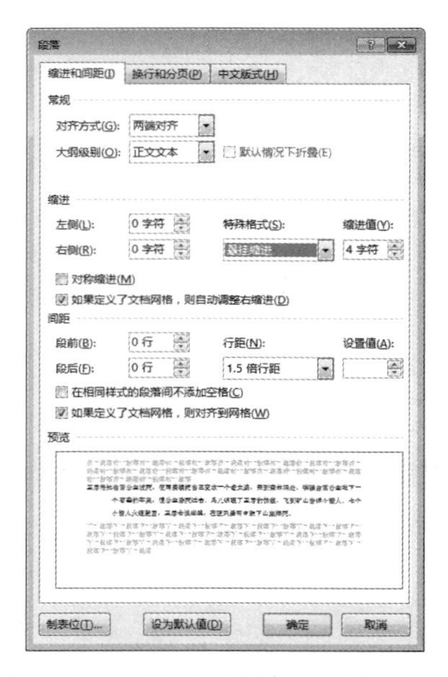

图 7-24　设置悬挂缩进参数

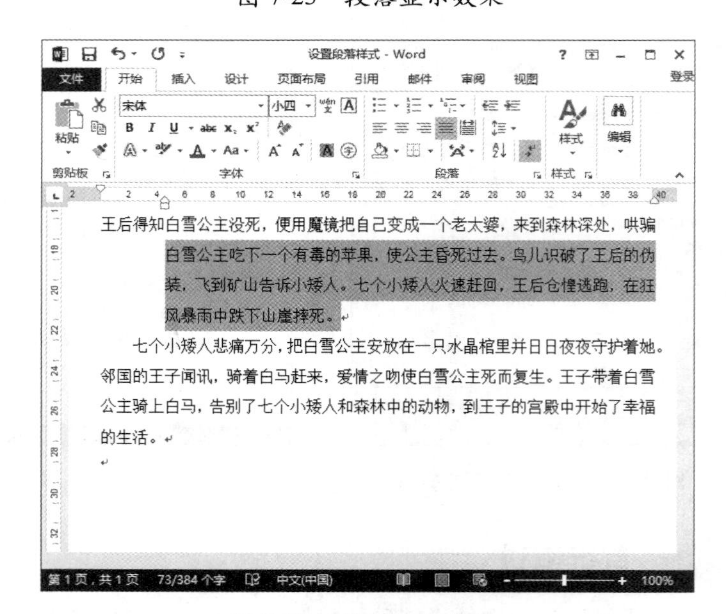

图 7-25　段落显示效果

另外，还可以单击【段落】组中的【减少缩进量】按钮和【增加缩进量】按钮减少或增加段落的左缩进位置，同时还可以在【页面布局】选项卡的【段落】组中设置段落缩进的距离，如图 7-26 所示。

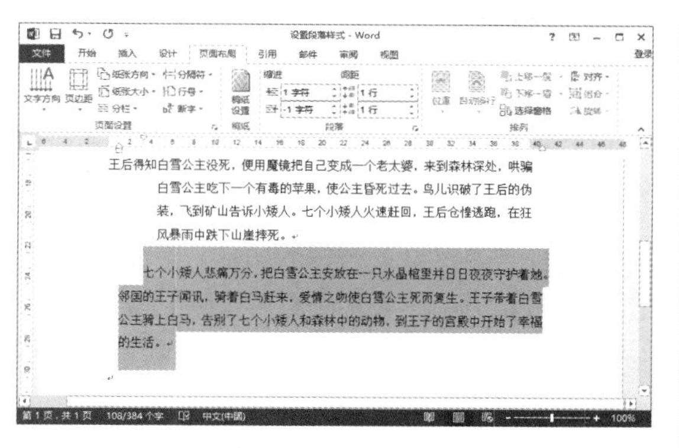

图 7-26　在段落组中设置段落样式

7.2.2 设置段间距与行间距

在设置段落时，如果希望增大或是减小各段之间的距离，就可以设置段间距，具体操作步骤如下。

Step 01 选择要设置段间距的段落，然后选择【开始】选项卡，在【段落】组中单击【行和段落间距】按钮，从弹出的菜单中选择【增加段前间距】或【增加段后间距】命令，即可为选择的段落设置段前间距或是段后间距，如图 7-27 所示。

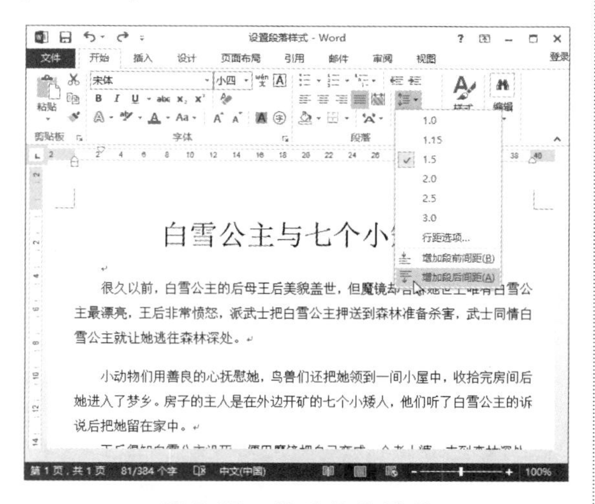

图 7-27　设置段落间距

Step 02 设置行间距的方法与设置段间距的方法相似，只用选中需要设置行间距的多个段落，然后单击【行和段落间距】按钮，从弹出的菜单中选择段落设置的行距即可完成。例如选择“2.0”的数值，如图 7-28 所示。

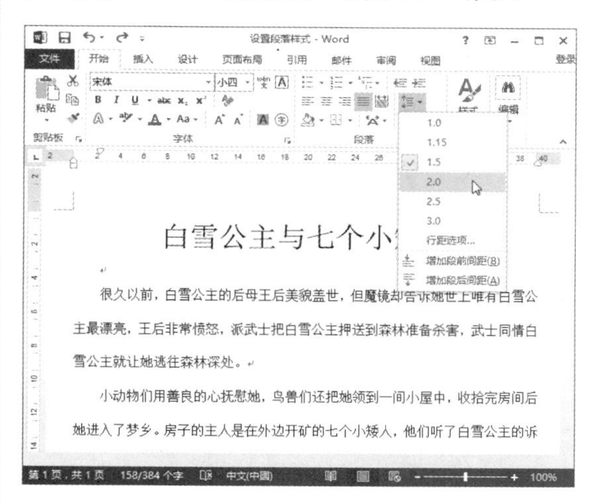

图 7-28　设置行间距

Step 03 即可看到选择的段落改变了行距，如图 7-29 所示。

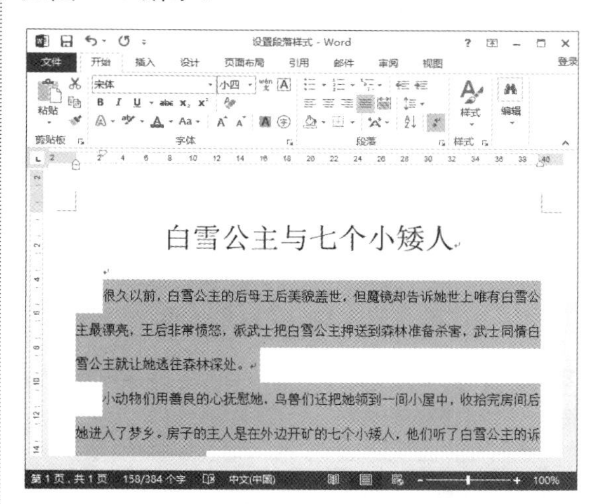

图 7-29　增加行距显示效果

Step 04 另外，用户还可以自定义行距的大小。单击【行和段落间距】按钮，从弹出的菜单中选择【行距选项】命令，如图 7-30 所示。

Step 05 弹出【段落】对话框，单击【行距】下拉列表框右侧的下拉按钮，在弹出的列表中选择【固定值】选项，然后输入行距数值为“40 磅”，单击【确定】按钮，如图 7-31 所示。

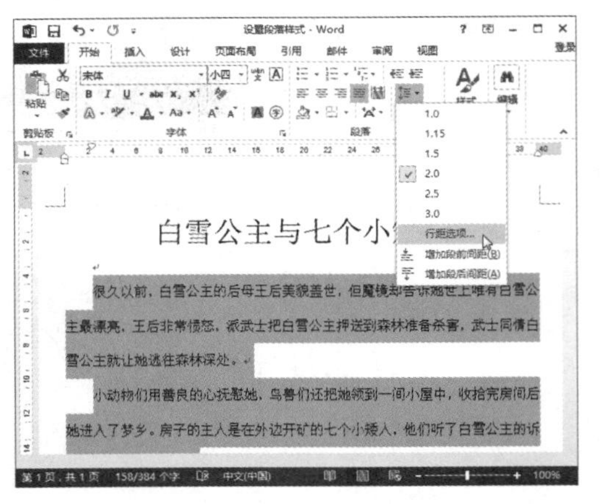

图 7-30　选择【行距选项】命令

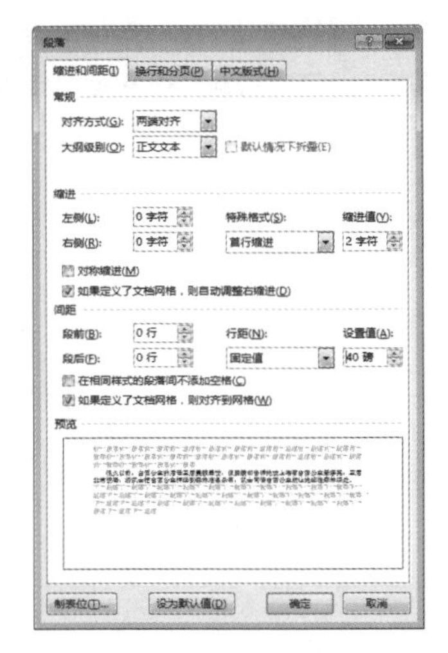

图 7-31　【段落】对话框

Step 06 即可设置段落间的行距为 40 磅，效果如图 7-32 所示。

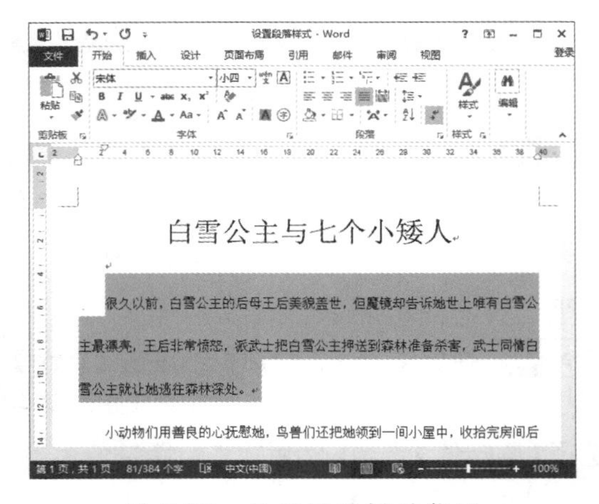

图 7-32　设置段落间的行距

7.2.3 设置段落边框和底纹

除可以为字体添加边框和底纹外，还可以为段落添加边框和底纹，具体操作步骤如下。

Step 01 选中要设置边框的段落，单击【开始】选项卡下【段落】组中的【下框线】按钮，在弹出的下拉列表中选择边框线的类型，这里选择【外侧框线】选项，如图 7-33 所示。

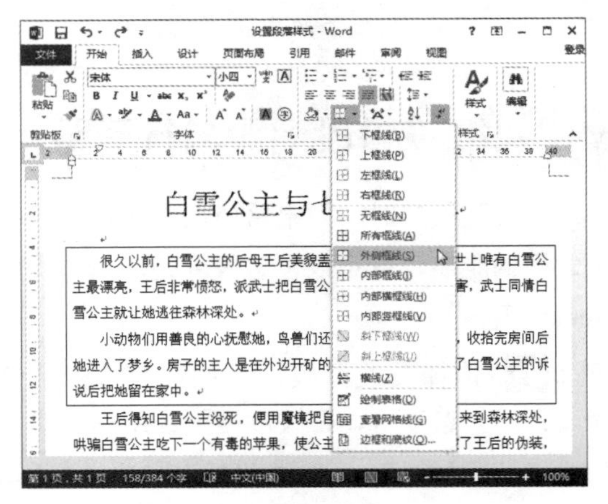

图 7-33　选择【外侧框线】选项

Step 02 即可为该段落添加下边框，效果如图 7-34 所示。

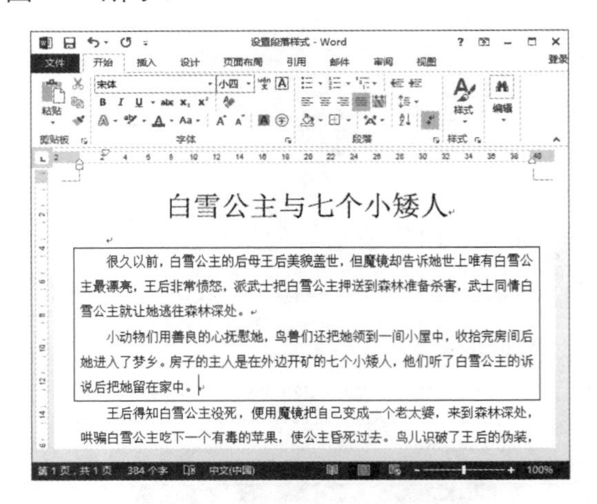

图 7-34　添加外侧框线效果

提示 在选择段落时，如果没有把段落标记选择在内，则表示为文字添加边框，具体效果如图 7-35 所示。另外，如果

要清除设置的边框，则需要选择设置的边框内容，然后单击相应的边框按钮即可完成，如图 7-36 所示。

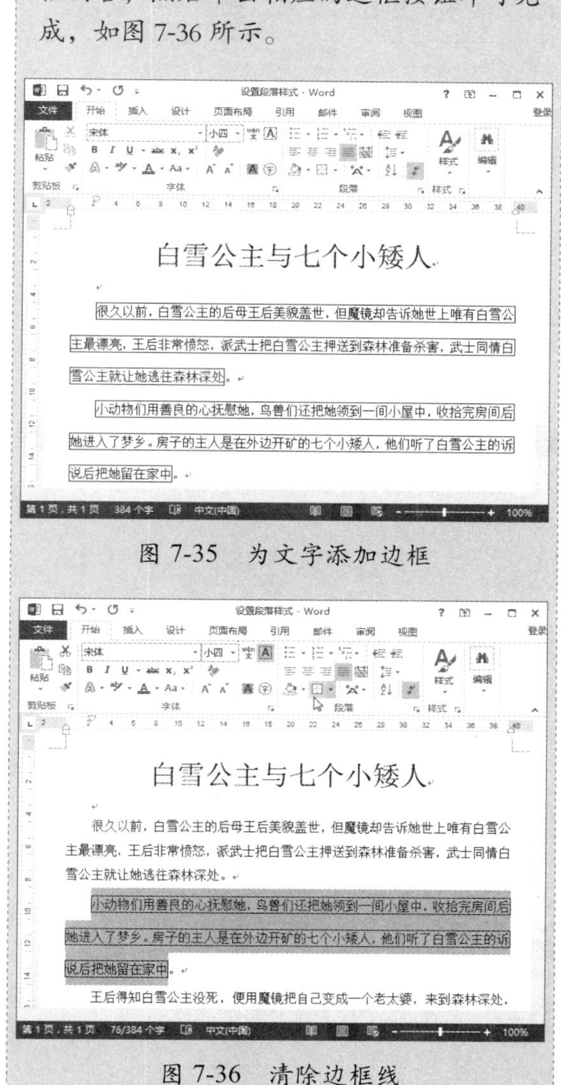

图 7-35　为文字添加边框

图 7-36　清除边框线

Step 03　选中需要设置底纹的段落，单击【开始】选项卡下【段落】组中的【底纹】按钮 ，在弹出的面板中选择底纹的颜色即可，例如本实例选择【灰色】选项，如图 7-37 所示。

Step 04　如果想自定义边框和底纹的样式，可以在【段落】组中单击【下框线】下拉按钮，在弹出的菜单中选择【边框和底纹】命令，如图 7-38 所示。

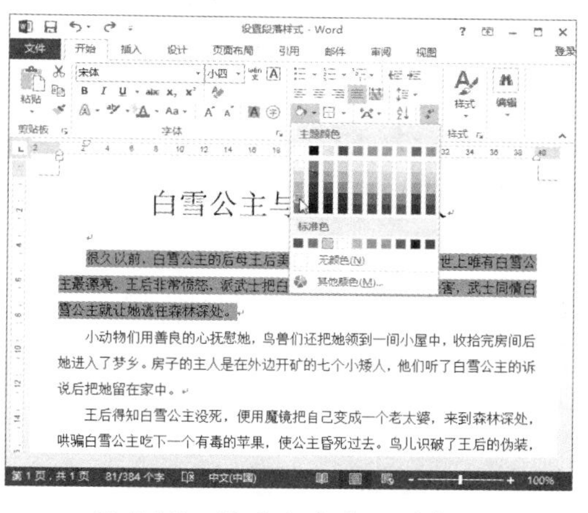

图 7-37　设置文字底纹的颜色

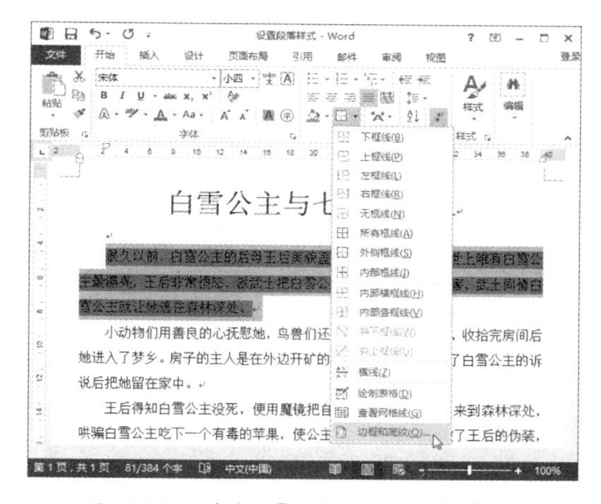

图 7-38　选择【边框和底纹】命令

Step 05　弹出【边框和底纹】对话框，可以设置边框的样式、颜色和宽度等参数，如图 7-39 所示。

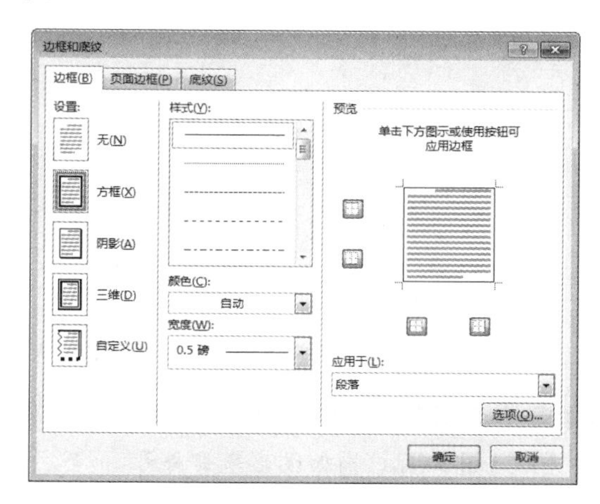

图 7-39　【边框和底纹】对话框

Step 06 切换到【底纹】选项卡，选择填充的颜色、图案的样式和颜色等参数，如图 7-40 所示。

Step 07 设置完成后，单击【确定】按钮，即可自定义段落的边框和底纹，如图 7-41 所示。

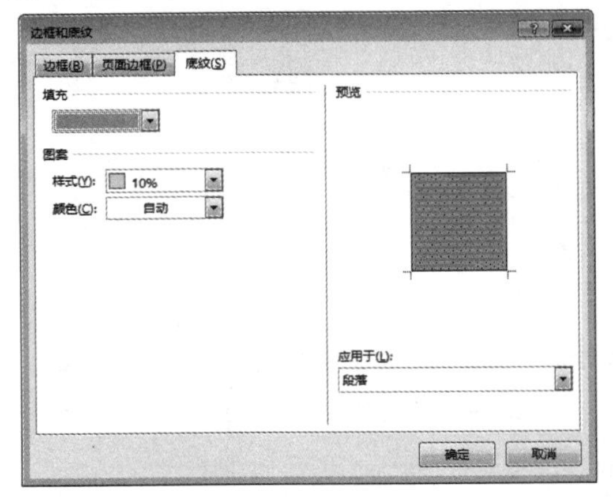

图 7-40　设置底纹颜色与图案

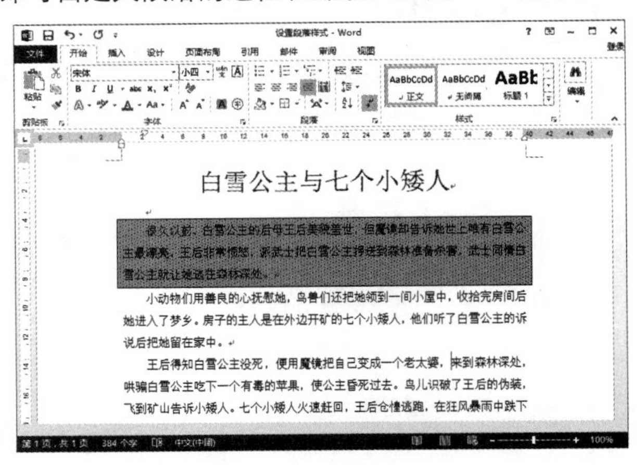

图 7-41　自定义段落的边框与底纹

7.2.4 设置项目符号和编号

如果要设置项目符号，只要选择要添加项目符号的多个段落，然后选择【开始】选项卡，在【段落】组中单击【项目符号】按钮 ，从弹出的菜单中选择项目符号库中的符号，当光标置于某个项目符号上时，可在文档窗口中预览设置结果，如图 7-42 所示。

在设置段落的过程中，有时候使用编号比使用项目符号更清晰，这时就需要设置这个编号，方法是选中要添加编号的多个段落，然后选择【开始】选项卡，在【段落】组中单击 按钮，从弹出的菜单中选择需要的编号类型，即可完成设置操作，如图 7-43 所示。

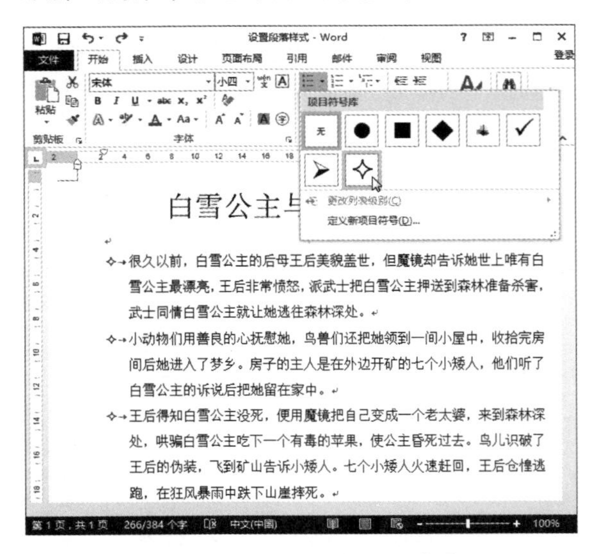

图 7-42　添加段落项目符号

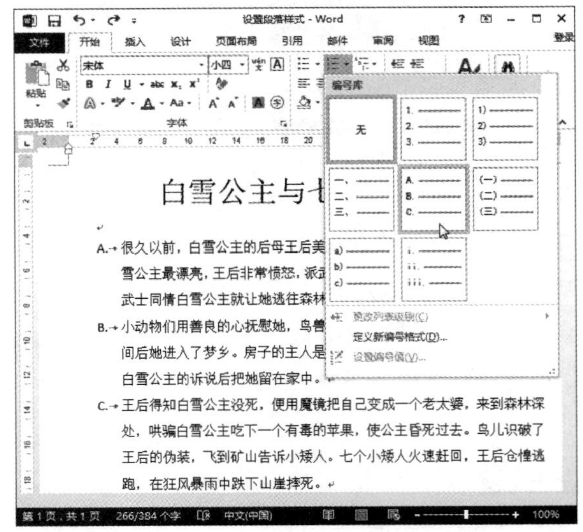

图 7-43　添加段落项目编号

7.3 使用艺术字美化文档

艺术字可以使文字更加醒目，并且艺术字的特殊效果会使文档更加美观、生动，所以学习艺术字也是美化文档不可或缺的知识点。

7.3.1 插入艺术字

艺术字可以有各种颜色和各种字体，可以带阴影、倾斜、旋转和延伸，还可以变成特殊的形状。在文档中插入艺术字的具体操作步骤如下。

Step 01 打开 Word 2013，将光标定位到需要插入艺术字的位置，然后选择【插入】选项卡，在【文本】组中单击【艺术字】按钮，并在弹出的艺术字面板中选择需要的样式，如图 7-44 所示。

Step 02 在文档中将会出现一个带有“请在此放置您的文字”字样的文本框，如图 7-45 所示。

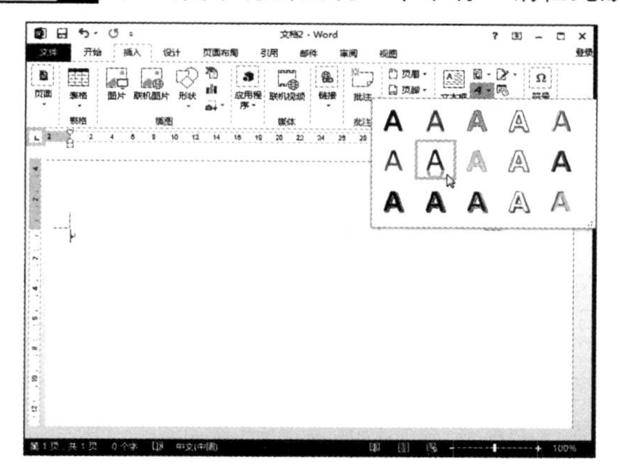

图 7-44　选择艺术字效果

图 7-45　添加艺术字文本框

Step 03 在文本框中输入需要的内容，例如输入“美丽的秋季，收获的季节”，此时在文档中就插入了艺术字，如图 7-46 所示。

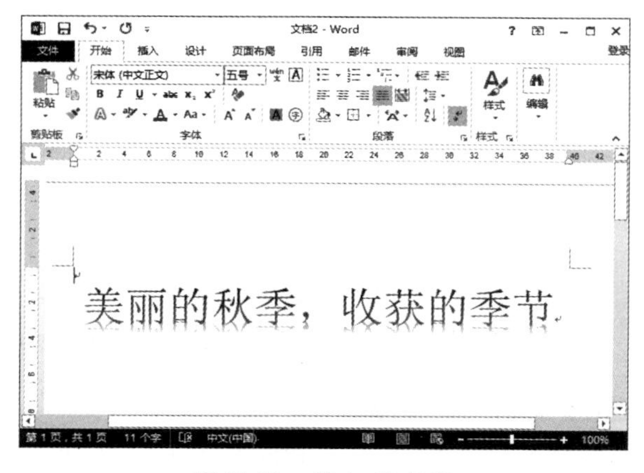

图 7-46　插入艺术字

7.3.2 编辑艺术字

在文档中插入艺术字后，用户还可以根据需要修改艺术字的风格，如修改艺术字的样式、格式、形状和旋转等。编辑艺术字的具体操作步骤如下。

Step 01 新建文档，在文档中输入文字，选中要改变的艺术字，如图 7-47 所示。

图 7-47　选择艺术字

Step 02 单击【格式】选项卡下的【艺术字样式】组中的【文字效果】按钮，在弹出的下拉列表中可以为艺术字添加阴影、映像、发光、棱台、三维旋转等文字效果，如图 7-48 所示。

图 7-48　艺术字效果

Step 03 单击【格式】选项卡下的【艺术字样式】组中的【文字填充】按钮，在弹出的下拉面板中可以对艺术字的文字填充效果进行设置，如这里选择绿色色块，则艺术字的填充效果为绿色，如图 7-49 所示。

图 7-49　选择艺术字填充颜色

Step 04 单击【艺术字样式】组中的【文字轮廓】按钮，在弹出的下拉面板中可以对艺术字的文字轮廓进行设置，如这里选择橘黄色色块，则艺术字的轮廓显示为橘黄色，如图 7-50 所示。

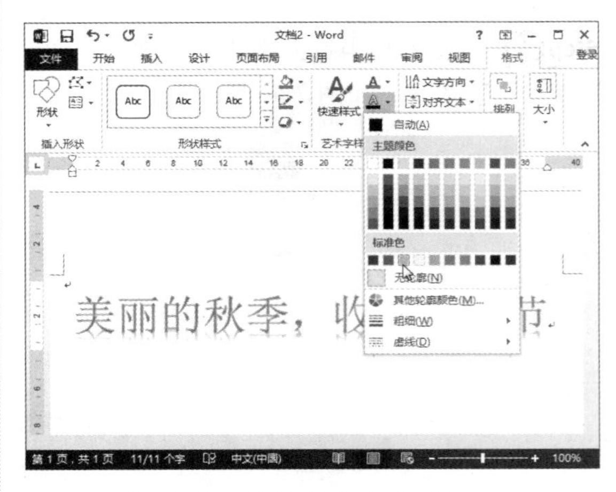

图 7-50　选择艺术字文字轮廓

Step 05 如果想要快速设置艺术字的整体样

式，可以单击【形状样式】组中的【其他】按钮，在弹出的样式面板中选择形状样式，如图 7-51 所示。

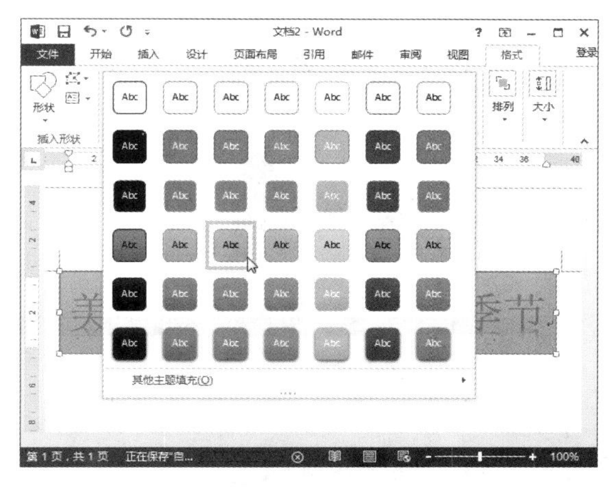

图 7-51 选择艺术字形状样式

Step 06 选择完毕后，返回到 Word 文档中，可以看到应用形状样式后的艺术字效果，如图 7-52 所示。

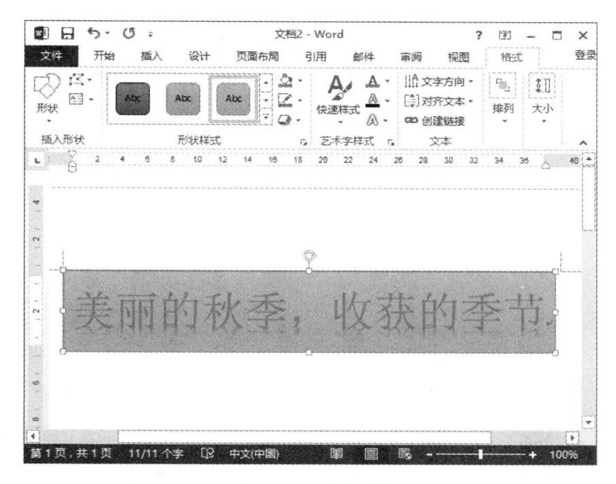

图 7-52 最终的艺术字显示效果

7.4 使用图片图形美化文档

在文档中插入一些图片可以使文档更加生动形象，从而起到美化文档的作用，插入的图片可以是本地图片，也可以是联机图片。另外，Word 2013 还提供了图形功能，用户可以插入基本图形，也可以是 SmartArt 图形。

7.4.1 添加本地图片

通过在文档中添加图片，可以达到图文并茂的效果，添加图片的具体操作步骤如下。

Step 01 新建一个 Word 文档，将光标定位于需要插入图片的位置，然后单击【插入】选项卡下的【插图】组中的【图片】按钮，如图 7-53 所示。

Step 02 在弹出的【插入图片】对话框中选择需要插入的图片，单击【插入】按钮，即可插入该图片，如图 7-54 所示。插入图片的效果，如图 7-55 所示。

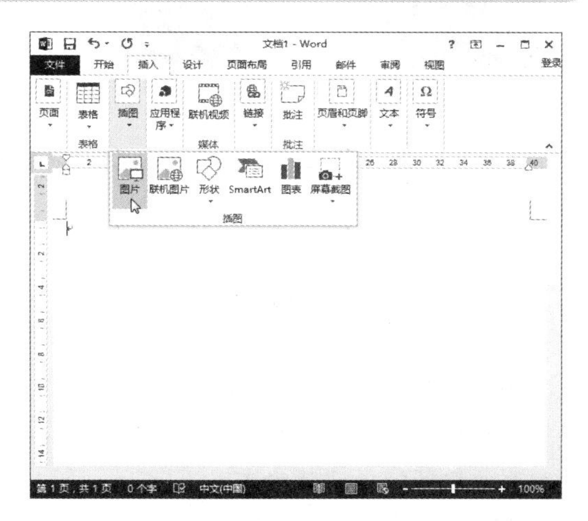

图 7-53 单击【图片】按钮

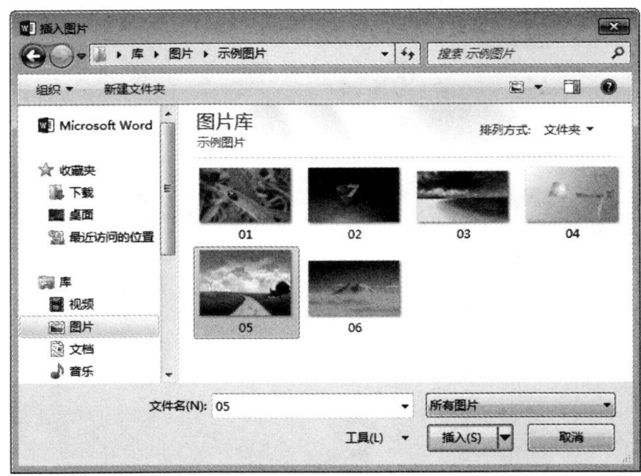

图 7-54 【插入图片】对话框

图 7-55 插入的图片

提示 直接在【插入图片】对话框中双击图片，可以快速插入图片。

Step 03 将光标放置在图片边缘的控制点上，可以扩大或缩小图片，如图 7-56 所示。

图 7-56 调整图片的大小

7.4.2 绘制基本图形

Word 2013 提供的基本图形有很多，包括线条、矩形、箭头、流程图、标注等，绘制基本图形的具体操作步骤如下。

Step 01 新建一个 Word 文档，将光标定位于需要插入图片的位置，选择【插入】选项卡，在【插图】组中单击【形状】按钮，在弹出的列表中选择【基本形状】组中的【笑脸】图标，如图 7-57 所示。

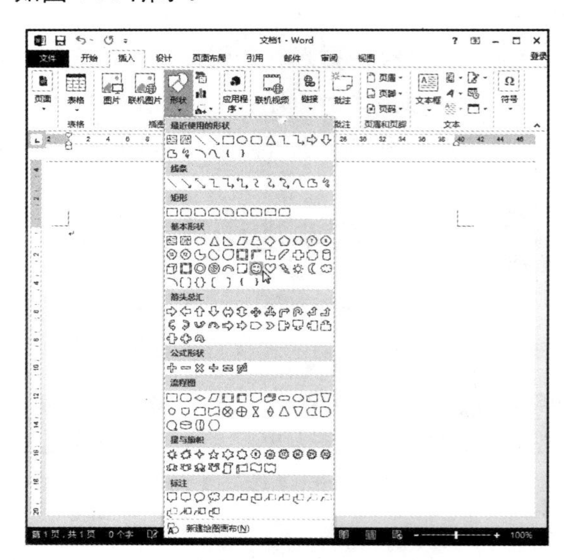

图 7-57 选择形状样式

Step 02 此时鼠标指针变成黑色十字形，单击确定形状插入的位置，然后拖曳鼠标确定形状的大小，大小满意后单击鼠标，即可绘制完成基本图形，如图 7-58 所示。

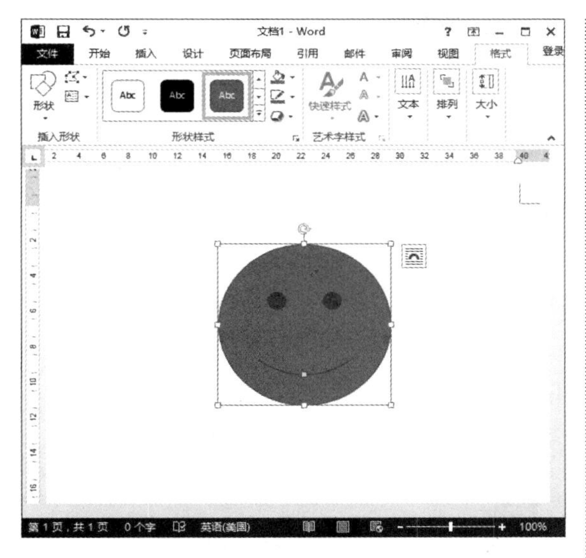

图 7-58　插入形状

Step 03 如果对绘制图形的样式不满意，可以进行修改。选择绘制的基本图形，选择【格式】选项卡，在【形状样式】组中单击【形状填充】按钮，在弹出的列表中选择填充颜色为黄色，如图 7-59 所示。

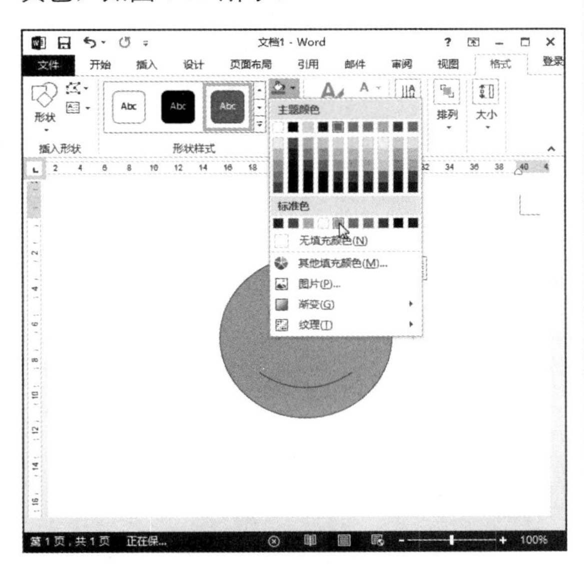

图 7-59　设置形状填充颜色

Step 04 单击【形状轮廓】按钮，在弹出的列表中选择轮廓的颜色为红色，如图 7-60 所示。

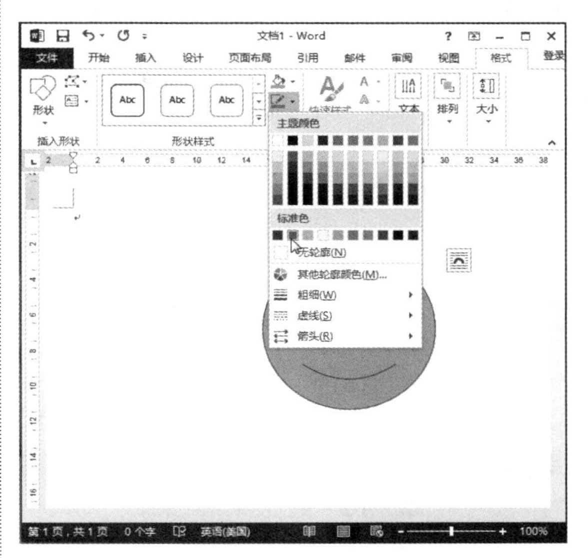

图 7-60　设置形状填充轮廓

Step 05 单击【形状效果】按钮，在弹出的列表中可以设置各种形状效果，包括预设、阴影、映像、发光、柔化边沿、棱台和三维旋转等效果。本实例选择【发光】组中的【橙色、18pt 发光、着色 2】样例，如图 7-61 所示。

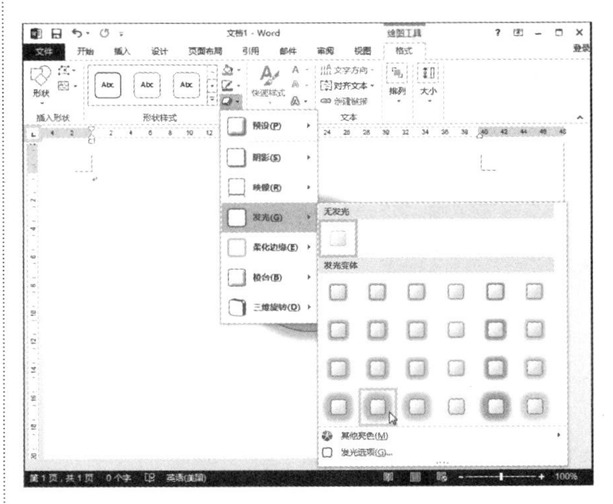

图 7-61　设置形状发光效果

Step 06 设置完成后，效果如图 7-62 所示。

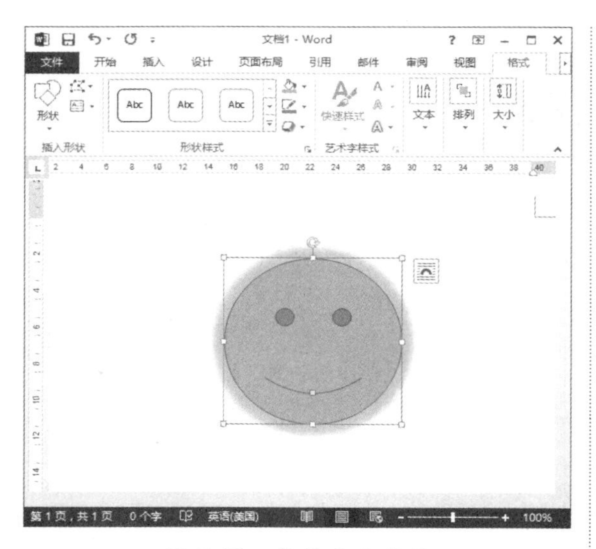

图 7-62　最终显示效果

7.4.3 绘制 SmartArt 图形

SmartArt 图形也被称为组织结构图，主要用于显示组织中的分层信息或上下级关系。在 Word 文档中绘制 SmartArt 图形的具体操作步骤如下。

Step 01 新建文档，将鼠标指针移到需要插入组织结构图的位置，然后单击【插入】选项卡【插图】组中的 SmartArt 按钮，弹出【选择 SmartArt 图形】对话框，如图 7-63 所示。

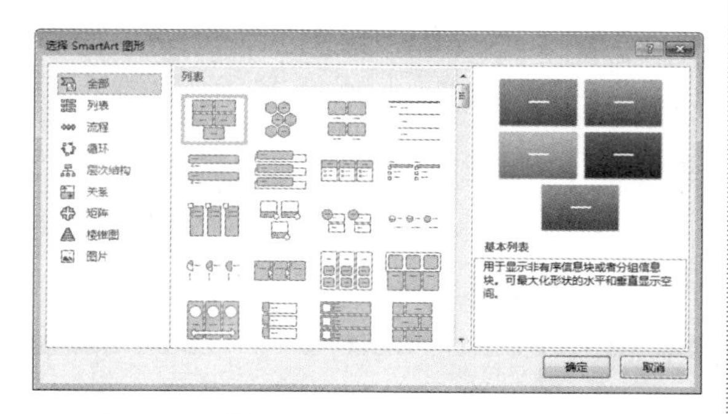

图 7-63　【插入 Smart Art 图形】对话框

Step 02 在【选择 SmartArt 图形】对话框的左侧列表中选择【层次结构】标签，然后选择【组织结构图】图形，如图 7-64 所示。

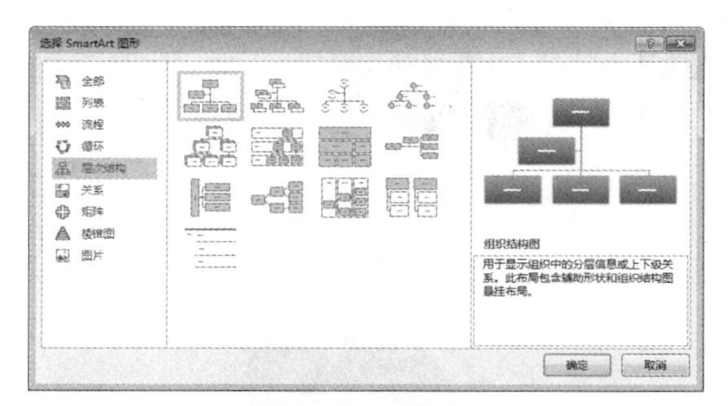

图 7-64　选择插入的图形样式

Step 03 单击【确定】按钮即可将图形插入到文档，如图 7-65 所示。

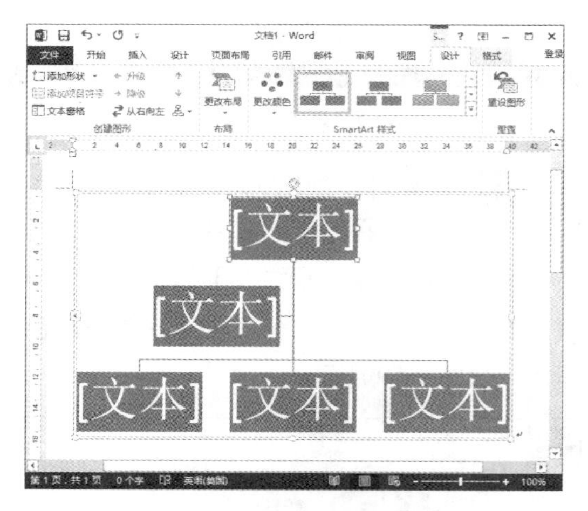

图 7-65　插入组织结构图

Step 04 在组织结构中输入相对应的文字，输入完成后单击 SmartArt 图形以外的任意位置，完成 SmartArt 图形的编辑，如图 7-66 所示。

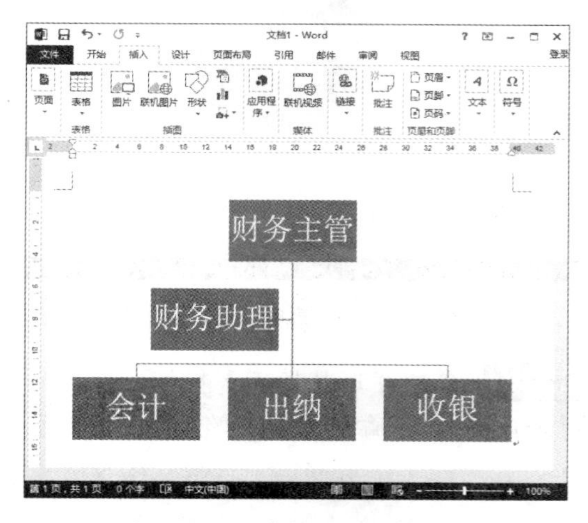

图 7-66　编辑 SmartArt 图形

7.5 使用表格美化文档

表格是由多个行或列的单元格组成的，在 Word 2013 中插入表格的方法有很多，常用的方法有使用表格菜单插入表格、使用【插入表格】对话框插入表格和快速插入表格。

7.5.1 创建有规则的表格

使用表格菜单插入表格的方法适合创建规则的、行数和列数较少的表格，具体操作步骤如下。

Step 01 将光标定位至需要插入表格的地方，选择【插入】选项卡，在【表格】组中单击【表格】按钮，选择要插入表格的列数和行数，即可在指定的位置插入表格。选中的单元格将以橙色显示，本实例选择 6 列 5 行的表格，如图 7-67 所示。

Step 02 选择完成后，单击鼠标左键，即可在文档中插入一个 6 列 5 行的表格，如图 7-68 所示。

图 7-67　选择插入表格的列数和行数

图 7-68　插入的表格

提示

此方法最多可以创建 8 行 10 列的表格。

7.5.2 使用【插入表格】对话框创建表格

使用【插入表格】对话框插入表格的功能比较强大，可自定义插入表格的行数和列数，并可以对表格的宽度进行调整，具体操作步骤如下。

Step 01 将光标定位至需要插入表格的地方，选择【插入】选项卡，在【表格】组中单击【表格】按钮，在其下拉菜单中选择【插入表格】命令，弹出【插入表格】对话框。输入插入表格的列数和行数，并设置自动调整操作的具体参数，如图 7-69 所示。

Step 02 单击【确定】按钮，即可在文档中插入一个 5 列 9 行的表格，如图 7-70 所示。

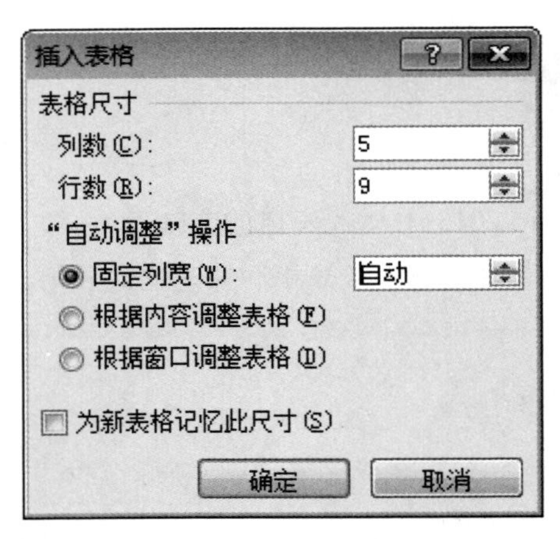

图 7-69　【插入表格】对话框

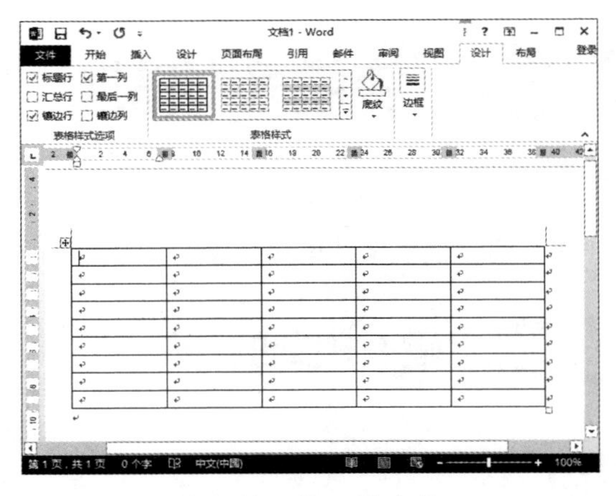

图 7-70　插入的表格

【插入表格】对话框中部分参数的具体含义如下。

(1)【固定列宽】：设定列宽的具体数值，单位是厘米。当选择为自动时，表示表格将自动在窗口填满整行，并平均分配各列为固定值。

(2)【根据内容调整表格】：根据单元格的内容自动调整表格的列宽和行高。

(3)【根据窗口调整表格】：根据窗口大小自动调整表格的列宽和行高。

7.5.3 快速创建表格

可以利用 Word 2013 提供的内置表格模型快速创建表格，但提供的表格类型有限，只适用于建立特定格式的表格。

Step 01 新建一个空白文档，将光标定位至需要插入表格的地方，然后选择【插入】选项卡，在【表格】组中单击【表格】按钮，在弹出的下拉菜单中选择【快速表格】命令，然后在弹出的子菜单中选择理想的表格类型。例如选择【带副标题 2】选项，如图 7-71 所示。

Step 02 自动按照“带副标题 2”的模板创建表格，用户只需要添加相应的数据即可，如图 7-72 所示。

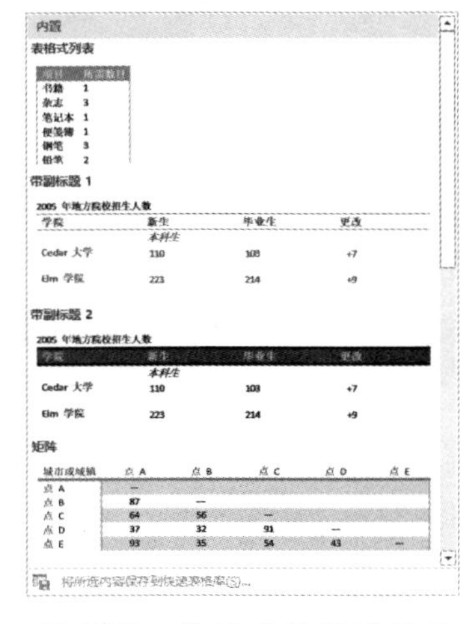

图 7-71　快速表格设置界面

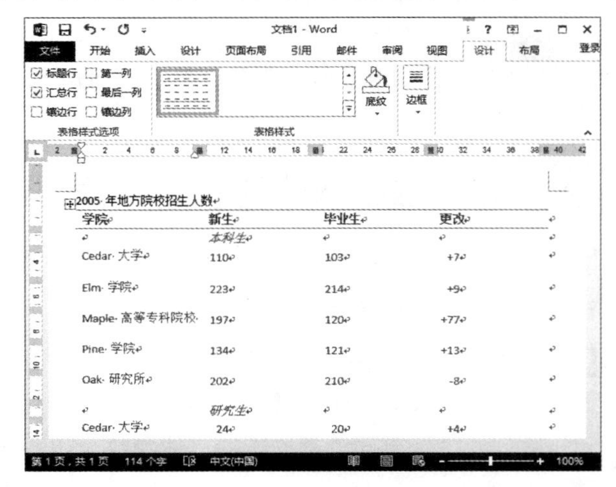

图 7-72　快速插入的表格

7.5.4 绘制表格

当用户需要创建不规则的表格时，以上的方法可能就不适用了，此时可以使用表格绘制工具来创建表格，例如在表格中添加斜线等，具体操作步骤如下。

Step 01 单击【插入】选项卡，在【表格】组中选择【表格】下拉菜单中的【绘制表格】命令，鼠标指针变为铅笔形状。在需要绘制表格的地方单击并拖曳鼠标绘制出表格的外边界，形状为矩形，如图 7-73 所示。

图 7-73　绘制矩形

Step 02 在该矩形中绘制行线、列线或斜线，绘制完成后按 Esc 键退出，如图 7-74 所示。

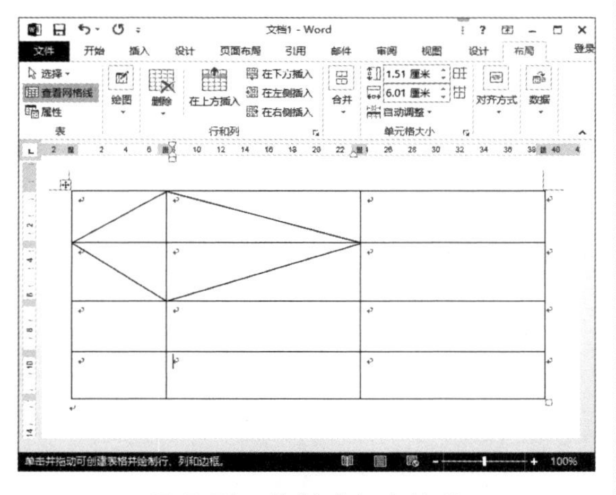

图 7-74　绘制其他表格线

Step 03 在建立表格的过程中，如果不需要部分行线或列线，可以单击【设计】选项卡【绘图边框】组中的【擦除】按钮，此时鼠标指针变为橡皮擦形状，如图 7-75 所示。

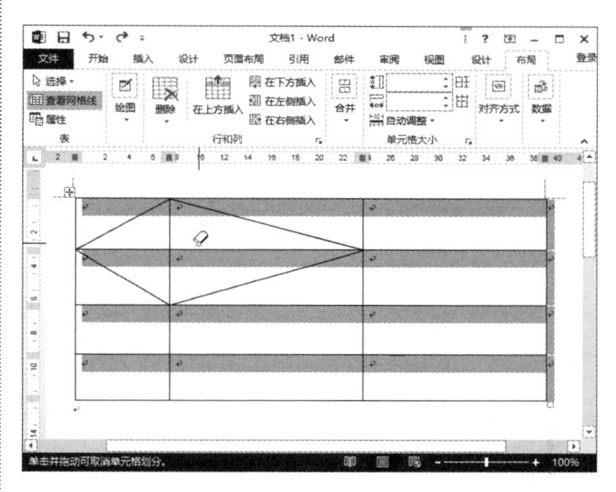

图 7-75　选择【擦除】选项

Step 04 在需要修改的地方擦除不需要的行线或列线，如图 7-76 所示。

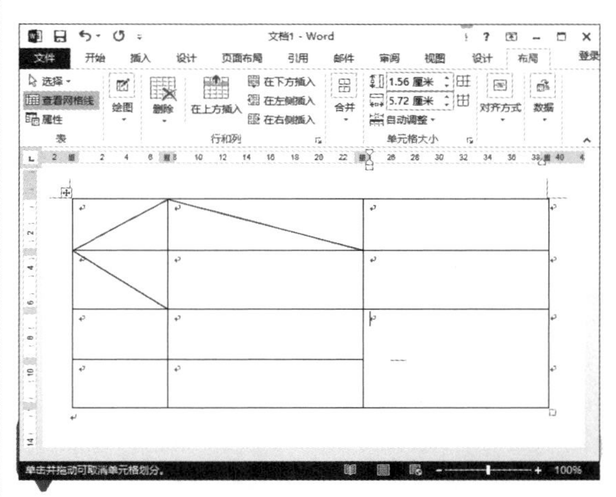

图 7-76　擦除表格边线

7.5.5 设置表格样式

为了增强表格的美观效果，可以给表格设置漂亮的边框和底纹，从而美化表格，具体操作步骤如下。

Step 01 选择需要美化的表格，单击【设计】选项卡，在【表格样式】组中选择相应的样式，或者单击【其他】按钮，在弹出的下拉菜单中选择所需要的样式，如图 7-77 所示。

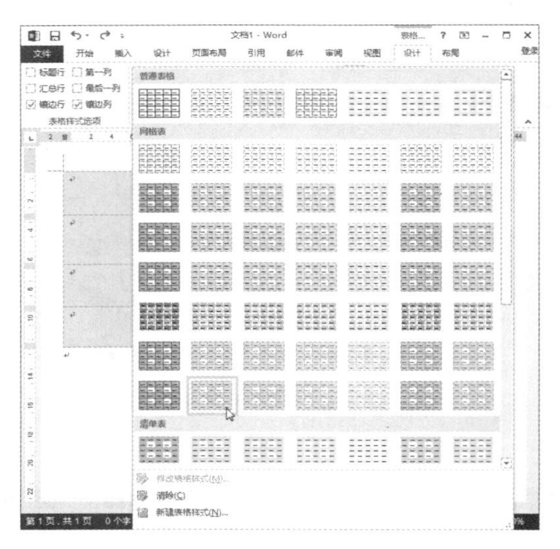

图 7-77　表格样式面板

Step 02 应用表格样式的效果如图 7-78 所示。

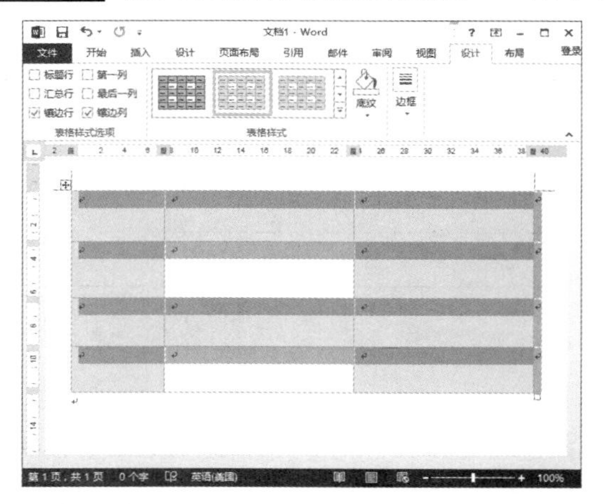

图 7-78　应用表格样式

Step 03 如果用户对系统自带的表格样式不满意，可以修改表格样式。在【表格样式】组中单击【其他】按钮，在弹出的下拉菜单中选择【修改表格样式】命令，弹出【修改样式】对话框，即可设置表格样式的属性、格式、字体、大小和颜色等参数，如图 7-79 所示。

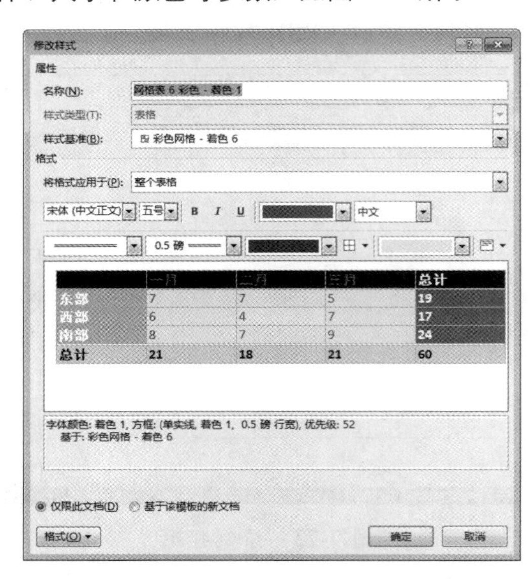

图 7-79　【修改样式】对话框

Step 04 设置完成后单击【确定】按钮，然后输入数据，即可看到修改后的样式，如图 7-80 所示。

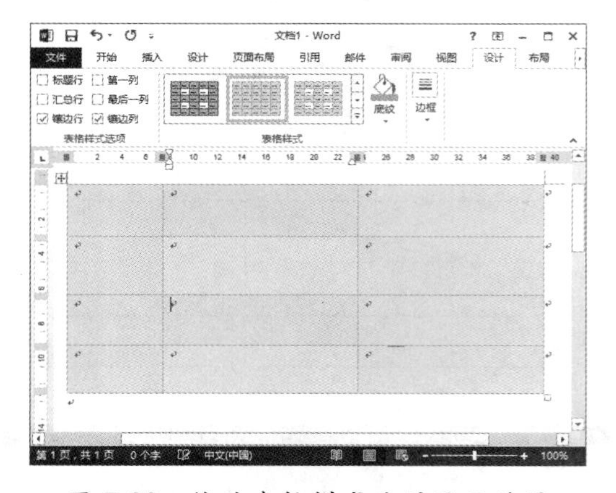

图 7-80　修改表格样式后的显示效果

7.6 使用图表美化文档

通过使用 Word 2013 强大的图表功能，可以使表格中原本单调的数据信息变得生动起来，便于用户查看数据的差异和预测数据的趋势。

7.6.1 创建图表

Word 2013 为用户提供有大量预设的图表，使用这些预设图表可以快速地创建图表，具体操作步骤如下。

Step 01 在 Word 文档中新建表格和数据，将光标定位于插入图表的位置，单击【插入】选项卡下【插图】组中的【图表】按钮，如图 7-81 所示。

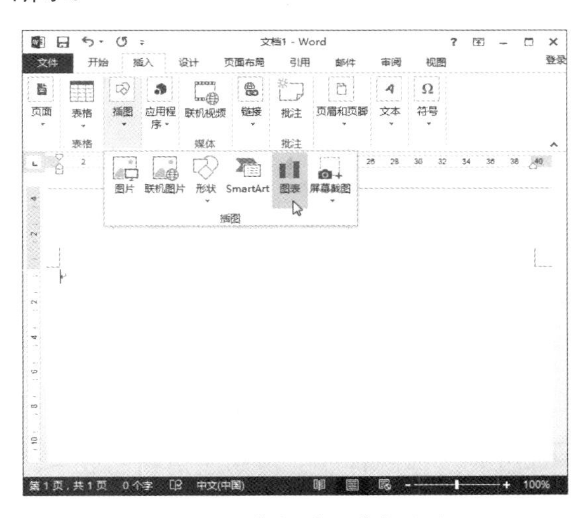

图 7-81　单击【图表】按钮

Step 02 打开【插入图表】对话框，在左侧的【图表类型】列表框中选择【柱形图】选项，在右侧的【图表样式】中选择图表样式的图例。本实例选择【三维簇状柱形图】图例，单击【确定】按钮，如图 7-82 所示。

Step 03 弹出标题为【Microsoft Word 中的图表】的 Excel 2013 窗口，表中显示的是示例数据。如果要调整图表数据区域的大小，可以拖曳区域的右下角，如图 7-83 所示。

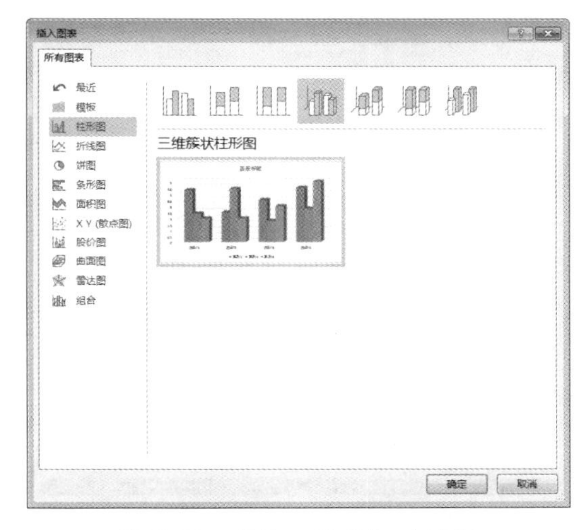

图 7-82　【插入图表】对话框

Microsoft Word 中的图表

	A	B	C	D	E
1		系列 1	系列 2	系列 3	
2	类别 1	4.3	2.4	2	
3	类别 2	2.5	4.4	2	
4	类别 3	3.5	1.8	3	
5	类别 4	4.5	2.8	5	
6					
7					
8					

图 7-83　【Microsoft Word 中的图表】窗口

Step 04 在 Excel 表中选择全部示例数据，然后按 Delete 键删除。将 Word 文档表格中的数据全部复制并粘贴至 Excel 表中的蓝色方框内，再拖动蓝色方框的右下角，使之和数据范围一致，如图 7-84 所示，单击 Excel 2013 的【关闭】按钮。

Microsoft Word 中的图表

	A	B	C	D	E
1		冰箱	洗衣机	电视机	
2	一月份	150	600	580	
3	二月份	160	650	480	
4	三月份	300	350	650	
5	四月份	260	562	420	
6					
7					
8					
9					

图 7-84　输入图表数据

Step 05 返回到 Word 2013 中，即可查看创建的图表，如图 7-85 所示。

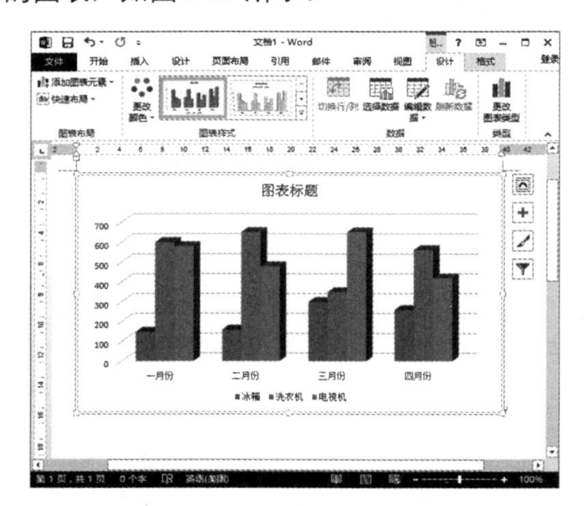

图 7-85　创建完成的图表

Step 06 在图表中的图表标题文本框中输入图表的标题信息，如这里输入“2015 年第一季度大家电销售情况一览表”，如图 7-86 所示。

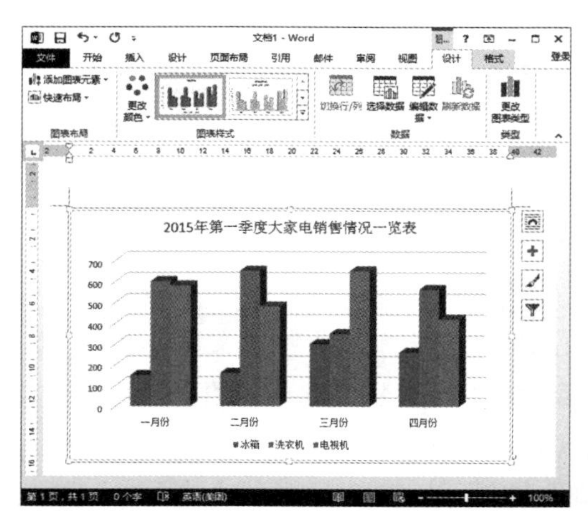

图 7-86　输入图表标题

7.6.2 设置图表样式

图表创建完成后，可以根据需要修改图表的样式，包括布局、图表标题、坐标轴标题、图例、数据标签、数据表、坐标轴和网络线等。通过设置图表的样式，可以使图表更直观、更漂亮，具体操作步骤如下。

Step 01 打开需要设置图表样式的文档，单击选中需要更改样式的图表，单击【设计】选项卡下【图表样式】组中的图表样式，或者单击【其他】按钮，便会弹出更多的图表布局，在其中选择相应的样式即可，如图 7-87 所示。

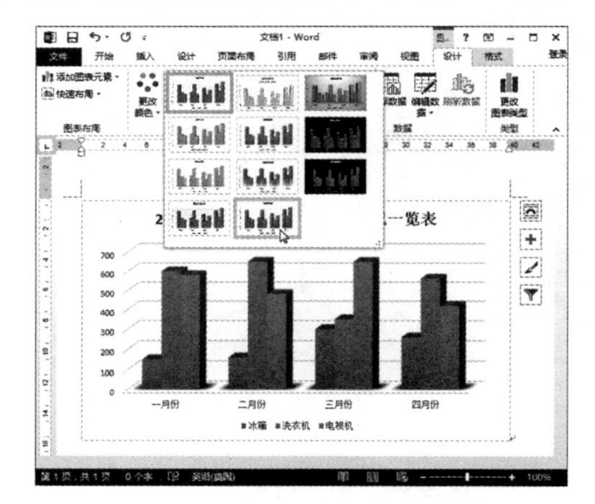

图 7-87　图表样式面板

Step 02 选择的样式会自动应用到图表中，效果如图 7-88 所示。

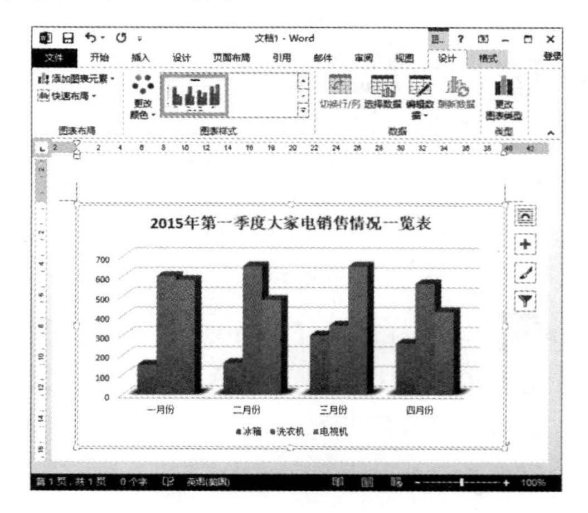

图 7-88　应用图表样式

Step 03 如果对系统自带的效果不满意，可以继续进行修改操作。选择【格式】选项卡，在【形状样式】组中单击【形状轮廓】图标，在弹出的列表中设置轮廓的颜色为红色，并可以设置线条的粗细和样式，如图 7-89 所示。

Step 04 在【形状样式】组中单击【形状效果】图标，在弹出的列表中可以为形状添加阴影、发光、柔化边缘等效果，如图 7-90 所示。

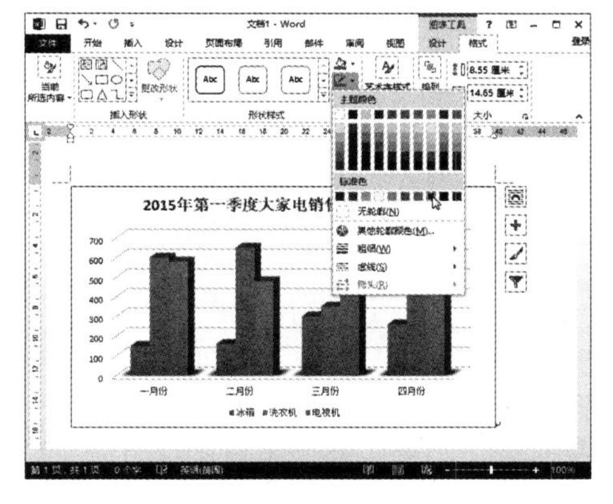

图 7-89　设置图表的填充轮廓

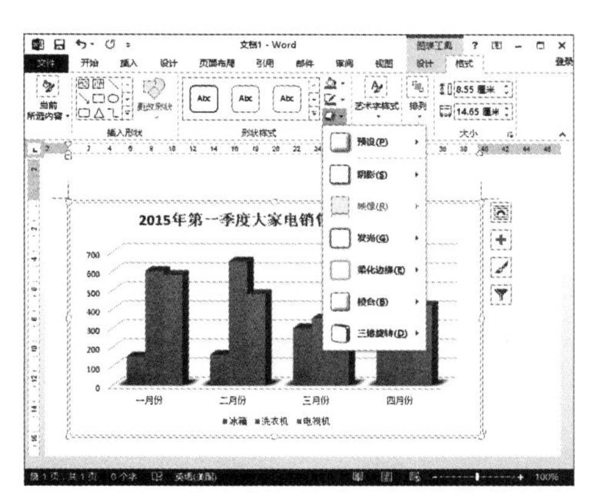

图 7-90　设置图表的形状效果

Step 05 在【格式】选项卡下，单击【形状样式】组中的【其他】按钮，在弹出的面板中选择任意一个形状样式，如图 7-91 所示。

Step 06 返回到 Word 文档窗口中，可以看到添加形状样式后的图表效果，如图 7-92 所示。

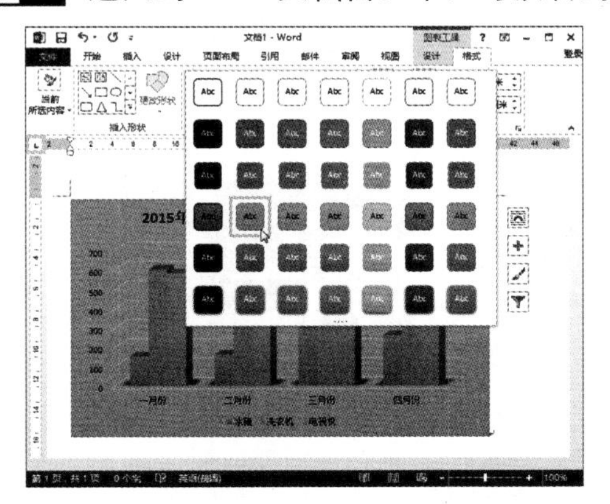

图 7-91　更改图表形状样式

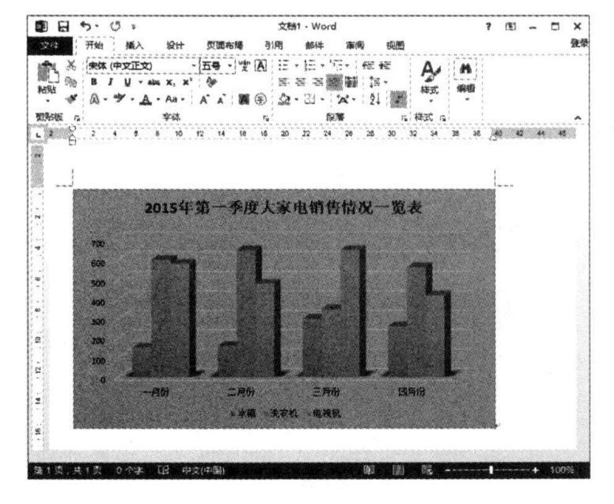

图 7-92　最终显示的图表效果

7.7 高效办公技能实战

7.7.1 高效办公技能实战 1——制作宣传海报

实现文档内容的图文混排确实给单调的文档增添不少色彩，这样用户就可以运用所学的知识制作出各种各样的图文混排文档。下面介绍使用 Word 制作公司宣传海报的方法，具体操作步骤如下。

Step 01 新建一个空白文档，在【设计】选项卡中单击【页面颜色】按钮，在弹出的菜单中选择【填充效果】命令，如图 7-93 所示。

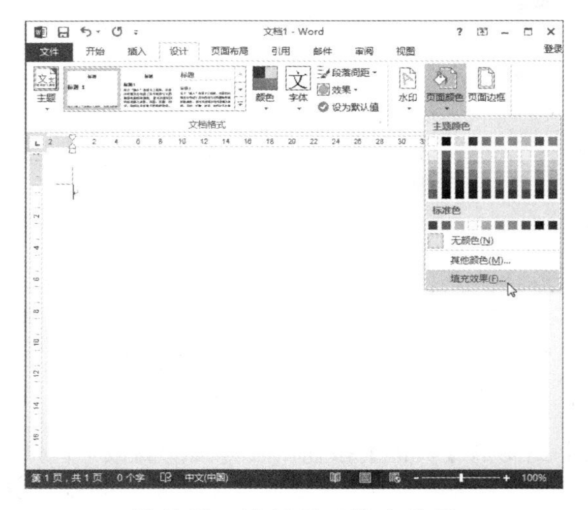

图 7-93　选择页面填充效果

Step 02 在弹出的【填充效果】对话框的渐变选项卡中的【颜色】组中，选择【双色】单选按钮，并将【颜色 1】设为浅蓝色、【颜色 2】设为深蓝色，然后将【底纹样式】设为【水平】，如图 7-94 所示。

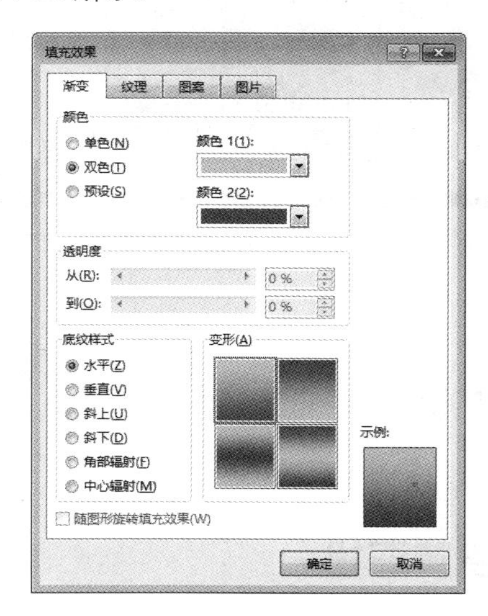

图 7-94　【填充效果】对话框

Step 03 单击【确定】按钮，页面颜色的填充效果如图 7-95 所示。

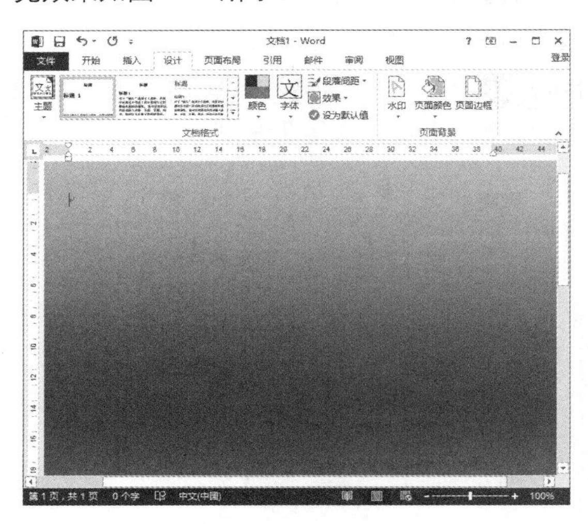

图 7-95　填充页面

Step 04 在【插入】选项卡中单击【图片】按钮，打开【插入图片】对话框，选择需要插入的图片，然后单击【插入】按钮，如图 7-96 所示。

图 7-96　【插入图片】对话框

Step 05 将选择的图片插入文档后，右击插入的图片，在弹出来的菜单中选择【自动换行】→【衬于文字下方】命令，如图 7-97 所示。

Step 06 调整图片大小，使图片在水平方向上与文档大小一致，如图 7-98 所示。

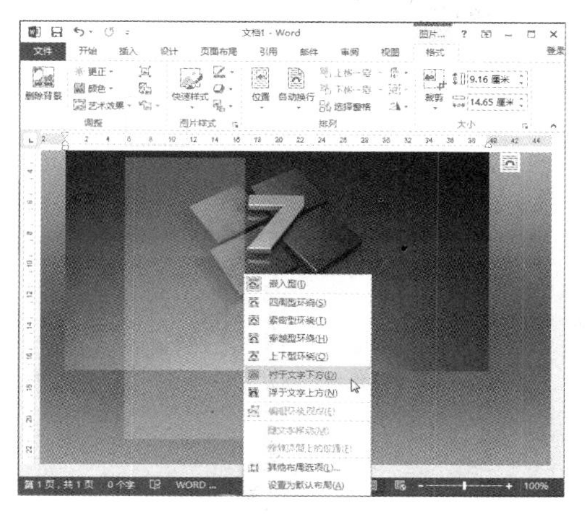

图 7-97　选择【衬于文字下方】命令

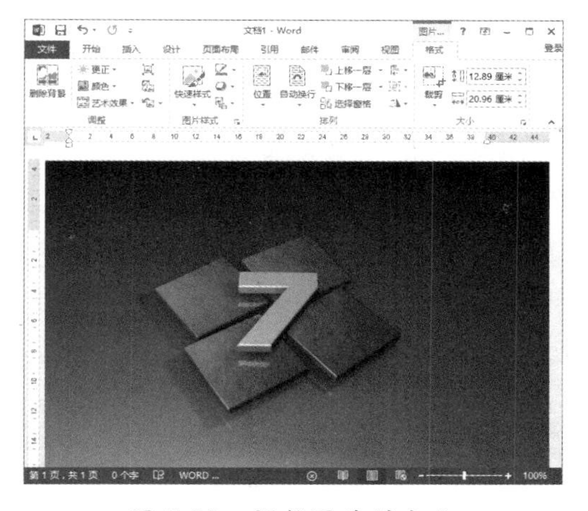

图 7-98　调整图片的大小

Step 07 选择插入的图片，单击【格式】选项卡下【调整】组中的【颜色】按钮，在弹出的菜单中选择一种颜色的样式，如图 7-99 所示。

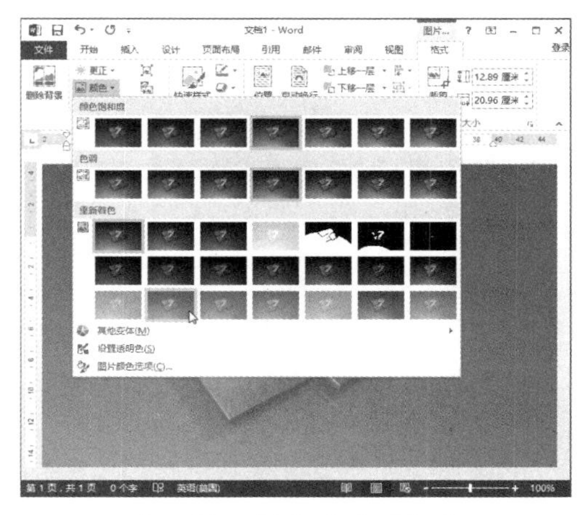

图 7-99　调整图片的颜色

Step 08 选择【插入】选项卡，然后单击【形状】按钮，在弹出的菜单中选择【星与旗帜】中的【波形】形状，如图 7-100 所示。

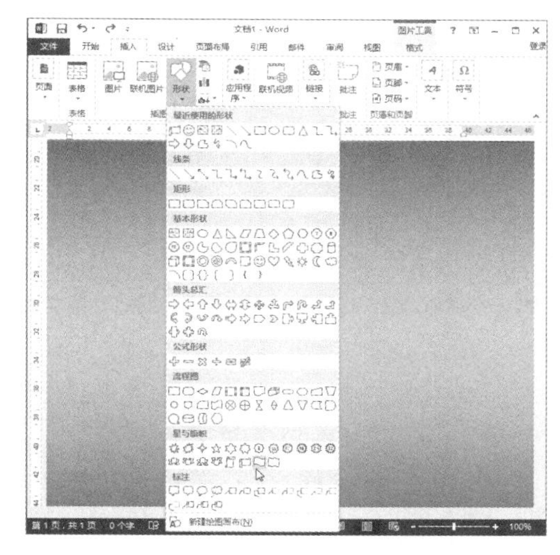

图 7-100　选择要插入的形状

Step 09 按下鼠标左键在页面上拖动画出图形，然后根据需要调整图形至合适的位置，如图 7-101 所示。

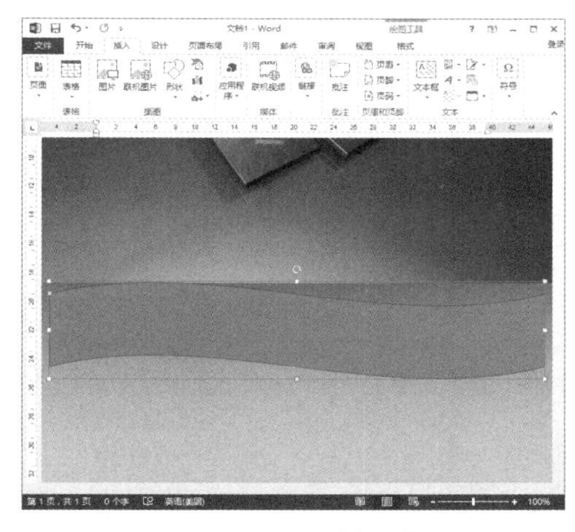

图 7-101　绘制形状

Step 10 选中绘制的图形，然后在【格式】选项卡中单击【形状填充】按钮，在弹出的下拉列表中选择深蓝色，如图 7-102 所示。

Step 11 选中绘制的形状，右击鼠标，然后在弹出的菜单中选择【添加文字】命令，如图 7-103 所示。

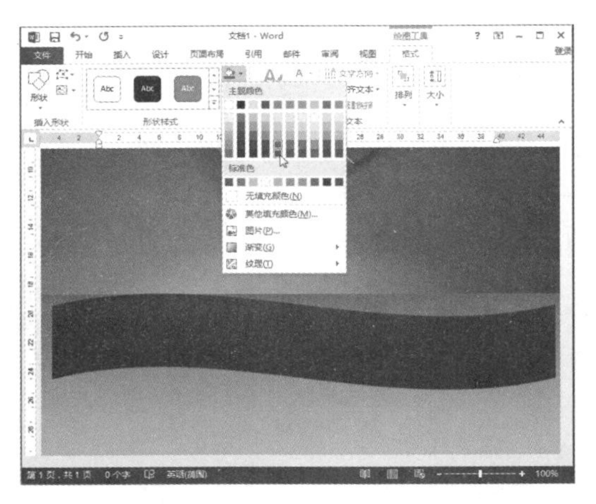

图 7-102 添加形状填充颜色

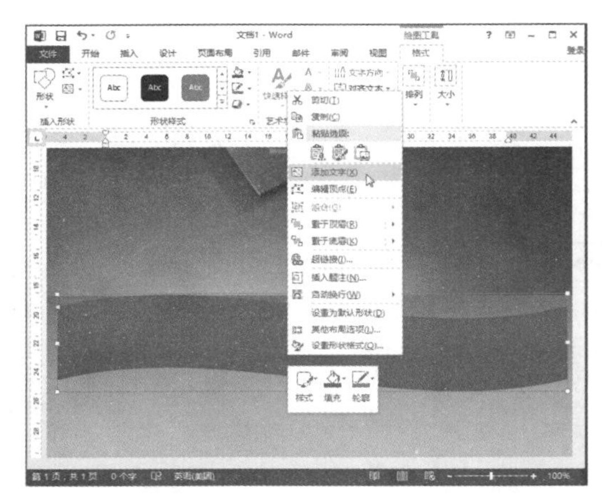

图 7-103 选择【添加文字】命令

Step 12 选择【插入】选项卡，单击【艺术字】按钮，然后在弹出来的下拉列表中选择艺术字的样式，如图 7-104 所示。

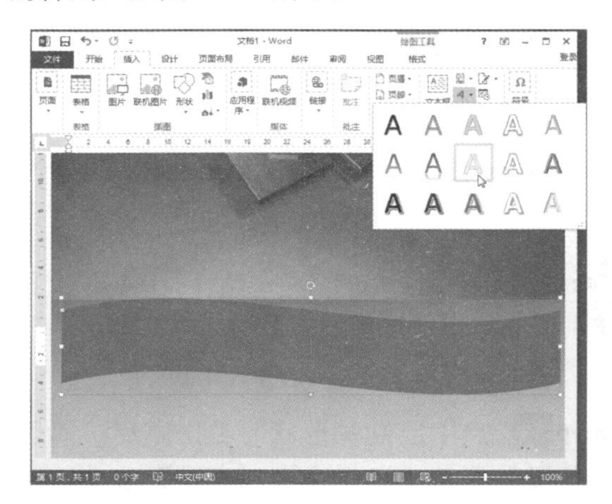

图 7-104 设置文字的艺术字样式

Step 13 选择完样式后输入文字，并调整文字的排列和角度，效果如图 7-105 所示。

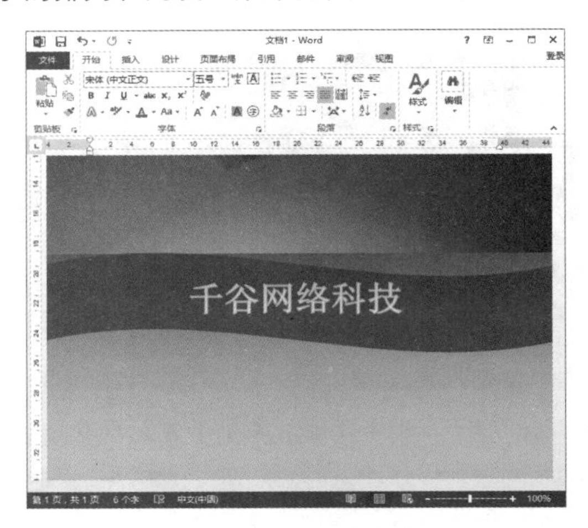

图 7-105 输入文字

Step 14 将窗口右侧的滑块向下拖曳，选择【插入】选项卡，单击【艺术字】按钮，然后在弹出来的下拉列表中选择艺术字的样式，根据提示输入相应的宣传内容，并调整到合适的位置，如图 7-106 所示。

图 7-106 输入其他文字信息

7.7.2 高效办公技能实战 2——制作工资报表

工资报表是单位合法工资的依据，也是单位财务部门需要重点保存的档案之一，一般的

工资表格包括职务、姓名以及工资等内容。设计工资报表的具体操作步骤如下。

Step 01 新建一个空白文档，如图 7-107 所示。选择【页面布局】选项卡，在【页面设置】组中单击【页面设置】按钮。

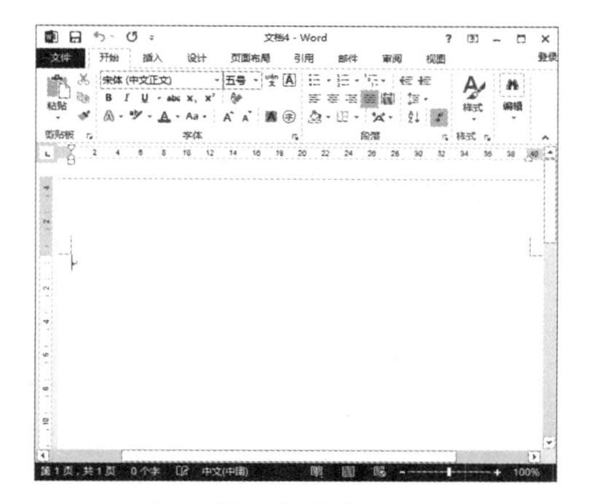

图 7-107　新建空白文档

Step 02 弹出【页面设置】对话框。切换到【页边距】选项卡，在【纸张方向】设置区域选择【纵向】图标；在【页边距】设置区域分别设置【上】为“2 厘米”，【下】为“2 厘米”，【左】为“3 厘米”，【右】为“3 厘米”；然后单击【确定】按钮，即可完成页面的设置，如图 7-108 所示。

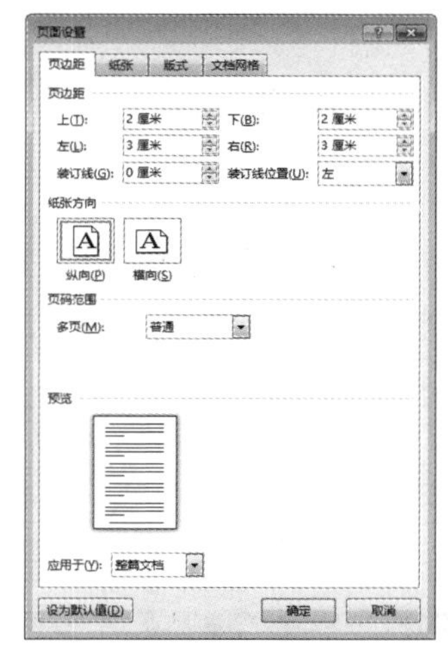

图 7-108　【页面设置】对话框

Step 03 在文档的第 1 行输入“××× 有限公司”，在第 2 行输入“工资报表”。选中第 1 行文本，在【字体】下拉列表中选择“黑体”，在【字号】下拉列表中选择“小初”，然后单击【加粗】按钮和【居中】按钮完成对该行字体的设置。使用同样的方法，设置第 2 行的文本，效果如图 7-109 所示。

图 7-109　输入并设置文字

Step 04 移动鼠标指针到要插入表格的位置，然后选择【插入】选项卡，单击【表格】按钮，在弹出的菜单中选择【插入表格】命令，如图 7-110 所示。

图 7-110　选择【插入表格】命令

Step 05 弹出【插入表格】对话框，在【表格尺寸】设置区域设置【列数】为“12”、【行数】为“12”，如图 7-111 所示。

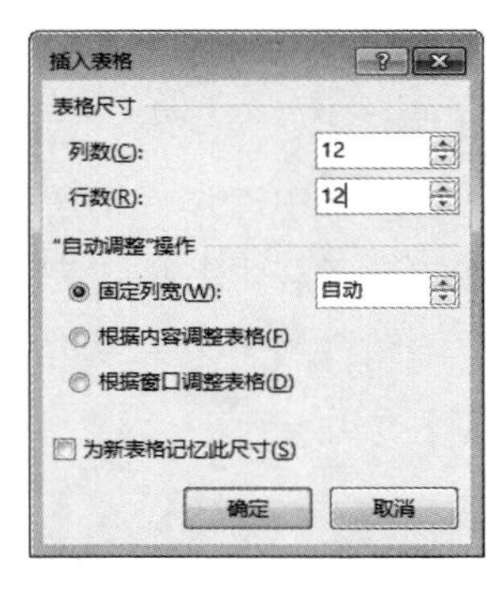

图 7-111　【插入表格】对话框

Step 06 单击【确定】按钮，即可按照设置在文档中插入表格，如图 7-112 所示。

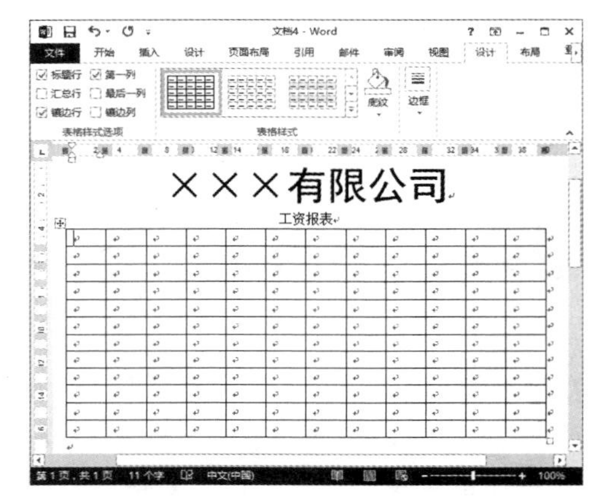

图 7-112　插入表格

Step 07 选中第 1 列的第 1 行和第 2 行单元格，右击并在弹出的快捷菜单中选择【合并单元格】命令，即可将这两个单元格合并为一个单元格，如图 7-113 所示。

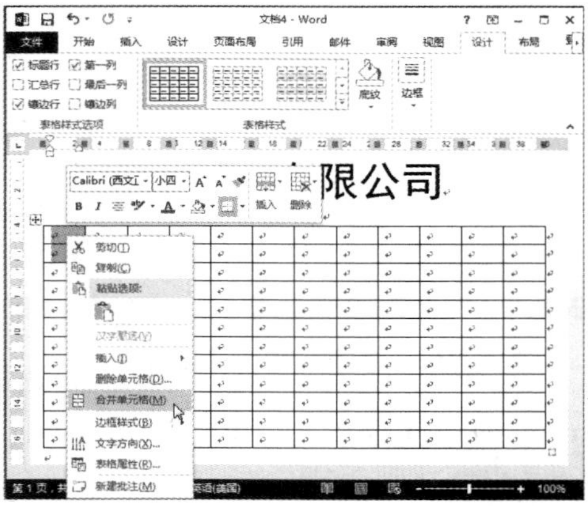

图 7-113　选择【合并单元格】命令

Step 08 使用同样的方法，分别合并第 2 列的第 1 行和第 2 行单元格，第 3 列的第 1 行和第 2 行单元格，第 1 行的第 4 列到第 6 列单元格，第 1 行的第 7 列到第 10 列单元格，第 11 列的第 1 行和第 2 行单元格，以及第 12 列的第 1 行和第 2 行单元格，如图 7-114 所示。

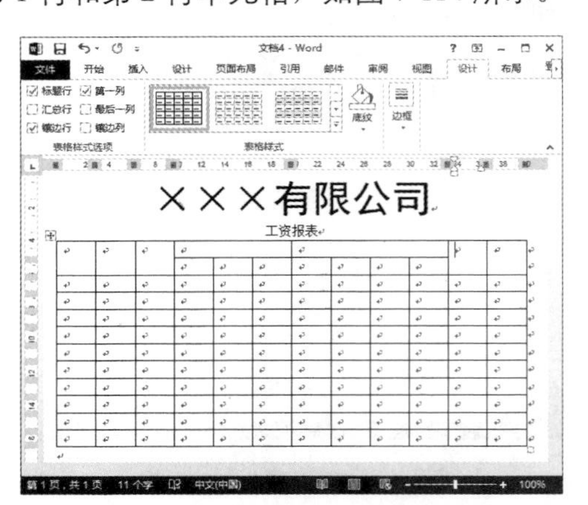

图 7-114　合并单元格后的效果

Step 09 在第 1 行表格中分别输入：序号，发款日期，姓名，应发的部分（包括基本工资、奖金以及全勤奖），应扣的部分（包括房屋补贴、三险、扣款以及个人所得税），实发工资以及签字；在第 1 列的第 3 行到第 12 行分别输入从 1 到 10 的数字，如图 7-115 所示。

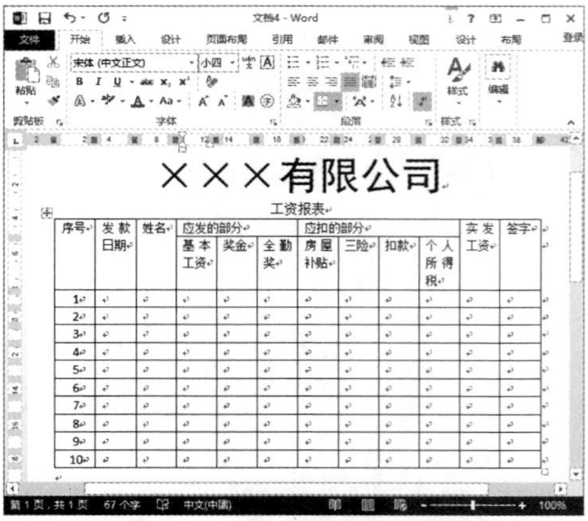

图 7-115　输入表格数据

Step 10 右击选中的第 1 行第 1 列的文本“序

号”，然后在弹出的快捷菜单中选择【文字方向】命令，如图 7-116 所示。

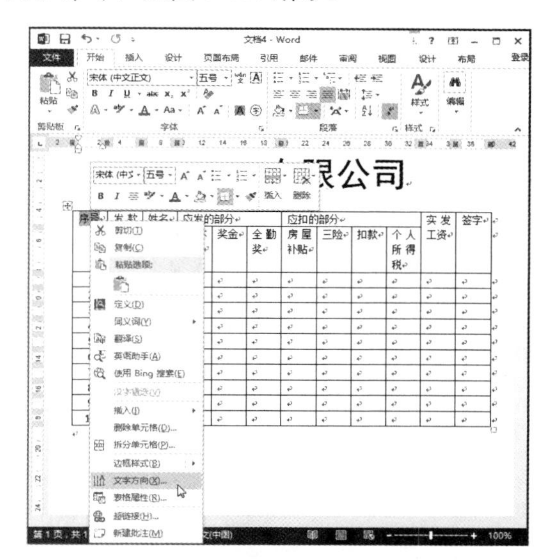

图 7-116　选择【文字方向】命令

Step 11 弹出【文字方向 - 表格单元格】对话框，在【方向】设置区域选择正中间的方向类型，如图 7-117 所示。

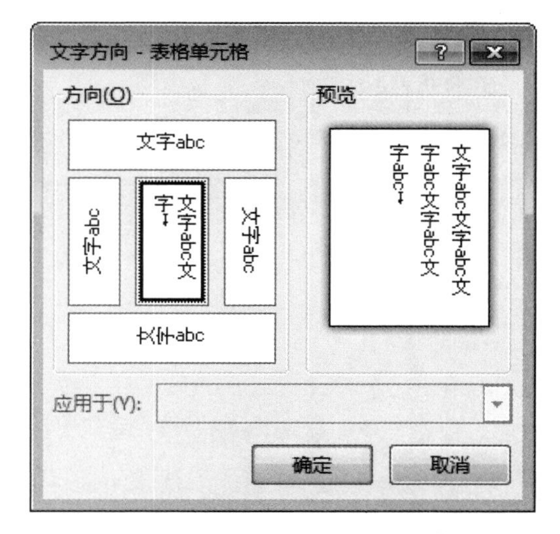

图 7-117　【文字方向 - 表格单元格】对话框

Step 12 单击【确定】按钮，即可在文档中看到设置的结果，如图 7-118 所示。

Step 13 右击选中整个表格，在弹出的快捷菜单中选择【表格属性】命令，如图 7-119 所示。

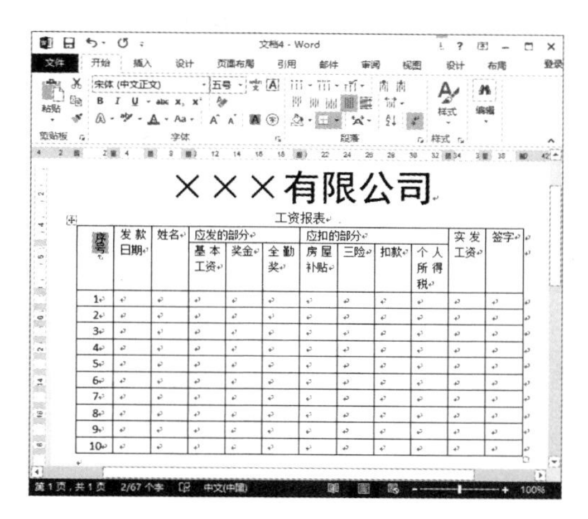

图 7-118　更改文字方向后的效果

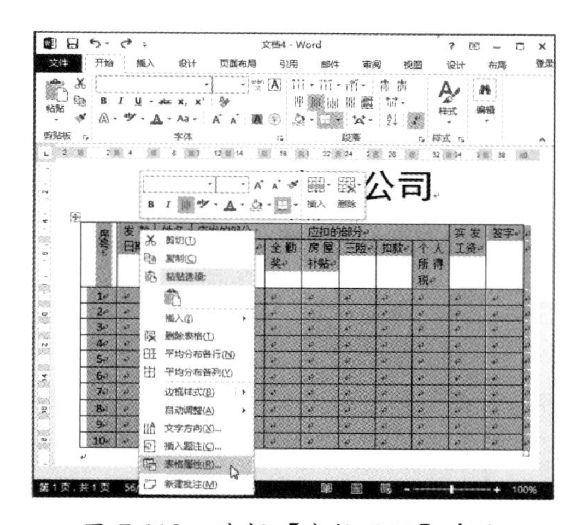

图 7-119　选择【表格属性】命令

Step 14 打开【表格属性】对话框，切换到【单元格】选项卡，在其中选择【居中】图标，如图 7-120 所示。

图 7-120　【表格属性】对话框

Step 15 单击【确定】按钮，返回到 Word 文档中，完成表格中文本对齐方式的设置，然后拖曳鼠标标调节单元格的宽度，如图 7-121 所示。

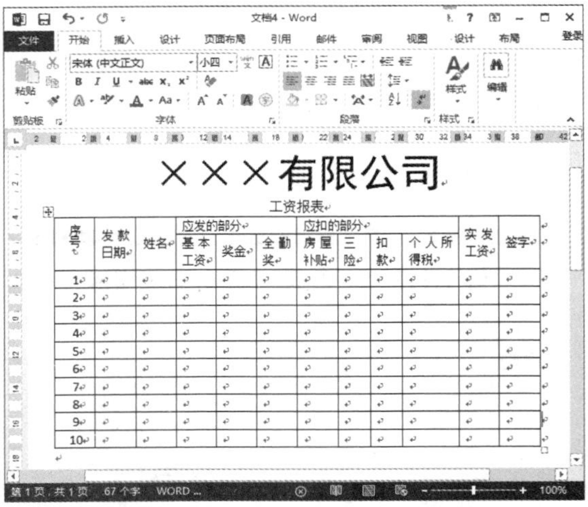

图 7-121 调整文本对齐方式

Step 16 选中第 1 列单元格，单击【设计】选项卡下【表格样式】组中的【底纹】按钮，在弹出的面板中选择一个颜色添加底纹，如图 7-122 所示。

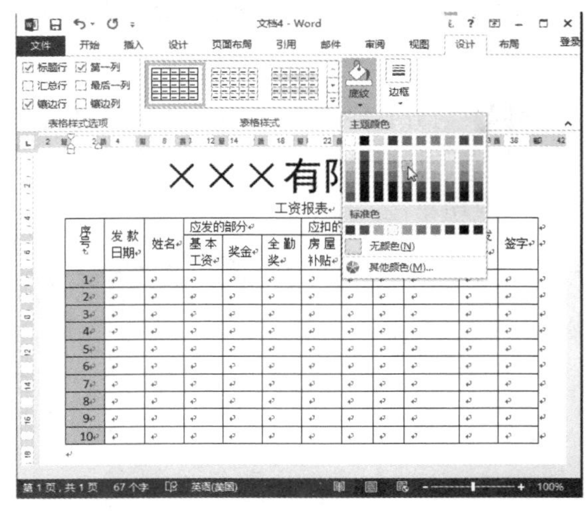

图 7-122 添加表格底纹

Step 17 在表格下方的第 1 行输入“负责人签名”，在第 2 行输入“年　月　日”。选中输入的文本，然后调整输入文字的位置，如图 7-123 所示。

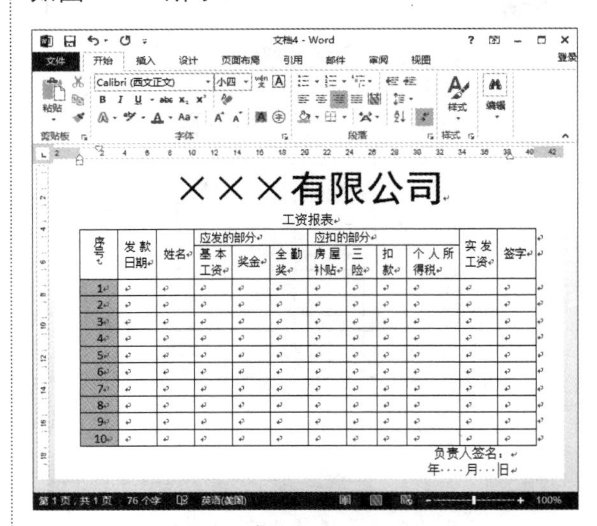

图 7-123 输入其他文字信息

Step 18 设置完成后，单击【自定义快速访问工具栏】中的【保存】按钮，在【文件名】文本框中输入文档的名称为“工资报表”，单击【保存】按钮，即可将文档保存到指定的位置，如图 7-124 所示。

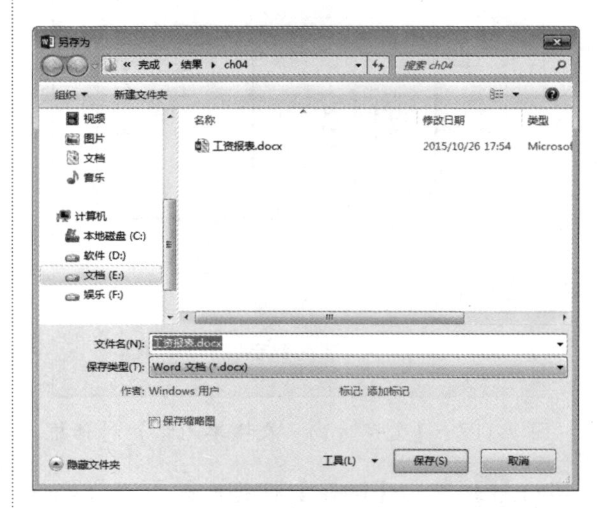

图 7-124 【另存为】对话框

7.8 课后练习与指导

7.8.1 编辑插入 Word 文档中的图片

- **练习目标**

了解： 在 Word 文档中输入图片的过程。

掌握： 编辑图片的方法。

- **专题练习指南**

01 在新创建的 Word 文档中插入相应的图片。

02 设置图片的大小。选中需要调整图片大小的图片，这时图片周围会出现一个图片控制框，选中该控制框并拖曳鼠标以调整图片的大小。

03 调整图片的位置。使用鼠标拖曳、键盘上的方向键以及【设置图片格式】对话框中的【版式】选项卡调整图片的位置。

04 剪裁图片。使用【格式】选项卡下的【裁剪】按钮裁剪图片。

05 设置图片的旋转角度。使用【设置图标格式】对话框中的【大小】选项卡设置图片旋转的角度。

7.8.2 修改插入的艺术字样式

- **练习目标**

了解： 插入艺术字的过程。

掌握： 编辑艺术字的方法。

- **专题练习指南**

01 选择输入的艺术字后，在【格式】选项卡的【文字】组中单击【间距】按钮，从而设置艺术字的间距。

02 设置对齐方式和等高效果。

03 在【艺术字样式】组中快速设置艺术字的样式，并设置形状填充和形状轮廓。

04 在【阴影】组中设置艺术字的阴影效果。

05 在【三维】组中设置艺术字的三维效果。

06 在【排列】组中设置艺术字的排列效果。

输出准确无误的文档——审阅与打印

- **本章导读**

Word 2013 具有检查拼写、校对语法、修订等功能，“查找”功能在较大的文档内搜索文本非常实用，修订功能主要用于检查文档。本章为读者介绍如何检查并修订文档，以及如何将正确无误的文档打印出来。

- **学习目标**

◎ 掌握使用格式刷的方法

◎ 掌握批阅文档的方法

◎ 掌握处理错误文档的方法

◎ 了解各种视图模式下查看文档的方法

◎ 掌握打印文档的方法

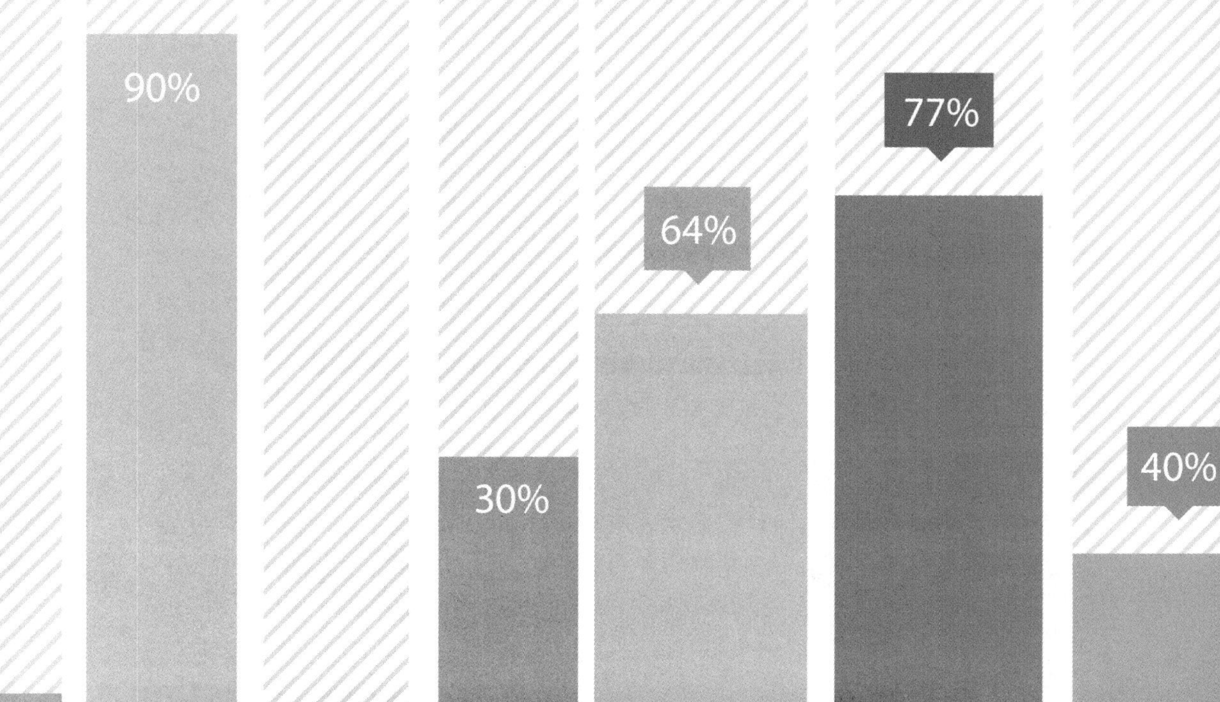

8.1 快速统一文档格式

使用格式刷可以快速地将指定段落或文本的格式应用到其他段落或文本上，具体操作步骤如下。

Step 01 打开一个 Word 文档，选中要引用格式的文本，单击【开始】选项卡下【剪贴板】组中的【格式刷】按钮，如图 8-1 所示。

Step 02 当鼠标指针变为形状时，单击或者选择需要应用新格式的文本或段落，如图 8-2 所示。

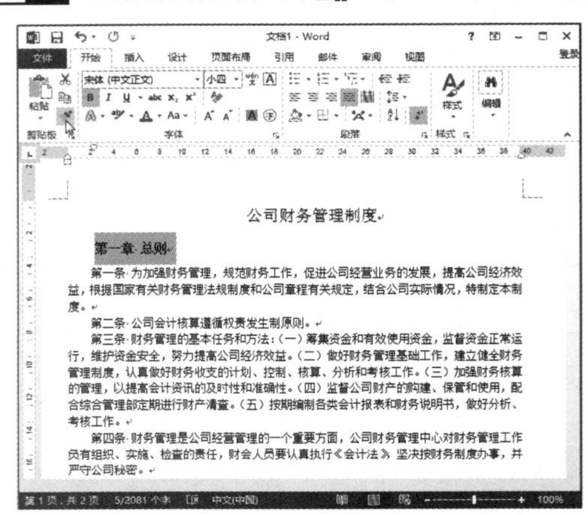

图 8-1　单击【格式刷】按钮

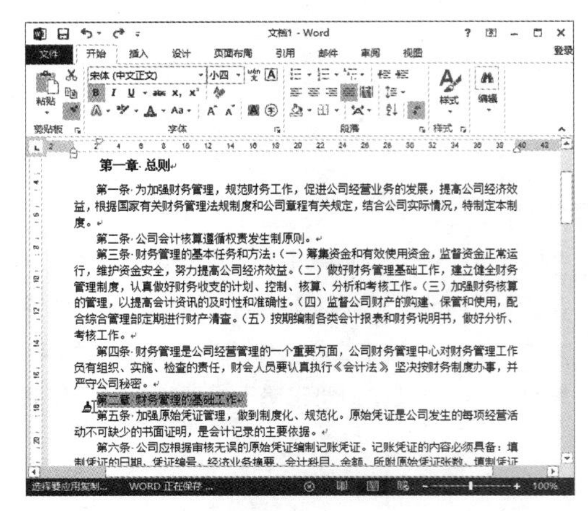

图 8-2　选择要应用新格式的文本或段落

Step 03 选择的文字将被应用引用的格式，如图 8-3 所示。

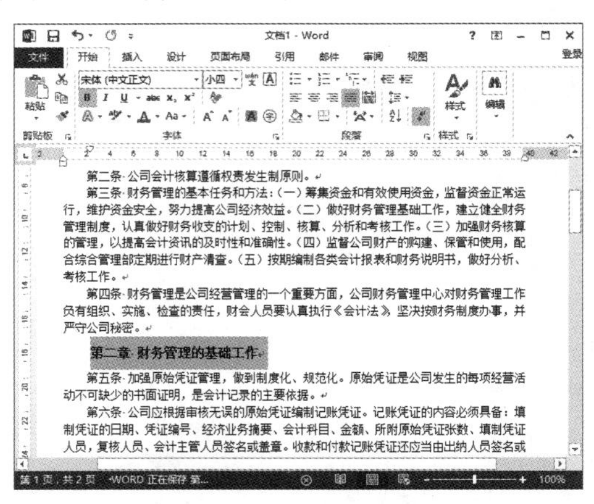

图 8-3　应用格式后的显示效果

提示 当需要多次应用同一个格式的时候，可以双击格式刷，然后单击或者拖选需要应用新格式的文本或段落即可。使用完毕再次单击【格式刷】按钮或按 Esc 键，即可恢复编辑状态。用户还可以选中要复制格式的文本后，按 Ctrl+Shift+C 组合键复制格式，然后选择需要应用新格式的文本，按 Ctrl+Shift+V 组合键应用新格式。

8.2 批注文档

当需要对文档中的内容添加某些注释或修改意见时，就需要添加一些批注。批注不影响文档的内容，而且文字是隐藏的，同时，系统还会为批注自动赋予不重复的编号和名称。

8.2.1 插入批注

对批注的操作主要有插入、查看、快速查看、修改批注格式与批注者以及删除文档中的批注等。下面介绍如何在文档中插入批注，具体操作步骤如下。

Step 01 打开一个需要审阅的文档，选中需要添加批注的文本，选择【审阅】选项卡，在【批注】组中单击【新建批准】按钮，如图 8-4 所示。

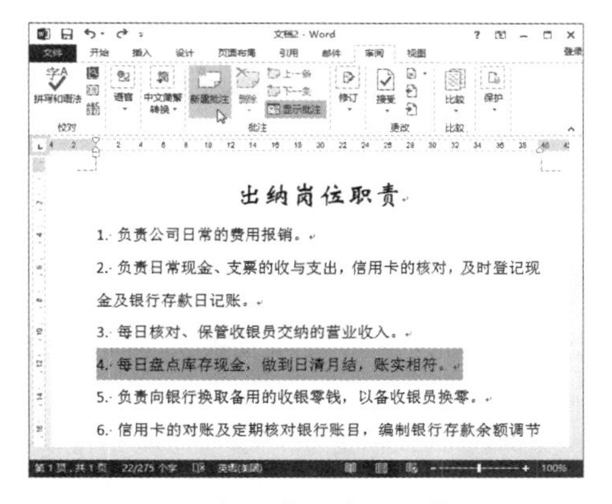

图 8-4 单击【新建批注】按钮

Step 02 选中的文本上会添加一个批注的编辑框，如图 8-5 所示。

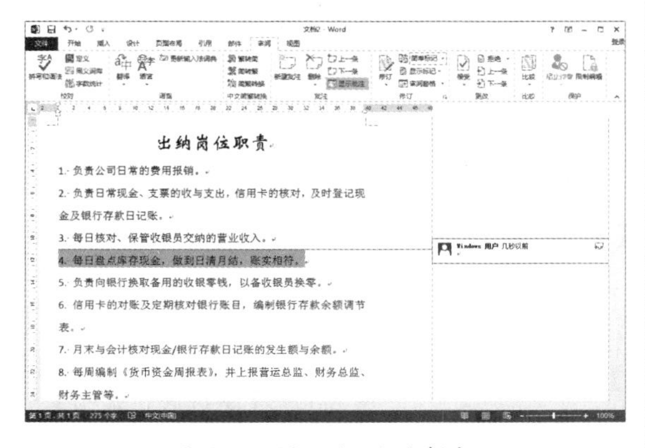

图 8-5 添加批注编辑框

Step 03 在编辑框中可以输入批注内容，如图 8-6 所示。

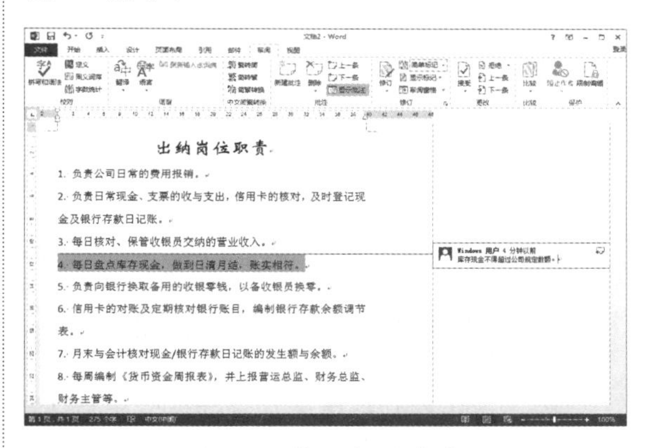

图 8-6 输入批注内容

Step 04 按照相同的方法为文档中的其他内容添加批注，如图 8-7 所示。

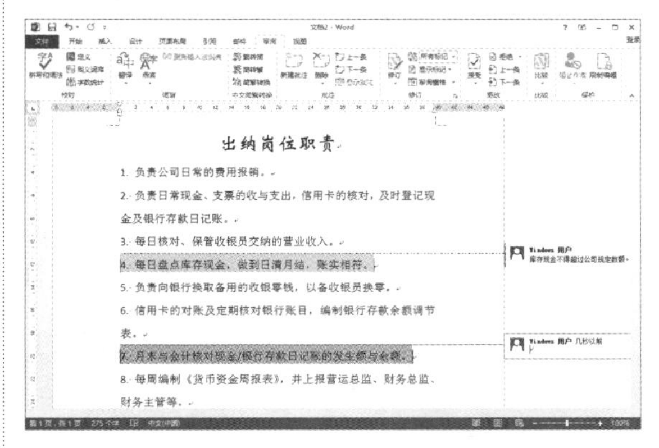

图 8-7 添加其他相关批注内容

8.2.2 隐藏批注

插入的 Word 批注如果不需要显示，可以隐藏批注，具体操作步骤如下。

Step 01 打开任意一篇插入批注的文档。选择【审阅】选项卡，在【修订】组中单击【显示标记】下拉按钮，在弹出的下拉列表中撤销【批注】命令，如图 8-8 所示。

Step 02 文档中的批注即可被隐藏，如图 8-9 所示。如果想显示批注，则重新选择【批注】命令即可。

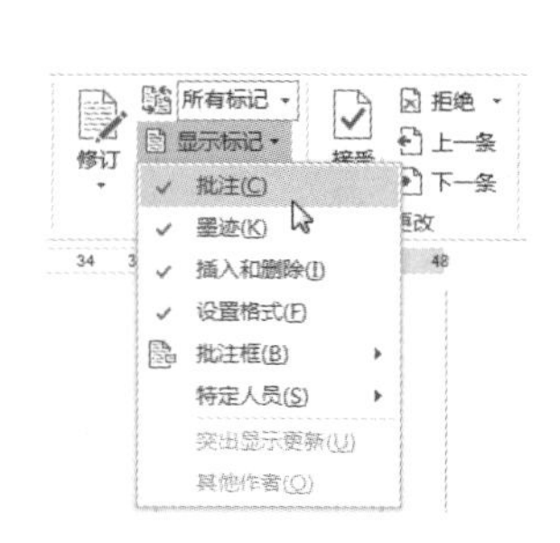

图 8-8 撤销【批注】命令

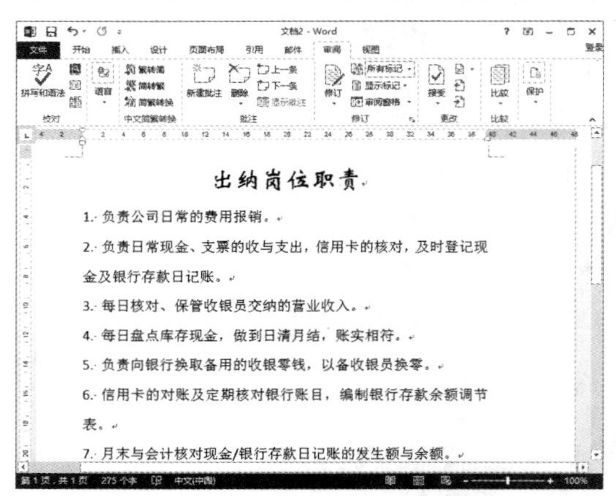

图 8-9 隐藏批注

8.2.3 修改批注格式和批注者

除了可以在文档中添加批注外，用户还可以对批注框、批注连接线以及被选中文本的突显颜色等自行设置，具体操作步骤如下。

Step 01 如果要修改批注格式，则需要单击【修订】组中的【修订选项】按钮，如图 8-10 所示。

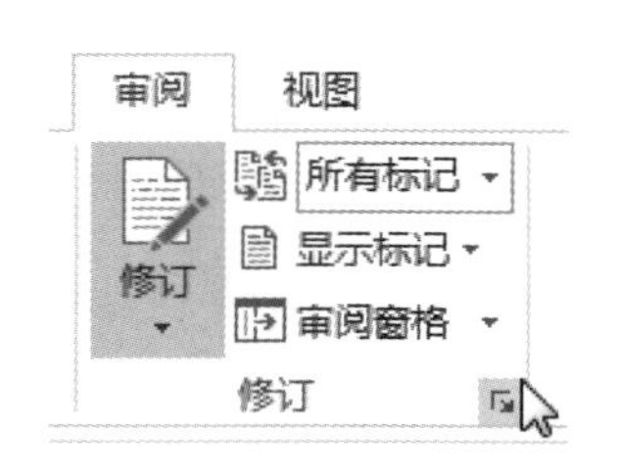

图 8-10 单击【修订选项】按钮

Step 02 打开【修订选项】对话框，在其中单击【高级选项】按钮，如图 8-11 所示。

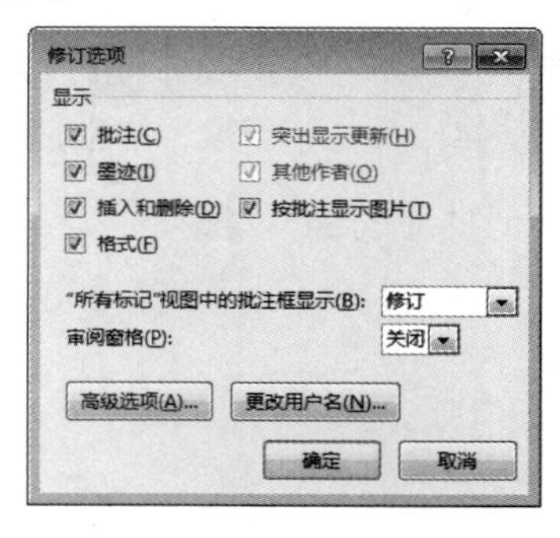

图 8-11 【修订选项】对话框

Step 03 打开【高级修订选项】对话框，在【标记】设置区域中可以对批注的颜色进行设置，在【批注】下拉列表中选择批注的颜色，这里选择“蓝色”，如图 8-12 所示。

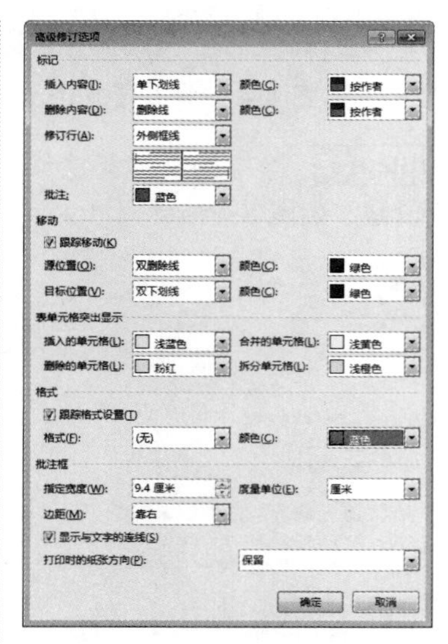

图 8-12 【高级修订选项】对话框

Step 04 单击【确定】按钮，返回到【修订选项】对话框，再次单击【确定】按钮，返回到 Word 文档中，即可看到设置的批注颜色效果，如图 8-13 所示。

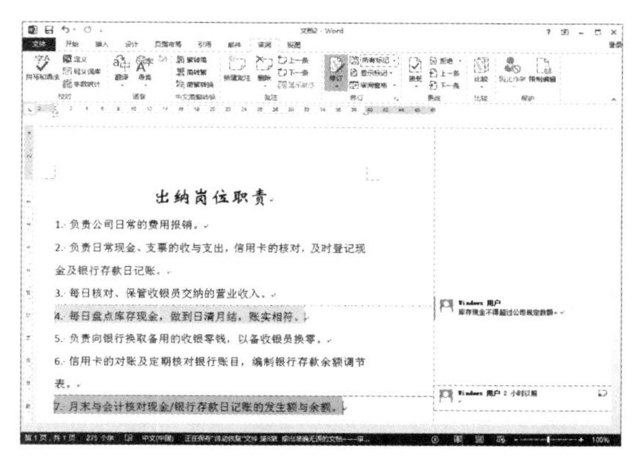

图 8-13　设置批注颜色

Step 05 如果想要修改批注者名称。则需要单击【修订选项】对话框中的【更改用户名】按钮，打开【Word 选项】对话框，在【用户名】文本框中输入用户名称，单击【确定】按钮，即可更改批准者的名称，如图 8-14 所示。

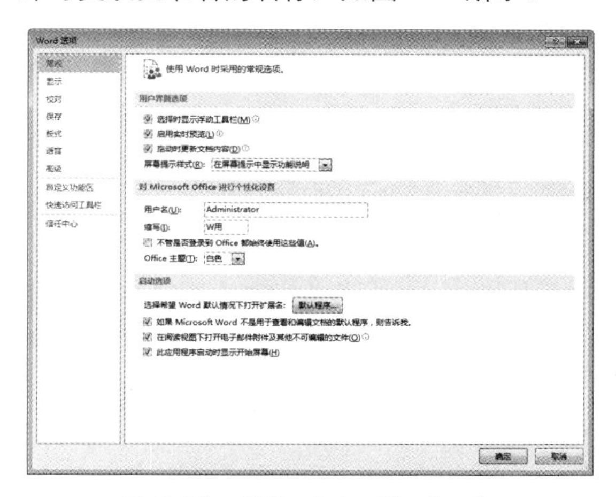

图 8-14　【Word 选项】对话框

8.2.4 删除文档中的批注

对文档中的内容修改完毕后，有些批注内容可以将其删除，具体操作步骤如下。

Step 01 打开一个插入有批注的文档，选择需要删除的批注，然后单击鼠标右键，在弹出的快捷菜单中选择【删除批注】命令，如图 8-15 所示。

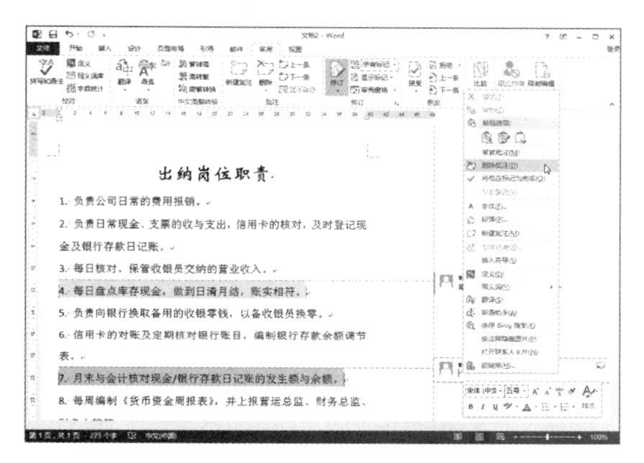

图 8-15　选择【删除批注】命令

Step 02 即可删除选择的批注，如图 8-16 所示。

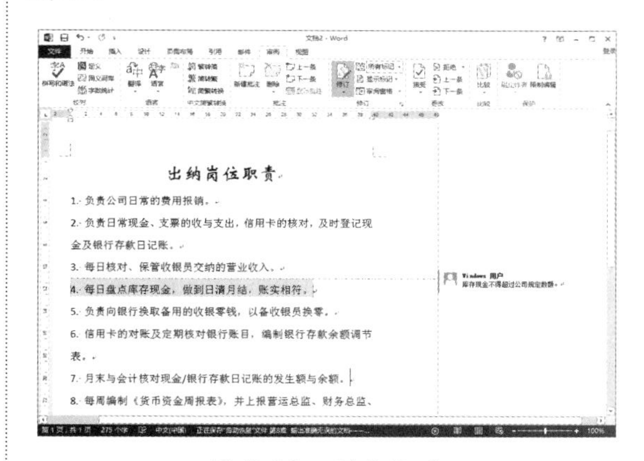

图 8-16　删除批注

8.3 修订文档

修订能够让作者跟踪多位审阅者对文档所做的修改，并用约定的原则来接受或者拒绝所做的修订。

8.3.1 使用修订标记

使用修订标记，即是对文档进行插入、删除、替换以及移动等编辑操作时，使用一种特殊的标记来记录所做的修改，以便于其他用户或者原作者知道文档所做的修改，这样作者还可以根据实际情况决定是否接受这些修订。使用修订标记修订文档的具体操作步骤如下。

Step 01 打开一个需要修订的文档，选择【审阅】选项卡，在【修订】组中单击【修订】按钮，如图 8-17 所示。

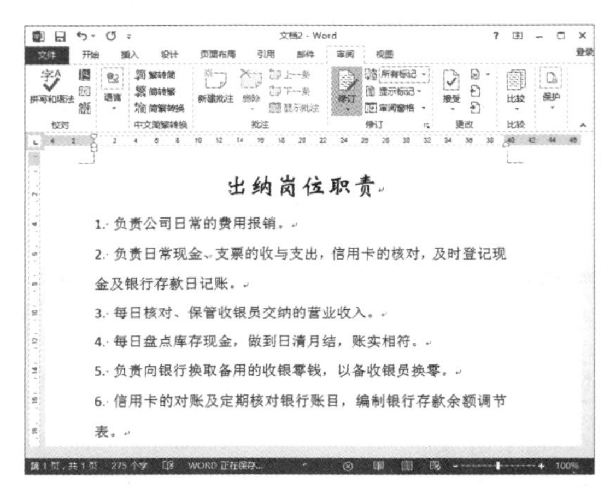

图 8-17　单击【修订】按钮

Step 02 在文档中开始修订文档，文档会自动将修订的内容显示出来，如图 8-18 所示。

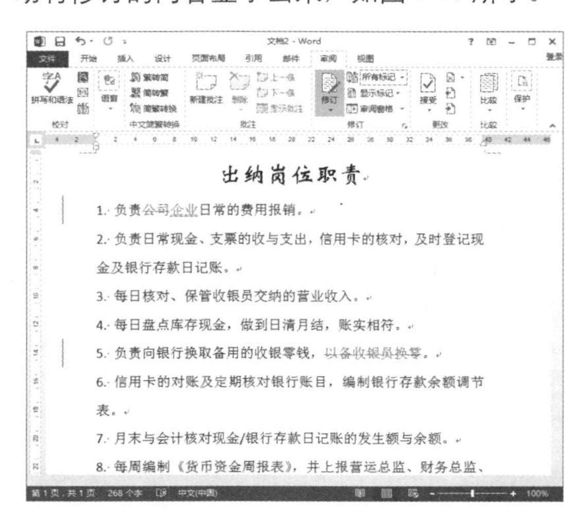

图 8-18　显示修订的内容

8.3.2 接受或者拒绝修订

对文档修订后，用户可以决定是否接受这些修订，具体操作步骤如下。

Step 01 选择需要接受修订的地方，然后单击鼠标右键，在弹出的快捷菜单中选择【接收插入】命令，如图 8-19 所示。

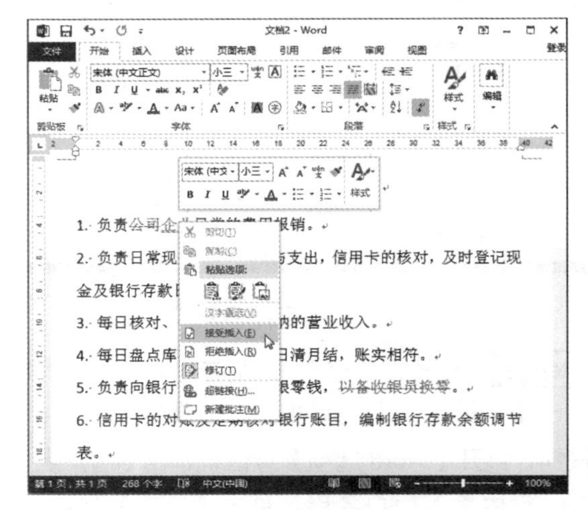

图 8-19　选择【接收插入】命令

Step 02 如果拒绝修订，选择需要拒绝的修订，然后单击鼠标右击，在弹出的快捷菜单中选择【拒绝插入】命令，如图 8-20 所示。

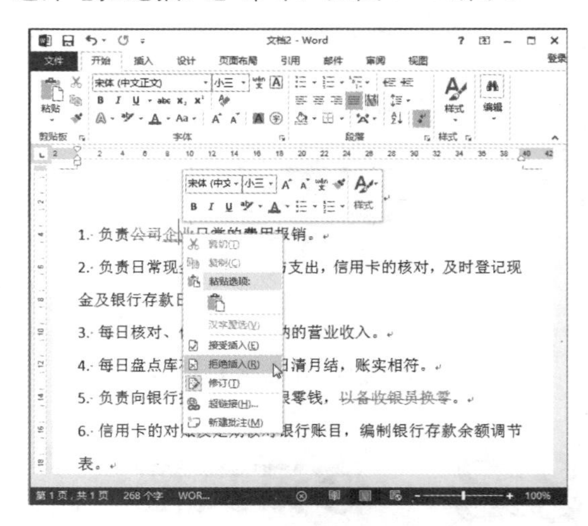

图 8-20　选择【拒绝插入】命令

Step 03 如果要接收文档中所有的修订，则可单击【接受】按钮，在弹出的列表中选择【接

受所有修订】命令，如图 8-21 所示。

Step 04 如果要删除当前的修订，则可单击【拒绝】按钮，在弹出的菜单中选择【拒绝所有修订】命令，如图 8-22 所示。

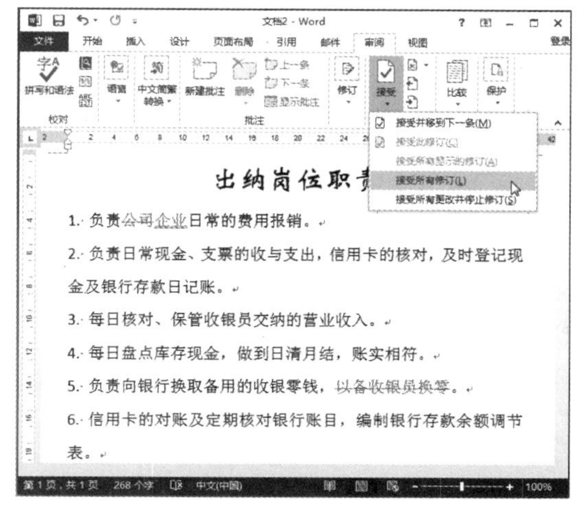

图 8-21　选择【接收所有修订】命令

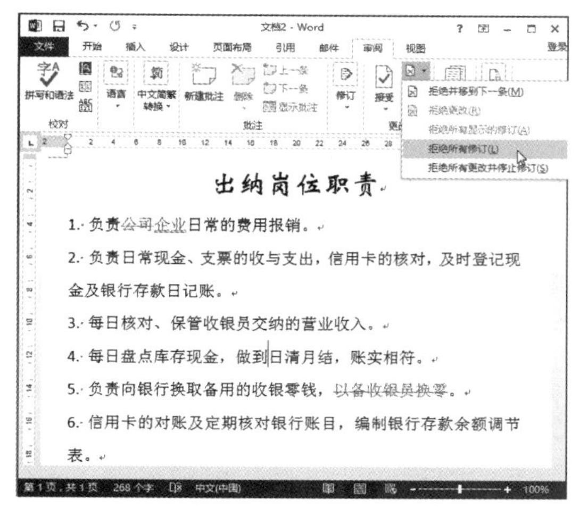

图 8-22　选择【拒绝所有修订】命令

8.4 文档的错误处理

Word 2013 中提供有处理错误的功能，用于发现文档中的错误并给予修正。Word 2013 提供的错误处理功能包括拼写语法检查、自动更正错误，下面分别进行介绍。

8.4.1 拼写和语法检查

在输入文本时，如果无意中输入了错误的或者不可识别的单词，Word 2013 就会在该单词下用红色波浪线进行标记；如果是语法错误，在出现错误的部分就会用绿色波浪线进行标记。

设置自动拼写与语法检查的具体操作步骤如下。

Step 01 新建一个文档，在文档中输入一些语法不正确的和拼写不正确的内容，选择【审阅】选项卡，单击【校对】组中的【拼写和语法】按钮，如图 8-23 所示。

Step 02 打开【拼写检查】窗格，在其中显示了检查的结果，如图 8-24 所示。

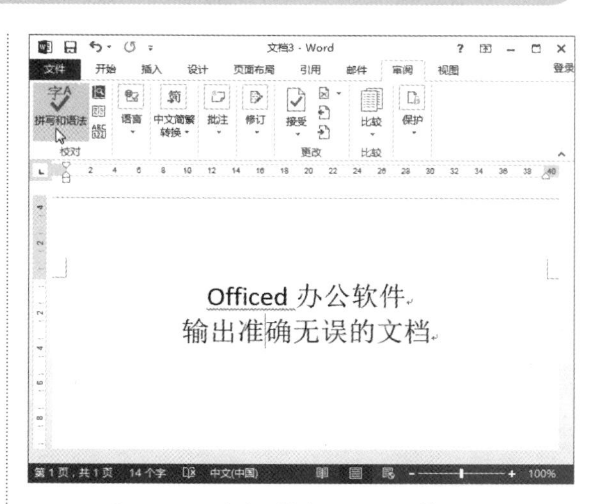

图 8-23　单击【拼写和语法】按钮

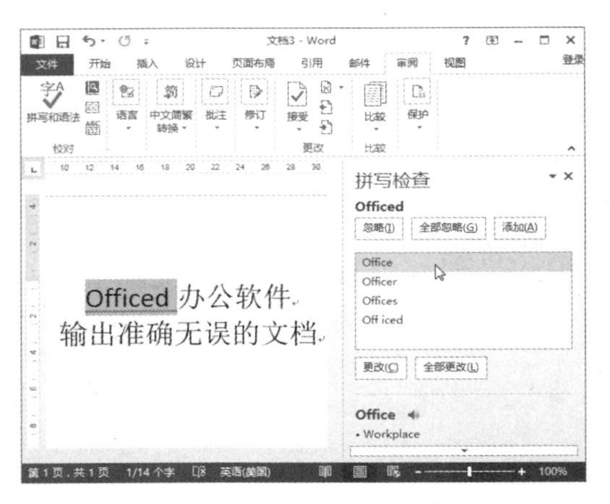

图 8-24　【拼写检查】窗格

Step 03 在检查结果中用户可以选择正确的输入语句，然后单击【更改】按钮，对输入错误的语句进行更改，更改完毕后，会弹出一个信息提示对话框，提示用户拼写和语法检查完成，如图 8-25 所示。

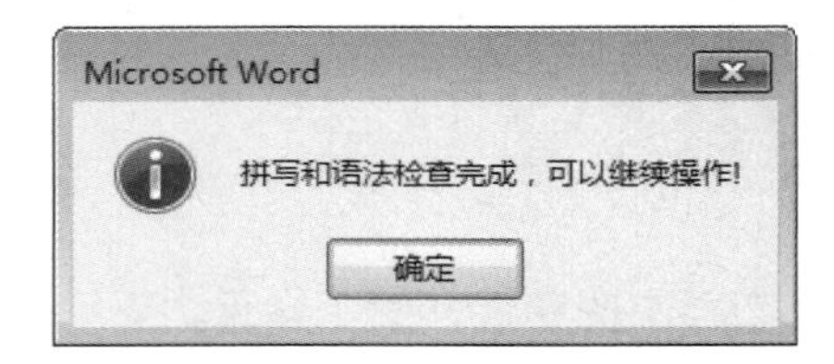

图 8-25　信息提示对话框

Step 04 单击【确定】按钮，返回到 Word 文档中，可以看到文档中的红色线消失，表示语法更改完成，如图 8-26 所示。

图 8-26　更改语法完成

选中出错的单词，然后单击鼠标右键，在弹出的快捷菜单中选择【全部忽略】命令，如图 8-27 所示。Word 2013 就会忽略这个错误，此时错误单词下方的红色波浪线就会消失，如图 8-28 所示。

图 8-27　选择【全部忽略】命令

图 8-28　忽略之后的显示效果

8.4.2　使用自动更正功能

在 Word 2013 中，除了可以使用拼写和语法检查功能之外，还可以使用自动更正功能来检查和更正错误的输入。例如，输入“seh”和一个空格，则会自动更正为“she”。使用自动更正功能的具体操作步骤如下。

Step 01 在 Word 文档窗口中选择【文件】选项卡，在打开的界面中单击【选项】选项，如图 8-29 所示。

图 8-29　【信息】界面

Step 02 弹出【Word 选项】对话框，在左侧的列表中选择【校对】选项，然后在右侧的窗格中单击【自动更正选项(A)】按钮，如图 8-30 所示。

图 8-30　【Word 选项】对话框

Step 03 弹出【自动更正：英语(美国)】对话框，在【替换】文本框中输入“Officea”，在【替换为】文本框中输入“Office”，如图 8-31 所示。

图 8-31　【自动更正】选项卡

Step 04 单击【确定】按钮，返回文档编辑模式，以后再编辑时，就会按照用户所设置的内容自动更正错误，如图 8-32 所示。

图 8-32　自动更正后的显示效果

8.5 使用各种视图模式查看文档

Word 提供有几种不同的文档显示方式，称为“视图”。Word 2013 为用户提供有 5 种视图方式：页面视图、阅读视图、Web 版式视图、大纲视图和草图。选择【视图】选项卡后，在【视图】组中单击一种视图模式按钮，文档就会被更改为相应的视图，如图 8-33 所示。

图 8-33 【视图】组

8.5.1 页面视图

【页面视图】是 Word 2013 默认的视图方式，在此方式下，各种格式化的文本，页眉页脚、图片、分栏排版等格式化操作的结果，都会出现在相应的位置上，且屏幕显示的效果与实际打印效果基本一致，能真正做到“所见即所得”，因而它是排版时的首选视图方式。

如果当前不是【页面视图】，选择【视图】选项卡，在【视图】组中单击【页面视图】按钮，即可调整为【页面视图】模式，如图 8-34 所示。

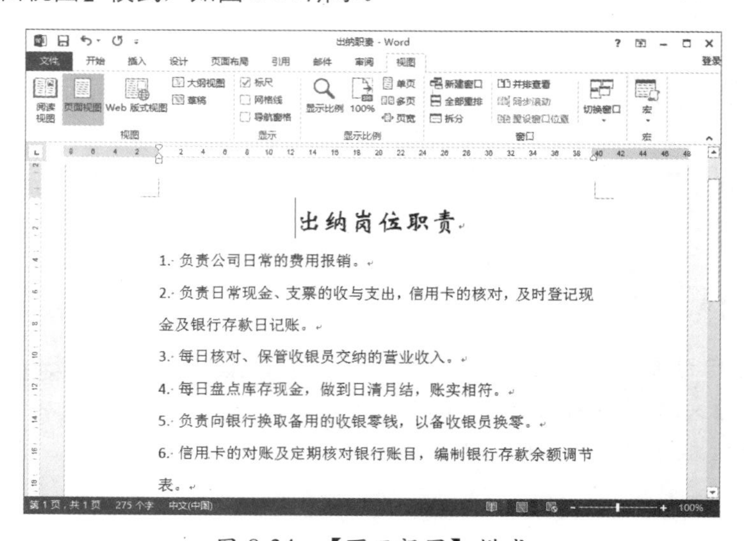

图 8-34 【页面视图】模式

8.5.2 阅读视图

在阅读视图中，文档中的字号变大了，文档窗口被纵向分为了左右两个小窗口，看起来像是一本打开的书，显示左右两页。这样每一行会变短，阅读起来比较贴近于自然习惯。不过在阅读视图下，所有的排版格式都会被打乱，并且不显示页眉和页脚。

选择【视图】选项卡，在【视图】组中单击【阅读视图】按钮，即可将当前打开的文档调整为【阅读视图】模式，如图 8-35 所示。

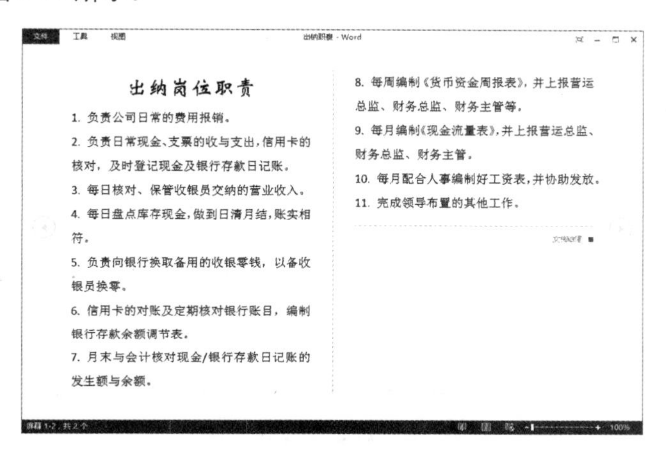

图 8-35 【阅读视图】模式

8.5.3 Web 版式视图

Web 版式视图用于显示文档在 Web 浏览器中的外观。在此方式下，可以创建能在屏幕上显示的 Web 页或文档。除此之外，Web 版式视图还能显示文档下面文字的背景和图形对象。

选择【视图】选项卡，在【视图】组中单击【Web 版式视图】按钮，即可切换为【Web 版式视图】模式，如图 8-36 所示。

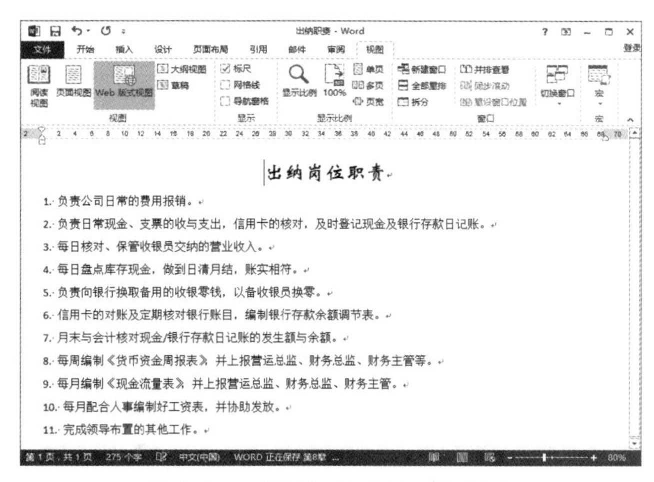

图 8-36 【Web 版式视图】模式

8.5.4 大纲视图

在编辑一个较长的文档时，首先需要建立大纲或标题，组织好文档的逻辑结构，然后再在每个标题下插入具体的内容。不过，大纲视图中不显示页边距、页眉和页脚、图片和背景等。

选择【视图】选项卡，在【视图】组中单击【大纲视图】按钮，即可切换为大纲视图模式，如图 8-37 所示。

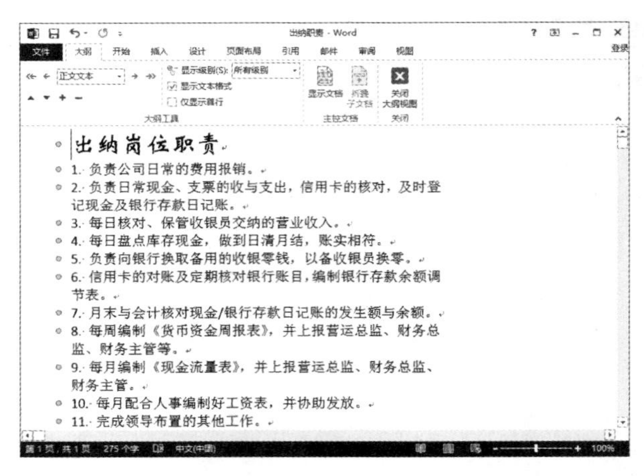

图 8-37 【大纲视图】模式

8.5.5 草图

在【草图】视图下浏览速度较快，适于文字录入、编辑、格式编排等操作。在此视图中不会显示文档的某些元素，如页眉、页脚等。【草图】视图可以连续地显示文档内容，使阅读更为连贯。这种显示方式适合于查看简单的格式文档。

选择【视图】选项卡，在【视图】组中单击【草图】按钮，就可以切换到【草图】视图模式，如图 8-38 所示。

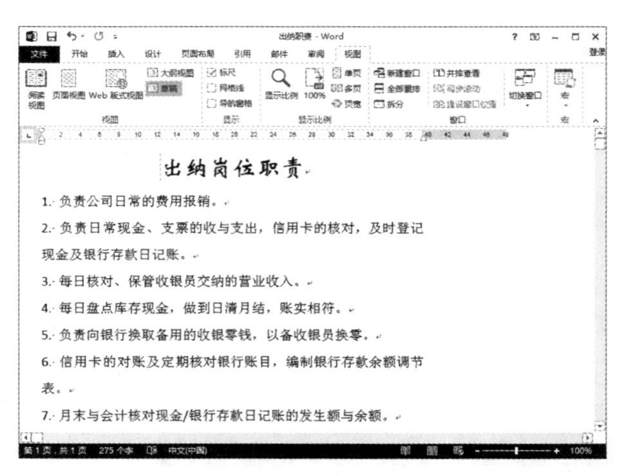

图 8-38 【草图】视图模式

8.6 打印文档

文档创建后需要打印出来，以便能够进行保存或传阅，本节就来介绍如何打印文档。

8.6.1 选择打印机

在进行文件打印时，如果用户的计算机中连接了多个打印机，则需要在打印文档时先选择打印机。具体操作步骤如下。

Step 01 打开需要打印的文档，选择【文件】选项卡，在打开的界面中选择【打印】选项，显示出打印设置界面，如图 8-39 所示。

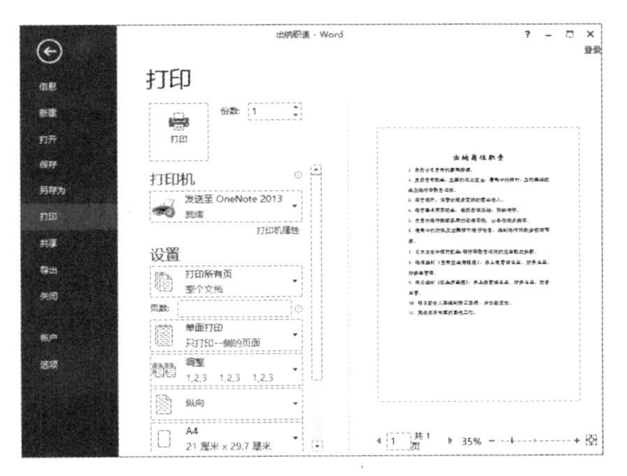

图 8-39 【打印】界面

Step 02 在【打印机】区域的下方单击【打印机】按钮，在弹出的下拉列表中选择相关的打印机，如图 8-40 所示。

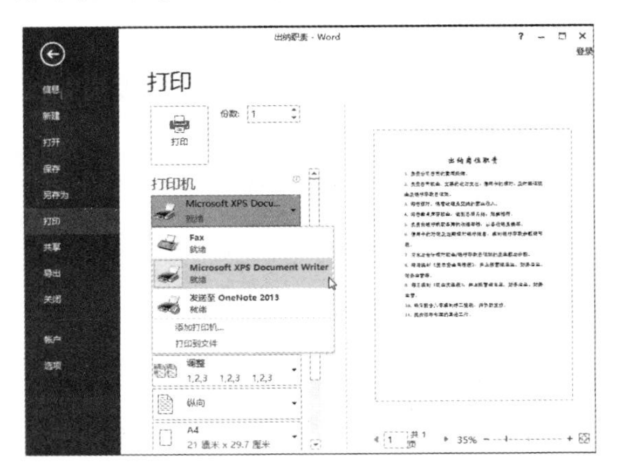

图 8-40 选择打印机

8.6.2 预览文档

在打印文档之前，最好先使用打印预览功能来查看即将打印文档的效果，避免出现错误，造成纸张的浪费，进行打印预览的具体操作步骤如下。

Step 01 单击【快速访问工具栏】右侧的箭头，在弹出的【自定义快速访问工具栏】下拉菜单中选择【打印预览和打印】命令，如图 8-41 所示。

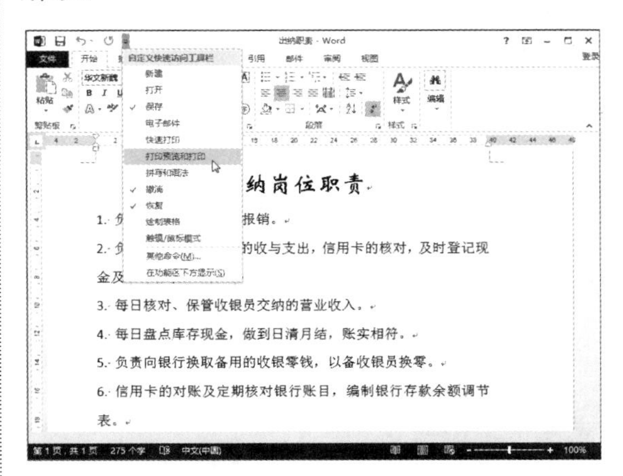

图 8-41 选择【打印预览和打印】命令

Step 02 即可将【打印预览和打印】按钮添加到快速访问工具栏中，如图 8-42 所示。

Step 03 在【快速访问工具栏】中直接单击【打印预览和打印】按钮，显示出打印设置界面，如图 8-43 所示。

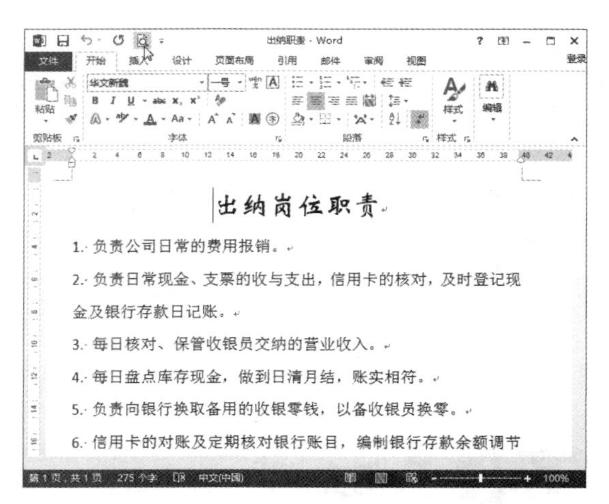

图 8-42　添加【打印预览和打印】按钮

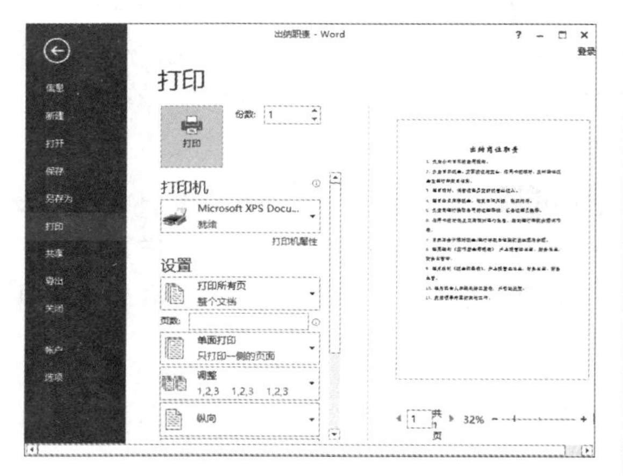

图 8-43　【打印】界面

Step 04 根据需要单击【缩小】按钮或【放大】按钮，可对文档预览窗口进行调整查看。当用户需要关闭打印预览时，只需单击其他选项卡即可返回文档编辑模式，如图 8-44 所示。

图 8-44　打印预览

8.6.3 打印文档

若用户对所打印文档的效果感到满意时，就可以对文档进行打印。其方法很简单，只要单击【快速访问工具栏】中的【快速打印】按钮即可，如图 8-45 所示。

如果【快速访问工具栏】中没有【快速打印】按钮，可以单击【快速访问工具栏】右侧的箭头，在弹出的【自定义快速访问工具栏】下拉菜单中选择【快速打印】命令，即可将【快速打印】按钮添加到快速访问工具栏中，如图 8-46 所示。

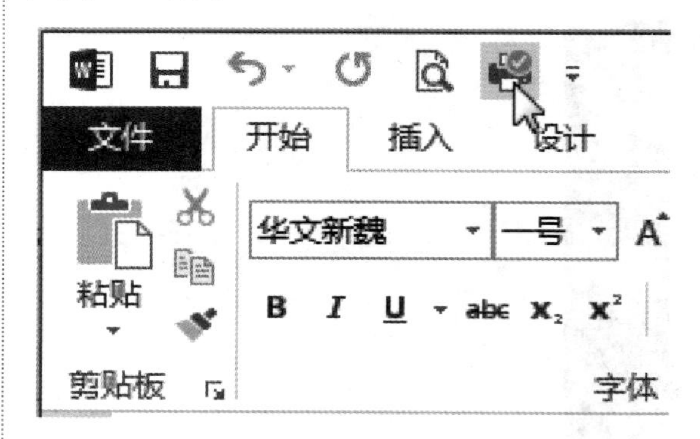

图 8-45　单击【快速打印】按钮

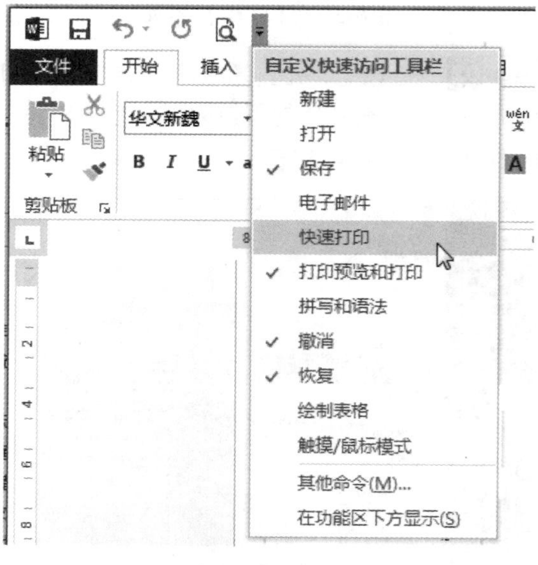

图 8-46　选择【快速打印】命令

8.7 高效办公技能实战

8.7.1 高效办公技能实战 1——批阅公司的年度报告

年度报告是公司在年末总结本年公司运营情况时出示的报告，下面介绍如何批阅公司的年度报告，具体操作步骤如下。

Step 01 新建 Word 文档，输入公司年报内容，如图 8-47 所示。

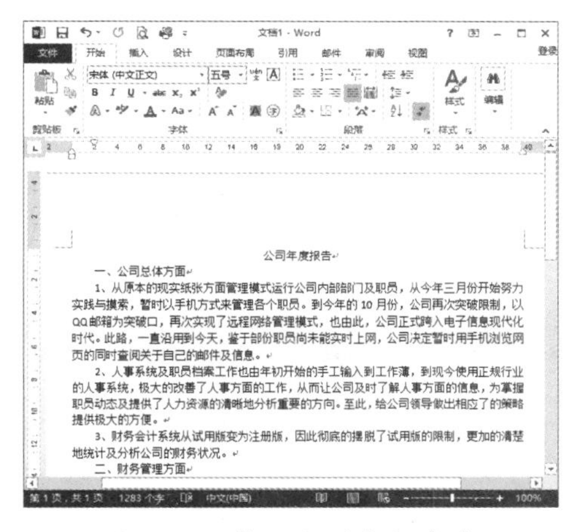

图 8-47　输入公司年报内容

Step 02 选择第 1 行的文本内容，在【字体】组中设置字体的格式为“华文新魏，小一和加粗”。选择第 2 行的文本内容，设置格式为“加粗和四号”，如图 8-48 所示。

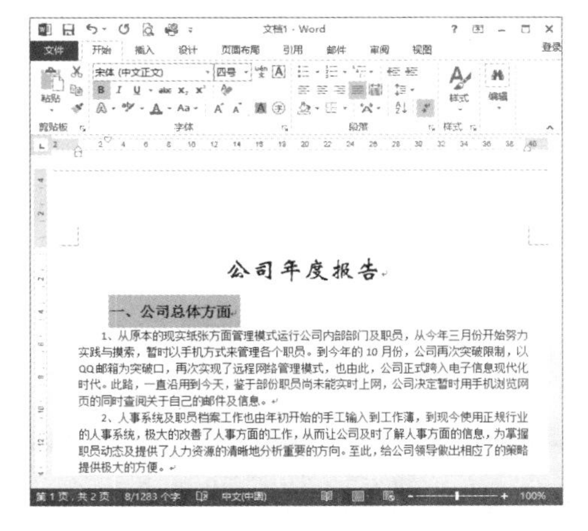

图 8-48　设置字体格式

Step 03 设置第 2 行文字的格式后，使用格式刷引用第 2 行文字的格式进行复制格式操作，效果如图 8-49 所示。

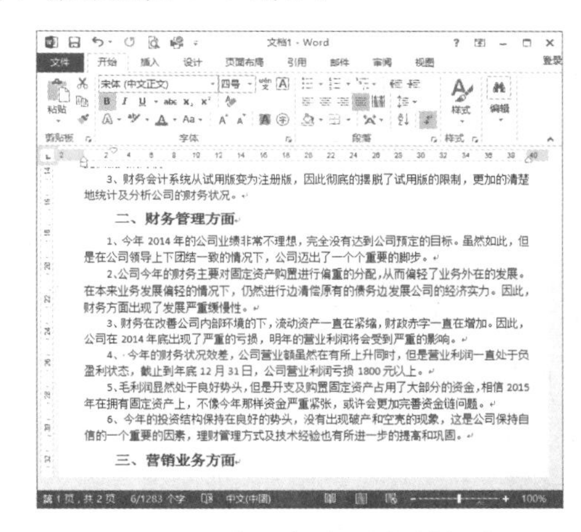

图 8-49　使用格式刷复制格式

Step 04 选中需要添加批注的文本，选择【审阅】选项卡，在【批注】组中单击【新建批注】按钮，选中的文本上会添加一个批注的编辑框，在编辑框中可以输入需要批注的内容，如图 8-50 所示。

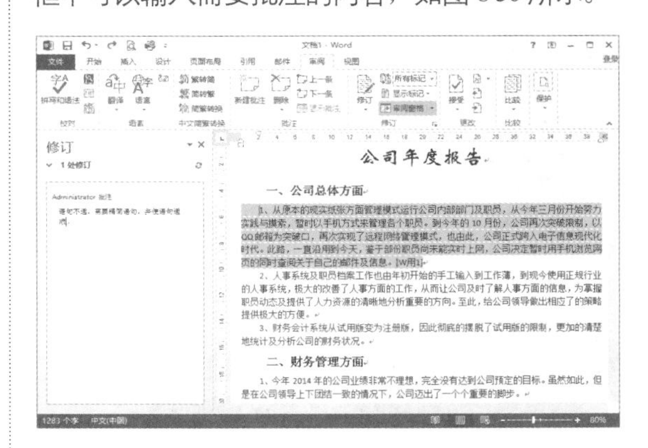

图 8-50　选中要添加批注的文本

Step 05 在【修订】组中单击【修订】按钮，在文档中开始修订文档，文档将自动将修订的内容显示出来，如图 8-51 所示。

Step 06 单击【快速访问工具栏】中的【保存】按钮，打开【另存为】对话框，在其中选择文件保存的位置并输入保存的名称，最后单击【保存】按钮即可，如图 8-52 所示。

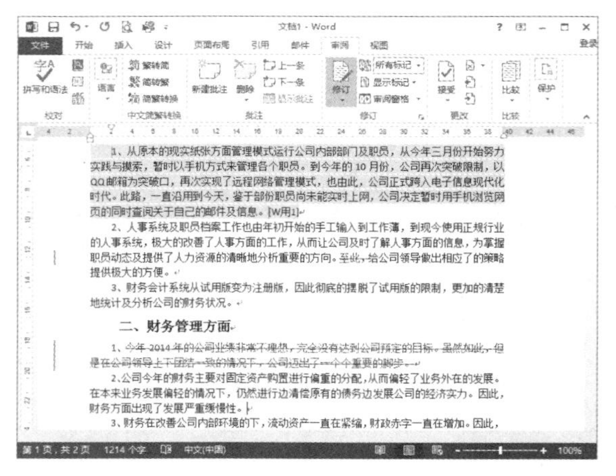

图 8-51　修订其他内容

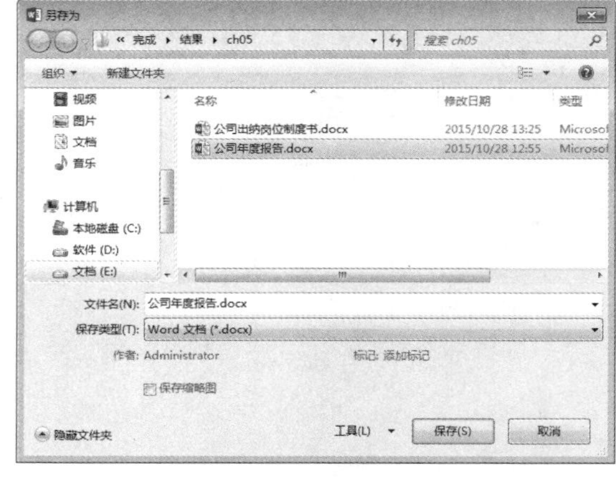

图 8-52　保存文档

8.7.2 高效办公技能实战 2——打印公司岗位职责说明书

岗位职责说明书在现代商务办公中经常使用，每一个岗位都有它自己的职责，因此制作一个规范的岗位职责说明书非常重要，具体操作步骤如下。

Step 01 启动 Word 2013，进入程序主界面，选择【文件】选项卡，在打开的界面中选择【新建】命令，然后单击【空白文档】选项，如图 8-53 所示。

Step 02 随即新建一个空白文档，在工作区内输入有关公司岗位的文本，如图 8-54 所示。

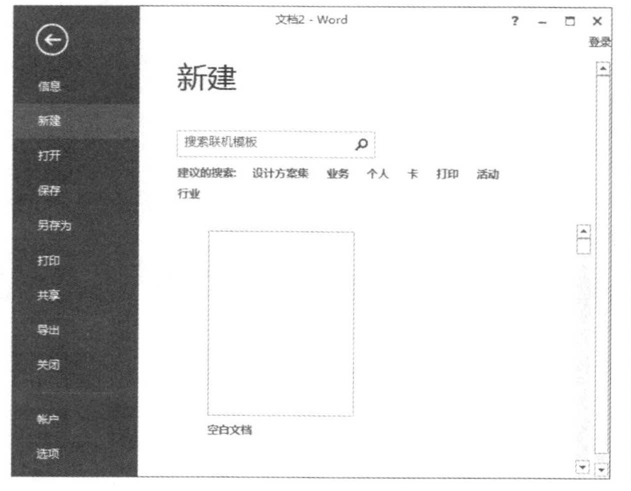

图 8-53　【新建】界面

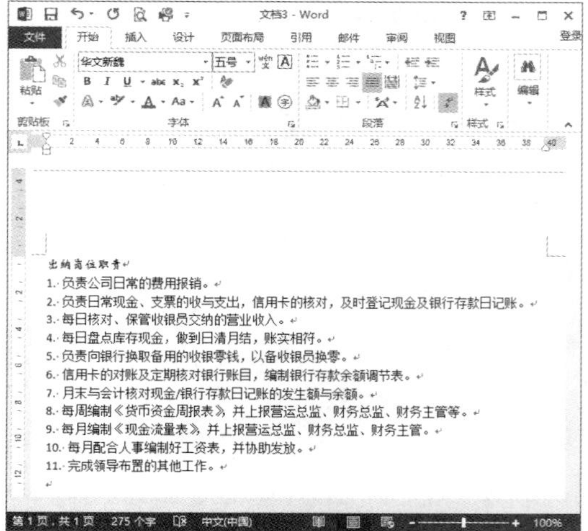

图 8-54　输入文字

Step 03 选中第 1 行文字，单击【字体】组和【段落】组中的相关按钮，分别设置文字的格式为“二号、加粗和居中对齐”，使第 1 行文字加粗并居中，如图 8-55 所示。

Step 04 选中第 2 行到最后一行文字，在【字体】组中设置段落的字号为“四号”，如图 8-56 所示。

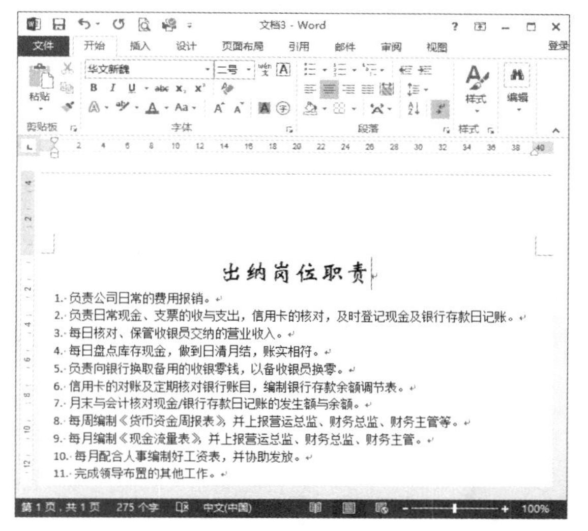

图 8-55　设置字体格式

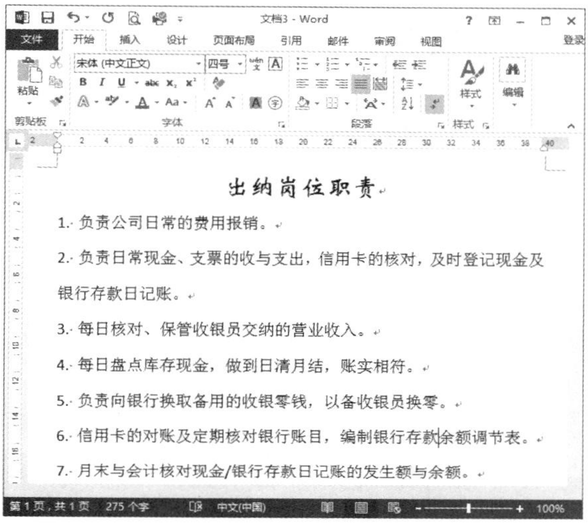

图 8-56　设置文字大小

Step 05 单击【快速访问工具栏】中的【保存】按钮，在弹出的【另存为】对话框中设置【文件名】为“公司出纳岗位制度书”，然后单击【保存】按钮保存文件，如图 8-57 所示。

Step 06 选择【文件】选项卡，在打开的界面中选择【打印】命令，进行打印前的预览，并设置打印的份数为 5 份，方向为【纵向】、纸张大小为 A4，设置完成后再次查看效果，如果满意，单击【打印】按钮即可打印公司出纳岗位责任书，如图 8-58 所示。

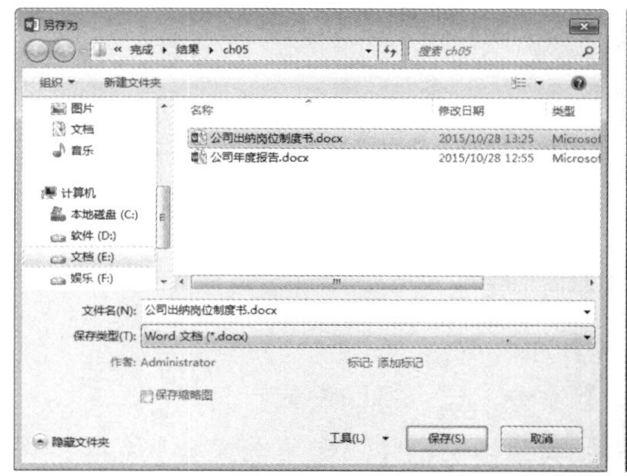

图 8-57　【另存为】对话框

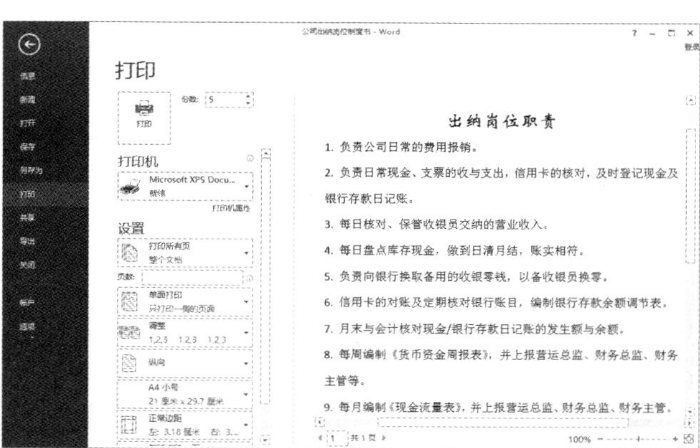

图 8-58　打印预览

8.8 课后练习与指导

8.8.1 修改文秘起草的项目投标书

● 练习目标

了解：修改文档的过程。

掌握：修改文档的方法与技巧。

● 专题练习指南

01 打开需要修改的项目投标书

02 选择【插入】和【批注】命令，打开【审阅】工具栏。

03 通读项目投标书，在需要添加标注的地方插入批注，并给出批注的内容。

04 利用拼写与语法检查功能检查整篇文本的拼写错误与语法错误。

05 使用查找与替换功能将项目投标书中需要替换的文本替换掉。

06 插入索引与目录。

07 设置文档的打印格式并保存整篇文档。

08 最后发给文秘人员打印项目投标书。

8.8.2 自定义打印的内容

● 练习目标

了解：打印的过程。

掌握：自定义打印的方法与技巧。

● 专题练习指南

01 打开要打印的文档，选择所需打印的文档内容。

02 选择【文件】选项卡，在弹出的界面中选择【打印】命令，显示打印设置界面。

03 在【设置】区域单击【打印所有页】按钮，在弹出的菜单中选择【打印所选内容】命令。

第 3 篇

Excel 高效办公

Excel 2013 具有强大的电子表格制作与数据处理功能，它能够快速计算和分析数据信息，提高工作效率和准确率，是目前使用最为广泛的软件之一。本篇学习 Excel 2013 对表格的编辑和美化，管理数据，使用宏、公式和函数等知识。

强大的电子表格——Excel 报表的制作与美化

● **本章导读**

Excel 2013 是微软公司推出的 Office 2013 办公系列软件的一个重要组成部分，主要用于电子表格处理，可以高效地完成各种表格和图的设计，进行复杂的数据计算和分析。本章为读者介绍如何使用 Excel 制作与美化报表。

● **学习目标**

◎ 了解 Excel 2013 的工作界面

◎ 掌握创建工作簿与工作表的方法

◎ 掌握向工作表中输入数据的方法

◎ 掌握设置、调整、修改单元格的方法

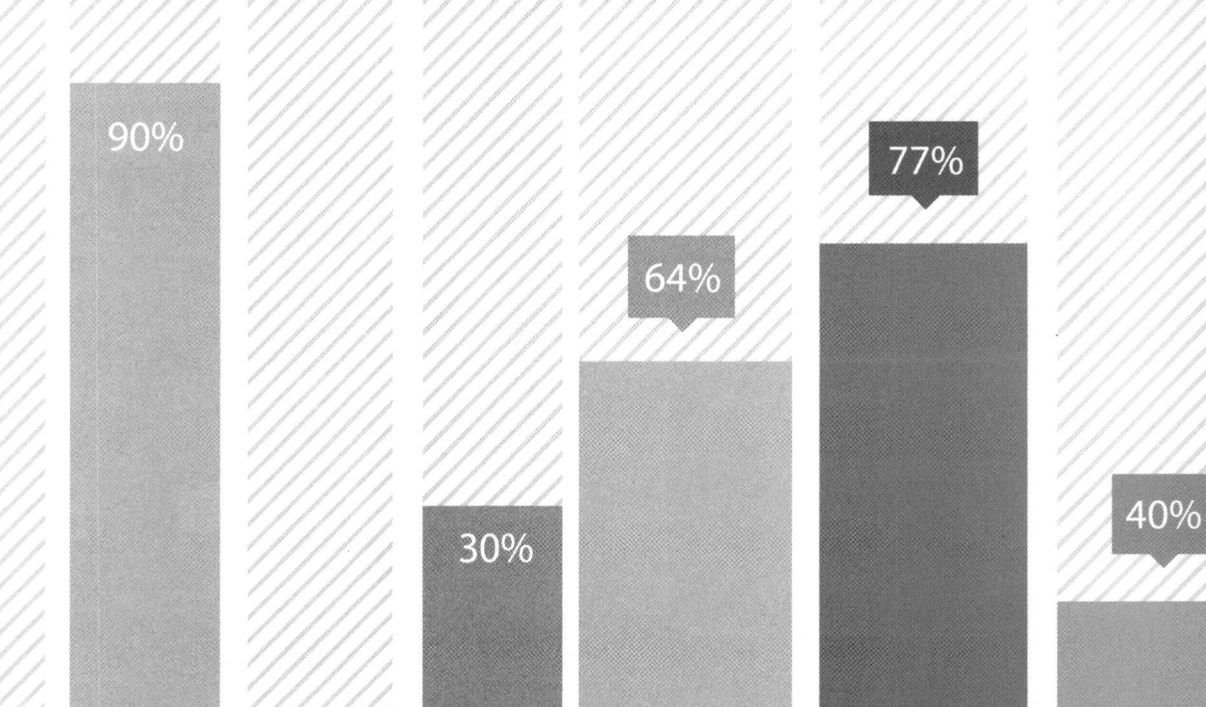

9.1 Excel 2013的工作界面

每个 Windows 应用程序都有其独立的窗口，Excel 2013 也不例外。启动 Excel 2013 后将打开 Excel 的窗口，Excel 2013 的工作界面主要由工作区、【文件】选项卡、标题栏、功能区、编辑栏、快速访问工具栏和状态栏等 7 部分组成，如图 9-1 所示。

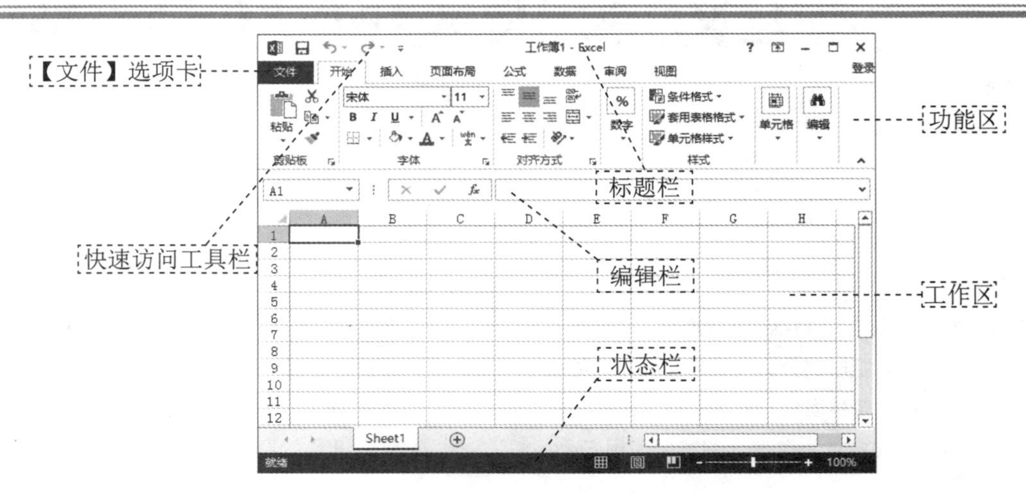

图 9-1　Excel 2013 的工作界面

1. 工作区

工作区是 Excel 2013 操作界面中用于输入数据的区域，由单元格组成，用于输入和编辑不同的数据类型，如图 9-2 所示。

2. 文件菜单

选择【文件】选项卡，会显示一些基本命令，包括【新建】、【打开】、【保存】、【打印】、【选项】以及其他一些命令，如图 9-3 所示。

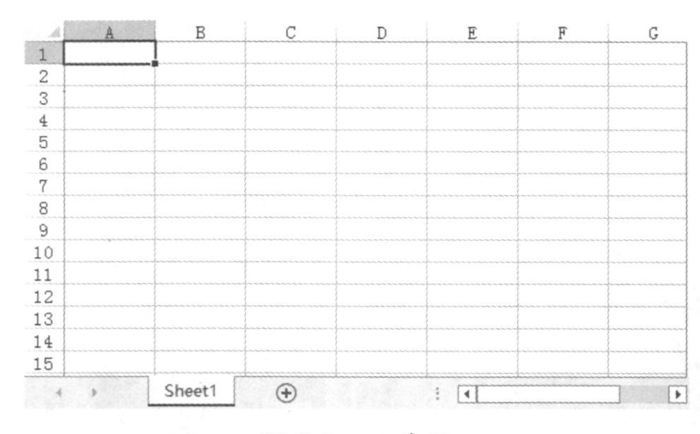

图 9-2　工作区

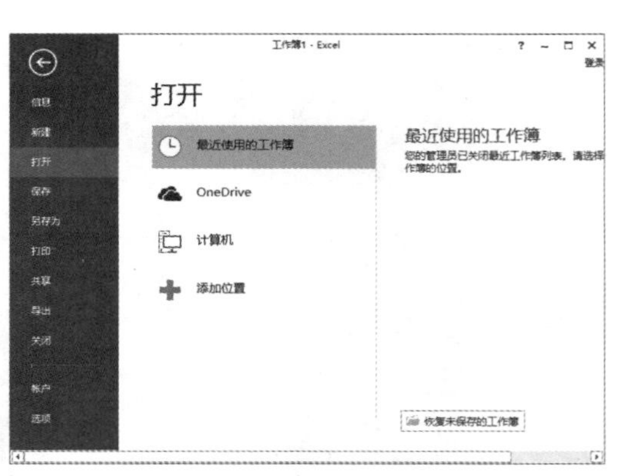

图 9-3　【打开】界面

3. 标题栏

默认状态下，标题栏左侧显示快速访问工具栏，标题栏中间显示当前编辑表格的文件名称，启动 Excel 时，默认的文件名为“工作簿 1”，如图 9-4 所示。

图 9-4　标题栏

4. 功能区

Excel 2013 的功能区由各种选项卡和包含在选项卡中的各种命令按钮组成，利用它可以轻松地查找以前隐藏在复杂菜单和工具栏中的命令和功能，如图 9-5 所示。

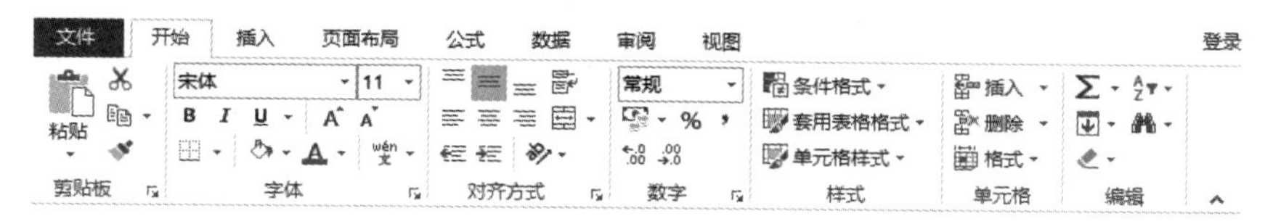

图 9-5　功能区

每个选项卡中包括多个组，例如，【插入】选项卡中包括【表格】、【插图】和【图表】等组，每个组中又包含若干个相关的命令按钮，如图 9-6 所示。

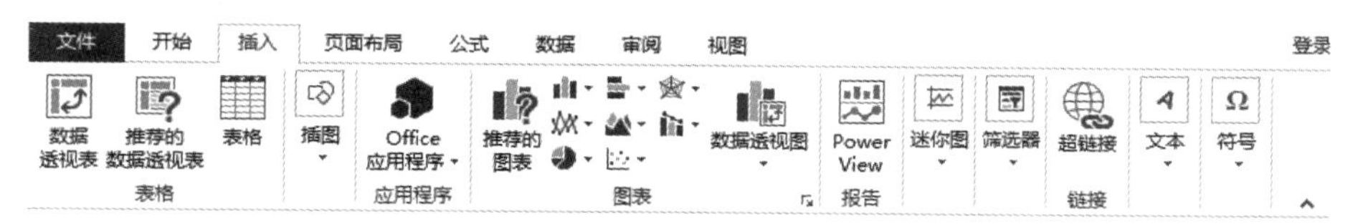

图 9-6　【插入】选项卡

某些组的右下角有个 图标，单击此图标，可以打开相关的对话框，例如单击【剪贴板】右下角的 按钮，弹出【剪贴板】窗格，如图 9-7 所示。

某些选项卡只在需要使用时才显示出来，例如选择图表时，选项卡中会添加【设计】和【格式】选项卡，这些选项卡为操作图表提供了更多适合的命令，当没有选定这些对象时，与之相关的这些选项卡则会隐藏起来，如图 9-8 所示。

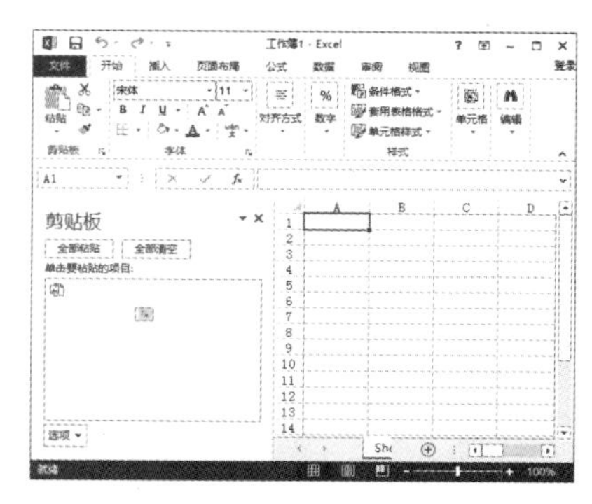

图 9-7　【剪贴板】窗格

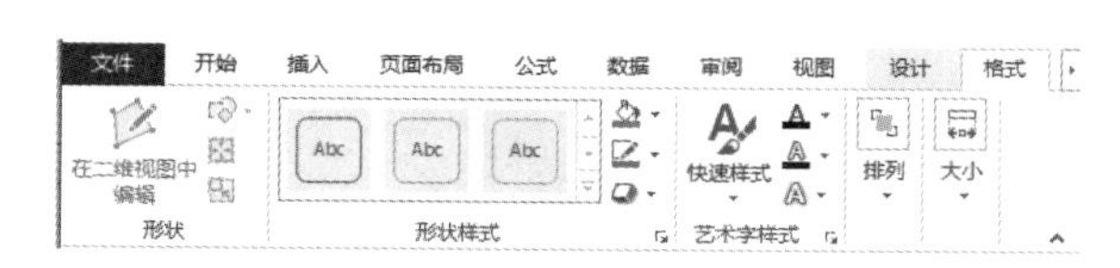

图 9-8　【格式】选项卡

提示 Excel默认选择的选项卡为【开始】选项卡，使用时，可以通过单击来选择其他需要的选项卡。

5. 编辑栏

编辑栏位于功能区的下方、工作区的上方，用于显示和编辑当前活动单元格的名称、数据或公式，如图9-9所示。

图9-9　编辑栏

名称框用于显示当前单元格的地址和名称，当选择单元格或区域时，名称框中将出现相应的地址名称。使用名称框可以快速定位目标单元格，例如在名称框中输入“D15”，按Enter键即可将活动单元格定位为第D列第15行，如图9-10所示。

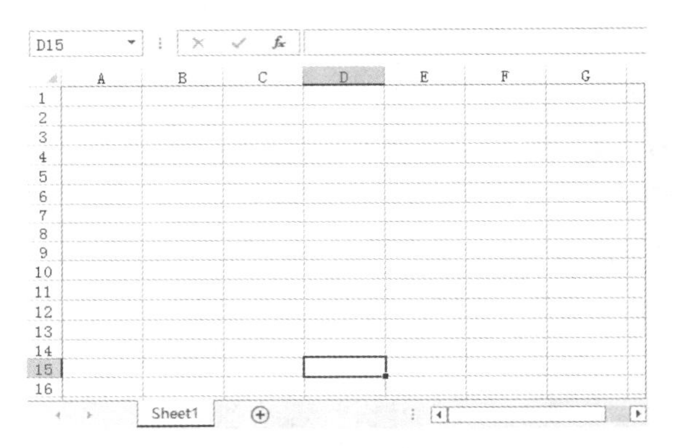

图9-10　定位单元格

公式框主要用于在活动单元格中输入、修改数据或公式，当在单元格中输入数据或公式时，在名称框和公式框之间会出现两个按钮：单击【确定】按钮✓，可以确定输入或修改该单元格的内容，同时退出编辑状态；单击【取消】按钮×，则可取消对该单元格的编辑，如图9-11所示。

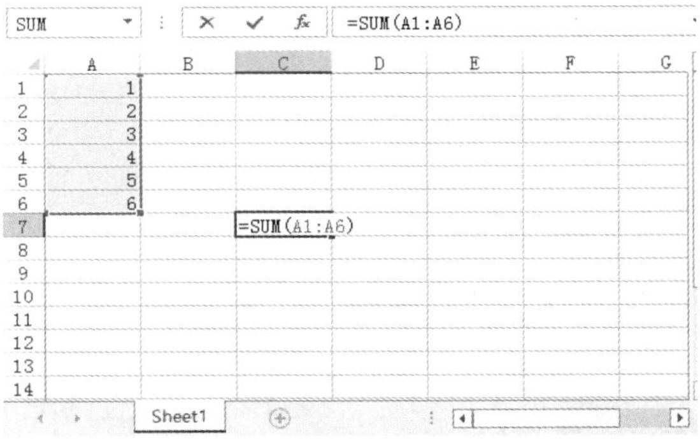

图9-11　编辑栏的公式框

6. 快速访问工具栏

快速访问工具栏位于标题栏的左侧，它包含一组独立于当前显示的功能区上选项卡的命令按钮，默认的快速访问工具栏中包含【保存】、【撤销】和【恢复】等命令按钮，如图 9-12 所示。

单击快速访问工具栏右边的下拉箭头，在弹出的菜单中，可以自定义快速访问工具栏中的命令按钮，如图 9-13 所示。

图 9-12　快速访问工具栏

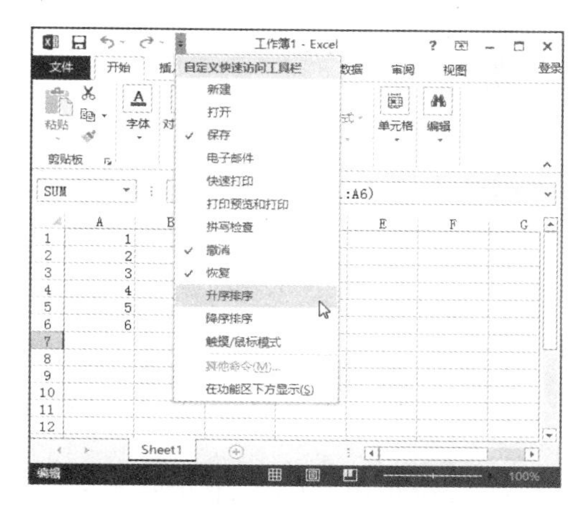

图 9-13　下拉菜单

7. 状态栏

状态栏用于显示当前数据的编辑状态、选定数据统计区、页面显示方式以及调整页面显示比例等，如图 9-14 所示。

在 Excel 2013 的状态栏中显示的 3 种状态介绍如下。

（1）对单元格进行任何操作，状态栏都会显示“就绪”状态，如图 9-15 所示。

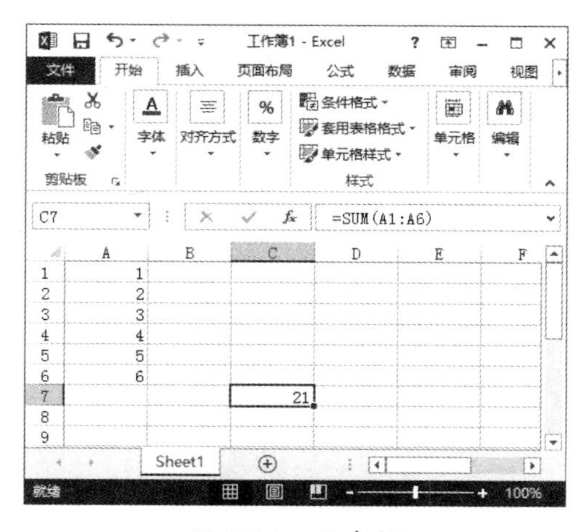

图 9-14　状态栏

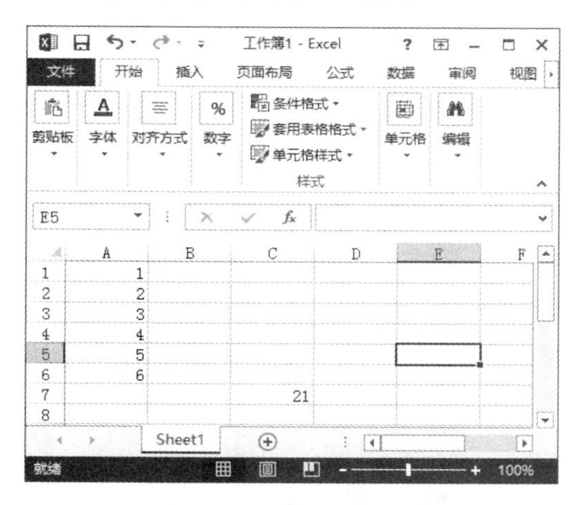

图 9-15　“就绪”状态

（2）在单元格中输入数据时，状态栏会显示“输入”字样，如图 9-16 所示。

（3）对单元格中的数据进行编辑时，状态栏会显示“编辑”字样，如图 9-17 所示。

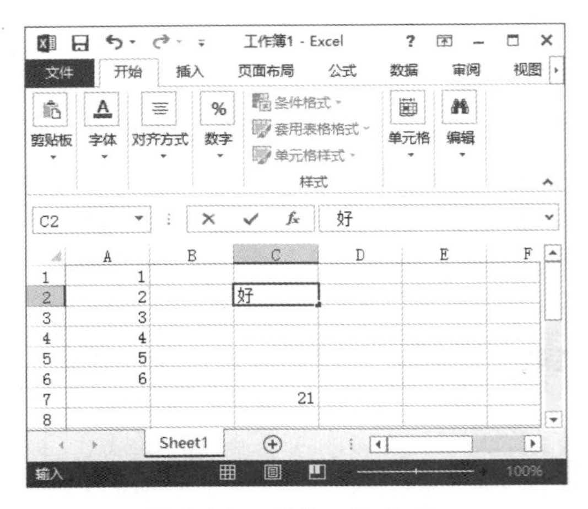
图 9-16 “输入”状态

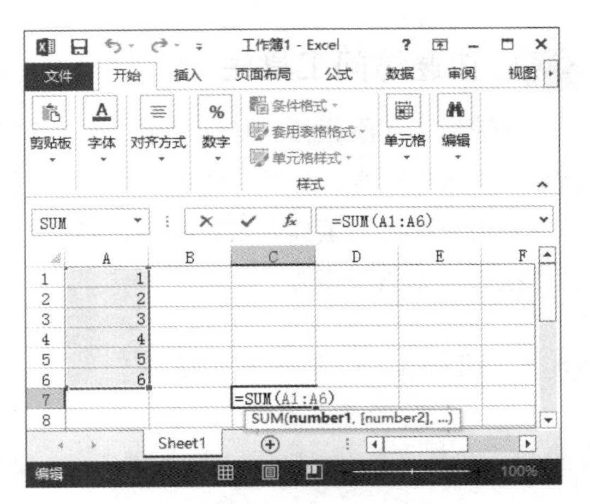
图 9-17 “编辑”状态

9.2 使用工作簿

与 Word 2013 中对文档的操作一样，Excel 2013 对工作簿的操作主要有新建、保存、打开、切换以及关闭等。

9.2.1 什么是工作簿

工作簿是 Excel 2013 中处理和存储数据的文件，它是 Excel 2013 存储在磁盘上的最小单位。工作簿由工作表组成，在 Excel 2013 中，工作簿中能够包括的工作表个数不再受限制，在内存足够的前提下，可以添加任意多个工作表，如图 9-18 所示。

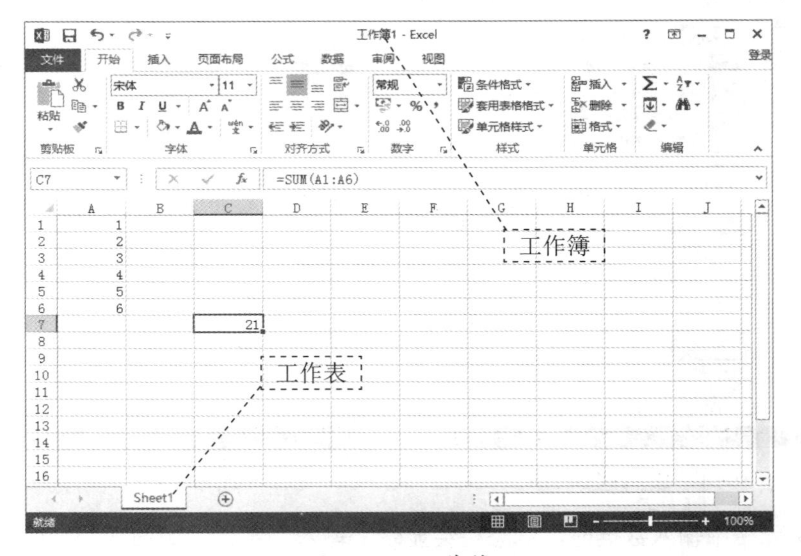

图 9-18 工作簿

9.2.2 新建工作簿

通常情况下，在启动 Excel 2013 后，系统会自动创建一个默认名称为“Book1.xls”的空白工作簿，这是一种创建工作簿的方法。本节来介绍一些其他创建工作簿的方法。

1. 新建空白工作簿

Step 01 选择【文件】选项卡，在打开的界面中选择【新建】命令，在右侧界面中选择【空白工作簿】选项，如图 9-19 所示。

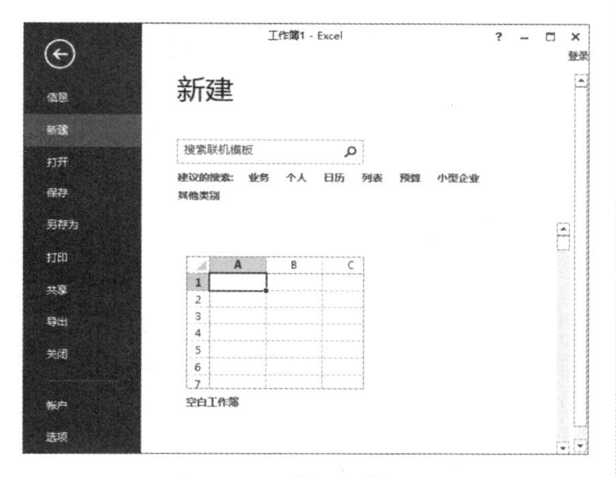

图 9-19　【新建】界面

Step 02 随即创建一个新的空白工作簿，如图 9-20 所示。

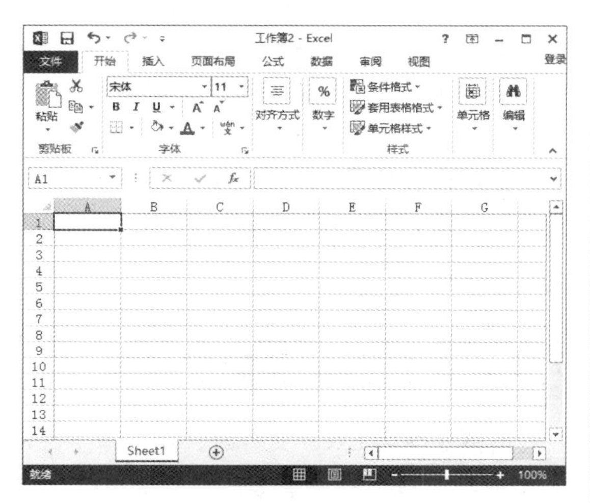

图 9-20　空白工作簿

> **提示**　按 Ctrl + N 组合键，即可创建一个工作簿，单击快速访问工具栏中的【新建】按钮，也可以新建一个工作簿。

2. 使用模板快速创建工作簿

Excel 2013 提供有很多默认的工作簿模板，使用模板可以快速地创建同类别的工作簿，具体操作步骤如下。

Step 01 选择【文件】选项卡，在打开的界面中选择【新建】命令，进入【新建】界面，单击【资产负债表】选项，随即打开【资产负债表】对话框，如图 9-21 所示。

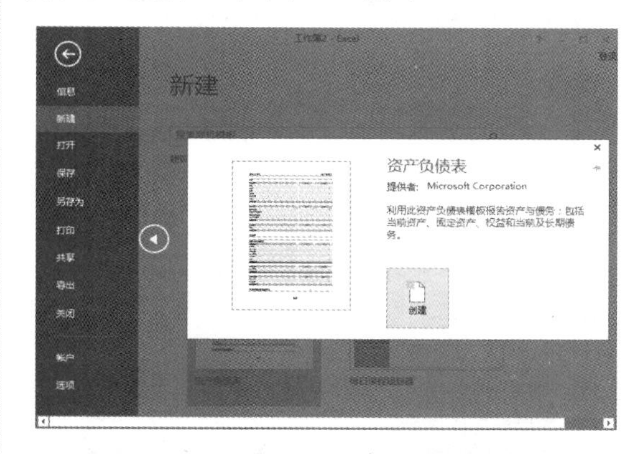

图 9-21　【资产负债表】对话框

Step 02 单击【创建】按钮，即可根据选择的模板新建一个工作簿，如图 9-22 所示。

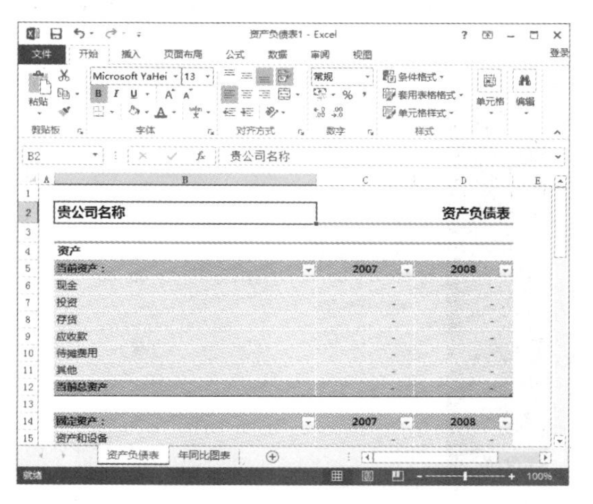

图 9-22　使用模板创建工作簿

9.2.3 保存工作簿

保存工作簿的方法有多种，常见的有初次保存工作簿和保存已有的工作簿两种方法，下面分别进行介绍。

1. 初次保存工作簿

工作簿创建完毕之后，就要将其进行保存以备今后查看和使用。在初次保存工作簿时需要指定工作簿的保存路径和保存名称，具体操作如下。

Step 01 在新创建的 Excel 工作界面中，选择【文件】选项卡，在打开的界面中选择【保存】命令，或按 Ctrl+S 组合键，或单击快速访问工具栏中的【保存】按钮，如图 9-23 所示。

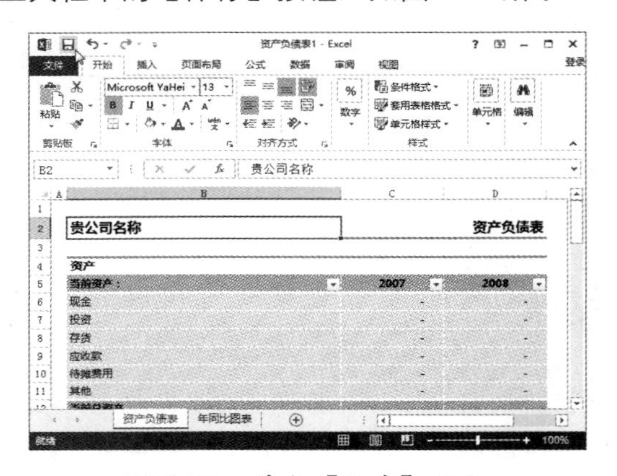

图 9-23 单击【保存】按钮

Step 02 进入【另存为】界面，在其中选择工作簿保存的位置，这里选择【计算机】选项，如图 9-24 所示。

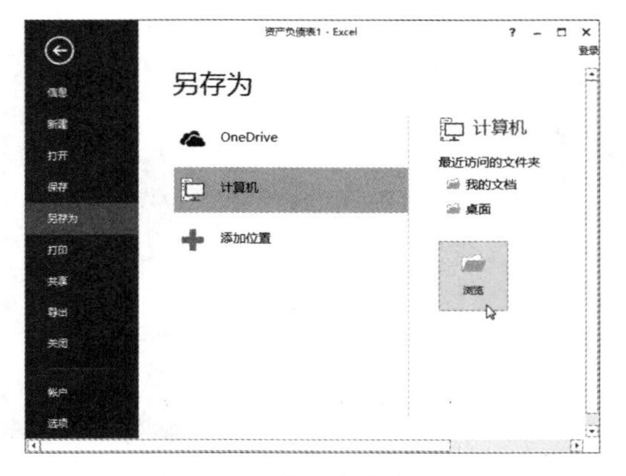

图 9-24 【另存为】界面

Step 03 单击【浏览】按钮，打开【另存为】对话框，在【文件名】文本框中输入工作簿的保存名称，在【保存类型】下拉列表中选择文件保存的类型，设置完毕后，单击【保存】按钮即可，如图 9-25 所示。

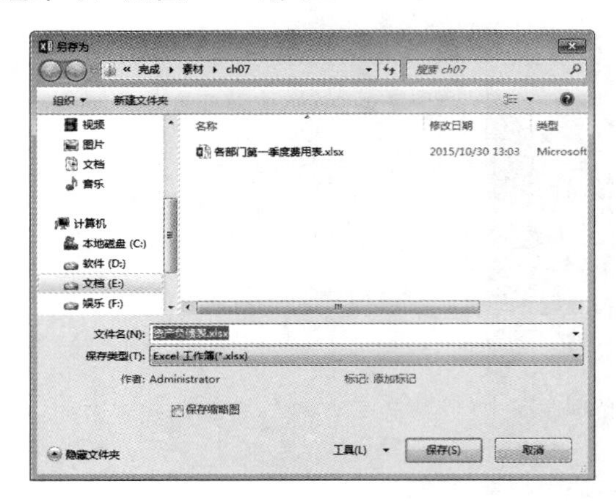

图 9-25 【另存为】对话框

2. 保存已有的工作簿

对于已有的工作簿，当打开并修改完毕后，只需单击【保存】按钮，就可以保存已经修改的内容；还可以选择【文件】选项卡，在打开的界面中选择【另存为】命令，然后选择【计算机】保存位置，最后单击【浏览】按钮，打开【另存为】对话框，以其他名称保存或保存到其他位置。

9.2.4 打开和关闭工作簿

当需要使用 Excel 文件时，用户需要打开工作簿；而当用户不需要时，则需要关闭工作簿。

1. 打开工作簿

打开工作簿的方法如下。

(1) 在文件图标上双击，如图 9-26 所示，即可使用 Excel 2013 打开此文件，如图 9-27 所示。

图 9-26　工作簿图标

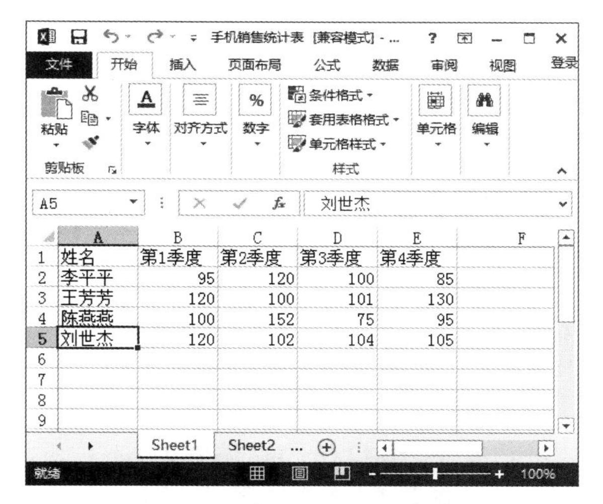

图 9-27　打开 Excel 工作簿

(2) 在 Excel 2013 操作界面中选择【文件】选项卡，在打开的界面中选择【打开】命令，选择【计算机】选项，如图 9-28 所示。单击【浏览】按钮，打开【打开】对话框，在其中找到文件保存的位置，并选中要打开的文件，如图 9-29 所示。单击【打开】按钮，即可打开 Excel 工作簿，如图 9-30 所示。

图 9-28　【打开】界面

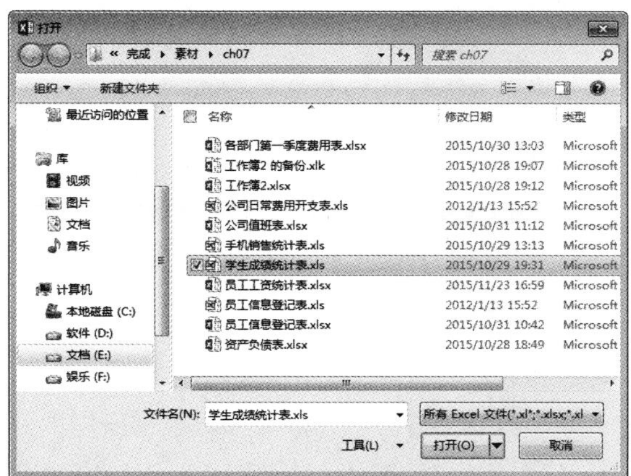

图 9-29　【打开】对话框

提示　也可以使用快捷键 Ctrl + O 或单击快速访问工具栏中的下三角按钮，在打开的下拉菜单中选择【打开】命令，打开【打开】对话框，在其中选择要打开的文件，进而打开需要的工作簿，如图 9–31 所示。

图 9-30　打开工作簿

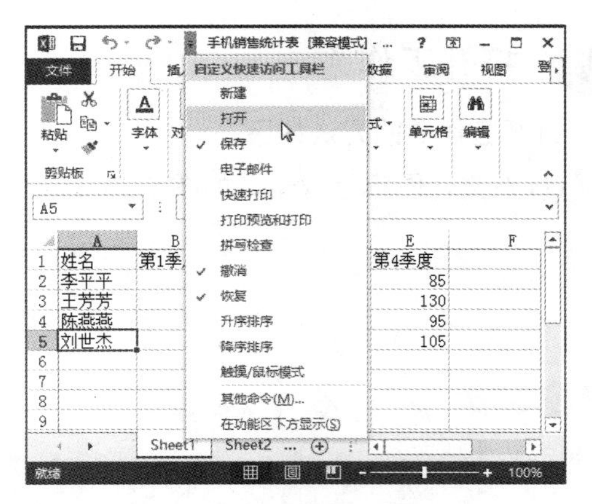

图 9-31　选择【打开】命令

2. 关闭工作簿

可以使用以下两种方式关闭工作簿。

（1）单击窗口右上角的【关闭】按钮，如图 9-32 所示。

（2）选择【文件】选项卡，在打开的界面中选择【关闭】命令，如图 9-33 所示。

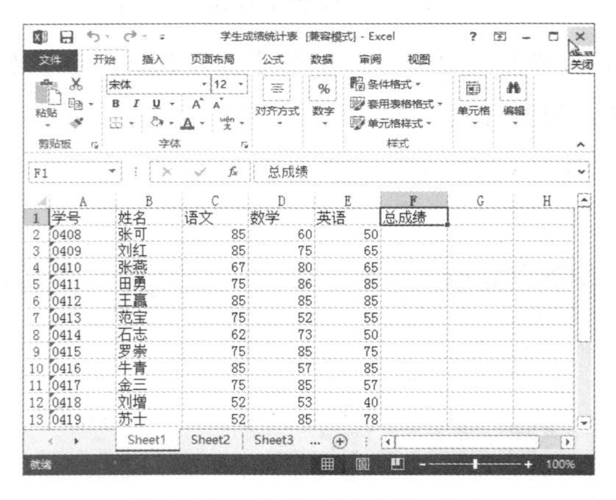

图 9-32　单击【关闭】按钮

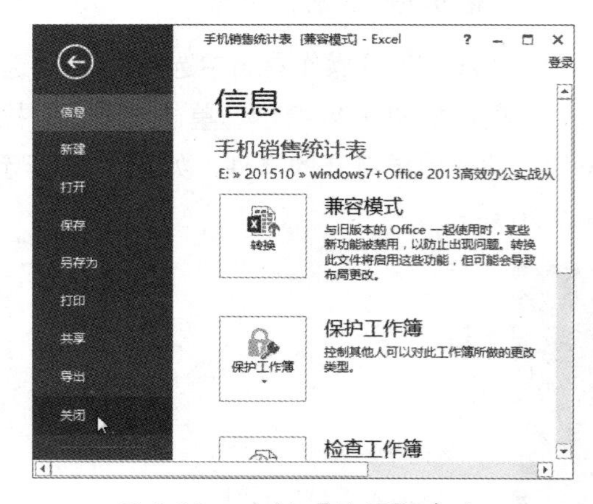

图 9-33　选择【关闭】命令

在关闭 Excel 2013 文件之前，如果所编辑的表格没有保存，系统会弹出保存提示对话框，如图 9-34 所示。

单击【保存】按钮，将保存对表格所做的修改，并关闭 Excel 2013 文件；单击【不保存】按钮，则不保存表格的修改，并关闭 Excel 2013 文件；单击【取消】按钮，不关闭 Excel 2013 文件，返回 Excel 2013 界面继续编辑表格。

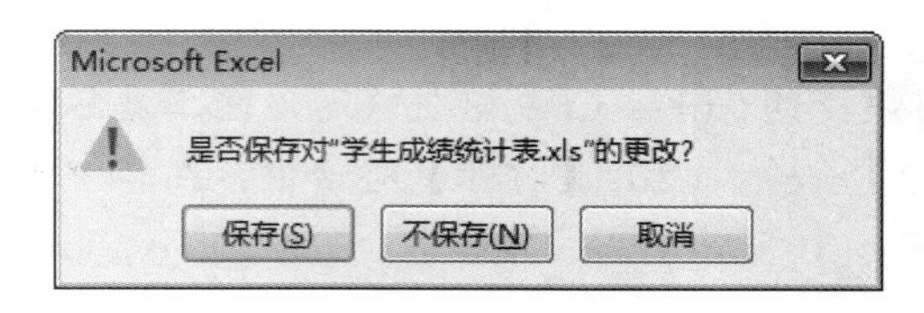

图 9-34　信息提示对话框

9.3 使用工作表

工作表是工作簿的组成部分，默认情况下，每个工作簿都包含 3 个工作表，分别为 Sheet1、Sheet2 和 Sheet3，使用工作表可以组织和分析数据，用户可以对工作表进行重命名、插入、删除、显示、隐藏等操作。

9.3.1 重命名工作表

每个工作表都有自己的名称，默认情况下以 Sheetl、Sheet2、Sheet3…命名工作表。这种命名方式不便于管理工作表，为此用户可以对工作表进行重命名操作，以便更好地管理工作表。重命名工作表的方法有两种，分别是在标签上直接重命名和使用快捷菜单重命名。

1. 在标签上直接重命名

在标签上直接重命名的具体操作步骤如下。

Step 01 新建一个工作簿，双击要重命名的工作表的标签 Sheet1（此时该标签以高亮显示），进入可编辑状态，如图 9-35 所示。

Step 02 输入新的标签名，即可完成对该工作表标签进行的重命名操作，如图 9-36 所示。

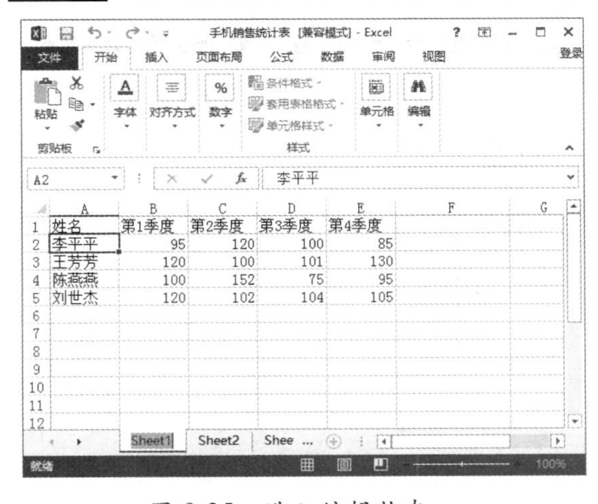

图 9-35　进入编辑状态

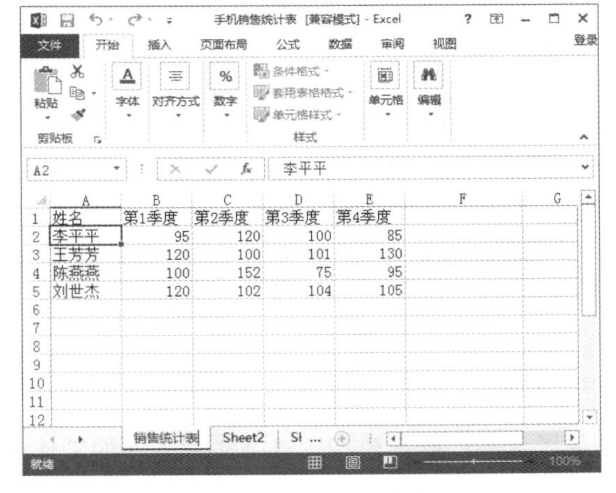

图 9-36　重命名工作表

2. 使用快捷菜单重命名

使用快捷菜单重命名的具体操作步骤如下。

Step 01 在要重命名的工作表标签上右击，在弹出的快捷菜单中选择【重命名】命令，如图 9-37 所示。

Step 02 此时工作表标签高亮显示，然后在标签上输入新的标签名，即可完成工作表的重命名操作，如图 9-38 所示。

图 9-37　选择【重命名】命令

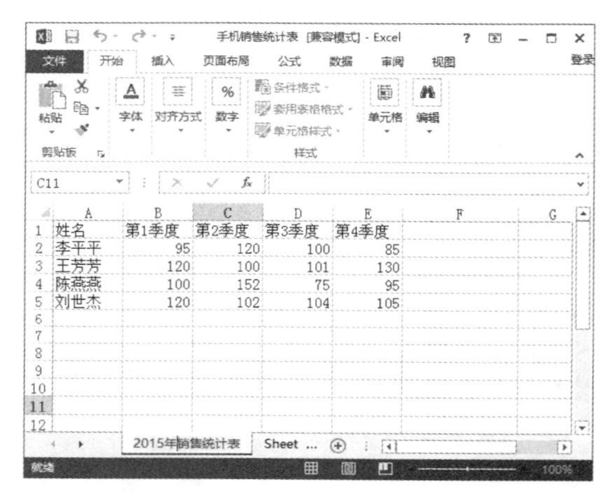

图 9-38　重命名工作表

9.3.2 插入工作表

在 Excel 2013 中，新建的工作簿中只有一个工作表，如果该工作簿需要保存多个不同类型的工作表，就需要在工作簿中插入新的工作表，具体操作步骤如下。

Step 01 打开需要插入工作簿的文件，在文档窗口中单击工作表 Sheet1 的标签，然后单击【开始】选项卡下【单元格】组中的【插入】按钮，在弹出的下拉菜单中选择【插入工作表】命令，如图 9-39 所示，即可插入新的工作表，如图 9-40 所示。

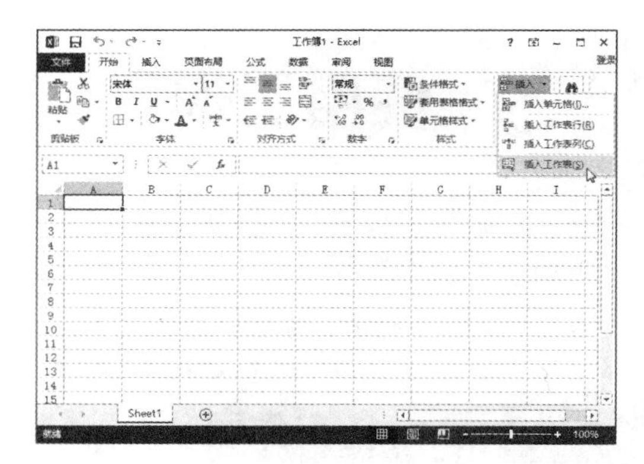

图 9-39　选择【插入工作表】命令

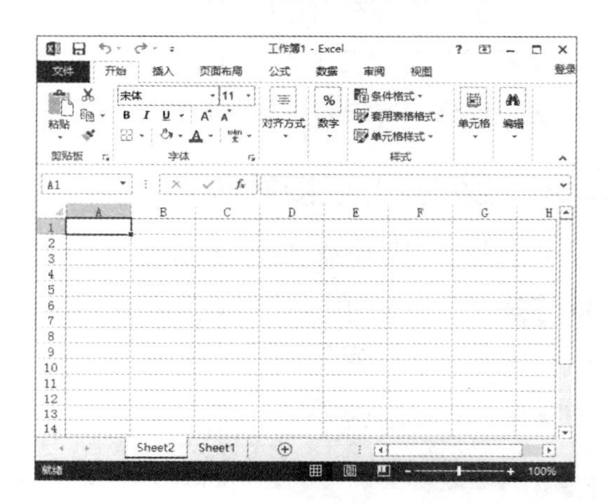

图 9-40　插入一个工作表

Step 02 另外，用户也可以使用快捷菜单插入工作表，在工作表 Sheet1 的标签上右击鼠标，在弹出的快捷菜单中选择【插入】命令，如图 9-41 所示。

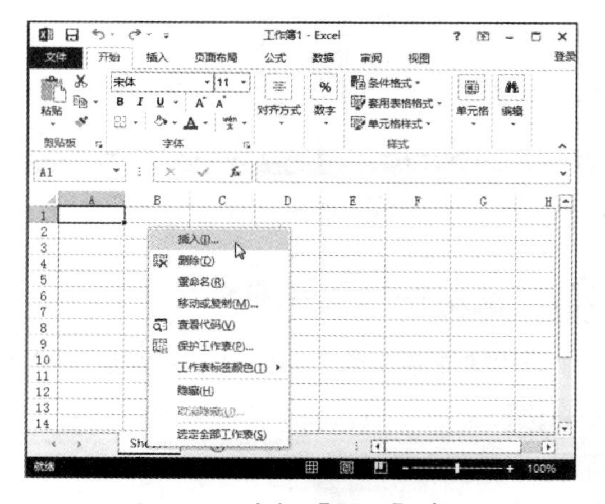

图 9-41　选择【插入】命令

Step 03 在弹出的【插入】对话框中选择【常用】选项卡中的【工作表】图标，如图 9-42 所示。

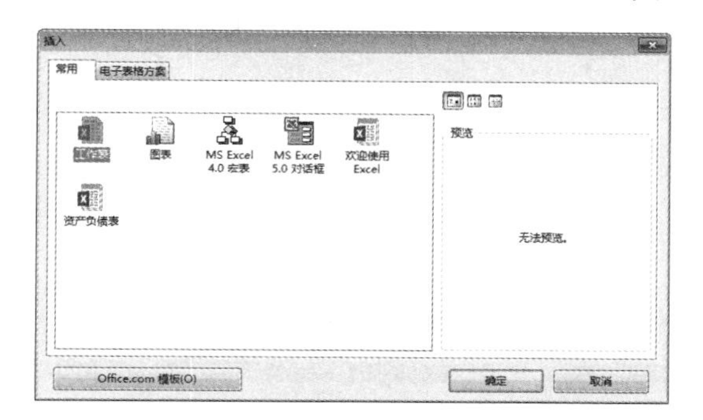

图 9-42　【插入】对话框

Step 04 单击【确定】按钮，即可插入新的工作表，如图 9-43 所示。

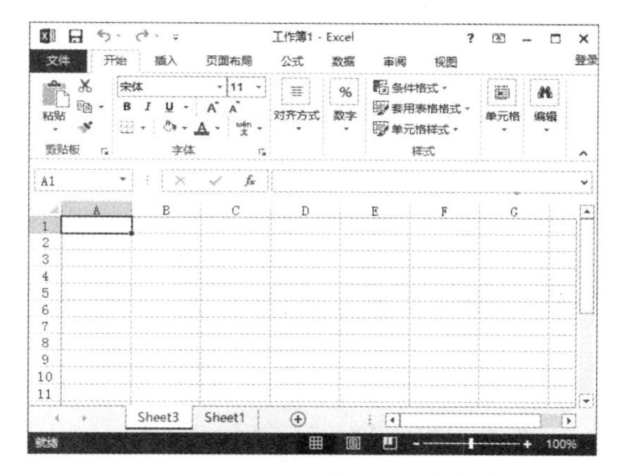

图 9-43　插入新的工作表

注意　实际操作中，插入的工作表数要受所使用的计算机内存的限制。

9.3.3 删除工作表

为了便于管理 Excel 表格，应当将无用的 Excel 表格删除，以节省存储空间。删除 Excel 表格的方法有以下两种。

(1) 选择要删除的工作表，然后单击【开始】选项卡下【单元格】组中的【删除】按钮，在弹出的下拉菜单中选择【删除工作表】命令，即可将选择的工作表删除，如图 9-44 所示。

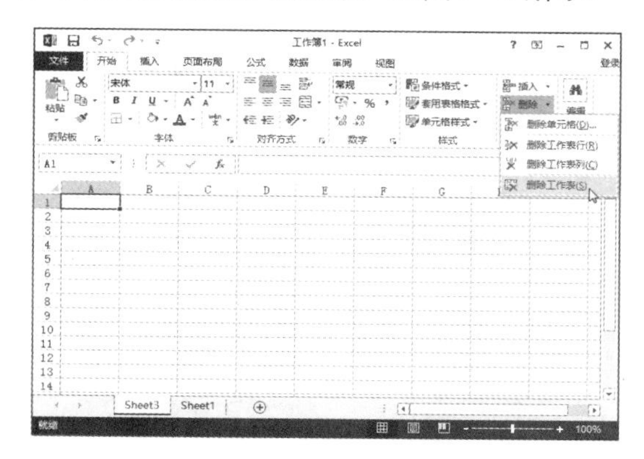

图 9-44　选择【删除工作表】命令

(2) 在要删除的工作表的标签上右击鼠标，在弹出的快捷菜单中选择【删除】命令，也可以将工作表删除，该删除操作不能撤销，即工作表被永久删除，如图 9-45 所示。

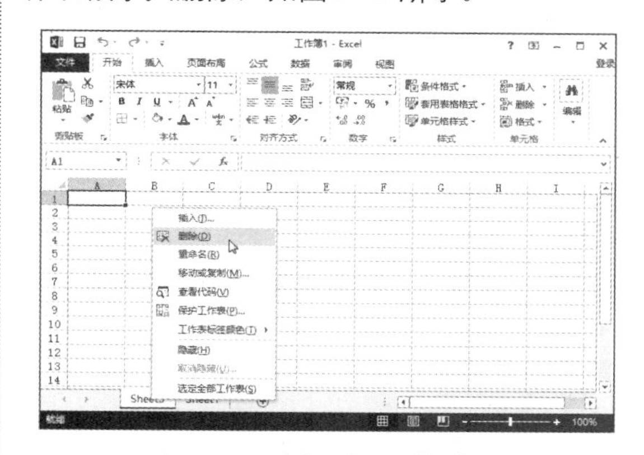

图 9-45　选择【删除】命令

9.3.4 隐藏或显示工作表

为了防止他人查看工作表中的数据，可以使用工作表的隐藏功能，将重要的工作表隐藏起来，当想要再查看隐藏的工作表时，则可取消工作表的隐藏状态。

隐藏和显示工作表的具体操作步骤如下。

Step 01 选择要隐藏的工作表，单击【开始】选项卡下【单元格】组中的【格式】按钮，在弹出的下拉菜单中选择【隐藏和取消隐藏】命令，在弹出的子菜单中选择【隐藏工作表】命令，如图 9-46 所示。

图 9-46 选择【隐藏工作表】命令

注意 Excel 不允许隐藏一个工作簿中的所有工作表。

Step 02 选择的工作表即可隐藏，如图 9-47 所示。

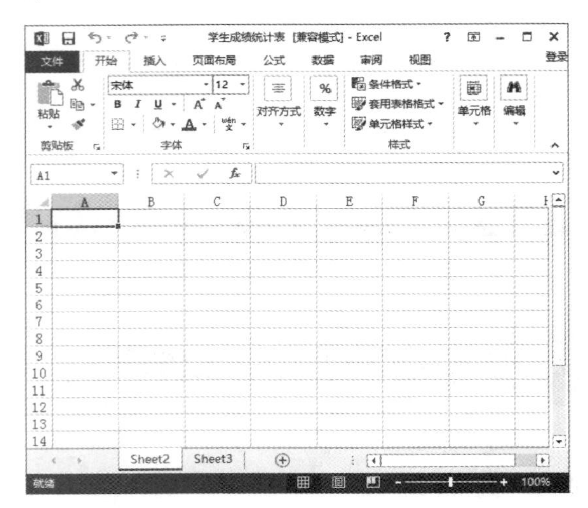

图 9-47 隐藏选择的工作表

Step 03 单击【开始】选项卡下【单元格】组中的【格式】按钮，在弹出的菜单中选择【隐藏和取消隐藏】命令，在弹出的子菜单中选择【取消隐藏工作表】命令，如图 9-48 所示。

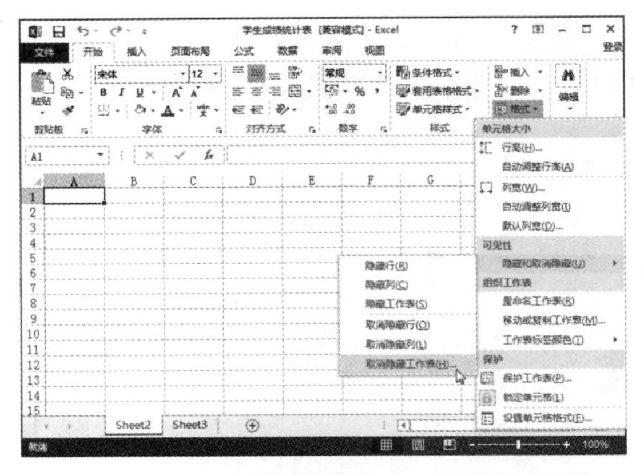

图 9-48 选择【取消隐藏工作表】命令

Step 04 打开【取消隐藏】对话框，在其中选择要显示的工作表，如图 9-49 所示。

图 9-49 【取消隐藏】对话框

Step 05 单击【确定】按钮，即可取消工作表的隐藏状态，如图 9-50 所示。

图 9-50 取消工作表的隐藏状态

9.4 输入并编辑数据

向工作表中输入数据是创建工作表的第一步，工作表中可以输入的数据类型有多种，主要包括文本、数值、小数和分数等，由于数值类型不同，所以采用的输入方法也不尽相同。

9.4.1 输入数据

在单元格中输入的数值主要包括 4 种，分别是文本、数字、逻辑值和出错值，下面分别介绍输入的方法。

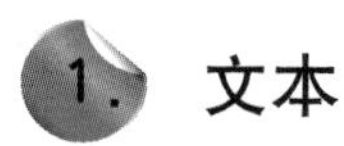

1. 文本

单元格中的文本可以是任意字母、数字和键盘符号的组合，每个单元格最多可包含 32000 个字符。输入文本信息的操作很简单，只需选中需要输入文本信息的单元格，然后输入即可，如图 9-51 所示。如果单元格的列宽容不下文本字符串，则可占用相邻的单元格或换行显示，此时单元格的列高均被加长。如果相邻的单元格中已有数据，就截断显示，如图 9-52 所示。

图 9-51　输入文本

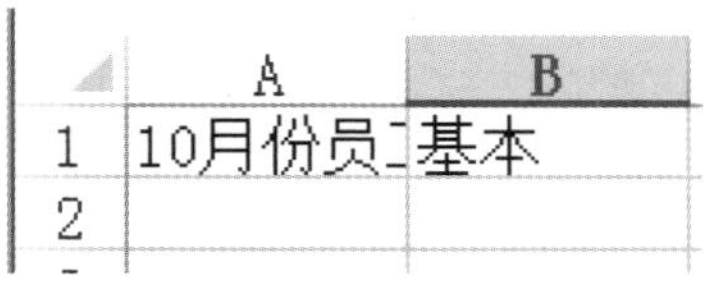

	A	B
1	10月份员工	基本
2		

图 9-52　文本截断显示效果

2. 数字

在 Excel 中输入数字是最常见的操作，而且进行数字计算也是 Excel 最基本的功能。在 Excel 2013 的单元格中，数字可用逗号、科学计数法等表示，即当单元格容不下一个格式化的数字时，可用科学计数法显示该数据，如图 9-53 所示。

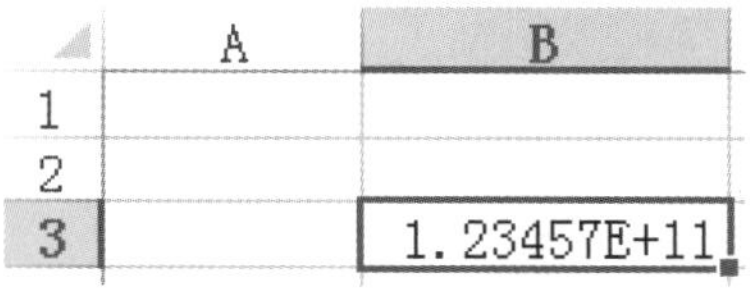

	A	B
1		
2		
3		1.23457E+11

图 9-53　输入数字

3. 逻辑值

在单元格中可以输入逻辑值 True 和 False。逻辑值常用于书写条件公式，一些公式也返回逻辑值，如图 9-54 所示。

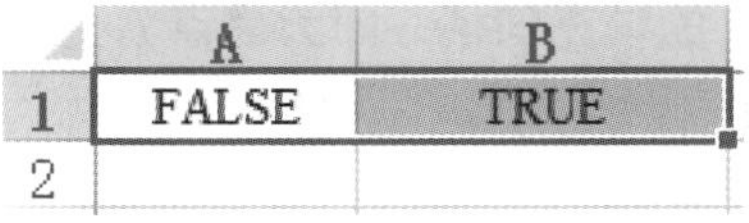

	A	B
1	FALSE	TRUE
2		

图 9-54　输入逻辑值

4. 出错值

在使用公式时，单元格中可显示出错的结果。例如在公式中让一个数除以 0，单元格中就会显示出错值 #DIV/0!，如图 9-55 所示。

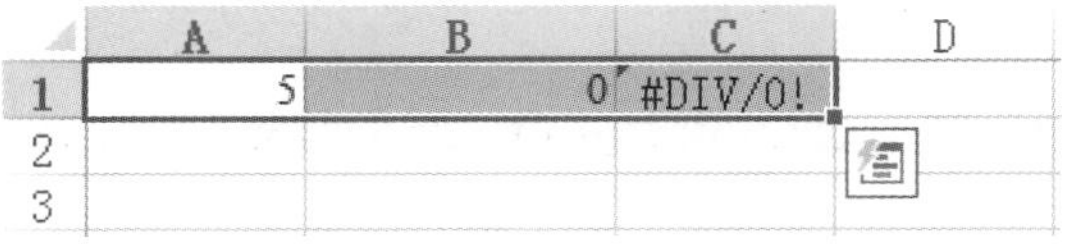

	A	B	C	D
1	5	0	#DIV/0!	
2				
3				

图 9-55　显示出错值

9.4.2 自动填充数据

在 Excel 表格中可以使用自动填充的方法输入不同的数据，可以在多个单元格中填充相同的数据，也可以根据已有的数据按照一定的序列自动填充其他的数据，从而加快输入数据的速度。

具体的操作步骤如下。

Step 01 新建一个空白的 Excel 工作簿，在 A1、A2 单元格中分别输入“1010”和“1011”，如图 9-56 所示。

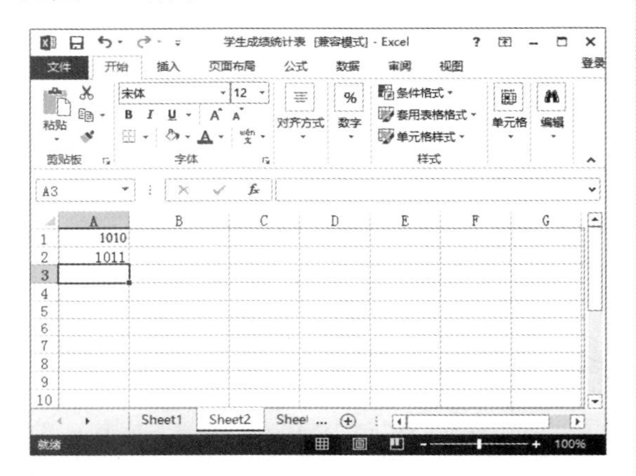

图 9-56 输入数字

Step 02 选择单元格 A1、A2，将鼠标指针移至右下角的填充句柄（即为黑点）上，此时指针变成黑十字形状+，如图 9-57 所示。

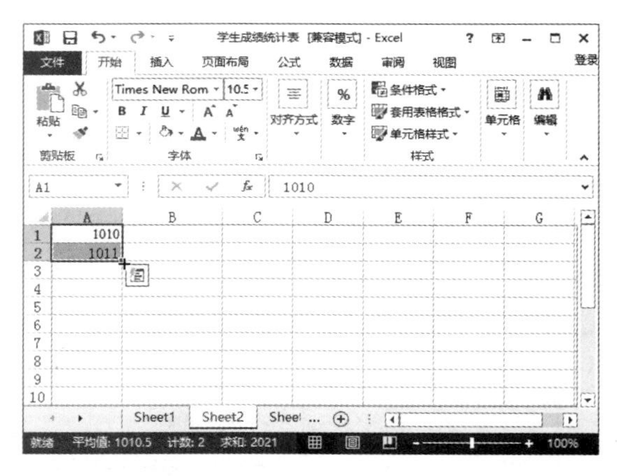

图 9-57 选中输入的数字

Step 03 直接向下拖动至目标单元格，松开鼠标即可根据已有的数据按照一定的序列自动填充其他的数据，如图 9-58 所示。

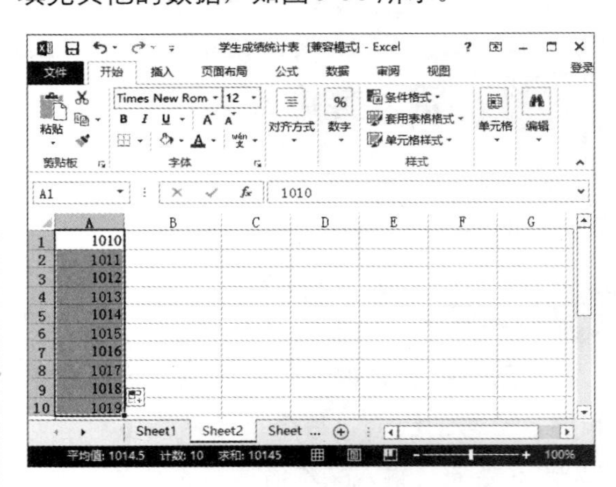

图 9-58 自动填充其他数据

如果数字以 0 开头，那么还可以使用自动填充数据功能吗？答案是肯定的。例如在工作表中输入 0001、0002…，启动填充数据的操作步骤如下。

Step 01 在工作簿中的 Sheet2 工作表中的 B1 单元格中输入“0001”，如图 9-59 所示。

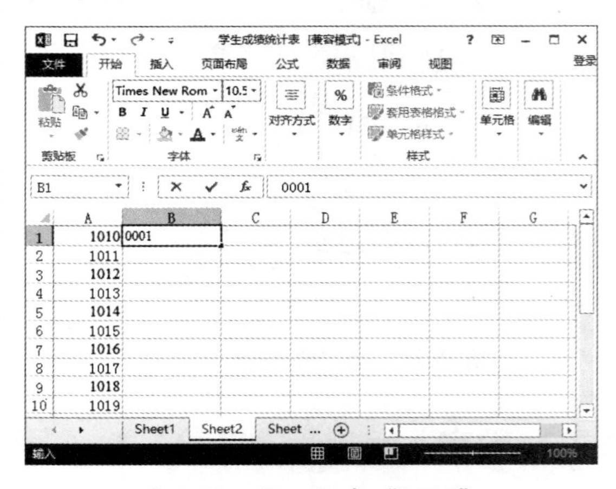

图 9-59 输入数字“0001”

Step 02 按 Enter 键确认输入，此时可以看到，“0001”变成了“1”，如图 9-60 所示。

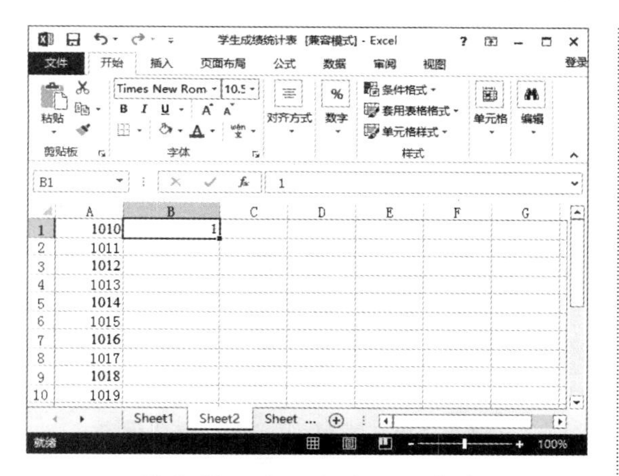

图 9-60 确认后的显示效果

Step 03 选择 B1 单元格并右击，在弹出的快捷菜单中选择【设置单元格格式】命令，如图 9-61 所示。

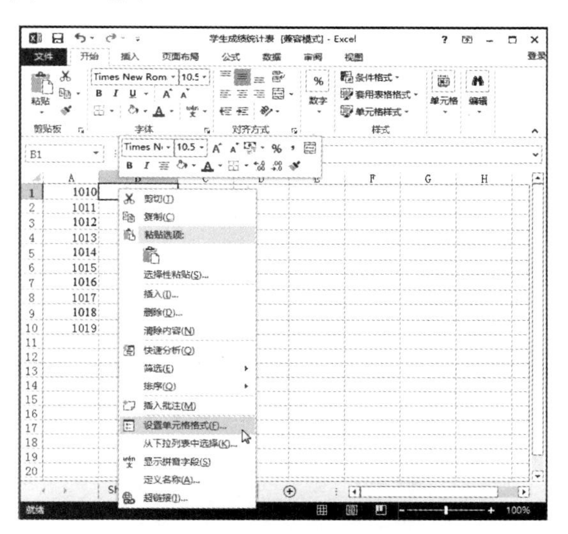

图 9-61 选择【设置单元格格式】命令

Step 04 在弹出的【设置单元格格式】对话框中切换到【数字】选项卡，在【分类】列表框中选择【文本】选项，如图 9-62 所示。

Step 05 单击【确定】按钮，在 B1 单元格中再次输入“0001”，然后按 Enter 键，即可实现预想的效果，如图 9-63 所示。

Step 06 采用上述同样的操作自动填充数据，如图 9-64 所示。

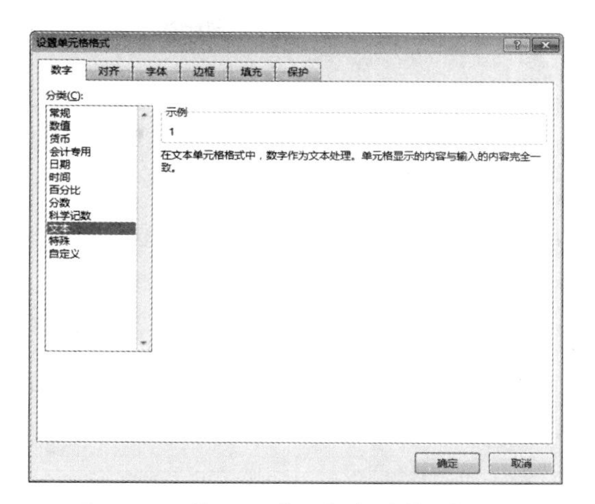

图 9-62 【设置单元格格式】对话框

图 9-63 数字显示效果

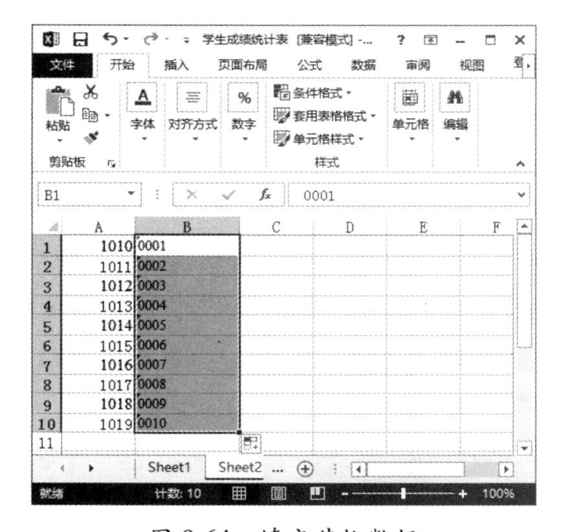

图 9-64 填充其他数据

9.4.3 填充相同数据

在 Excel 2013 中，可以使用自动填充的方法在多个单元格中输入相同的数据。例如，在 C1 单元格中输入“序号”，将鼠标指针移至该单元格右下角的填充句柄（即为黑点）上，此时指针变成黑十字形状+，直接向下拖动至目标单元格 (C10) 后松手，即可输入相同的数据，如图 9-65 所示。

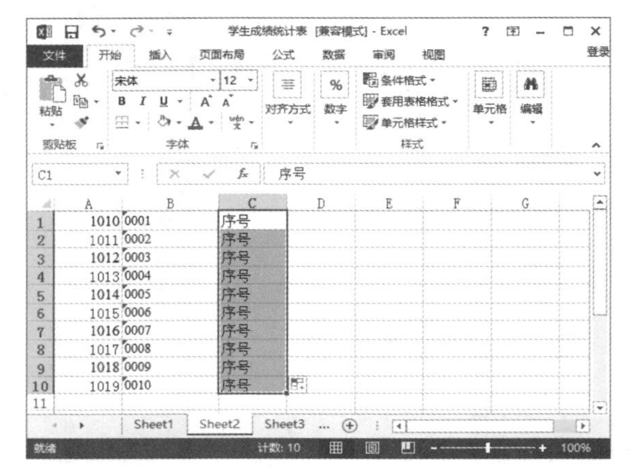

图 9-65　填充相同数据

9.4.4 删除单元格数据

若只是想清除某个 (或某些) 单元格中的内容，选中要清除内容的单元格，然后按 Delete 键即可。若想删除单元格，可使用菜单命令删除。删除单元格数据的具体操作步骤如下。

Step 01 打开需要删除数据的文件，选择要删除的单元格，如图 9-66 所示。

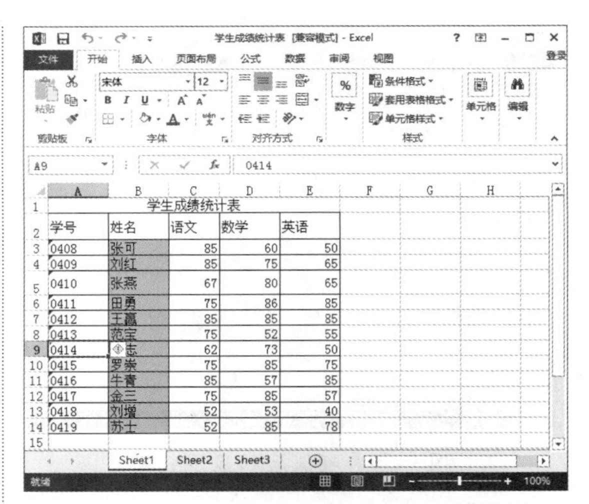

图 9-66　选择要删除的单元格

Step 02 在【开始】选项卡的【单元格】组中单击【删除】按钮，在弹出的菜单中选择【删除单元格】命令，如图 9-67 所示。

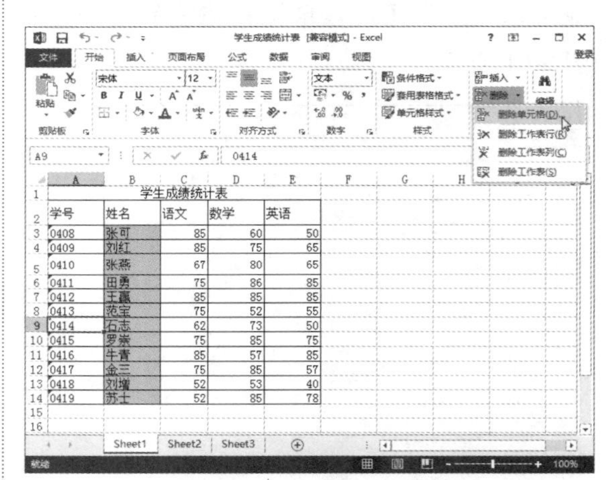

图 9-67　选择【删除单元格】命令

Step 03 弹出【删除】对话框，选择【右侧单元格左移】单选按钮，如图 9-68 所示。

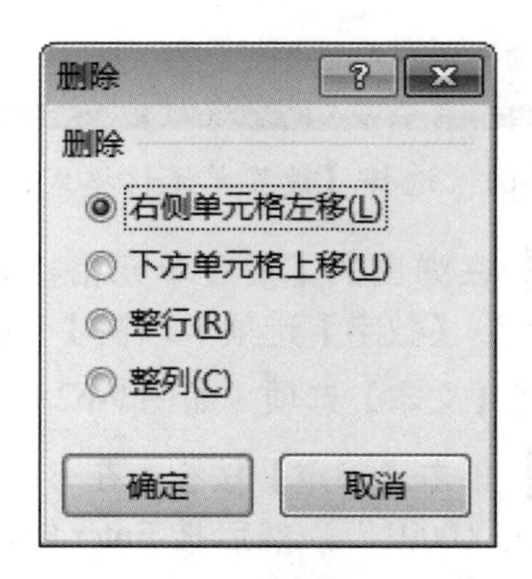

图 9-68　【删除】对话框

Step 04 单击【确定】按钮，即可将右侧单元格中的数据向左移动一列，如图 9-69 所示。

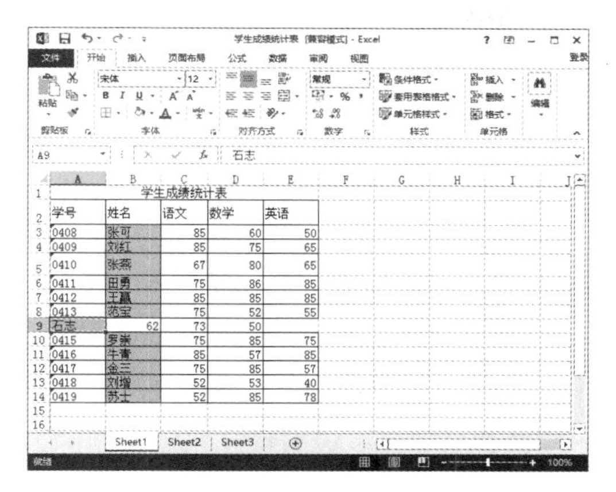

图 9-69　删除后的效果

Step 05 将光标移至 D 列位置处，当鼠标指针变成形状时右击鼠标，在弹出的快捷菜单中选择【删除】命令，如图 9-70 所示。

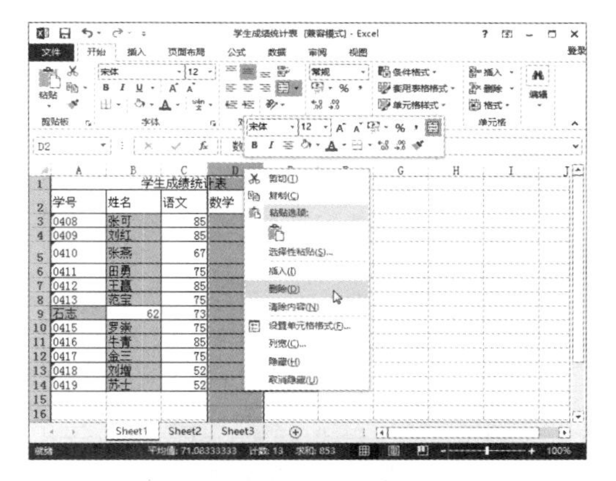

图 9-70　选择【删除】命令

Step 06 即可删除 D 列中的数据，同样右侧单元格中的数据也会向左移动一列，如图 9-71 所示。

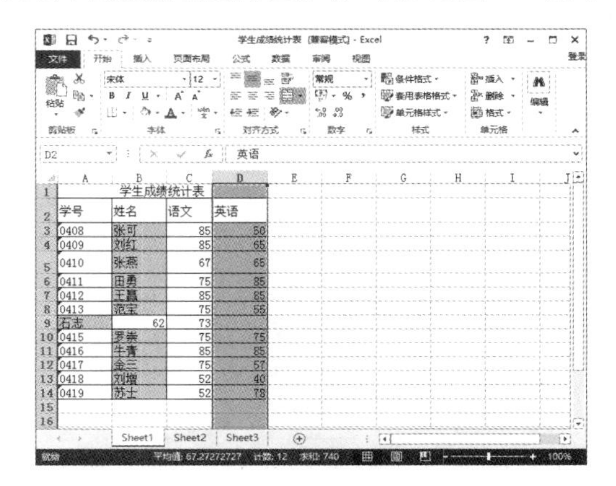

图 9-71　删除数据

9.4.5 编辑数据

在工作表中输入的数据需要修改时，可以通过编辑栏修改数据或者在单元格中直接修改。

1. 通过编辑栏修改

选择需要修改的单元格，编辑栏中即显示该单元格的信息，如图 9-72 所示，单击编辑栏后即可修改。如将 C9 单元格中的内容“员工聚餐”改为“外出旅游”，如图 9-73 所示。

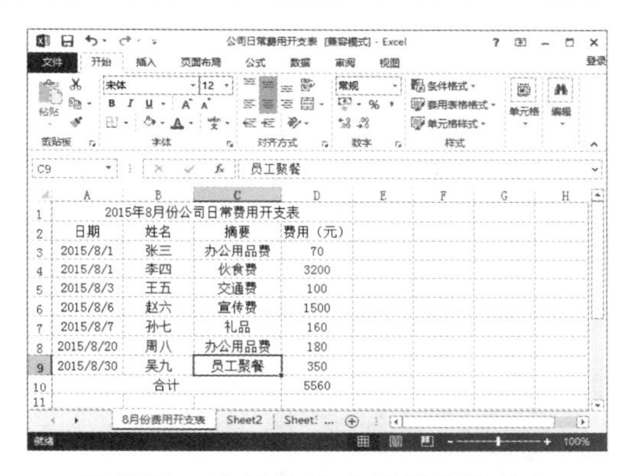

图 9-72　选择要修改的单元格数据

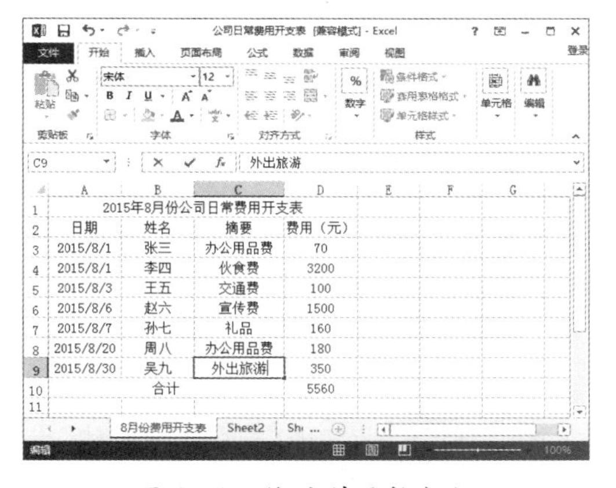

图 9-73　修改单元格数据

2. 在单元格中直接修改

选择需要修改的单元格，然后直接输入数据，原单元格中的数据将被覆盖；也可以双击单元格或者按 F2 键，单元格中的数据将被激活，然后即可直接修改。

9.5 设置单元格格式

单元格是工作表的基本组成单位，也是用户可以进行操作的最小单位。在 Excel 2013 中，用户可以根据需要设置各个单元格的格式，包括字体格式、对齐方式以及添加边框等。

9.5.1 设置数字格式

在 Excel 中可以通过设置数字格式，使数字以不同的样式显示。设置数字格式常用的方法主要包括菜单命令、格式刷、复制粘贴以及条件格式等。

设置数字格式的具体操作步骤如下。

Step 01 打开一个需要设置数字格式的文件，选择需要设置格式的数字，如图 9-74 所示。

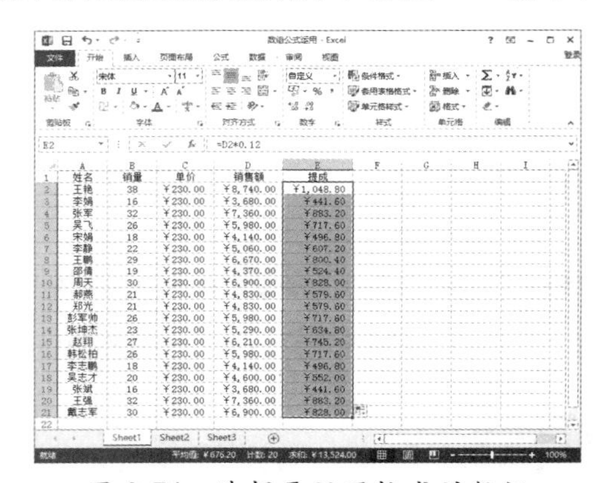

图 9-74　选择要设置格式的数据

Step 02 右击鼠标，在弹出的快捷菜单中选择【设置单元格格式】命令，打开【设置单元格格式】对话框，如图 9-75 所示。

图 9-75　【设置单元格格式】对话框

Step 03 在【分类】列表框中选择【数值】选项，设置【小数位数】为“0”，如图 9-76 所示。

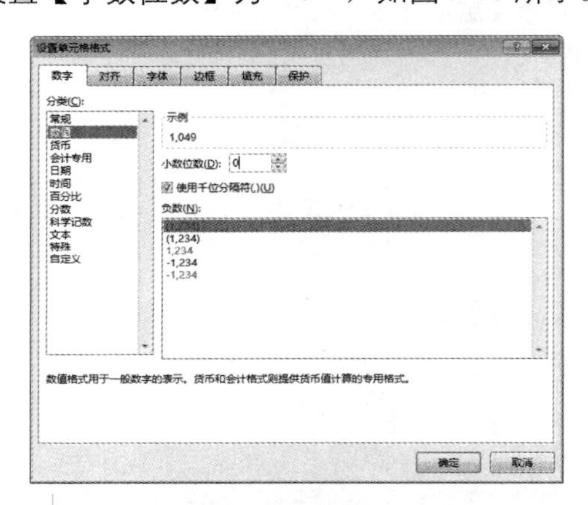

图 9-76　【数字】选项卡

Step 04 单击【确定】按钮，即可完成数字格式的设置，这样数据的小数位数精确到个位，如图 9-77 所示。

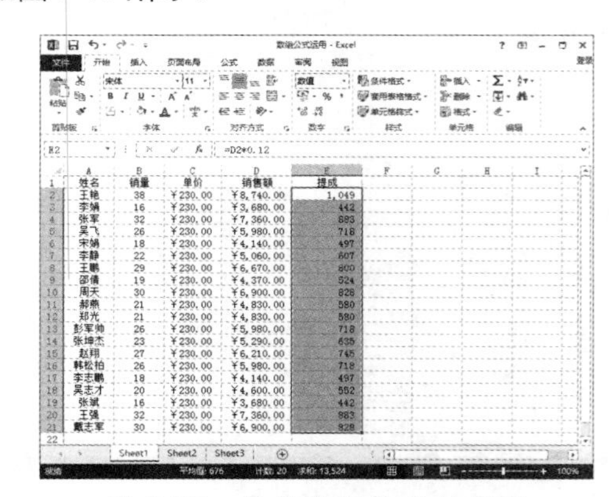

图 9-77　完成数据格式的设置

9.5.2 设置对齐格式

默认情况下单元格中的文字是左对齐，数字是右对齐。为了使工作表美观，用户可以设置对齐方式，具体操作步骤如下。

Step 01 打开需要设置数据对齐格式的文件，如图 9-78 所示。

图 9-78　素材文件

Step 02 选择要设置格式的单元格区域，右击鼠标，在弹出的快捷菜单中选择【设置单元格格式】命令，如图 9-79 所示。

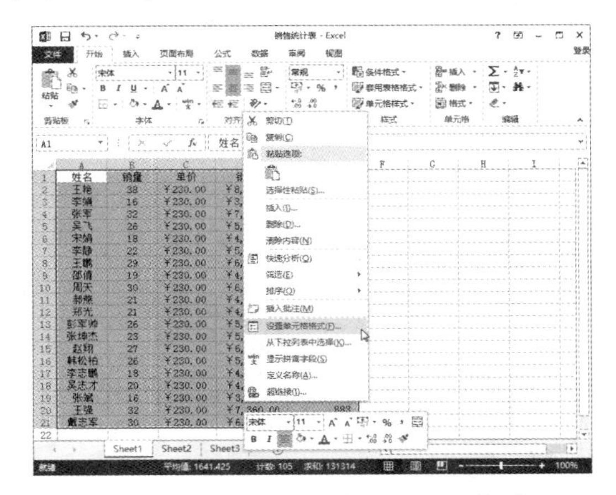

图 9-79　选择【设置单元格格式】命令

Step 03 打开【设置单元格格式】对话框，切换到【对齐】选项卡，设置【水平对齐】为【居中】、【垂直对齐】为【居中】，如图 9-80 所示。

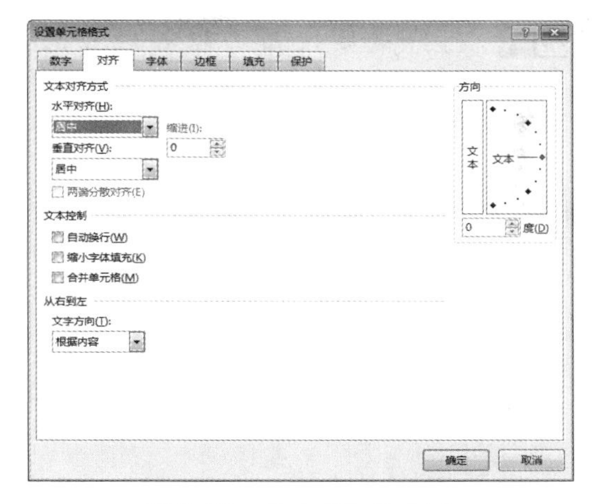

图 9-80　【对齐】选项卡

Step 04 单击【确定】按钮，即可查看设置后的效果，即每个单元格的数据都居中显示，如图 9-81 所示。

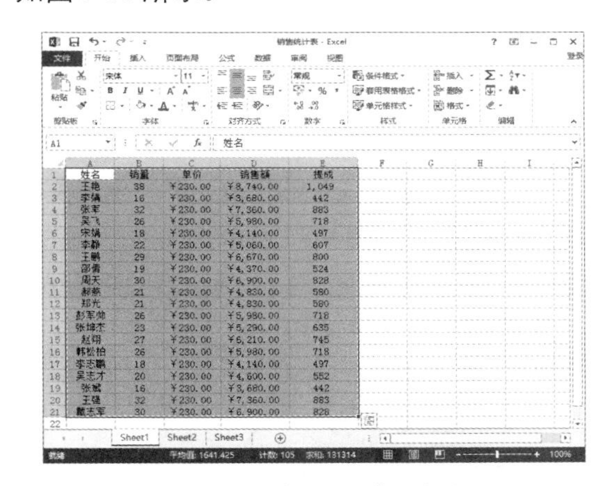

图 9-81　居中显示单元格数据

> **提示** 在【对齐方式】组中提供有对齐按钮，用户可以单击相应的按钮来设置单元格的对齐方式。

9.5.3 设置边框和底纹

工作表中显示的灰色网格线不是实际的表格线，打印时是不显示的。为了使工作表看起来更清晰，重点更突出，结构更分明，可以为表格设置边框和底纹。具体操作步骤如下。

Step 01 打开需要设置边框和底纹的文件，选择要设置的单元格区域，如图 9-82 所示。

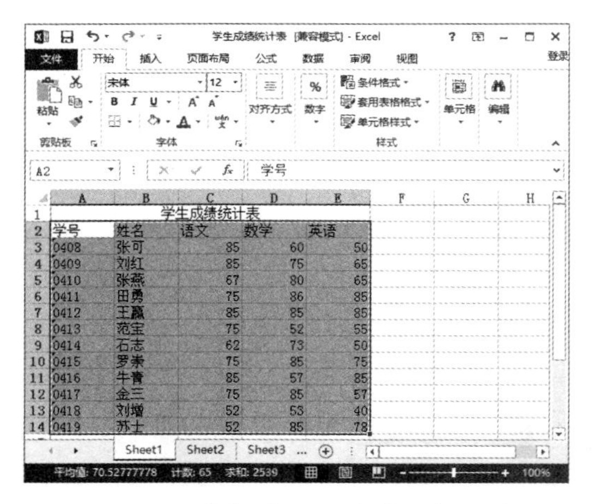

图 9-82 选择要设置的单元格区域

Step 02 右击鼠标，在弹出的快捷菜单中选择【设置单元格格式】命令，在打开的【单元格格式】对话框中切换到【边框】选项卡，在【样式】列表中选择线条的样式，然后单击【外边框】按钮，如图 9-83 所示。

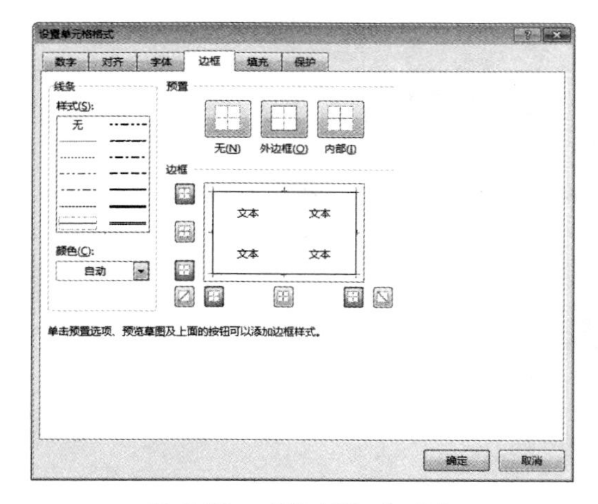

图 9-83 【边框】选项卡

Step 03 在【样式】列表中再次选择线条的样式，然后单击【内部】按钮，如图 9-84 所示。

Step 04 单击【确定】按钮，完成边框的添加，如图 9-85 所示。

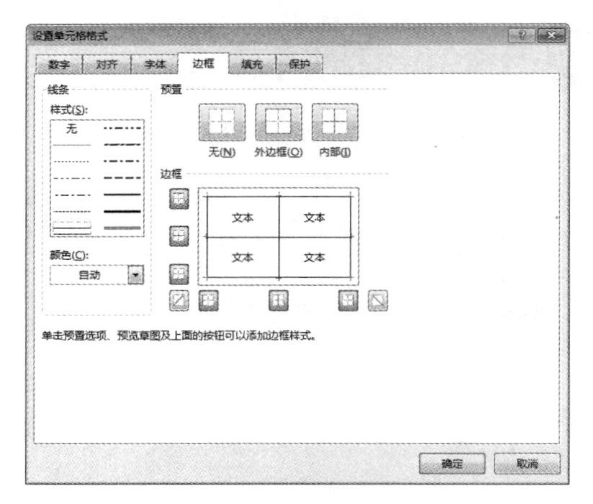

图 9-84 单击【内部】按钮

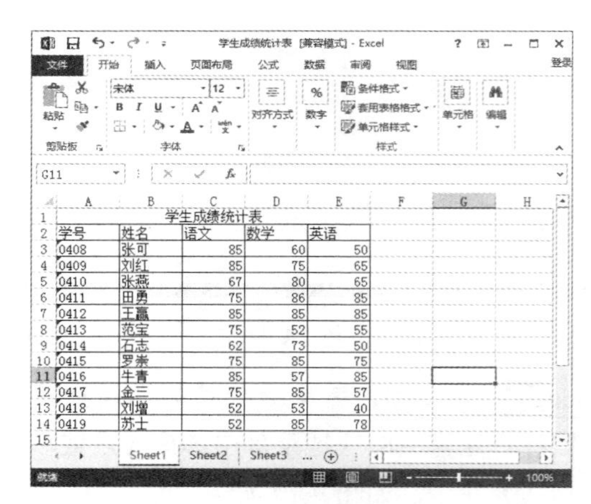

图 9-85 为单元格区域添加边框

Step 05 选择要设置底纹的单元格，右击鼠标，在弹出的快捷菜单中选择【设置单元格格式】命令，如图 9-86 所示。

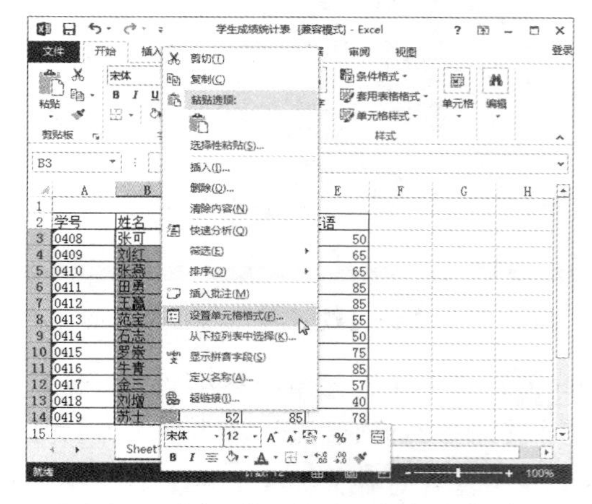

图 9-86 选择【设置单元格格式】命令

Step 06 打开【单元格格式】对话框，切换到【填充】选项卡，在【背景色】色块下选择颜色，如图 9-87 所示。

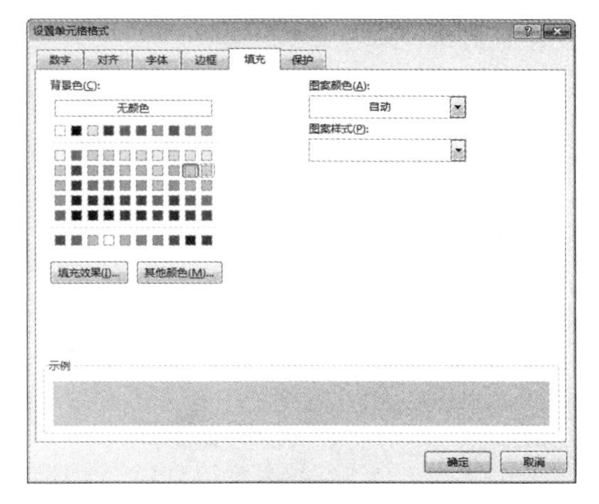

图 9-87　【填充】选项卡

Step 07 在【图案样式】下拉列表中选择图案的样式，如图 9-88 所示。

Step 08 单击【确定】按钮，即可完成单元格底纹的设置，如图 9-89 所示。

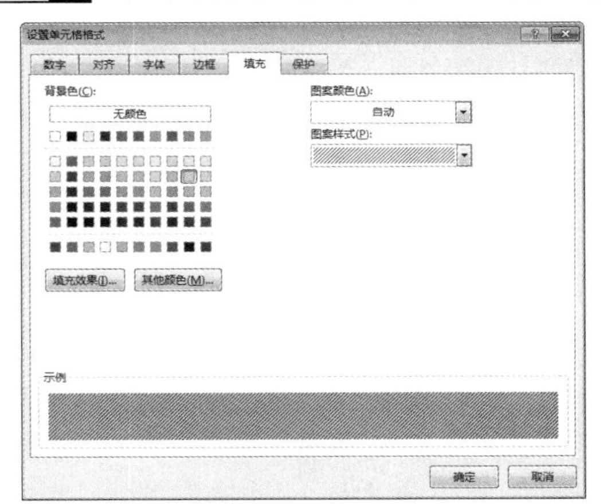

图 9-88　设置填充图案

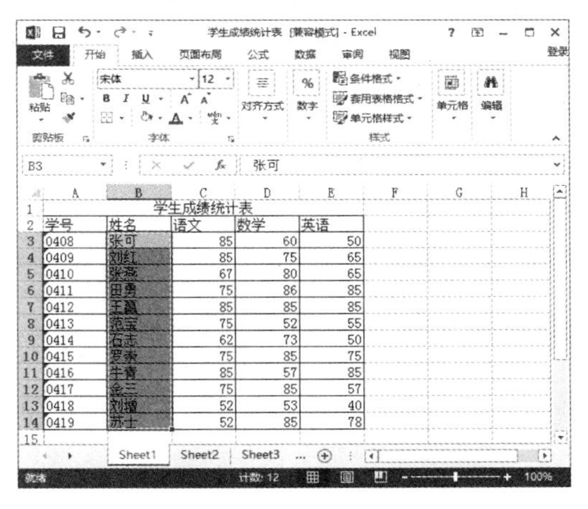

图 9-89　添加单元格底纹效果

9.6 快速设置表格样式

使用 Excel 2013 内置的表格样式可以快速美化表格。

9.6.1 套用浅色样式美化表格

Excel 预置有 60 种常用的格式，用户可以自动地套用这些预先定义好的格式，以提高工作效率。具体操作步骤如下。

Step 01 打开随书光盘中的“素材\ch09\员工工资统计表”文件，选择要套用表格样式的区域，如图 9-90 所示。

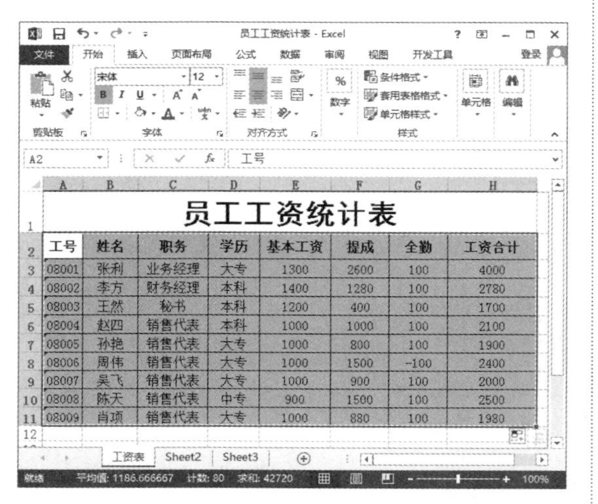

员工工资统计表

工号	姓名	职务	学历	基本工资	提成	全勤	工资合计
08001	张利	业务经理	大专	1300	2600	100	4000
08002	李方	财务经理	本科	1400	1280	100	2780
08003	王然	秘书	本科	1200	400	100	1700
08004	赵四	销售代表	本科	1000	1000	100	2100
08005	孙艳	销售代表	大专	1000	800	100	1900
08006	周伟	销售代表	大专	1000	1500	-100	2400
08007	吴飞	销售代表	大专	1000	900	100	2000
08008	陈天	销售代表	中专	900	1500	100	2500
08009	肖项	销售代表	大专	1000	880	100	1980

图 9-90　素材文件

Step 02 在【开始】选项卡中，单击【样式】组中的【套用表格格式】按钮，在弹出的下拉菜单中选择【浅色】面板中的一种，如图 9-91 所示。

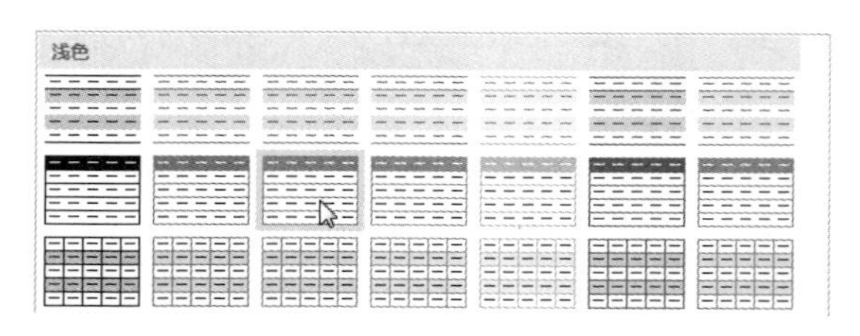

图 9-91　浅色表格样式

Step 03 弹出【套用表格式】对话框，单击【确定】按钮即可套用一种浅色样式，如图 9-92 所示。

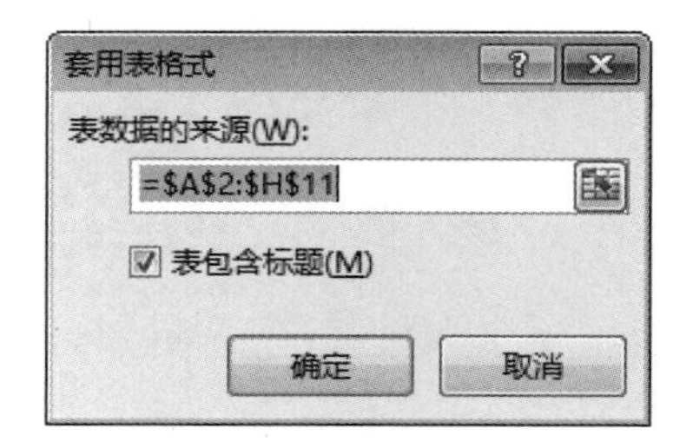

图 9-92　【套用表格式】对话框

Step 04 在此样式中单击任一单元格，功能区会出现【设计】选项卡，然后单击【表格样式】组中的任一样式，即可更改样式，如图 9-93 所示。

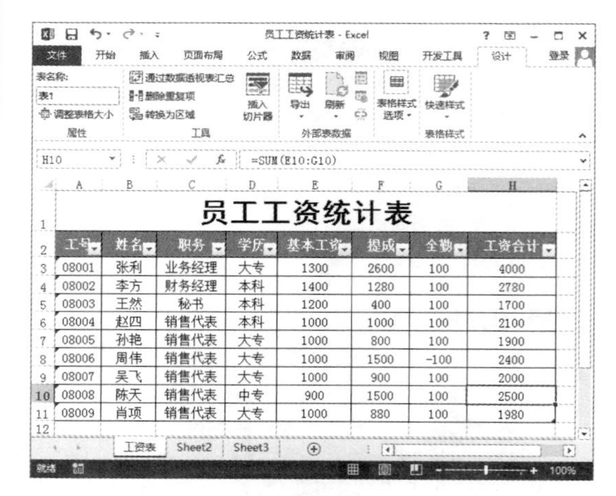

员工工资统计表

工号	姓名	职务	学历	基本工资	提成	全勤	工资合计
08001	张利	业务经理	大专	1300	2600	100	4000
08002	李方	财务经理	本科	1400	1280	100	2780
08003	王然	秘书	本科	1200	400	100	1700
08004	赵四	销售代表	本科	1000	1000	100	2100
08005	孙艳	销售代表	大专	1000	800	100	1900
08006	周伟	销售代表	大专	1000	1500	-100	2400
08007	吴飞	销售代表	大专	1000	900	100	2000
08008	陈天	销售代表	中专	900	1500	100	2500
08009	肖项	销售代表	大专	1000	880	100	1980

图 9-93　显示效果

9.6.2 套用中等深浅样式美化表格

套用中等深浅样式更适合内容较复杂的表格，具体操作步骤如下。

Step 01 打开随书光盘中的“素材\ch09\员工工资统计表”文件，选择要套用格式的区域。单击【开始】选项卡中【样式】组中的【套用表格格式】按钮，在弹出的下拉菜单中选择【中等深浅】面板中的一种，如图 9-94 所示。

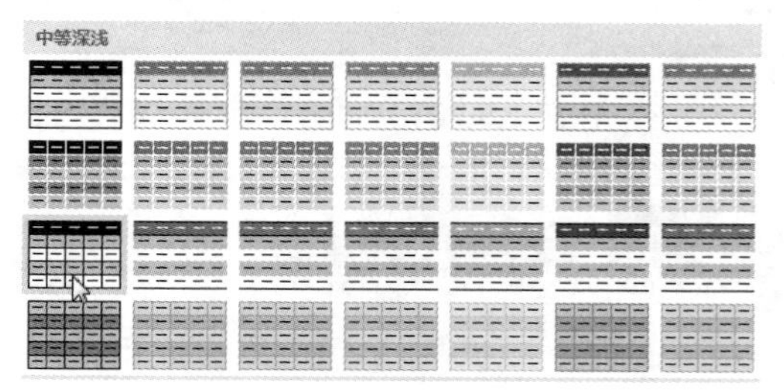

图 9-94　中等深浅表格格式

Step 02 单击即可套用一种中等深浅样式，如图 9-95 所示。

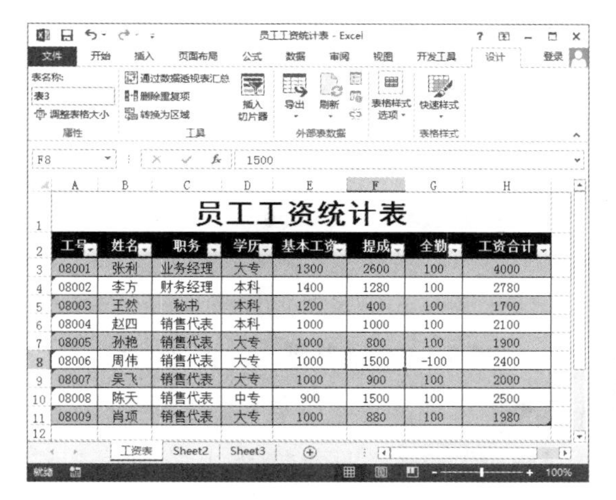

员工工资统计表

工号	姓名	职务	学历	基本工资	提成	全勤	工资合计
08001	张利	业务经理	大专	1300	2600	100	4000
08002	李方	财务经理	本科	1400	1280	100	2780
08003	王然	秘书	本科	1200	400	100	1700
08004	赵四	销售代表	本科	1000	1000	100	2100
08005	孙艳	销售代表	大专	1000	800	100	1900
08006	周伟	销售代表	大专	1000	1500	-100	2400
08007	吴飞	销售代表	大专	1000	900	100	2000
08008	陈天	销售代表	中专	900	1500	100	2500
08009	肖项	销售代表	大专	1000	880	100	1980

图 9-95　显示效果

9.6.3 套用深色样式美化表格

套用深色样式美化表格时，为了将字体显示得更加清楚，可以对字体添加“加粗”效果，具体操作步骤如下。

Step 01 打开随书光盘中的“素材 \ch09\ 员工工资统计表”文件，选择要套用格式的区域。单击【开始】选项卡中【样式】组中的【套用表格格式】按钮，在弹出的下拉菜单中选择【深色】面板中的一种，如图 9-96 所示。

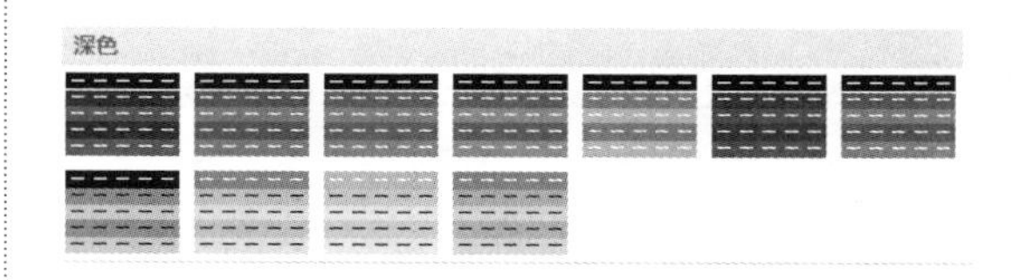

图 9-96　深色表格格式

Step 02 单击即可套用一种深色样式效果，如图 9-97 所示。

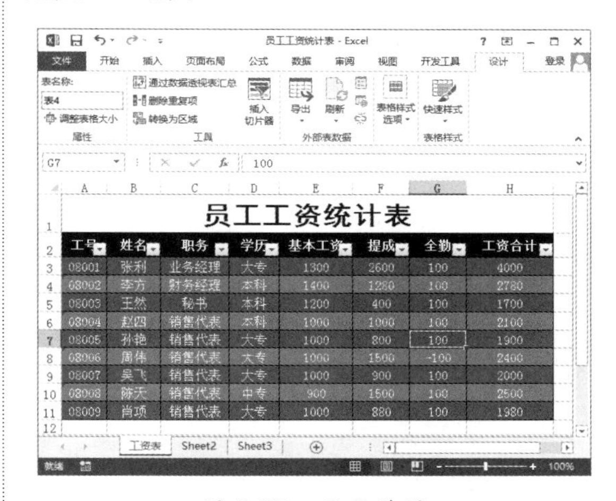

员工工资统计表

工号	姓名	职务	学历	基本工资	提成	全勤	工资合计
08001	张利	业务经理	大专	1300	2600	100	4000
08002	李方	财务经理	本科	1400	1280	100	2780
08003	王然	秘书	本科	1200	400	100	1700
08004	赵四	销售代表	本科	1000	1000	100	2100
08005	孙艳	销售代表	大专	1000	800	100	1900
08006	周伟	销售代表	大专	1000	1500	-100	2400
08007	吴飞	销售代表	大专	1000	900	100	2000
08008	陈天	销售代表	中专	900	1500	100	2500
08009	肖项	销售代表	大专	1000	880	100	1980

图 9-97　显示效果

9.7 自动套用单元格样式

单元格样式是一组定义好的格式特征，在 Excel 2013 的内置单元格样式中还可以创建自定义单元格样式。若要在一个表格中应用多种样式，则可以使用自动套用单元格样式功能。

9.7.1 套用单元格文本样式

在创建的默认工作表中，单元格文本的字体为“宋体”、字号为“11”。如果要快速改变文本样式，则可以套用单元格文本样式，具体操作步骤如下。

Step 01 打开随书光盘中的“素材 \ch09\ 学生成绩统计表”文件，选择数据区域，然后单击【开始】选项卡下【样式】组中的【单元格样式】按钮，在弹出的下拉菜单的【数据和模型】面板中选择一种样式，如图 9-98 所示。

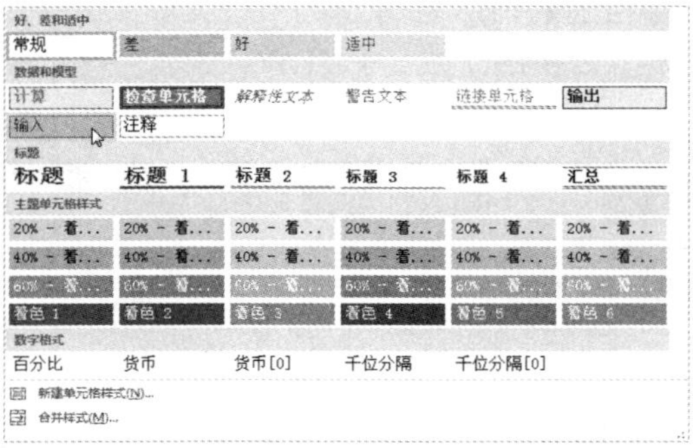

图 9-98　选择单元格文本样式

Step 02 应用文本样式的显示效果如图 9-99 所示。

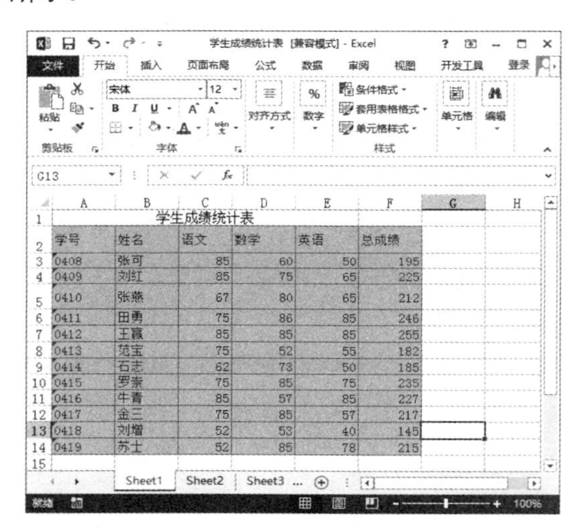

学生成绩统计表

学号	姓名	语文	数学	英语	总成绩
0408	张可	85	60	50	195
0409	刘红	85	75	65	225
0410	张燕	67	80	65	212
0411	田勇	75	86	85	246
0412	王赢	85	85	85	255
0413	范宝	75	52	55	182
0414	石志	62	73	50	185
0415	罗崇	75	85	75	235
0416	牛青	85	57	85	227
0417	金三	75	85	57	217
0418	刘增	52	53	40	145
0419	苏士	52	85	78	215

图 9-99　应用文本样式的效果

9.7.2 套用单元格背景样式

在创建的默认工作表中，单元格的背景是白色的。如果要快速改变背景颜色，可以套用单元格背景样式，具体的操作步骤如下。

Step 01 打开随书光盘中的“素材\ch09\学生成绩统计表”文件，选择“语文”成绩的单元格，在【开始】选项卡中，单击【样式】组中的【单元格样式】按钮，在弹出的下拉菜单中选择【好】样式，即可改变单元格的背景，如图 9-100 所示。

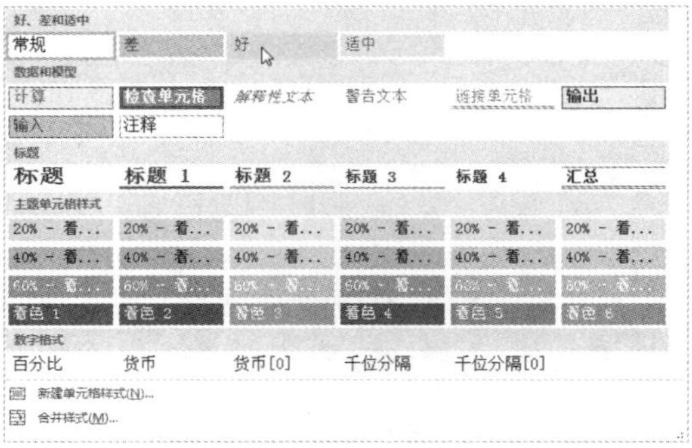

图 9-100　选择单元格背景样式

Step 02 将“数学”成绩下面的单元格设置为【适中】样式，即可改变单元格的背景。按照相同的方法改变其他单元格的背景，最终的效果如图 9-101 所示。

学生成绩统计表

学号	姓名	语文	数学	英语	总成绩
0408	张可	85	60	50	195
0409	刘红	85	75	65	225
0410	张燕	67	80	65	212
0411	田勇	75	86	85	246
0412	王赢	85	85	85	255
0413	范宝	75	52	55	182
0414	石志	62	73	50	185
0415	罗崇	75	85	75	235
0416	牛青	85	57	85	227
0417	金三	75	85	57	217
0418	刘增	52	53	40	145
0419	苏士	52	85	78	215

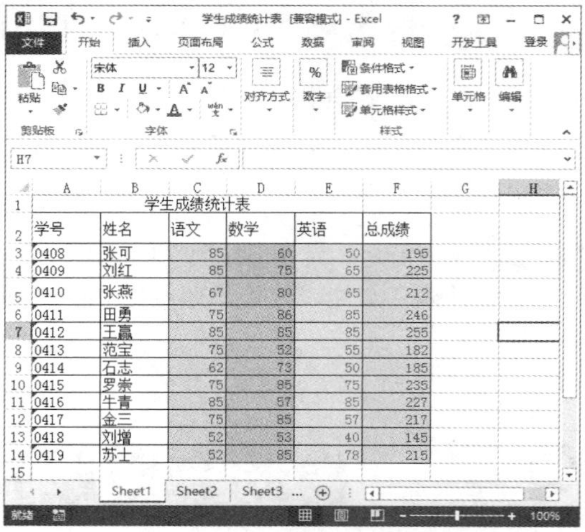

图 9-101　应用背景样式的效果

9.7.3 套用单元格标题样式

套用单元格中标题样式的具体步骤如下。

Step 01 打开随书光盘中的“素材\ch09\学生成绩统计表”文件，并选择标题区域。在【开始】选项卡中单击【样式】组中的【单元格样式】按钮，在弹出的下拉菜单中选择【标题】面板中的一种样式，如图 9-102 所示。

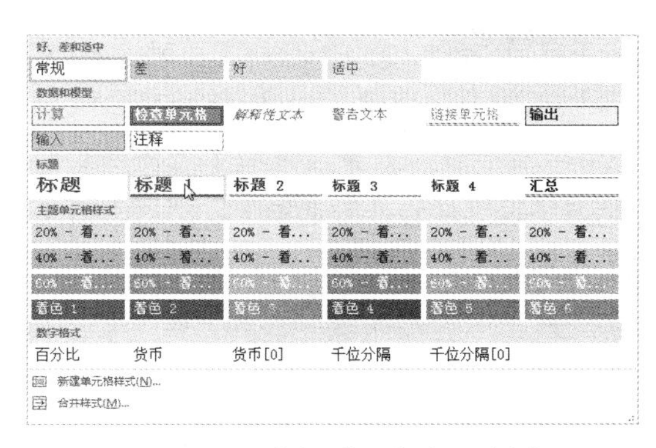

图 9-102　选择单元格标题样式

Step 02 应用标题样式的效果如图 9-103 所示。

学生成绩统计表					
学号	姓名	语文	数学	英语	总成绩
0408	张可	85	60	50	195
0409	刘红	85	75	65	225
0410	张燕	67	80	65	212
0411	田勇	75	86	85	246
0412	王赢	85	85	85	255
0413	范宝	75	52	55	182
0414	石志	62	73	50	185
0415	罗崇	75	85	75	235
0416	牛青	85	57	85	227
0417	金三	75	85	57	217
0418	刘增	52	53	40	145
0419	苏士	52	85	78	215

图 9-103　应用标题样式后的效果

9.7.4 套用单元格数字样式

在 Excel 2013 中输入的数据格式，在单元格中默认是右对齐，小数点保留 0 位。如果要快速改变数字样式，可以套用单元格数字样式，具体操作步骤如下。

Step 01 打开随书光盘中的“素材\ch09\员工工资统计表”文件，并选择数据区域。在【开始】选项卡中单击【样式】组中的【单元格样式】按钮，在弹出的下拉菜单中选择【数字格式】面板中的【货币】项，如图 9-104 所示。

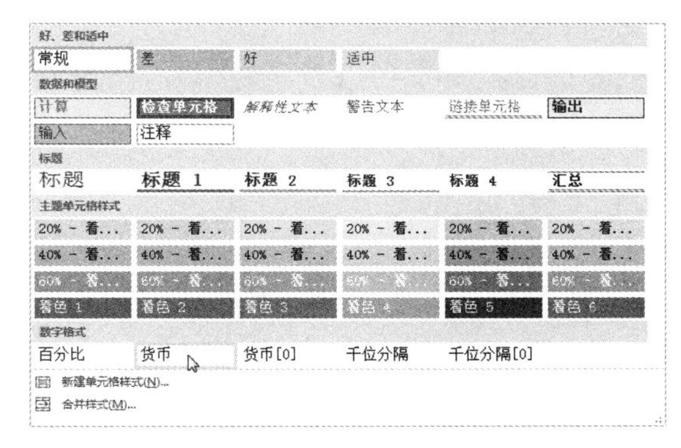

图 9-104　选择单元格数字样式

Step 02 即可改变单元格中数字的样式，最终的效果如图 9-105 所示。

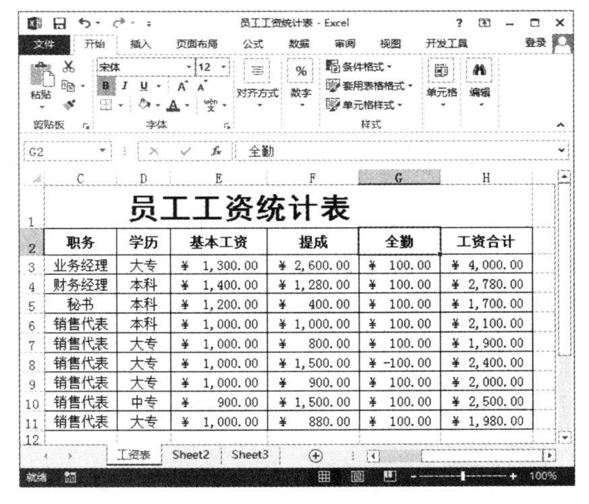

员工工资统计表					
职务	学历	基本工资	提成	全勤	工资合计
业务经理	大专	¥ 1,300.00	¥ 2,600.00	¥ 100.00	¥ 4,000.00
财务经理	本科	¥ 1,400.00	¥ 1,280.00	¥ 100.00	¥ 2,780.00
秘书	本科	¥ 1,200.00	¥ 400.00	¥ 100.00	¥ 1,700.00
销售代表	本科	¥ 1,000.00	¥ 1,000.00	¥ 100.00	¥ 2,100.00
销售代表	大专	¥ 1,000.00	¥ 800.00	¥ 100.00	¥ 1,900.00
销售代表	大专	¥ 1,000.00	¥ 1,500.00	¥ -100.00	¥ 2,400.00
销售代表	大专	¥ 1,000.00	¥ 900.00	¥ 100.00	¥ 2,000.00
销售代表	中专	¥ 900.00	¥ 1,500.00	¥ 100.00	¥ 2,500.00
销售代表	大专	¥ 1,000.00	¥ 880.00	¥ 100.00	¥ 1,980.00

图 9-105　应用数字样式后的效果

9.8 高效办公技能实战

9.8.1 高效办公技能实战 1——制作员工信息登记表

通常情况下，员工信息登记表会根据企业的不同要求来添加相应的内容，创建员工信息登记表的具体操作步骤如下。

Step 01 创建一个空白工作簿，同时将Sheet1重命名为“员工信息登记表”，如图9-106所示。

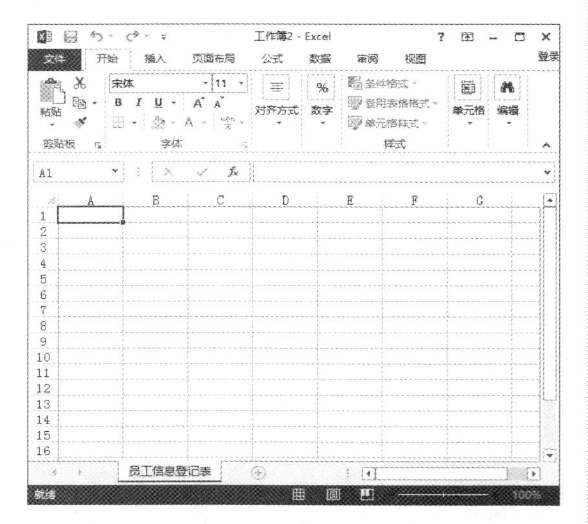

图 9-106 新建空白工作簿

Step 02 输入表格文字信息。在“员工信息登记表”工作表中选中A1单元格，并在其中输入“员工信息登记表”标题信息，然后按照相同的方法，在表格的相应位置根据企业的具体要求输入相应的文字信息，如图9-107所示。

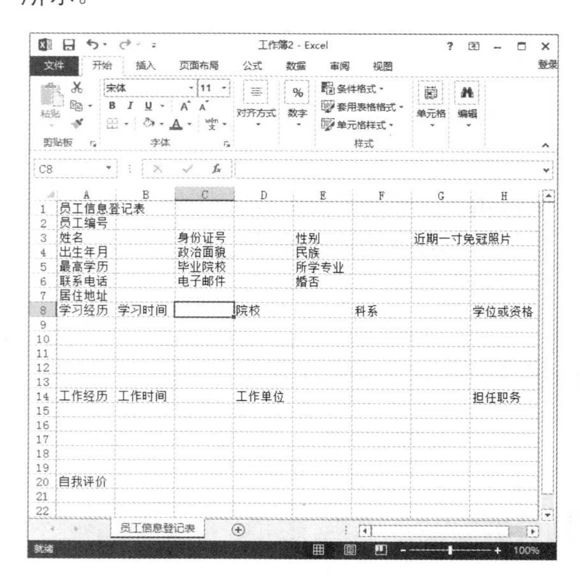

图 9-107 输入表格中的文本信息

Step 03 加粗表格的边框。在“员工信息登记表”工作表中选中A3:H24单元格区域，按下Ctrl+l组合键，打开【设置单元格格式】对话框，切换到【边框】选项卡，然后单击【内部】按钮和【外边框】按钮，如图9-108所示。

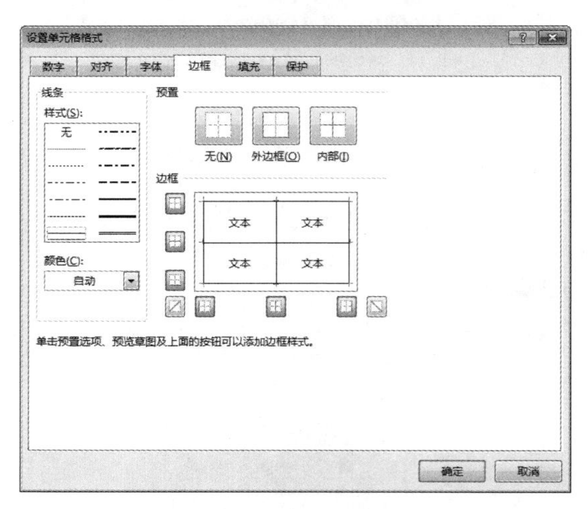

图 9-108 【边框】选项卡

Step 04 设置完毕后，单击【确定】按钮，即可添加边框效果，如图9-109所示。

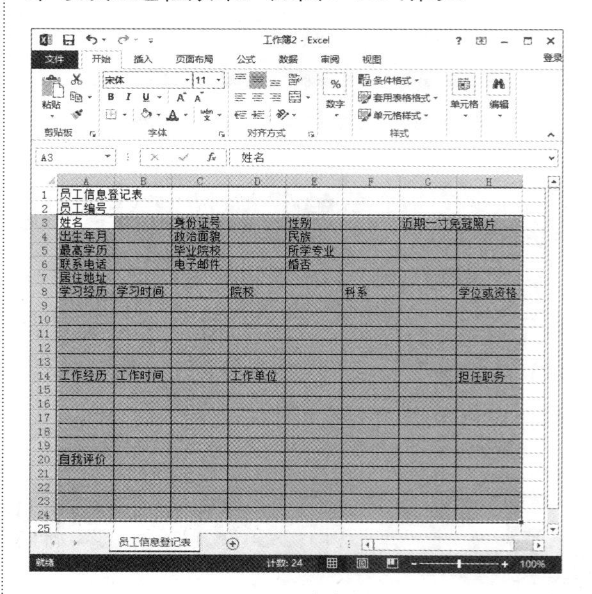

图 9-109 添加表格边框效果

Step 05 在“员工信息登记表”工作表中选中A1:H1单元格区域，右击并在弹出的快捷菜单中选择【设置单元格格式】命令，打开【设

置单元格格式】对话框，切换到【对齐】选项卡，选中【合并单元格】复选框，如图 9-110 所示。

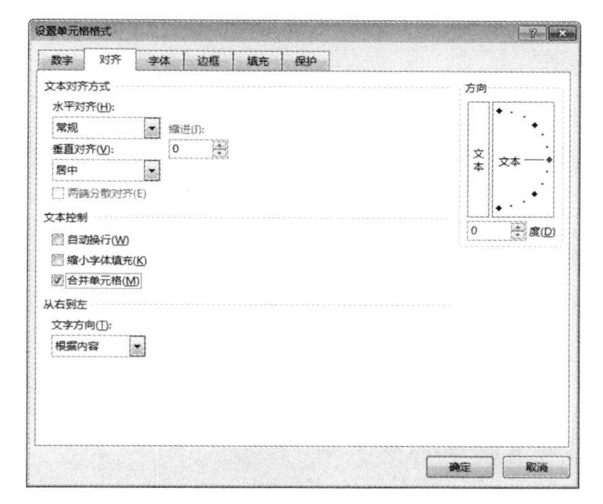

图 9-110　【对齐】选项卡

Step 06 单击【确定】按钮，即可合并选中的单元格区域，然后按照相同的方式合并表格中的其他单元格区域，最终的显示效果如图 9-111 所示。

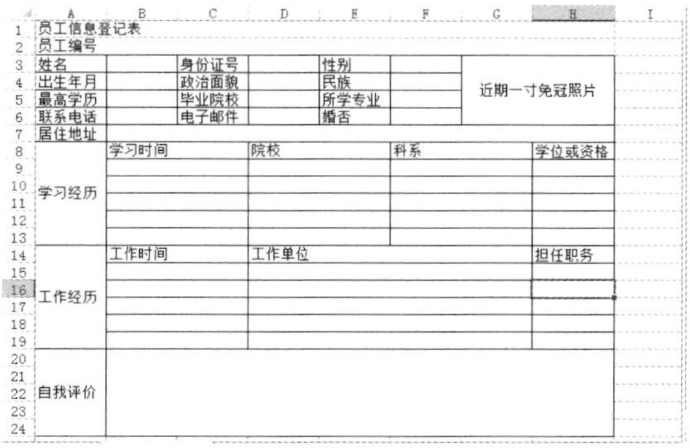

图 9-111　合并单元格

Step 07 设置字体和字号。在“员工信息登记表”工作表中选中 A1 单元格，在【字体】组中将标题文字的字体设置为“华文新魏”，将字号设置为“20”，然后将“近期一寸免冠照片”文字的字号设置为 10，如图 9-112 所示。

Step 08 设置文本的对齐方式。在“员工信息登记表”工作表中选中 A1 和 A2 单元格，在【字体】组中单击【居中】按钮，即可将表格的标题文字居中显示。参照同样的方式，将 A3:A7 单元格区域中的文本以“靠左 (缩进)”的方式显示；将 A8:D19 单元格区域的文本以“居中”的方式显示；将 A20、H3、H8 和 H14 单元格中的文本以“居中”的方式显示。设置完毕后的显示效果如图 9-113 所示。

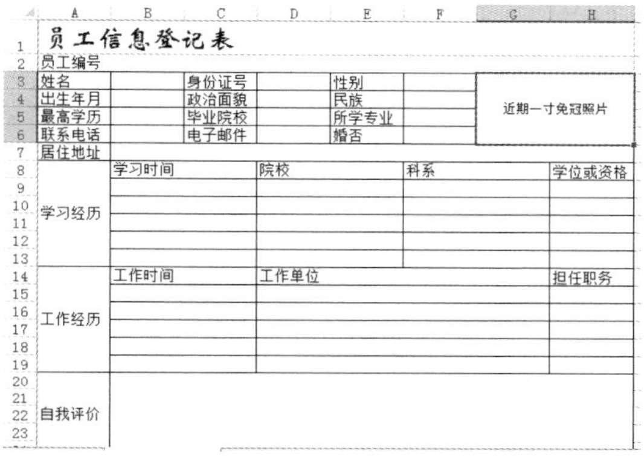

图 9-112　设置字体和字号

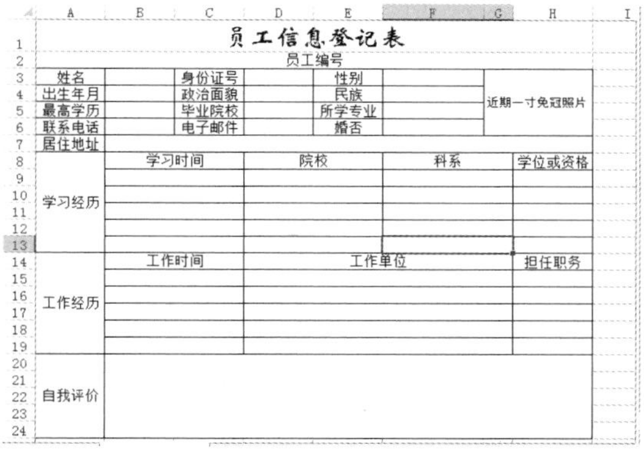

图 9-113　设置文本对齐方式

Step 09 设置文字自动换行。在“员工信息登记表”工作表中选中 H3、A8、A14 和 A20 单元格，然后按 Ctrl+1 组合键打开【设置单元格格式】对话框，在其中选择【对齐】选项卡，并选择【自动换行】复选框，如图 9-114 所示。

Step 10 设置完毕后，单击【确定】按钮，即可将 H3、A8、A14 和 A20 单元格中的文本自动换行显示，如图 9-115 所示。

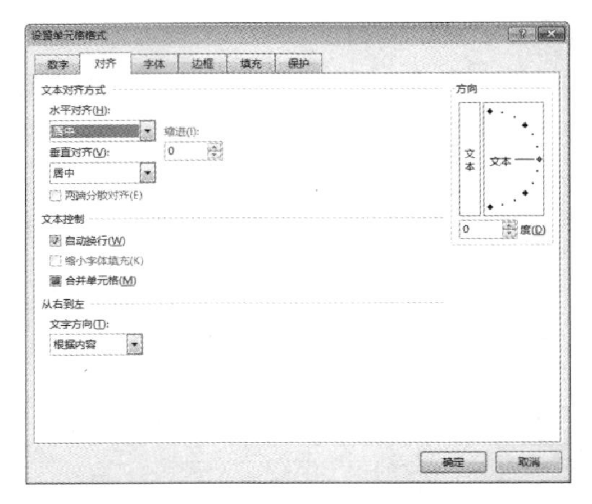

图 9-114　设置文字自动换行

员工信息登记表						
			员工编号			
姓名		身份证号		性别		近期一寸免冠照片
出生年月		政治面貌		民族		
最高学历		毕业院校		所学专业		
联系电话		电子邮件		婚否		
居住地址						
学习经历	学习时间		院校		科系	学位或资格
工作经历	工作时间		工作单位			担任职务
自我评价						

图 9-115　最终的显示效果

9.8.2 高效办公技能实战 2——制作公司值班表

一般来说，为保证公司的正常运作，需要人员进行值班，为此，人事部需要做好值班表。制作值班表的具体操作步骤如下。

Step 01 打开 Excel 工作簿，在 C1 单元格中输入“**** 公司值班表”，选定 C1:F2 单元格区域，单击【开始】选项卡下【对齐方式】组中的【合并后居中】按钮，在弹出的下拉菜单中选择【合并单元格】命令，合并 C1:F2 单元格区域，如图 9-116 所示。

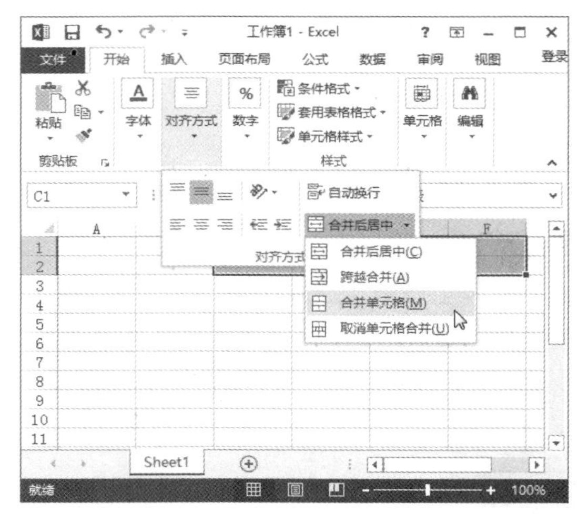

图 9-116　合并单元格

Step 02 设置 C1 单元格的对齐方式为【居中对齐】，内容加粗，字号为 20 号，如图 9-117 所示。

图 9-117　居中对齐

Step 03 在 F3 单元格中输入“日期：”，对齐方式为【右对齐】，在 G3 单元格中输入“20__ 年 第 __ 周”，合并 G3 与 H3 单元格，对齐方式为【左对齐】，如图 9-118 所示。

Step 04 在 A4 单元格中输入“　星期　姓名”，设置 A4 单元格自动换行，添加边框时选择右下角边框，调整单元格至合适的列宽，如图 9-119 所示。

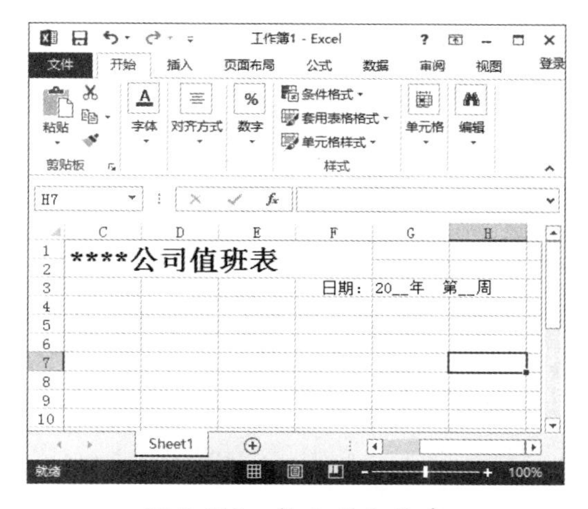

图 9-118 输入日期信息

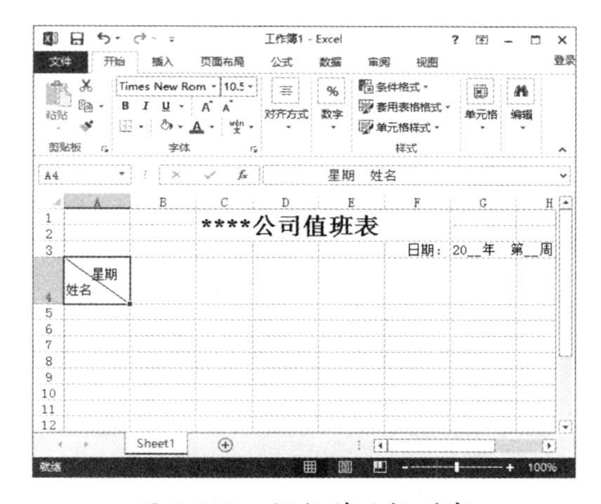

图 9-119 调整单元格列宽

Step 05 在 B4 单元格中输入“星期一”，使用鼠标拖曳方式填充至 H3 单元格，如图 9-120 所示。

图 9-120 输入信息

Step 06 合并 A5:A17 单元格区域，如图 9-121 所示。

图 9-121 合并单元格

Step 07 选择 A4:H17 单元格区域，在键盘上按 Ctrl+l 组合键，打开【设置单元格格式】对话框，切换到【边框】选项卡，外边框选择粗实线，内边框选择细实线，如图 9-122 所示。

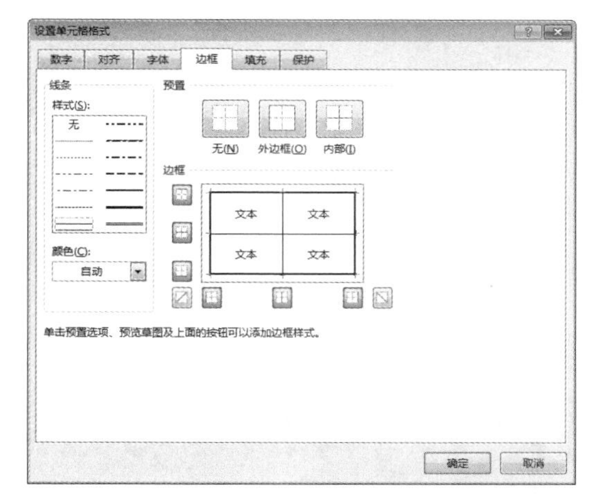

图 9-122 设置单元格的边框

Step 08 单击【确定】按钮为单元格区域添加边框，在 G18 单元格中输入“第 __ 页”，如图 9-123 所示。

Step 09 选择【文件】选项卡，在打开的界面中选择【另存为】命令，然后选择【计算机】选项，如图 9-124 所示。

图 9-123　显示效果图

图 9-124　【另存为】界面

Step 10 单击【浏览】按钮，打开【另存为】对话框，在【文件名】文本框中输入“公司值班表”，然后单击【保存】按钮，即可将创建的值班表保存起来，如图 9-125 所示。

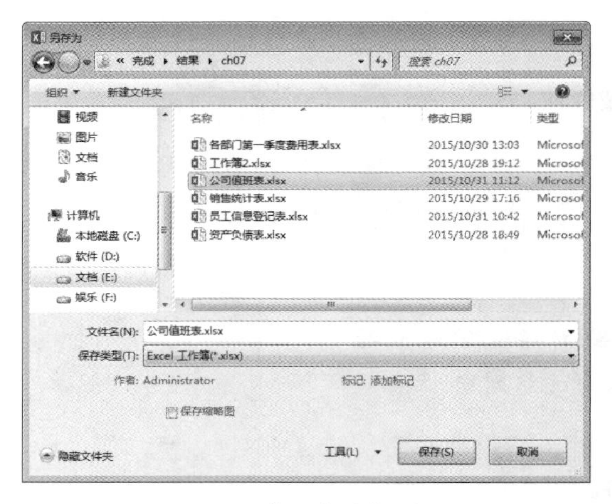

图 9-125　【另存为】对话框

9.9 课后练习与指导

9.9.1 在 Excel 中输入并编辑数据

- 练习目标

了解： 在 Excel 中输入数据的过程。

掌握： 在 Excel 中输入并编辑数据的方法。

● 专题练习指南

01 新建一个空白文档。

02 在单元格中输入数值、文字等。

03 编辑单元格中的数值。

04 设置单元格的格式。

9.9.2 使用预设功能美化单元格

● 练习目标

了解：美化单元格的方法与过程。

掌握：使用 Excel 的预设表格样式美化单元格。

● 专题练习指南

01 新建一个空白文档。

02 在单元格中输入数值、文字等。

03 选中需要美化的单元格或单元格区域。

04 选择【开始】选项卡，在【样式】组中单击【套用表格样式】按钮，在弹出的面板中根据自己的需要为表格添加预设样式。

05 在【样式】组中单击【其他】按钮，在弹出的面板中根据自己的需要为表格中的单元格数据添加预设样式。

自动计算数据——公式和函数的应用

● **本章导读**

公式和函数是 Excel 2013 的重要组成部分，有着非常强大的计算功能，为用户分析和处理工作表中的数据提供了很大的方便。本章为读者介绍如何使用公式和函数自动计算数据。

● **学习目标**

◎ 了解 Excel 2013 中的公式

◎ 掌握 Excel 2013 中公式的使用方法

◎ 掌握输入与修改函数的方法

◎ 掌握 Excel 2013 预设函数的使用方法

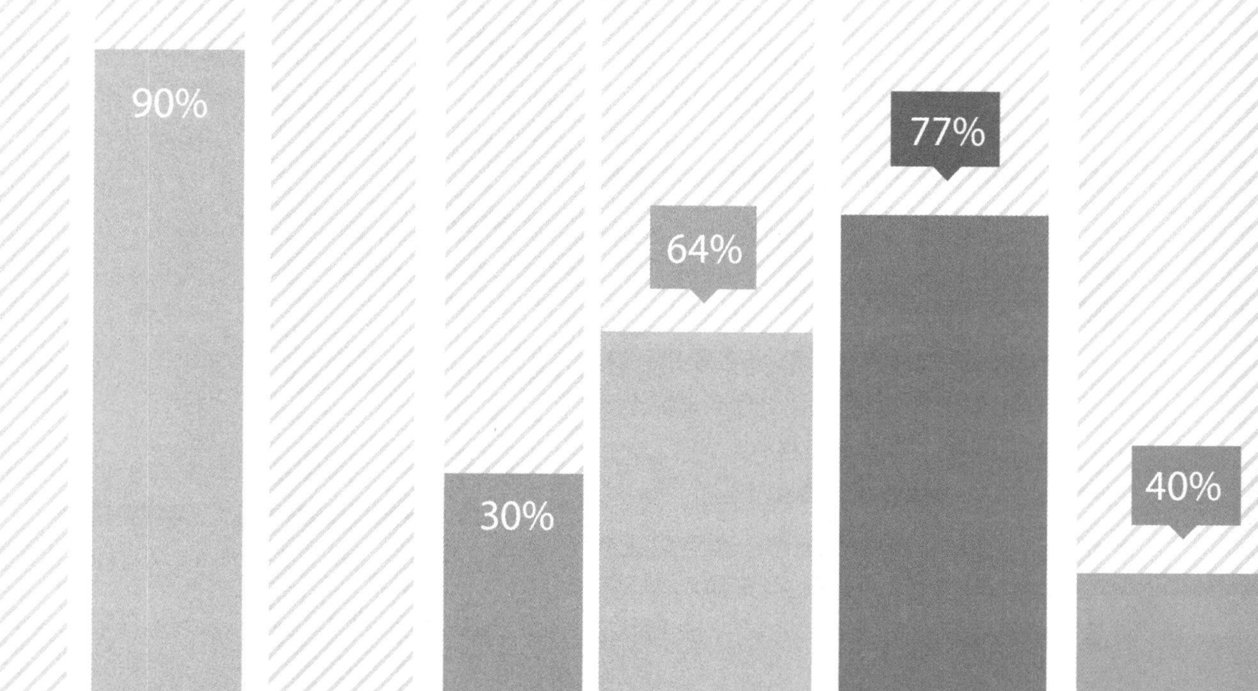

10.1 使用公式

在 Excel 2013 中，应用公式可以帮助分析工作表中的数据，例如对数值进行加、减、乘、除等运算。其实，公式就是一个等式，由一组数据和运算符组成，使用公式时必须以等号“=”开头，后面紧接数据和运算符。

10.1.1 输入公式

使用公式计算数据的首要条件就是在 Excel 表格中输入公式，常见的输入公式的方法有手动输入和单击输入两种，下面分别进行介绍。

1. 手动输入

手动输入公式是指用手动来输入公式。在选定的单元格中输入等号（=），后面输入公式。输入时，字符会同时出现在单元格和编辑栏中，如图 10-1 所示。

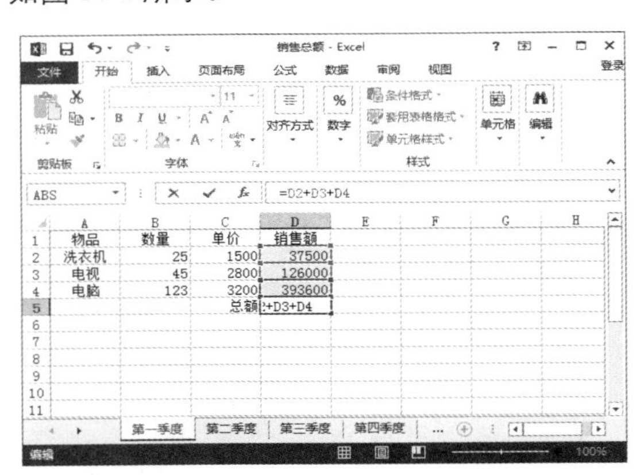

图 10-1　手动输入公式

2. 单击输入

单击输入更加简单、快速，不容易出问题，即可以直接单击单元格引用，而不是完全靠手动输入。例如，要在单元格 A3 中输入公式“=A1+A2”，具体操作步骤如下。

Step 01 在 Excel 2013 中新建一个空白工作簿，在 A1 中输入“23”，在 A2 中输入“15”，并选择单元格 A3，输入等号“=”，此时状态栏里会显示“输入”字样，如图 10-2 所示。

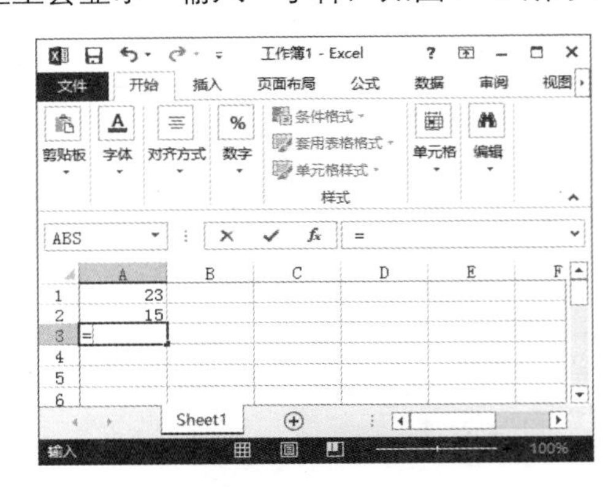

图 10-2　输入数据

Step 02 单击单元格 A1，此时 A1 单元格的周围会显示一个活动虚框，同时单元格引用出现在单元格 A3 的编辑栏中，如图 10-3 所示。

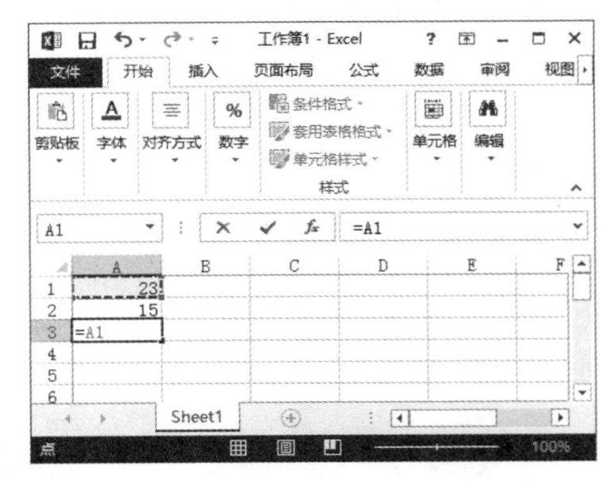

图 10-3　单击选中的 A1 单元格

Step 03 输入加号“+”，实线边框会代替虚

线边框，状态栏里会再次出现“输入”字样，如图 10-4 所示。

图 10-4 输入“+”符号

Step 04 单击单元格 A2，将单元格 A2 添加到公式中，如图 10-5 所示。

图 10-5 单击选中 A2 单元格

Step 05 单击编辑栏中的✓按钮，或按 Enter 键结束公式的输入，在 A3 单元格中即可计算出 A1 和 A2 单元格中值的和，如图 10-6 所示。

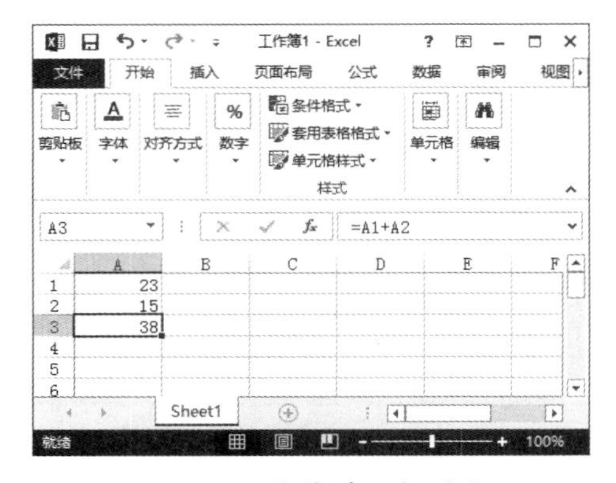

图 10-6 计算单元格的和

10.1.2 编辑公式

单元格中的公式和其他数据一样，可以对其进行编辑。要编辑公式中的内容，需要先转换到公式编辑状态下，具体操作步骤如下。

Step 01 新建一个空白工作簿，在其中输入数据，并将其保存为“员工工资统计表”。在 H3 单元格中输入“=E3+F3”，如图 10-7 所示。

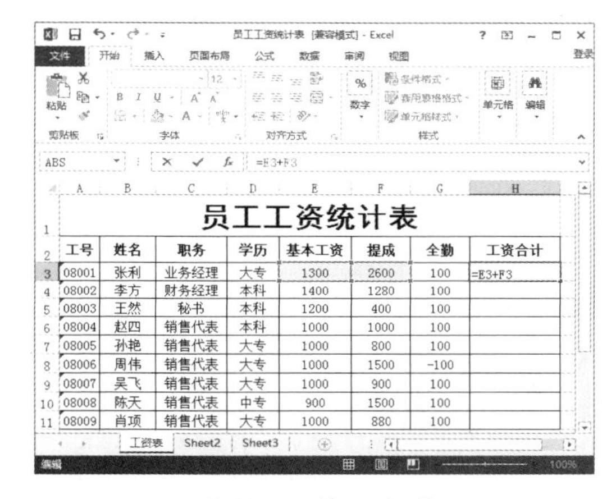

员工工资统计表

工号	姓名	职务	学历	基本工资	提成	全勤	工资合计
08001	张利	业务经理	大专	1300	2600	100	=E3+F3
08002	李方	财务经理	本科	1400	1280	100	
08003	王然	秘书	本科	1200	400	100	
08004	赵四	销售代表	本科	1000	1000	100	
08005	孙艳	销售代表	大专	1000	800	100	
08006	周伟	销售代表	大专	1000	1500	-100	
08007	吴飞	销售代表	大专	1000	900	100	
08008	陈天	销售代表	中专	900	1500	100	
08009	肖项	销售代表	大专	1000	880	100	

图 10-7 输入公式

Step 02 按 Enter 键，即可计算出工资的合计值，如图 10-8 所示。

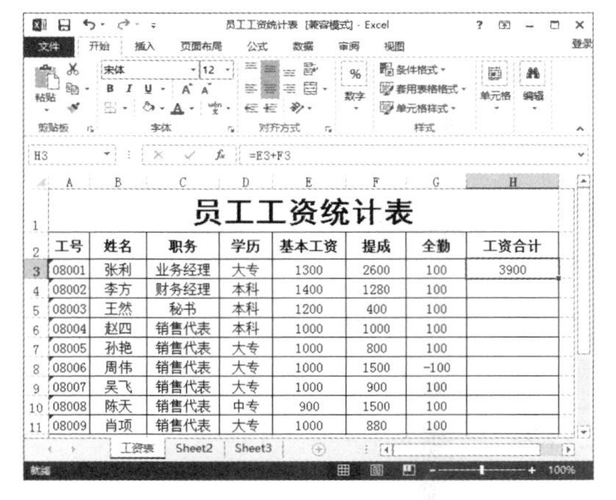

员工工资统计表

工号	姓名	职务	学历	基本工资	提成	全勤	工资合计
08001	张利	业务经理	大专	1300	2600	100	3900
08002	李方	财务经理	本科	1400	1280	100	
08003	王然	秘书	本科	1200	400	100	
08004	赵四	销售代表	本科	1000	1000	100	
08005	孙艳	销售代表	大专	1000	800	100	
08006	周伟	销售代表	大专	1000	1500	-100	
08007	吴飞	销售代表	大专	1000	900	100	
08008	陈天	销售代表	中专	900	1500	100	
08009	肖项	销售代表	大专	1000	880	100	

图 10-8 计算工资合计值

Step 03 输入完成，发现未加上“全勤”项，即可选中 H3 单元格，在编辑栏中对该公式进行修改，如图 10-9 所示。

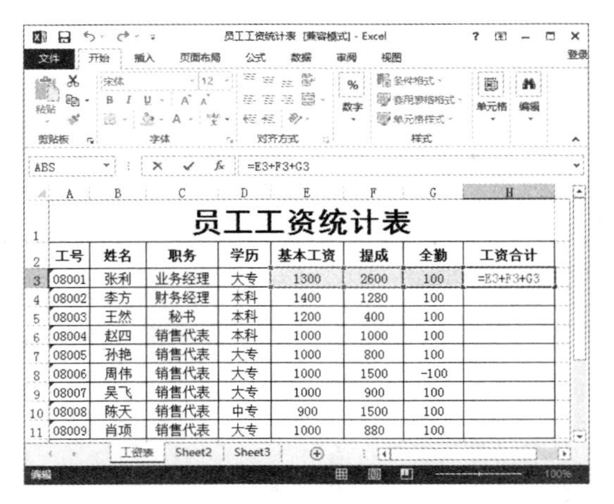

图 10-9 修改公式

Step 04 按 Enter 键确认公式的修改，单元格内的数值会发生相应的变化，如图 10-10 所示。

员工工资统计表

工号	姓名	职务	学历	基本工资	提成	全勤	工资合计
08001	张利	业务经理	大专	1300	2600	100	4000
08002	李方	财务经理	本科	1400	1280	100	
08003	王然	秘书	本科	1200	400	100	
08004	赵四	销售代表	本科	1000	1000	100	
08005	孙艳	销售代表	大专	1000	800	100	
08006	周伟	销售代表	大专	1000	1500	-100	
08007	吴飞	销售代表	大专	1000	900	100	
08008	陈天	销售代表	中专	900	1500	100	
08009	肖项	销售代表	大专	1000	880	100	

图 10-10 计算出合计值

10.1.3 移动公式

移动公式是指将创建好的公式移动到其他单元格中，具体操作步骤如下。

Step 01 打开“员工工资统计表”文件，如图 10-11 所示。

Step 02 在单元格 H3 中输入公式“=SUM(E3:G3)”，按 Enter 键即可求出“工资合计”，如图 10-12 所示。

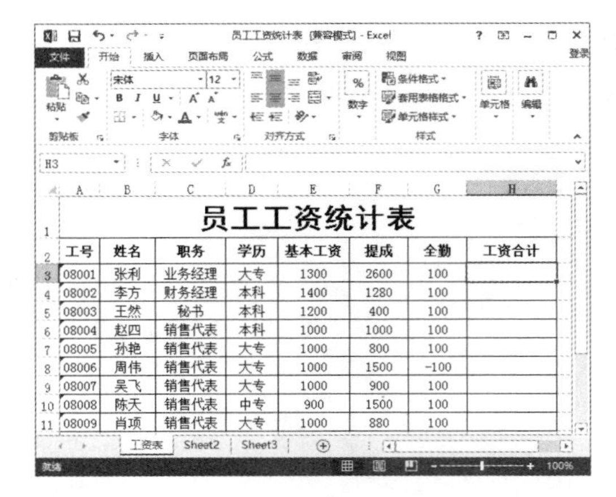

图 10-11 打开文件

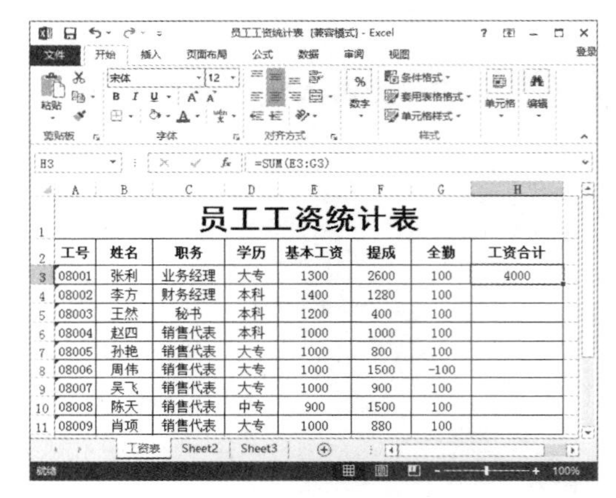

图 10-12 输入公式求和

Step 03 选择 H3 单元格，在该单元格的边框上按住鼠标左键，将其拖曳到其他单元格，如图 10-13 所示。

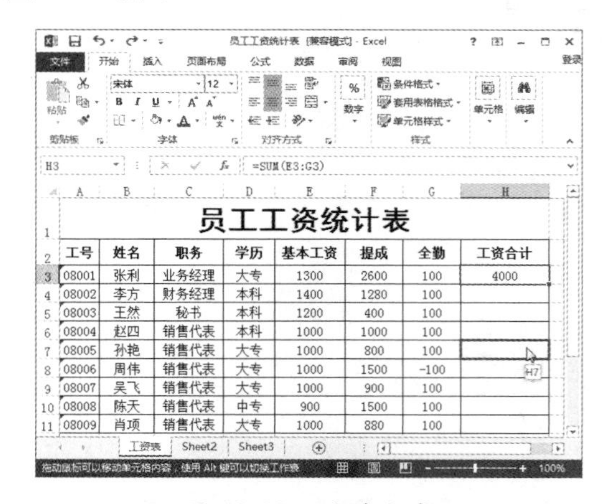

图 10-13 移动公式

Step 04 释放鼠标左键后即可移动公式，移动后值不发生变化，仍为“4000”，如图 10-14 所示。

员工工资统计表

工号	姓名	职务	学历	基本工资	提成	全勤	工资合计
08001	张利	业务经理	大专	1300	2600	100	
08002	李方	财务经理	本科	1400	1280	100	
08003	王然	秘书	本科	1200	400	100	
08004	赵四	销售代表	本科	1000	1000	100	
08005	孙艳	销售代表	大专	1000	800	100	4000
08006	周伟	销售代表	大专	1000	1500	-100	
08007	吴飞	销售代表	大专	1000	900	100	
08008	陈天	销售代表	中专	900	1500	100	
08009	肖项	销售代表	大专	1000	880	100	

图 10-14　移动公式后的值不变

提示 在 Excel 2013 中移动公式时，无论使用哪一种单元格引用，公式内的单元格引用都不会更改，即还保持原始的公式内容。

10.1.4 复制公式

复制公式就是把创建好的公式复制到其他单元格中，具体操作步骤如下。

Step 01 打开“员工工资统计表”文件，在单元格 H3 中输入公式“=SUM(E3:G3)”，按 Enter 键计算出“工资合计”，如图 10-15 所示。

员工工资统计表

工号	姓名	职务	学历	基本工资	提成	全勤	工资合计
08001	张利	业务经理	大专	1300	2600	100	4000
08002	李方	财务经理	本科	1400	1280	100	
08003	王然	秘书	本科	1200	400	100	
08004	赵四	销售代表	本科	1000	1000	100	
08005	孙艳	销售代表	大专	1000	800	100	
08006	周伟	销售代表	大专	1000	1500	-100	
08007	吴飞	销售代表	大专	1000	900	100	
08008	陈天	销售代表	中专	900	1500	100	
08009	肖项	销售代表	大专	1000	880	100	

图 10-15　计算工资合计

Step 02 选择 H3 单元格，在【开始】选项卡中单击【剪贴板】组中的【复制】按钮，该单元格的边框显示为虚线，如图 10-16 所示。

员工工资统计表

工号	姓名	职务	学历	基本工资	提成	全勤	工资合计
08001	张利	业务经理	大专	1300	2600	100	4000
08002	李方	财务经理	本科	1400	1280	100	
08003	王然	秘书	本科	1200	400	100	
08004	赵四	销售代表	本科	1000	1000	100	
08005	孙艳	销售代表	大专	1000	800	100	
08006	周伟	销售代表	大专	1000	1500	-100	
08007	吴飞	销售代表	大专	1000	900	100	
08008	陈天	销售代表	中专	900	1500	100	
08009	肖项	销售代表	大专	1000	880	100	

图 10-16　复制公式

Step 03 选择单元格 H6，单击【剪贴板】组中的【粘贴】按钮，即可将公式粘贴到该单元格中。可以看到和移动公式不同的是，值发生了变化，E6 单元格中显示的公式为“=SUM(E6:G6)”，即复制公式时，公式会根据单元格的引用情况发生变化，如图 10-17 所示。

员工工资统计表

工号	姓名	职务	学历	基本工资	提成	全勤	工资合计
08001	张利	业务经理	大专	1300	2600	100	4000
08002	李方	财务经理	本科	1400	1280	100	
08003	王然	秘书	本科	1200	400	100	
08004	赵四	销售代表	本科	1000	1000	100	2100
08005	孙艳	销售代表	大专	1000	800	100	
08006	周伟	销售代表	大专	1000	1500	-100	
08007	吴飞	销售代表	大专	1000	900	100	
08008	陈天	销售代表	中专	900	1500	100	
08009	肖项	销售代表	大专	1000	880	100	

图 10-17　粘贴公式

Step 04 按 Ctrl 键或单击单元格右侧的 (Ctrl) 图标，单击相应的按钮，即可应用粘贴格式、数值、公式、源格式、链接、图片等。若单击按钮，则表示只粘贴数值，粘贴后 H6 单元格中的值仍为“4000”，如图 10-18 所示。

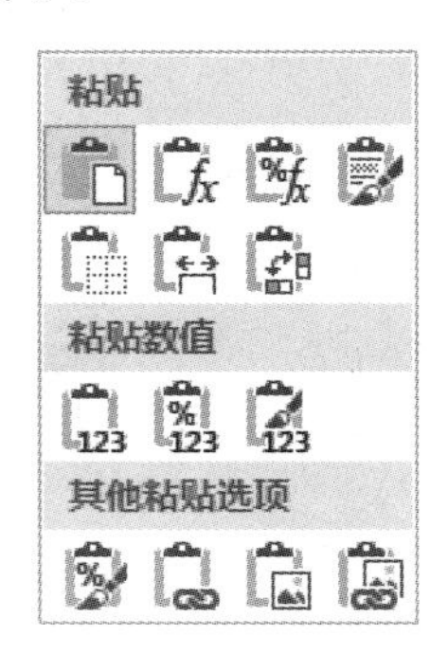

图 10-18 【粘贴】面板

10.2 使用函数

Excel 函数是一些已经定义好的公式，通过参数接收数据并返回结果，大多数情况下函数返回的是计算结果，也可以返回文本、引用、逻辑值、数组或者工作表的信息。

10.2.1 输入函数

在 Excel 2013 中，输入函数有手动输入和使用函数向导输入两种方法，其中手动输入函数和输入普通的公式一样，这里不再重述。下面介绍使用函数向导输入函数，具体操作步骤如下。

Step 01 启动 Excel 2013，新建一个空白文档，在单元格 A1 中输入“-100”，如图 10-19 所示。

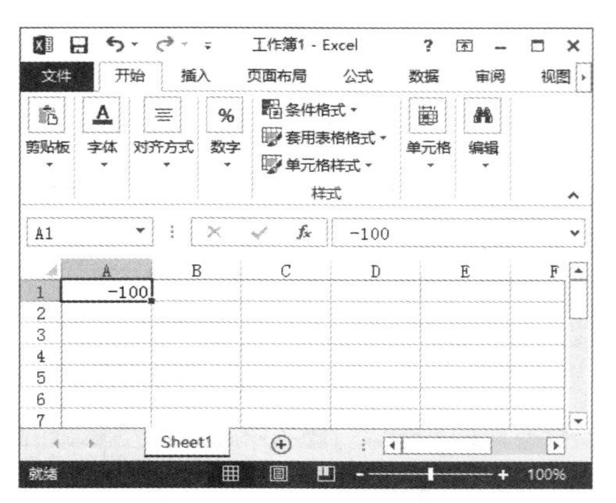

图 10-19 输入数值

Step 02 选定 A2 单元格，在【公式】选项卡中，单击【函数库】组中的【插入函数】按钮，或者单击编辑栏上的【插入函数】按钮，弹出【插入函数】对话框，如图 10-20 所示。

图 10-20 【插入函数】对话框

Step 03 在【或选择类别】下拉列表中选择【数学与三角函数】选项，在【选择函数】列表框中选择 ABS 选项 (绝对值函数)，列表

框的下方会出现关于该函数功能的简单提示，如图 10-21 所示。

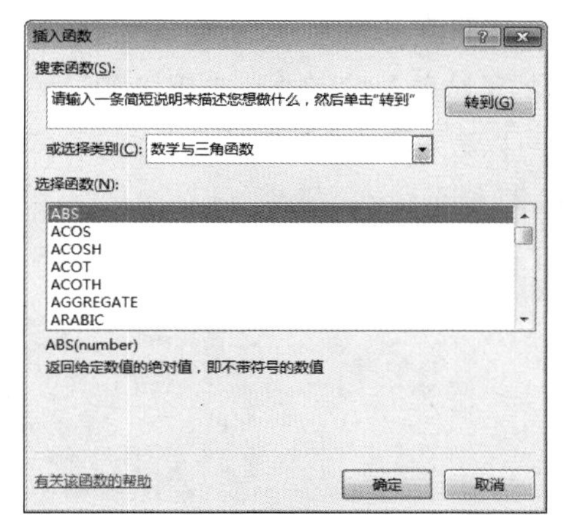

图 10-21　选择要插入的函数类型

Step 04 单击【确定】按钮，弹出【函数参数】对话框，在 Number 文本框中输入"A1"，或先单击 Number 文本框，再单击 A1 单元格，如图 10-22 所示。

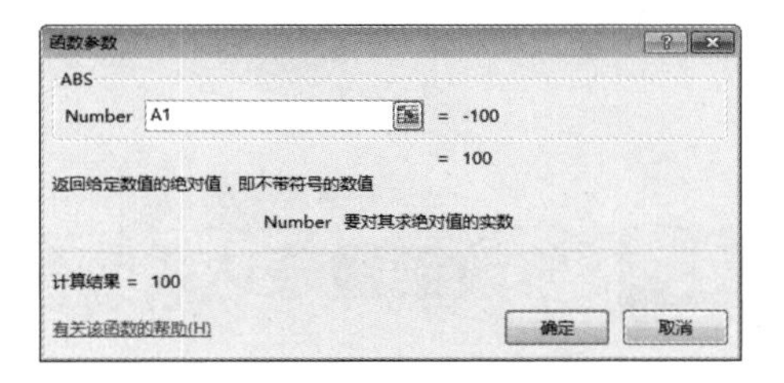

图 10-22　【函数参数】对话框

Step 05 单击【确定】按钮，即可将单元格 A1 中数值的绝对值求出，显示在单元格 A2 中，如图 10-23 所示。

图 10-23　计算出数值

> **提示** 对于函数参数，可以直接输入数值、单元格或单元格区域引用，也可以使用鼠标在工作表中选定单元格或单元格区域。

10.2.2 复制函数

函数的复制通常有两种情况，即相对复制和绝对复制。

1. 相对复制

所谓相对复制，就是将单元格中的函数表达式复制到一个新的单元格中之后，原来函数表达式中相对引用的单元格区域，随新单元格的位置变化而做相应的调整。进行相对复制的具体操作步骤如下。

Step 01 新建一个空白工作簿，在其中输入数据，将其保存为"学生成绩统计表"文件，在单元格 F2 中输入"=SUM(C2:E2)"并按 Enter 键，计算"总成绩"，如图 10-24 所示。

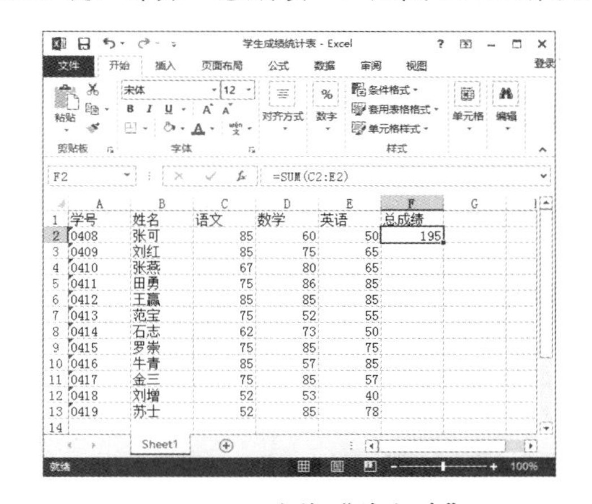

图 10-24　计算"总成绩"

Step 02 选中 F2 单元格，然后选择【开始】选项卡，单击【剪贴板】组中的【复制】按钮，或者按 Ctrl+C 组合键，选择 F3:F13 单元格区域，然后单击【剪贴板】组中的【粘贴】按钮，或者按 Ctrl+V 组合键，即可将函数复制到目标单元格，计算出其他学生的“总成绩”，如图 10-25 所示。

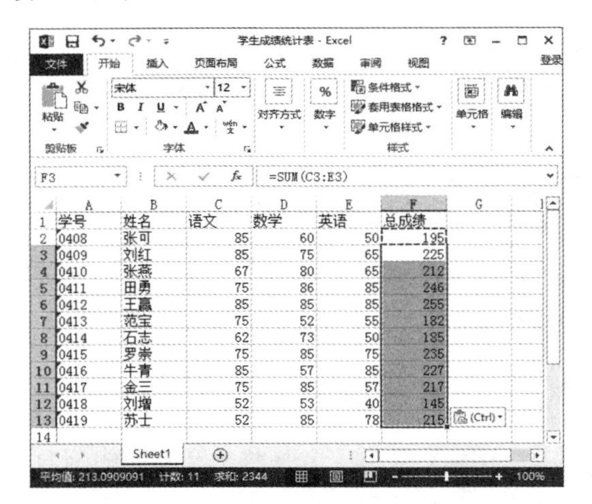

学号	姓名	语文	数学	英语	总成绩
0408	张可	85	60	50	195
0409	刘红	85	75	65	225
0410	张燕	67	80	65	212
0411	田勇	75	86	85	246
0412	王赢	85	85	85	255
0413	范宝	75	52	55	182
0414	石志	62	73	50	185
0415	罗崇	75	85	75	235
0416	牛青	85	57	85	227
0417	金三	75	85	57	217
0418	刘增	52	53	40	145
0419	苏士	52	85	78	215

图 10-25　相对复制函数计算其他学生的“总成绩”

2. 绝对复制

所谓绝对复制，就是将单元格中的函数表达式复制到一个新的单元格中之后，原来函数表达式中绝对引用的单元格区域，不随新单元格的位置变化而做相应的调整。进行绝对复制的具体操作步骤如下。

Step 01 打开“学生成绩统计表”文件，在单元格 F2 中输入“=SUM($C$2:$E$2)”，并按 Enter 键，如图 10-26 所示。

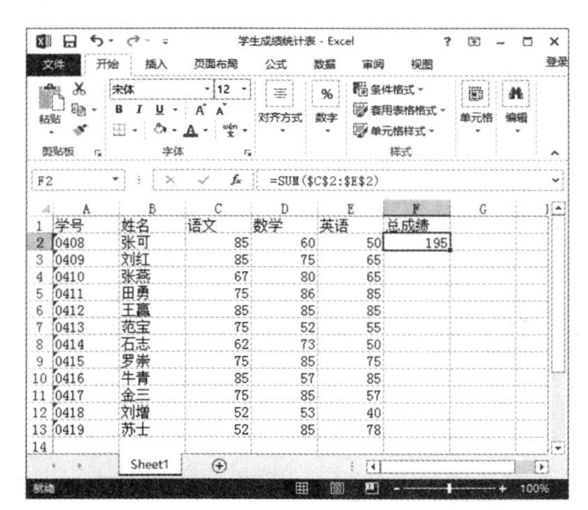

学号	姓名	语文	数学	英语	总成绩
0408	张可	85	60	50	195
0409	刘红	85	75	65	
0410	张燕	67	80	65	
0411	田勇	75	86	85	
0412	王赢	85	85	85	
0413	范宝	75	52	55	
0414	石志	62	73	50	
0415	罗崇	75	85	75	
0416	牛青	85	57	85	
0417	金三	75	85	57	
0418	刘增	52	53	40	
0419	苏士	52	85	78	

图 10-26　计算“总成绩”

Step 02 在【开始】选项卡中，单击【剪贴板】组中的【复制】按钮，或者按 Ctrl+C 组合键，选择 F3:F13 单元格区域，然后单击【剪贴板】组中的【粘贴】按钮，或者按 Ctrl+V 组合键，可以看到函数和计算结果并没有改变，如图 10-27 所示。

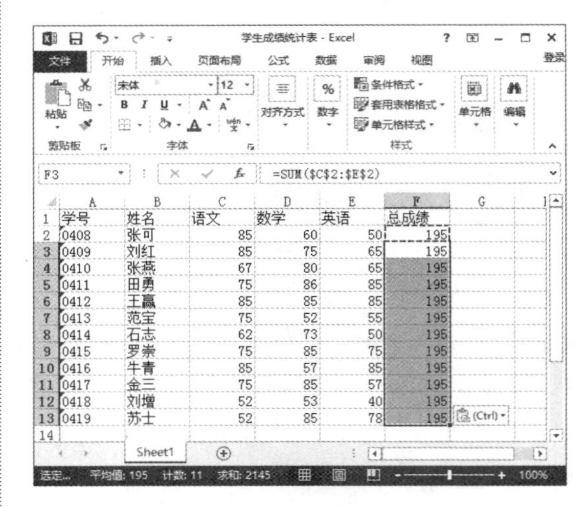

学号	姓名	语文	数学	英语	总成绩
0408	张可	85	60	50	195
0409	刘红	85	75	65	195
0410	张燕	67	80	65	195
0411	田勇	75	86	85	195
0412	王赢	85	85	85	195
0413	范宝	75	52	55	195
0414	石志	62	73	50	195
0415	罗崇	75	85	75	195
0416	牛青	85	57	85	195
0417	金三	75	85	57	195
0418	刘增	52	53	40	195
0419	苏士	52	85	78	195

图 10-27　绝对复制函数计算其他学生的“总成绩”

10.2.3 修改函数表达式

如果要修改函数表达式，可以选定修改函数所在的单元格，将光标定位在编辑栏中的错误处，利用 Delete 键或 Backspace 键删除错误内容，然后输入正确内容即可。

例如，上一小节中绝对复制的表达式如果输入错误，将“$E$2”误输入为“$E#2”，则修改的具体操作步骤如下。

Step 01 选定需要修改的单元格，将鼠标定位在编辑栏中的错误处，如图 10-28 所示。

Step 02 按 Delete 键或 Backspace 键删除错误内容，如图 10-29 所示。

Step 03 输入正确内容，如图 10-30 所示。

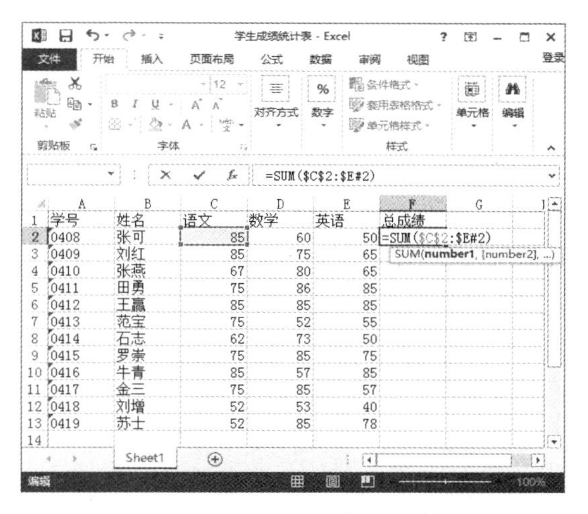

图 10-28　找到错误信息

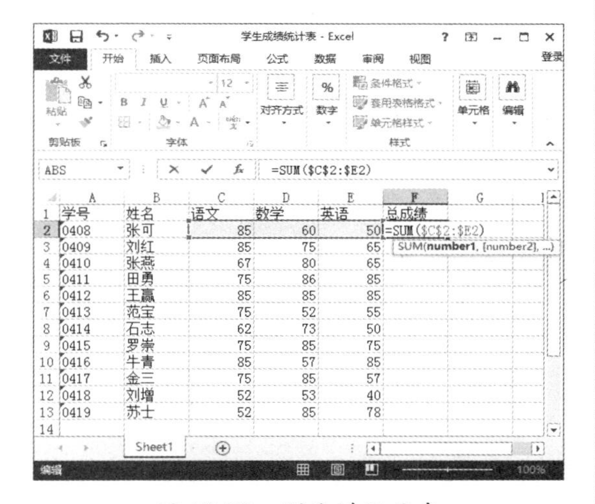

图 10-29　删除错误信息

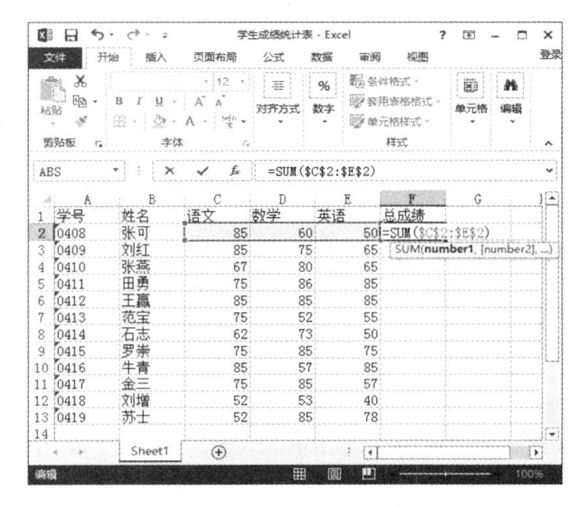

图 10-30　输入正确内容

Step 04 按下 Enter 键，即可输入计算出的学生“总成绩”，如图 10-31 所示。

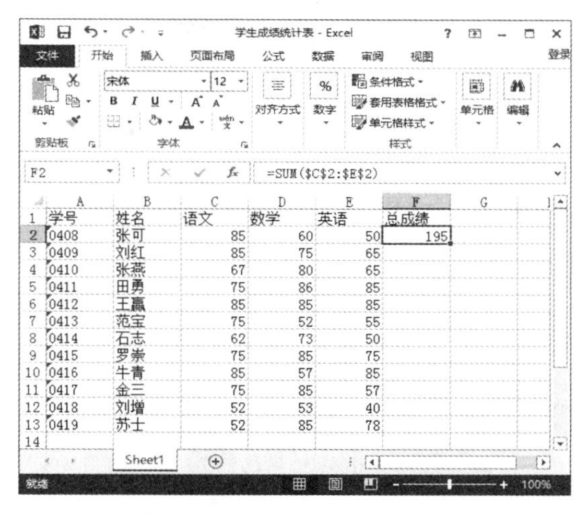

图 10-31　计算数值

如果是函数的参数输入有误，可选定函数所在的单元格，单击编辑栏中的【插入函数】按钮 *fx*，再次打开【函数参数】对话框，重新输入正确的函数参数即可。如将上一小节绝对复制中“张可”的“总成绩”参数输入错误，则具体的修改步骤如下。

Step 01 选定函数所在的单元格，单击编辑栏中的【插入函数】按钮 *fx*，打开【函数参数】对话框，如图 10-32 所示。

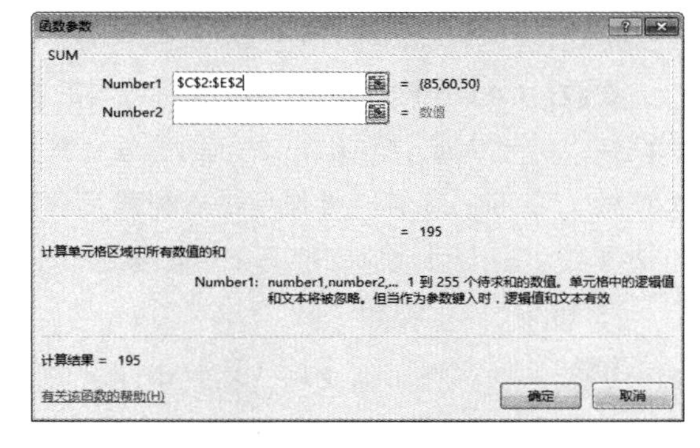

图 10-32　【函数参数】对话框

Step 02 单击 Number 1 文本框右边的选择区域按钮，然后选择正确的参数即可，如图 10-33 所示。

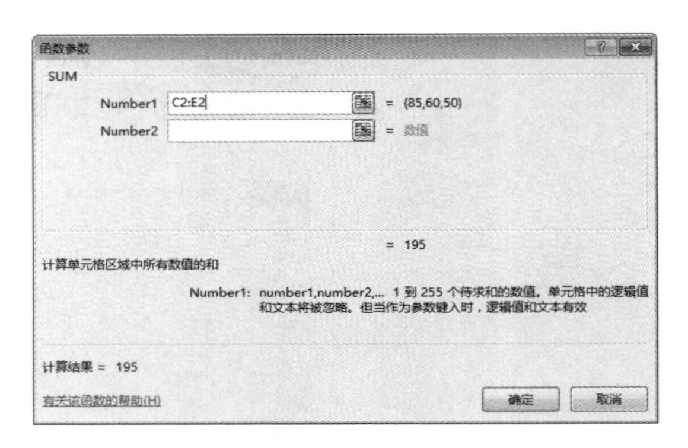

图 10-33 选择正确的参数

10.3 使用系统自带函数计算数据

Excel 中提到的函数其实是一些预定义的公式，它们使用一些被称为参数的特定数值，按特定的顺序或结构进行计算。所有的函数必须以等号“=”开始，必须按语法的特定顺序进行计算。

10.3.1 利用财务函数计算贷款的每期还款额

张三在 2014 年年底向银行贷款 20 万元购房，月利率 1.2%，要求月末还款，一年内还清贷款，试计算张三每月的总还款额，这里需使用财务函数中的 PMT 函数。有关 PMT 函数的介绍如下：

功能：计算为拥有存储的未来金额，每次必须存储的金额；或为在特定期间内偿清贷款，每次必须存储的金额。

格式：PMT(rate,nper,pv,fv,type)。

参数：rate 是必选参数，表示期间内的贷款利率；nper 是必选参数，表示该项贷款的付款总期数；pv 也是必选参数，表示现值或一系列未来付款的当前值的累积和，也叫本金；fv 是可选参数，表示未来值，或最后一次付款后希望得到的现金余额，如果省略则默认为 0；type 是可选参数，表示付款时间的类型，如果是 0，表示各期付款时间为期末，如果是 1，表示期初。

具体的操作步骤如下。

Step 01 新建一个空白文档，在其中输入“贷款金额”“月利率”“支付次数”“支付时间”等。设置 B1、B7:B18 的数字格式为【货币】，小数位数为“0”；设置 B2 为【百分比】格式，如图 10-34 所示。

Step 02 在单元格 B7 中输入公式“=PMT($B$2,$B$3,$B$1,0,0)”，按 Enter 键，即可计算出 1 月份的还款金额，如图 10-35 所示。

Step 03 利用快速填充功能，得到其他月份的还款金额，如图 10-36 所示。

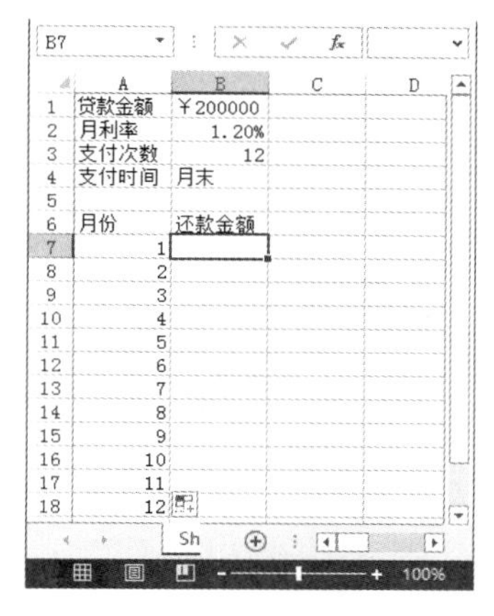

图 10-34　输入数据信息

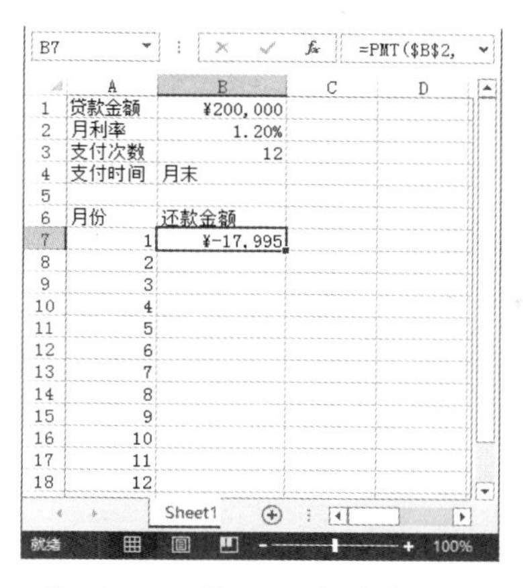

图 10-35　输入公式计算数据

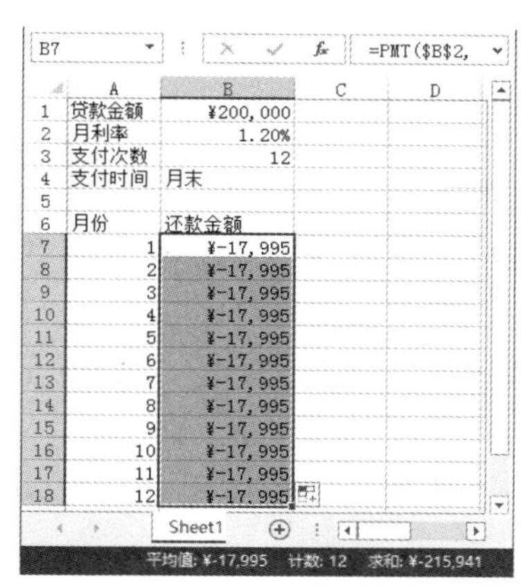

图 10-36　复制公式到其他单元格

10.3.2 利用逻辑函数判断员工是否完成工作量

每个人 4 个月销售电脑的数量均大于 100 台为完成工作量，否则为没有完成工作量。这里使用 AND 函数判断员工是否完成工作量，有关 AND 函数的介绍如下。

功能： 返回逻辑值。如果所有的参数值均为逻辑“真 (TRUE)”，则返回逻辑“真 (TRUE)”，反之返回逻辑“假 (FALSE)”。

格式： AND(logical1,logical2,...)。

参数： Logical1,Logical2,Logical3…表示待测试的条件值或表达式，最多为 255 个。

具体操作步骤如下。

Step 01 新建一个空白文档，在其中输入相关数据，如图 10-37 所示。

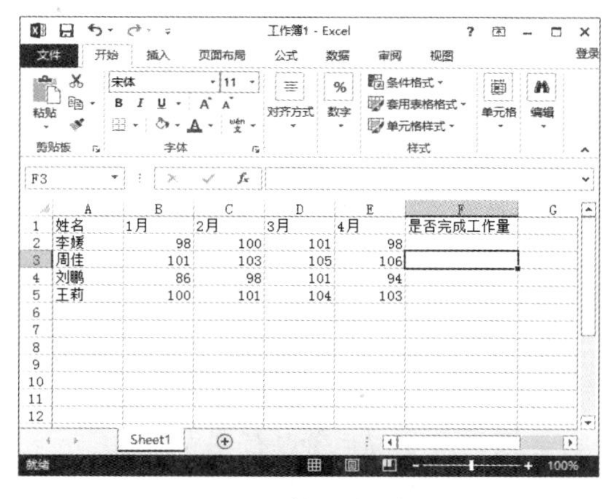

图 10-37　输入相关数据

Step 02 在单元格 F2 中输入公式“=AND(B2>100,C2>100,D2>100,E2>100)”，如图 10-38 所示。

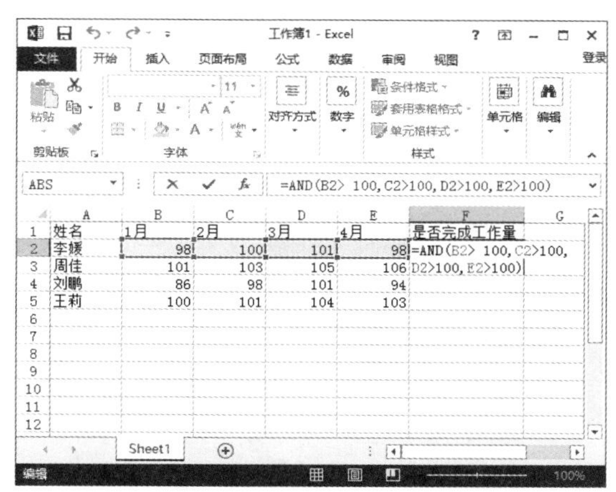

图 10-38　输入公式

Step 03 按 Enter 键，即可显示完成工作量的信息，如图 10-39 所示。

Step 04 利用快速填充功能，判断其他员工工作量的完成情况，如图 10-40 所示。

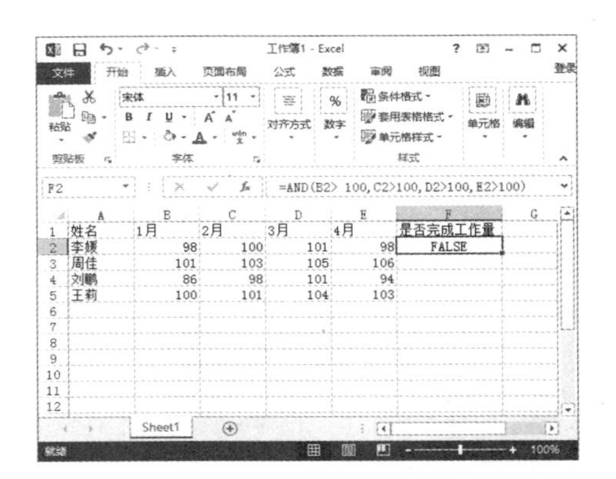

图 10-39　计算出数据

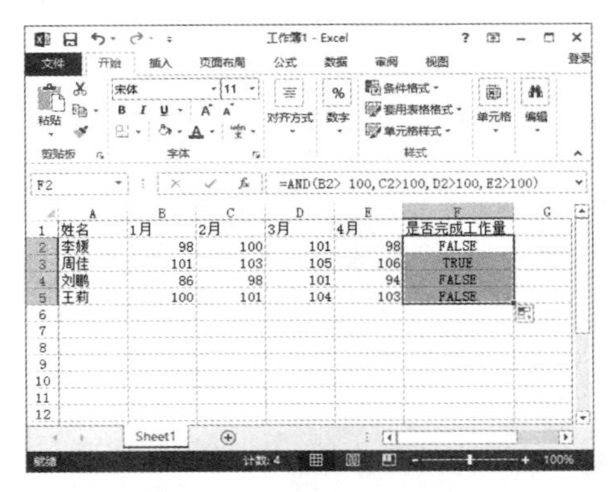

图 10-40　复制公式到其他单元格

10.3.3 利用文本函数从身份证号码中提取出生日期

18 位身份证号码的第 7 位到第 14 位，15 位身份证号码的第 7 位到第 12 位，代表的是出生日期，为了节省时间，登记出生年月时可以用 MID 函数将出生日期提取出来。有关 MID 函数的介绍如下：

功能：返回文本字符串中从指定位置开始的特定个数的字符函数，该个数由用户指定。

格式：MID(text,start_num,num_chars)。

参数：text 指包含要提取的字符的文本字符串，也可以是单元格引用；start_num 表示字符串中要提取字符的起始位置；num_chars 表示 MID 从字符串中返回字符的个数。

具体操作步骤如下。

Step 01 新建一个空白文档，在其中输入相关数据，如图 10-41 所示。

图 10-41　输入相关数据

Step 02 用 LEN 函数计算号码长度，15 位数提取第 7 位到 12 位，18 位数提取第 7 位到 14 位。选择单元格 D2，在其中输入公式“=IF(LEN(C2)=15,'19'&MID(C2,7,6),MID(C2,7,8))”，如图 10-42 所示。

图 10-42　输入公式

提示 使用 LEN 函数计算字符串的长度，若为 15 位，则提取第 7 位到 12 位，并在提取的字符串前面添加“19”，否则就在 18 位数中提取第 7 位到 14 位。

Step 03 按 Enter 键，即可得到该居民的出生日期，如图 10-43 所示。

Step 04 利用快速填充功能，完成其他单元格的操作，如图 10-44 所示。

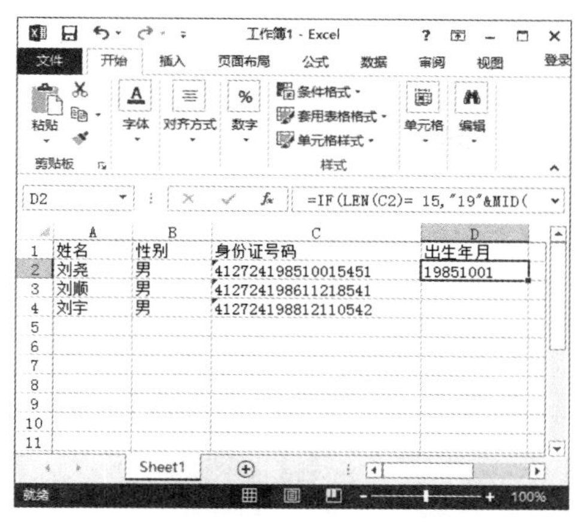

图 10-43　计算出数据

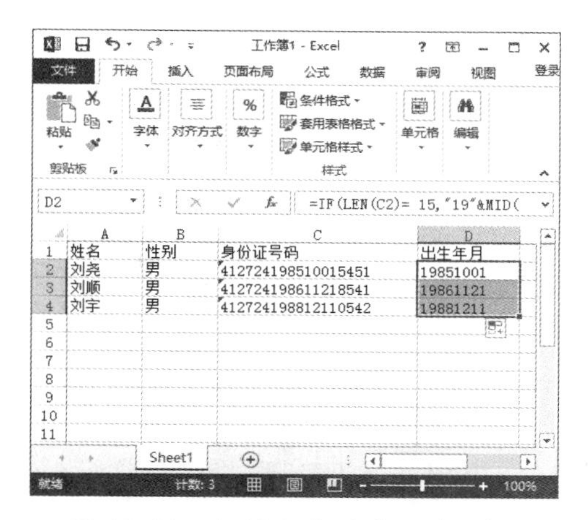

图 10-44　复制公式到其他单元格

10.3.4 利用日期和时间函数统计员工上岗的年份

公司每年都有新来的员工和离职的员工，可以利用 YEAR 函数统计员工上岗的年份。有关 YEAR 函数的介绍如下。

功能：返回某日对应的年份函数。显示日期值或日期文本的年份，返回值的范围为 1900 ～ 9999 的整数。

格式：YEAR(serial_number)。

参数：serial_number 是必选参数，为一个日期值或引用含有日期的单元格，其中包含需要查找年份的日期。如果该参数以非日期形式输入，则返回错误值 #VALUE！。

具体操作步骤如下。

Step 01 新建一个空白文件，在其中输入相关数据，如图 10-45 所示。

Step 02 选择单元格 D3，在其中输入公式“=YEAR(C3)”，如图 10-46 所示。

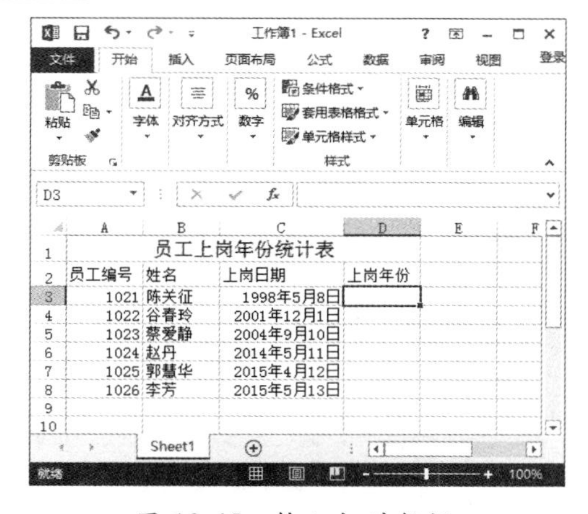

图 10-45　输入相关数据

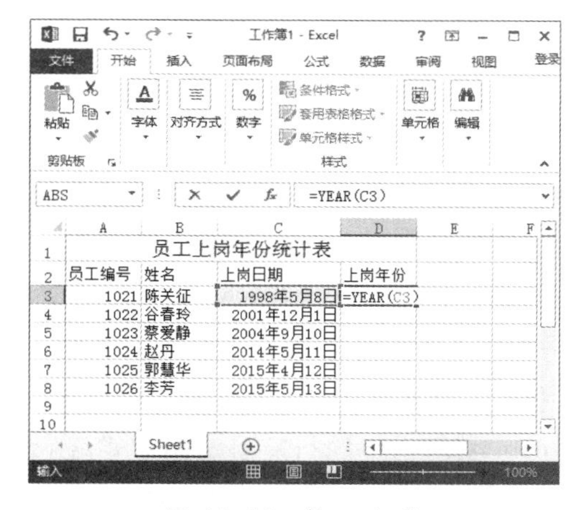

图 10-46　输入公式

Step 03 按 Enter 键，即可计算出“上岗年份”，如图 10-47 所示。

Step 04 利用快速填充功能，完成其他单元格的操作，如图 10-48 所示。

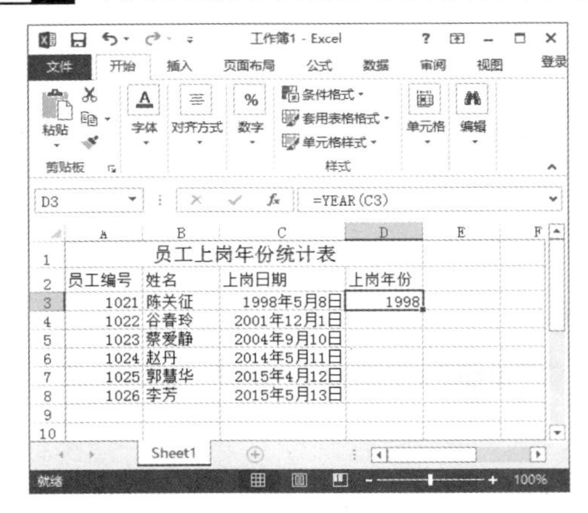

图 10-47　计算出数据

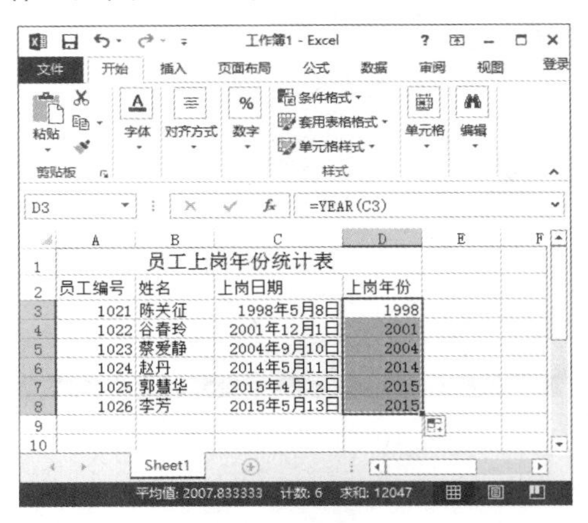

图 10-48　复制公式到其他单元格

> **提示**
> 可以利用 MONTH 函数求出指定日期或引用单元格中的日期月份，利用 DAY 函数求出指定日期或引用单元格中的日期天数。

10.3.5 利用查找与引用函数制作打折商品标签

超市在星期天推出打折商品，将其放到“特价区”，用标签标出商品的原价、打几折和现价等。在所有打折商品统计表中，根据商品的名称查询其原价、折扣和现价等信息，这里使用 INDEX 函数来实现。有关 INDEX 函数的介绍如下。

功能：返回指定单元格或单元格数组的值函数。返回列表或数组中的元素值，此元素由行序号和列序号的索引值进行确定（数组形式）。

格式：INDEX(array,row_num,column_num)。

参数：array 代表单元格区域或数组常量；row_num 表示指定的行序号（如果省略 row_num，则必须有 column_num）；column_num 表示指定的列序号（如果省略 column_num，则必须有 row_num）。

具体操作步骤如下。

Step 01 新建一个空白文档，在其中输入相关数据，如图 10-49 所示。

图 10-49　输入相关数据

Step 02 在数据表中查询“方便面”的原价、折扣和现价等信息。在单元格 B12 中输入“=

INDEX(A2:D8,Match(B11,A2:A8,0),B1)”，按 Enter 键，即可显示“方便面”的“原价”，如图 10-50 所示。

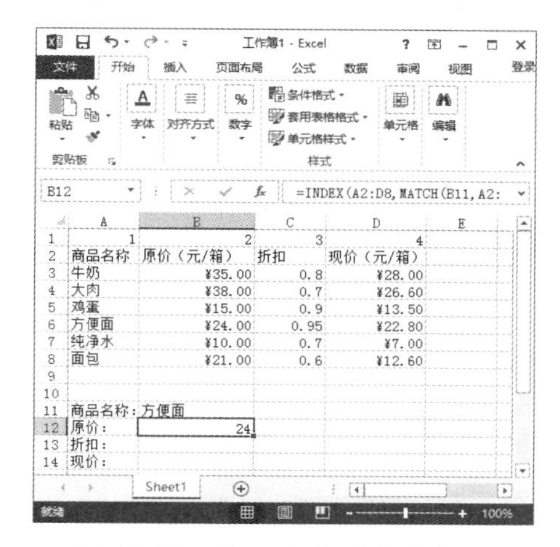

图 10-50　输入公式并计算数据

Step 03 在单元格 B13 中输入“=INDEX(A2:D8, Match(B11,A2:A8,0),C1)”，按 Enter 键，即可显示“方便面”的“折扣”，如图 10-51 所示。

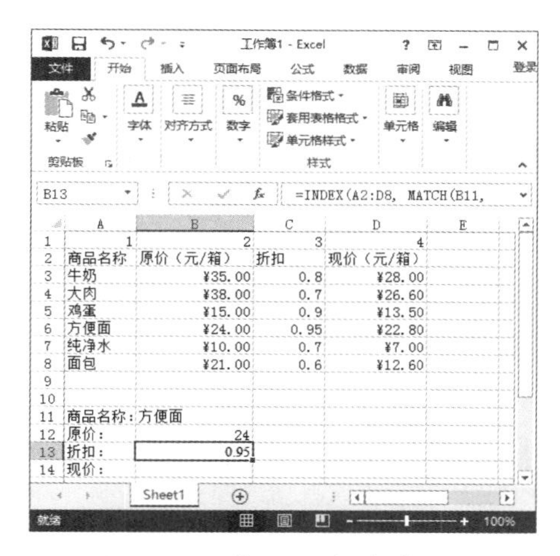

图 10-51　输入公式计算数据

Step 04 在单元格 B14 中输入“=INDEX(A2:D8, Match(B11,A2:A8,0),D1)”，按 Enter 键，即可显示“方便面”的“现价”，如图 10-52 所示。

Step 05 将 B12、B14 单元格的类型设置为【货币】，小数位数为“1”，如图 10-53 所示。

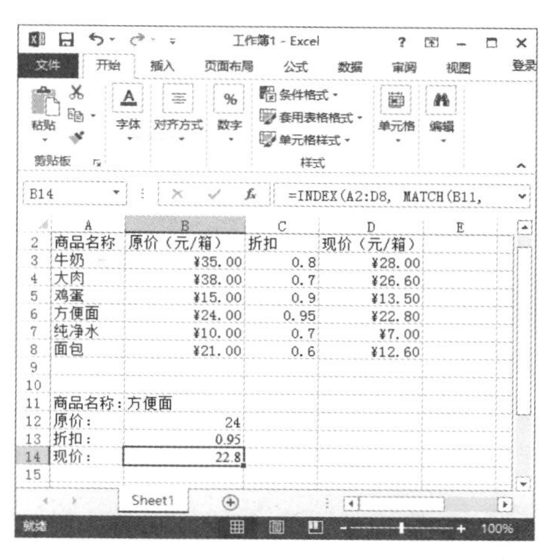

图 10-52　输入公式计算数据

图 10-53　设置单元格格式

Step 06 单击【确定】按钮，商品标签制作完成后，将表格中选中的区域打印出来即可，如图 10-54 所示。

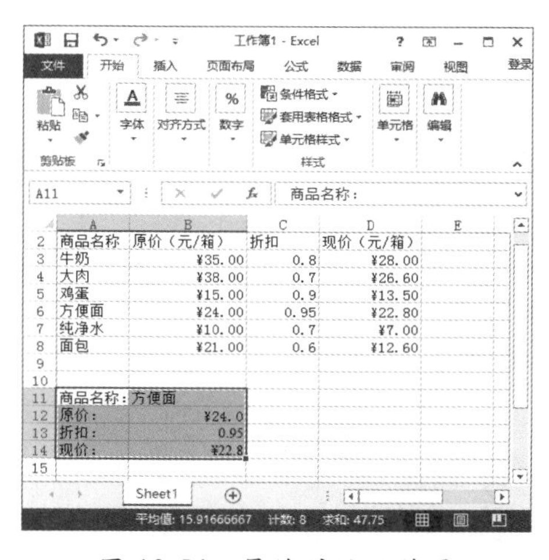

图 10-54　最终的显示效果

10.3.6 利用统计函数进行考勤统计

公司考勤表中记录了员工是否缺勤，现在需要统计缺勤的总人数，因此需使用 COUNT 函数。有关 COUNT 函数的介绍如下。

功能：统计参数列表中含有数值数据的单元格个数。

格式：COUNT(value1,value2,…)。

参数：value1,value2,…表示可以包含或引用各种类型数据的 1 到 255 个参数，但只有数值型的数据才被计算。

具体操作步骤如下。

Step 01 新建一个空白文档，在其中输入相关数据，如图 10-55 所示。

Step 02 在单元格 C2 中输入公式“=COUNT(B2:B10)”，按 Enter 键，即可得到“缺勤总人数”，如图 10-56 所示。

图 10-55 输入相关数据

图 10-56 输入公式计算数据

提示 表格中的“正常”表示不缺勤，“0”表示缺勤。

10.4 高效办公技能实战

10.4.1 高效办公技能实战 1——制作贷款分析表

本实例介绍贷款分析表的制作方法，具体操作步骤如下。

Step 01 新建一个空白文件，在其中输入相关数据，如图 10-57 所示。

Step 02 在单元格 B5 中输入公式“=SYD($B$2,$B$2*$H$2,$F$2,A5)”，按 Enter 键，即可计算出该项设备第一年的折旧额，如图 10-58 所示。

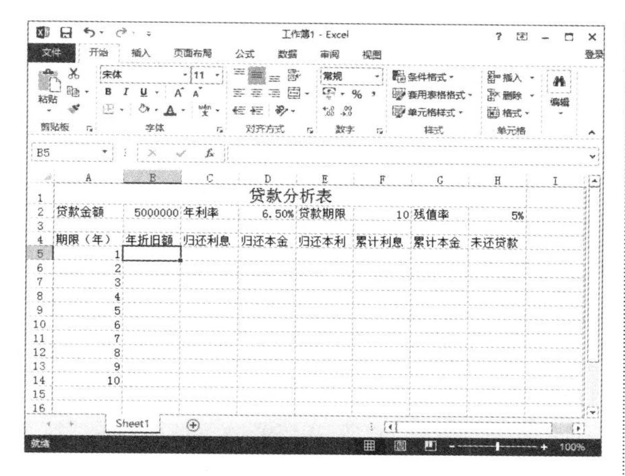

图 10-57　输入相关数据

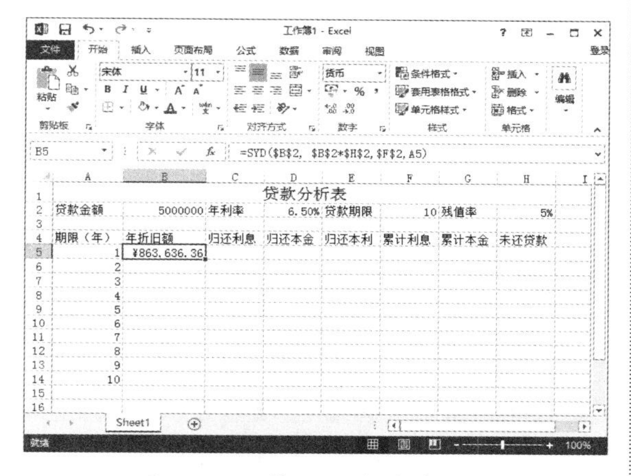

图 10-58　输入公式计算数据

Step 03 利用快速填充功能，计算该项每年的折旧额，如图 10-59 所示。

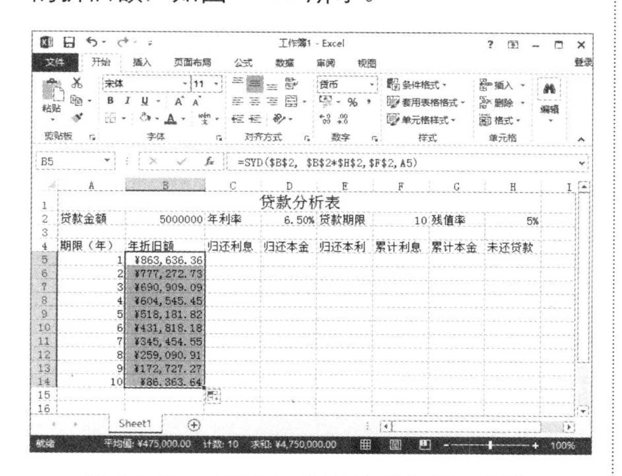

图 10-59　复制公式计算“年折旧额”

Step 04 选择单元格 C5，输入公式“=IPMT($D$2, A5,$F$2,$B$2)”，按 Enter 键，即可计算出该项第一年的“归还利息”，然后利用快速填充功能，计算每年的“归还利息”，如图 10-60 所示。

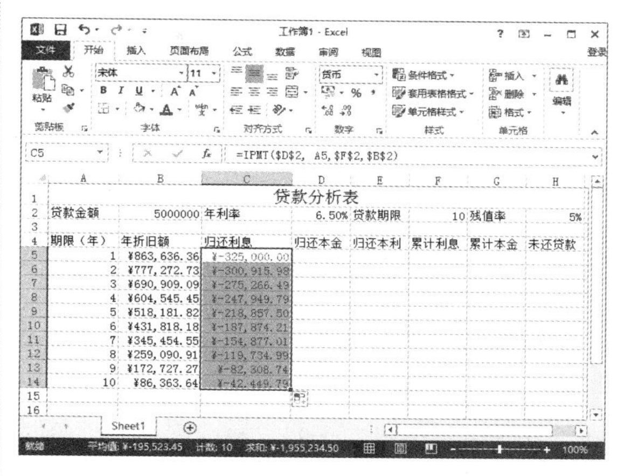

图 10-60　输入公式计算归还利息

Step 05 选择单元格 D5，输入公式“=PPMT($D$2, A5,$F$2,$B$2)”，按 Enter 键，即可计算出该项第一年的“归还本金”，然后利用快速填充功能，计算每年的“归还本金”，如图 10-61 所示。

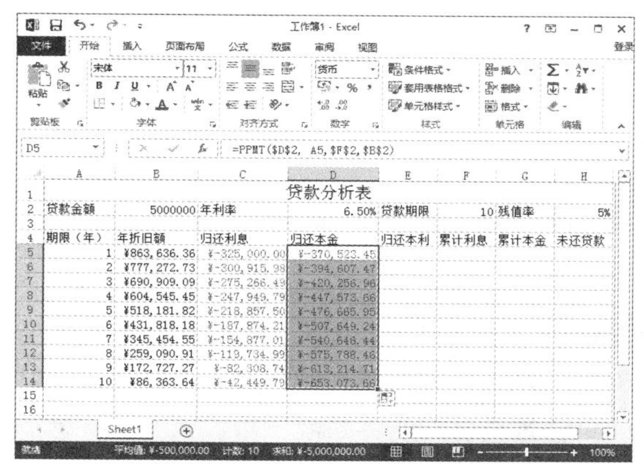

图 10-61　输入公式计算归还本金

Step 06 选择单元格 E5，输入公式“=PMT($D$2, $F$2,$B$2)”，按 Enter 键，即可计算出该项第一年的“归还本利”，然后利用快速填充功能，计算每年的“归还本利”，如图 10-62 所示。

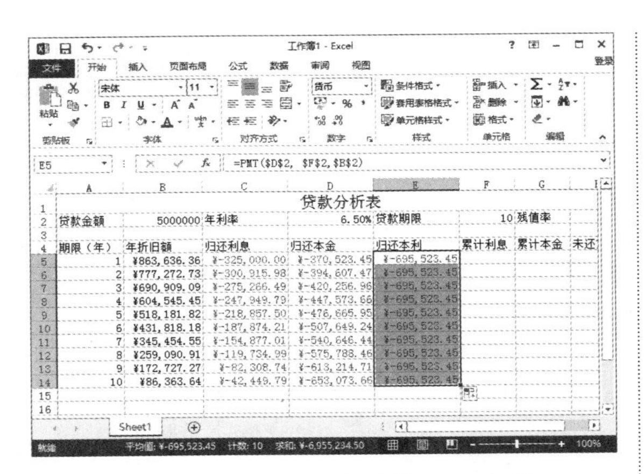

图 10-62　输入公式计算归还本利

Step 07 选择单元格 F5，输入公式“=CUMIPMT($D$2,$F$2,$B$2,1,A5,0)”，按 Enter 键，即可计算出该项第一年的“累计利息”，然后利用快速填充功能，计算每年的“累计利息”，如图 10-63 所示。

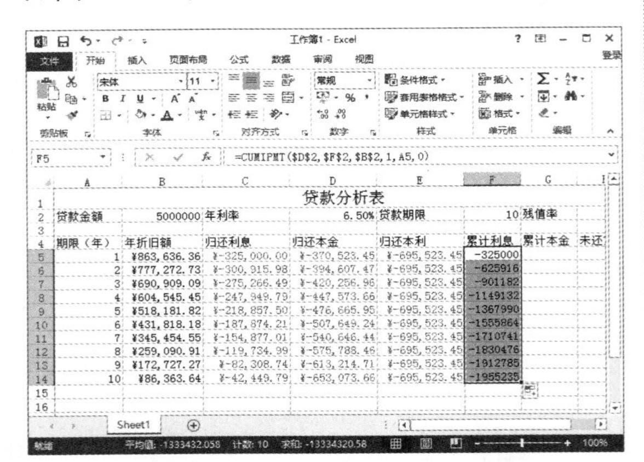

图 10-63　输入公式计算累计利息

Step 08 选择单元格 G5，输入公式“=CUMPRINC($D$2,$F$2,$B$2,1,A5,0)”，按 Enter 键，即可计算出该项第一年的“累计本金”，然后利用快速填充功能，计算每年的“累计本金”，如图 10-64 所示。

Step 09 选择单元格 H5，输入公式“=$B$2+G5”，按 Enter 键，即可计算出该项第一年的“未还贷款”，如图 10-65 所示。

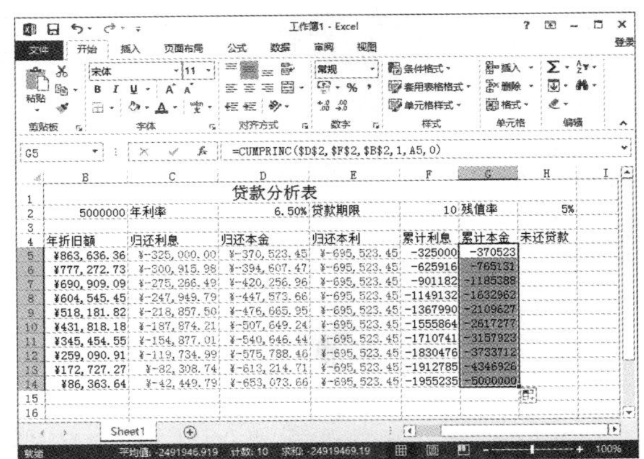

图 10-64　输入公式计算累计本金

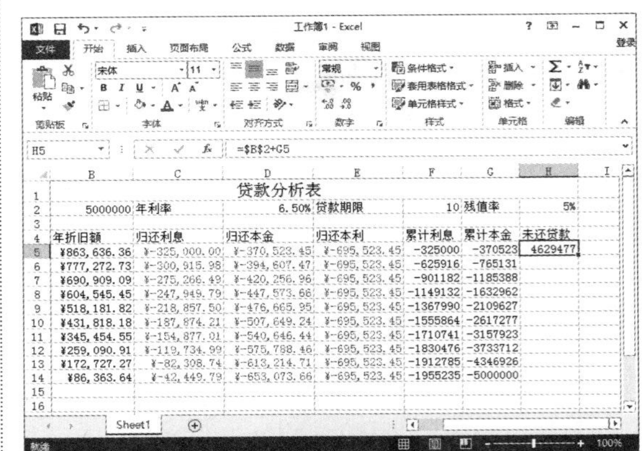

图 10-65　输入公式计算未还贷款

Step 10 利用快速填充功能，计算每年的“未还贷款”，如图 10-66 所示。

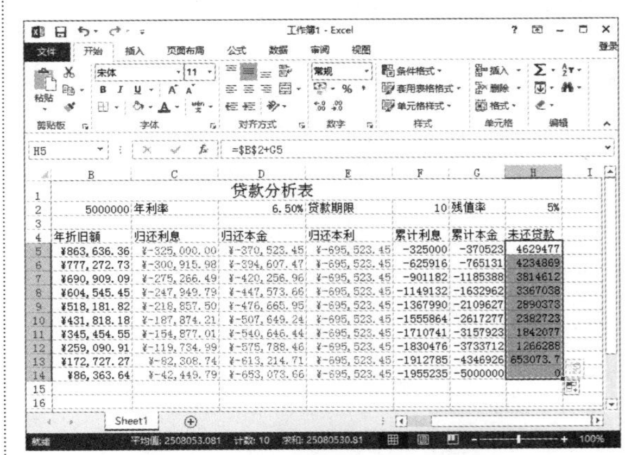

图 10-66　计算每年的未还贷款

10.4.2 高效办公技能实战 2——制作员工加班统计表

本实例加班费用的计算标准为：工作日期间晚上 6 点以后每小时 15 元，星期六和星期日加班每小时 20 元，严格执行打卡制度。如果加班时间在 30 分钟以上计 1 小时，30 分钟以下计 0.5 小时。制作员工加班统计表具体操作步骤如下。

Step 01 新建一个空白文档，在其中输入相关数据信息，如图 10-67 所示。

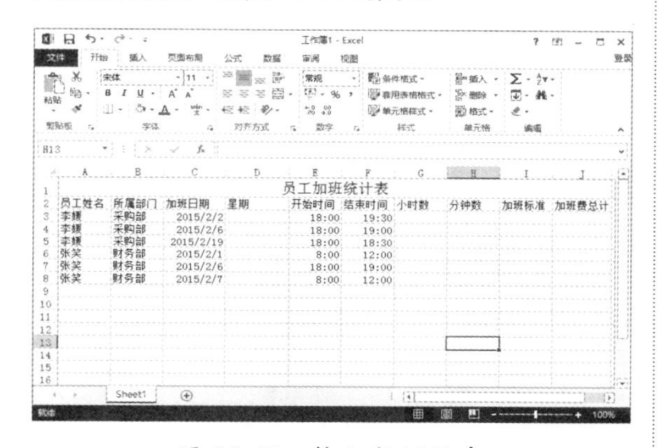

图 10-67　输入数据信息

Step 02 单击行号 2，选择第 2 行整行，在【开始】选项卡中，单击【样式】组中的【单元格样式】按钮，在弹出的下列菜单中选择一种样式，如图 10-68 所示。

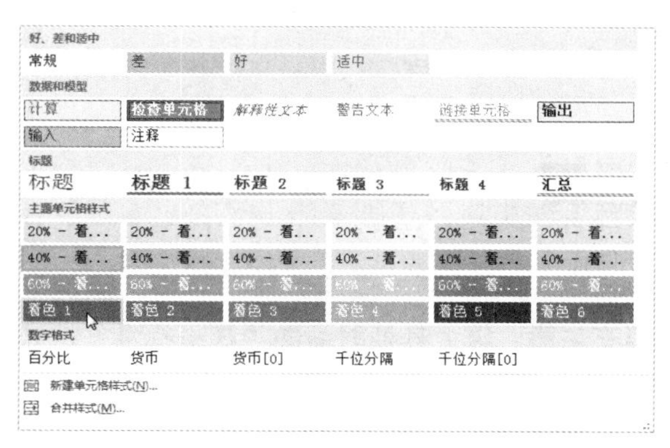

图 10-68　选择单元格样式

Step 03 即可为标题行添加一种样式，如图 10-69 所示。

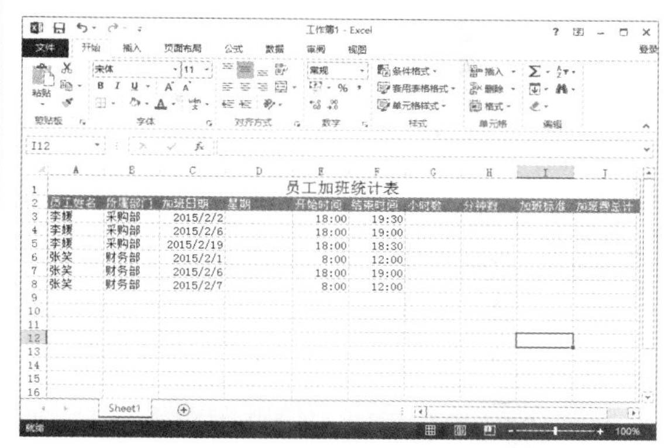

图 10-69　为标题行添加样式

Step 04 选择单元格 D3，在编辑栏中输入公式“=WEEKDAY(C3,1)”，按 Enter 键，显示返回值为“2”，如图 10-70 所示。

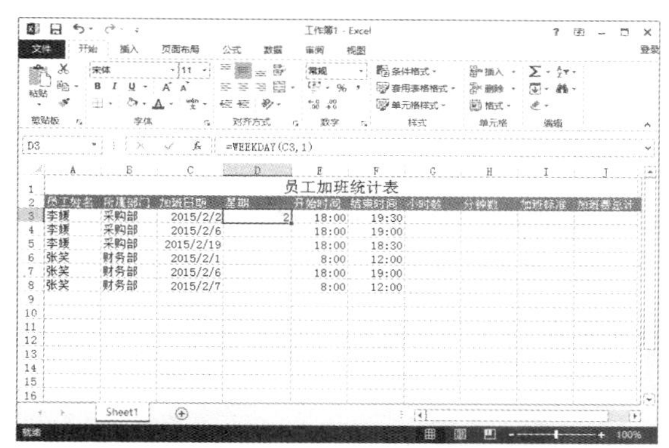

图 10-70　输入公式计算数据

Step 05 选择 D3:D8 单元格区域，右击鼠标，在弹出的快捷菜单中选择【设置单元格格式】命令，打开【设置单元格格式】对话框，切换到【数字】选项卡，更改“星期”列单元格格式的【分类】为【日期】，设置【类型】为“星期三”，如图 10-71 所示。

Step 06 单击【确定】按钮，单元格 D3 即显示为“星期一”，如图 10-72 所示。

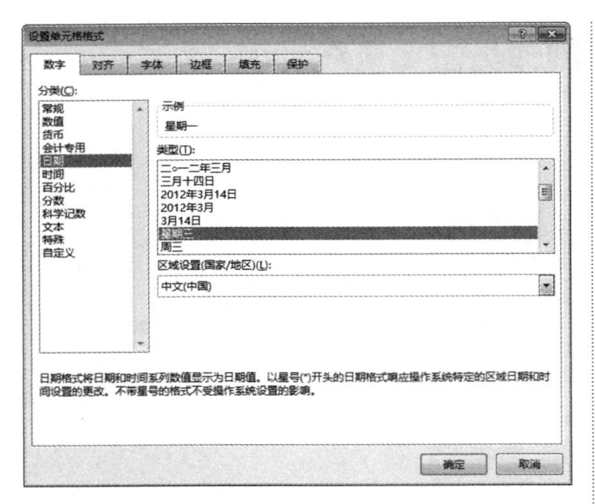

图 10-71 【设置单元格格式】对话框

图 10-72 以星期类型显示数据

Step 07 利用快速填充功能，复制单元格 D3 的公式到其他单元格中，计算其他时间对应的星期数，如图 10-73 所示。

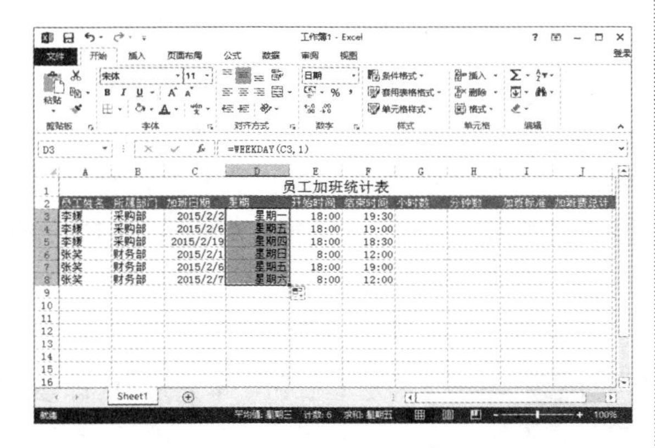

图 10-73 复制公式计算星期数

Step 08 选择单元格 G3，在其中输入公式“=HOUR(F3−E3)”，按 Enter 键，即可显示加班的“小时数”，然后利用快速填充功能，计算其他时间的“小时数”，如图 10-74 所示。

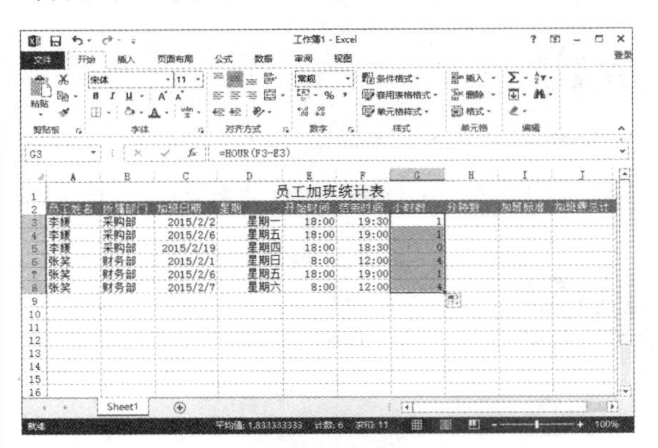

图 10-74 输入公式计算小时数

Step 09 选择单元格 H3，在其中输入公式“=MINUTE(F3−E3)”，按 Enter 键，即可显示加班的“分钟数”，然后利用快速填充功能，计算其他时间的“分钟数”，如图 10-75 所示。

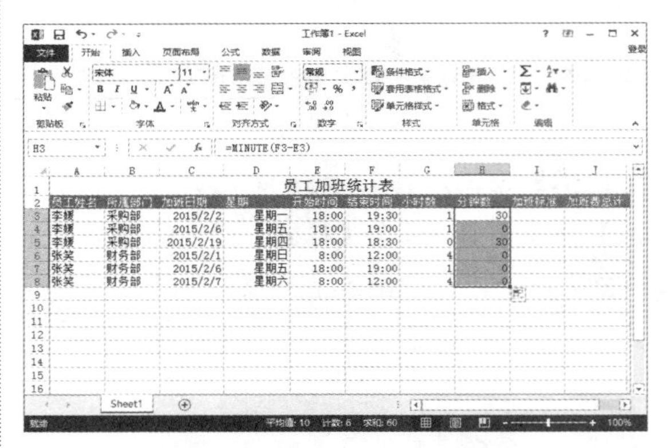

图 10-75 输入公式计算分钟数

Step 10 选择单元格 I3，在其中输入公式“=IF(OR(D3=7,D3=1),”20”,”15”)”，按 Enter 键，即可显示“加班标准”，利用快速填充功能，填上其他时间的“加班标准”，如图 10-76 所示。

Step 11 加班费等于加班的总小时乘以加班标准。选择单元格 J3，在其中输入公式“=(G3+IF(H3=0,0,IF(H3>30,1,0.5)))*J3”，按 Enter 键，即可显示“加班费总计”，如图 10-77 所示。

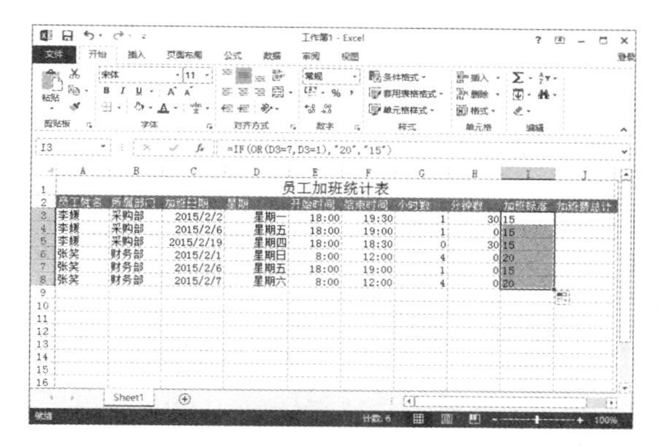

图 10-76　输入公式计算加班标准

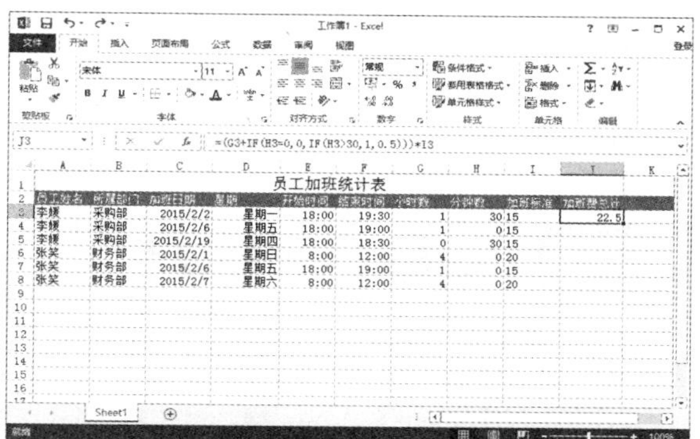

图 10-77　输入公式计算加班费总计

Step 12 利用快速填充功能，计算其他时间的“加班费总计”，如图 10-78 所示。

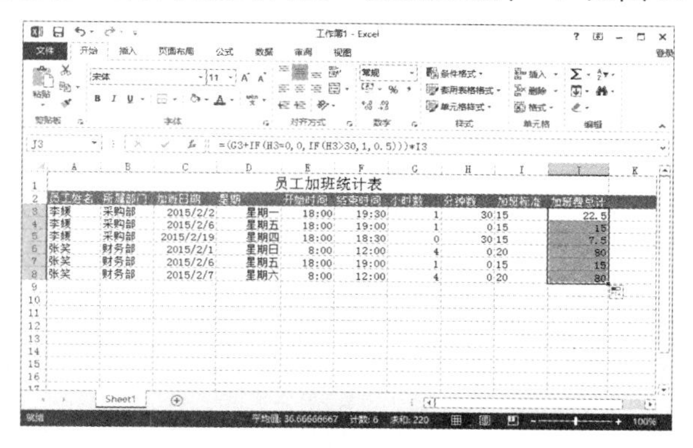

图 10-78　复制公式计算数据

10.5 课后练习与指导

10.5.1 使用公式计算数据

- **练习目标**

了解： Excel 的公式类型与输入方式。

掌握： 使用 Excel 中的公式计算数据。

- **专题练习指南**

01 新建一个空白工作簿。

02 在工作表中输入相关数据。

03 根据需要在单元格中输入公式并计算数据。

04 编辑单元格中的公式并计算数据。

05 移动单元格中的公式并计算数据。

06 复制单元格中的公式并计算数据。

10.5.2 使用函数计算数据

● 练习目标

了解：Excel 的函数类型与输入方式。

掌握：使用 Excel 中的函数计算数据。

● 专题练习指南

01 新建一个空白工作簿。

02 在工作表中输入相关数据。

03 根据需要在单元格中输入函数并计算数据。

04 编辑单元格中的函数并计算数据。

05 移动单元格中的函数并计算数据。

06 复制单元格中的函数并计算数据。

更专业的数据分析——报表的分析

- **本章导读**

Excel 对数据具有分析和管理功能，不仅可以对数据进行排序、筛选，而且可以进行分类汇总，同时还可以对数据进行科学分析。本章为读者介绍如何使用 Excel 2013 分析报表数据。

- **学习目标**

◎ 掌握在 Excel 中对数据排序的方法

◎ 掌握在 Excel 中对数据筛选的方法

◎ 了解数据的合并计算

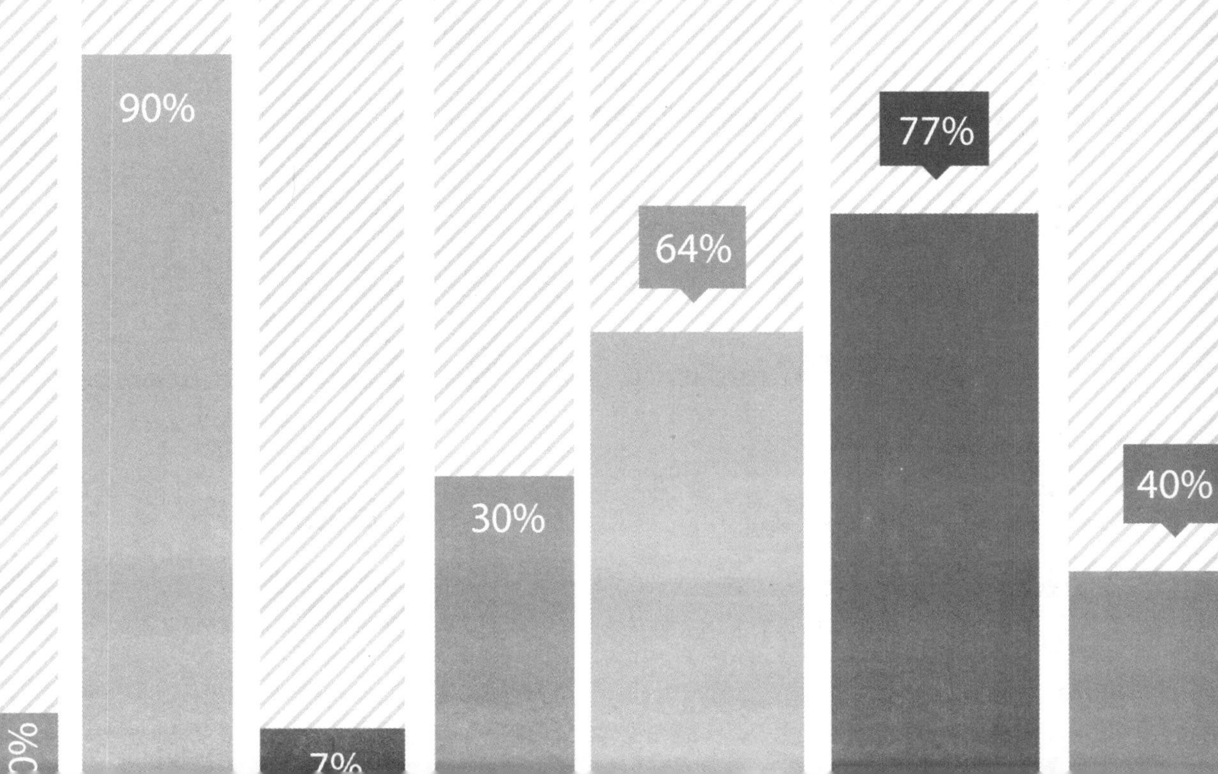

11.1 数据的排序

Excel 2013 不仅拥有计算数据的功能，还可以对工作表中的数据进行排序，排序的类型主要包括升序、降序等。

11.1.1 升序与降序

按照一列进行升序或降序排列是最常用的排序方法，下面介绍对数据进行升序或降序排列的具体操作步骤。

Step 01 新建一个空白文件，在其中输入相关数据，如图 11-1 所示。

04级五班学生成绩

学号	姓名	性别	线性代数	高等数学	燃气技术	总成绩
041409101	陈光明	男	81	62	70	213
041409102	方飞云	男	76	58	89	223
041409103	冯圆	女	73	89	55	217
041409104	高一山	男	83	54	92	229
041409105	韩文梁	男	72	83	90	245
041409106	李鹏举	男	57	66	91	214
041409107	刘小军	女	56	62	92	210
041409108	罗二军	男	92	56	80	228
041409109	马高尚	男	85	92	61	238
041409110	钱丽霞	女	78	86	73	237
041409111	任杰文	男	83	69	62	214
041409112	孙刘阳	男	75	61	57	193
041409113	王甜甜	女	69	91	66	226

图 11-1 输入相关数据

Step 02 单击数据区域中的任意一个单元格，然后选择【数据】选项卡，在【排序和筛选】组中单击【排序】按钮，如图 11-2 所示。

04级五班学生成绩

学号	姓名	性别	线性代数	高等数学	燃气技术	总成绩
041409101	陈光明	男	81	62	70	213
041409102	方飞云	男	76	58	89	223
041409103	冯圆	女	73	89	55	217
041409104	高一山	男	83	54	92	229
041409105	韩文梁	男	72	83	90	245
041409106	李鹏举	男	57	66	91	214
041409107	刘小军	女	56	62	92	210
041409108	罗二军	男	92	56	80	228
041409109	马高尚	男	85	92	61	238
041409110	钱丽霞	女	78	86	73	237
041409111	任杰文	男	83	69	62	214
041409112	孙刘阳	男	75	61	57	193
041409113	王甜甜	女	69	91	66	226

图 11-2 单击【排序】按钮

Step 03 弹出【排序】对话框，在其中的【主要关键字】下拉列表中选择【总成绩】选项，并选择【降序】选项，如图 11-3 所示。

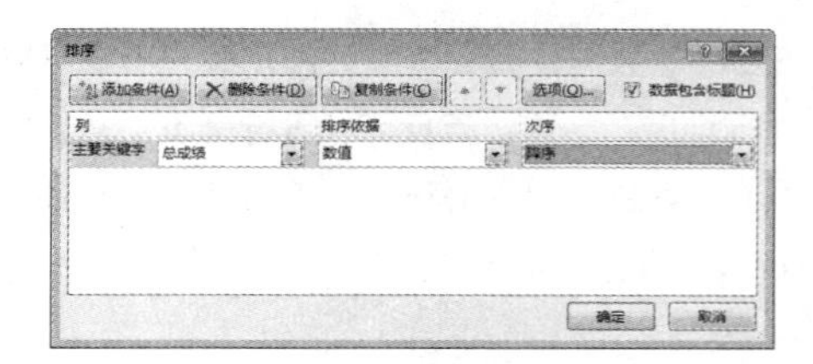

图 11-3 【排序】对话框

Step 04 单击【确定】按钮，即可看到“总成绩”从高到低进行排序，如图 11-4 所示。

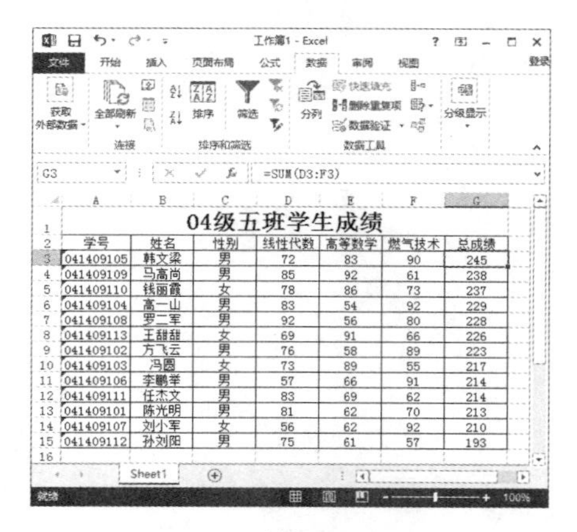

04级五班学生成绩

学号	姓名	性别	线性代数	高等数学	燃气技术	总成绩
041409105	韩文梁	男	72	83	90	245
041409109	马高尚	男	85	92	61	238
041409110	钱丽霞	女	78	86	73	237
041409104	高一山	男	83	54	92	229
041409108	罗二军	男	92	56	80	228
041409113	王甜甜	女	69	91	66	226
041409102	方飞云	男	76	58	89	223
041409103	冯圆	女	73	89	55	217
041409106	李鹏举	男	57	66	91	214
041409111	任杰文	男	83	69	62	214
041409101	陈光明	男	81	62	70	213
041409107	刘小军	女	56	62	92	210
041409112	孙刘阳	男	75	61	57	193

图 11-4 排序结果显示

11.1.2 自定义排序

除了可以对数据进行升序或降序排列外，还可以自定义排序，具体操作步骤如下。

Step 01 打开随书光盘中的“素材\ch11\学生成绩统计表”文件，选中需要自定义排序单元格区域的一个单元格，单击【数据】选项卡下【排序和筛选】组中的【排序】按钮，弹出【排序】对话框，在【次序】下拉列表中选择【自定义序列】选项，如图 11-5 所示。

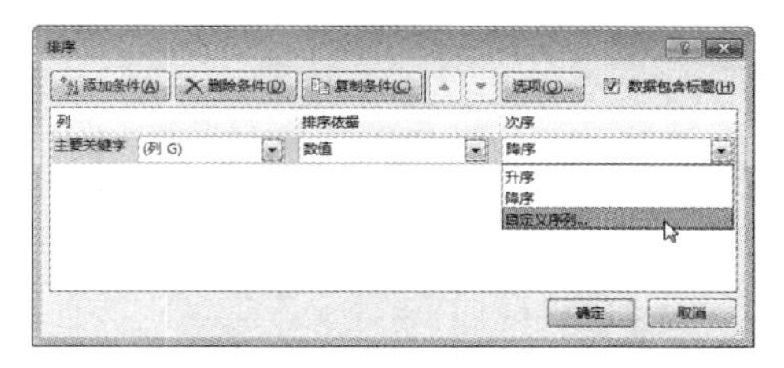

图 11-5　选择【自定义序列】选项

Step 02 打开【自定义序列】对话框，在【输入序列】列表框中输入自定义序列“男、女”。单击【添加】按钮，即可将输入的序列添加到【自定义序列】列表框中，然后单击【确定】按钮即可，如图 11-6 所示。

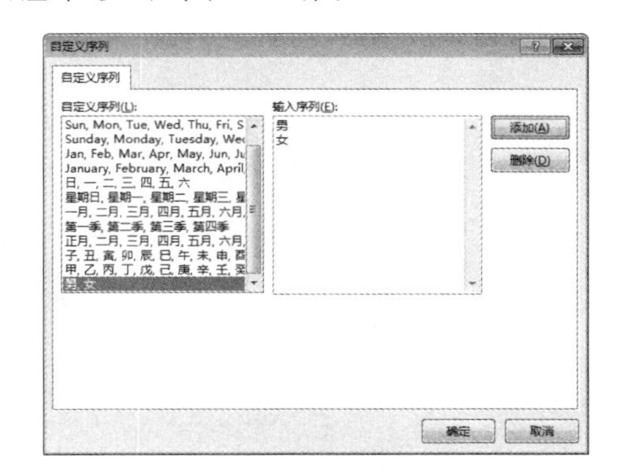

图 11-6　【自定义序列】对话框

Step 03 返回到【排序】对话框，在弹出的【排序】对话框中的【主要关键字】下拉列表中选择【列 C】选项，如图 11-7 所示。

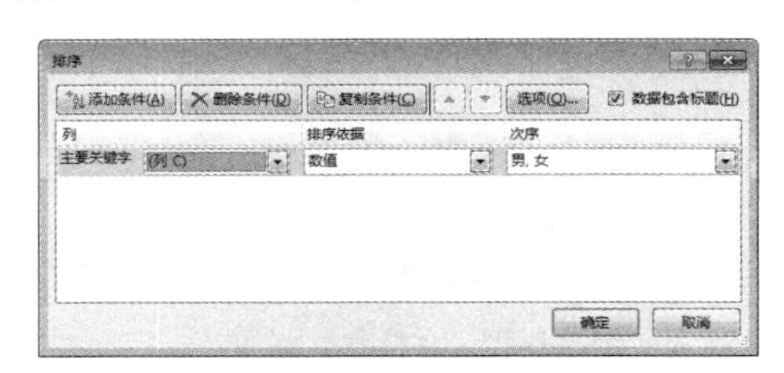

图 11-7　【排序】对话框

Step 04 单击【确定】按钮，即可看到排序后的结果，如图 11-8 所示。

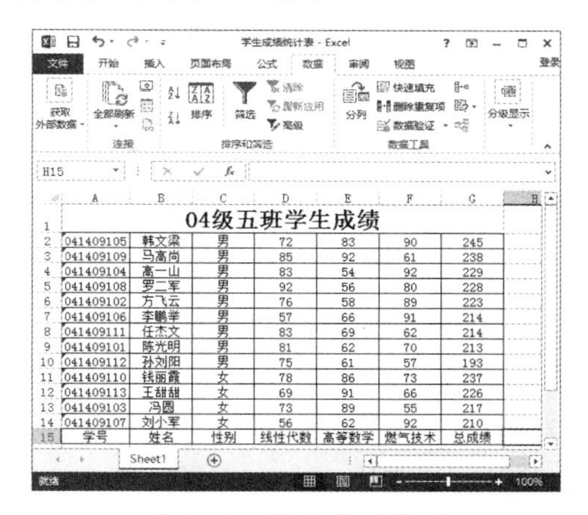

04级五班学生成绩						
041409105	韩文梁	男	72	83	90	245
041409109	马高尚	男	85	92	61	238
041409104	高一山	男	83	54	92	229
041409108	罗二军	男	92	56	80	228
041409102	方飞云	男	76	58	89	223
041409106	李鹏举	男	57	66	91	214
041409111	任杰文	男	83	69	62	214
041409101	陈光明	男	81	62	70	213
041409112	孙刘阳	男	75	61	57	193
041409110	钱丽霞	女	78	86	73	237
041409113	王甜甜	女	69	91	66	226
041409103	冯圆	女	73	89	55	217
041409107	刘小军	女	56	62	92	210
学号	姓名	性别	线性代数	高等数学	燃气技术	总成绩

图 11-8　排序后的结果

11.1.3　其他排序方式

按一列排序时，经常会遇到同一列中有多条数据相同的情况，若想进一步排序，就可以按多列进行排序，Excel 可以对不超过 3 列的数据进行多列排序。

具体操作步骤如下。

Step 01 打开随书光盘中的“素材\ch11\成绩统计表”文件，单击数据区域中的任意一个单元格。选择【数据】选项卡，在【排序和筛选】组中单击【排序】按钮，如图 11-9 所示。

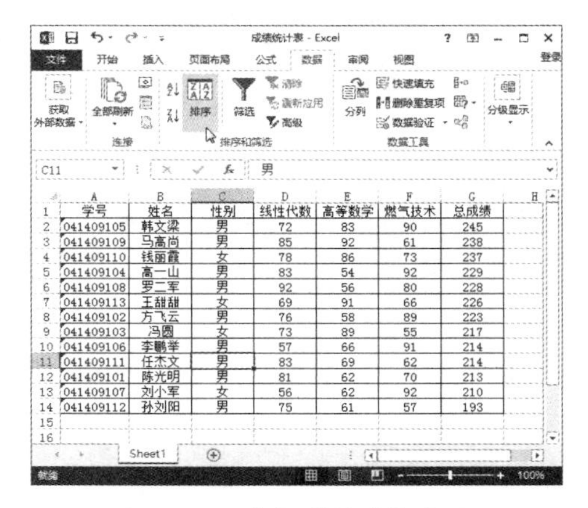

学号	姓名	性别	线性代数	高等数学	燃气技术	总成绩
041409105	韩文梁	男	72	83	90	245
041409109	马高尚	男	85	92	61	238
041409110	钱丽霞	女	78	86	73	237
041409104	高一山	男	83	54	92	229
041409108	罗二军	男	92	56	80	228
041409113	王甜甜	女	69	91	66	226
041409102	方飞云	男	76	58	89	223
041409103	冯圆	女	73	89	55	217
041409106	李鹏举	男	57	66	91	214
041409111	任杰文	男	83	69	62	214
041409101	陈光明	男	81	62	70	213
041409107	刘小军	女	56	62	92	210
041409112	孙刘阳	男	75	61	57	193

图 11-9　单击【排序】按钮

Step 02 在弹出的【排序】对话框中的【主要关键字】下拉列表中选择【总成绩】选项，在【次序】下拉列表中选择【降序】选项，如图 11-10 所示。

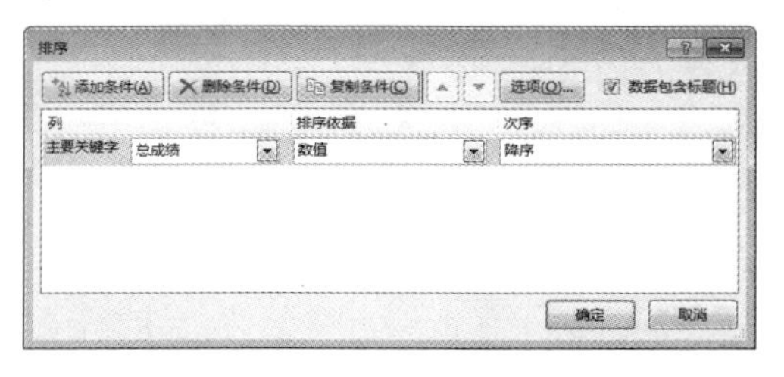

图 11-10 【排序】对话框

Step 03 单击【添加条件】按钮，在【次要关键字】下拉列表中选择【线性代数】选项，在【次序】下拉列表中选择【降序】选项，如图 11-11 所示。

Step 04 单击【确定】按钮，即可看到排序后的效果，如图 11-12 所示。

图 11-11 【排序】对话框

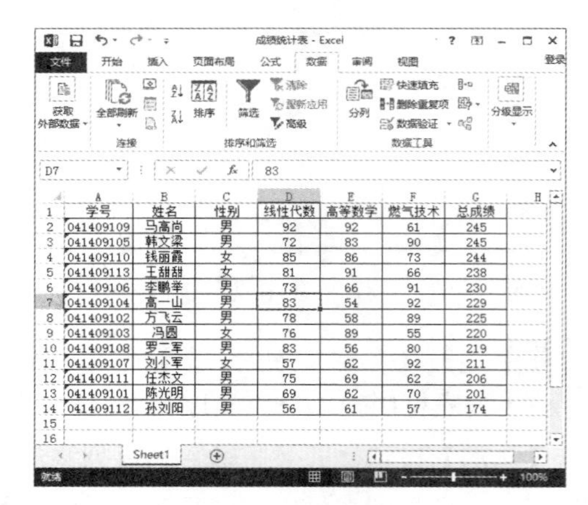

学号	姓名	性别	线性代数	高等数学	燃气技术	总成绩
041409109	马高尚	男	92	92	61	245
041409105	韩文梁	男	72	83	90	245
041409110	钱丽霞	女	85	86	73	244
041409113	王甜甜	女	81	91	66	238
041409106	李鹏举	男	73	66	91	230
041409104	高一山	男	83	54	92	229
041409102	方飞云	男	78	58	89	225
041409103	冯圆	女	76	89	55	220
041409108	罗二军	男	83	56	80	219
041409107	刘小军	女	57	62	92	211
041409111	任杰文	男	75	69	62	206
041409101	陈光明	男	69	62	70	201
041409112	孙刘阳	男	56	61	57	174

图 11-12 排序后的效果

11.2 筛选数据

通过 Excel 提供的数据筛选功能，可以使工作表只显示符合条件的数据记录。数据的筛选有自动筛选和高级筛选两种方式，使用自动筛选是筛选数据极其简便的方法，而使用高级筛选则可规定很复杂的筛选条件。

11.2.1 自动筛选数据

通过自动筛选，可以筛选掉那些不想看到或者不想打印的数据，具体操作步骤如下。

Step 01 打开随书光盘中的“素材\ch11\员工信息表”文件，单击任意一个单元格，如图 11-13 所示。

Step 02 选择【数据】选项卡，在【排序和筛选】组中单击【筛选】按钮，此时在每个字段名的右边都会有一个下箭头，如图 11-14 所示。

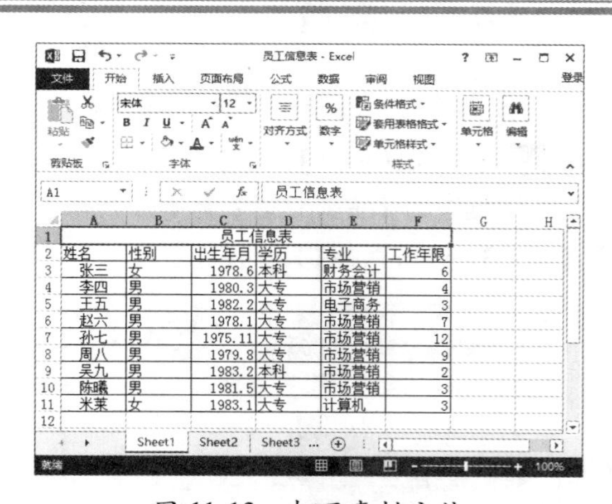

员工信息表					
姓名	性别	出生年月	学历	专业	工作年限
张三	女	1978.6	本科	财务会计	6
李四	男	1980.3	大专	市场营销	4
王五	男	1982.2	大专	电子商务	3
赵六	男	1978.1	大专	市场营销	7
孙七	男	1975.11	大专	市场营销	12
周八	男	1979.8	大专	市场营销	9
吴九	男	1983.2	本科	市场营销	2
陈曦	男	1981.5	大专	市场营销	3
米莱	女	1983.1	大专	计算机	3

图 11-13 打开素材文件

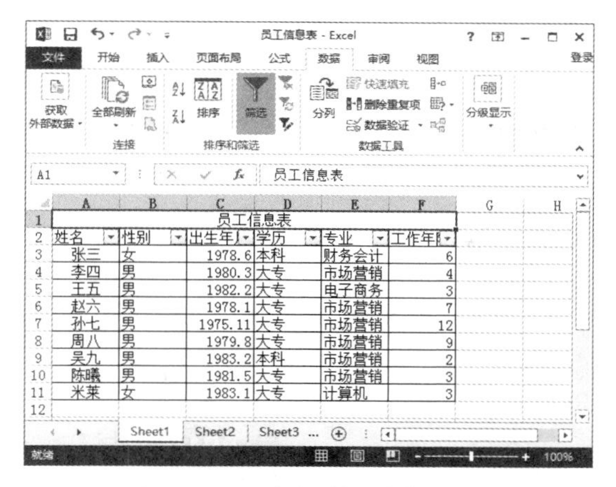

图 11-14　单击【筛选】按钮

Step 03 单击【学历】右边的下箭头，在弹出的下拉列表中取消【全选】复选框，然后选择【本科】复选框，如图 11-15 所示。

Step 04 筛选后的工作表如图 11-16 所示，只显示了【学历】为【本科】的数据信息，其他的数据都被隐藏起来了。

图 11-15　选择【本科】复选框

图 11-16　筛选后的效果

> **提示**　使用自动筛选的字段，其字段名右边的下箭头会变为蓝色。如果单击【学历】右侧的下箭头，在弹出的下拉列表中选择【(全部)】复选框，则可以取消对【学历】的自动筛选。

11.2.2　按所选单元格的值进行筛选

除了可以自动筛选数据外，用户还可以按照所选单元格的值进行筛选。如这里想要筛选出员工工作年限在 6 年以上的数据信息，采用自动筛选就无法实现，此时可以通过自动筛选中的自定义筛选条件来实现，具体操作步骤如下。

Step 01 打开随书光盘中的“素材\ch11\员工信息表”文件，单击任意一个单元格，然后选择【数据】选项卡，在【排序和筛选】组中单击【筛选】按钮，此时在每个字段名的右边都会有一个下箭头，如图 11-17 所示。

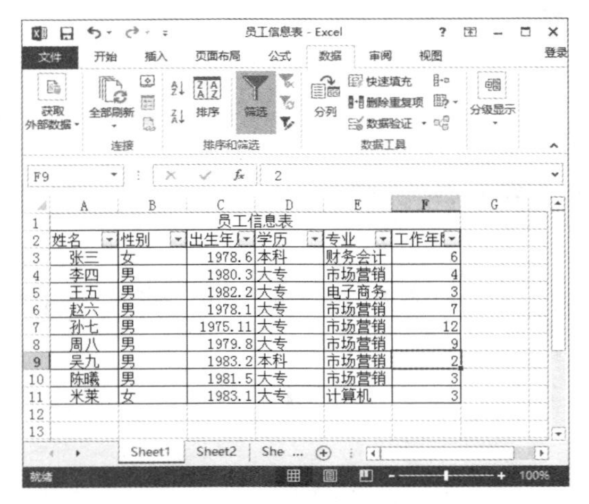

图 11-17 单击【筛选】按钮

Step 02 单击【工作年限】右边的下箭头，在弹出的下拉列表中选择【数字筛选】选项，然后在弹出的子菜单中选择【大于】命令，如图 11-18 所示。

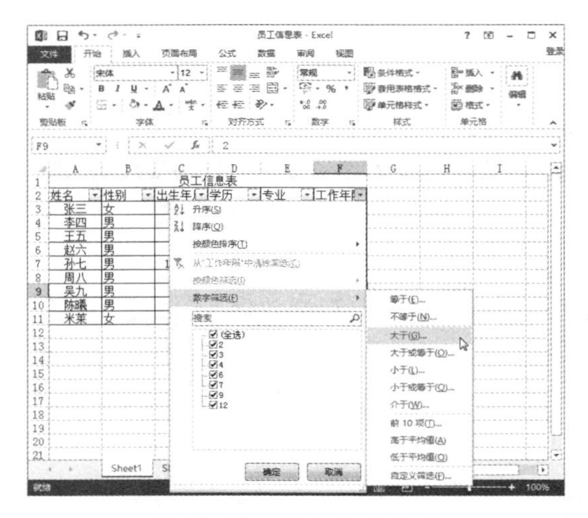

图 11-18 设置筛选条件

Step 03 弹出【自定义自动筛选方式】对话框，在第 1 行的条件选项中选择【大于】，在其右边输入“6”，如图 11-19 所示。

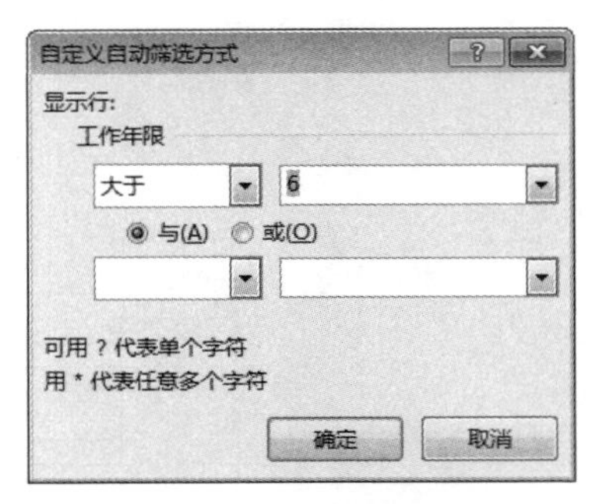

图 11-19 【自定义自动筛选方式】对话框

Step 04 单击【确定】按钮，即可筛选出工作年限大于 6 的信息，如图 11-20 所示。

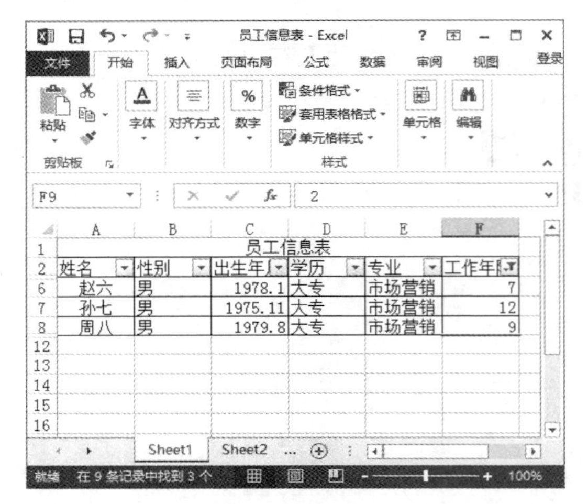

图 11-20 筛选后的结果

11.2.3 高级筛选

如果用户想要筛选出条件更为复杂的信息，则可以使用 Excel 的高级筛选功能。如这里想要在销售代表中筛选出大专生，其合计工资超过 2000 并包含 2000 的信息，具体操作步骤如下。

Step 01 打开随书光盘中的“素材\ch11\员工工资统计表”文件，在第 1 行之前插入 3 行，在 C1、D1、E1 单元格中分别输入“职务”“学历”“工资合计”，在 C2、D2、E2 单元格中输入筛选条件分别为“销售代表”“大专”“>=2000”，如图 11-21 所示。

工号	姓名	职务	学历	基本工资	提成	全勤	工资合计
08001	张利	业务经理	大专	1300	2600	100	4000
08002	李方	财务经理	本科	1400	1280	100	2780
08003	王然	秘书	本科	1200	400	100	1700
08004	赵四	销售代表	本科	1000	1000	100	2100
08005	孙艳	销售代表	大专	1000	800	100	1900
08006	周伟	销售代表	大专	1000	1500	-100	2400
08007	吴飞	销售代表	大专	1000	900	100	2000
08008	陈天	销售代表	中专	900	1500	100	2500
08009	肖项	销售代表	大专	1000	880	100	1980

图 11-21　输入筛选条件

提示 使用高级筛选之前应先建立一个条件区域，条件区域至少有 3 个空白行，首行中包含的字段名必须拼写正确，只要包含有作为筛选条件的字段名即可；条件区域的字段名下面一行用来输入筛选条件；另一行作为空行，用来把条件区域和数据区域分开。

Step 02 单击任意一个单元格，但不能单击条件区域与数据区域之间的空行，然后选择【数据】选项卡，在【排序和筛选】组中单击【高级】按钮，如图 11-22 所示。

工号	姓名	职务	学历	基本工资	提成	全勤	工资合计
08001	张利	业务经理	大专	1300	2600	100	4000
08002	李方	财务经理	本科	1400	1280	100	2780
08003	王然	秘书	本科	1200	400	100	1700
08004	赵四	销售代表	本科	1000	1000	100	2100
08005	孙艳	销售代表	大专	1000	800	100	1900
08006	周伟	销售代表	大专	1000	1500	-100	2400
08007	吴飞	销售代表	大专	1000	900	100	2000
08008	陈天	销售代表	中专	900	1500	100	2500
08009	肖项	销售代表	大专	1000	880	100	1980

图 11-22　单击【高级】按钮

Step 03 弹出【高级筛选】对话框，单击【列表区域】文本框右边的按钮，用鼠标在工作表中选择要筛选的列表区域范围（如 A5:H14)，如图 11-23 所示。

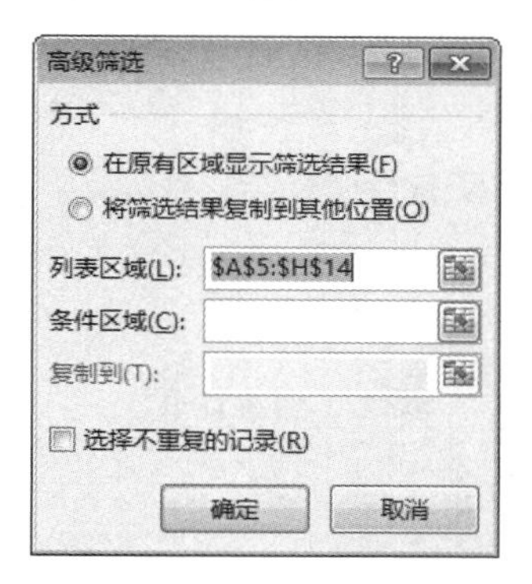

图 11-23　【高级筛选】对话框

Step 04 单击【条件区域】文本框右边的按钮，用鼠标在工作表中选择要筛选的条件区域范围 (如 C1:E2)，如图 11-24 所示。

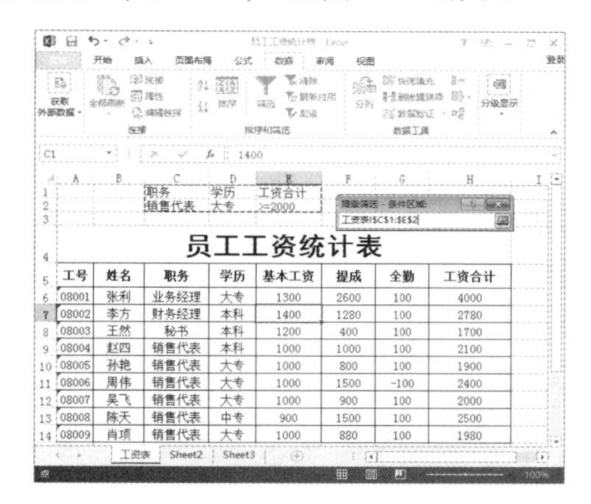

图 11-24　选择筛选条件范围

Step 05 单击【高级筛选 - 条件区域】对话框右侧的按钮，返回【高级筛选】对话框，单击【确定】按钮，如图 11-25 所示。

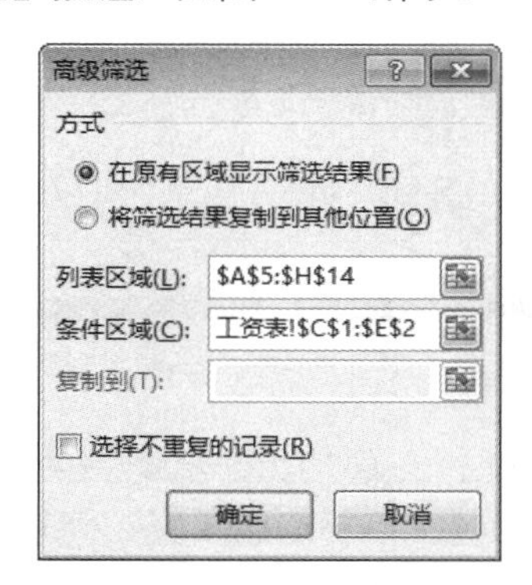

图 11-25　单击【确定】按钮

Step 06 筛选出符合预设条件的信息，如图 11-26 所示。

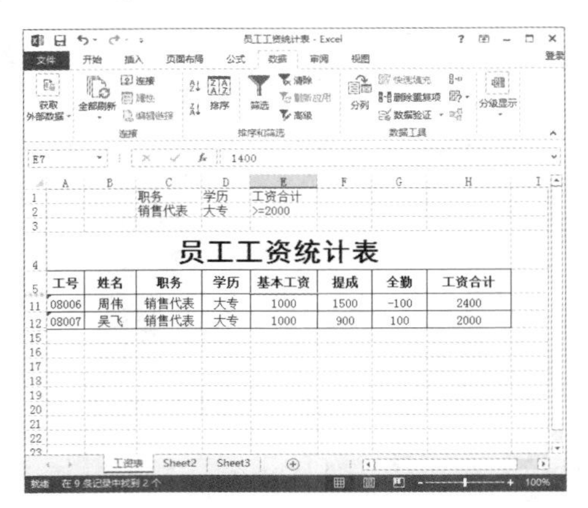

图 11-26　筛选后的效果

提示 在选择【条件区域】时一定要包含【条件区域】的字段名。

在高级筛选中还可以将筛选结果复制到工作表的其他位置，这样在工作表中既可以显示原始数据，又可以显示筛选后的结果，具体操作步骤如下。

Step 01 建立条件区域，然后在条件区域中设置筛选条件，如图 11-27 所示。

职务	学历	工资合计
销售代表	大专	>=2000

员工工资统计表

工号	姓名	职务	学历	基本工资	提成	全勤	工资合计
08001	张利	业务经理	大专	1300	2600	100	4000
08002	李方	财务经理	本科	1400	1280	100	2780
08003	王然	秘书	本科	1200	400	100	1700
08004	赵四	销售代表	本科	1000	1000	100	2100
08005	孙艳	销售代表	大专	1000	800	100	1900
08006	周伟	销售代表	大专	1000	1500	-100	2400
08007	吴飞	销售代表	大专	1000	900	100	2000
08008	陈天	销售代表	中专	900	1500	100	2500
08009	肖项	销售代表	大专	1000	880	100	1980

图 11-27　设置筛选条件

Step 02 利用上面的方法打开【高级筛选】对话框，选择【将筛选结果复制到其他位置】单选按钮，单击【复制到】文本框右边的按钮，如图 11-28 所示。

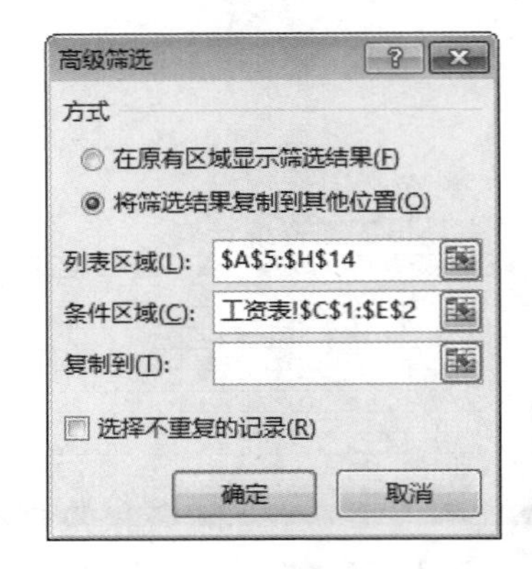

图 11-28　【高级筛选】对话框

Step 03 在数据区域外单击任意一个单元格(如 A16)，再单击按钮返回【高级筛选】对话框，如图 11-29 所示。

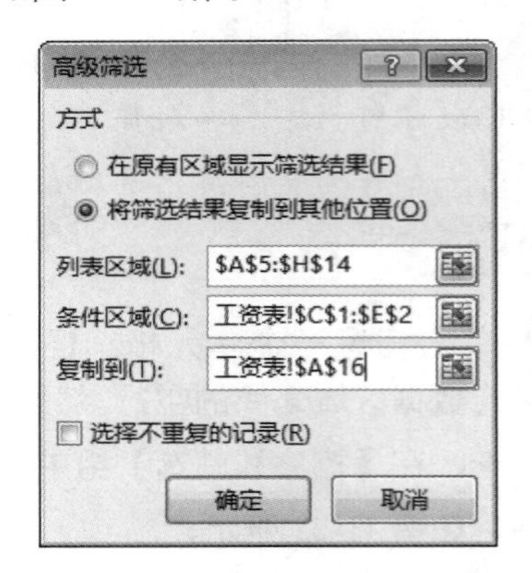

图 11-29　设置高级筛选条件

Step 04 单击【确定】按钮，即可复制筛选的信息，如图 11-30 所示。

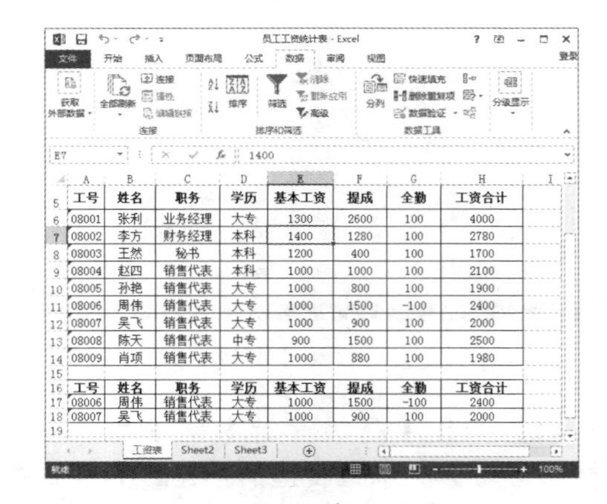

图 11-30　筛选后的效果

11.3 数据的合并计算

通过数据的合并计算，可以将多个单独的工作表合并到一个主工作表中，本章节主要讲述如何将数据进行合并计算。

11.3.1 合并计算数据的一般方法

合并计算数据的具体操作步骤如下。

Step 01 打开随书光盘中的“素材 \ch11\ 员工工资统计表”文件，如图 11-31 所示。

员工工资统计表

工号	姓名	职务	学历	基本工资	提成	全勤	工资合计
08001	张利	业务经理	大专	1300	2600	100	4000
08002	李方	财务经理	本科	1400	1280	100	2780
08003	王然	秘书	本科	1200	400	100	1700
08004	赵四	销售代表	本科	1000	1000	100	2100
08005	孙艳	销售代表	大专	1000	800	100	1900
08006	周伟	销售代表	大专	1000	1500	-100	2400
08007	吴飞	销售代表	大专	1000	900	100	2000
08008	陈天	销售代表	中专	900	1500	100	2500
08009	肖项	销售代表	大专	1000	880	100	1980

图 11-31　打开素材文件

Step 02 首先为每个区域命名，选中【工号】中的数据区域，在【公式】选项卡中的【定义的名称】组中单击【定义名称】按钮，如图 11-32 所示。

员工工资统计表

工号	姓名	职务	学历	基本工资	提成	全勤	工资合计
08001	张利	业务经理	大专	1300	2600	100	4000
08002	李方	财务经理	本科	1400	1280	100	2780
08003	王然	秘书	本科	1200	400	100	1700
08004	赵四	销售代表	本科	1000	1000	100	2100
08005	孙艳	销售代表	大专	1000	800	100	1900
08006	周伟	销售代表	大专	1000	1500	-100	2400
08007	吴飞	销售代表	大专	1000	900	100	2000
08008	陈天	销售代表	中专	900	1500	100	2500
08009	肖项	销售代表	大专	1000	880	100	1980

图 11-32　单击【定义名称】按钮

Step 03 在弹出的【新建名称】对话框中设置【名称】为“学号”、【引用位置】为“=工资表!$A$3:$A$11”，然后单击【确定】按钮，如图 11-33 所示。

图 11-33　【新建名称】对话框

Step 04 使用上述方法，为“基本工资”“全勤”和“提成”创建名称。在要显示合并数据的区域中，选择其左上方的单元格，此处选择 A13，然后在【数据】选项卡的【数据工具】组中单击【合并计算】按钮，如图 11-34 所示。

工号	姓名	职务	学历	基本工资	提成	全勤	工资合计
08001	张利	业务经理	大专	1300	2600	100	4000
08002	李方	财务经理	本科	1400	1280	100	2780
08003	王然	秘书	本科	1200	400	100	1700
08004	赵四	销售代表	本科	1000	1000	100	2100
08005	孙艳	销售代表	大专	1000	800	100	1900
08006	周伟	销售代表	大专	1000	1500	-100	2400
08007	吴飞	销售代表	大专	1000	900	100	2000
08008	陈天	销售代表	中专	900	1500	100	2500
08009	肖项	销售代表	大专	1000	880	100	1980

图 11-34　单击【合并计算】按钮

Step 05 打开【合并计算】对话框，从【函数】下拉列表中选择用来对数据进行合并的汇总函数，本实例选择【求和】选项，如图 11-35 所示。

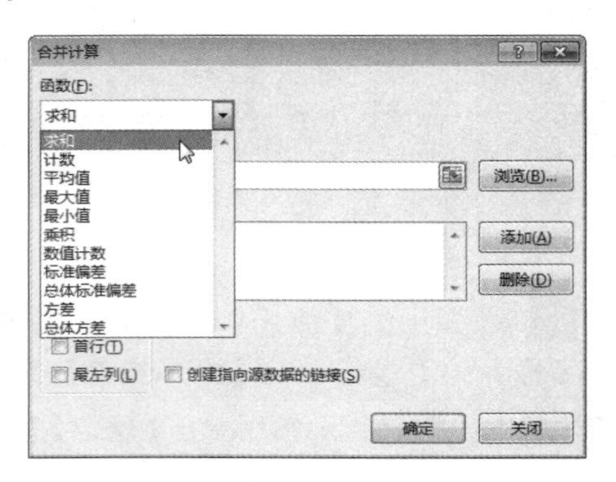

图 11-35　【合并计算】对话框

Step 06 在【引用位置】文本框中输入“基本工资”，然后单击【添加】按钮，如图 11-36 所示。

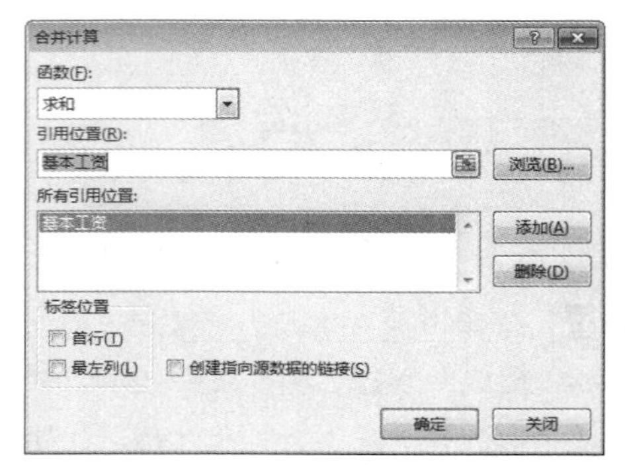

图 11-36　设置合并计算条件

Step 07 使用上述方法，添加“全勤”和“提成”，如图 11-37 所示。

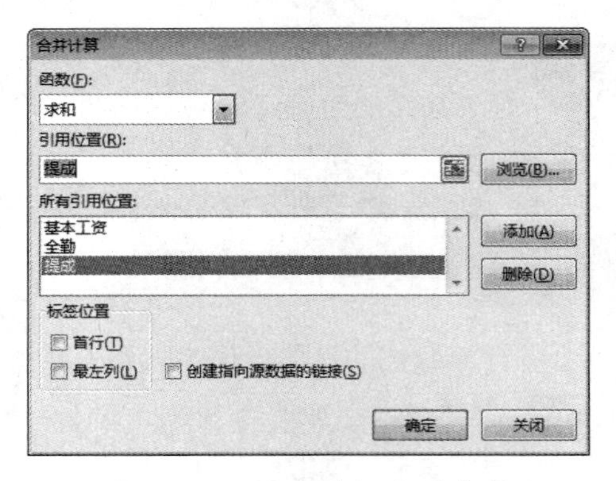

图 11-37　添加其他合并条件

Step 08 单击【确定】按钮，即可计算出员工的工资合计值，效果如图 11-38 所示。

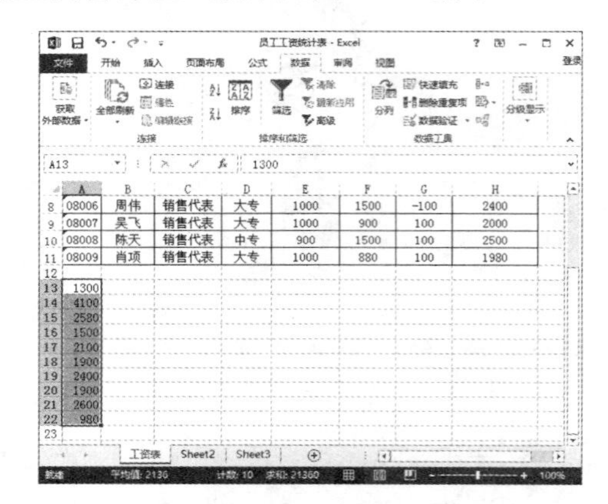

图 11-38　合并计算后的效果

11.3.2 合并计算的自动更新

在合并计算中，利用链接功能可以实现合并数据的自动更新。如果希望当源数据改变时，合并结果也会自动更新，则应在【合并运算】对话框中选择【创建指向源数据的链接】复选框。这样，当每次用户更新源数据时，合并运算结果会自动进行更新操作，如图 11-39 所示。

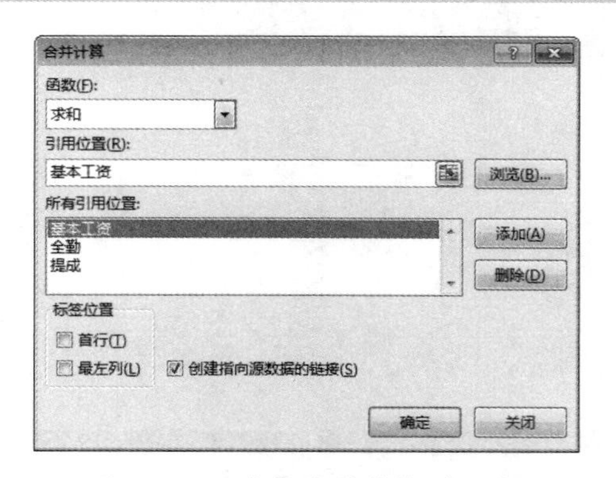

图 11-39　【合并计算】对话框

11.4 分类汇总数据

通常情况下，面对大量的数据，用户可以先对数据进行分类操作，然后再对不同类型的数据进行汇总。对于需要进行分类汇总的数据，要求该数据的每个字段都有字段名，也就是数据的每列都有列标题。Excel 2013 是根据字段名来创建数据组和进行分类汇总的。

下面以求公司中所有部门的工资平均值分类汇总为例进行讲解，具体操作步骤如下。

Step 01 新建一个空白工作表，在其中输入数据，然后选择【数据】选项卡，在【分级显示】组中单击【分类汇总】按钮，如图 11-40 所示。

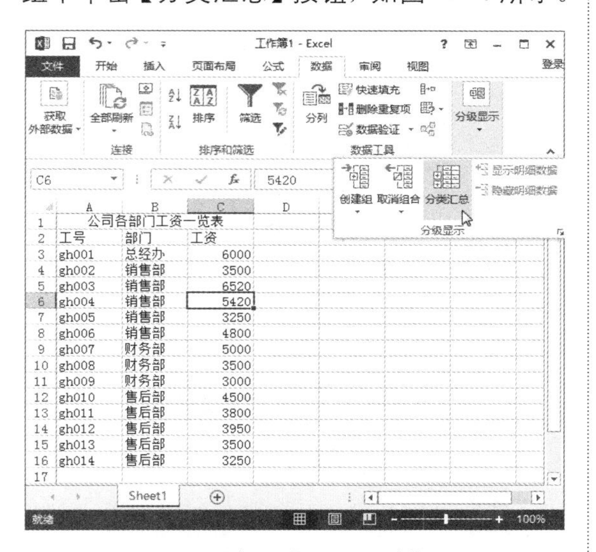

图 11-40　单击【分类汇总】按钮

Step 02 打开【分类汇总】对话框，在【分类字段】下拉列表中选择【部门】选项，在【汇总方式】下拉列表中选择【平均值】选项，在【选定汇总项】列表框中选择【工资】选项，并选择【替换当前分类汇总】和【汇总结果显示在数据下方】复选框，如图 11-41 所示。

Step 03 单击【确定】按钮，即可完成此项的设置，最终的分类汇总效果如图 11-42 所示。

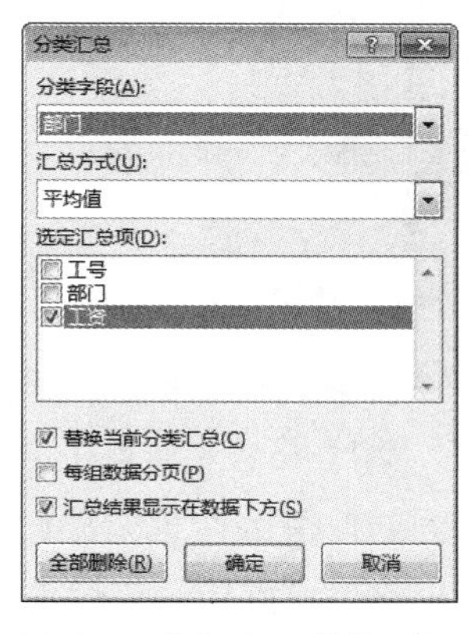

图 11-41　【分类汇总】对话框

图 11-42　分类汇总后的显示效果

另外，在对某一列进行分类汇总时，应该先对该列进行排序，这样对该列进行的分类汇总，就会按一定的次序给出排列结果，否则会出现偏离预期的结果。例如，先选择

【工资】列，然后单击【数据】选项卡【排序与筛选】组中的【升序】按钮，如图 11-43 所示。

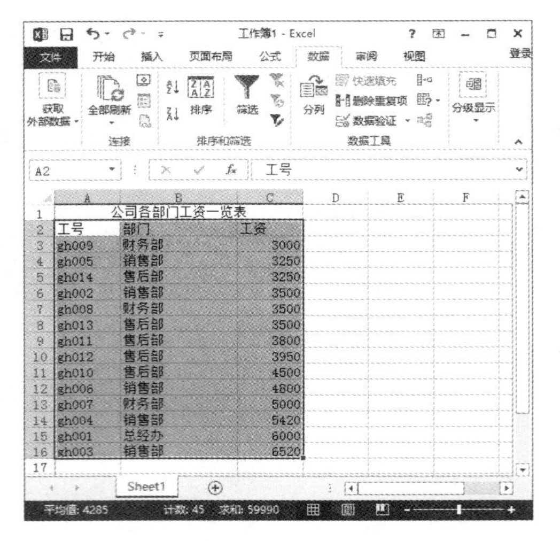

图 11-43　升序排序

即可看到新汇总的数据效果如图 11-44 所示，可以看出经过排序后的汇总更符合用户的需求。

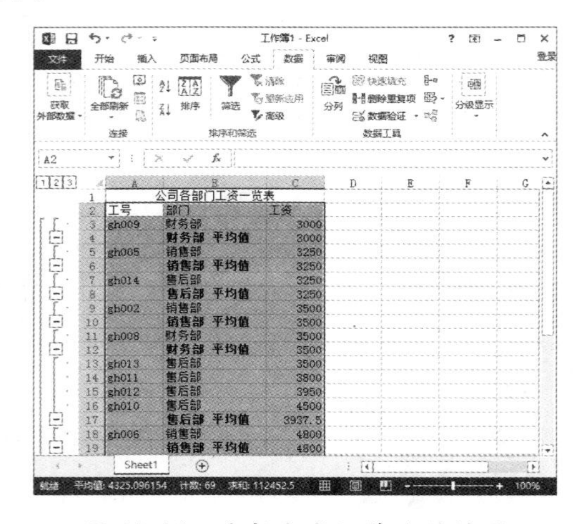

图 11-44　重新分类汇总后的效果

如果需要恢复原有的数据库和格式，清除分类汇总的结果，可按照如下步骤进行操作。

Step 01 在 Excel 2010 主窗口打开的工作表中，单击分类汇总数据中的任意一个单元格。选择【数据】选项卡，在【分级显示】组中单击【分类汇总】按钮，如图 11-45 所示。

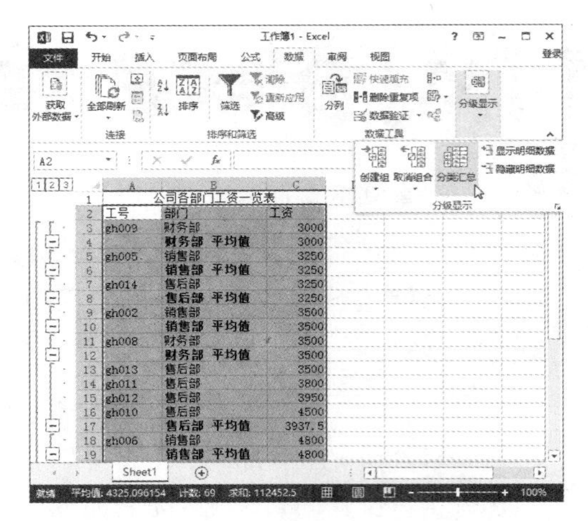

图 11-45　单击【分类汇总】按钮

Step 02 弹出【分类汇总】对话框。单击【全部删除】按钮，如图 11-46 所示。

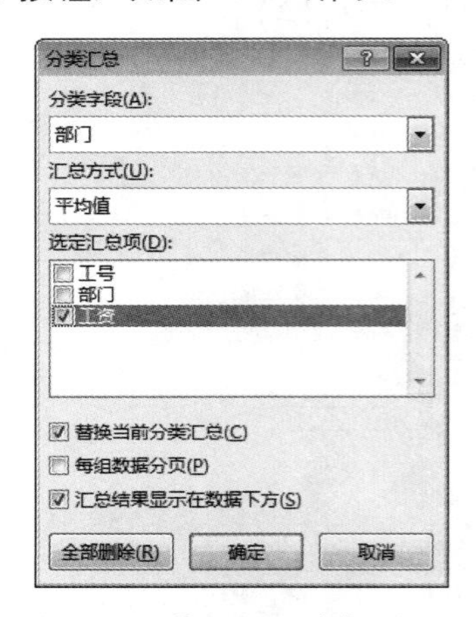

图 11-46　【分类汇总】对话框

Step 03 清除分类汇总的结果如图 11-47 所示。

图 11-47　消除分类汇总后的结果

11.5 使用数据透视表和数据透视图

使用数据透视表可以汇总、分析、查询和提供需要的数据，使用数据透视图可以在数据透视表中可视化此需要的数据，并且可以方便地查看比较模式和趋势。

11.5.1 使用数据透视表

数据透视表是一种可以快速汇总大量数据的交互式方法，使用数据透视表可以深入分析数值数据。使用数据透视表的操作步骤如下。

Step 01 打开随书光盘中的“素材 \ch11\ 公司销售表”文件，单击工作表中的任意一个单元格，如图 11-48 所示。

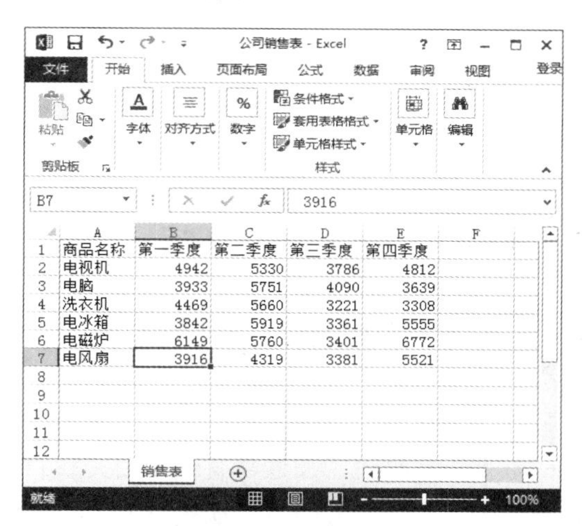

图 11-48　打开素材文件

Step 02 单击【插入】选项卡下【表格】组中的【数据透视表】按钮，如图 11-49 所示。

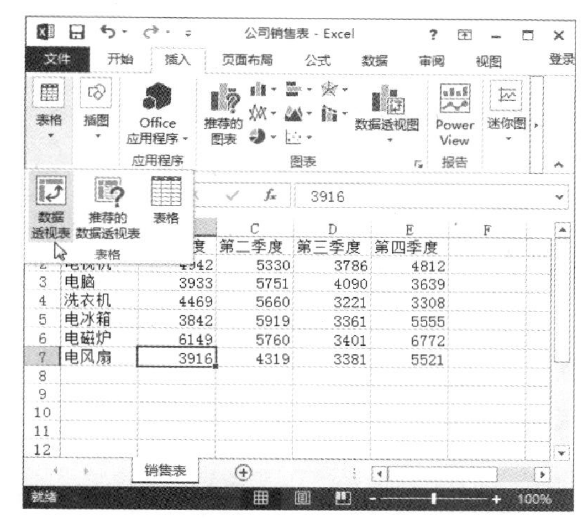

图 11-49　选择【数据透视表】选项

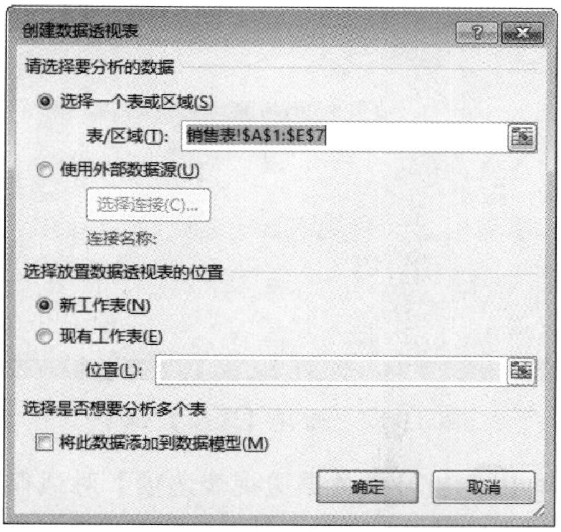

Step 03 打开【创建数据透视表】对话框，在【请选择要分析的数据】区域中的【选择一个表或区域】的【表 / 区域】文本框中设置数据透视表的数据源，用鼠标拖曳选择 A1:E7 单元格区域即可，在【选择放置数据透视表的位置】区域选择【新工作表】单选按钮，如图 11-50 所示。

创建数据透视表
请选择要分析的数据
选择一个表或区域(S)
表/区域(T): 销售表!$A$1:$E$7
使用外部数据源(U)
选择连接(C)...
连接名称:
选择放置数据透视表的位置
新工作表(N)
现有工作表(E)
位置(L):
选择是否想要分析多个表
将此数据添加到数据模型(M)
确定　取消

图 11-50　【创建数据透视表】对话框

Step 04 单击【确定】按钮，在窗口的右侧弹出【数据透视表字段列表】窗格。在数据透视表字段列表中选择要添加到报表的字段，即可完成数据透视表的创建，如图 11-51 所示。

图 11-51 数据透视表编辑状态

Step 05 选择数据透视表后，在功能区将自动激活【数据透视表工具】的【分析】选项卡，然后单击【选项】选项卡中的【数据透视表】按钮的下三角按钮，从弹出的下拉列表中选择【选项】命令，如图 11-52 所示。

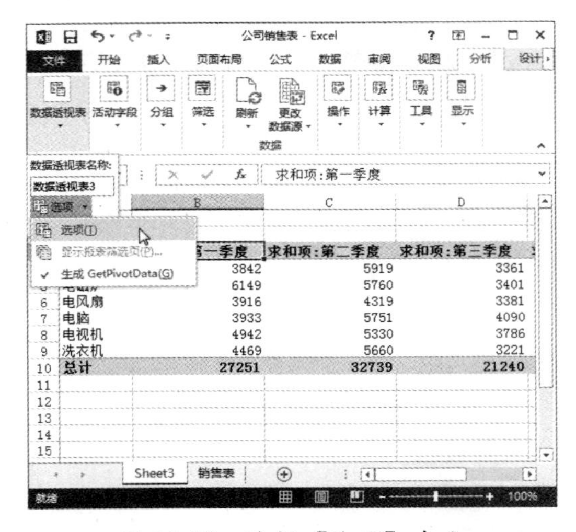

图 11-52 选择【选项】命令

Step 06 打开【数据透视表选项】对话框，在该对话框中根据需要可以设置数据透视表的布局和格式、汇总和筛选、显示、打印、可选文字和数据等内容，设置完成后，单击【确定】按钮，如图 11-53 所示。

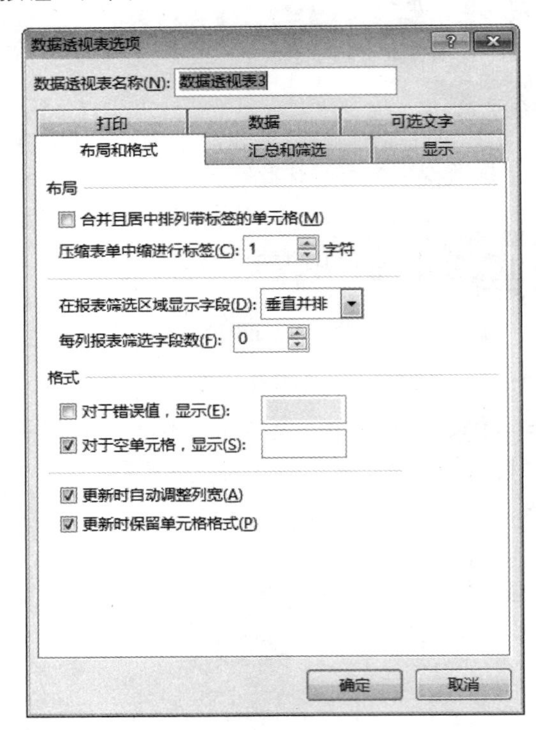

图 11-53 【数据透视表选项】对话框

11.5.2 使用数据透视图

数据透视图是以图表的形式表示数据透视表的数据，数据透视图通常有一个相关联的数据透视表，字段相互对立，如果更改了某一报表的某个字段位置，则另一报表中的相应字段位置也会改变。

 利用选择的数据创建透视图

利用选择的数据创建透视图的具体操作步骤如下。

Step 01 打开随书光盘中的“素材 \ch11\ 公司销售表”文件，单击工作表中的任意一个单元格。在【插入】选项卡的【图表】组中单击【数据透视表】按钮，在弹出的下拉列表中选择【数据透视图】命令，如图 11-54 所示。

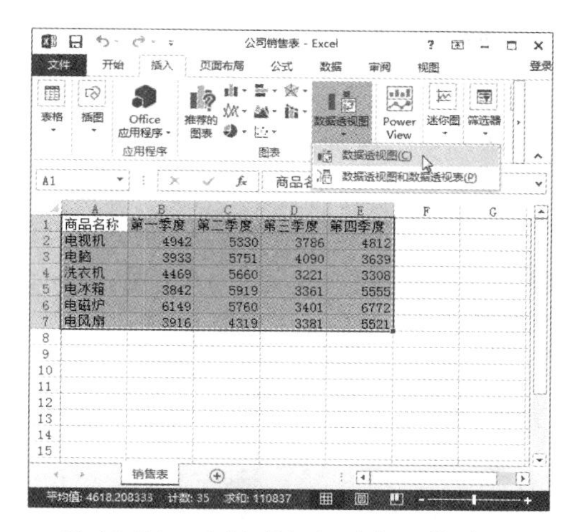

图 11-54　选择【数据透视图】命令

Step 02 打开【创建数据透视图】对话框，从中选择要分析的数据区域，单击【确定】按钮，如图 11-55 所示。

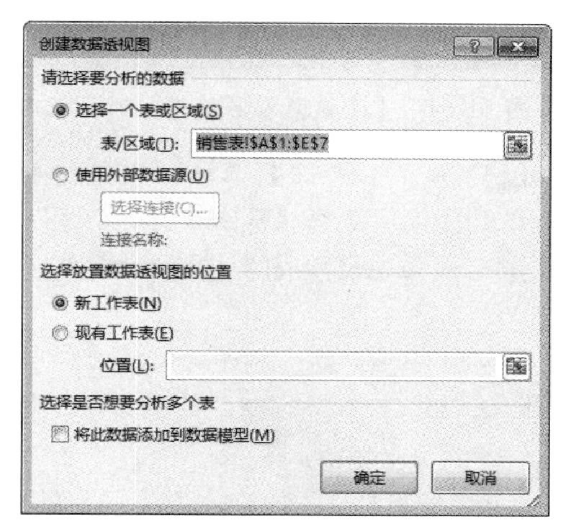

图 11-55　【创建数据透视图】对话框

Step 03 在窗口右侧弹出的【数据透视表字段列表】窗格中添加报表的字段，即可创建一个数据透视表及数据透视图，效果如图 11-56 所示。

2. 利用数据透视表创建透视图

具体操作步骤如下。

Step 01 在创建完数据透视表后，单击【分析】选项卡下【工具】组中的【数据透视图】按钮，如图 11-57 所示。

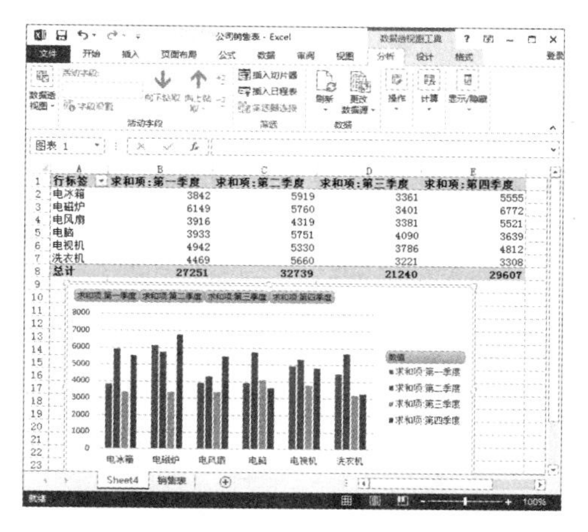

图 11-56　创建后的效果

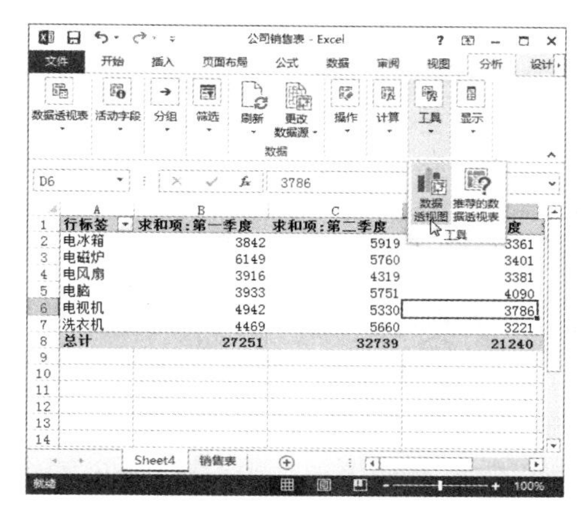

图 11-57　单击【数据透视图】按钮

Step 02 打开【插入图表】对话框，选择一种需要的图表样式，然后单击【确定】按钮，如图 11-58 所示。

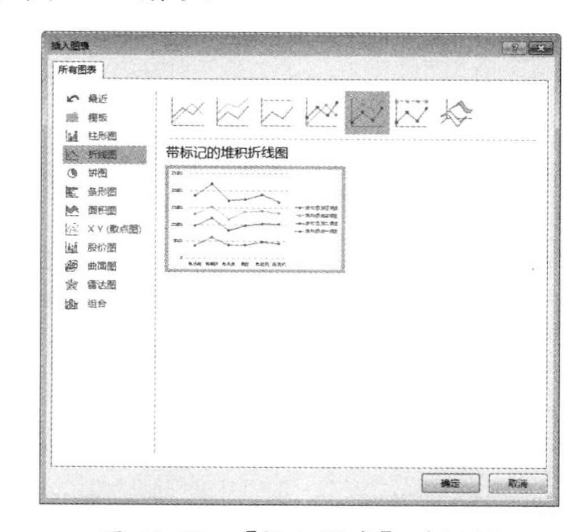

图 11-58　【插入图表】对话框

Step 03 即可通过数据透视表创建数据透视图，如图 11-59 所示。

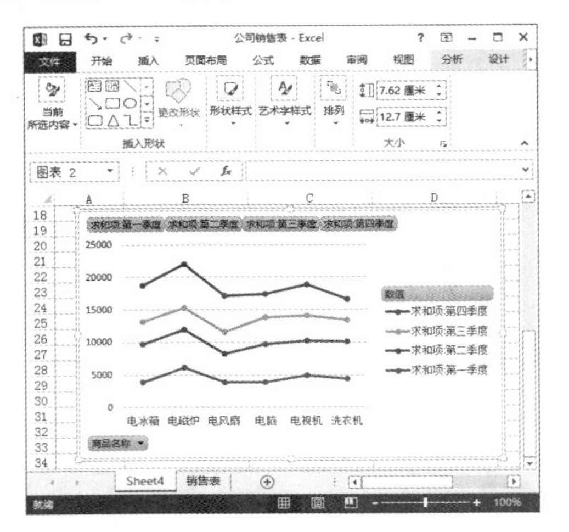

图 11-59　数据透视图

11.5.3 编辑数据透视图

如果感觉自己创建的数据透视图效果不太好，可以对数据透视图进行编辑，以使其达到满意的效果。例如，上面创建的数据透视图中的文字太小，看不清楚，为此可以将文字调大，具体操作步骤如下。

Step 01 在图表区右击，在弹出的快捷菜单中选择【设置图表区域格式】命令，如图 11-60 所示。

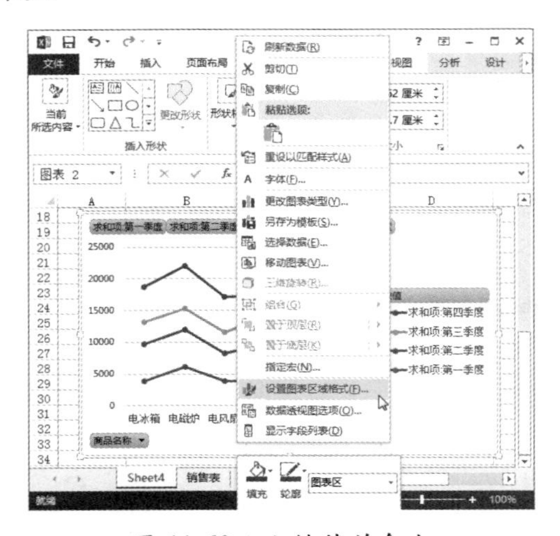

图 11-60　右键菜单命令

Step 02 打开【设置图表区格式】窗格，在其中选择【填充】选项，在【填充】类别中选择【渐变填充】单选按钮，然后设置自己喜欢的颜色，如图 11-61 所示。

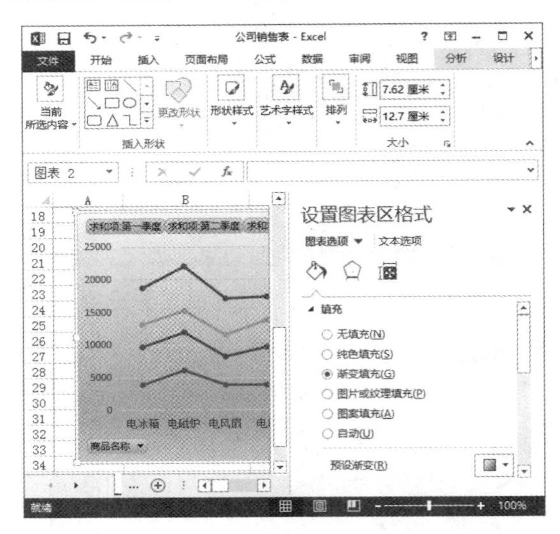

图 11-61　【设置图表区格式】对话框

Step 03 选择【边框】选项，设置边框颜色为“红色”，选择【实线】单选按钮，设置完成后，单击【关闭】按钮，如图 11-62 所示。

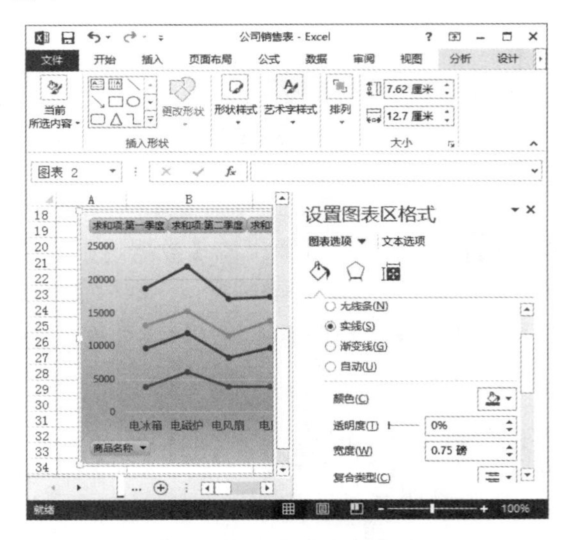

图 11-62　更改边框颜色

Step 04 数据透视图外观的修改效果如图 11-63 所示。

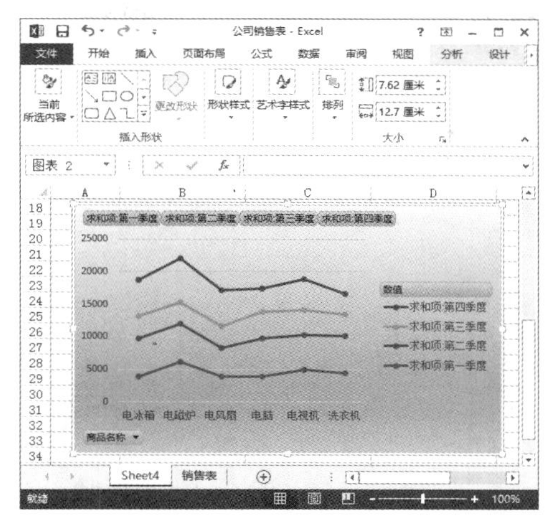

图 11-63　更改之后的显示效果

11.6 高效办公技能实战

11.6.1 高效办公技能实战 1——分类汇总销售记录表

通过对本章内容的学习，下面进行实例操作，制作汇总销售记录表。汇总要求：对每天的销售情况、客户所在地进行汇总，将结果复制到 Sheet 2 工作表中。

制作汇总销售记录表的具体操作步骤如下。

Step 01 打开随书光盘中的“素材 \ch11\ 销售记录表”文件，选择数据区域内的任意一个单元格，然后单击【数据】选项卡下【分级显示】组中的【分类汇总】按钮，如图 11-64 所示。

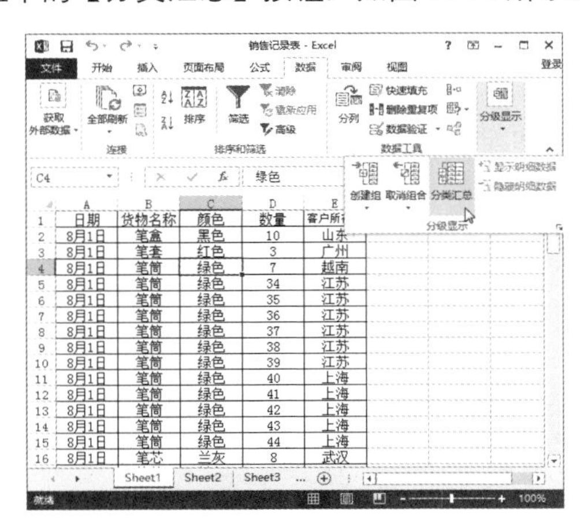

图 11-64　单击【分类汇总】按钮

Step 02 打开【分类汇总】对话框，在【分类字段】中选择【日期】选项，在【汇总方式】中默认选择【计数】选项，在【选定汇总项】中选择【客户所在地】选项，取消选中【替换当前分类汇总】复选框，选中【汇总结果显示在数据下方】复选框，如图 11-65 所示。

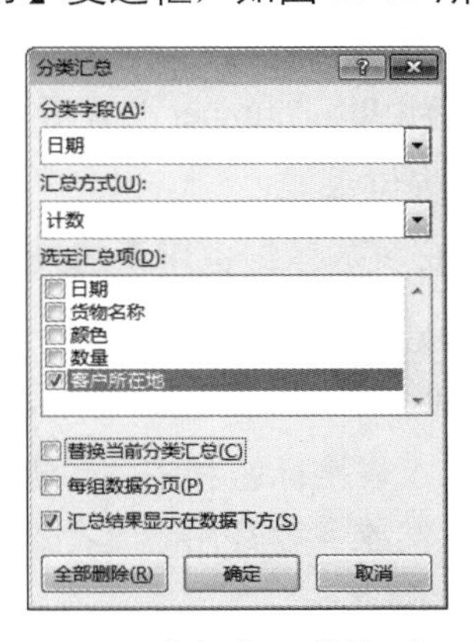

图 11-65　【分类汇总】对话框

Step 03 单击【确定】按钮，数据分类汇总完成，如图 11-66 所示。

Step 04 单击分类汇总的列号“2”，可以查看二级分类汇总的数据，如图 11-67 所示。

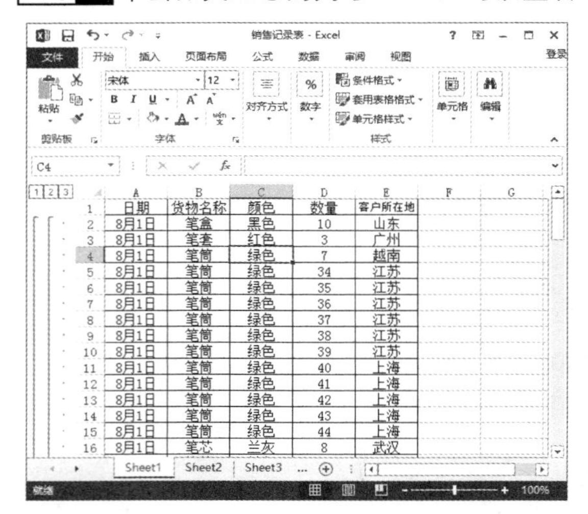

图 11-66　分类汇总后的效果

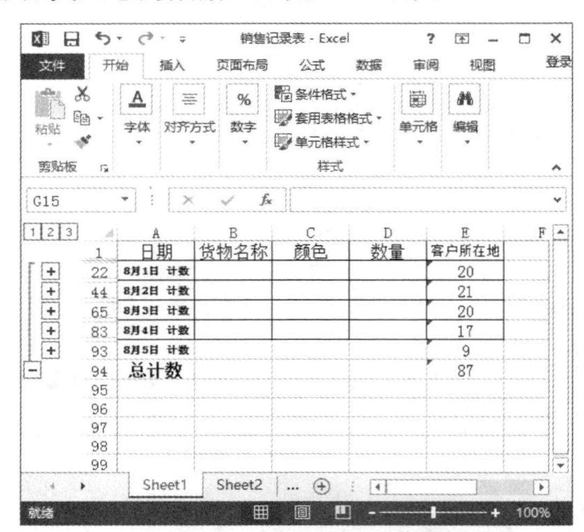

图 11-67　分级查看汇总后的数据

11.6.2 高效办公技能实战 2——工资发放零钞备用表

目前，有一些企业在发放当月工资的时候，仍以现金的方式来发放，如果员工比较多，每月事先准备好这些零钞就显得比较重要了。在计算零钞数量的过程中要用到 INT、ROUNDUP 函数，这两个函数的相关信息说明如下：

(1) INT 函数

① **函数功能：**对目标数字进行四舍五入处理，处理的结果是得到小于目标数的最大值。

② **函数格式：**INT (number)。

③ **参数说明：**number 为需要处理的目标数字，也可以是含数字的单元格引用。

(2) ROUNDUP 函数

① **函数功能：**对目标数字按照指定的条件进行相应的四舍五入处理。

② **函数格式：**ROUNDUP (number,num_digits)。

③ **参数说明：**number 为需要处理的目标数字；num_digits 为指定的条件，将决定目标数字处理后的结果位数。

制作工资发放零钞备用表的具体操作步骤如下。

Step 01 创建工作簿并将其命名为“工资发放零钞备用表”工作簿，然后删除多余的工作表 Sheet2 和 Sheet3，最后单击【保存】按钮，即可将该工作簿保存到电脑磁盘中，如图 11-68 所示。

Step 02 输入表格标题和相关数据。在 Sheet1 工作表中选中 A1 单元格，在其中输入“2015 年 09 月份工资发放零钞备用表”，然后参照相同的方法在表格的其他单元格中输入相应的数据信息，如图 11-69 所示。

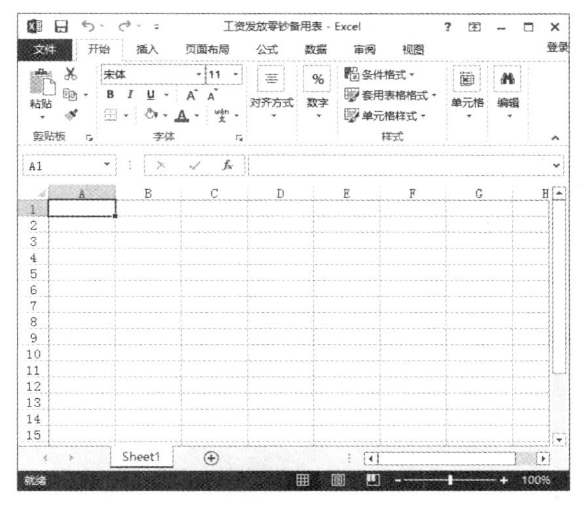

图 11-68　新建空白工作簿

图 11-69　输入相关数据

Step 03 在表中选择 D4 单元格，并在其中输入公式：“= INT(ROUNDUP(($B4-SUM($C$3:C$3*$C4:C4)),4)/D$3)”。然后按下 Ctrl+Shift+Enter 组合键，即可在 D4 单元格中显示输入的结果“67”，如图 11-70 所示。

Step 04 复制公式。在 Sheet1 工作表中选中 D4 单元格并移动鼠标指针到该单元格的右下角，当指针变成十字形状时，按住鼠标左键不放向右拖曳至 K4 单元格，即可计算出“人事部”工资总额各个面值的数量，然后再用拖曳的方式复制公式到 D5:K8 单元格区域，至此企业中各个部门工资总额的面值数量就计算出来了，如图 11-71 所示。

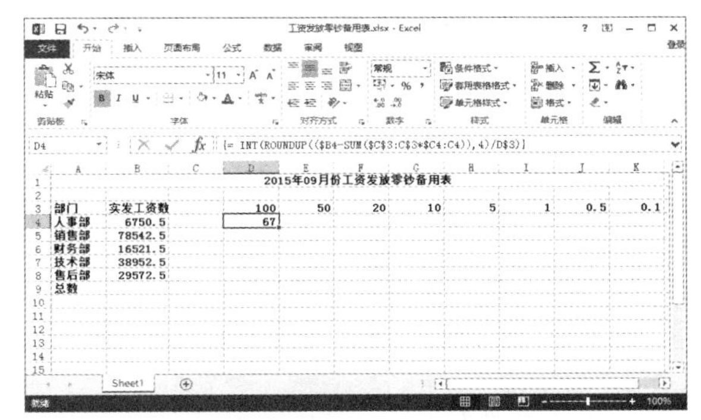

图 11-70　输入公式计算数据

图 11-71　复制公式计算数据

Step 05 在 Sheet1 工作表中选中 B9 单元格，在其中输入公式：“=SUM(B4:B8)”，然后按下 Enter 键，即可在 B9 单元格中显示出计算的结果，如图 11-72 所示。

Step 06 在 Sheet1 工作表中选中 B9 单元格并移动鼠标指针到该单元格的右下角，当指针变成十字形状时按下鼠标左键不放向右拖曳至 K9 单元格，然后松开鼠标，即可得到各个面值数量的总和，最后参照调整表格小数位数的方法将 C9:K9 单元格区域中的数值调整为整数，最终的显示效果如图 11-73 所示。

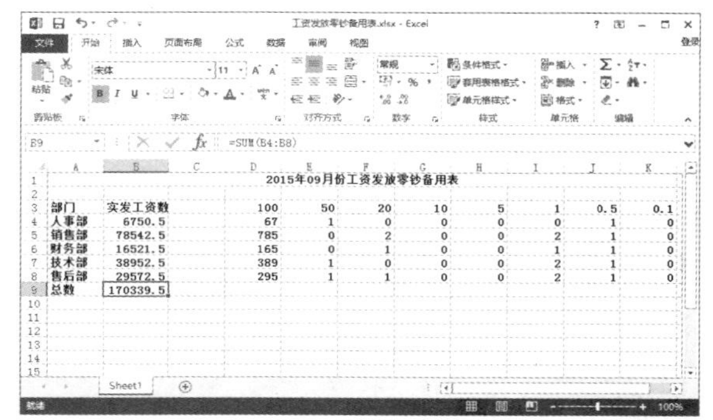

图 11-72　输入公式计算数据

图 11-73　最终显示效果

11.7 课后练习与指导

11.7.1 筛选 Excel 表中的数据

● 练习目标

了解：筛选数据的相关知识。

掌握：筛选 Excel 表中数据的方法与技巧。

● 专题练习指南

01 打开需要筛选数据的工作表。

02 选择【数据】选项卡，在【排序和筛选】组中单击【筛选】按钮，此时在每个字段名的右边都会有一个向下箭头。

03 单击任意一个字段名右侧的向下箭头，在弹出的下拉列表中选择一个筛选条件。

04 随即表中即可显示符合条件的数据信息。

05 如果想要高级筛选数据，在【排序和筛选】组中单击【高级】按钮，在弹出的【高级筛选】对话框设置相关的筛选参数。

06 最后单击【确定】按钮，表中即可显示符合条件的数据信息。

11.7.2 复制分类汇总结果

● 练习目标

了解：分类汇总的概念与作用。

掌握：操作分类汇总数据的技巧与方法。

● 专题练习指南

01 选中汇总后想要复制的级别视图中的数据区域，按 F5 键，弹出【定位】对话框。

02 单击【定位条件】按钮，在弹出的【定位条件】对话框中选择【可见单元格】单选按钮。

03 单击【确定】按钮，即仅选中当前可见的区域。

04 按 Ctrl+C 组合键复制，在目标区域中按 Ctrl+V 组合键粘贴，则只粘贴了汇总数据。

自动化处理数据——宏的应用

- **本章导读**

　　宏是可以执行任意次数的一个操作或一组操作，宏的最大优点是，如果需要在 Excel 中重复执行多个任务，就可以通过录制一个宏来自动执行这些任务。本章为读者介绍使用宏自动化处理数据的方法。

- **学习目标**

　◎ 了解宏的基本概念
　◎ 掌握宏的基本操作
　◎ 掌握管理宏的方法

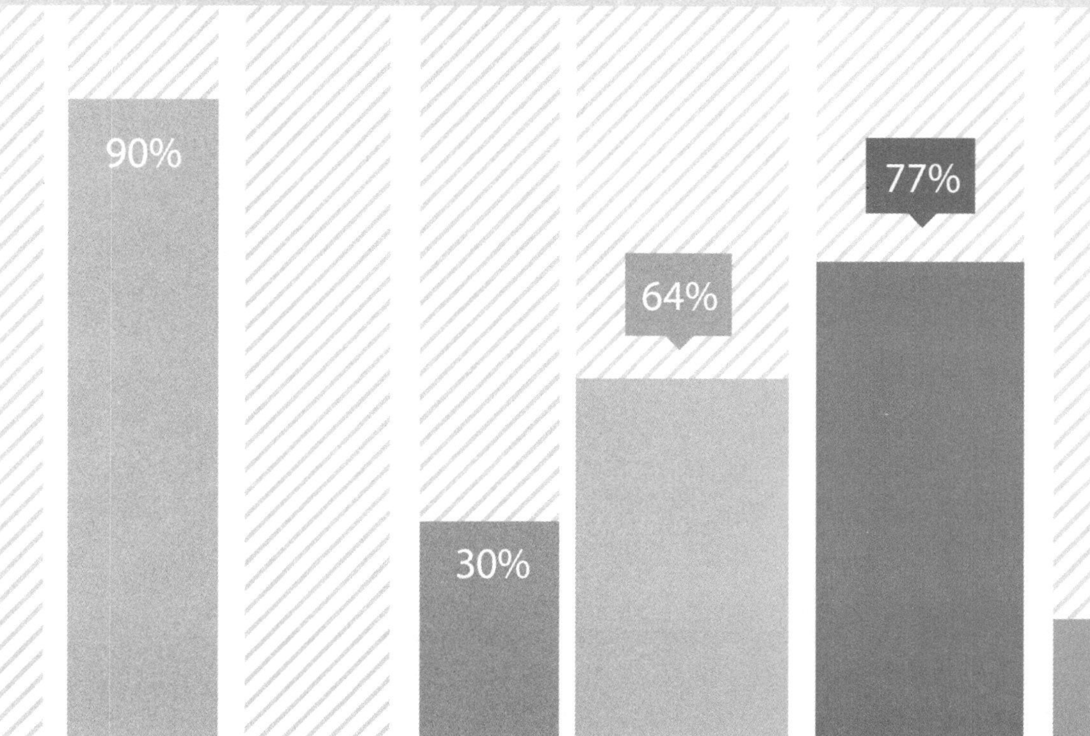

12.1 宏的基本概念

宏是通过一次单击就可以应用的命令集，它几乎可以自动完成用户在程序中执行的任何操作，甚至还可以执行用户认为不可能的任务。

12.1.1 什么是宏

单击 Excel 的【视图】选项卡中的【宏】按钮，在弹出的下拉菜单中可以看到常见的宏操作，如图 12-1 所示。

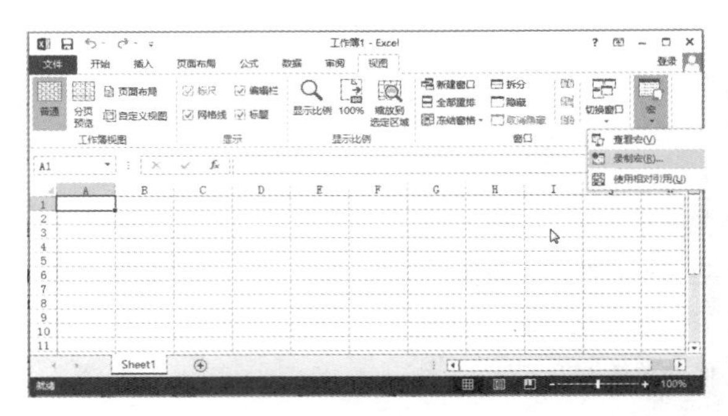

图 12-1 单击【视图】选项卡中的【宏】按钮

由于工作需要，每天都在使用 Excel 进行表格的编制、数据的统计等，每一种操作可以称为一个过程。而在这个过程中，经常需要进行很多重复性操作，如何能让这些操作自动重复执行呢，Excel 中的宏恰好能解决这类问题。

宏不仅可以节省时间，并可以扩展日常使用的程序的功能。使用宏可以自动执行重复的文档制作任务，简化繁冗的操作，还可以创建解决方案。VBA 高手们可以使用宏创建包括模板、对话框在内的自定义外接程序，甚至可以存储信息以便重复使用。

从更专业的角度来说，宏是保存在 Visual Basic 模块中的一组代码，正是这些代码驱动着操作的自动执行。当单击按钮时，这些代码组成的宏就会执行代码记录的操作，如图 12-2 所示。

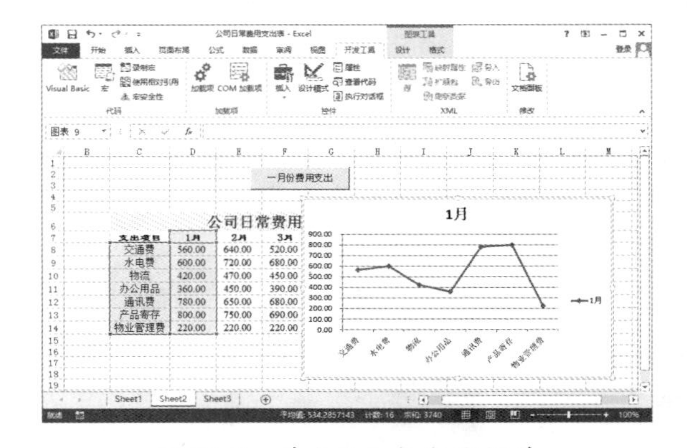

图 12-2 单击按钮执行宏操作

单击【开发工具】选项卡中【代码】组中的 Visual Basic 按钮，即可打开 VBA 的代码窗口，用户可以看到宏的具体代码，如图 12-3 所示。

图 12-3　宏的代码

12.1.2 宏的开发工具

创建宏的过程中，需要用到 Excel 2013 的【开发工具】选项卡。默认情况下，【开发工具】选项卡并不显示。下面讲述如何添加【开发工具】选项卡，具体操作步骤如下。

Step 01 启动 Excel 2013，选择【文件】→【选项】命令，如图 12-4 所示。

Step 02 弹出【Excel 选项】对话框，在左侧列表中选择【自定义功能区】选项，在右侧的【自定义功能区】窗格中选择【开发工具】复选项，单击【确定】按钮，如图 12-5 所示。

图 12-4　选择【选项】命令

图 12-5　【Excel 选项】对话框

Step 03 在 Excel 工作界面中成功添加【开发工具】选项卡，如图 12-6 所示。

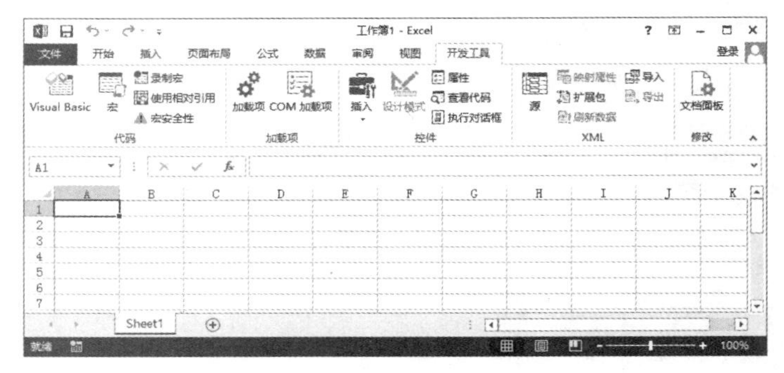

图 12-6　添加【开发工具】选项卡

12.2 宏的基本操作

对于宏的基本操作主要包括录制宏、编辑宏和运行宏等，本节就来介绍宏的基本操作。

12.2.1 录制宏

在 Excel 中制作宏的方法有两种：一种是利用宏录入器录制宏；另一种是在 VBA 程序编辑窗口中直接手动输入代码编写宏。录制宏和编写宏有以下两点区别：

（1）录制宏是用录制的方法形成自动执行的宏，而编写宏是在 VBA 编辑器中通过手动输入 VBA 代码。

（2）录制宏只能执行和原来完全相同的操作，而编写宏可以识别不同的情况以执行不同的操作。编写的宏要比录制的宏在处理复杂操作时更加灵活。

1. 利用宏录入器录制宏

下面以录制一个修改单元格底纹的实例进行讲解，具体操作步骤如下。

Step 01 新建空白工作簿，选择 A1 单元格，选择【开发工具】选项卡，在【代码】组中单击【录制宏】按钮，如图 12-7 所示。

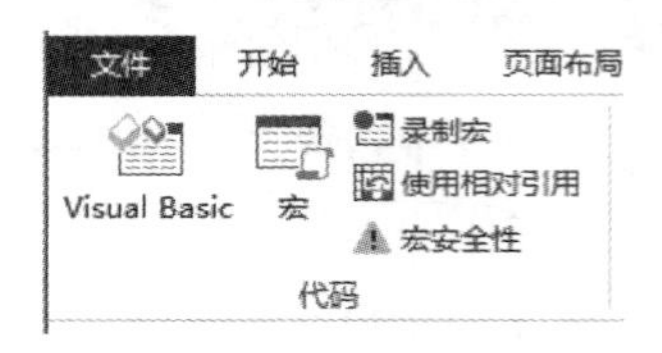

图 12-7　单击【录制宏】按钮

Step 02 弹出【录制宏】对话框，在【宏名】文本框中输入“修改底纹”，单击【确定】按钮，如图 12-8 所示。

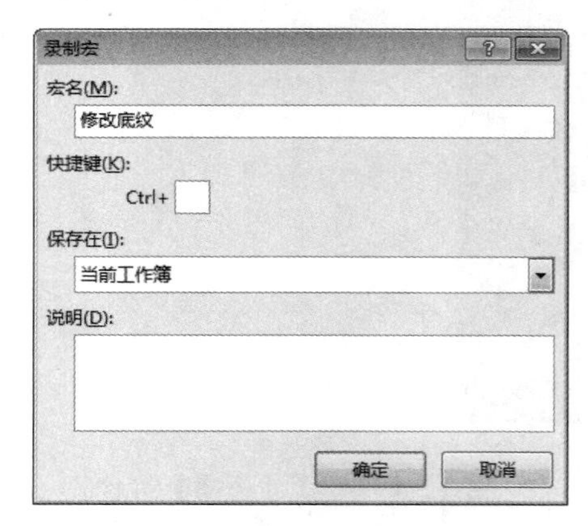

图 12-8　【录制宏】对话框

提示

在【保存在】下拉列表框中共有 3 个选项，各个选项的含义如下：

【当前工作簿】选项：表示只有当该工作簿打开时，录制的宏才可以使用。

【新工作簿】选项：表示录制的宏只能在新工作簿中使用。

【个人宏工作簿】选项：表示录制的宏可以在多个工作簿中使用。

Step 03 右击 A1 单元格，在弹出的快捷菜单中选择【设置单元格格式】命令，如图 12-9 所示。

Step 04 弹出【设置单元格格式】对话框。切换到【填充】选项卡，然后设置背景颜色为红色、图案颜色为绿色，单击【确定】按钮，如图 12-10 所示。

图 12-9　选择【设置单元格格式】命令

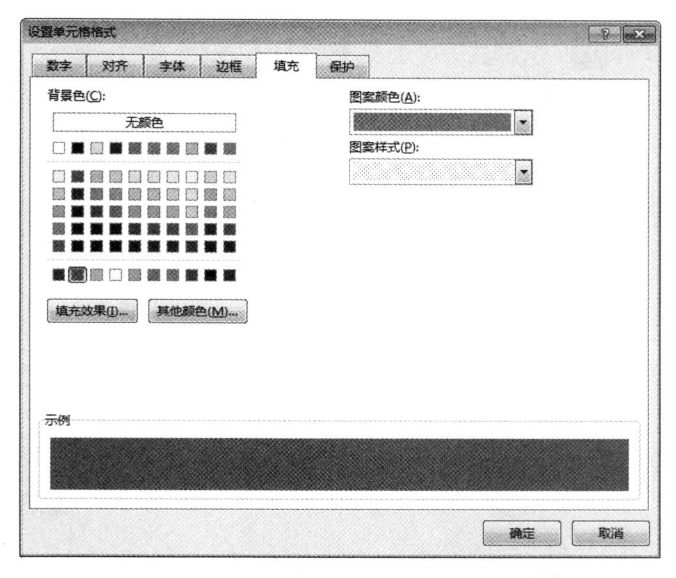

图 12-10　【设置单元格格式】对话框

Step 05 即可看到 A1 单元格的底纹颜色发生了变化，单击【代码】组中【停止录制】按钮，即可完成宏的录制，如图 12-11 所示。

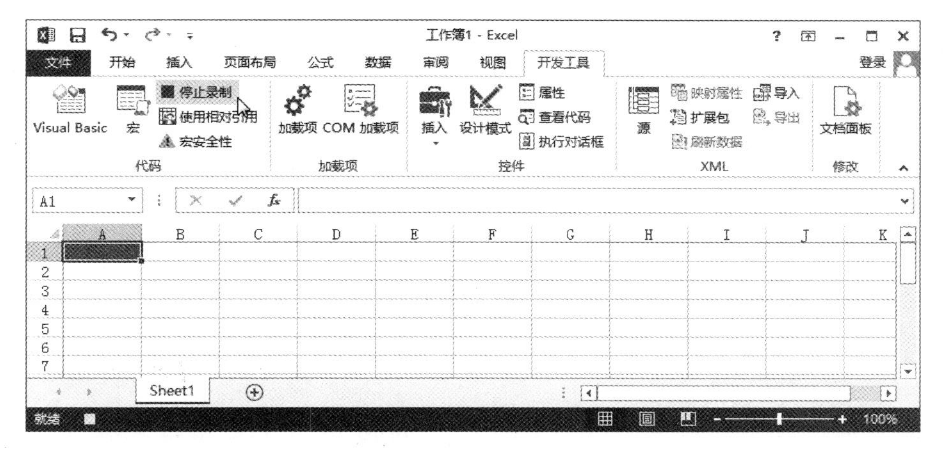

图 12-11　停止录制宏

提示 如果用户忘记停止宏的录制，系统将会继续录制用户接下来的所有操作，直到关闭工作簿或退出 Excel 应用程序为止。

2. 直接在 VBE 环境中输入代码

用户可以直接在VBE环境中输入宏代码，具体操作步骤如下。

Step 01 选择【开发工具】选项卡，在【代码】组中单击 Visual Basic 按钮，如图 12-12 所示。

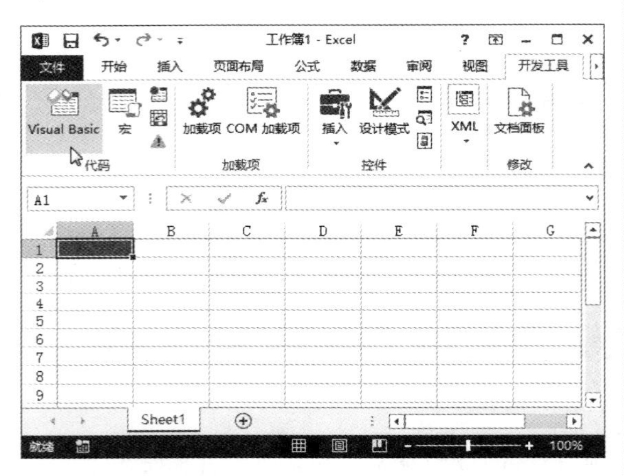

图 12-12 单击 Visual Basic 按钮

Step 02 进入 VBE 环境，用户即可快速输入相关宏代码，如图 12-13 所示。

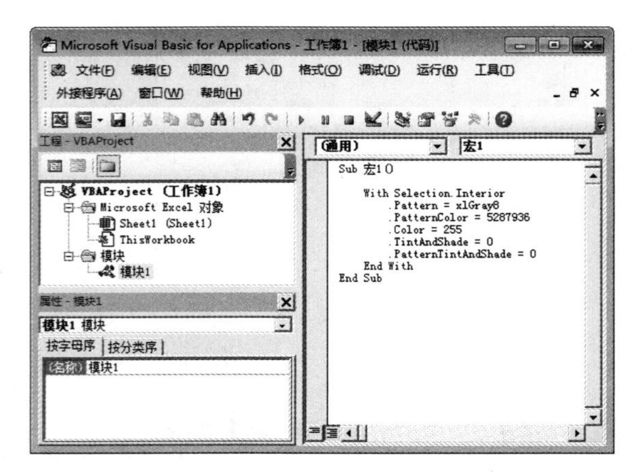

图 12-13 VBE 环境界面

12.2.2 编辑宏

在创建好一个宏之后，要想对其进行修改，可以进入 VBE 编辑窗口中查看其相应的代码信息。

查看录制的宏代码的具体操作步骤如下。

Step 01 打开含有录制宏的工作簿，选择【开发工具】选项卡，在【代码】组中单击【宏】按钮，如图 12-14 所示。

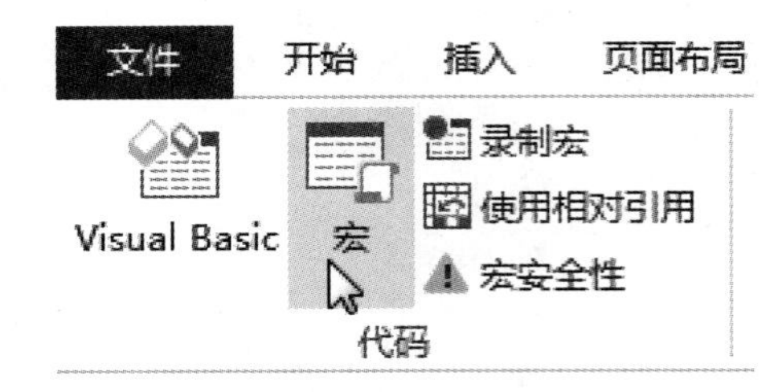

图 12-14 单击【宏】按钮

Step 02 弹出【宏】对话框，选择需要查看代码的宏，单击【编辑】按钮，如图 12-15 所示。

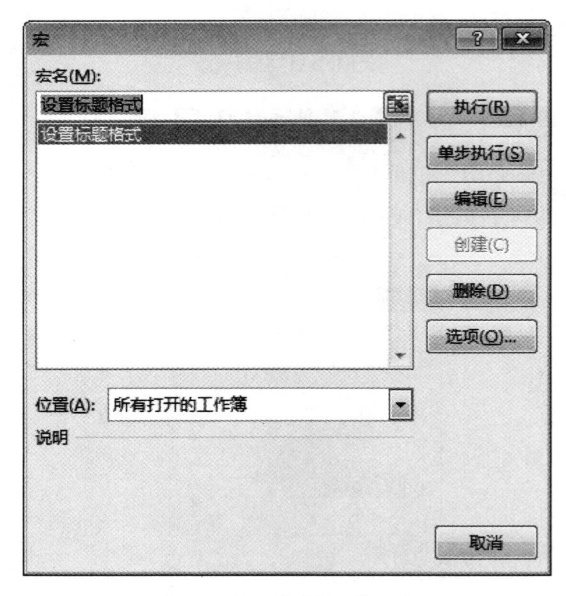

图 12-15 【宏】对话框

Step 03 进入 VBE 编辑环境，即可查看宏的相关代码，如图 12-16 所示。

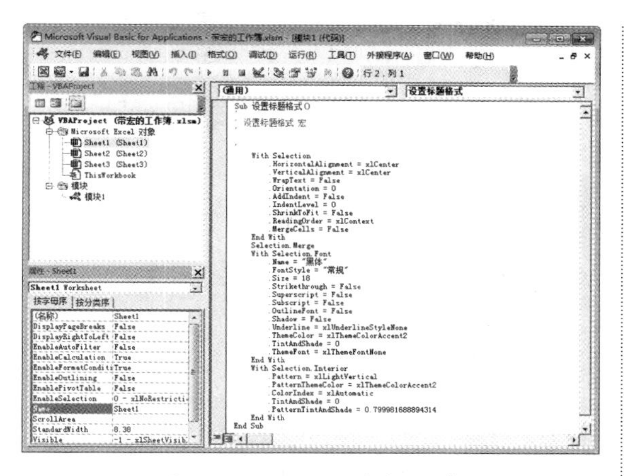

图 12-16　VBE 编辑环境

Step 04 如果想删除宏，可以在步骤 2 中单击【删除】按钮，弹出警告对话框，单击【是】按钮，即可删除不需要的宏，如图 12-17 所示。

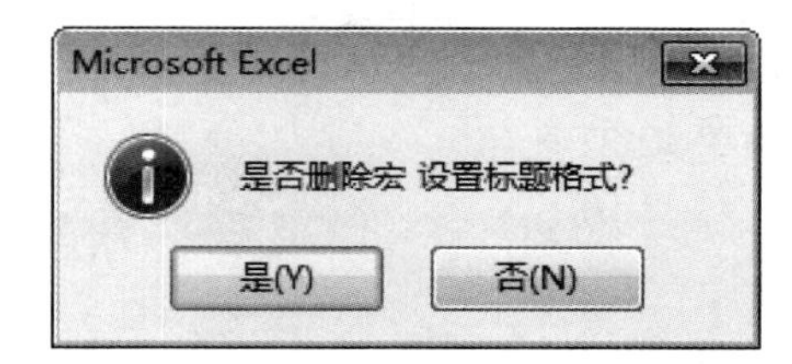

图 12-17　警告对话框

12.2.3 运行宏

宏录制成功后，即可验证宏的正确性，在 Excel 2013 中，用户可以采用多种方法快捷运行宏。

 1. 使用【宏】对话框运行宏

通过【宏】对话框执行宏的具体操作步骤如下。

Step 01 在【开发工具】选项卡的【代码】组中单击【宏】按钮，即可打开【宏】对话框，选择需要运行的宏，单击【执行】按钮，如图 12-18 所示。

Step 02 从执行宏后的效果，可以看出此宏的目的是设置表格的标题格式，如图 12-19 所示。

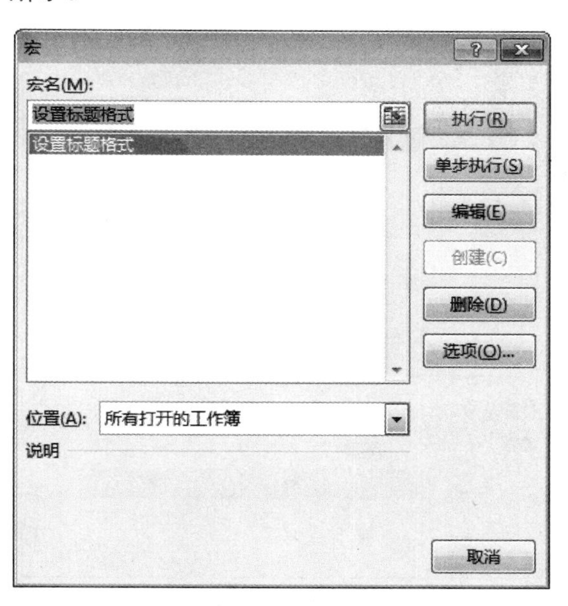

图 12-18　【宏】对话框

图 12-19　设置标题格式

 2. 使用快捷键运行宏

在 Excel 2013 中，可以为每一个宏指定一个快捷键，从而提高执行宏的效率，具体操作步骤如下。

Step 01 打开包含宏的工作簿，在【开发工具】选项卡的【代码】组中单击【宏】按钮，

即可打开【宏】对话框，选择需要添加快捷键的宏，单击【选项】按钮，如图 12-20 所示。

图 12-20 【宏】对话框

Step 02 弹出【宏选项】对话框，在【快捷键】文本框中输入设置快捷键的字母，单击【确定】按钮，如图 12-21 所示。

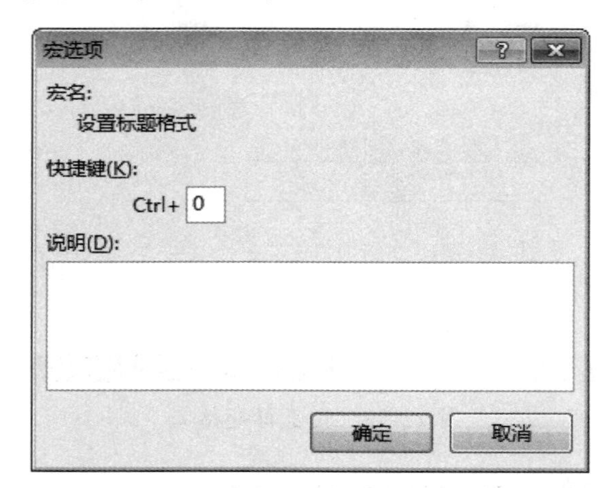

图 12-21 【宏选项】对话框

使用快速访问工具栏运行宏

对于经常使用的宏，可以将其放在快速访问工具栏中，这样可以提高工作效率。具体操作步骤如下。

Step 01 打开包含宏的工作簿，选择【文件】中的【选项】命令，如图 12-22 所示。

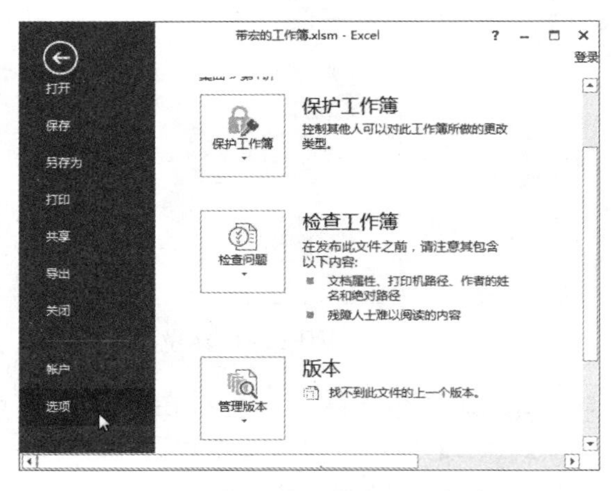

图 12-22 选择【选项】命令

Step 02 弹出【Excel 选项】对话框，在【从下列位置选择命令】下拉列表中选择【宏】选项，如图 12-23 所示。

图 12-23 选择【宏】选项

Step 03 选择需要添加的宏名称，例如本实例选择【设置标题格式】，单击【添加】按钮，然后单击【确定】按钮，如图 12-24 所示。

Step 04 此时在快速访问工具栏上即可看到新添加的【设置标题格式】按钮，单击此按钮即可运行宏，如图 12-25 所示。

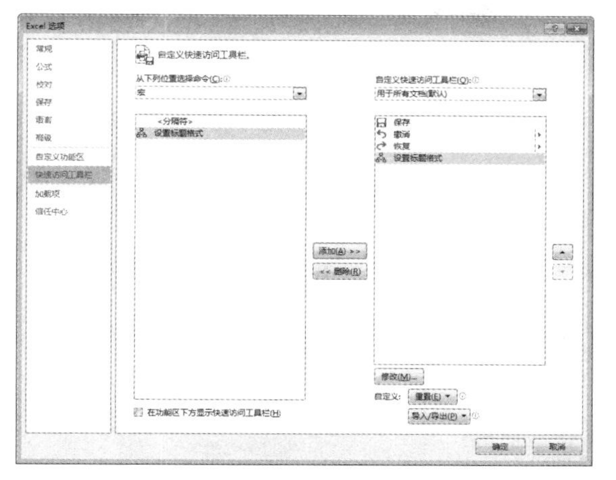

图 12-24　添加宏

图 12-25　将宏添加到工具栏

12.3 管理宏

在宏创建完毕后，还需要对宏进行相关管理操作，如提高宏的安全性、自动启动宏和宏出现错误时的处理方法等。

12.3.1 提高宏的安全性

包含宏的工作簿更容易感染病毒，所以用户需要提高宏的安全性。具体操作步骤如下。

Step 01 打开包含宏的工作簿，选择【文件】中的【选项】命令，打开【Excel 选项】对话框，选择【信任中心】选项，然后单击【信任中心设置】按钮，如图 12-26 所示。

Step 02 弹出【信任中心】对话框，在左侧列表中选择【宏设置】选项，然后在【宏设置】列表中选择【禁用无数字签署的所有宏】，单击【确定】按钮，如图 12-27 所示。

图 12-26　【Excel 选项】对话框

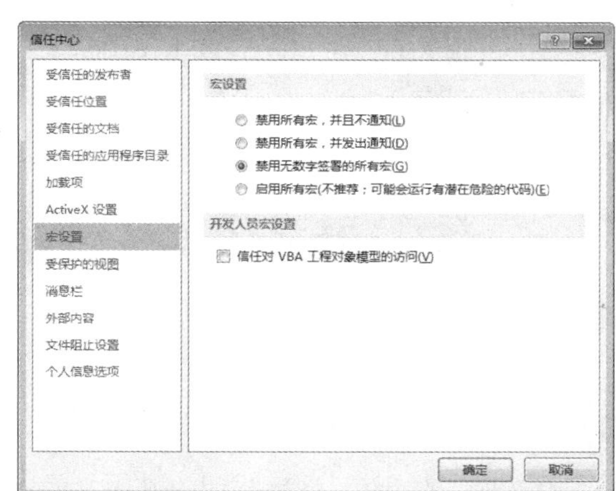

图 12-27　【信任中心】对话框

12.3.2 自动启动宏

默认情况下，宏需要用户手动启动。录制宏时，在【录制宏】对话框中将宏名称命名为“Auto_Open”，即可在工作簿运行时自动启动宏，如图 12-28 所示。另外对于创建好的宏，可以在 VBE 环境中直接修改宏名称为“Auto_Open”，如图 12-29 所示。

图 12-28 【录制宏】对话框

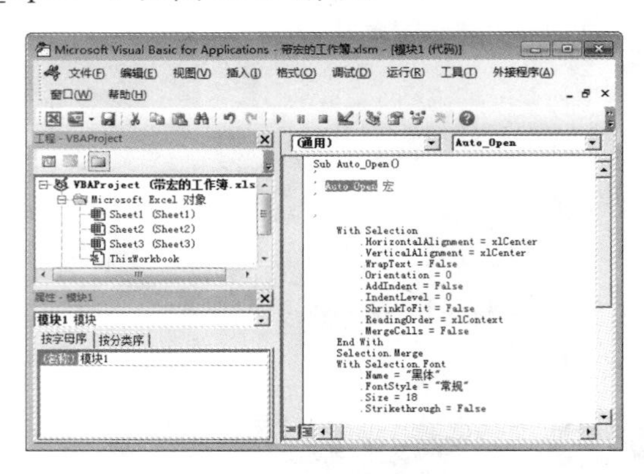

图 12-29 修改宏名称

12.3.3 宏出现错误时的处理方法

如果正在运行中的宏出现错误，则指定的方法不能用于指定的对象，原因包括参数包含无效值、方法不能在实际环境中应用、外部链接文件发生错误和安全设置等。

其中前 3 种原因，用户可以根据提示检查代码和文件。对于安全设置问题比较常见，用户可以单击【开发工具】选项卡【宏】组中的【宏安全性】按钮，在弹出的【信任中心】对话框中选择【信任对 VBA 工程对象模型的访问 (V)】复选框，然后单击【确定】，如图 12-30 所示。

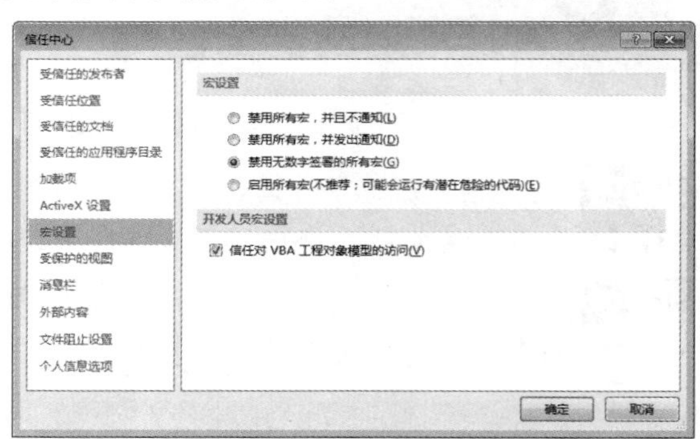

图 12-30 【信任中心】对话框

12.4 高效办公技能实战

12.4.1 高效办公技能实战 1——录制自动排序的宏

在实际工作中，只需把在 Excel 工作表内的操作过程录制下来，便可以解决一些重复性的工作，大大提高工作效率。下面介绍如何录制自动排序的宏，具体操作步骤如下。

Step 01 新建一个空白表格，在其中输入相关数据，然后选择【开发工具】选项卡，在【代码】组中单击【录制宏】按钮，如图 12-31 所示。

图 12-31　单击【录制宏】按钮

Step 02 弹出【录制宏】对话框，在【宏名】文本框中输入“数据排序”，单击【确定】按钮，如图 12-32 所示。

图 12-32　【录制宏】对话框

Step 03 选择 A2:H9 单元格区域，然后选择【数据】选项卡，在【排序和筛选】组中单击【排序】按钮，如图 12-33 所示。

Step 04 弹出【排序】对话框，选择【主要关键字】为【总计】选项，然后单击【添加条件】按钮，选择【次要关键字】为【1 月份】，单击【确定】按钮，如图 12-34 所示。

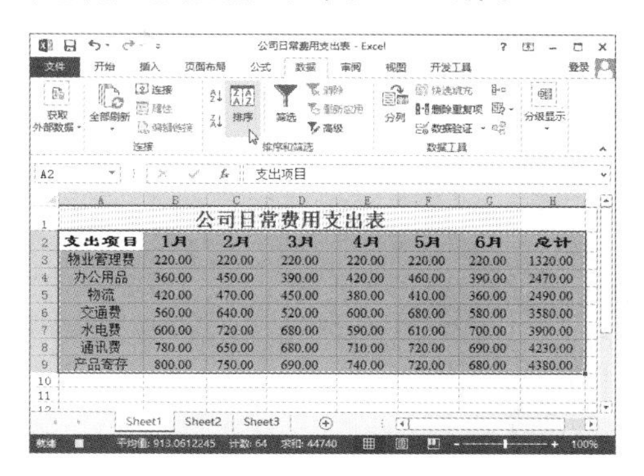

图 12-33　单击【排序】按钮

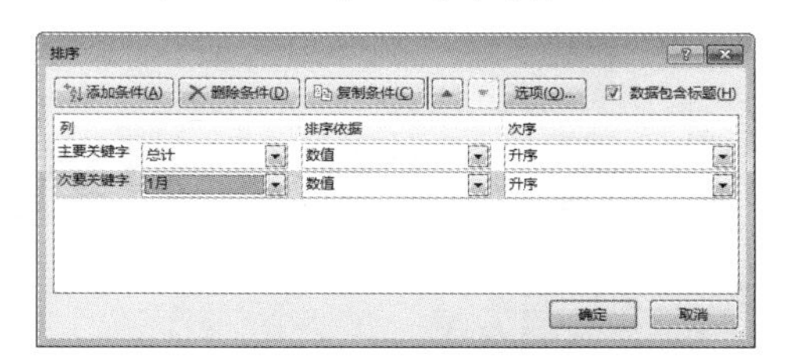

图 12-34　【排序】对话框

Step 05 单击【代码】组中的【停止录制】按钮，即可完成数据排序宏的录制，如图 12-35 所示。

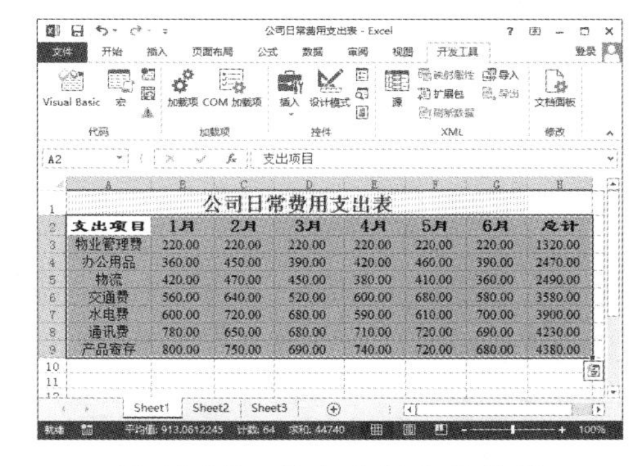

图 12-35　停止录制后的效果

12.4.2　高效办公技能实战 2——保存带宏的工作簿

默认情况下，带有宏的工作簿不能保存，此时需要用户自定义加载宏的方法来解决。具体操作步骤如下。

Step 01 打开含有宏的工作簿，选择【文件】→【另存为】命令，如图 12-36 所示。

Step 02 打开【另存为】对话框，从中选择保存路径后，在【保存类型】下拉列表中选择【Excel 加载宏（*.xlam）】选项，单击【保存】按钮即可，即可加载自定义加载宏文件的过程，如

图 12-37 所示。

图 12-36 选择【另存为】命令

图 12-37 【另存为】对话框

12.5 课后练习与指导

12.5.1 在 Excel 工作表中使用宏

● 练习目标

了解：宏的作用。

掌握：在 Excel 工作表中使用宏的方法。

● 专题练习指南

01 新建一个空白工作簿，并在其中输入数据。

02 选择【开发工具】选项卡，在【宏】组中单击【录制宏】按钮，开始录制宏。

03 单击【宏】按钮，进行查看并编辑宏。

04 单击【宏】按钮，在打开的对话框中单击【执行】按钮执行宏操作。

12.5.2 在 Excel 工作表中管理宏

● 练习目标

了解：宏的安全性。

掌握：在 Excel 工作表中管理宏的方法。

● 专题练习指南

01 提高宏的安全性。

02 设置自动启动宏。

03 宏出错时的处理。

第4篇

PowerPoint 高效办公

现代办公中经常用到产品演示、技能培训、业务报告等。一个好的PPT能使公司的会议、报告、产品销售更加高效、清晰和容易。本周学习PPT幻灯片的制作和演示方法。

认识 PPT 的制作软件——PowerPoint 2013

- **本章导读**

通过本章，读者可以快速了解 PowerPoint 2013 的基础知识，包括演示文稿的新建与保存基本操作、幻灯片的基本操作以及如何提高演示文稿的效果应用。

- **学习目标**

◎ 了解演示文稿的创建与保存

◎ 了解演示文稿的打开与关闭

◎ 了解幻灯片的基本操作

◎ 掌握演示文稿的加密操作

◎ 掌握演示文稿效果的提升技巧

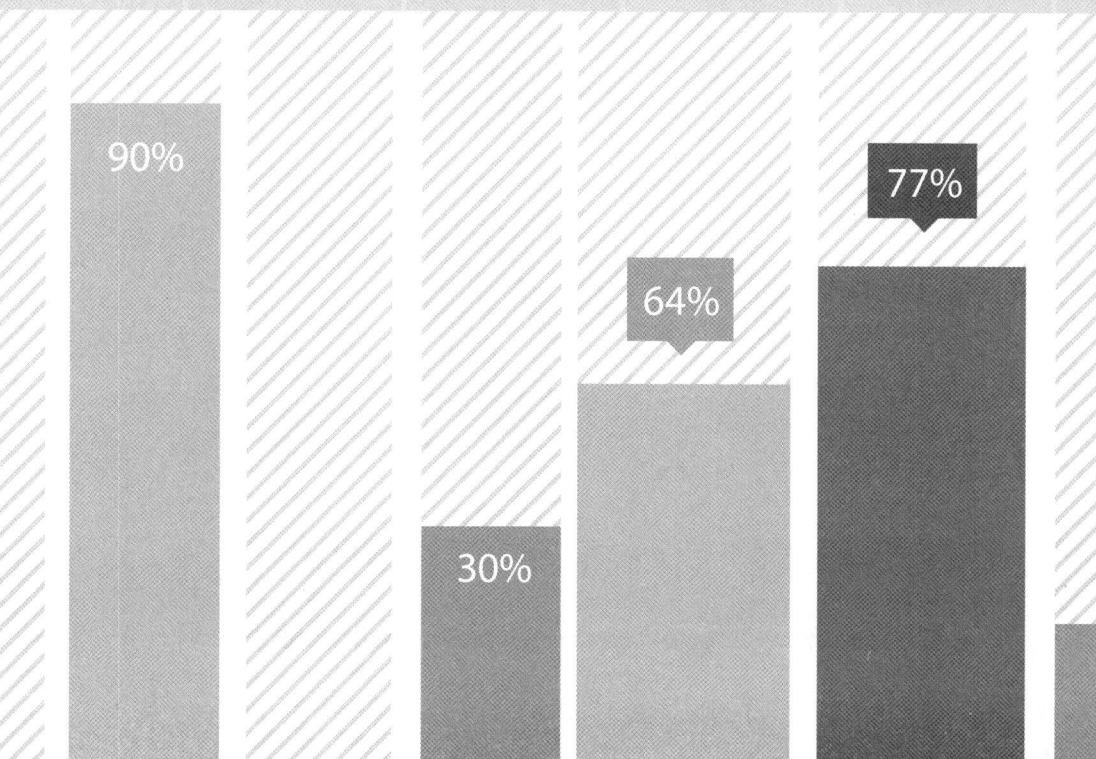

13.1 PowerPoint 2013中的视图

PowerPoint 2013 中用于编辑、打印和放映演示文稿的视图包括普通视图、幻灯片浏览视图、备注页视图、幻灯片放映视图、阅读视图和母版视图。

在 PowerPoint 2013 工作界面中用于设置和选择演示文稿视图的方法有以下两种。

(1) 在【视图】选项卡下的【演示文稿视图】组和【母版视图】组中进行选择或切换，如图 13-1 所示。

(2) 在状态栏上的【视图】区域进行选择或切换，包括普通视图、幻灯片浏览视图、阅读视图和幻灯片放映视图，如图 13-2 所示。

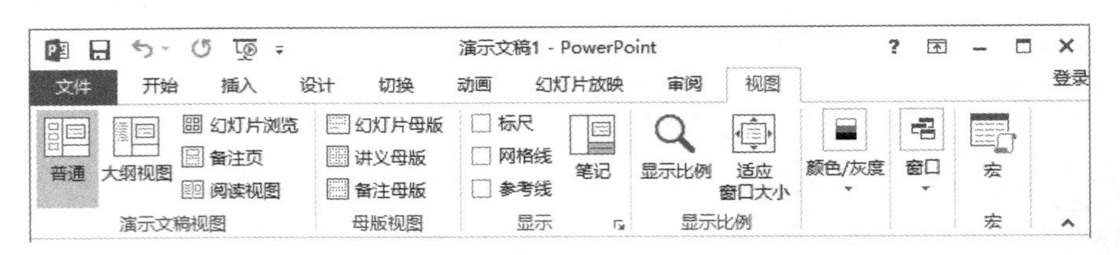

图 13-1 【视图】选项卡

图 13-2 视图区域

13.1.1 普通视图

普通视图是幻灯片的主要编辑视图方式，可用于撰写设计演示文稿，在启动 PowerPoint 2013 之后，系统默认以普通视图方式显示。

普通视图包含【幻灯片预览】窗格、【幻灯片】窗格和【备注】窗格等多个工作区域，如图 13-3 所示。

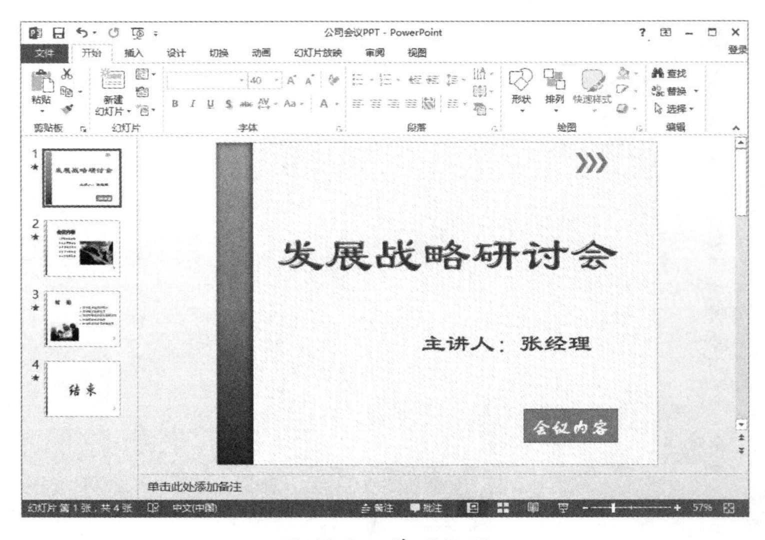

图 13-3 普通视图

13.1.2 阅读视图

如果希望在一个设有简单控件以方便审阅的窗口中查看演示文稿，而不想使用全屏的幻灯片放映视图，则可以在自己的计算机上使用阅读视图。

在【视图】选项卡下的【演示文稿视图】组中单击【阅读视图】按钮，或单击状态栏上的【阅读视图】按钮都可以切换到阅读视图模式，如图 13-4 所示。

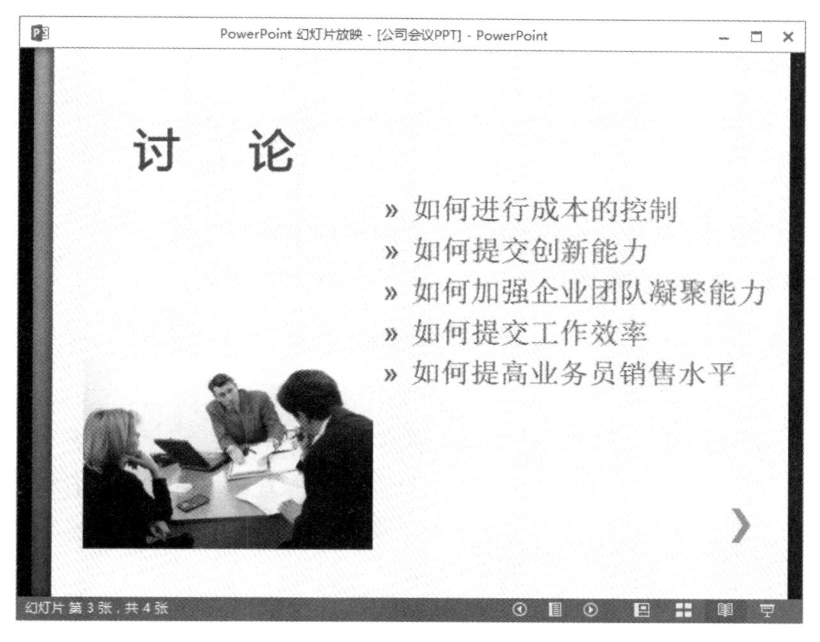

图 13-4　阅读视图

如果要更改演示文稿，可以随时从阅读视图切换至某个其他视图。具体操作方法为，在状态栏上直接单击其他视图模式按钮，或直接按 Esc 键退出阅读视图模式即可。

13.1.3 幻灯片浏览视图

幻灯片视图是缩略图形式的幻灯片专有视图，在该视图方式下可以从整体上浏览所有幻灯片，并可以方便地进行幻灯片的复制、移动和删除等操作，但是却不能直接对幻灯片的内容进行编辑和修改。

在 PowerPoint 2013 的工作界面中选择【视图】选项卡，在打开的【演示文稿视图】组中单击【幻灯片浏览】按钮，或单击状态栏上的【幻灯片浏览】按钮，可切换到幻灯片浏览视图方式，如图 13-5 所示。

在幻灯片浏览视图工作区的空白位置或幻灯片上右击，在弹出的快捷菜单中选择【新增节】命令，可以在幻灯片浏览视图中添加节，并按不同的类别或节对幻灯片进行排序，如图 13-6 所示。

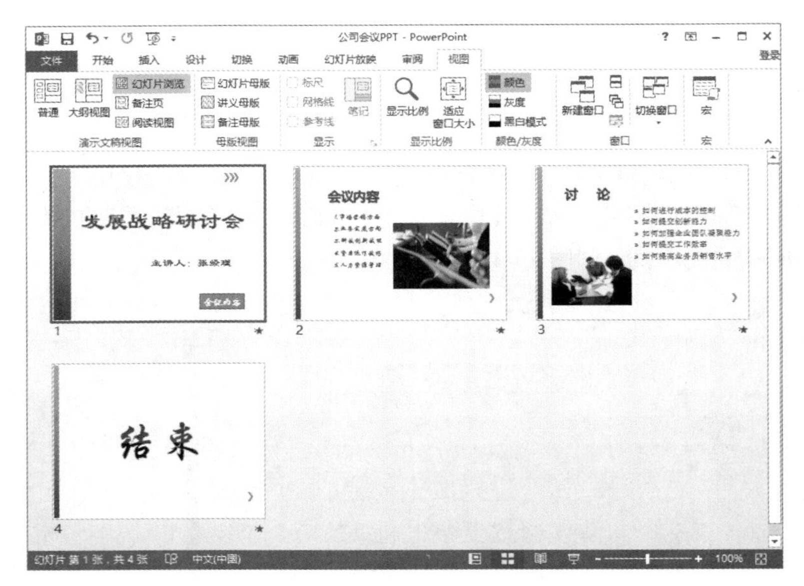

图 13-5　幻灯片浏览视图

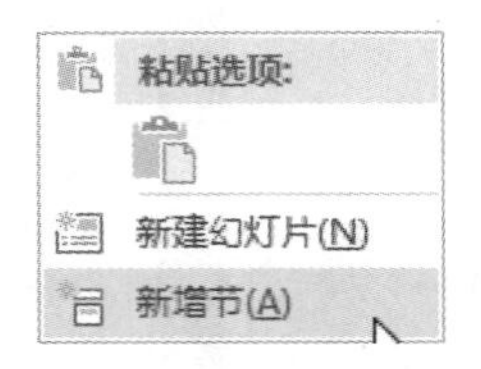

图 13-6　选择【新增节】命令

13.1.4 备注页视图

备注页视图的格局是整个页面的上方为幻灯片，而下方为备注页添加窗格。在【视图】选项卡下的【演示文稿视图】组中单击【备注页】按钮，可以切换到备注页视图状态，如图 13-7 所示。此时，可以直接在备注窗格中对备注内容进行编辑，如图 13-8 所示。

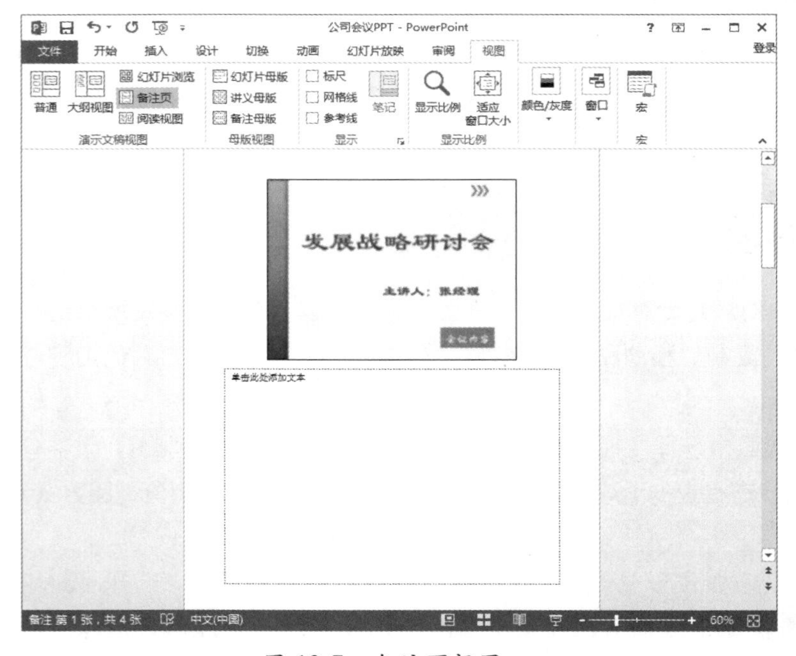

图 13-7　备注页视图

图 13-8　输入备注内容

13.2 演示文稿的基本操作

制作演示文稿之前，需要掌握演示文稿的基本操作，如创建、保存、打开和关闭等。一个演示文稿由多张幻灯片构成，对演示文稿的操作实际上是对幻灯片的基本操作，对幻灯片的操作包括插入、删除、隐藏和发布等。

13.2.1 新建演示文稿

制作演示文稿应该从新建空白文稿开始，启动 PowerPoint 软件后将自动新建一个空白演示文稿，若需要自行新建一个演示文稿，可使用以下方式。

1. 创建空白演示文稿

创建空白演示文稿的具体操作步骤如下。

Step 01 在 PowerPoint 2013 窗口中单击【文件】选项卡，如图 13-9 所示。

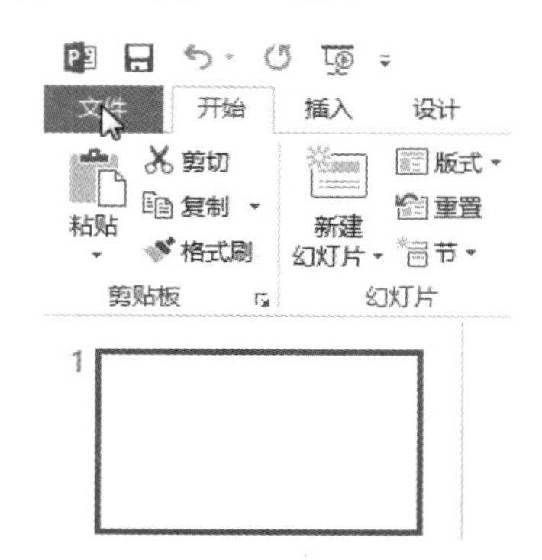

图 13-9　单击【文件】选项卡

Step 02 进入【文件】界面，在其中选择【新建】命令，如图 13-10 所示。

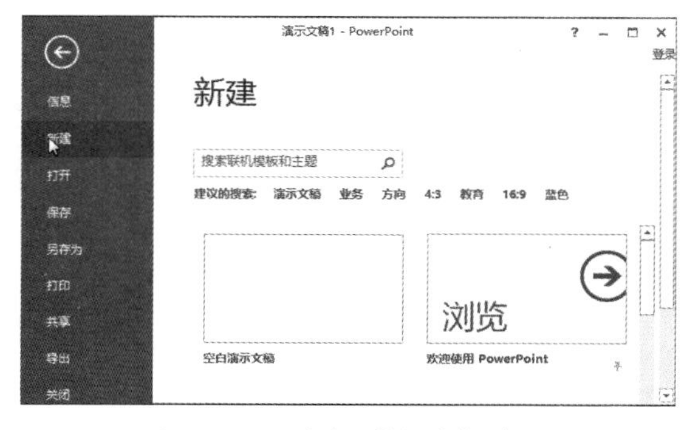

图 13-10　选择【新建】命令

Step 03 单击【空白演示文稿】选项，即可创建一个新的演示文稿，如图 13-11 所示。

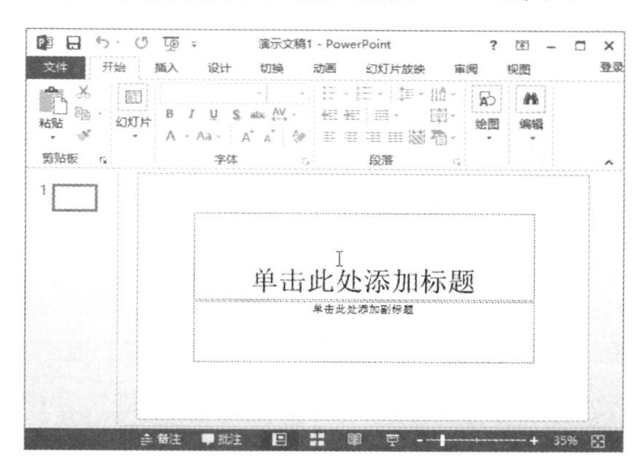

图 13-11　新建演示文稿

2. 根据主题创建演示文稿

在 PowerPoint 2013 中提供了多个设计主题，用户可选择喜欢的主题来创建演示文稿，具体操作步骤如下。

Step 01 在 PowerPoint 2013 窗口中单击【文件】选项卡，选择【新建】命令，在建议搜索栏选择【教育】主题，如图 13-12 所示。

Step 02 搜索后可对教育主题进行分类，在右侧的【分类】栏里进行选择，如图 13-13 所示。

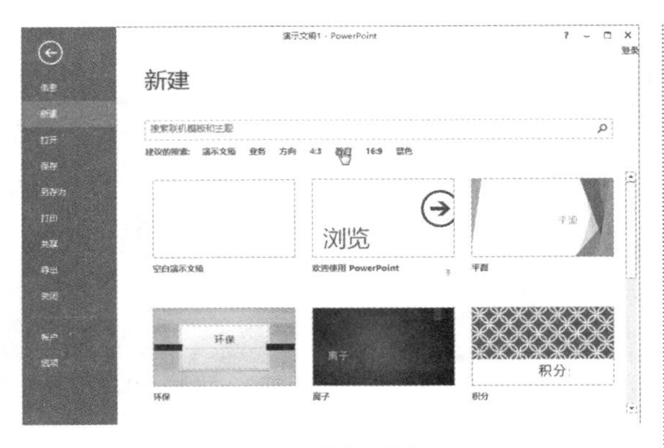

图 13-12 选择模板主题

图 13-13 搜索结果

Step 03 在【分类】栏里，单击【教育】类型，从弹出的教育主题模板里选择一种，这里选择【在校儿童教育演示文稿、相册（宽屏）】主题，如图 13-14 所示。

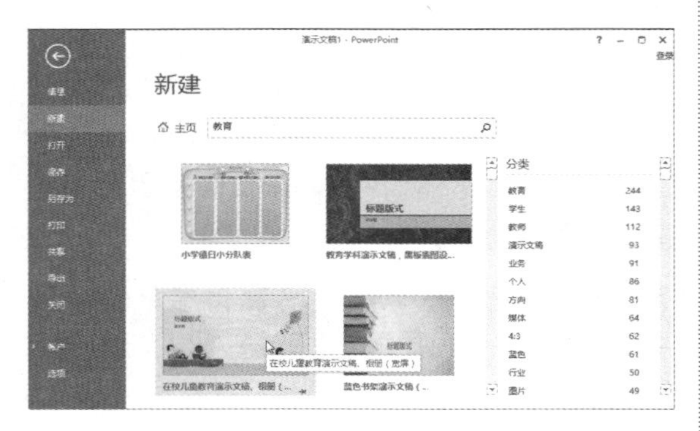

图 13-14 选择主题模板

Step 04 弹出【在校儿童教育演示文稿、相册（宽屏）】对话框，单击【创建】按钮，如图 13-15 所示。

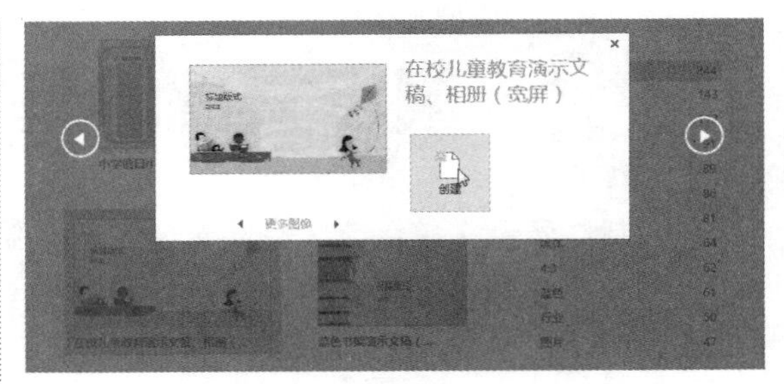

图 13-15 单击【创建】按钮

Step 05 应用主题后的效果如图 13-16 所示。

图 13-16 应用主题后的效果

3. 根据模板创建演示文稿

PowerPoint 2013 为用户提供了多种类型的模板，如“积分”“平板”“环保”等，具体操作步骤如下。

Step 01 在 PowerPoint 2013 窗口中单击【文件】选项卡，选择【新建】命令，在新建界面中选择一种样板模板，这里选择【环保】样板模板，如图 13-17 所示。

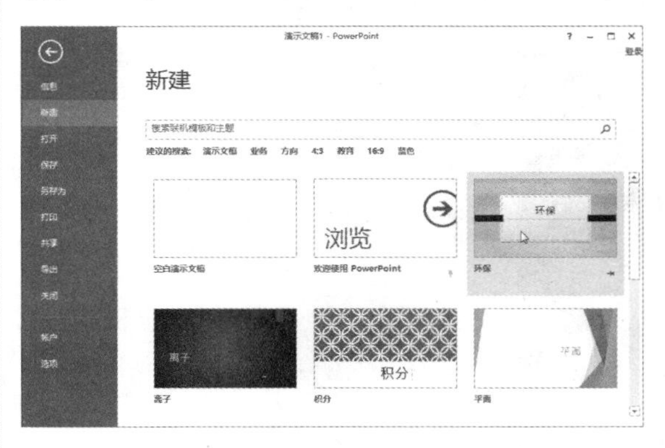

图 13-17 选择模板

Step 02 弹出【环保】对话框，单击【创建】按钮，如图 13-18 所示。

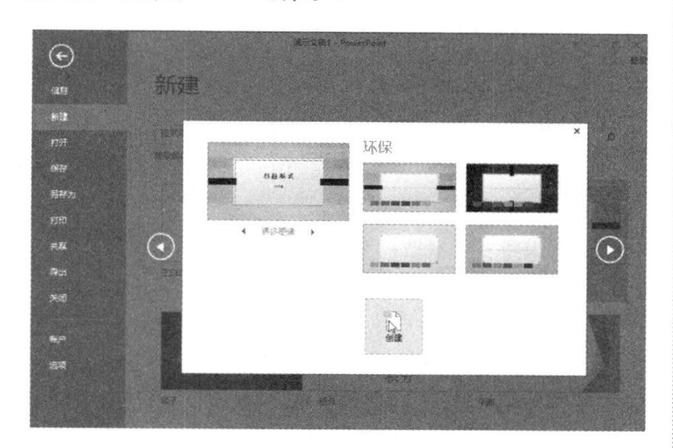

图 13-18　单击【创建】按钮

Step 03 即可创建出应用所选样板模板的演示文稿，效果如图 13-19 所示。

图 13-19　根据模板创建演示文稿

13.2.2 保存演示文稿

创建新的演示文稿后，当我们要退出 PowerPoint 软件或关闭演示文稿创建时都需要将其保存。保存演示文稿的具体操作步骤如下。

Step 01 单击【快速访问工具栏】上的【保存】按钮，如图 13-20 所示。

Step 02 打开【另存为】对话框，双击【计算机】设置要保存的路径，在【文件名】文本框中输入文件保存的名称，如这里输入“企业宣传 .pptx”，单击【保存类型】右侧的下拉按钮，在弹出的下拉列表中选择文件保存的类型，如这里选择【PowerPoint 演示文稿（*.pptx）】，单击【保存】按钮即可保存文件，如图 13-21 所示。

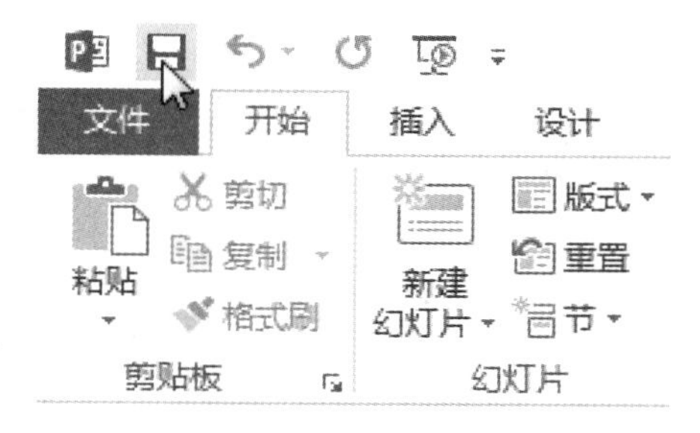

图 13-20　单击【保存】按钮

图 13-21　【另存为】对话框

13.2.3 打开与关闭演示文稿

当退出 PowerPoint 软件后，若需再次打开所保存的演示稿文件时，找到演示稿文件保存的路径即可打开，打开与关闭演示文稿的具体操作步骤如下。

Step 01 双击桌面上的【计算机】图标，进入【计算机】窗口，在计算机磁盘中找到之前保存的演示文稿，双击该文稿即可将其打开，如图 13-22 所示。

Step 02 打开演示文稿后，单击窗口右上角的【关闭】按钮 ×，即可关闭该演示文稿，如图 13-23 所示。

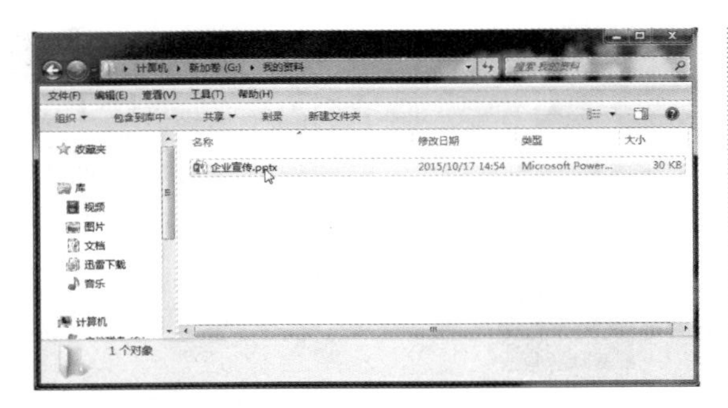

图 13-22　双击打开演示文稿

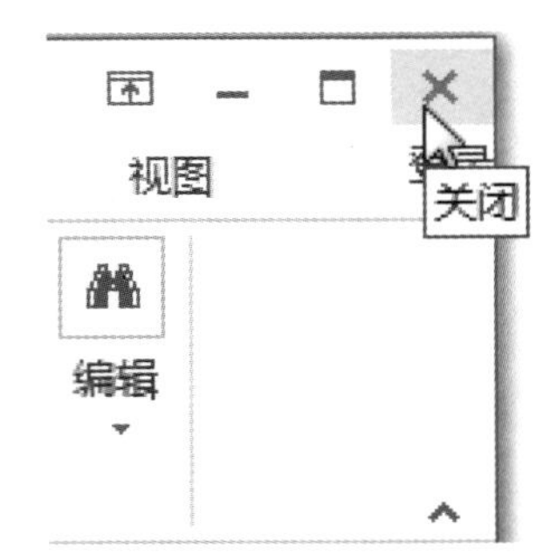

图 13-23　单击【关闭】按钮

13.2.4 加密演示文稿

对演示文稿进行加密可以防止他人在未经许可的情况下查看此演示文稿，加密演示文稿的方法有两种：一种是使用 Windows 7 操作系统的加密功能；另一种是使用 PowerPoint 2013 自带的加密功能。

 使用 Windows7 操作系统的加密功能加密演示文稿

具体操作步骤如下。

Step 01 选择需要加密的演示文稿，右击鼠标，从弹出的快捷菜单中选择【属性】命令，打开属性对话框，如图 13-24 所示，切换到【常规】选项卡。

Step 02 单击【高级】按钮，进入【高级属性】对话框，选择【加密内容以便保护数据】复选框，如图 13-25 所示。

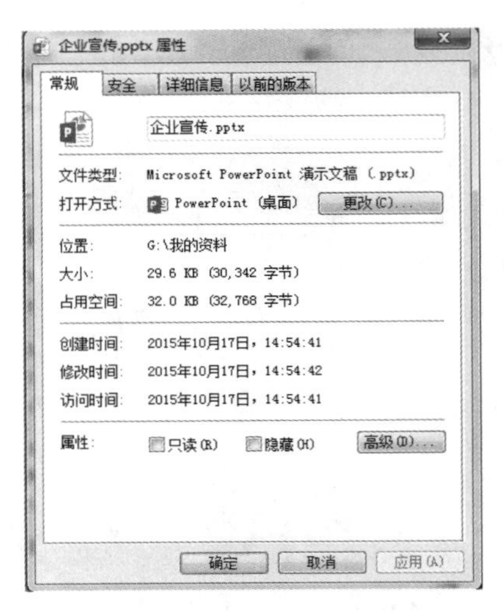

图 13-24　【常规】选项卡

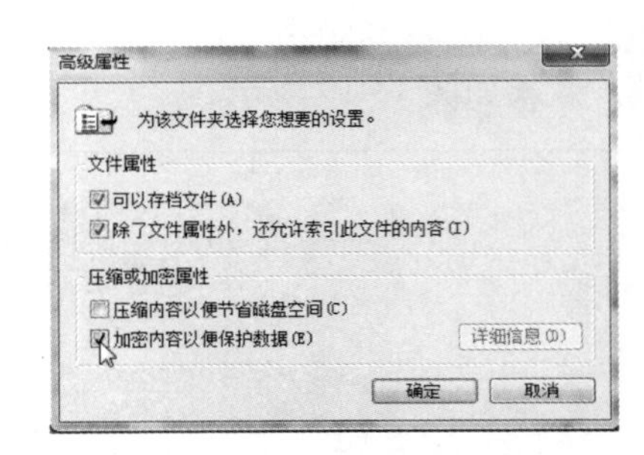

图 13-25　【高级属性】对话框

Step 03 单击【确定】按钮，返回到属性对话框，单击【应用】按钮，即可完成该演示文稿的加密工作，如图 13-26 所示。

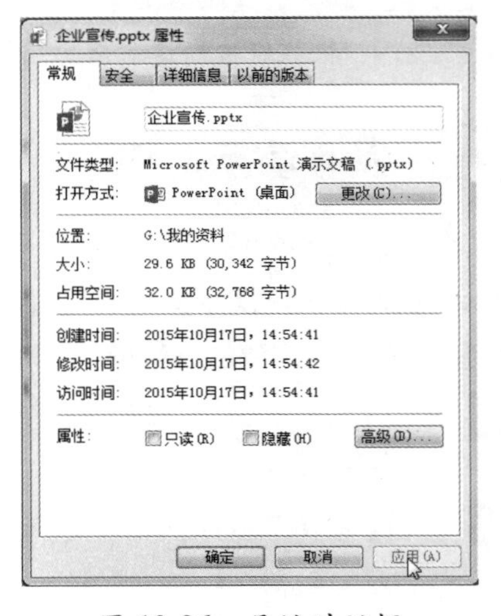

图 13-26　属性对话框

Step 04 单击【确定】按钮，退出【企业宣传.pptx 属性】对话框，这时可以看到该演示文稿显示为绿色，则表示加密成功，如图 13-27 所示。

图 13-27　加密后的演示文稿

2. 使用 PowerPoint 2013 加密演示文稿

具体操作步骤如下。

Step 01 选择【文件】选项卡，进入【文件】界面，选择【信息】命令，在【保护演示文稿】的下拉列表中选择【用密码进行加密】选项，如图 13-28 所示。

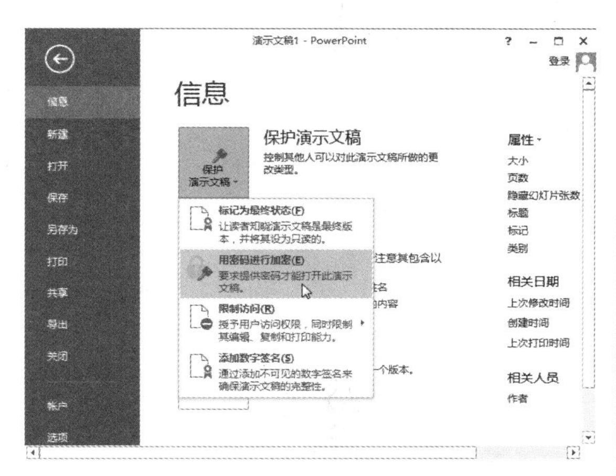

图 13-28　选择【用密码进行加密】选项

Step 02 弹出【加密文档】对话框，在【密码】文本框内输入密码，然后单击【确定】按钮，如图 13-29 所示。

Step 03 弹出【确认密码】对话框，在【重新输入密码】文本框内再一次输入密码，然后单击【确定】按钮，如图 13-30 所示。

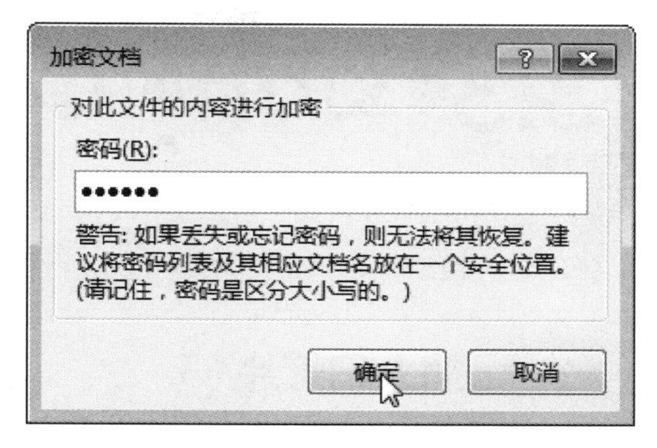

图 13-29　单击【确定】按钮

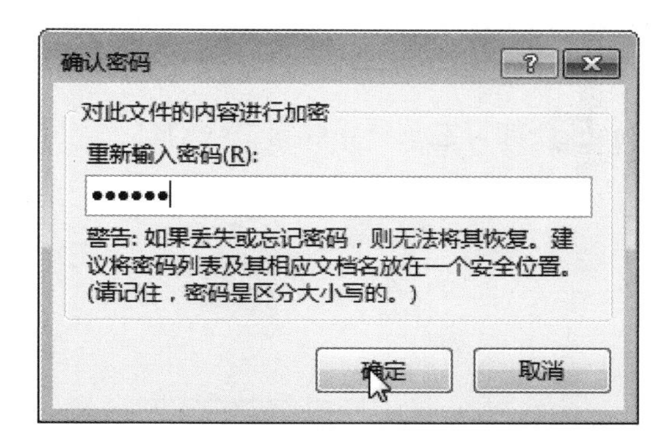

图 13-30　【确认密码】对话框

Step 04 退出【确认密码】对话框，返回到【信息】界面，可以看到【保护演示文档】选项显示为加密状态，则表示加密成功，如图 13-31 所示。

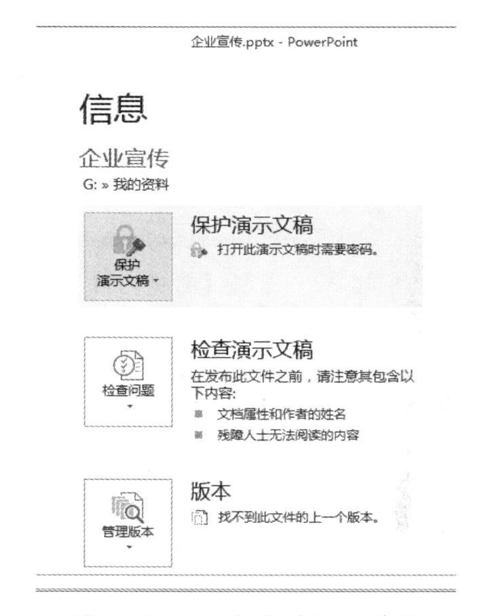

图 13-31　加密后的显示效果

13.3 幻灯片的基本操作

在 PowerPoint 2013 中，一个 PowerPoint 文件可称为一个演示文稿，一个演示文稿由多张幻灯片组成，每张幻灯片都可以进行基本操作，包括插入、删除、复制、隐藏等。

13.3.1 插入幻灯片

打开 PowerPoint 演示文稿，可以在两张幻灯片之间插入一张新的幻灯片，具体操作步骤如下。

Step 01 选中第一张幻灯片，然后单击鼠标右键，从弹出来的快捷菜单中选择【新建幻灯片】命令，如图 13-32 所示。

Step 02 即可在第一张和第二张幻灯片之间插入一张新的幻灯片，如图 13-33 所示。

图 13-32 选择【新建幻灯片】命令

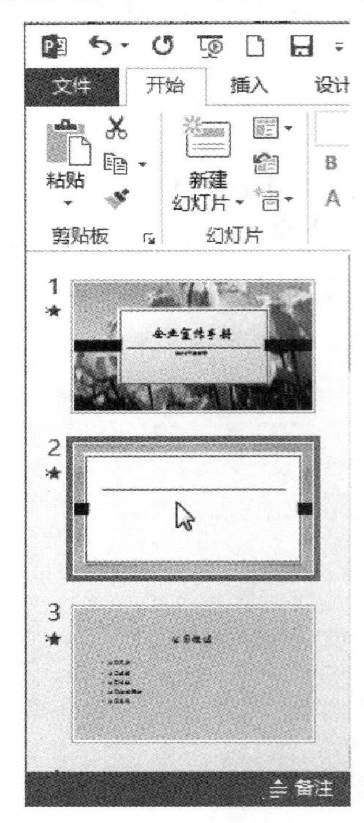

图 13-33 新建幻灯片

13.3.2 删除幻灯片

在创建演示文稿的过程中常常需要删除一些不需要的幻灯片，删除幻灯片的操作步骤如下。

Step 01 选中需要删除的幻灯片，然后单击鼠标右键，从弹出来的快捷菜单中选择【删除幻灯片】命令，如图 13-34 所示。

Step 02 选中的幻灯片即可被删除，效果如图 13-35 所示。

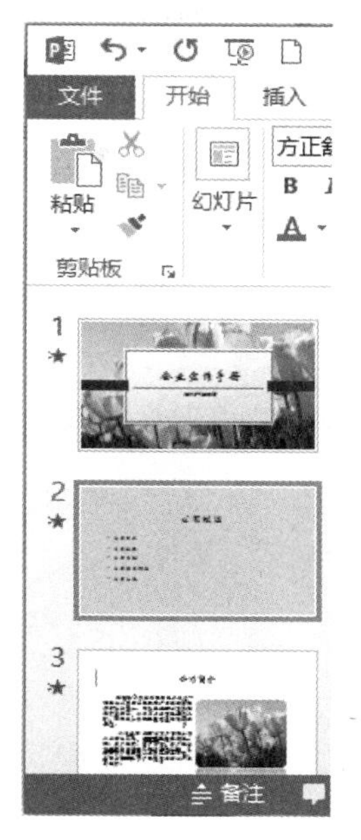

图 13-34　选择【删除幻灯片】命令　　图 13-35　删除选中的幻灯片

13.3.3 移动幻灯片

有时移动幻灯片可以提高制作演示文稿的效率，移动幻灯片的具体操作步骤如下。

Step 01 选中第一张幻灯片，单击【剪切】按钮，如图 13-36 所示。

Step 02 将鼠标指针放在幻灯片需要放置的位置，然后单击【粘贴】按钮，此时看到两张幻灯片交换位置，则说明移动成功，如图 13-37 所示。

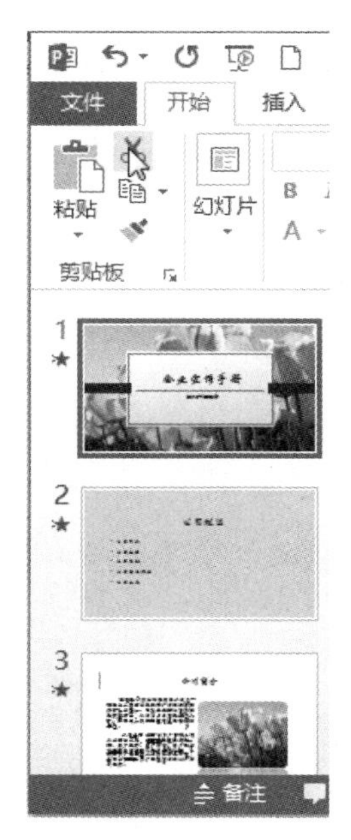

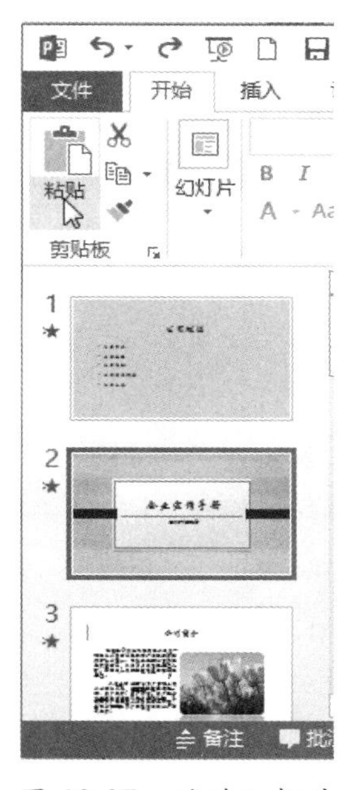

图 13-36　选择需要移动的幻灯片　　图 13-37　移动幻灯片

13.3.4 复制幻灯片

在制作演示文稿的过程中，可通过复制幻灯片的方式制作相同的幻灯片，具体操作步骤如下。

Step 01 选中第一张幻灯片，单击【复制】下拉按钮，选择第二个【复制】命令，如图 13-38 所示。

Step 02 看到这个演示文稿中有两张相同的幻灯片，则表示复制成功，如图 13-39 所示。

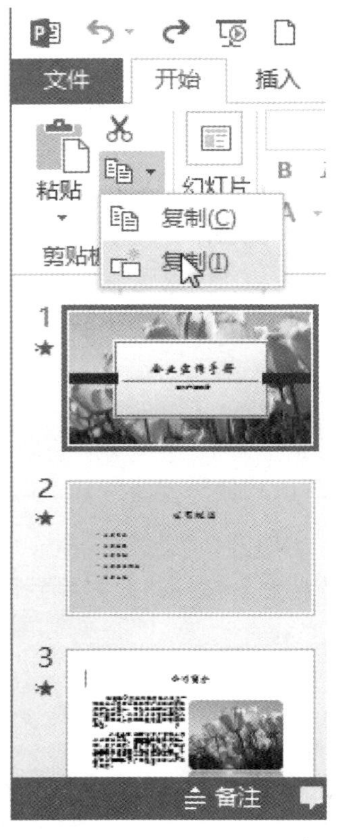

图 13-38 选择【复制】命令

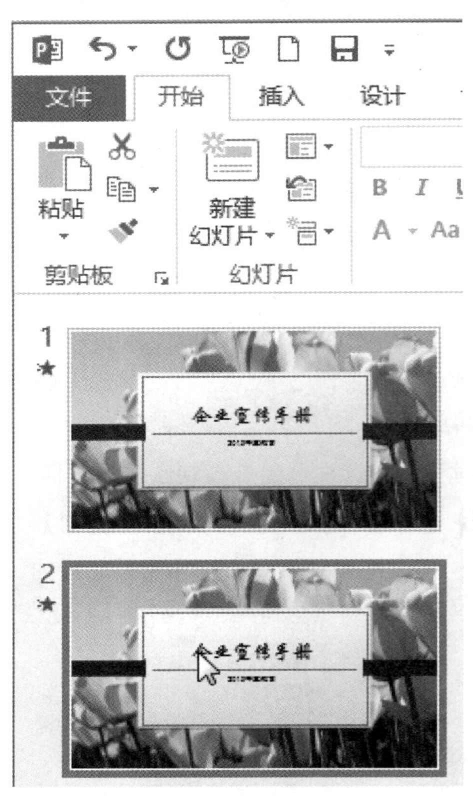

图 13-39 复制幻灯片

13.3.5 隐藏幻灯片

有时需要把部分幻灯片隐藏起来，具体操作步骤如下。

Step 01 选中第二张幻灯片，然后单击鼠标右键，从弹出来的快捷菜单中选择【隐藏幻灯片】命令，如图 13-40 所示。

Step 02 可以看到第二张幻灯片标号上出现隐藏标识符，且其显示为虚状态，则说明隐藏操作成功，如图 13-41 所示。

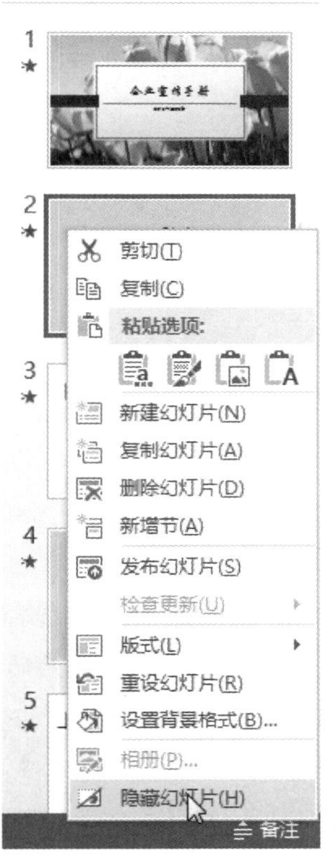

图 13-40　选择【隐藏幻灯片】命令

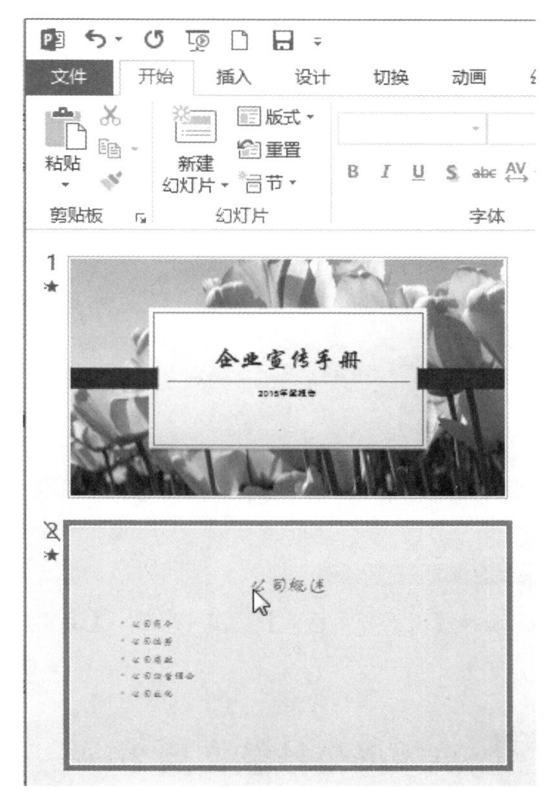

图 13-41　隐藏幻灯片

13.4 高效办公技能实战

13.4.1 高效办公技能实战 1——为演示文稿设置不同的背景

为演示文稿设置不同的背景会展现出不同的风格，选择合适的背景也会提升吸引力，从而创建出漂亮美观的演示文稿。以下将介绍如何设置不同的背景，具体操作步骤如下。

Step 01 选择一张需要不同背景的幻灯片，右击鼠标，从弹出的快捷菜单中选择【设置背景格式】命令，如图 13-42 所示。

Step 02 打开【设置背景格式】对话框，在其中设置背景格式，如这里选择【图案填充】单选按钮，在弹出来的【图案】列表中可以选择任意一种图案填充效果，如图 13-43 所示。

Step 03 单击【全部应用】按钮，即可改变此幻灯片的背景，如图 13-44 所示。

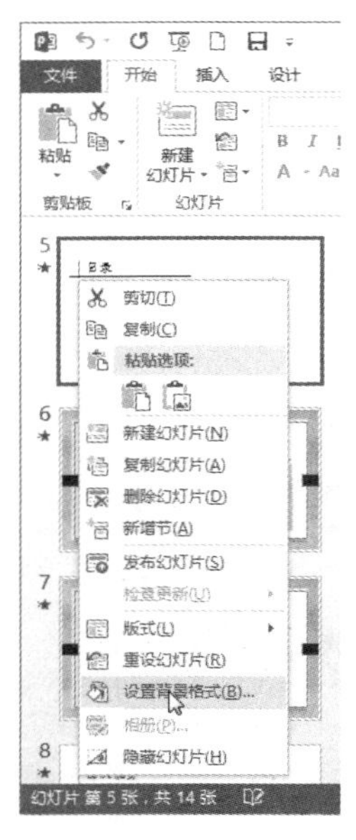

图 13-42　选择【设置背景格式】命令

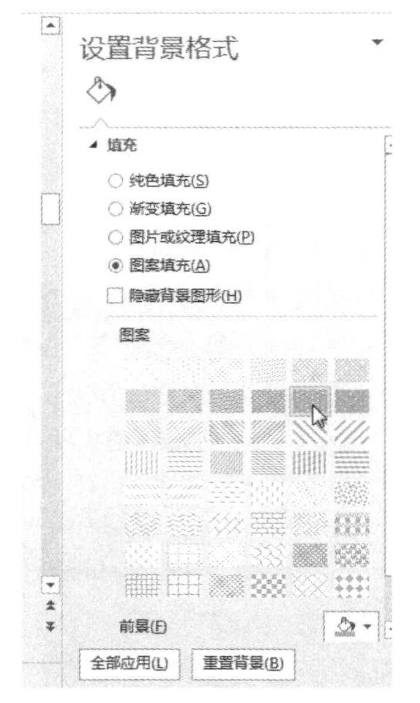

图 13-43　【设置背景格式】对话框

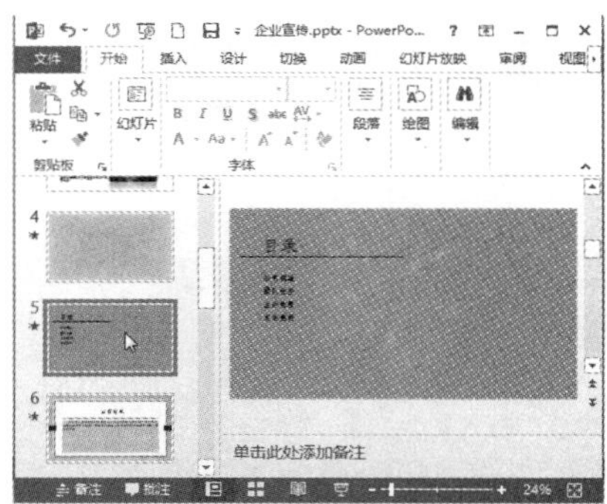

图 13-44　添加背景后的效果

13.4.2　高效办公技能实战 2——一次复制多张幻灯片

在同一演示文稿中不仅可以复制一张幻灯片，还可以一次复制多张幻灯片。其具体操作步骤如下。

Step 01 打开随书光盘中的“素材 \ch13\ 公司会议 PPT”文件，如图 13-45 所示。

Step 02 在【幻灯片】窗格中单击第 1 张幻灯片的缩略图，按住 Shift 键的同时单击第 3 张幻灯片，即可将前 3 张连续的幻灯片选中，如图 13-46 所示。

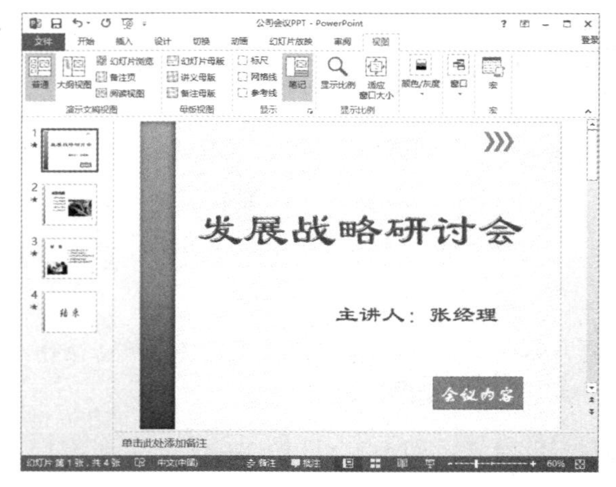

图 13-45　打开素材文件

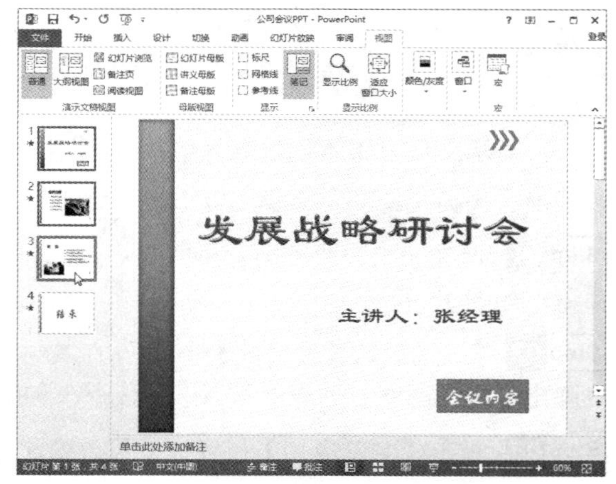

图 13-46　选中多张幻灯片

提示

如果按住 Ctrl 键的同时单击幻灯片缩略图，可以选中多张不连续的幻灯片。

Step 03 在【幻灯片 / 大纲】窗格中的【幻灯片】选项卡下选中的缩略图上右击，在弹出的快捷菜单中选择【复制幻灯片】命令，如图 13-47 所示。

Step 04 系统即可自动复制选中的幻灯片，如图 13-48 所示。

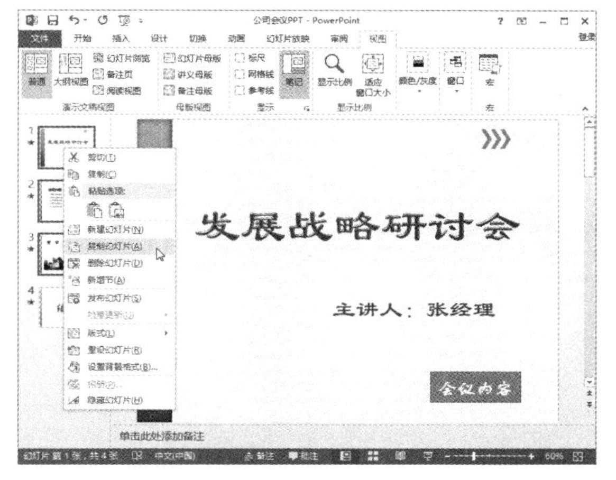

图 13-47　选择【复制幻灯片】命令

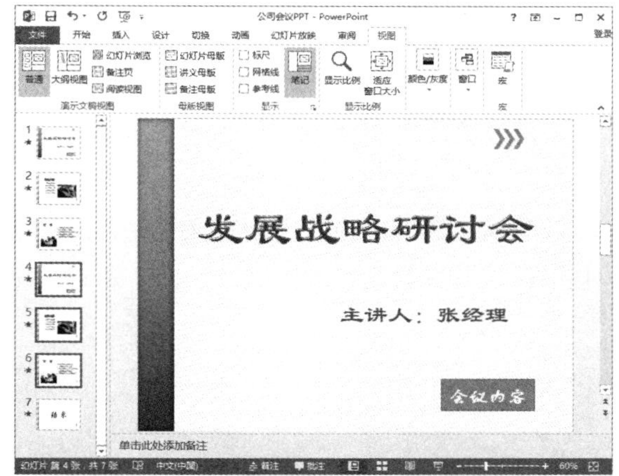

图 13-48　复制幻灯片后的显示效果

13.5 课后练习与指导

13.5.1 以不同方式浏览创建好的演示文稿

- **练习目标**

了解：不同视图方式的区别。

掌握：查看演示文稿的方法。

- **专题练习指南**

01 打开创建好的演示文稿。

02 选择【视图】→【普通】命令，以普通视图方式浏览演示文稿。

03 选择【视图】→【幻灯片浏览】命令，以幻灯片浏览视图方式浏览演示文稿。

04 选择【视图】→【幻灯片放映】命令，以幻灯片放映视图方式浏览演示文稿。

13.5.2 创建演示文稿

● 练习目标

了解：创建演示文稿的流程。

掌握：创建演示文稿的方法。

● 专题练习指南

01 创建演示文稿。可以根据需要创建空演示文稿、根据设计模板创建演示文稿、根据内容提示向导创建演示文稿和根据现有演示文稿创建演示文稿。

02 输入演示文稿的相关内容。

03 设置演示文稿的格式，包括文字字体、文字格式、文字颜色等。

04 保存演示文稿。

丰富幻灯片的内容——编辑幻灯片

● **本章导读**

创建演示文稿最关键的部分就是编辑幻灯片的内容。本章主要介绍编辑幻灯片的方法，包括编辑文本、插入并编辑表格、插入并编辑图表以及 SmartArt 图形应用等基本操作。

● **学习目标**

◎ 掌握输入并编辑文本的方法
◎ 掌握插入并编辑表格的方法
◎ 掌握插入并编辑图表的方法
◎ 掌握 SmartArt 图形的应用操作

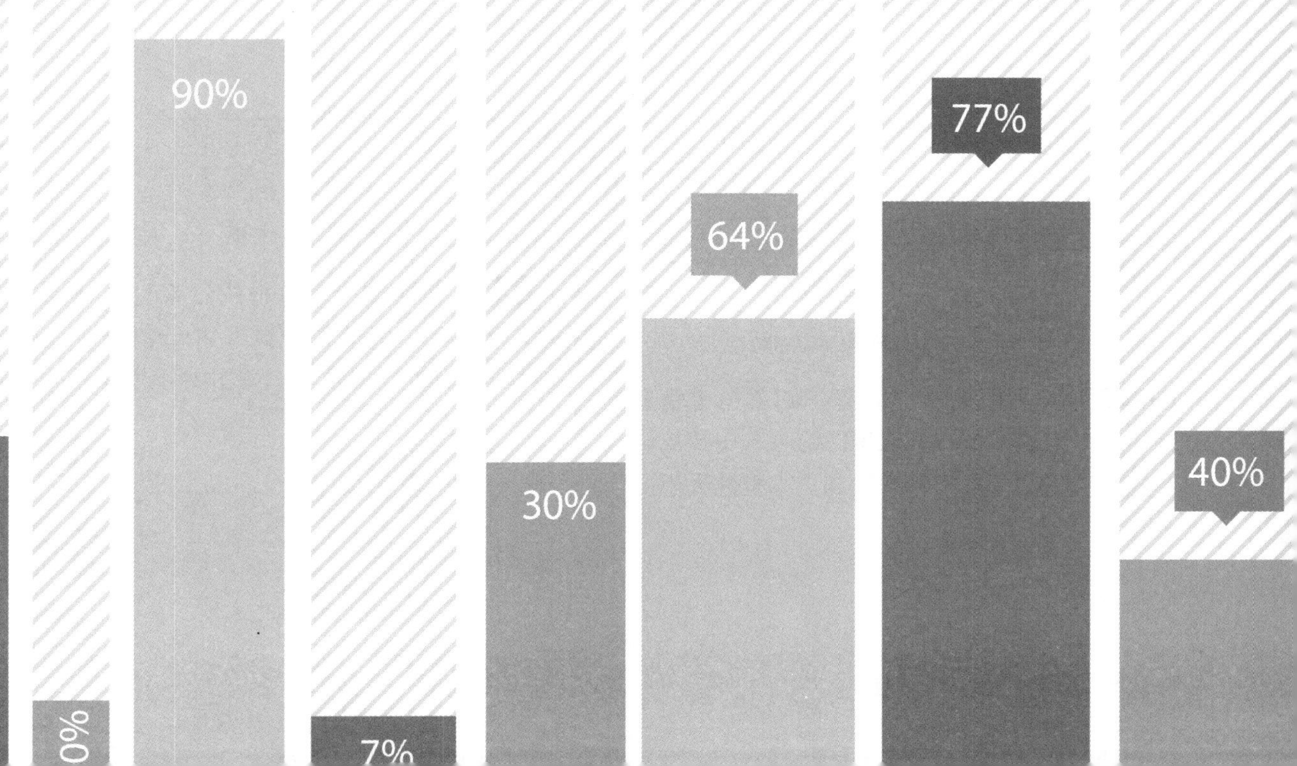

14.1 文本框操作

创建完幻灯片后，可以在文本框内输入并编辑文本。本节主要介绍文本框的插入、复制、删除以及设置文本框样式的操作。

14.1.1 插入文本框

在制作幻灯片时，有时需要根据自己的需求插入某些特定大小和位置的文本框，具体操作步骤如下。

Step 01 选择【插入】选项卡，在【文本】组内单击【文本框】按钮，选择横排文本框或垂直文本框，如图 14-1 所示。

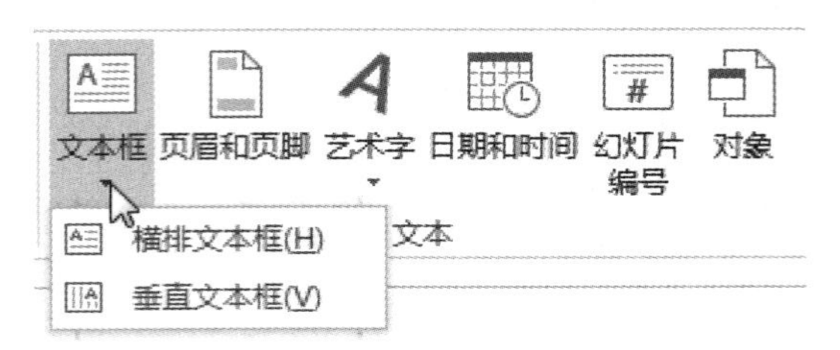

图 14-1 【文本框】下拉菜单

Step 02 如需要横排文本框，则单击【横排文本框】选项，然后在选中的幻灯片中按住鼠标左键并拖动鼠标指针来绘制文本框的大小，如图 14-2 所示。

图 14-2 绘制横排文本框

Step 03 如需要垂直文本框，则单击【垂直文本框】选项，然后在选中的幻灯片中按住鼠标左键并拖动鼠标指针来绘制文本框的大小，如图 14-3 所示。

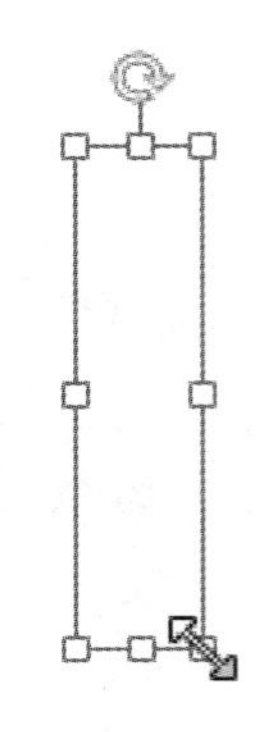

图 14-3 绘制垂直文本框

Step 04 松开鼠标左键后显示绘制出的文本框，这时可在文本框内输入文本，如图 14-4 所示。

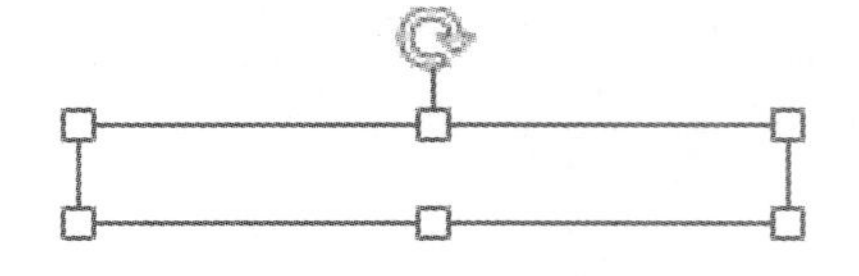

图 14-4 文本框

Step 05 当需要改变文本框的位置时，可以单击该文本框，当鼠标指针变为✥形状时，将文本框拖到指定的位置，如图 14-5 所示。

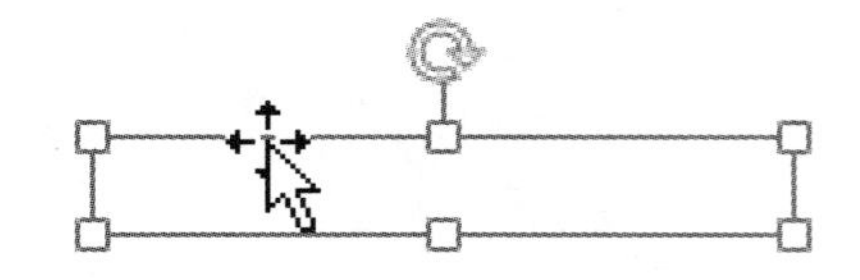

图 14-5 移动文本框

14.1.2 复制文本框

当需要在幻灯片中添加多个文本框时，可以通过复制文本框来完成，具体操作步骤如下。

Step 01 单击要复制的文本框边框，确保文本框处于选中状态，如图 14-6 所示。

Step 02 单击【开始】选项卡，在【剪贴板】组内单击【复制】按钮，如图 14-7 所示。

Step 03 单击【剪贴板】组内的【粘贴】按钮，系统可自动完成文本框的复制操作，如图 14-8 所示。

图 14-6　选中文本框

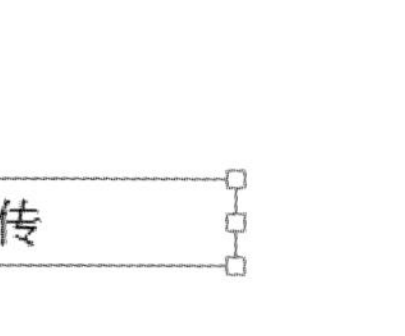

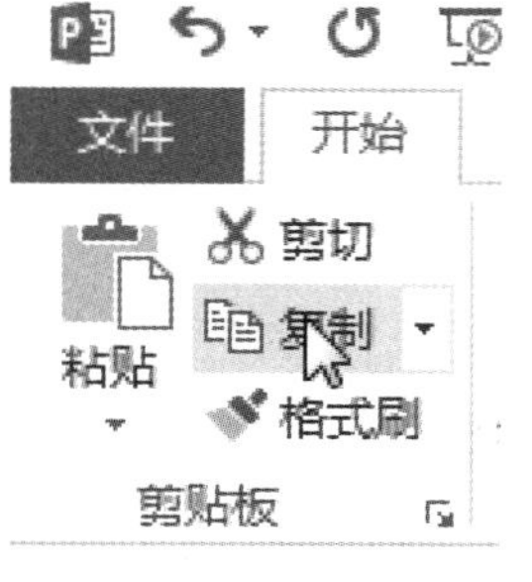

图 14-7　单击【复制】按钮

图 14-8　完成复制操作

14.1.3 删除文本框

需要删除多余或者不需要的文本框时，单击文本框边框选中该文本框，然后按 Delete 键即可。

14.2 文本输入

本节主要介绍文本的输入，包括在幻灯片的占位符中输入标题与正文，在文本框内输入文本、符号、公式等操作方法。

14.2.1 输入标题与正文

输入标题与正文有两种方式：一种是在普通视图下的幻灯片占位符内输入标题与正文；另一种是在大纲视图下的幻灯片快速浏览区域内输入标题与正文。

1. 在普通视图下输入标题与正文

在普通视图下输入标题与正文的具体操作步骤如下。

Step 01 新建一张幻灯片，选择【标题与内容】版式，在“单击此处添加标题”或“单击此处添加文本”的占位符内单击鼠标，使占位符处于编辑状态，如图 14-9 所示。

Step 02 如输入文本“企业宣传”替代占位符内的提示性文字，如图 14-10 所示。

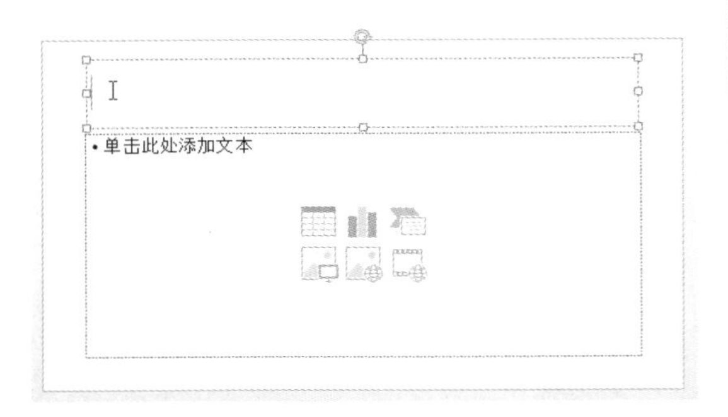

图 14-9　幻灯片占位符

图 14-10　输入文字

 在大纲视图下输入标题与内容

在大纲视图下输入标题与内容的具体操作步骤如下。

Step 01 单击【视图】选项卡下【视图】组中的【大纲视图】按钮，如图 14-11 所示。

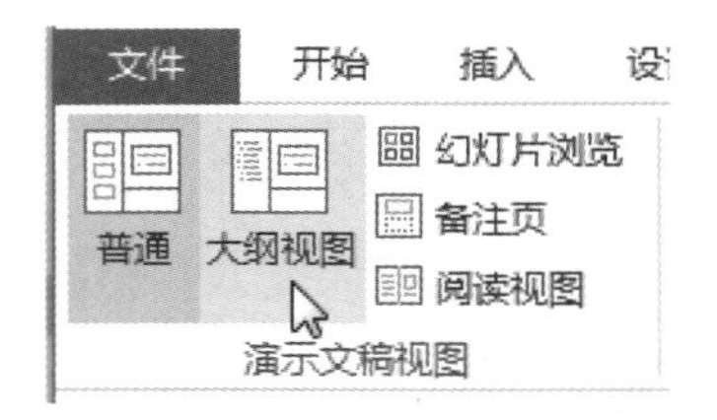

图 14-11　单击【大纲视图】按钮

Step 02 切换到大纲视图，选中大纲视图下的幻灯片图标后面的文字，如图 14-12 所示。

Step 03 直接输入新文本“企业简介”，输入后的文本会替换原来的文字，如图 14-13 所示。

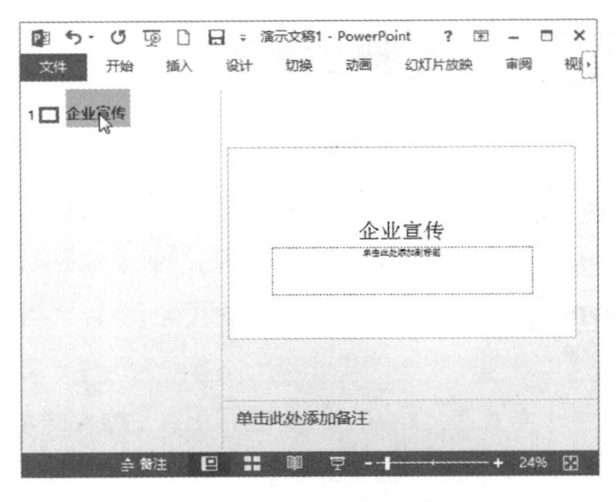

图 14-12　选中文字

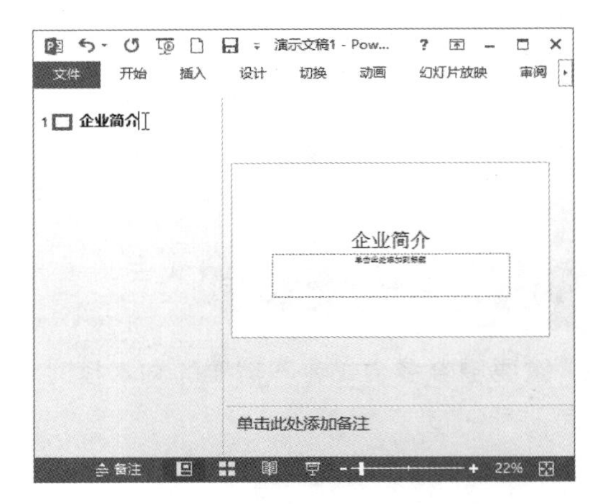

图 14-13　修改文字

Step 04 在“企业简介”文字后按 Enter 键插入一行，然后按 Tab 键降低内容的大纲级别，输入企业简介的文本内容即可，如图 14-14 所示。

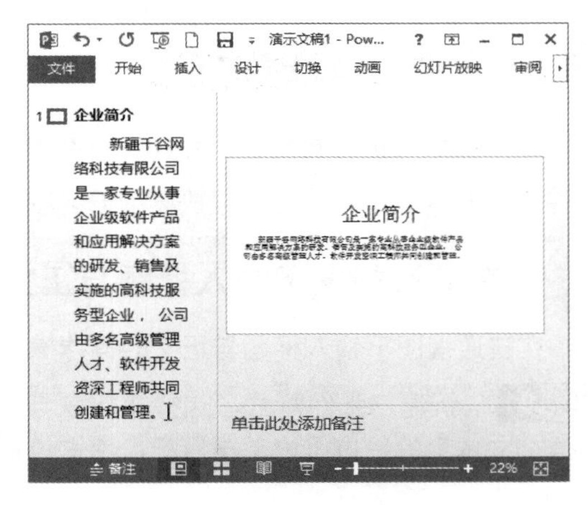

图 14-14　输入其他文字

14.2.2 在文本框中输入文本

除了可以在幻灯片内的占位符中输入文本外，还可以在幻灯片的任意位置自建一个文本框输入文本。在插入和设置好文本框后即可输入文本内容，具体操作步骤如下。

Step 01 单击【插入】选项卡下【文本】组内的【文本框】按钮，在弹出的下拉菜单中选择【横排文本框】命令，如图 14-15 所示。

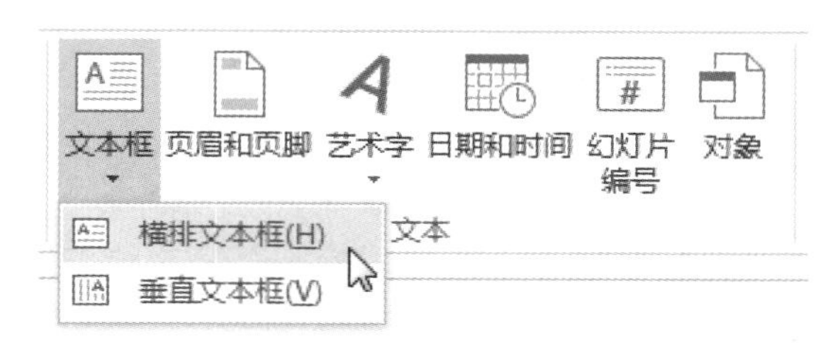

图 14-15　文本框下拉菜单

Step 02 在幻灯片内单击鼠标左键，即可出现创建好的文本框，可根据需求拖动鼠标指针改变文本框的位置及大小，如图 14-16 所示。

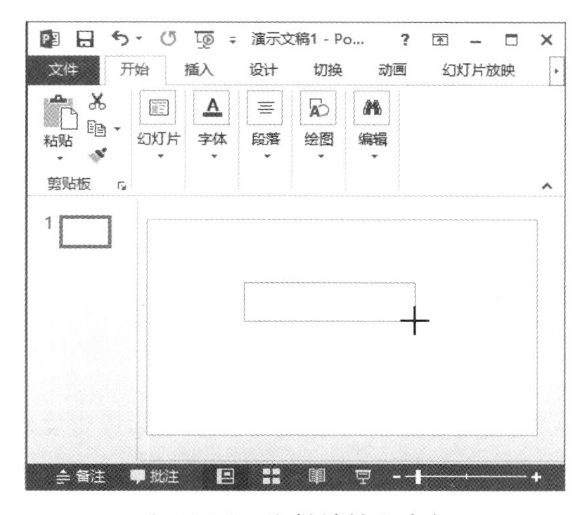

图 14-16　绘制横排文本框

Step 03 单击文本框即可输入文本，如这里输入“幻灯片操作”，如图 14-17 所示。

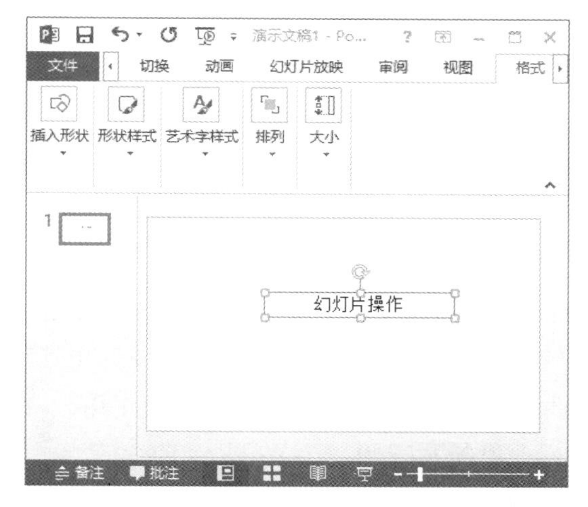

图 14-17　输入文字

提示 如果需要在幻灯片中添加竖排文字，则需要插入垂直文本框，然后在该文本框中输入文字，如这里输入“幻灯片操作”，如图 14-18 所示。

图 14-18　绘制垂直文本框

14.2.3 输入符号

若需要在文本框里添加一些特定的符号来辅助内容，可以使用 PowerPoint 2013 自带的符号功能进行添加，具体操作步骤如下。

Step 01 选中文本框，将光标定位在文本内容第一行的开头处，然后单击【插入】选项卡下【符号】组中的【符号】按钮，如图 14-19 所示。

图 14-19　单击【符号】按钮

Step 02 弹出【符号】对话框，在【字体】下拉列表框中选择需要的字体，如这里选择 Windings 选项，然后选择需要使用的字符，如图 14-20 所示。

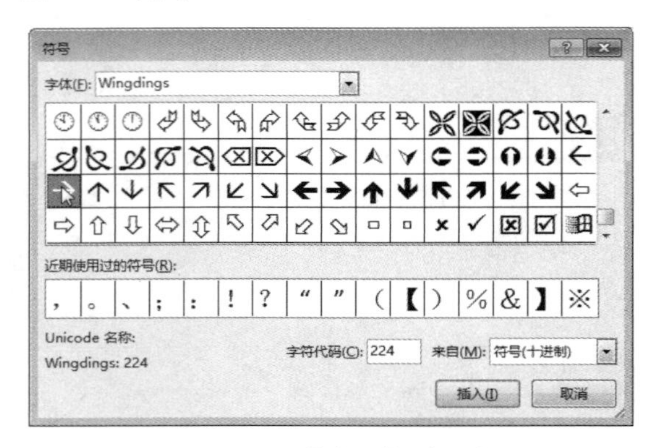

图 14-20　【符号】对话框

Step 03 单击【插入】按钮，插入完成后再单击【确定】按钮，退出【符号】对话框，此时文本框内出现插入的新符号，如图 14-21 所示。

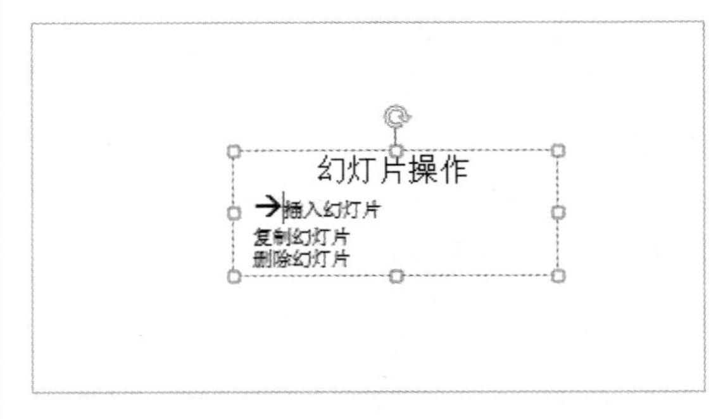

图 14-21　插入符号

Step 04 依照上述步骤，分别在文本框的第二行和第三行开头插入相同的符号，完成后的效果如图 14-22 所示。

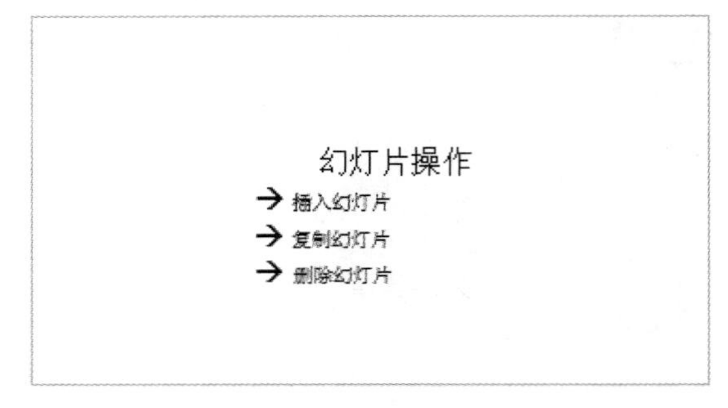

图 14-22　在其他行插入符号

14.3 文字设置

输入文本后可按需求对文字进行设置，在【开始】选项卡下的【字体】组中设置文字的字体、大小和颜色等。

14.3.1 字体设置

设置字体的具体操作步骤如下。

Step 01 选中文本，单击【开始】选项卡下【字体】组右下角的小斜箭头，弹出【字体】对话框，

如图 14-23 所示。

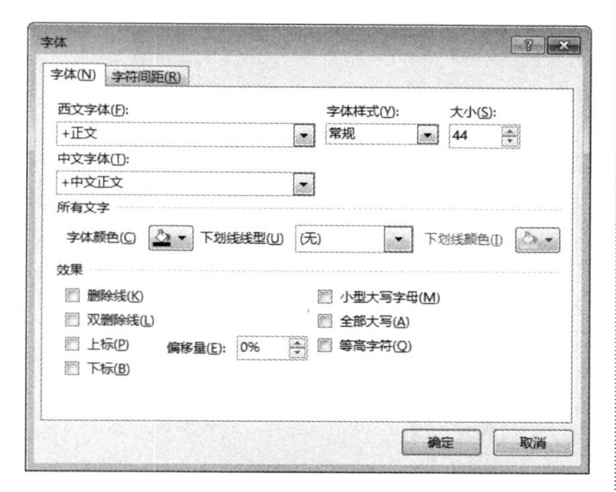

图 14-23　【字体】对话框

Step 02 单击【中文字体】右侧的下拉按钮，从弹出的列表中选择需要的字体类型，如这里选择【方正舒体】类型，然后单击【确定】按钮，应用后的字体效果如图 14-24 所示。

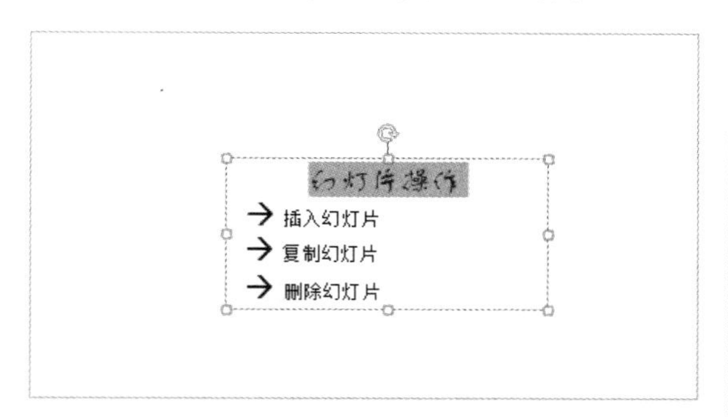

图 14-24　设置字体类型

Step 03 如需要改变文字的字体样式，同样可在【字体】对话框中对字体样式进行设置。打开【字体样式】下拉列表，根据需要选择一种字体样式，然后单击【确定】按钮即可，如图 14-25 所示。

Step 04 设置字体大小。调节【大小】微调框的上下按钮或者直接在其中输入字体的大小，如这里设置“46”号字体大小，然后单击【确定】按钮即可，如图 14-26 所示。

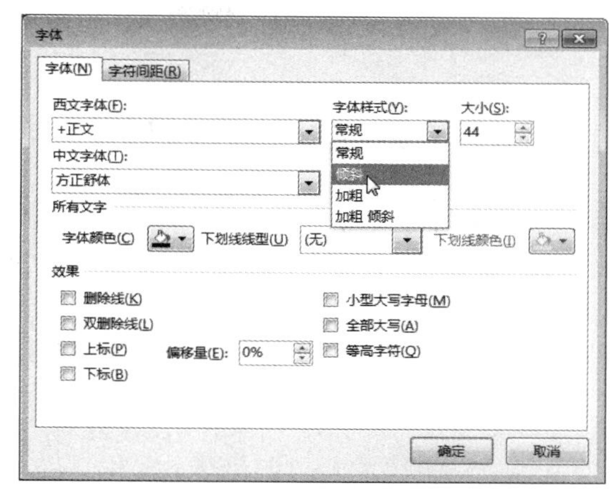

图 14-25　设置字体样式

图 14-26　设置字体大小

14.3.2 颜色设置

PowerPoint 2013 中的字体默认为黑色，如果需要突出幻灯片中某一部分重要的内容，可以为其设置显眼的字体颜色。设置字体颜色的具体操作步骤如下。

Step 01 选中需要设置的字体，此时弹出字体设置快捷栏，在该快捷栏中单击【字体颜色】按钮，如图 14-27 所示。或单击【开始】选项卡【字体】组内的【字体颜色】按钮，如图 14-28 所示。

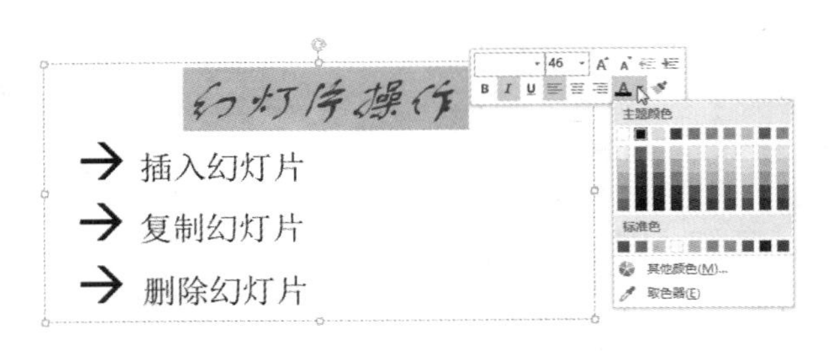

图 14-27　字体设置快捷栏

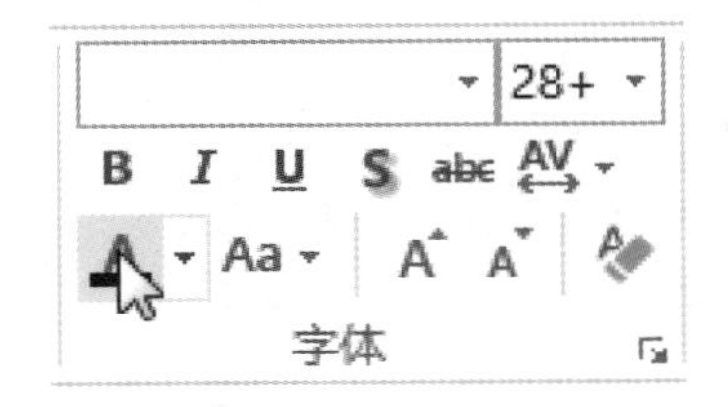

图 14-28　【字体】组

Step 02 打开【字体颜色】下拉列表，在【主题颜色】和【标准色】选项中选择一种颜色进行设置，如这里在【主题颜色】选项中选择“蓝色”，如图 14-29 所示。

Step 03 也可选择【其他颜色】选项，弹出【颜色】对话框，切换到【标准】选项卡，选择其中一种颜色，然后单击【确定】按钮即可，如图 14-30 所示。

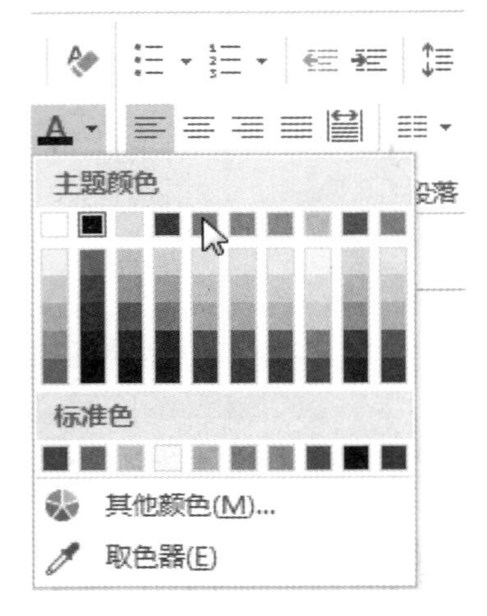

图 14-29　选择字体颜色

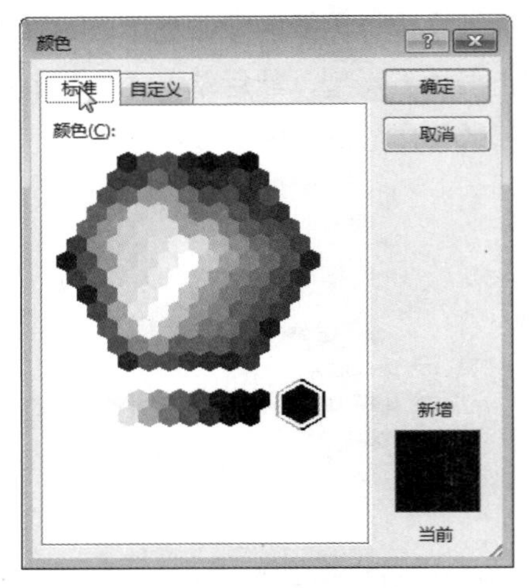

图 14-30　【颜色】对话框

14.4 段落设置

本节主要介绍段落格式的设置方法，包括对齐方式、缩进以及间距和行距等方面的设置。

14.4.1 对齐方式设置

在对齐方式设置中又包括五种设置方式：左对齐、居中、右对齐、两端对齐、分散对齐。下面分别介绍五种对齐方式的设置。

 1. 左对齐

左对齐是指文本的左边缘与左页边距对齐，具体操作步骤如下。

Step 01 选中幻灯片内的文本，单击【开始】选项卡下【段落】组中的【左对齐】按钮，如图 14-31 所示。

Step 02 应用后的效果如图 14-32 所示。

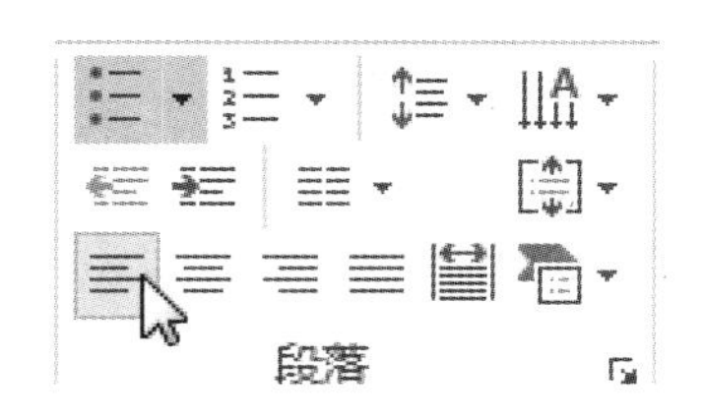

图 14-31　单击【左对齐】按钮

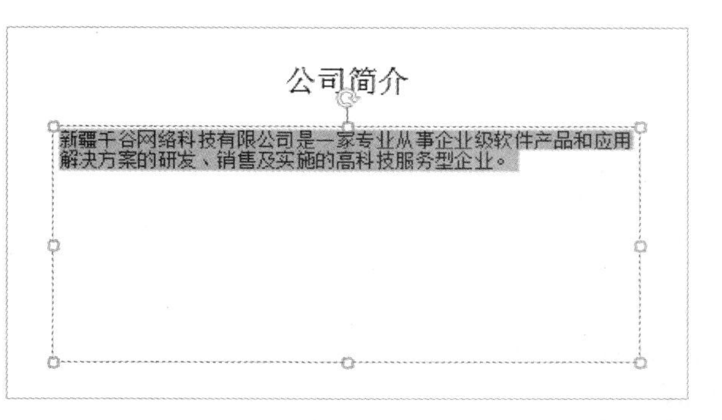

图 14-32　段落左对齐效果

 2. 居中对齐

居中对齐是指文本相对于页面以居中的方式排列，具体操作步骤如下。

Step 01 选中幻灯片内的文本，单击【开始】选项卡下【段落】组中的【居中对齐】按钮，如图 14-33 所示。

Step 02 应用后的效果如图 14-34 所示。

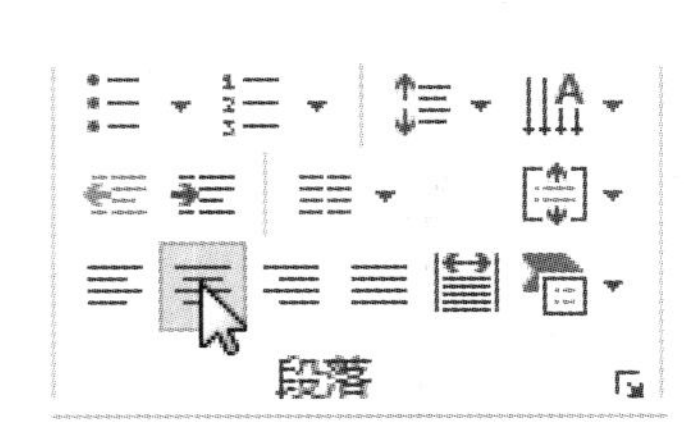

图 14-33　单击【居中对齐】按钮

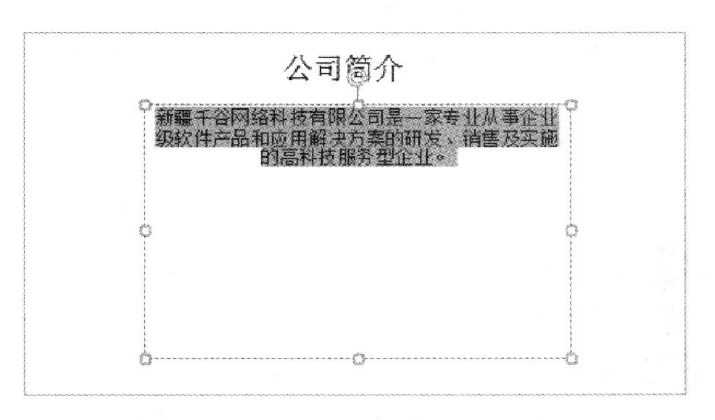

图 14-34　段落居中对齐显示效果

 3. 右对齐

右对齐是指文本的右边缘与右页边距对齐，具体操作步骤如下。

Step 01 选中幻灯片内的文本，单击【开始】选项卡下【段落】组中的【右对齐】按钮，如图 14-35 所示。

Step 02 应用后的效果如图 14-36 所示。

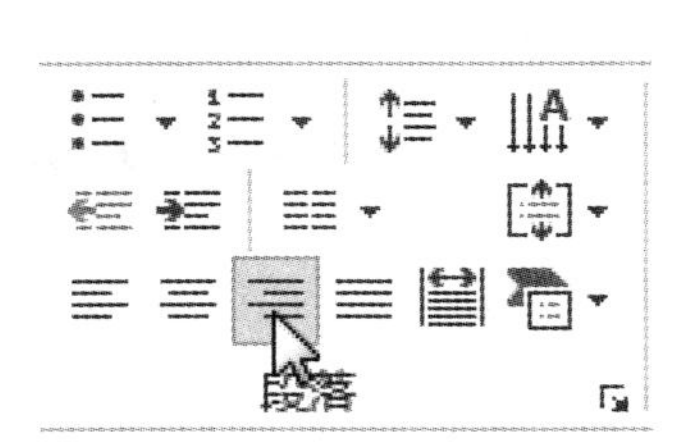

图 14-35　单击【右对齐】按钮

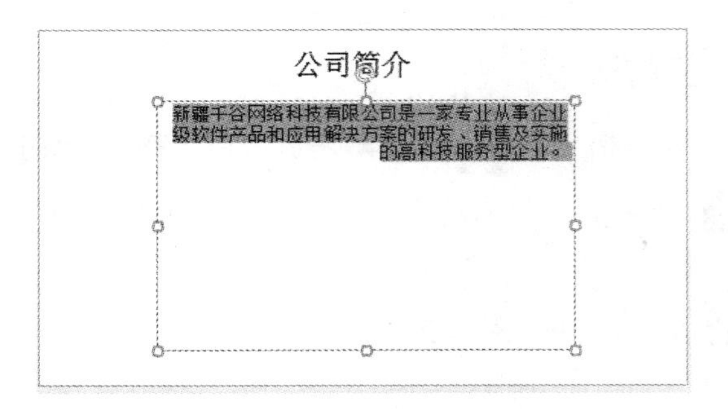

图 14-36　段落右对齐显示效果

4. 两端对齐

两端对齐的具体操作步骤如下。

Step 01 选中幻灯片内的文本，单击【开始】选项卡下【段落】组中的【两端对齐】按钮，如图 14-37 所示。

Step 02 应用后的效果如图 14-38 所示。

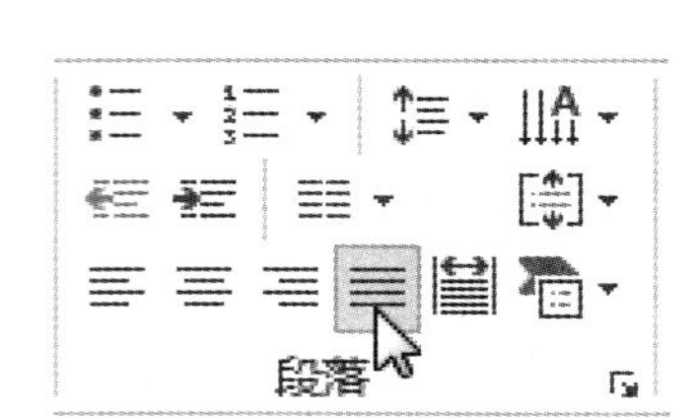

图 14-37　单击【两端对齐】按钮

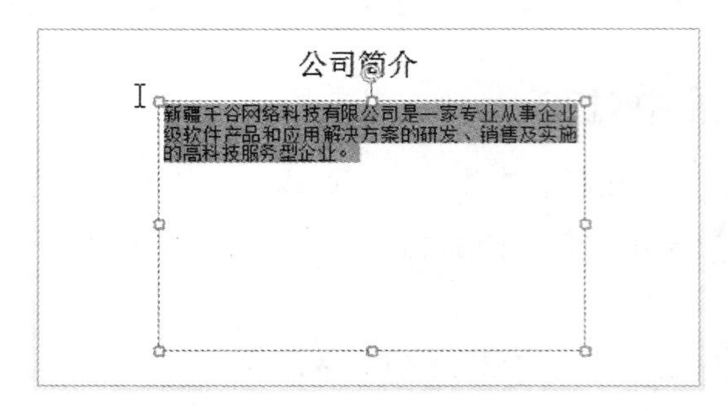

图 14-38　段落两端对齐显示效果

5. 分散对齐

分散对齐是指文本左右两端的边缘分别与左页边距和右页边距对齐，具体操作步骤如下。

Step 01 选中幻灯片内的文本，单击【开始】选项卡下【段落】组中的【分散对齐】按钮，如图 14-39 所示。

Step 02 应用后的效果如图 14-40 所示。

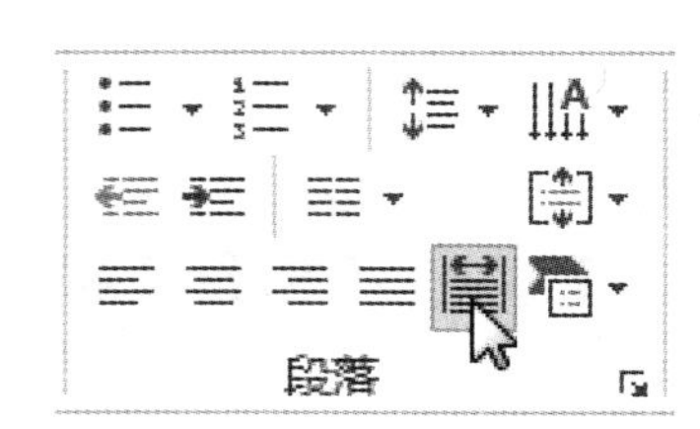

图 14-39　单击【分散对齐】按钮

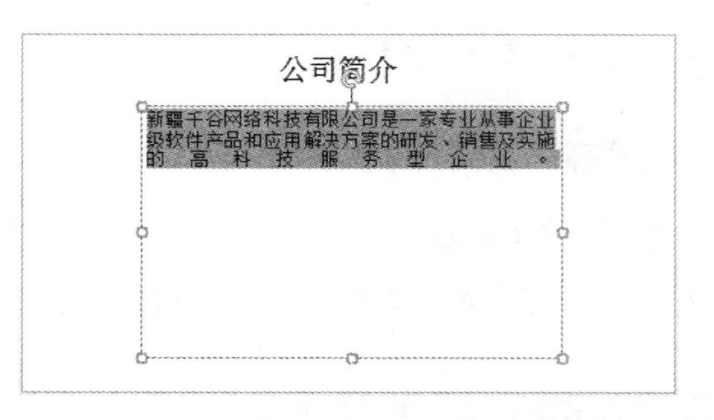

图 14-40　段落分散对齐显示效果

14.4.2 缩进设置

段落缩进是指段落中的行相对于左边界和右边界的位置，段落缩进有两种方式：一种是首行缩进；另一种是悬挂缩进。

1. 首行缩进方式

首行缩进是将段落中的第一行从左向右缩进一定的距离，首行外的其他行保持不变，具体操作步骤如下。

Step 01 将光标定位于段落中，单击【开始】选项卡下【段落】组右下角的小斜箭头，弹出【段落】对话框，在【缩进】区域的【特殊格式】下拉列表中选择【首行缩进】选项，在【度量值】微调框中输入“2 厘米”，如图 14-41 所示。

图 14-41　【段落】对话框

Step 02 单击【确定】按钮，应用后的效果如图 14-42 所示。

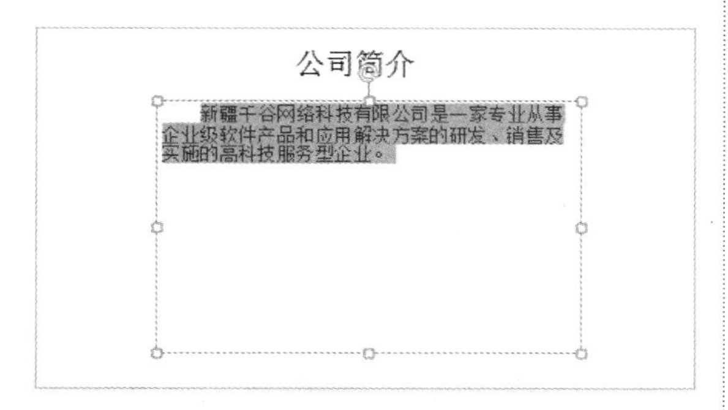

图 14-42　首行缩进显示效果

2. 悬挂缩进方式

悬挂缩进是指段落的首行文本不加改变，而首行以外的文本缩进一定的距离。悬挂缩进的具体操作步骤如下。

Step 01 将光标定位于段落中，单击【开始】选项卡下【段落】组右下角的小斜箭头，弹出【段落】对话框，在【缩进】区域的【特殊格式】下拉列表中选择【悬挂缩进】选项，在【文本之前】微调框内输入“2 厘米”，在【度量值】微调框内输入“2 厘米”，如图 14-43 所示。

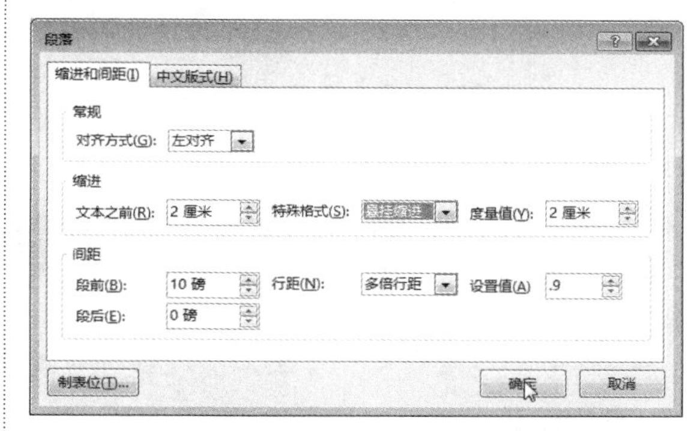

图 14-43　输入悬挂缩进值

Step 02 单击【确定】按钮，悬挂缩进方式应用到选中的段落，效果如图 14-44 所示。

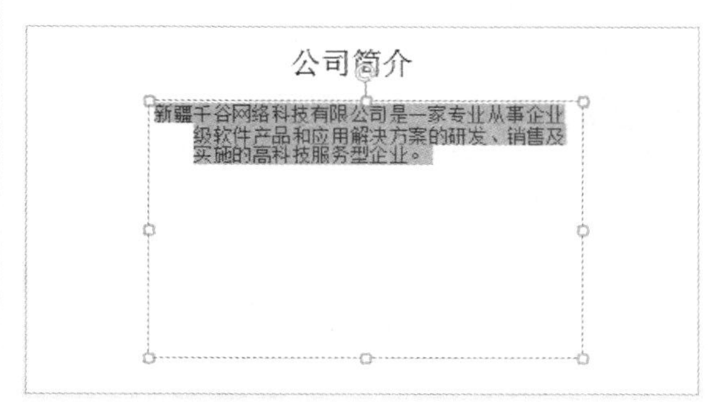

图 14-44　段落悬挂缩进显示效果

14.4.3 间距与行距设置

段落行距包括段前距、段后距和行距。段前距和段后距是指当前段与上一段或下一段之间的距离，行距是指段内各行之间的距离，设置间距和行距的具体操作步骤如下。

Step 01 单击【开始】选项卡下【段落】组右下角的小斜箭头，弹出【段落】对话框，在【间距】区域的【段前】微调框和【段后】微调框中分别输入“10 磅”，在【行距】下拉列表框中选择【1.5 倍行距】选项，如图 14-45 所示。

Step 02 单击【确定】按钮，完成段落的间距和行距设置，效果如图 14-46 所示。

图 14-45　设置段落间距

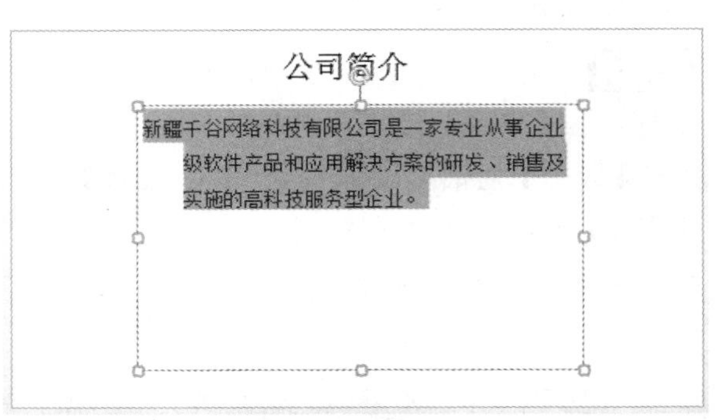

图 14-46　段落显示效果

14.5 添加项目符号和编号

本节主要介绍为文本添加项目符号或编号、更改项目符号或编号的外形以及调整缩进量等方法。

14.5.1 添加项目符号或编号

为文本添加项目符号或编号的具体操作步骤如下。

Step 01 在幻灯片中需要添加项目符号或编号的文本占位符或表中选中文本，如图 14-47 所示。

Step 02 单击【开始】选项卡下【段落】组中的【项目符号】按钮，打开其下拉列表，选择一种项目符号样式，如图 14-48 所示。

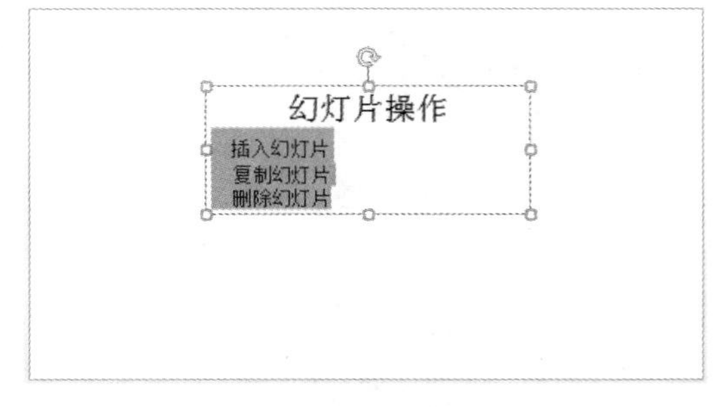

图 14-47　选中段落

图 14-48　选择项目符号样式

Step 03 应用后的显示效果如图 14-49 所示。

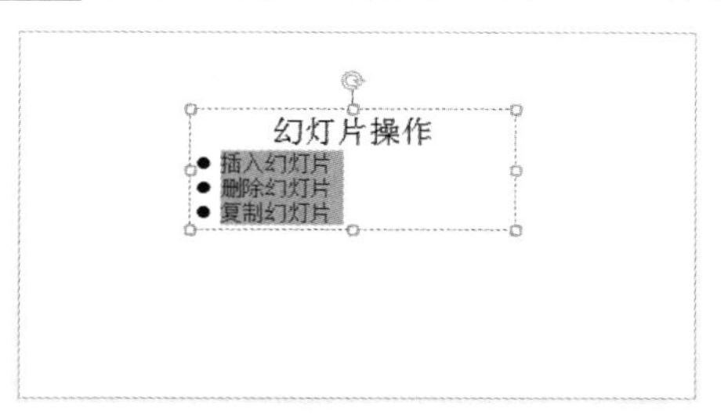

图 14-49　应用后的显示效果

Step 04 单击【开始】选项卡下【段落】组中的【编号】按钮，打开其下拉列表，从中选择一种编号样式，如图 14-50 所示。

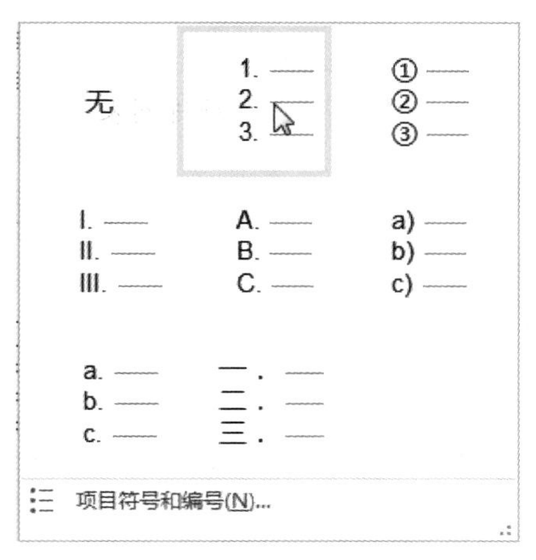

图 14-50　选择段落编号样式

Step 05 编号样式将应用到文本中的显示效果如图 14-51 所示。

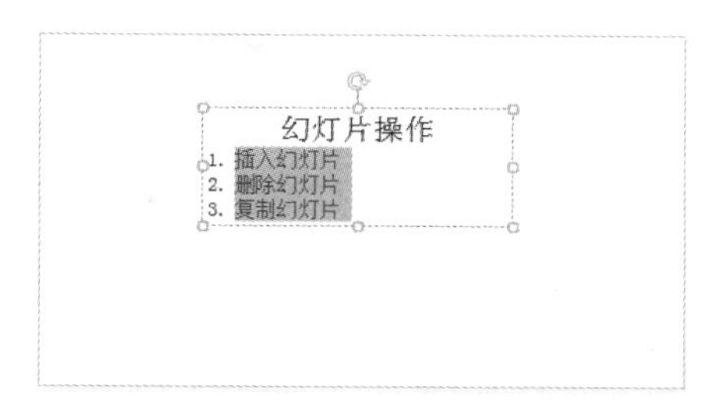

图 14-51　应用后的显示效果

14.5.2 调整缩进量

本小节介绍的调整缩进量包括调整项目符号列表或编号列表的缩进量、更改缩进或文本与项目符号或编号之间的间距。具体操作步骤如下。

Step 01 选择【视图】选项卡，然后选择【显示】组中【标尺】复选框，使演示文稿中的标尺显示出来，如图 14-52 所示。

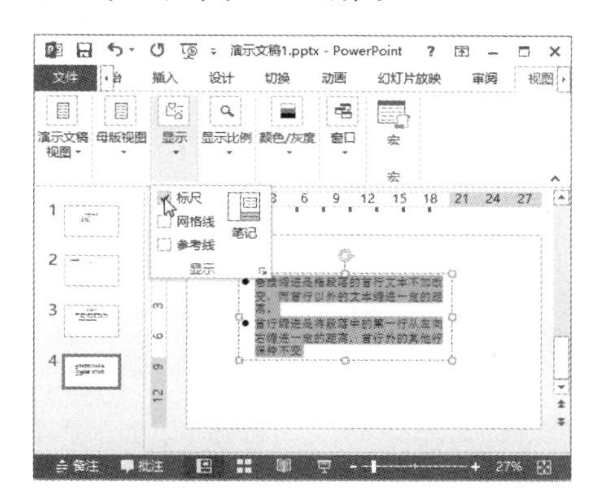

图 14-52　选择【标尺】复选框

Step 02 选择要更改的项目符号或编号的文本，标尺中显示出首行缩进标记和左键缩进标记，如图 14-53 所示。

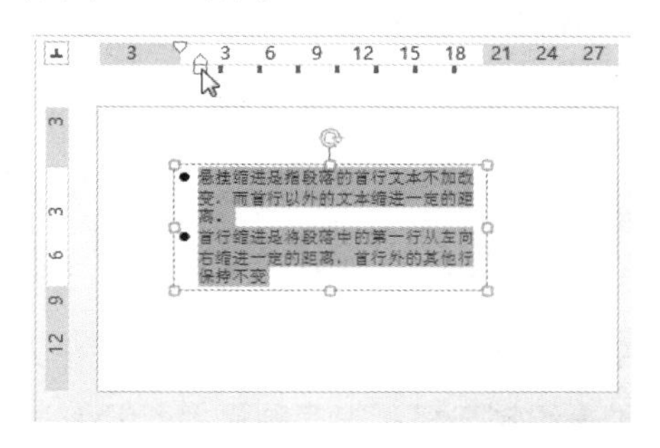

图 14-53　选中标尺标记

Step 03 首行缩进标记用于显示项目符号或标号的缩进位置，单击鼠标左键拖动首行缩进标记来更改项目符号或编号的位置，如图 14-54 所示。

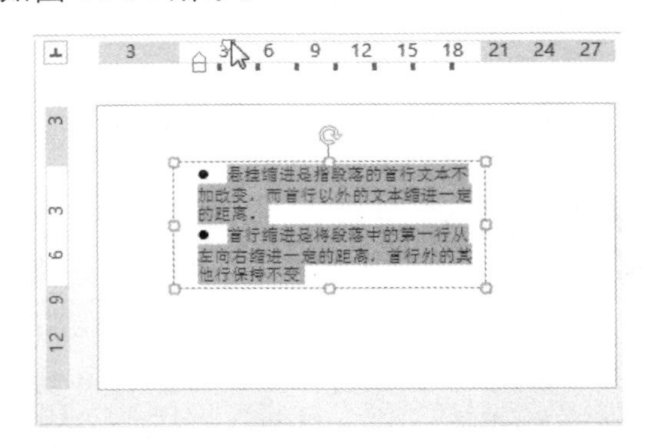

图 14-54　更改项目符号的位置

Step 04 左缩进标记用于显示列表中文本的缩进位置，单击鼠标左键拖动左缩进标记，即可更改文本的位置，如图 14-55 所示。

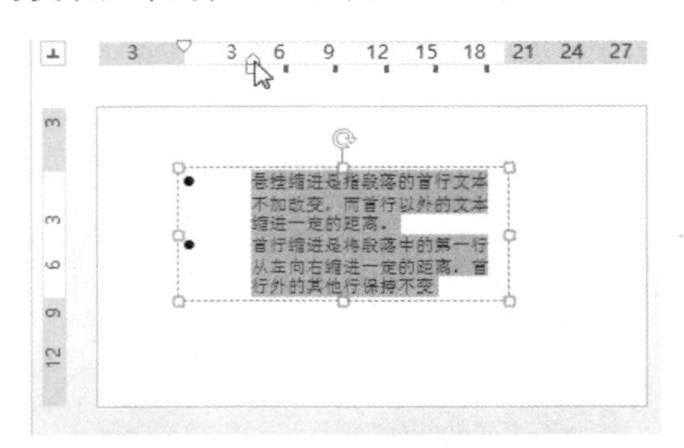

图 14-55　更改文本的位置

Step 05 单击拖动左缩进标记底部的矩形部分，可同时移动缩进并使项目符号或编号与左文本缩进之间的关系保持不变，如图 14-56 所示。

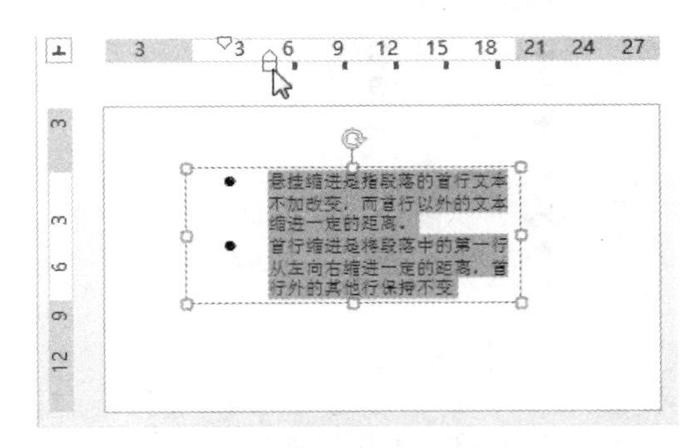

图 14-56　同时移动

Step 06 将光标放置在要缩进的行的开头，单击【开始】选项卡下【段落】组中的【提高列表级别】按钮，可以在列表中创建缩进列表，如图 14-57 所示。

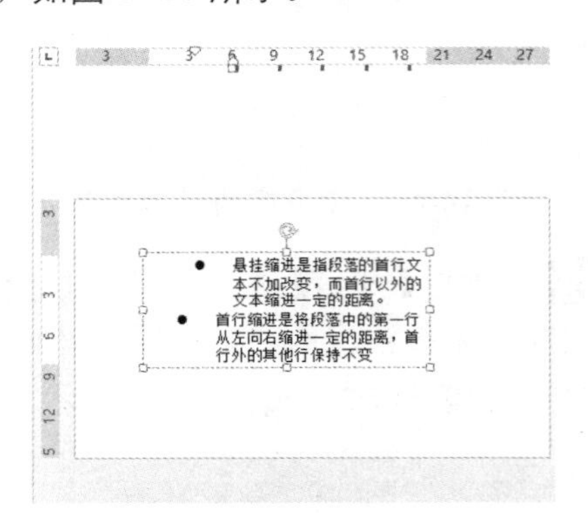

图 14-57　创建缩进列表

14.6 插入并编辑表格

为了更形象地在演示文稿中展示相关的数据信息，可插入表格并添加文字内容。

14.6.1 插入表格

在 PowerPoint 2013 中有三种方式插入表格：第一种是直接插入表格并自定义行数和列数；第二种是绘制表格；第三种是插入 Excel 电子表格。

1. 插入表格

插入表格的具体操作步骤如下。

Step 01 单击【插入】选项卡下【表格】组中的【表格】按钮，打开【表格】下拉列表，选择【插入表格】命令，如图 14-58 所示。

图 14-58　选择【插入表格】命令

Step 02 在弹出来的【插入表格】对话框中输入表格的行数和列数，如这里输入 5 行 5 列，如图 14-59 所示。

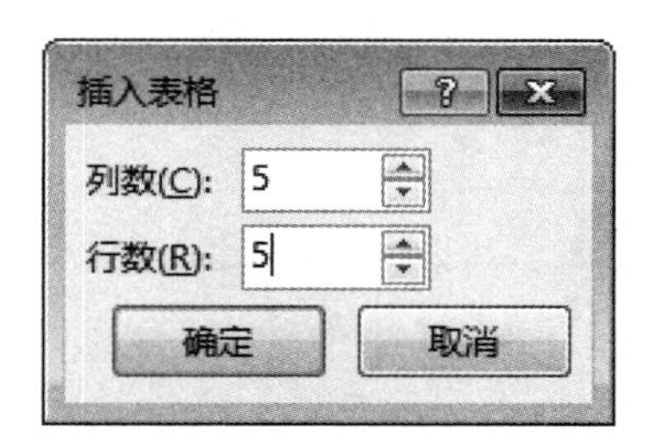

图 14-59　【插入表格】对话框

Step 03 单击【确定】按钮，即在选定幻灯片内生成 5 行 5 列的表格，如图 14-60 所示。

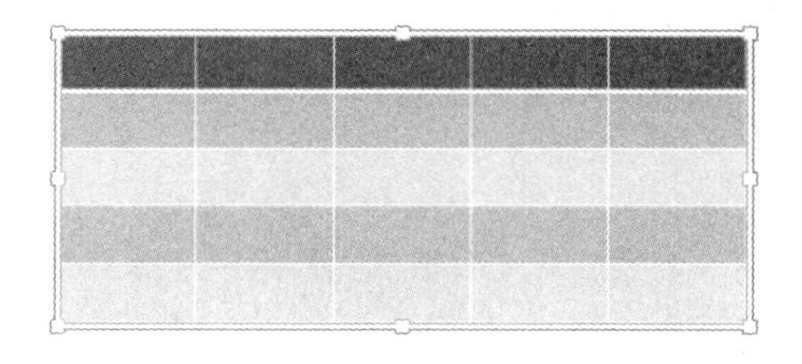

图 14-60　插入的表格

2. 绘制表格

绘制表格包括绘制表格线和对角线等，具体操作步骤如下。

Step 01 单击【插入】选项卡下【表格】组中的【表格】按钮，打开【表格】下拉列表，选择【绘制表格】命令，如图 14-61 所示。

图 14-61　选择【绘制表格】命令

Step 02 此时在选中的幻灯片中出现绘制表格的笔，如图 14-62 所示。

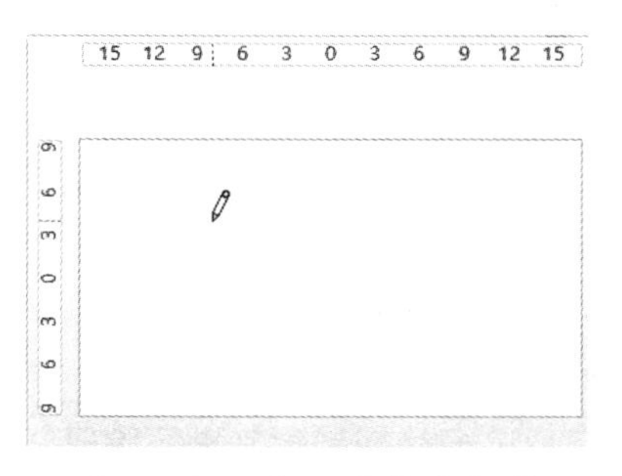

图 14-62　出现绘制表格笔

Step 03 根据需要绘制出表格框的大小，如图 14-63 所示。

Step 04 单击【表格工具 - 设计】选项卡下【绘图边框】组内的【绘制表格】按钮，选中后即可在表格内绘制相应的行数和列数，如这里绘制 5 行 5 列的表格，如图 14-64 所示。

图 14-63　绘制表格的边框

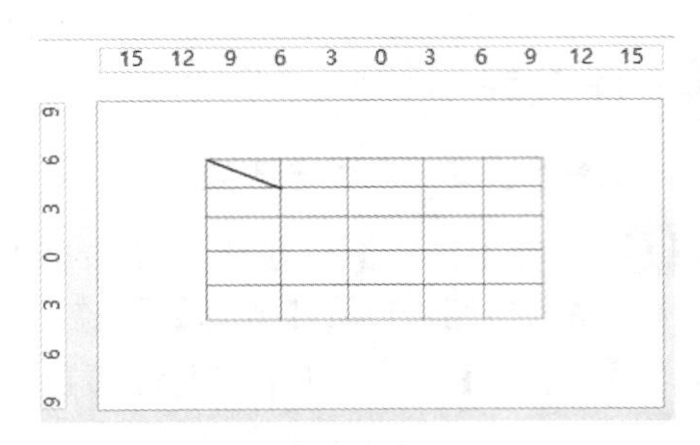

图 14-64　绘制表格中的行与列

3. 插入 Excel 电子表格

插入 Excel 电子表格的具体操作步骤如下。

Step 01 单击【插入】选项卡下【表格】组中的【表格】按钮，打开【表格】下拉列表，选择【Excel 电子表格】命令，如图 14-65 所示。

Step 02 此时在选中的幻灯片中自动出现一个 Excel 电子表格，选中 Excel 电子表格右下角的边框并拖动鼠标指针来改变 Excel 电子表格的大小，如图 14-66 所示。

Step 03 调整适当大小后的 Excel 电子表格如图 14-67 所示。

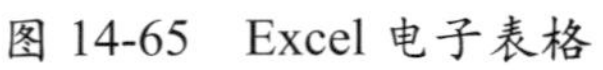

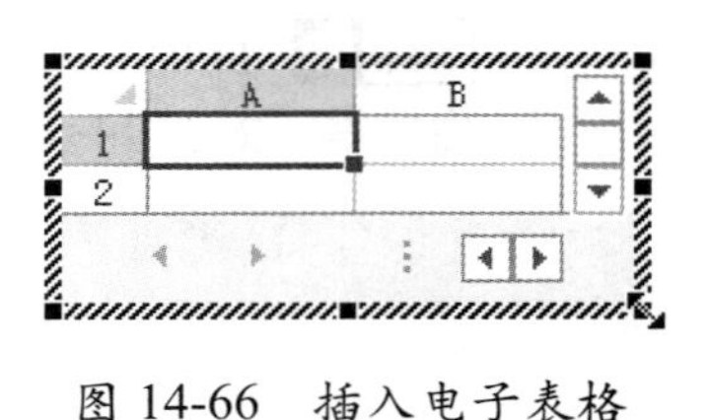

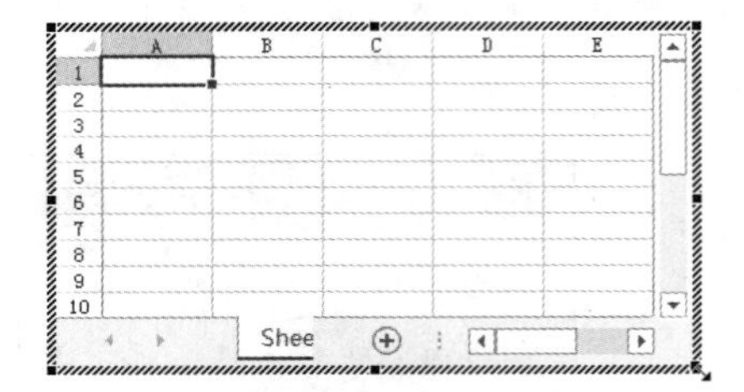

图 14-65　Excel 电子表格　　图 14-66　插入电子表格　　图 14-67　改变表格的大小

14.6.2 编辑表格

插入后的表格需要对其进行编辑，主要有以下两种方式：第一种是对表格的主题样式、底纹、边框、效果进行设置；第二种是对输入的文本艺术字样式进行设置。

1. 表格样式的设置

设置表格样式的具体操作步骤如下。

Step 01 插入表格后，单击【表格工具 - 设计】选项卡，然后从【表格样式】组中选择一种主题样式应用到表格中，如图 14-68 所示。

Step 02 单击【表格样式】组内的【底纹】按钮，打开其下拉列表，除了在【主题颜色】选项中选择颜色设置外，还有【渐变】、【纹理】等效果设置，如图 14-69 所示。

Step 03 单击【渐变】选项，在选项中主要有三种设置方式，包括【无渐变】、【浅色变体】和【深色变体】，在这三种方式里可根据需要选择渐变效果，如图 14-70 所示。

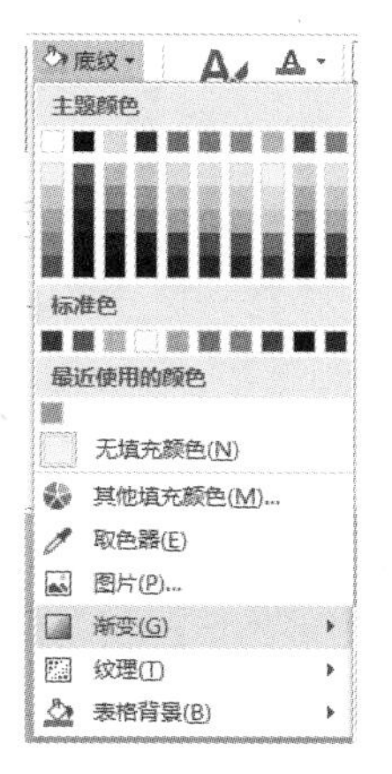

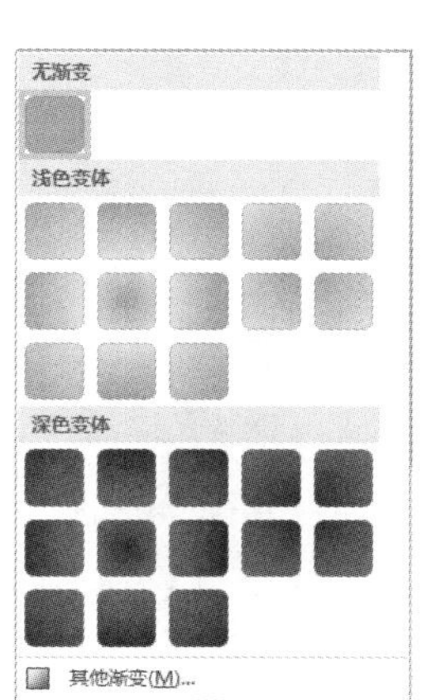

图 14-68　应用表格样式　　图 14-69　底纹设置面板　图 14-70　【渐变】效果

Step 04 单击【纹理】选项，弹出【纹理】列表，选择一种纹理图进行应用，如图 14-71 所示。

Step 05 边框设置。单击【表格样式】组内的【边框】按钮，打开其下拉列表，从列表中选择一种边框方式进行应用，如图 14-72 所示。

Step 06 效果设置。单击【表格样式】组内的【效果】按钮，包括【单元格凹凸效果】、【阴影】以及【映像】三种效果方式，可根据需要选择一种效果方式，如图 14-73 所示。

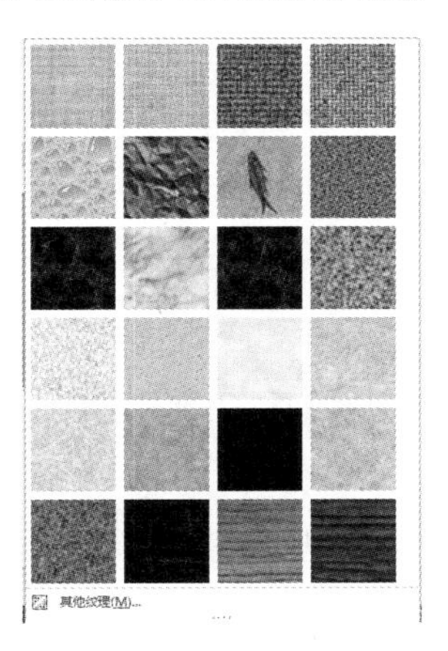

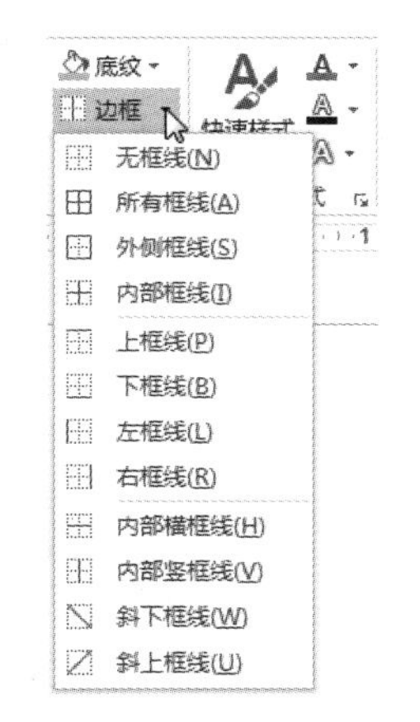

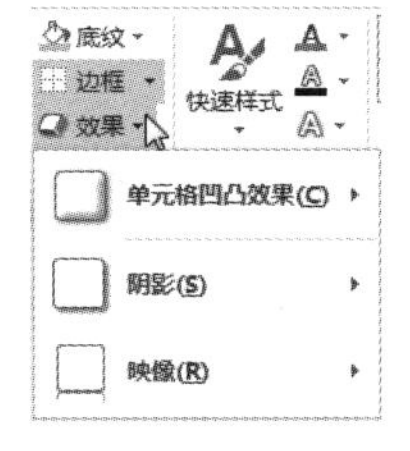

图 14-71　【纹理】列表　　图 14-72　【边框】下拉列表　　图 14-73　【效果】下拉列表

Step 07 单击【单元格凹凸效果】选项，可从弹出的效果组中选择一种，如图 14-74 所示。

Step 08 单击【阴影】选项，可从弹出的效果组中选择一种，如图 14-75 所示。

Step 09 单击【映像】选项，可看到【无映像】、【映像变体】等方式，选择其中一种效果进行应用，如图 14-76 所示。

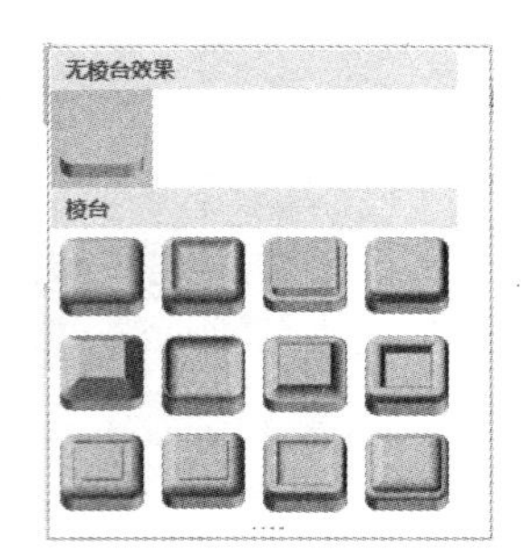

图 14-74 单元格凹凸效果

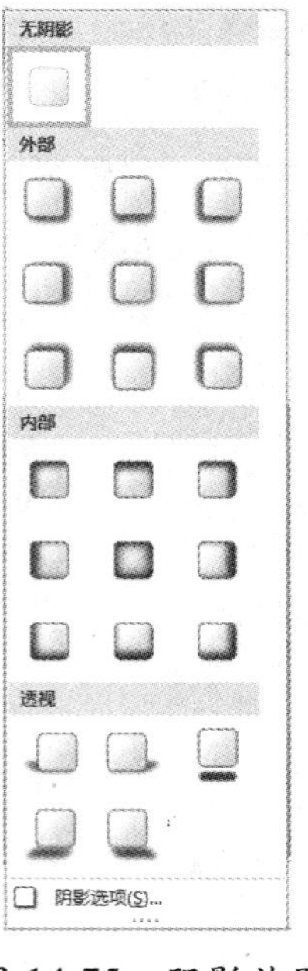

图 14-75 阴影效果

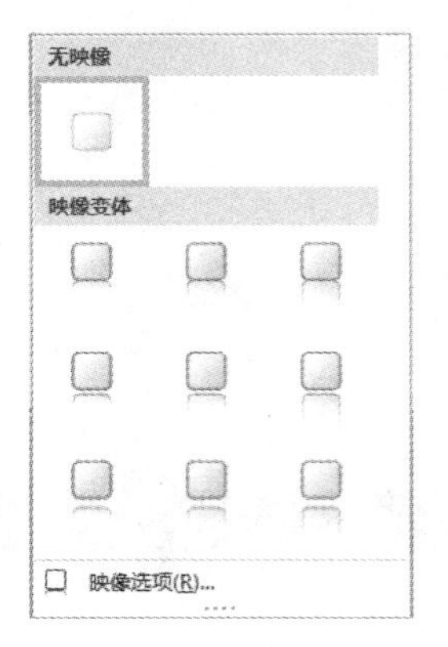

图 14-76 映像效果

输入文本的设置

输入文本的设置包括文本轮廓、文本填充和文字效果设置，具体操作步骤如下。

Step 01 单击【表格工具 - 设计】选项卡下【艺术字样式】组中的【快速样式】按钮，如图 14-77 所示。

Step 02 打开【快速样式】下拉列表，在其中选择一种需要的艺术字类型，如图 14-78 所示。

Step 03 单击【表格工具 - 设计】选项卡下【艺术字样式】组中的【文本填充】按钮，从下拉列表中选择一种颜色应用到文本中，如图 14-79 所示。

图 14-77 快速样式按钮

图 14-78 【艺术字】面板

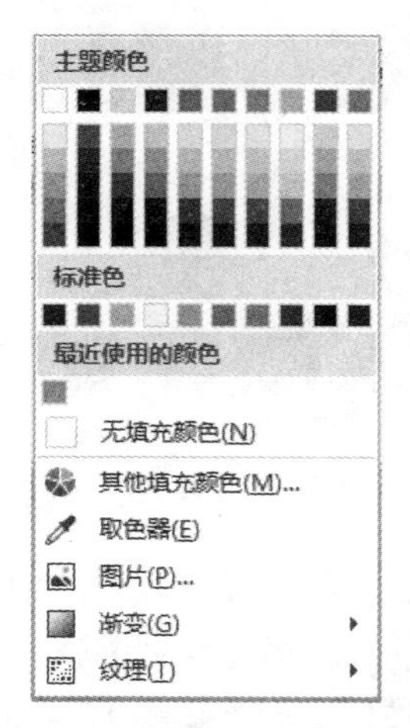

图 14-79 文本填充下拉列表

Step 04 单击【表格工具 - 设计】选项卡下【艺术字样式】组中的【文本轮廓】按钮，从下拉

列表中选择宽度和线条来定义文本轮廓，如图 14-80 所示。

Step 05 选中表格中的文字，单击【表格工具 - 设计】选项卡下【艺术字样式】组中的【字体效果】按钮，弹出效果选项，如图 14-81 所示。

Step 06 可根据需要在【阴影】、【映像】和【发光】三种选项中选择合适的文字效果类型，如这里选择【发光】选项，从弹出来的列表中选择【发光变体】选项组内的一种效果类型，如图 14-82 所示。

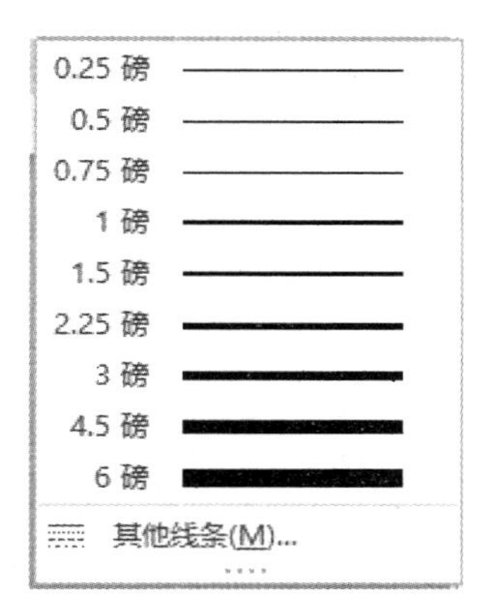

图 14-80　文本轮廓下拉列表

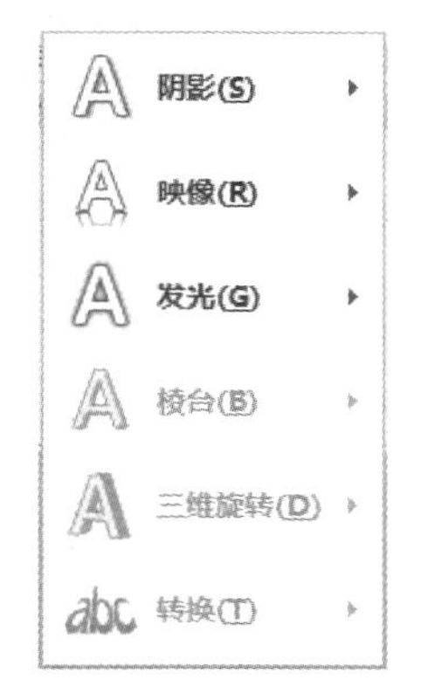

图 14-81　字体效果下拉列表

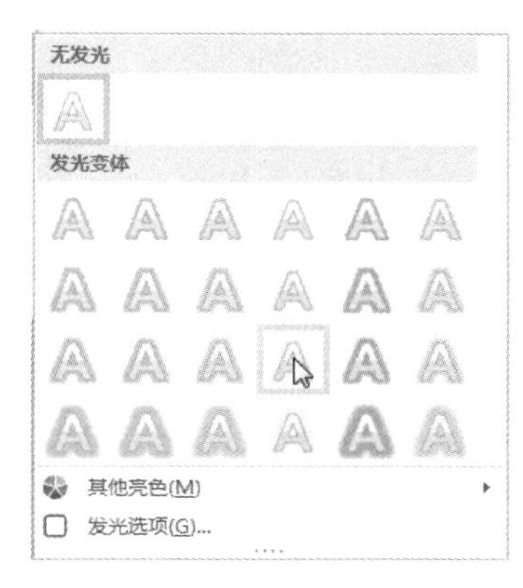

图 14-82　发光效果列表

Step 07 应用后的效果如图 14-83 所示。

姓名

图 14-83　最终显示效果

14.7 插入并编辑常用图表

形象直观的图表与文字数据更容易让人理解，插入幻灯片的图表可以使演示文稿的演示效果更加清晰明了。在 PowerPoint 2013 中插入的图表有各种类型，包括柱形图、折线图、饼图、条形图、面积图等。

14.7.1 插入并编辑柱形图

当需要显示一段时间内数据的变化或者各数据之间的比较关系时，可以用插入柱形图的方法来表示，具体操作步骤如下。

Step 01 打开 PowerPoint 2013，新建一张幻灯片，右击该幻灯片，从弹出的快捷菜单中选择【版式】→【标题与内容】命令，然后单击幻灯片中的【插入图表】图标，如图 14-84 所示。

Step 02 从弹出来的【插入图表】对话框中选择【柱形图】选项，然后单击【确定】按钮，如

图 14-85 所示。

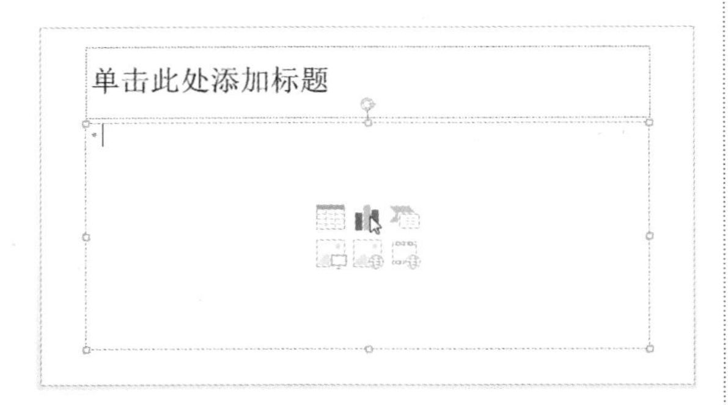

图 14-84　单击【插入图表】按钮

图 14-85　【插入图表】对话框

Step 03 在幻灯片中自动出现 Excel 2013 软件的界面，在单元格内输入信息，如图 14-86 所示。

Microsoft PowerPoint 中的图表

	A	B	C	D	E	F
1		人员流动	利润	工资涨幅		
2	第一季度	4.3	2.4	2		
3	第二季度	2.5	4.4	2		
4	第三季度	3.5	1.8	3		
5	第四季度	4.5	2.8	5		
6						
7						
8						
9						

图 14-86　Excel 2013 工作界面

Step 04 输入完毕后关闭 Excel 表格，在【图表标题】文本框内输入标题名称，如这里输入“公司三大模块在四个季度的差异”，最终效果如图 14-87 所示。

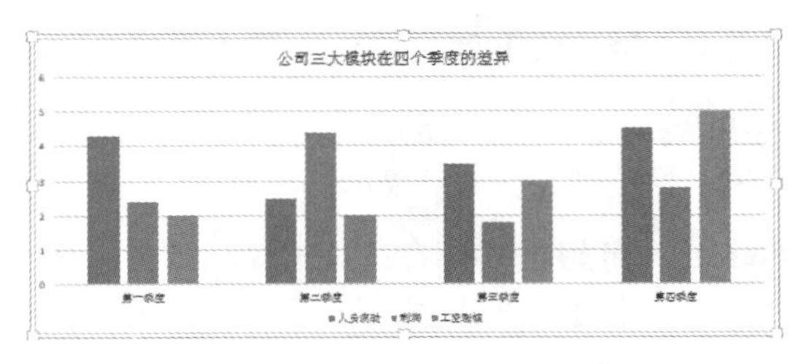

图 14-87　插入柱形图

14.7.2 插入并编辑折线图

为了更好地反映同一事物在不同时间段里发展变化的情况，可选用折线图来表示，具体操作步骤如下。

Step 01 新建一张幻灯片，设置幻灯片版式为【标题与内容】版式，在该幻灯片中单击【插入图表】图标，弹出【插入图表】对话框，选择【折线图】组内的【带数据标记的折线图】，如图 14-88 所示。

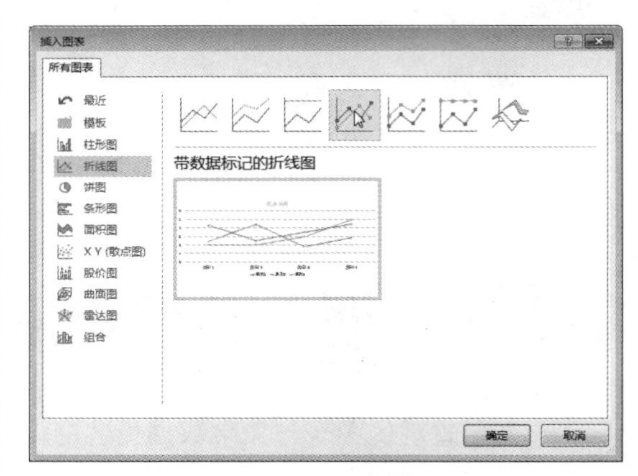

图 14-88　【插入图表】对话框

Step 02 单击【确定】按钮后，幻灯片中自动出现 Excel 2013 软件的界面，在单元格内分别输入对应的数据，如图 14-89 所示。

Step 03 输入完毕后关闭 Excel 表格，在【图表标题】文本框内输入标题名称，如这里输入“某网络公司去年 3 大产品各季度销量变化幅度”，最终效果如图 14-90 所示。

	A	B	C	D	E
1		软件销售量	图书销售量	光盘销售量	
2	第一季度	2300	2800	2650	
3	第二季度	3400	2500	1300	
4	第三季度	2400	1700	1900	
5	第四季度	4100	3600	2000	

图 14-89　Excel 工作界面

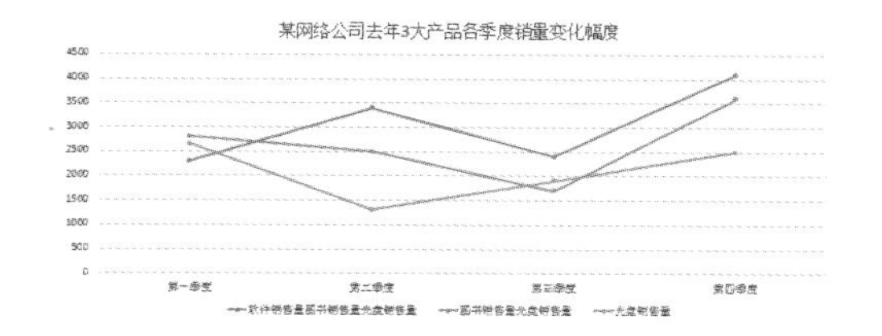

图 14-90　插入折线图

14.7.3　插入并编辑饼图

当需要用来表示几个事务所占百分比，且要求能明确看到各个部分所占份额时，可以采用饼状图的方法来表示，具体操作步骤如下。

Step 01　单击【插入】选项卡下【插图】组中的【图表】按钮，弹出【插入图表】对话框，在其中选择【饼图】区域内的【三维饼图】选项，如图 14-91 所示。

图 14-91　【插入图表】对话框

Step 02　单击【确定】按钮，此时幻灯片内自动出现 Excel 2013 软件界面，在单元格内分别输入对应的数据，如图 14-92 所示。

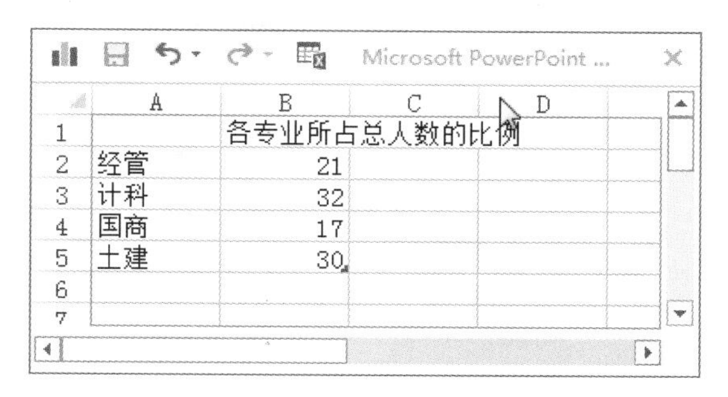

	A	B	C	D
1		各专业所占总人数的比例		
2	经管	21		
3	计科	32		
4	国商	17		
5	土建	30		
6				
7				

图 14-92　Excel 工作界面

Step 03　输入完毕后关闭 Excel 表格，此时在选定的幻灯片内插入一个三维饼图，最终效果如图 14-93 所示。

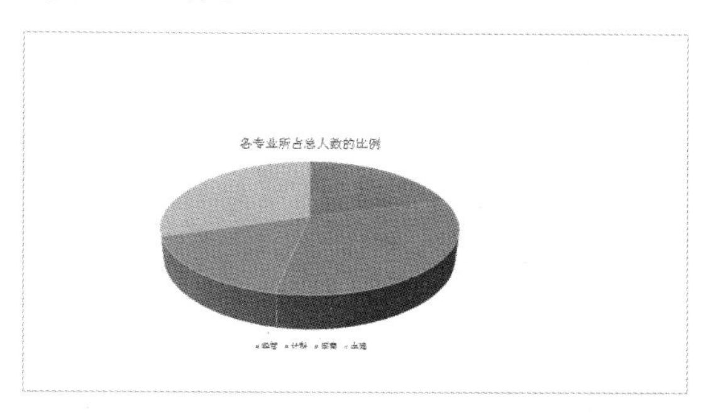

图 14-93　插入饼图

14.7.4　插入并编辑条形图

用一个单位长度（如一厘米）表示一定的数量，根据数量的多少，画成长短相应成比例的直条，并按一定的顺序排列起来，这样的统计图，称为条形统计图。条形图可以清晰地表明各种数据的多少，易于比较数据间的差别。下面将介绍如何在幻灯片内插入并编辑一个条形图，具体操作步骤如下。

Step 01　单击【插入】选项下【插图】组中的【图表】按钮，弹出【插入图表】对话框，选择【条形图】区域内的【簇状条形图】选项，如图 14-94 所示。

Step 02　单击【确定】按钮，在幻灯片中自动出现 Excel 2013 软件的工作界面，在单元格内分别输入对应的数据，如图 14-95 所示。

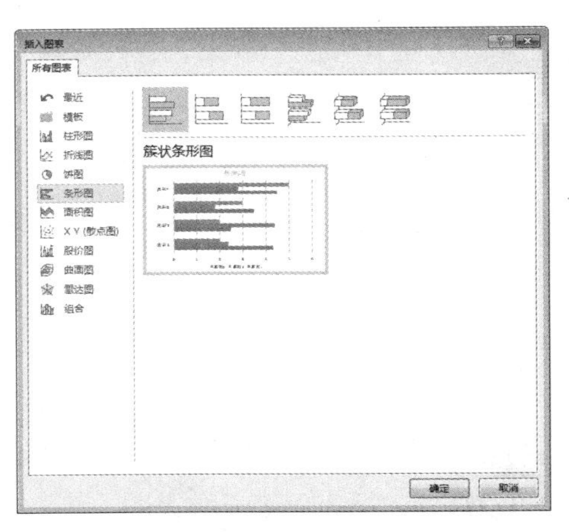

图 14-94　【插入图表】对话框

Step 03 输入完毕后关闭 Excel 表格，此时在选定的幻灯片内插入一个条形图，在【图表标题】文本框内输入标题名称，如这里输入“某家电公司过去四年内三大产品的销售量情况”，效果如图 14-96 所示。

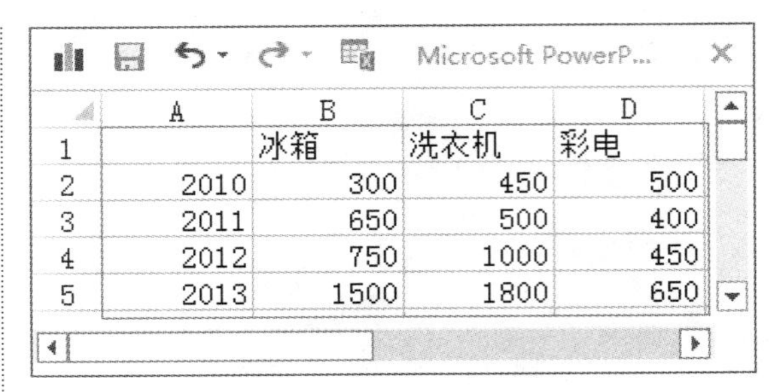

	A	B	C	D
1		冰箱	洗衣机	彩电
2	2010	300	450	500
3	2011	650	500	400
4	2012	750	1000	450
5	2013	1500	1800	650

图 14-95　Excel 工作界面

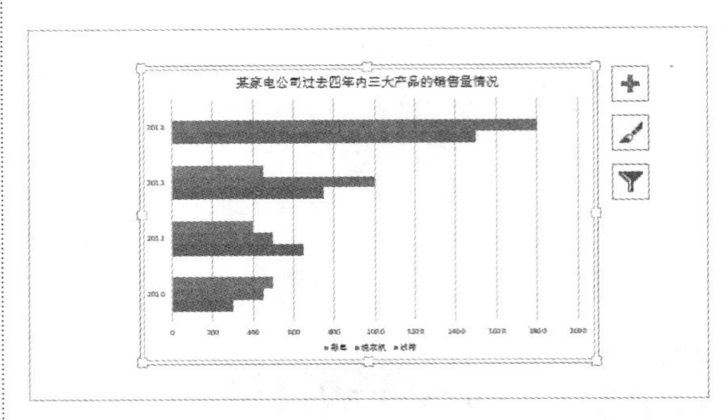

图 14-96　插入条形图

14.8 插入并设置SmartArt图形

SmartArt 图形是信息与观点的视觉表示形式，可以通过从多种不同布局中进行选择来创建 SmartArt 图形，从而快速、轻松和有效地传达信息。

14.8.1 创建组织结构图

组织结构图是以图形方式表示组织结构的管理结构，如某公司内的一个管理部门与子部门。在 PowerPoint 2013 中，通过使用 SmartArt 图形，可以创建组织结构图，具体操作步骤如下。

Step 01 打开 PowerPoint 2013，新建一张幻灯片，将版式设置为“标题与内容”版式，然后在幻灯片中单击【插入 SmartArt 图形】按钮，如图 14-97 所示。

Step 02 弹出【选择 SmartArt 图形】对话框，在对话框中选择【层次结构】区域内的【组织结构图】选项，然后单击【确定】按钮，如图 14-98 所示。

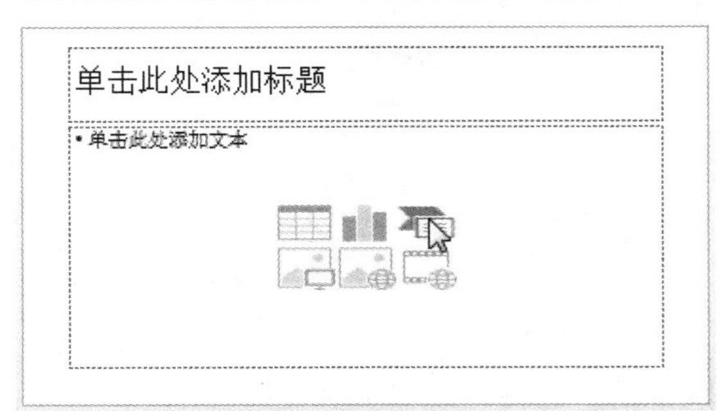

图 14-97　单击【插入 SmartArt 图表】按钮

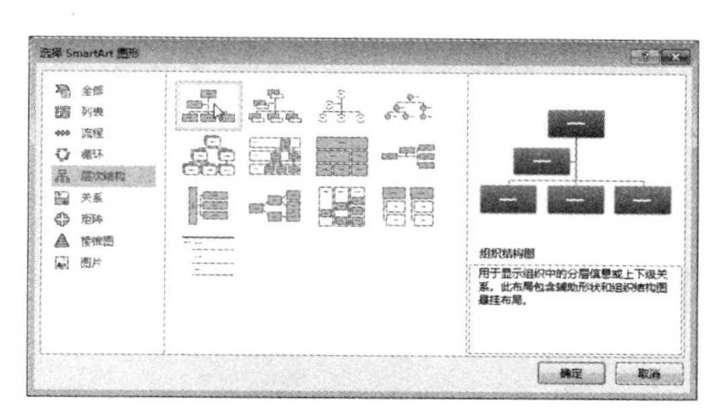

图 14-98 【选择 SmartArt 图形】对话框

Step 03 即可在幻灯片中创建组织结构图，同时出现一个【在此处键入文字】对话框，如图 14-99 所示。

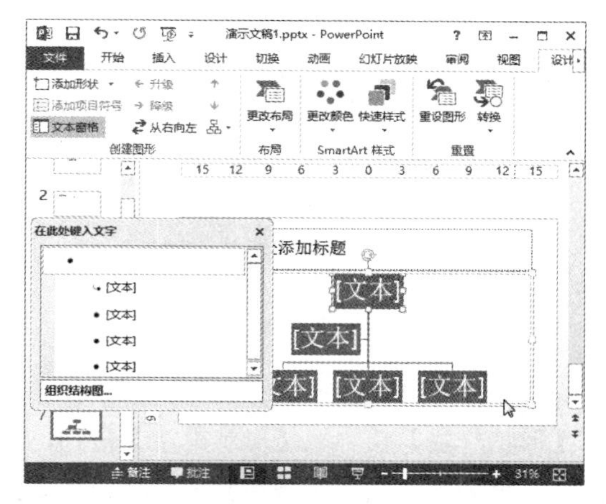

图 14-99 出现【在此处键入文字】对话框

Step 04 这时可在幻灯片中的组织结构图的【文本】框中单击鼠标左键，直接输入文本内容，如图 14-100 所示。

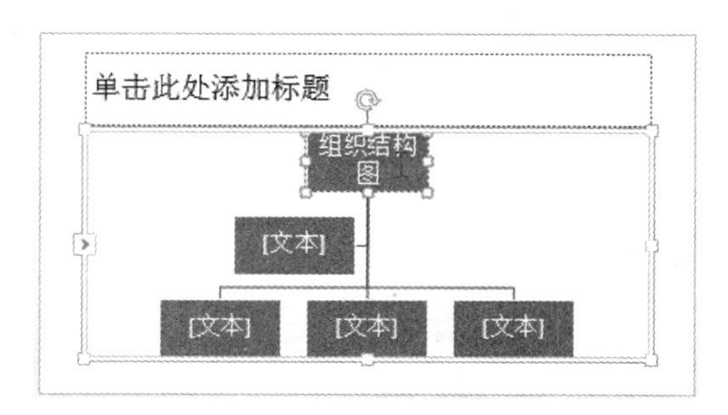

图 14-100 输入文字

Step 05 也可以在出现的【在此处键入文字】对话框中单击“文本”来输入文本内容，如图 14-101 所示。

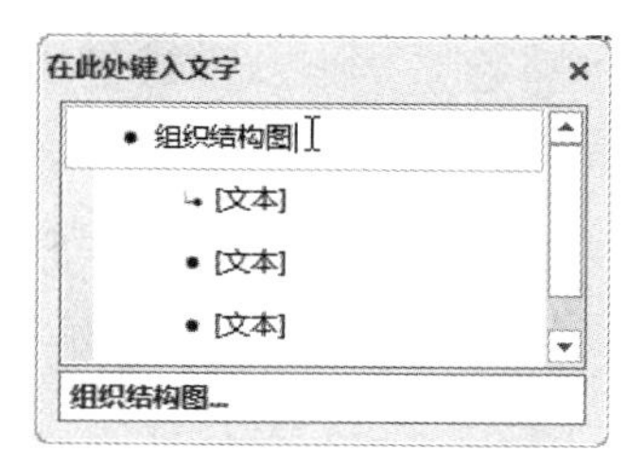

图 14-101 单击“文本”输入文字

14.8.2 添加与删除形状

在幻灯片内创建完 SmartArt 图形后，可以在现有的图形中添加或删除图形，具体操作步骤如下。

Step 01 单击幻灯片中创建好的 SmartArt 图形，并单击距离添加新形状位置最近的现有形状，如图 14-102 所示。

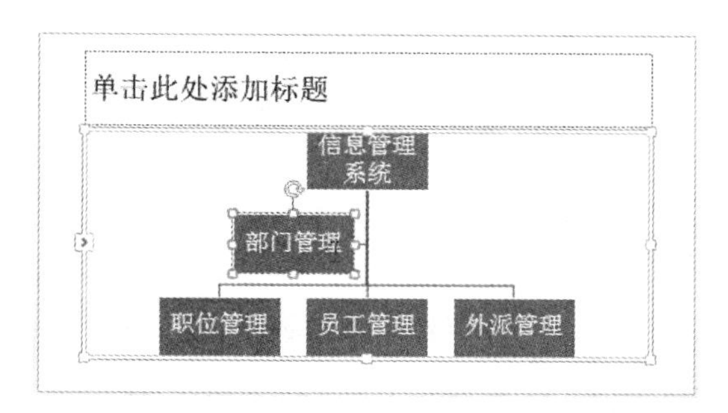

图 14-102 选择图形

Step 02 单击【SmartArt 工具 - 设计】选项卡下【创建图形】组中的【添加形状】按钮，然后在下拉菜单中选择【在后面添加形状】命令，如图 14-103 所示。

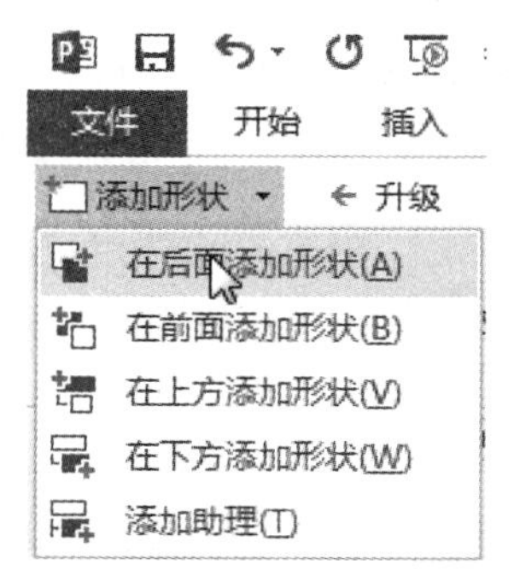

图 14-103 选择【在后面添加形状】命令

Step 03 即可在所选形状的后面添加一个新的形状，且该形状处于选中状态，如图 14-104 所示。

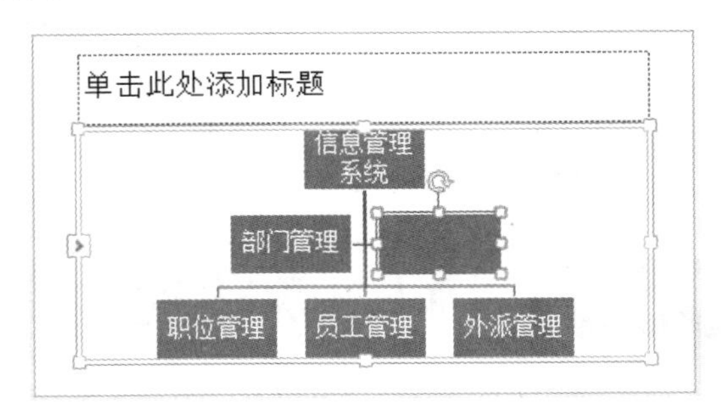

图 14-104　添加新形状

Step 04 在添加的形状内输入文本，效果如图 14-105 所示。

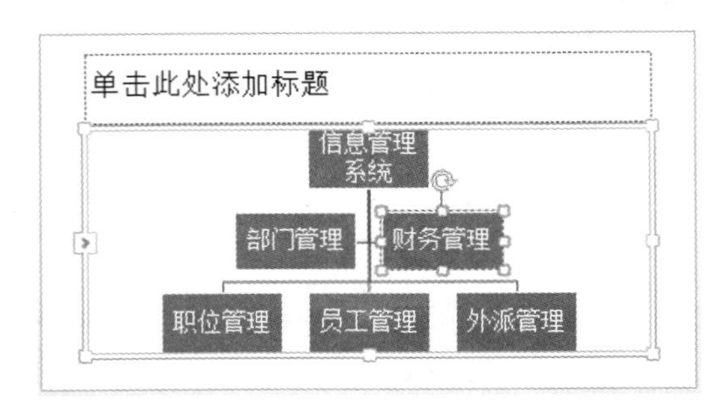

图 14-105　输入文字

Step 05 如需要在 SmartArt 图形中删除一个形状，单击选中要删除的形状并按 Delete 键即可。如果要删除整个 SmartArt 图形，单击选中 SmartArt 图形后按 Delete 键即可。

14.8.3 更改形状的样式

插入 SmartArt 图形后，可以更改其中一个或多个形状的颜色和轮廓等样式，具体操作步骤如下。

Step 01 单击选中 SmartArt 图形中的一个形状，如这里选择【部门管理】形状，如图 14-106 所示。

Step 02 单击【SmartArt 工具 - 格式】选项卡下【形状样式】组中的【形状填充】按钮，在下拉列表中的【主题颜色】选项里选择“绿色”，“部门管理”形状即被填充为绿色，如图 14-107 所示。

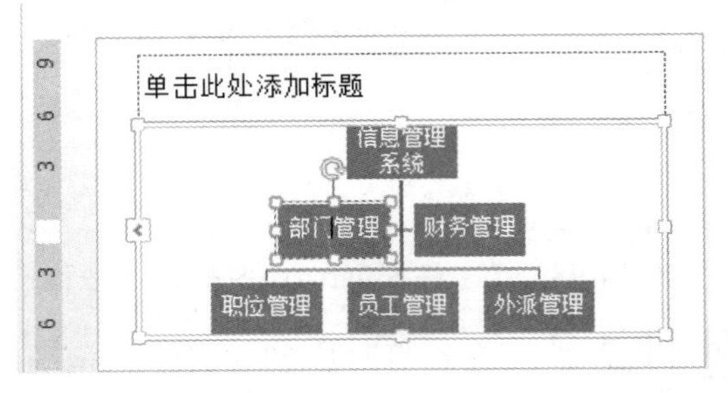

图 14-106　选择形状

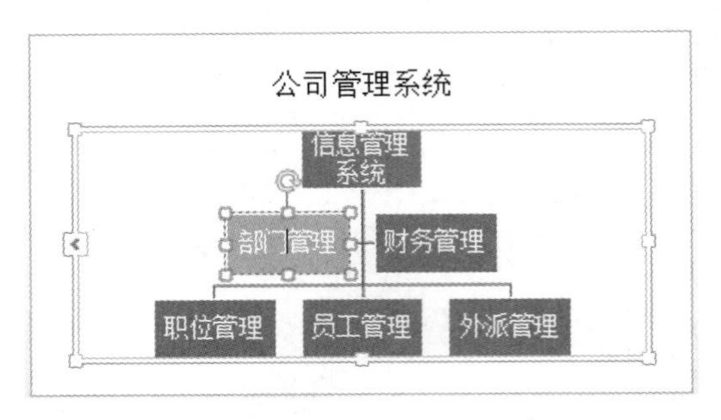

图 14-107　更换主题颜色

Step 03 单击【SmartArt 工具 - 格式】选项卡下【形状样式】组中的【形状轮廓】按钮，打开其下拉列表，选择【虚线】子菜单中的【划线 - 点】选项，如图 14-108 所示。

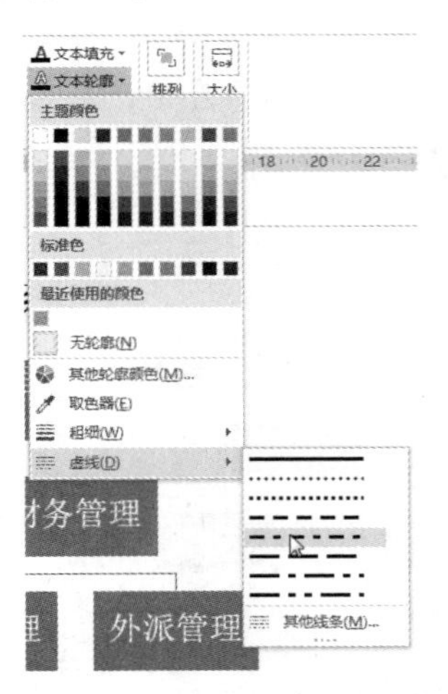

图 14-108　选择线条

Step 04 此时“部门管理”的形状轮廓显示为“划线 - 点”的样式，如图 14-109 所示。

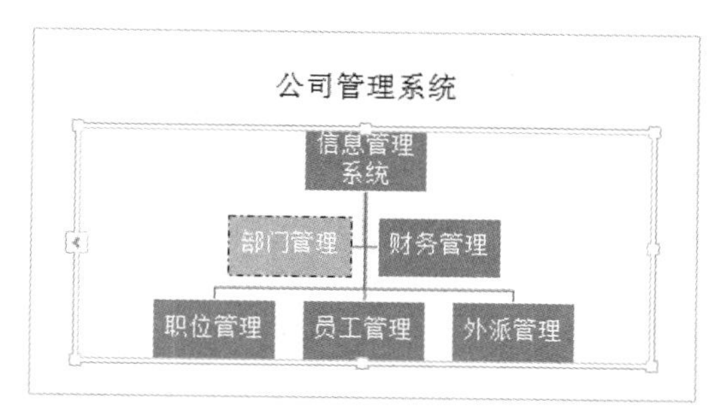

图 14-109 添加线条

Step 05 继续选中“部门管理”形状，单击【SmartArt 工具 - 格式】选项卡下【形状样式】组中的【形状效果】按钮，在弹出来的下拉列表中选择【柔化边缘】子菜单中的【10 磅】选项，如图 14-110 所示。

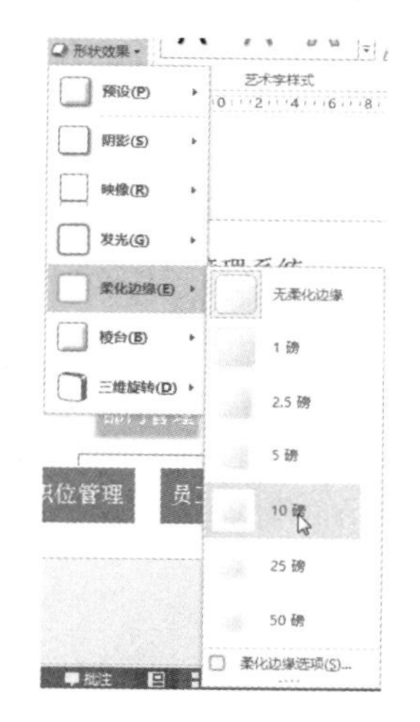

图 14-110 设置柔化边缘

Step 06 此时“部门管理”形状显示为如图 14-111 所示的效果。

Step 07 选中“信息管理系统”形状，单击【SmartArt 工具 - 格式】选项卡下【形状样式】组右侧的【其他】按钮，从弹出来的列表中选择【细微效果 - 橙色，强调颜色 2】选项，如图 14-112 所示。

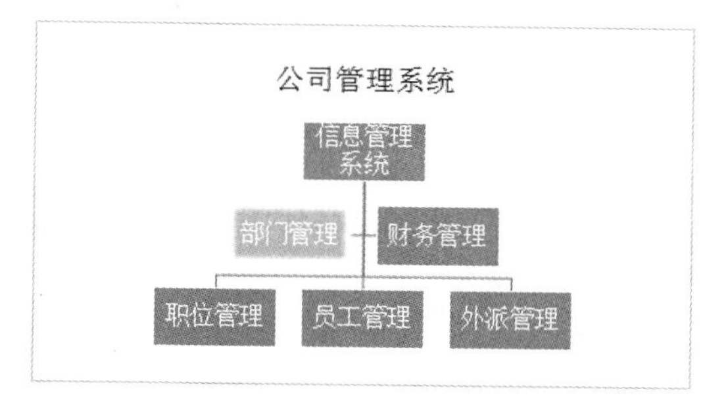

图 14-111 显示效果

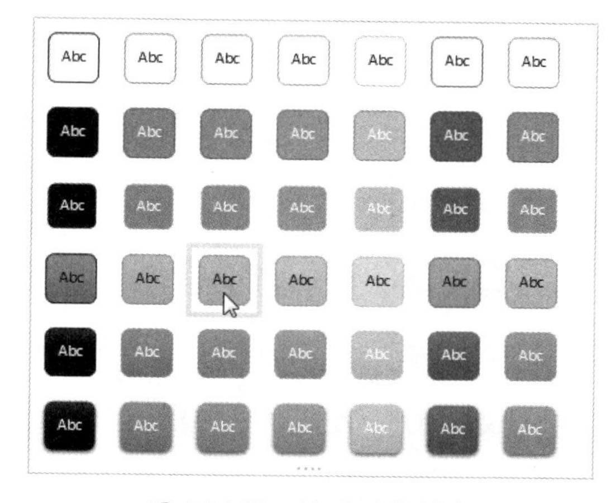

图 14-112 设置形状样式

Step 08 应用后的效果如图 14-113 所示。

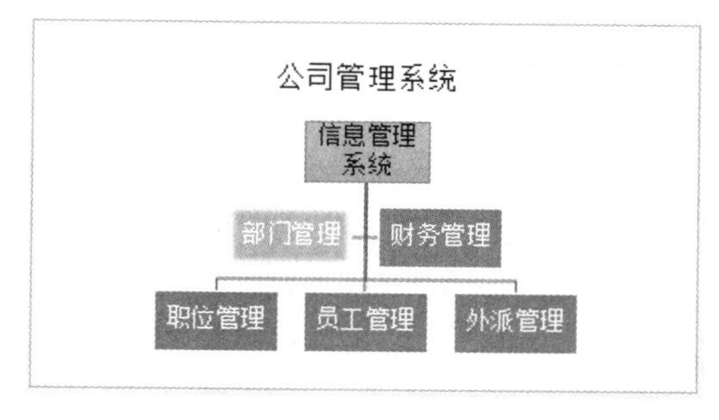

图 14-113 最终的显示效果

14.8.4 更改 SmartArt 图形的布局

创建好 SmartArt 图形后，可以根据需要改变 SmartArt 图形的布局方式，具体操作步骤如下。

Step 01 选中幻灯片中的 SmartArt 图形，单击【SmartArt 工具 - 设计】选项卡下【布局】组中的【其他】按钮，从打开的下拉列表中选择【层次结构】选项，如图 14-114 所示。

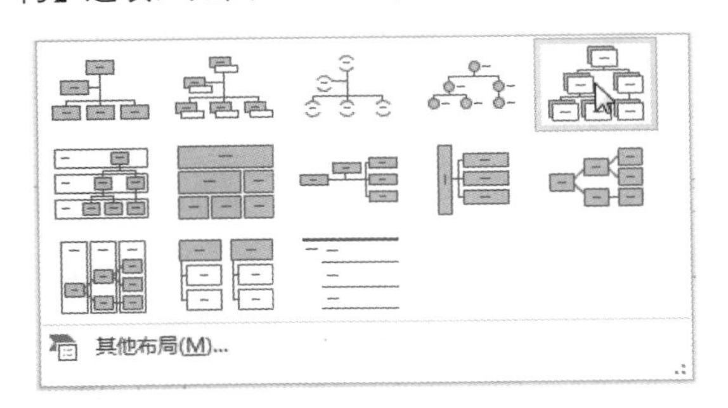

图 14-114　选择布局样式

Step 02 应用后的布局效果如图 14-115 所示。

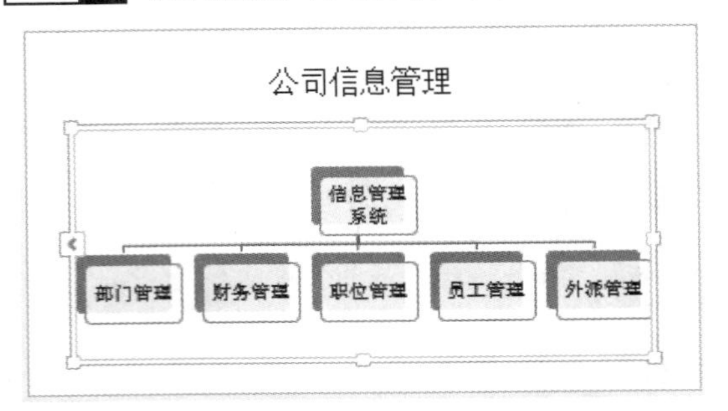

图 14-115　应用布局后的效果

Step 03 也可以选择【布局】组中的【其他布局】子菜单中的【其他布局】选项，弹出【选择 SmartArt 图形】对话框，在对话框中选择【关系】区域内的【基本射线图】选项，如图 14-116 所示。

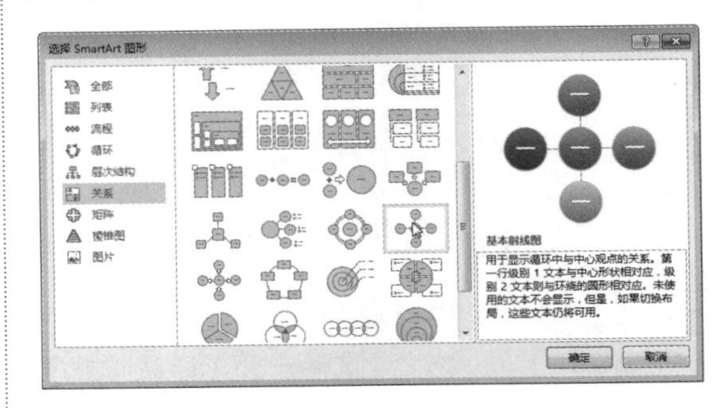

图 14-116　【选择 Smart Art 图形】对话框

Step 04 单击【确定】按钮，最终的效果如图 14-117 所示。

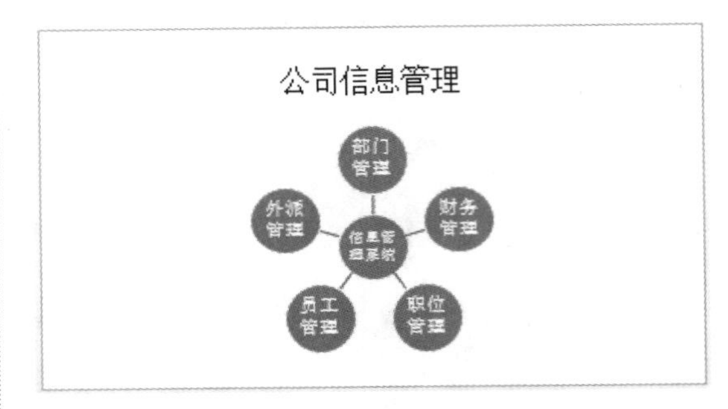

图 14-117　最终的显示效果

14.8.5 更改 SmartArt 图形的样式

除了可以更改部分形状的样式外，还可以更改整个 SmartArt 图形的样式，更改 SmartArt 图形样式的具体操作步骤如下。

Step 01 选中幻灯片中的 SmartArt 图形，单击【SmartArt 工具 - 设计】选项卡下【SmartArt 样式】组中的【更改颜色】按钮，从弹出的列表中选择【彩色】区域内的【彩色 - 着色】选项，如图 14-118 所示。

Step 02 更改颜色样式的效果如图 14-119 所示。

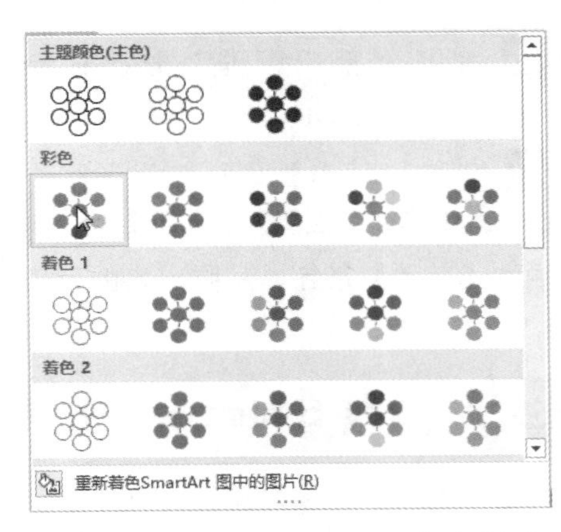

图 14-118　更改 Smart Art 颜色样式

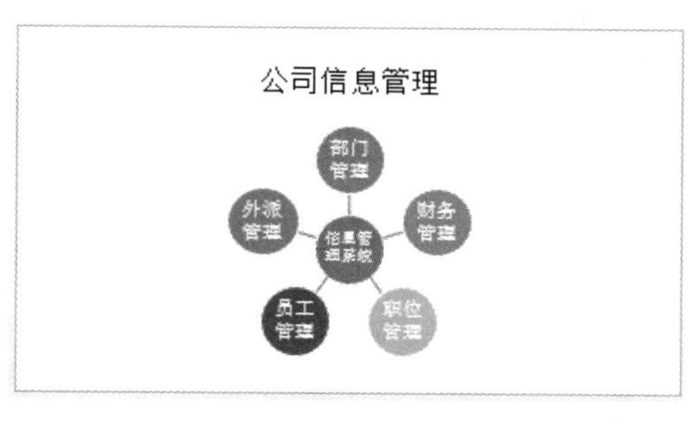

图 14-119　更改颜色样式后的效果

Step 03 单击【SmartArt 工具 - 设计】选项卡下【SmartArt 样式】组中的【快速样式】区域右侧的【其他】按钮，从弹出的列表中选择【优雅】选项，如图 14-120 所示。

Step 04 应用后的效果如图 14-121 所示。

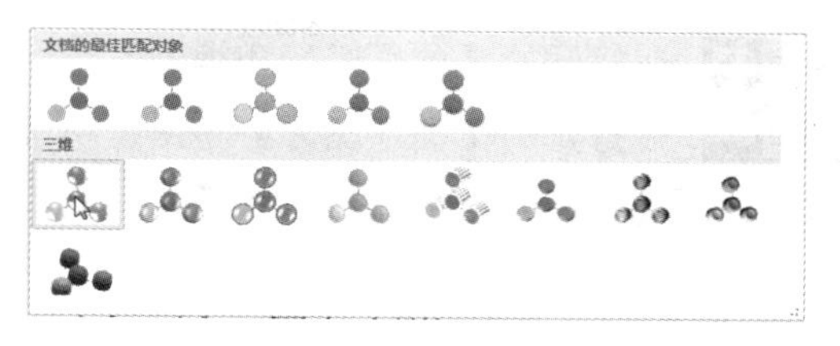

图 14-120　选择快速样式

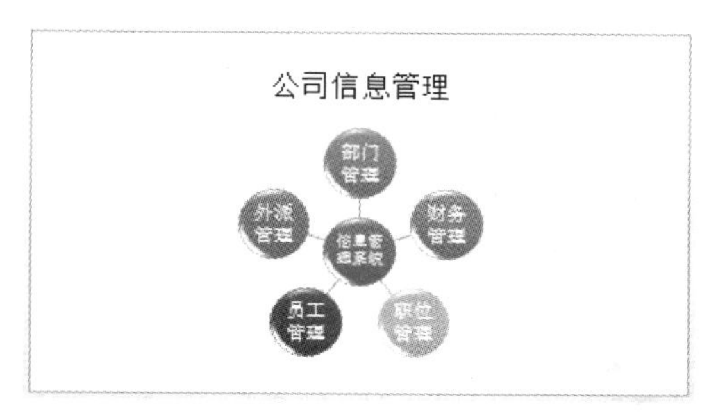

图 14-121　应用快速样式

14.9 高效办公技能实战

14.9.1 高效办公技能实战 1——图片也能当作项目符号

在 PowerPoint 中除了可以直接为文本添加项目符号外，还可以导入新的文件作为项目符号，下面介绍将图片导入 PowerPoint 并作为项目符号的具体操作步骤。

Step 01 打开随书光盘中的“素材 \ch14\ 蜂蜜功效与作用”文件，选中要添加项目符号的文本行，如图 14-122 所示。

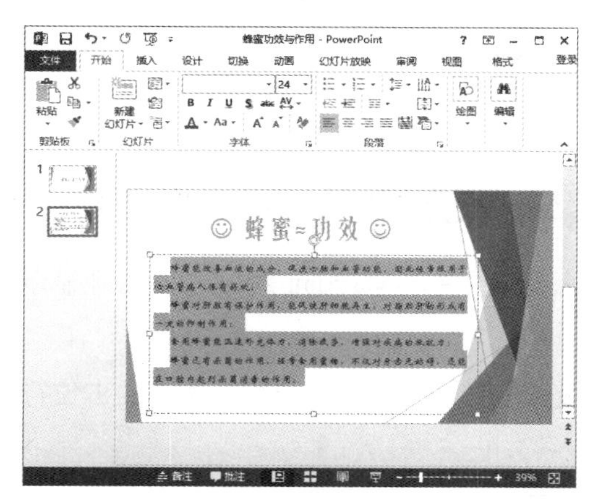

图 14-122　打开素材文件

Step 02 单击【开始】选项卡下【段落】组中的【项目符号】下三角按钮，从弹出的下拉列表中选择【项目符号和编号】选项，如图 14-123 所示。

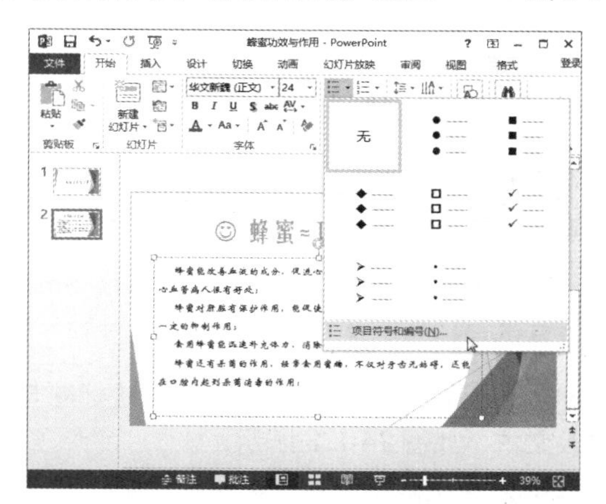

图 14-123　选择【项目符号与编号】选项

Step 03 在打开的【项目符号和编号】对话框中单击【图片】按钮，如图 14-124 所示。

Step 04 在打开的【插入图片】对话框中单击【浏览】按钮，如图 14-125 所示。

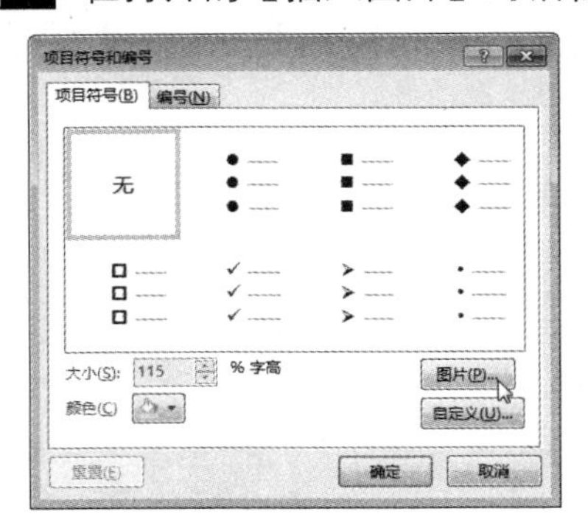

图 14-124 【项目符号和编号】对话框

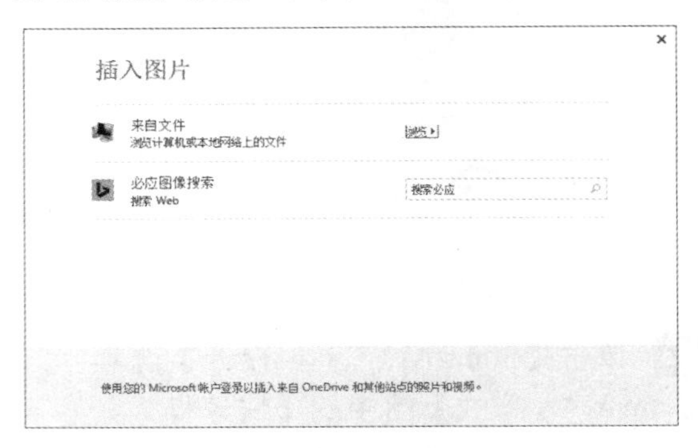

图 14-125 【插入图片】对话框

Step 05 打开【插入图片】对话框，选择随书光盘中的“素材\ch14\蜜蜂.jpg”文件，如图 14-126 所示。

Step 06 单击【插入】按钮，返回到幻灯片中，可以看到插入的图片作为项目符号添加到文本中，如图 14-127 所示。

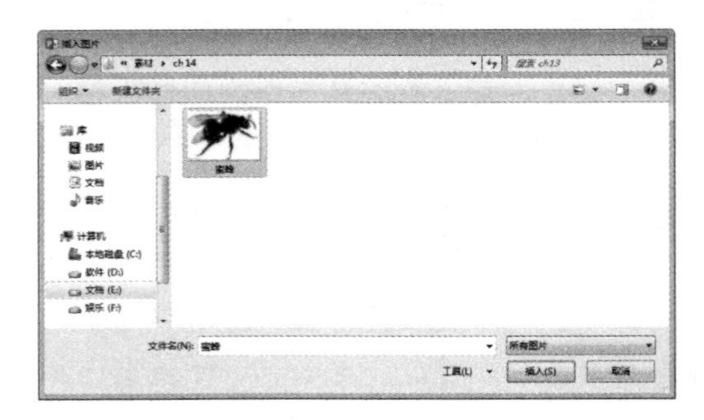

图 14-126 选择要插入的图片

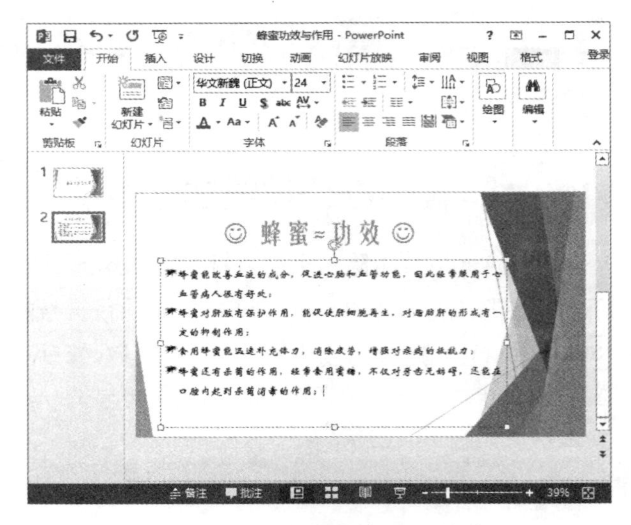

图 14-127 添加图片项目符号

14.9.2 高效办公技能实战 2——将文本转换为 SmartArt 图形

在演示文稿中，可以将文本转换为 SmartArt 图形，以便在 PowerPoint 2013 中更好地显示信息，具体操作步骤如下。

Step 01 新建一张幻灯片，设置为【标题与内容】版式，在“单击此处添加文本”的占位符中输入文本，如图 14-128 所示。

Step 02 单击内容文字占位符的边框，如图 14-129 所示。

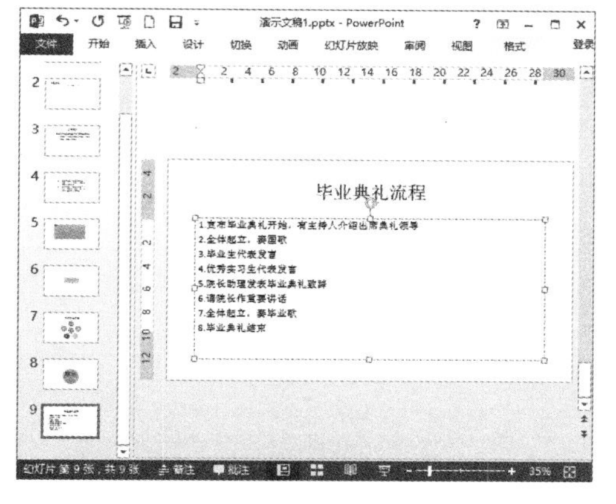

图 14-128　输入文本信息

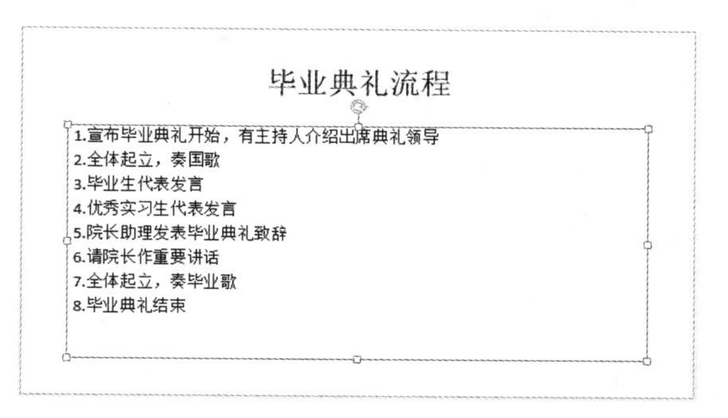

图 14-129　选中文本外的边框

Step 03 单击【开始】选项卡下【段落】组中的【转换为 SmartArt 图形】按钮，从打开的下拉列表中选择【基本流程】选项，如图 14-130 所示。

Step 04 应用后的效果如图 14-131 所示。

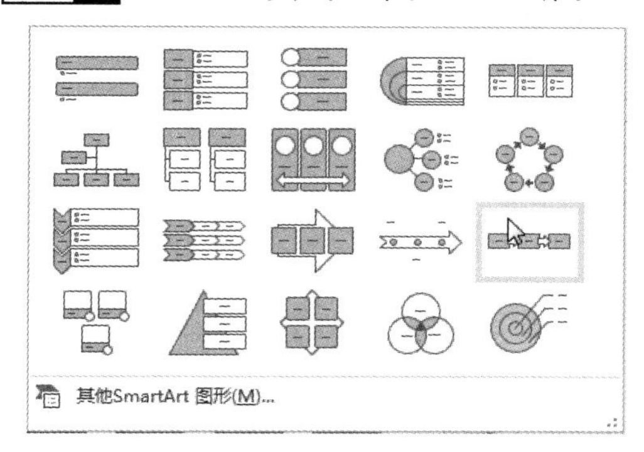

图 14-130　选择 Smart Art 图形类型

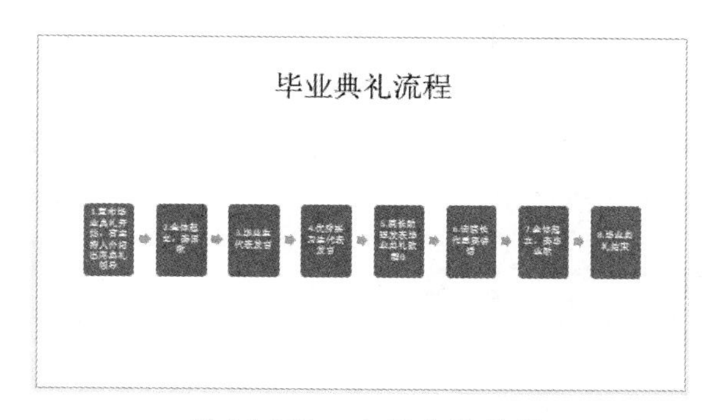

图 14-131　应用后的效果

Step 05 单击【SmartArt 工具 - 设计】选项卡下【布局】组中的【快速浏览】区域右侧的【其他】选项，从弹出来的列表中选择【基本蛇形流程】选项，如图 14-132 所示。

Step 06 应用后的效果如图 14-133 所示。

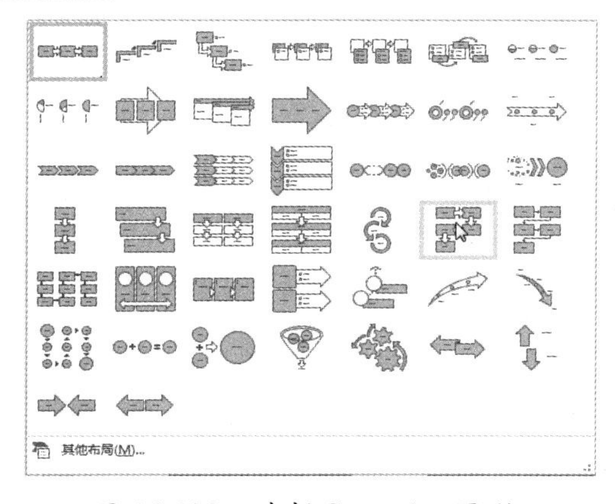

图 14-132　选择 SmartArt 图形

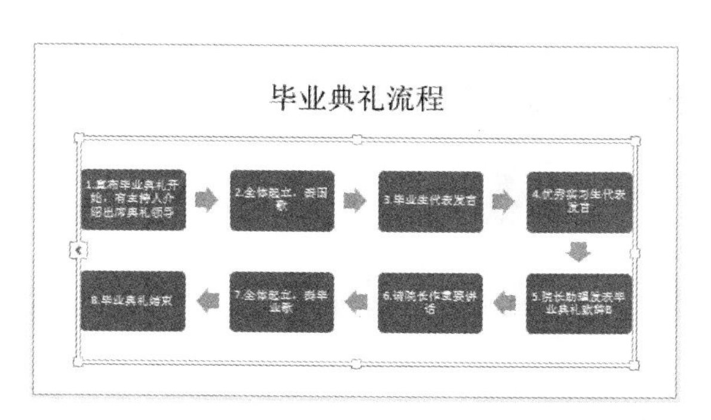

图 14-133　应用后的效果

14.10 课后练习与指导

14.10.1 在幻灯片中输入文本

- **练习目标**

了解：在幻灯片中输入文本的相关知识。

掌握：在幻灯片中输入文本的操作方法。

- **专题练习指南**

01 启动 PowerPoint 2013，新建一个空白幻灯片。

02 单击【插入】选项卡下【文本】组中的【文本框】按钮，或单击【文本框】按钮下的下拉按钮，从中选择要插入的文本框为横排文本框或垂直文本框。

03 在文本框中输入相应的文本信息。

04 选中输入的文本信息，选择【开始】选项卡，在【字体】组中设置字体的大小、颜色以及文字格式等。

14.10.2 复制与粘贴文本

- **练习目标**

了解：编辑文本的多种操作方法。

掌握：复制与粘贴文本的操作方法。

- **专题练习指南**

01 选择要复制的文本内容，单击【开始】选项卡下【剪贴板】组中的【复制】按钮，或者按 Ctrl+C 组合键。

02 将文本插入点定位于要插入复制文本的位置，单击【开始】选项卡下【剪贴板】组中的【粘贴】按钮，或者按 Ctrl+V 组合键。

让幻灯片有声有色——美化幻灯片

- **本章导读**

在演示文稿中通常需要在一个幻灯片中列举出该幻灯片的主要内容，为使该幻灯片更加美观，需要对该幻灯片进行修饰。本章主要通过对幻灯片的美化和设计操作来提升放映效果。

- **学习目标**

◎ 了解幻灯片的背景设置方法

◎ 掌握插入图像对象的方法

◎ 掌握插入媒体剪辑的方法

◎ 掌握在幻灯片中插入动画效果的方法

◎ 掌握为文本或对象创建超链接的方法

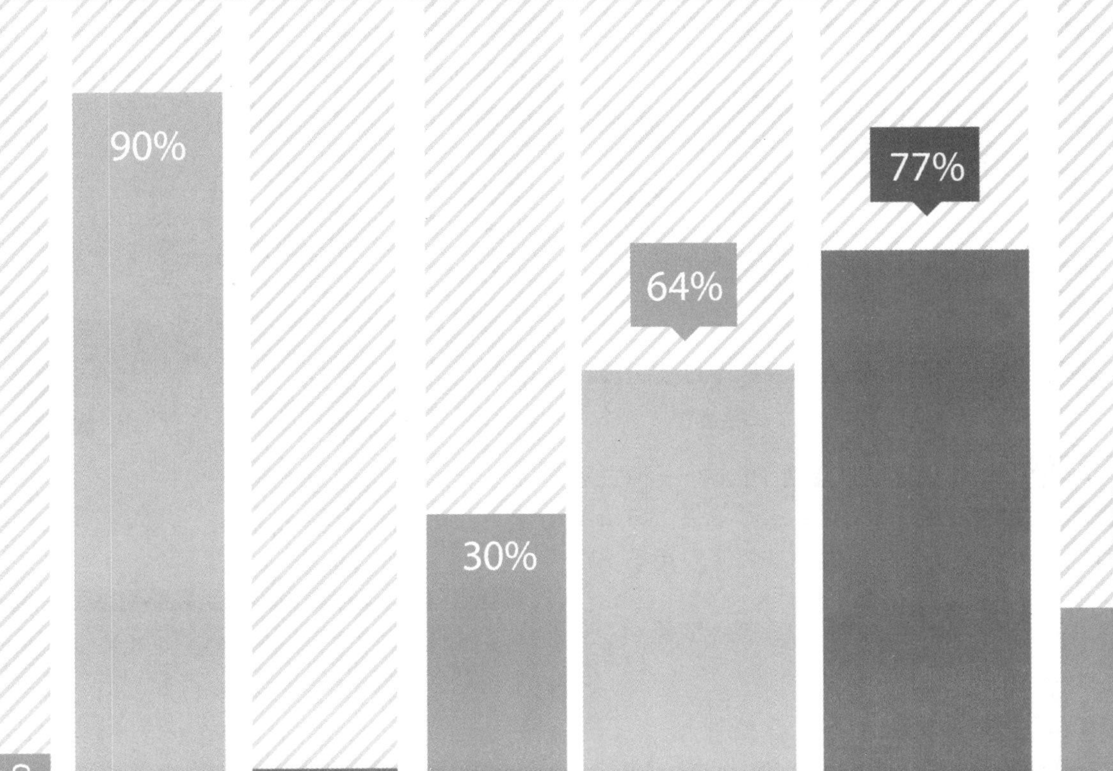

15.1 设计幻灯片

一个充满创意的演示文稿会更加具有吸引力，因此可以为幻灯片设置主题效果和背景，本节将主要介绍如何利用这两种操作来美化幻灯片。

15.1.1 设置幻灯片的主题效果

主题效果是指应用于幻灯片中元素的视觉属性的集合。通过使用主题效果库，可以快速更改幻灯片中不同对象的外观，使其看起来更加专业、美观。设置主题效果的具体操作步骤如下。

Step 01 选择【设计】选项卡，从【主题】组内选择一种主题，当鼠标指针停留在主题的缩略图上时可预览应用于该幻灯片的效果。如鼠标指针停留在【环保】主题效果的缩略图上，效果如图 15-1 所示。

图 15-1　选择幻灯片主题类型

Step 02 从【快速样式】组内选择一种主题效果，如这里选择【环保】主题效果，右击鼠标，从弹出来的快捷菜单中选择【应用于选定幻灯片】命令，如图 15-2 所示。

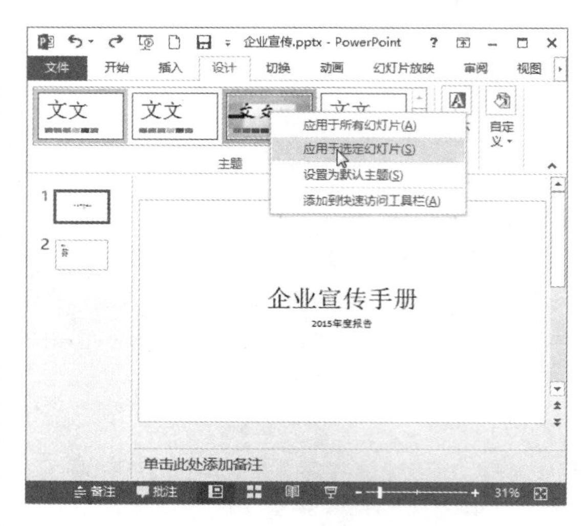

图 15-2　选择【应用于选定幻灯片】命令

Step 03 【环保】主题效果应用成功后，在左侧的幻灯片快速浏览区域也会显示应用的主题效果，如图 15-3 所示。

图 15-3　应用后的主题效果

15.1.2 设置幻灯片的背景

为幻灯片添加一张漂亮的背景图片，可以让演示文稿显得更加生动形象。设置幻灯片背景的具体操作步骤如下。

Step 01 单击【设计】选项卡下【自定义】组内的【设置背景格式】按钮，如图 15-4 所示。

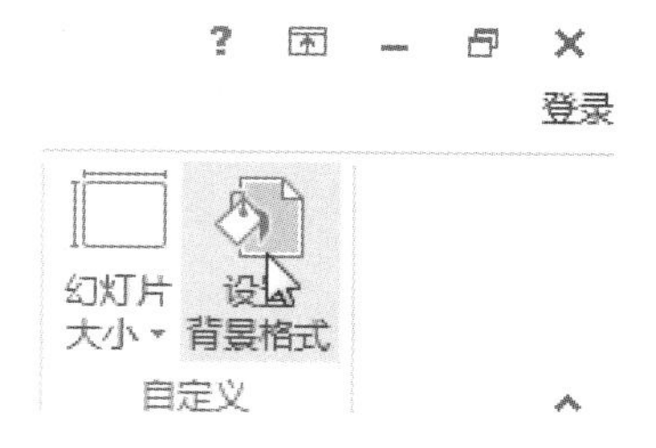

图 15-4　【自定义】组

Step 02 弹出【设置背景格式】对话框，从【填充】选项内选择一个单选按钮进行填充效果设置，如这里选择【图片或纹理填充】选项，如图 15-5 所示。

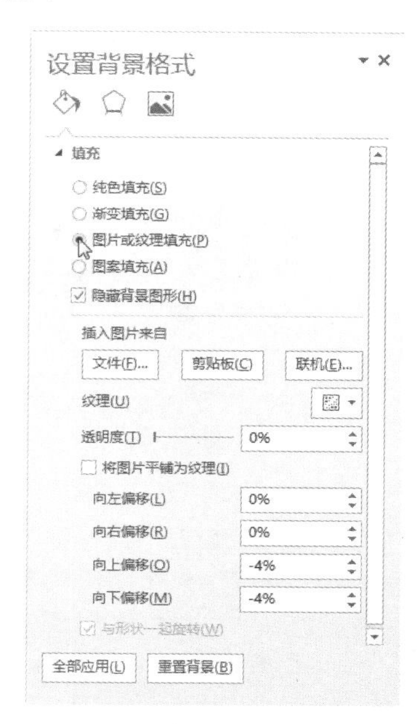

图 15-5　【设置背景格式】对话框

Step 03 单击【插入图片来自】区域的【文件】按钮，在本地计算机上选择需要插入的图片，插入的图片将应用于幻灯片，如图 15-6 所示。

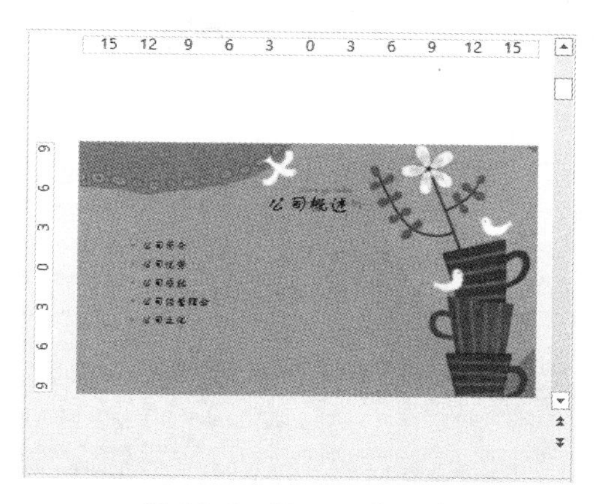

图 15-6　插入背景图片

Step 04 插入图片后，可对图片进行效果设置。单击【设置背景格式】对话框内的【效果】按钮，展开【艺术效果】设置选项，如图 15-7 所示。

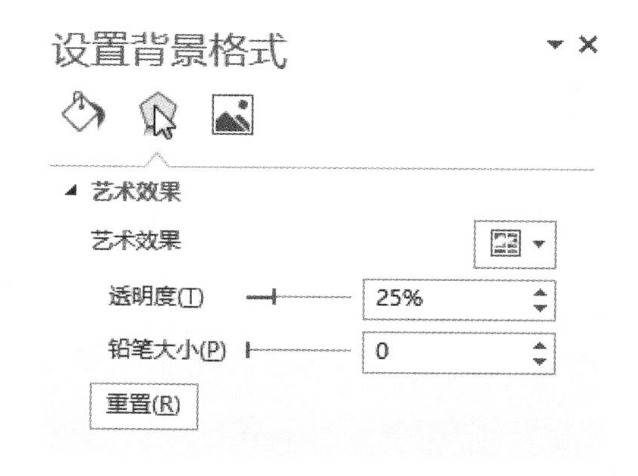

图 15-7　单击【效果】按钮

Step 05 单击【线条图】按钮，从弹出的效果图内选择一种，如这里选择【映像】效果图，如图 15-8 所示。

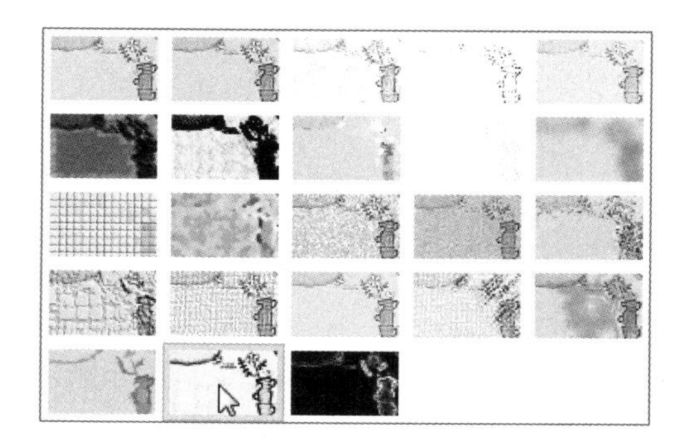

图 15-8　选择效果类型

Step 06 应用后的效果如图 15-9 所示。

Step 07 对插入的图片也可进行颜色设置。单击【设置背景格式】对话框内的【图片】按钮，从弹出的选项里选择【图片颜色】选项，如图 15-10 所示。

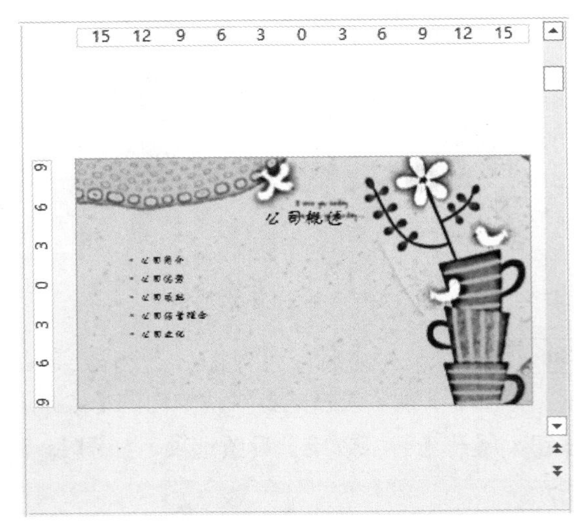

图 15-9 应用后的效果幻灯片

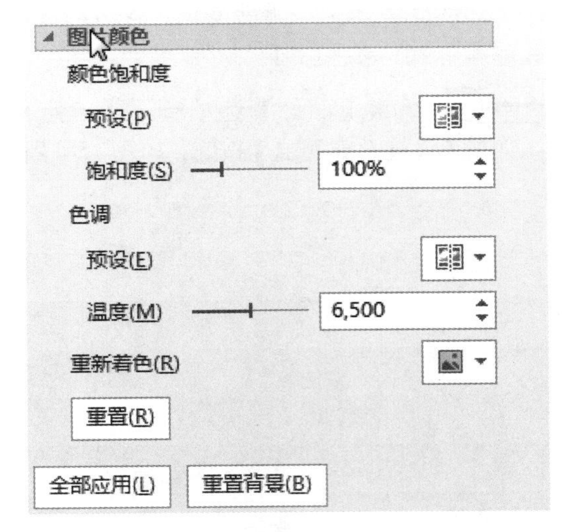

图 15-10 设置图片颜色

Step 08 单击【重新着色】右侧的【重新着色】按钮，从弹出的着色图选项中选择一种，如这里选择【青色，着色 2 深色】选项，如图 15-11 所示。

Step 09 选中后的颜色将应用于幻灯片内的图片，效果如图 15-12 所示。

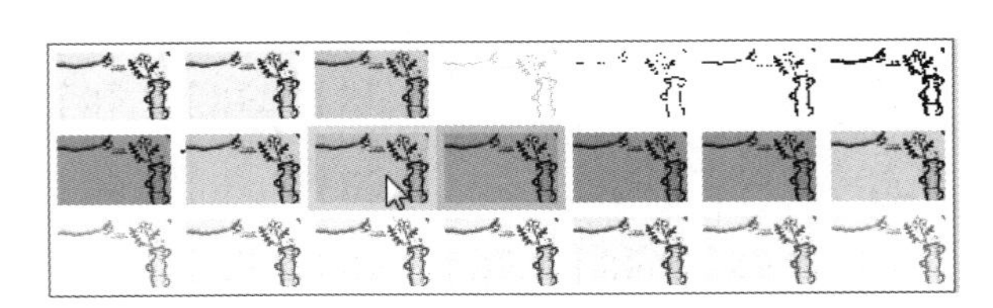

图 15-11 选择着色类型

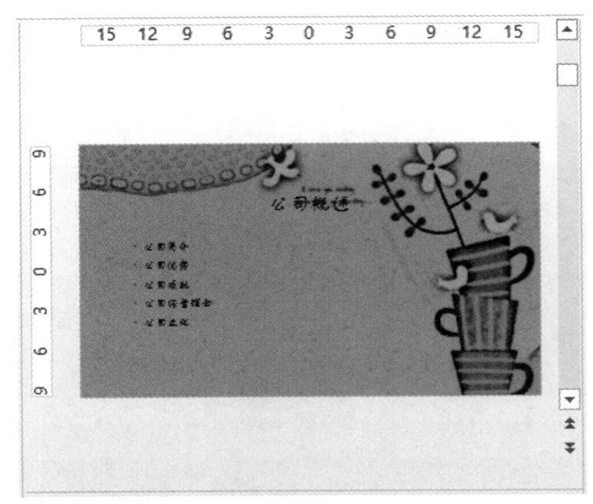

图 15-12 着色后的效果

15.2 插入图形对象

在幻灯片中常常需要绘制一些图形以对幻灯片进行修饰。本节主要介绍插入图形的基本操作，包括设置形状、设置剪贴画、设置图片以及设置艺术字等。

15.2.1 插入形状

插入形状的具体操作步骤如下。

Step 01 新建一张幻灯片，将其设置为【空白】版式。单击【开始】选项卡下【绘图】组中的【形状】按钮，如图 15-13 所示。

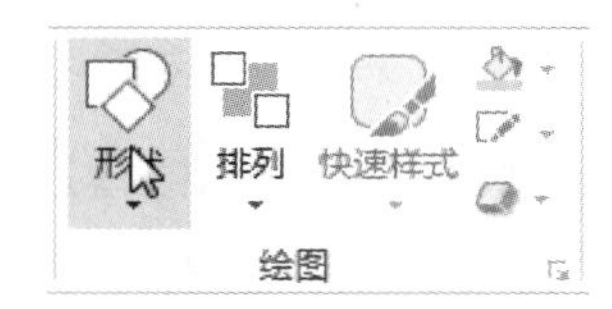

图 15-13　单击【形状】按钮

Step 02 从弹出的下拉列表中选择【基本形状】区域内的【十字形】形状，如图 15-14 所示。

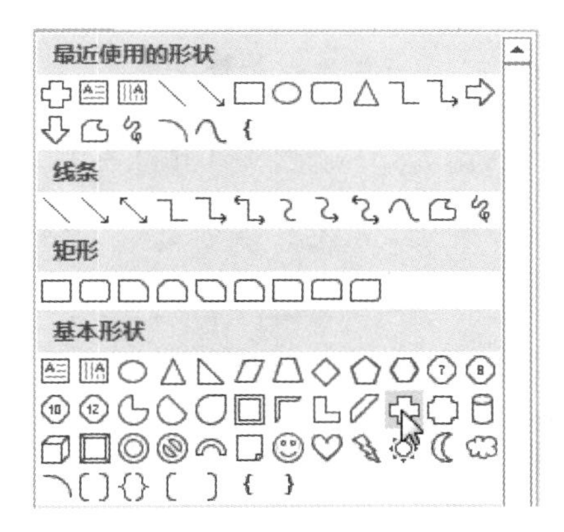

图 15-14　选择要绘制的形状

Step 03 此时鼠标指针在幻灯片内显示为“十”形状，按住鼠标左键不放并拖动鼠标，在适当的位置释放鼠标左键，插入的十字形形状如图 15-15 所示。

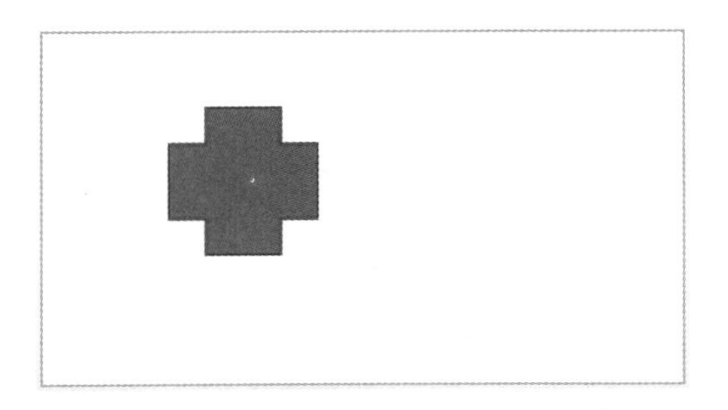

图 15-15　绘制形状

Step 04 依照上述操作，在幻灯片内依次插入【流程图】区域内的【多文档】形状和【星与旗帜】区域内的【五角星】形状，最终的效果如图 15-16 所示。

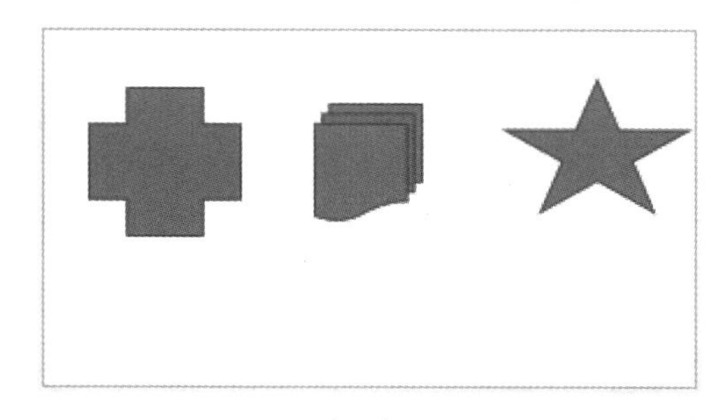

图 15-16　绘制其他类型的形状

15.2.2 设置形状

本节主要介绍形状的设置，包括排列形状、组合形状、设置形状的样式，在形状中添加文字等操作方法。

1. 设置形状样式

设置形状的样式包括设置填充形状的颜色、形状轮廓和形状效果等。具体操作步骤如下。

Step 01 选中幻灯片内的一个形状，如这里选择五角星，如图 15-17 所示。

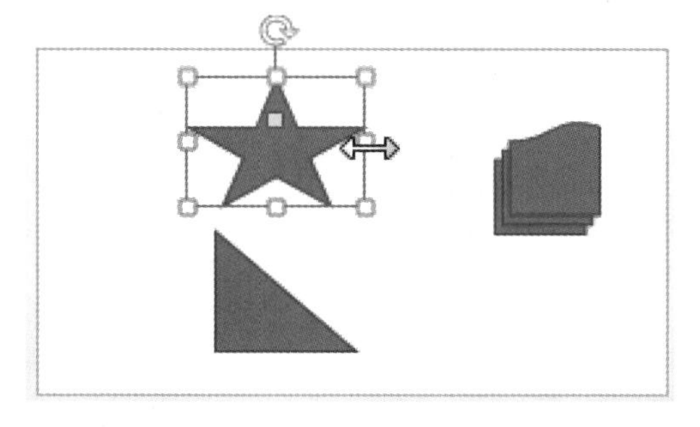

图 15-17　选择形状

Step 02 单击【绘图工具 - 格式】选项卡下【形状样式】组中的【形状填充】按钮，从弹出的列表中选择【标准色】区域内的【浅绿】选项，如图 15-18 所示。

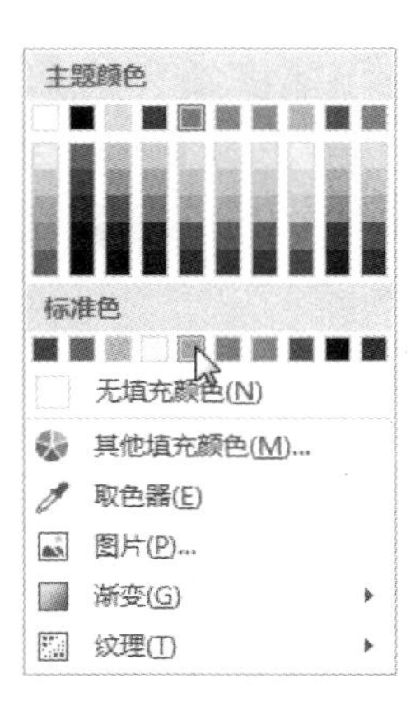

图 15-18　选择填充形状的颜色

Step 03 此时五角星被填充为浅绿，效果如图 15-19 所示。

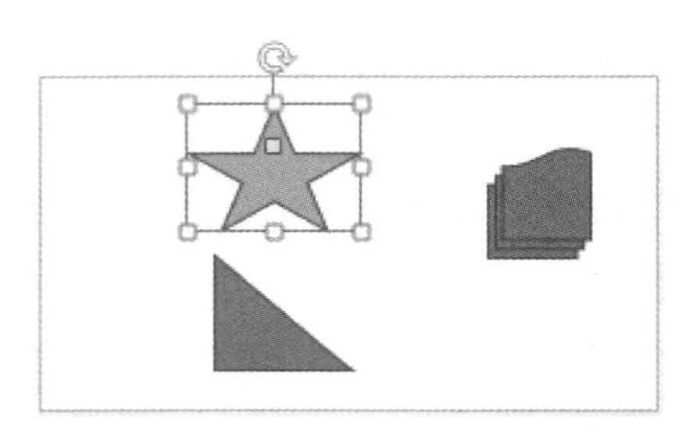

图 15-19　填充颜色后的效果

Step 04 单击【形状工具 - 格式】选项卡下【形状样式】组中的【形状轮廓】按钮，从弹出的列表中选择【标准色】区域内的【红色】选项，如图 15-20 所示。

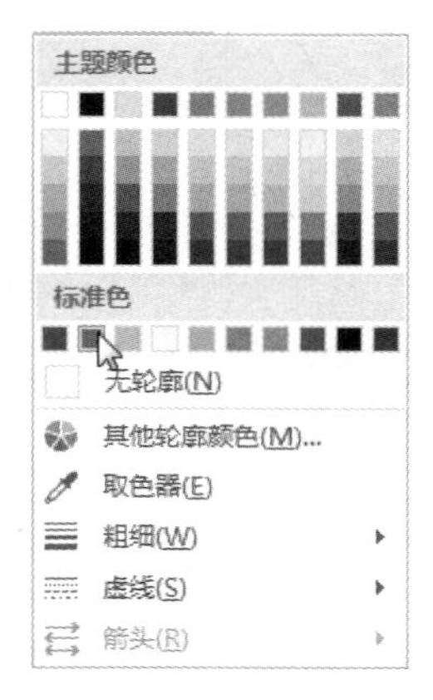

图 15-20　选择形状轮廓的颜色

Step 05 五角星的轮廓显示为红色，如图 15-21 所示。

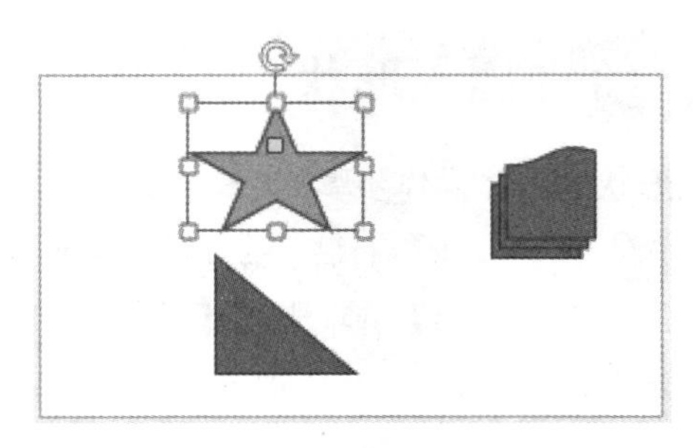

图 15-21　填充轮廓后的效果

Step 06 单击【形状工具 - 格式】选项卡下【形状样式】组中的【形状效果】按钮，从弹出的列表中选择【预设】子列表中的【预设 9】选项，如图 15-22 所示。

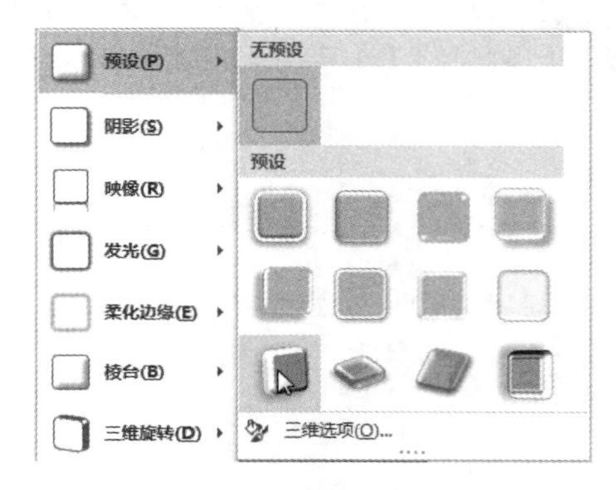

图 15-22　选择形状效果

Step 07 应用后的效果如图 15-23 所示。

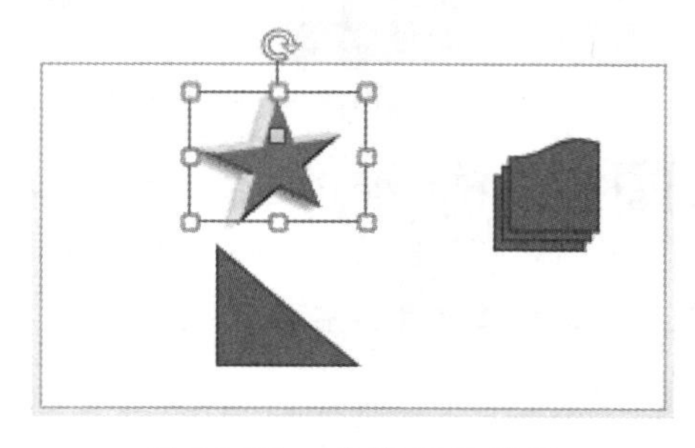

图 15-23　应用形状效果

2. 在形状中添加文字

除了可以在文本框和占位符内输入文本外，还可以在插入的形状中输入文字。具体操作如下。

Step 01 新建一张幻灯片，在【插入】选项

卡下【插图】组中的【形状】下拉列表中选择相应的形状进行绘制，如图 15-24 所示。

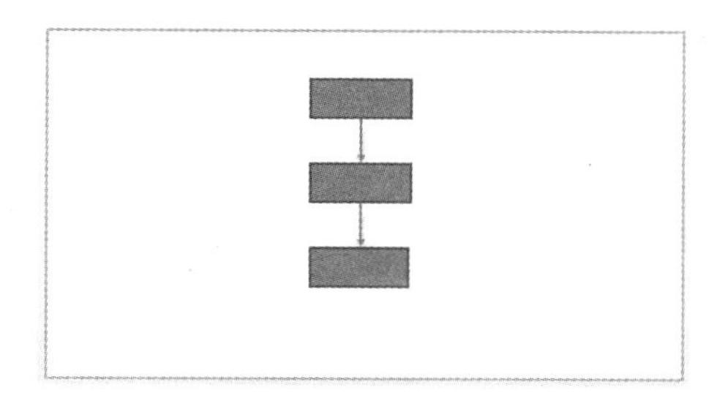

图 15-24　绘制形状

Step 02 单击第一个形状，直接在形状里输入文字，如这里输入“早餐时间”并将字体设置为 28 号，如图 15-25 所示。

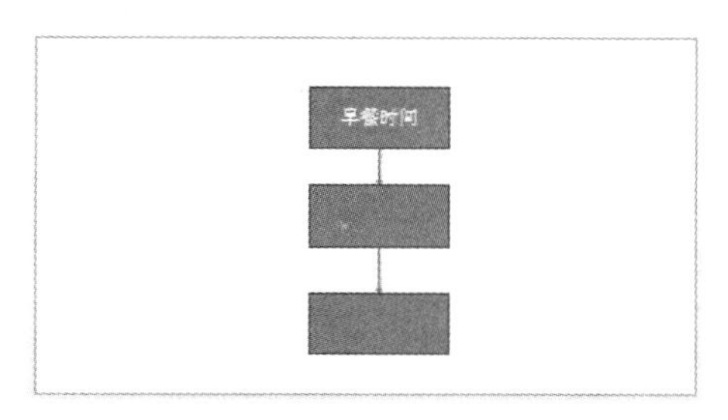

图 15-25　输入文字

Step 03 依次在第二个和第三个形状中输入文字，最终效果如图 15-26 所示。

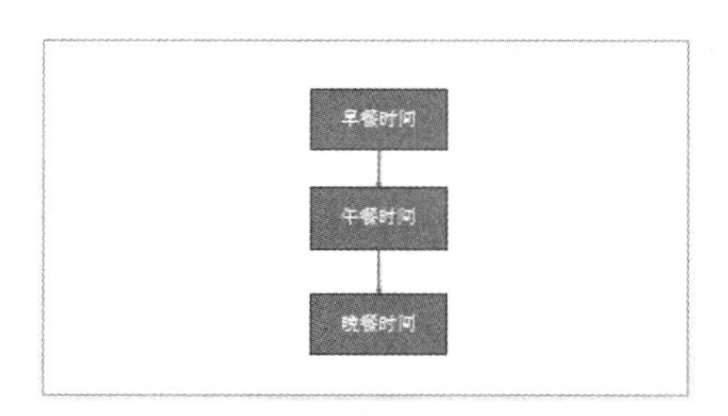

图 15-26　在其他形状中输入文字

> **提示**　如果需要对输入的文字进行修改，可以直接单击该形状进入编辑状态。

15.2.3 插入图片

为方便图片和文字排列，可更换幻灯片的版式后插入图片，具体操作步骤如下。

Step 01 新建一张幻灯片，设置为【标题与内容】版式，单击幻灯片内的【图片】按钮，如图 15-27 所示。

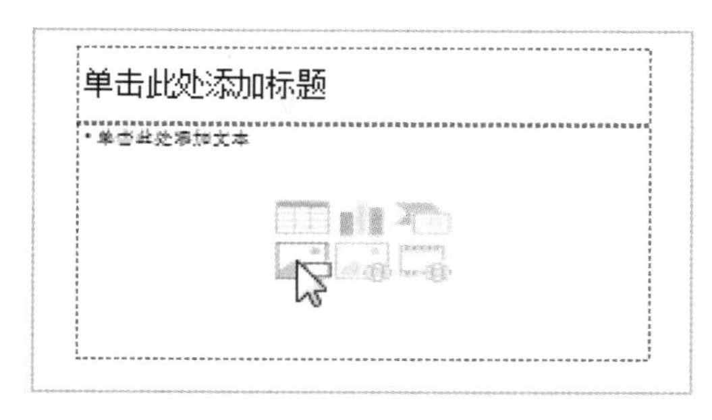

图 15-27　单击幻灯片中的【图片】按钮

Step 02 弹出【插入图片】对话框，根据需求选中相应的图片，如图 15-28 所示。

图 15-28　【插入图片】对话框

Step 03 单击【插入】按钮，即可将图片插入幻灯片中，如图 15-29 所示。

图 15-29　在幻灯片中插入图片

15.2.4 设置图片

对插入后的图片可进行基本设置，包括调整图片的大小、裁剪图片、旋转图片、设置图片样式、设置图片颜色效果、设置图片艺术效果等。

1. 调整图片大小

调整图片大小的具体操作步骤如下。

Step 01 选中插入的图片，将鼠标指针移至图片四周的控制点上，如图 15-30 所示。

图 15-30　选中图片

Step 02 按住鼠标左键拖动，即可改变图片的大小，如图 15-31 所示。

图 15-31　调整图片大小

Step 03 松开鼠标左键即可完成调整操作。

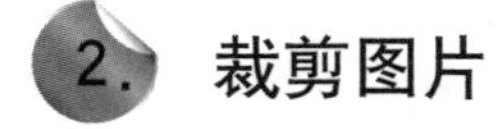

2. 裁剪图片

裁剪图片的方式包括裁剪为特定形状、裁剪为通用纵横比、通过裁剪来填充等。具体操作步骤如下。

Step 01 当需要裁剪为特定形状时，选中幻灯片内的图片，单击【绘图工具 - 格式】选项卡下【大小】组中的【裁剪】按钮，从弹出的列表中选择【裁剪为形状】选项，如图 15-32 所示。

图 15-32　【裁剪】下拉列表

Step 02 从【裁剪为特定形状】的子列表中选择【基本形状】区域内的【心形】选项，如图 15-33 所示。

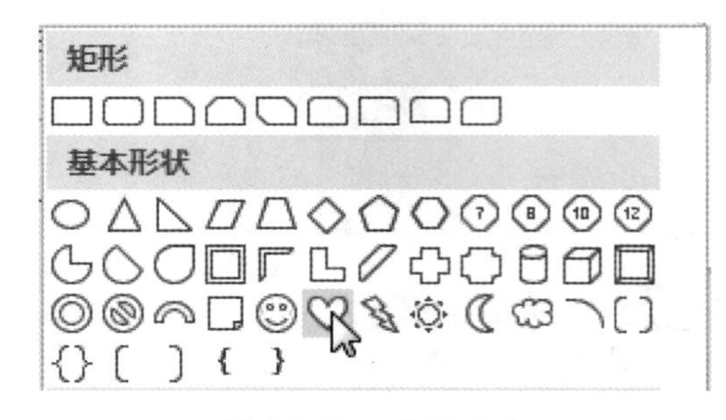

图 15-33　选择形状

Step 03 裁剪后的效果如图 15-34 所示。

图 15-34　裁剪后的效果

Step 04 当需要裁剪为通用纵横比时，选中幻灯片中的图片，单击【大小】组中的【裁剪】按钮，在弹出来的下拉列表中选择【纵横比】

选项，从其子列表中选择【纵向】区域内的 2:3 选项，如图 15-35 所示。

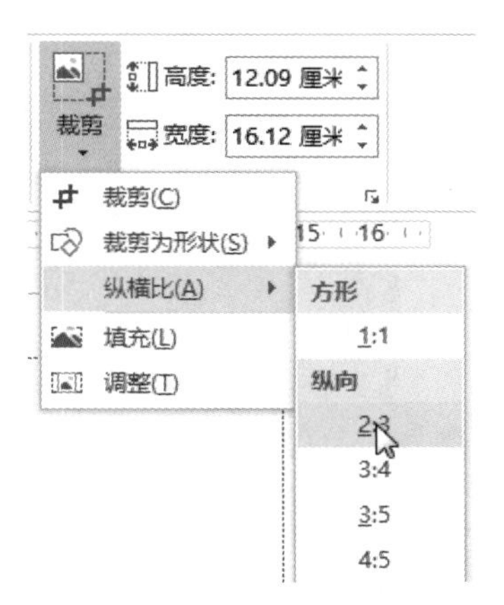

图 15-35　选择【纵横比】选项

Step 05 裁剪为通用纵横比的效果如图 15-36 所示。

图 15-36　以纵横比方式裁剪图片

Step 06 当需要通过裁剪来填充形状时，先选中幻灯片内的图片，单击【大小】组中的【裁剪】按钮，在弹出来的下拉列表中选择【填充】选项，如图 15-37 所示。

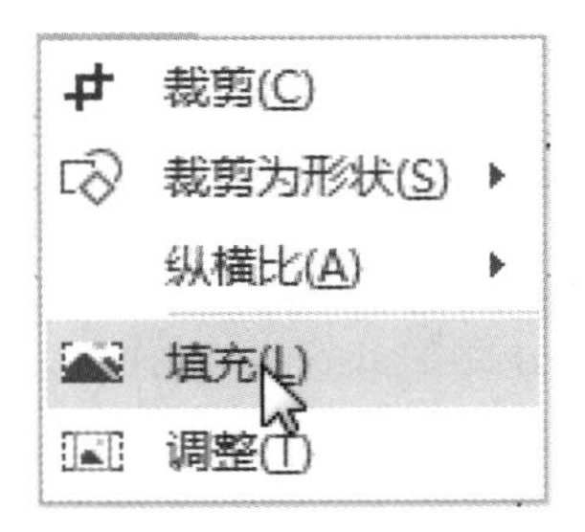

图 15-37　选择【填充】选项

Step 07 即可将图片裁剪为填充形状来保留原图片的纵横比，如图 15-38 所示。

图 15-38　以填充方式裁剪图片

3. 设置图片样式

插入图片后，可通过添加阴影、预设、发光、映像、柔化边缘、凹凸和三围旋转等效果来增强图片的感染力。具体操作步骤如下。

Step 01 选中需要添加效果的图片，如图 15-39 所示。

图 15-39　选中要添加效果的图片

Step 02 单击【图片工具 - 格式】选项卡下【图片样式】组右侧的【其他】按钮，从弹出的列表中选择【棱台透视】选项，如图 15-40 所示。

图 15-40　图片样式面板

Step 03 将图片设置为棱台透视样式的效果如图 15-41 所示。

图 15-41　应用图片样式后的效果

设置图片颜色效果

设置图片颜色效果的具体操作步骤如下。

Step 01 新建一张幻灯片，设置为【空白】版式。单击【插入】选项卡下【图像】组中的【图片】按钮，从弹出来的【插入图片】对话框中选中一张图片，如图 15-42 所示。

图 15-42　【插入图片】对话框

Step 02 单击【插入】按钮，图片将应用到幻灯片中且处于选中状态。此时功能区自动切换到【图片工具 - 格式】选项卡，如图 15-43 所示。

Step 03 单击【调整】组中的【颜色】按钮，在其下拉列表中选择【颜色饱和度】区域内的【饱和度：300】选项，如图 15-44 所示。

Step 04 应用后的图片效果如图 15-45 所示。

图 15-43　插入图片

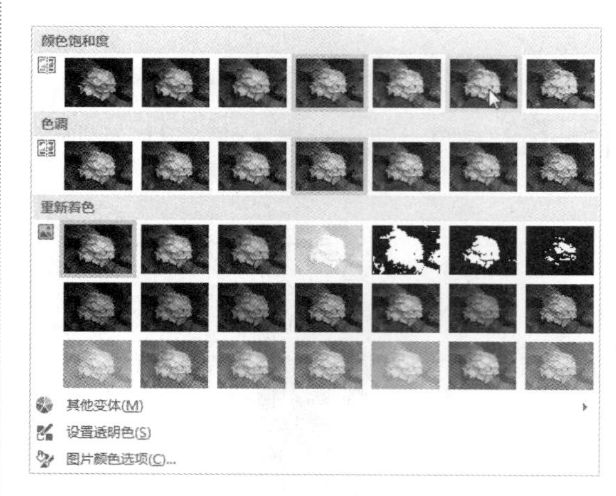

图 15-44　选择图片饱和度

图 15-45　更改饱和度后的图片

Step 05 单击【调整】组中的【颜色】按钮，在其下拉列表中选择【色调】区域内的【色温:

11200k】选项，如图 15-46 所示。

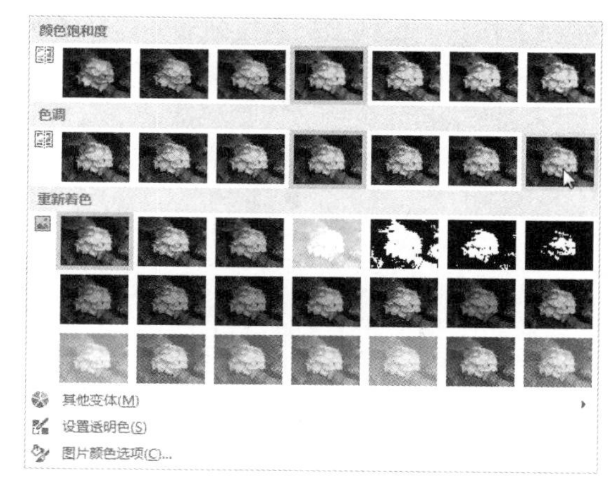

图 15-46　选择图片色调

Step 06 应用后的效果如图 15-47 所示。

图 15-47　更改色调后的图片

Step 07 单击【调整】组中的【颜色】按钮，在其下拉列表中选择【重新着色】区域内的【绿色，着色 6 浅色】选项，如图 15-48 所示。

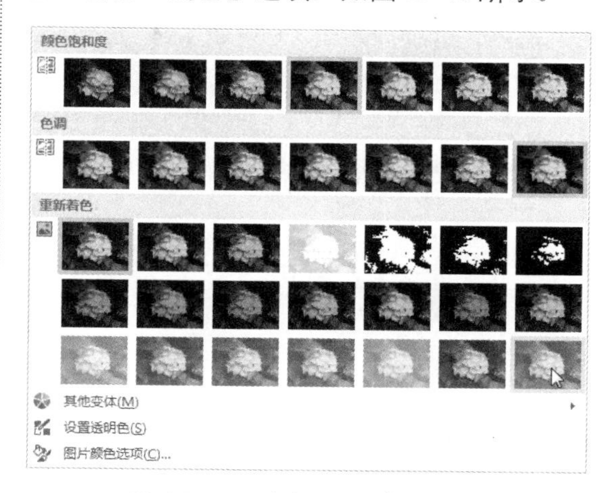

图 15-48　选择重新着色类型

Step 08 应用后的效果如图 15-49 所示。

图 15-49　重新着色后的显示效果

15.3 插入并设置视频

在幻灯片中除了可以插入图片、文字外，还可以插入视频，这样制作出来的幻灯片更加形象生动。本节主要介绍 PowerPoint 2013 中支持的视频格式、链接到视频文件、插入文件中的视频以及插入网络中的视频等内容。

15.3.1 插入 PC 上的视频

在 PowerPoint 2013 演示文稿中插入 PC 上的视频，具体操作步骤如下。

Step 01 单击选中需要添加视频文件的幻灯片，如图 15-50 所示。

Step 02 单击【插入】选项卡下【媒体】组中的【视频】按钮，在弹出的下拉列表中选择【PC 上的视频】选项，如图 15-51 所示。

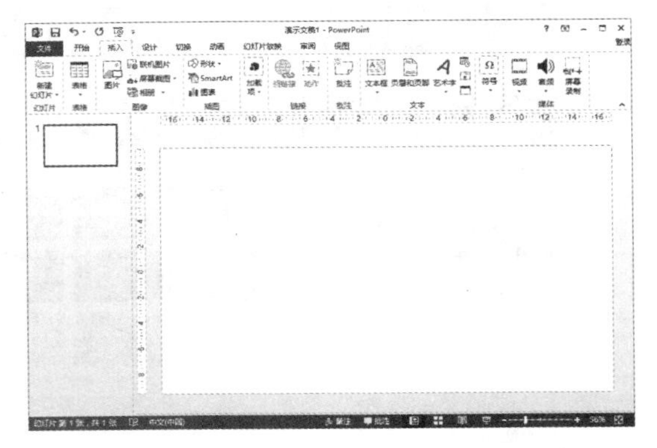

图 15-50　选中需要添加视频文件的幻灯片

图 15-51　选择【PC 上的视频】选项

Step 03 弹出【插入视频文件】对话框，从本地计算机上找到需要的视频文件，如图 15-52 所示。

Step 04 单击【插入】按钮，所选的视频文件将应用到幻灯片中，如图 15-53 所示为预览插入到幻灯片中的部分视频截图。

图 15-52　【插入视频文件】对话框

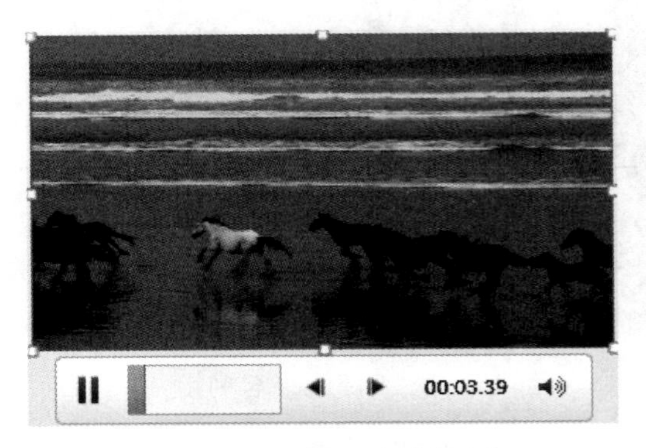

图 15-53　插入后的视频

15.3.2 预览视频

播放视频有三种方式：第一种是在【视频工具 - 播放】选项卡中进行选择播放；第二种是在菜单栏中的【动画】选项里进行播放；第三种是直接单击视频上的播放按钮。

 1. 在【视频工具 - 播放】选项卡中播放

具体操作如下。

Step 01 选中幻灯片中的视频文件，单击【视频工具 - 播放】选项卡下【预览】组中的【播放】按钮，如图 15-54 所示。

Step 02 播放中的视频截图如图 15-55 所示。

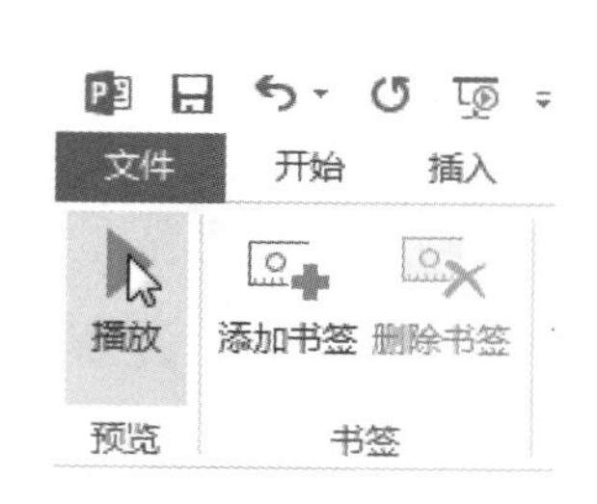

图 15-54　单击【播放】按钮

图 15-55　播放视频

2. 在【动画】选项卡中播放

具体操作步骤如下。

Step 01 单击【动画】选项卡下【动画】组中的【播放】按钮，如图 15-56 所示。

Step 02 播放中的视频截图如图 15-57 所示。

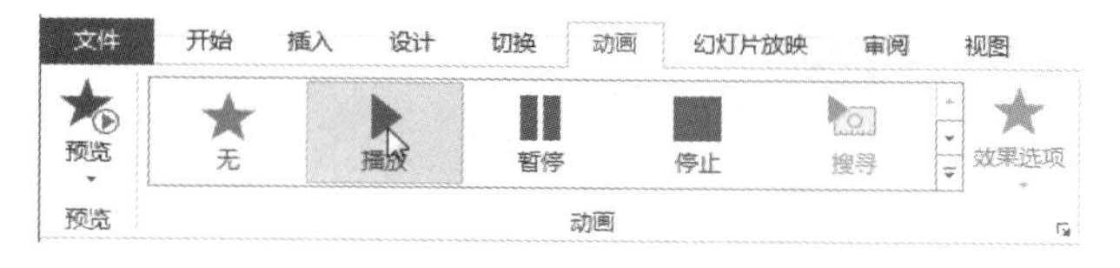

图 15-56　【动画】组

图 15-57　播放视频

3. 直接单击视频上的播放按钮

在幻灯片中选中插入的视频文件后，单击视频文件图标左下方的【播放】按钮即可预览视频，如图 15-58 所示。

图 15-58　直接播放视频

15.3.3 设置视频播放颜色

设置视频播放颜色效果的具体操作步骤如下。

Step 01 选中幻灯片中插入的视频文件，如图 15-59 所示。

图 15-59　选中幻灯片中的视频

Step 02 单击【视频工具 - 格式】选项卡下【调整】组中的【更正】按钮，从弹出的下拉列表中选择【亮度：0%，对比度：40%】选项，如图 15-60 所示。

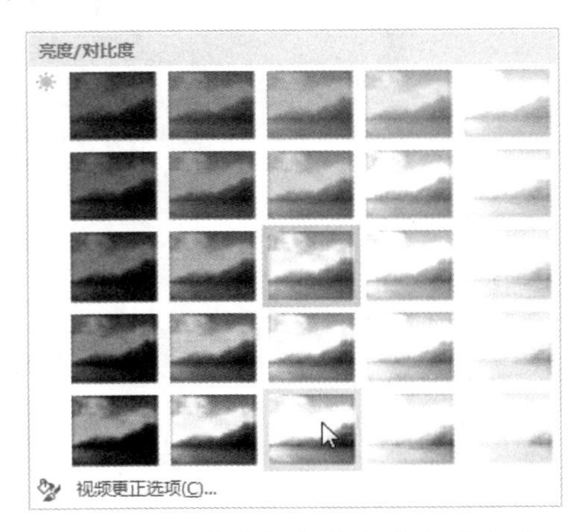

图 15-60　更改视频的亮度与对比度

Step 03 调整亮度和对比度之后的效果如图 15-61 所示。

Step 04 单击【视频工具 - 格式】选项卡下【调整】组中的【颜色】按钮，从弹出的下拉列表中选择【金色，着色 4 深色】选项，如图 15-62 所示。

图 15-61　调整后的显示效果

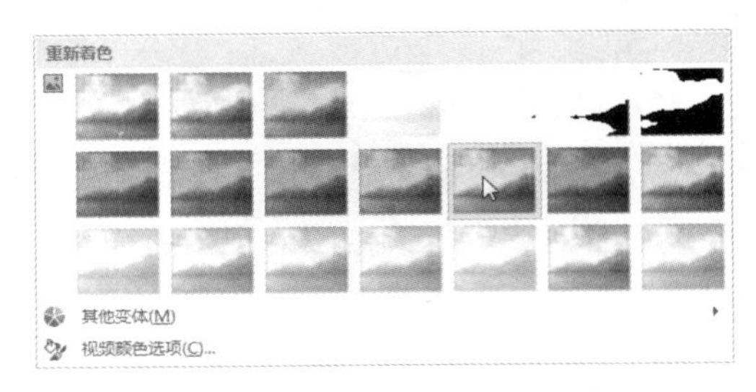

图 15-62　为视频文件重新着色

Step 05 应用后的播放效果如图 15-63 所示。

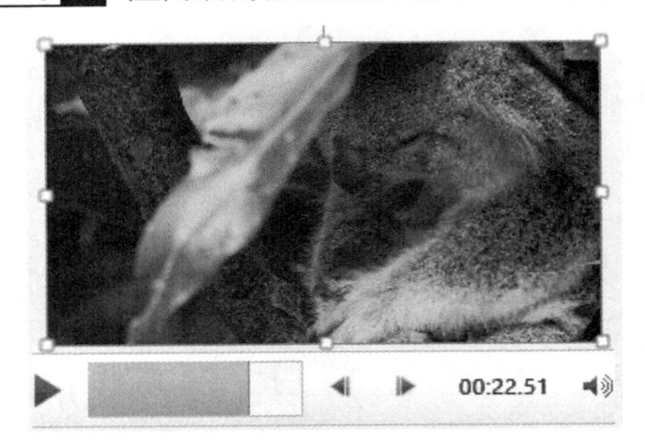

图 15-63　重新着色后的视频显示效果

15.3.4 设置视频的样式

设置视频包括对视频的形状、视频的边框以及视频的效果进行设置，以达到更加理想的效果。设置视频样式的具体操作步骤如下。

Step 01 选中幻灯片中插入的视频文件，如图 15-64 所示。

Step 02 单击【视频工具 - 格式】选项卡下【视频样式】组中的【快速样式】选项右侧的其他

按钮，在弹出的下拉列表中选择【中等】区域内的【旋转，渐变】选项，如图 15-65 所示。

图 15-64 选中要设置样式的视频

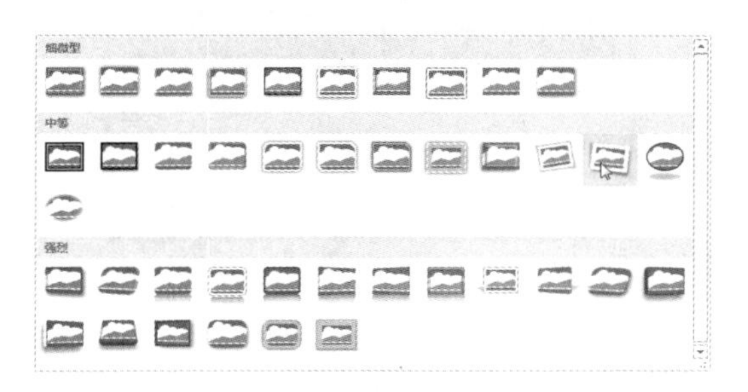

图 15-65 快速样式面板

Step 03 调整视频样式后的效果如图 15-66 所示。

图 15-66 调整视频样式后的效果

Step 04 单击【视频工具 - 格式】选项卡下【视频样式】组中的【视频边框】选项，在弹出的下拉列表中选择视频边框的主题颜色为【蓝色，着色 1】选项，如图 15-67 所示。

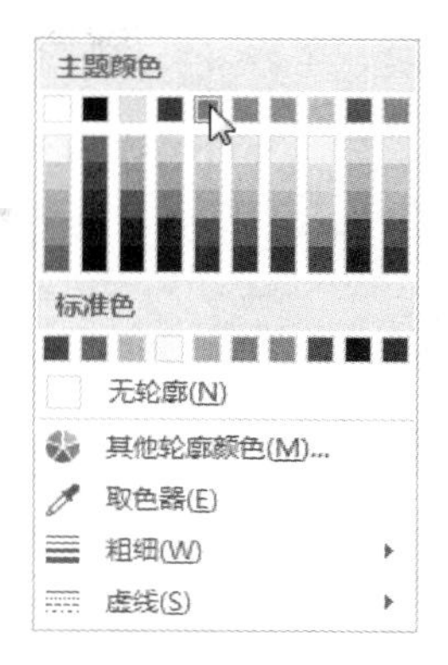

图 15-67 选择视频边框颜色

Step 05 调整视频边框颜色后的效果如图 15-68 所示。

图 15-68 视频添加边框颜色后的效果

Step 06 单击【视频工具 - 格式】选项卡下【视频样式】组中的【视频效果】选项，在弹出的下拉列表中选择【发光】子列表中的【橙色，18pt 发光，着色 2】选项，如图 15-69 所示。

图 15-69 选择视频发光效果

Step 07 调整后的视频效果如图 15-70 所示。

图 15-70　视频最终的显示效果

15.3.5 剪裁视频

在插入视频文件后，可以在视频的开头和结尾处进行修剪，使其与幻灯片的播放时间相适应。裁剪视频的具体操作步骤如下。

Step 01 选中幻灯片内需要裁剪的视频，并单击视频文件下方的【播放】按钮，如图 15-71 所示。

图 15-71　选中视频

Step 02 单击【视频工具 - 播放】选项卡下【编辑】组中的【剪裁视频】按钮，如图 15-72 所示。

图 15-72　单击【剪裁视频】按钮

Step 03 弹出【剪裁视频】对话框，在该对话框内可以看到视频的持续时间、开始时间和结束时间。单击对话框中显示的视频起点位置，当鼠标指针显示为双箭头时，拖动鼠标进行视频裁剪，直到需要的位置时释放鼠标，即可修剪视频的开头部分，如图 15-73 所示。

图 15-73　裁剪视频开头

Step 04 单击对话框中显示的视频终点位置，当鼠标指针显示为双箭头时，拖动鼠标指针进行裁剪，直到需要的视频结尾处释放鼠标，即可修剪视频的结尾部分，如图 15-74 所示。

图 15-74　裁剪视频结尾

Step 05 单击对话框中视频的【播放】按钮，查看视频剪辑后的效果，然后单击【确定】按钮即可完成视频的裁剪。

15.4 创建动画

在演示文稿中添加适当的动画，可以使演示文稿的播放效果更加生动形象，也可以通过动画效果使一些复杂的内容逐步显示以便观众理解。本节主要介绍如何创建动画。

15.4.1 创建进入动画

为对象创建进入动画的具体操作步骤如下。

Step 01 选中幻灯片内需要创建动画效果的文字，如图 15-75 所示。

图 15-75 选中要添加动画的文本

Step 02 单击【动画】选项卡下【动画】组中的【其他】按钮，弹出下拉列表，如图 15-76 所示。

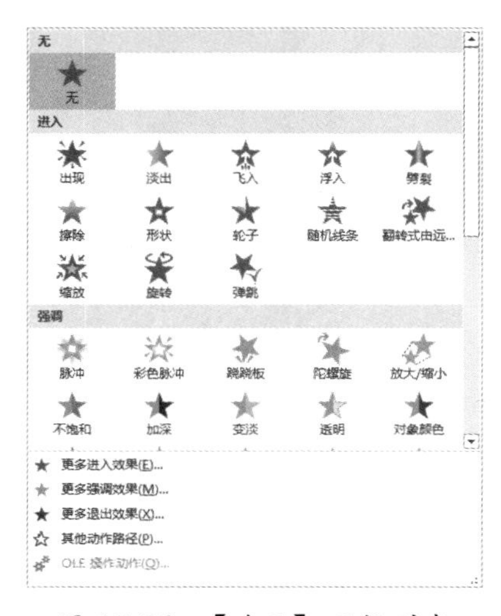

图 15-76 【动画】下拉列表

Step 03 在下拉列表中选择【进入】选项区域内的【轮子】选项，如图 15-77 所示。

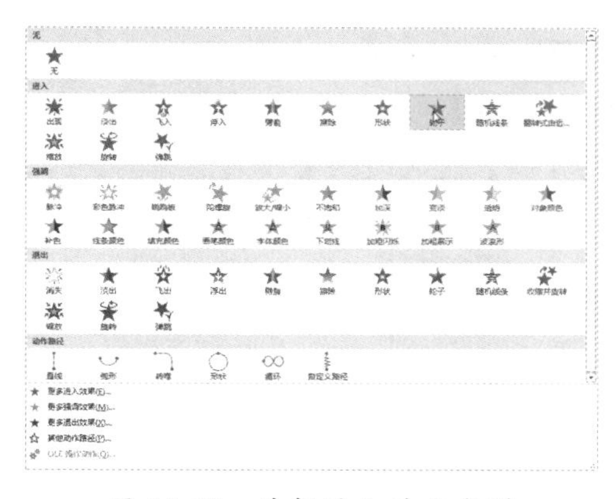

图 15-77 选择进入动画类型

Step 04 添加动画效果后，文字对象前面将显示一个动画编号标记，如图 15-78 所示。

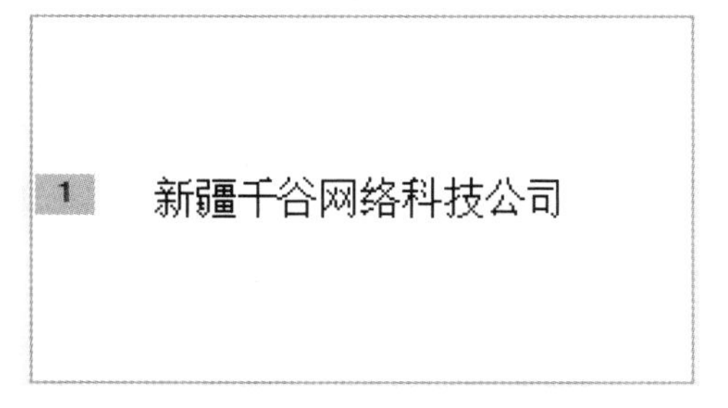

图 15-78 为文本添加动画

15.4.2 创建强调动画

创建强调动画的具体操作步骤如下。

Step 01 选中幻灯片中需要创建强调效果的文字，如这里选择“公司简介”，如图 15-79 所示。

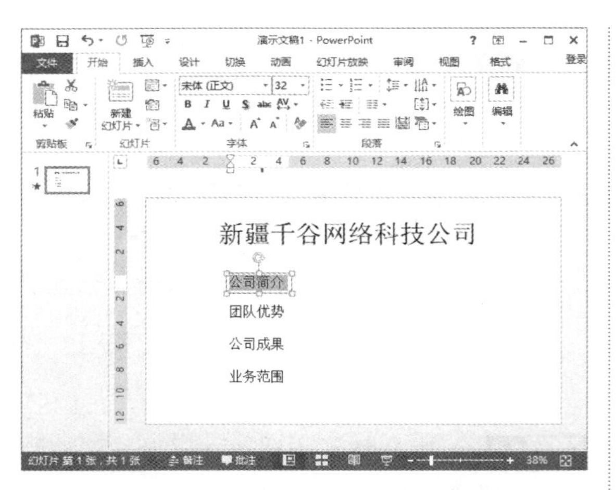

图 15-79　选中要添加动画的文本

Step 02 单击【动画】选项卡下【动画】组中的【其他】按钮，从弹出的下拉列表中选择【强调】区域内的【放大、缩小】选项，如图 15-80 所示。

图 15-80　在【强调】区域中选择动画类型

Step 03 即可为对象创建强调动画，且文字对象前面将显示一个动画编号标记，如图 15-81 所示。

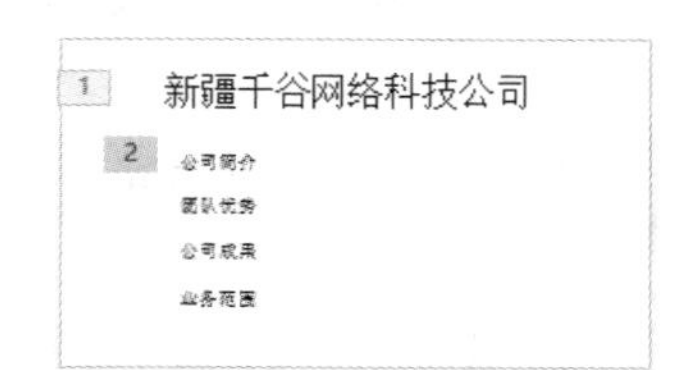

图 15-81　为文本添加动画效果

15.4.3 创建退出动画

创建退出动画的具体操作步骤如下。

Step 01 选中幻灯片中需要创建退出效果的文字，如这里选择“团队优势”，如图 15-82 所示。

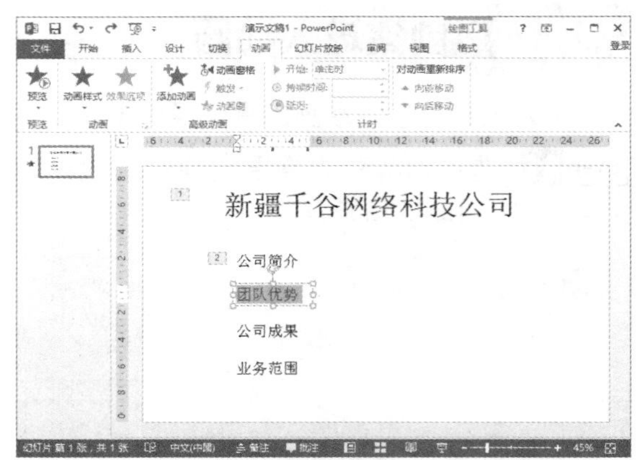

图 15-82　选中要添加动画的文本

Step 02 单击【动画】选项卡下【动画】组中的【其他】按钮，从弹出的下拉列表中选择【退出】区域内的【旋转】选项，如图 15-83 所示。

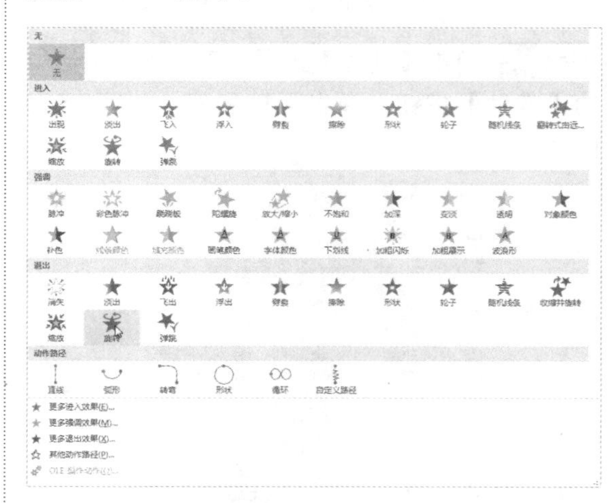

图 15-83　在【退出】区域中选择动画类型

Step 03 即可为对象创建“旋转”效果的退出动画，且文字对象前面显示一个动画编号标记，如图 15-84 所示。

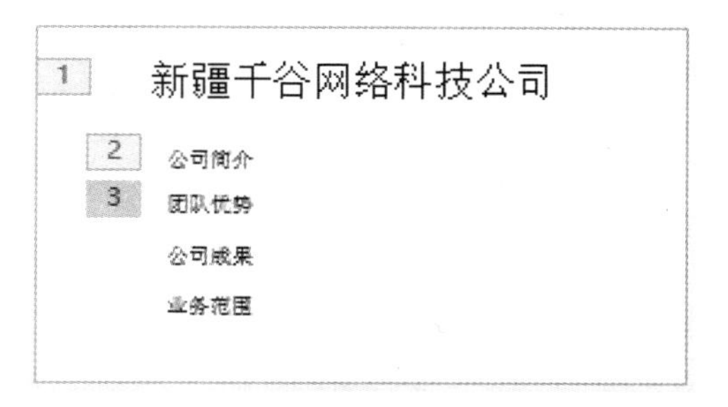

图 15-84 为文本添加动画效果

15.4.4 创建动作路径动画

为对象创建动作路径动画，可以使对象转弯移动、直线移动以及弧线运动等。创建动作路径动画的具体操作步骤如下。

Step 01 选中幻灯片中需要创建动作路径效果的文字，如这里选择“公司成果”，如图 15-85 所示。

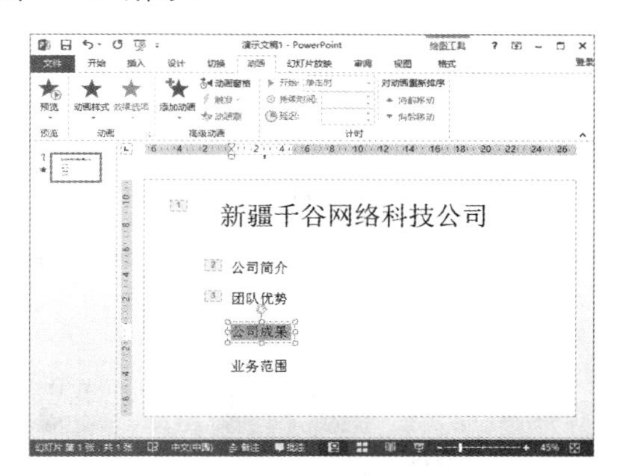

图 15-85 选中要添加动画的文本

Step 02 单击【动画】选项卡下【动画】组中的【其他】按钮，从弹出的下拉列表中选择【动作路径】区域内的【转弯】选项，如图 15-86 所示。

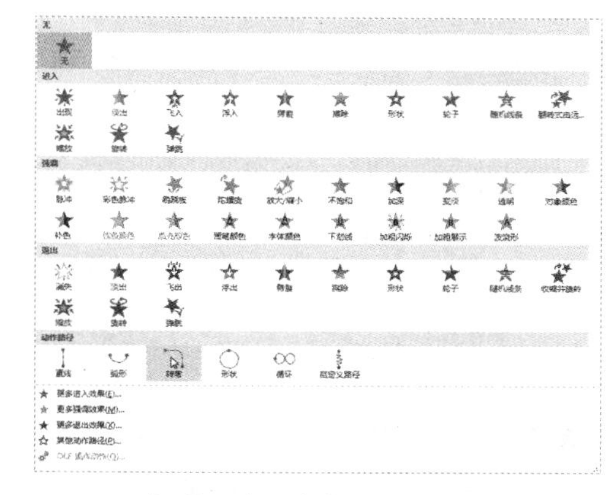

图 15-86 在【动作路径】区域中选择动画类型

Step 03 即可为对象创建“转弯”效果的动作路径动画，且文字对象前面显示一个动画编号标记，如图 15-87 所示。

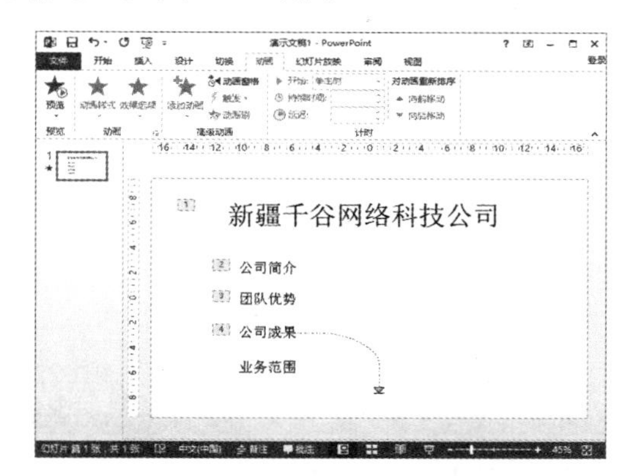

图 15-87 为文本添加动画效果

15.5 高效办公技能实战

15.5.1 高效办公技能实战 1——使用 PowerPoint 制作电子相册

随着数码相机的不断普及，利用电脑制作电子相册的人也越来越多，下面介绍使用 PowerPoint 2013 创建电子相册的具体操作步骤。

Step 01 创建一个空白的 PowerPoint 文件，如图 15-88 所示。

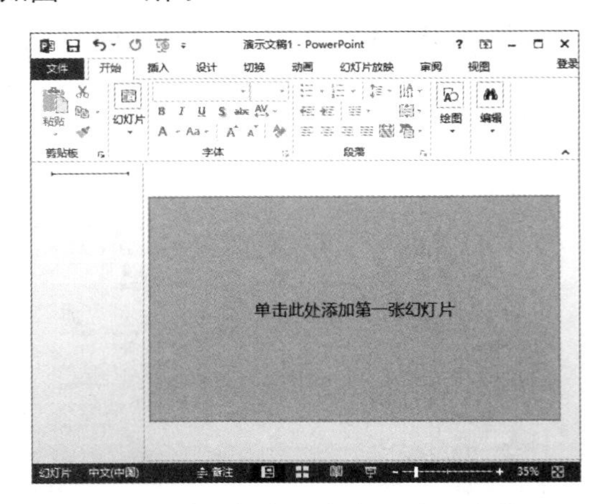

图 15-88　新建一个空白演示文稿

Step 02 单击窗口中间的位置添加第一张幻灯片，如图 15-89 所示。

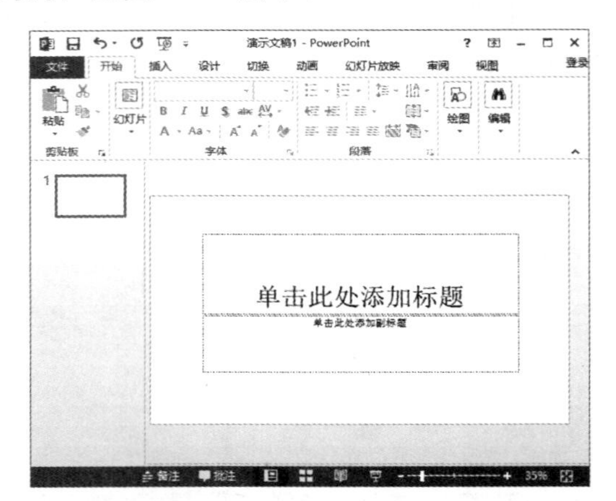

图 15-89　添加一张幻灯片

Step 03 选择【插入】选项卡，在【图像】组中单击【相册】按钮，在弹出的下拉列表中选择【新建相册】选项，如图 15-90 所示。

Step 04 随即打开【相册】对话框，如图 15-91 所示。

Step 05 单击【文件 / 磁盘】按钮，打开【插入新图片】对话框，在【查找范围】下拉列表中找到图片存放的路径，接着在其下方的列表框中选中该文件夹中的所有图片，如图 15-92 所示。

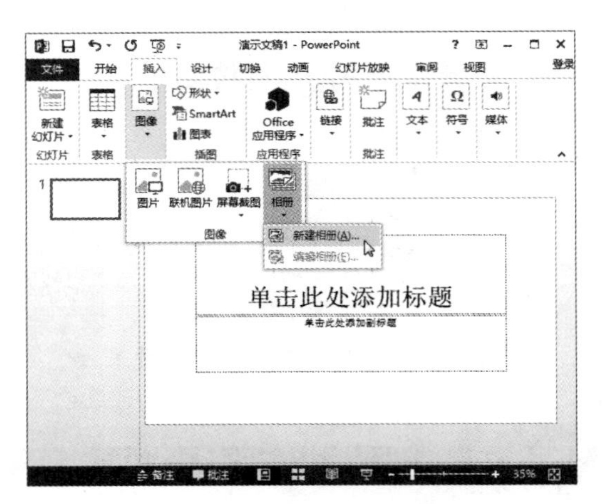

图 15-90　【新建相册】选项

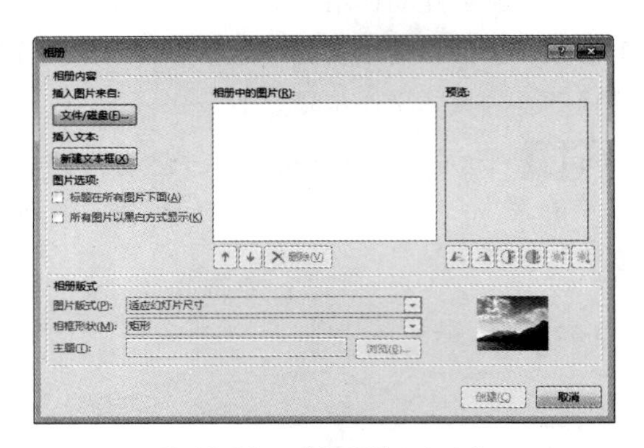

图 15-91　【相册】对话框

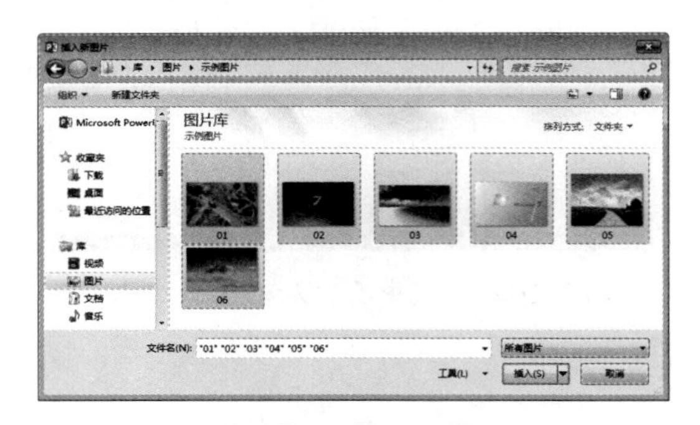

图 15-92　【插入新图片】对话框

Step 06 单击【插入】按钮返回到【相册】对话框中，此时在【相册中的图片】列表框中即可看到前面选择的图片，在【预览】窗格中可以看到当前选中图片的预览效果，如图 15-93 所示。这里在【相册中的图片】列表框中选择 4.jpg 选项，单击[↑]按钮，即可将其向上移动一张图片。

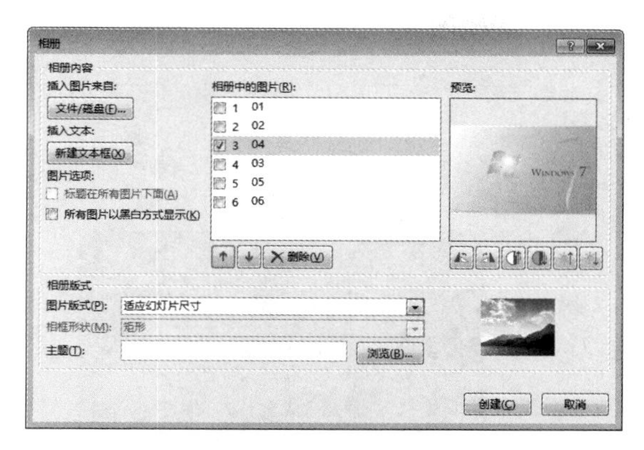

图 15-93　【相册】对话框

Step 07 调整【相册中的图片】列表框中各个图片的先后顺序，如图 15-94 所示。

图 15-94　调整相册中图片的先后顺序

Step 08 在【图片版式】下拉列表中选择【1 张图片】选项，然后在【相框形状】下拉列表中选择【圆角矩形】选项，如图 15-95 所示。

图 15-95　设置相册版式

Step 09 单击【相册版式】区域【主题】后的【浏览】按钮，在弹出的【选择主题】对话框中选择需要的主题，如图 15-96 所示。

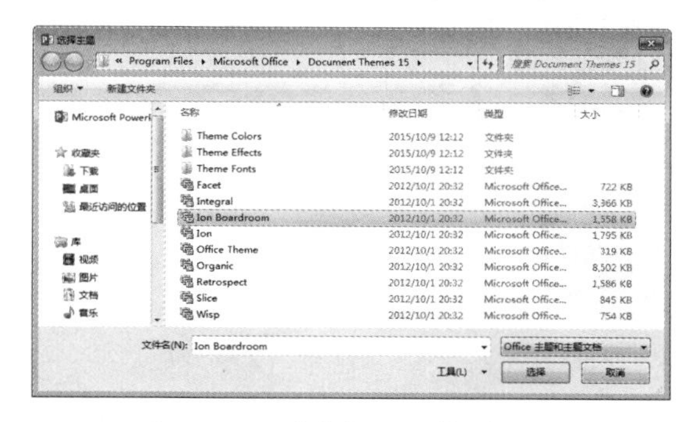

图 15-96　【选择主题】对话框

Step 10 单击【选择】按钮返回到【相册】对话框，单击【创建】按钮返回到幻灯片中，即可看到系统根据前面设置的内容自动创建了一个电子相册的演示文稿，如图 15-97 所示。

图 15-97　创建的电子相册演示文稿

Step 11 单击演示文稿【快速访问工具栏】中的【保存】按钮，进入【另存为】界面，在其中选择文件保存的位置为【计算机】，如图 15-98 所示。

Step 12 单击【浏览】按钮，打开【另存为】对话框，将该演示文稿保存为“电子相册”文件，如图 15-99 所示。

图 15-98 【另存为】界面

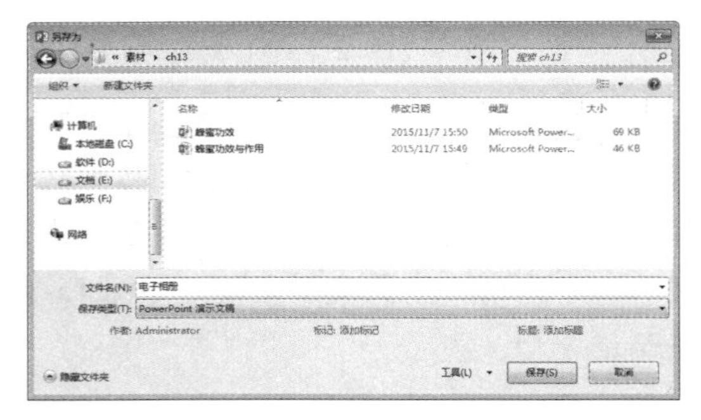

图 15-99 【另存为】对话框

Step 13 选择产品电子相册中的第一个幻灯片，根据实际情况修改相应的信息，如图 15-100 所示。

Step 14 幻灯片在浏览视图状态下的最终效果如图 15-101 所示。

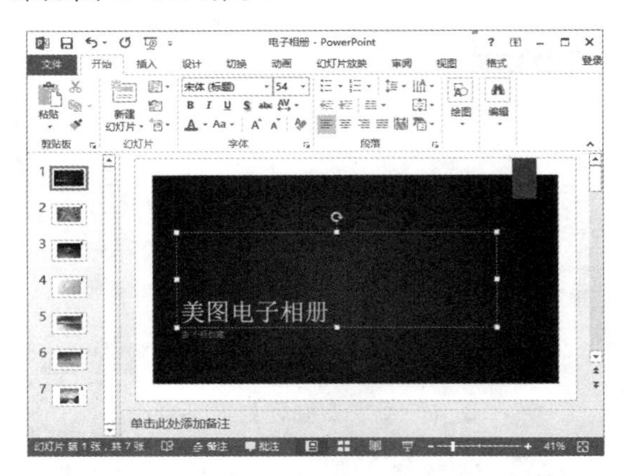

图 15-100 修改幻灯片信息

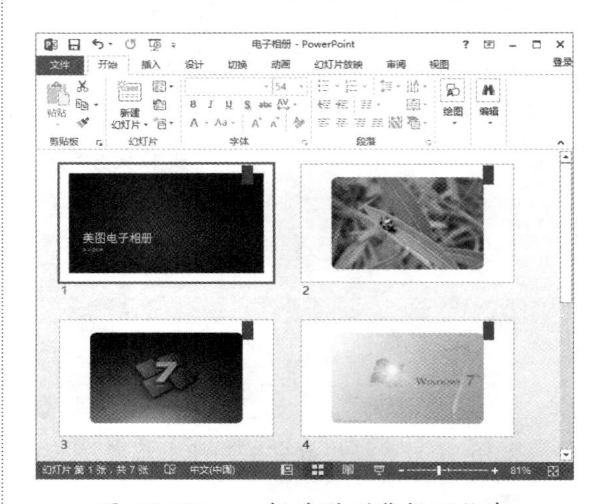

图 15-101 幻灯片的浏览视图状态

15.5.2 高效办公技能实战 2——制作电影字幕效果

在 PowerPoint 2013 中可以轻松实现电影字幕的播放效果，具体操作步骤如下。

Step 01 新建一个版式为“空白”的幻灯片，并选择【设计】选项卡【主题】组【其他主题】列表框中的【平面】主题样式，如图 15-102 所示。

Step 02 单击【插入】选项卡下【文本】组中的【文本框】按钮，从弹出的下拉列表中选择【横排文本框】选项，在幻灯片上绘制一个文本框，如图 15-103 所示。

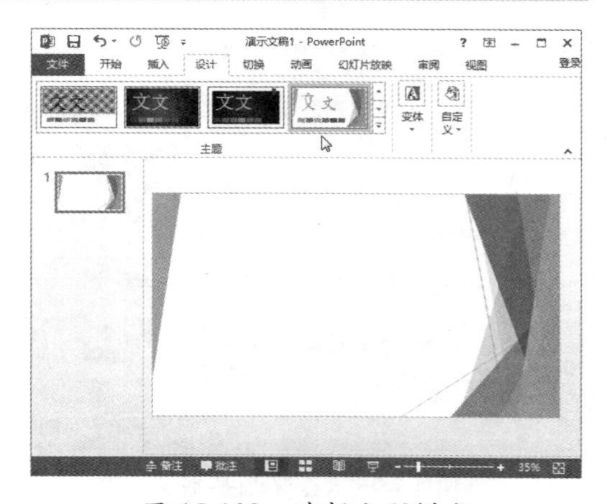

图 15-102 选择主题样式

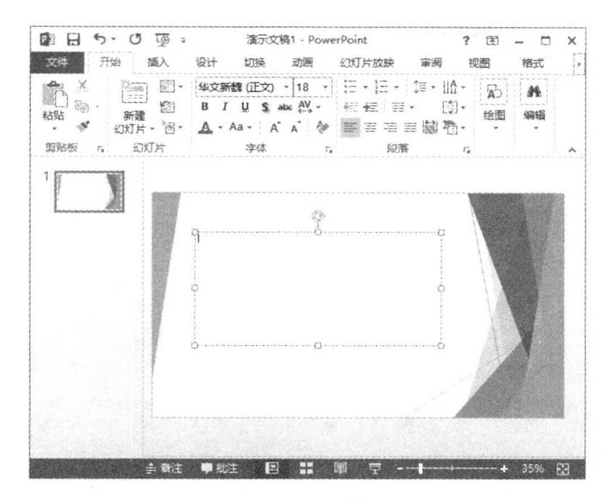

图 15-103　绘制文本框

Step 03　右击文本框，从弹出的快捷菜单中选择【编辑文字】命令，如图 15-104 所示。

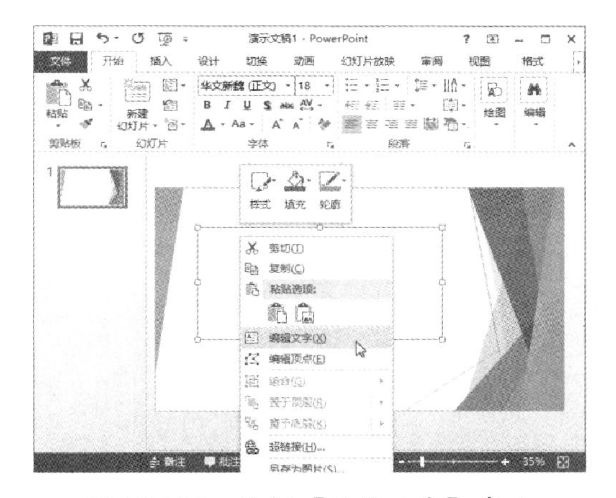

图 15-104　选择【编辑文字】命令

Step 04　在文本框中输入文本内容，并调整文字的字体、大小及格式，如图 15-105 所示。

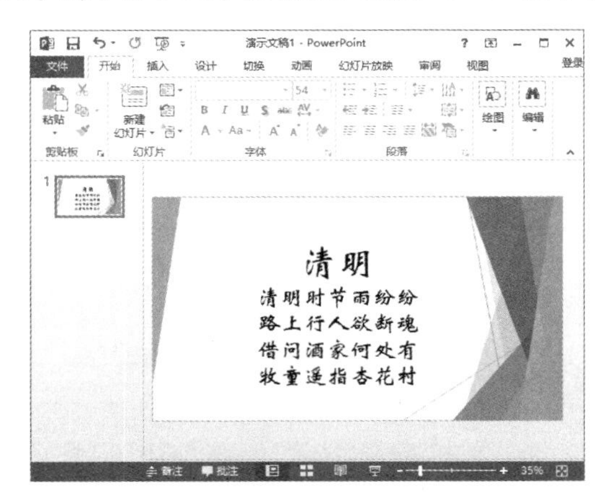

图 15-105　输入文字

Step 05　选中文本框，单击【动画】选项卡下【动画】组中的【动画样式】按钮，在弹出的下拉列表中选择【更多退出效果】选项，如图 15-106 所示。

图 15-106　选择【更多退出效果】选项

Step 06　在弹出的【更改退出效果】对话框中选择【华丽型】区域中的【字幕式】选项，如图 15-107 所示。

图 15-107　【更改退出效果】对话框

Step 07　单击【确定】按钮，即可完成电影字幕效果的制作。单击【动画】选项卡下【预览】组中的【预览】按钮，可以预览制作的字幕动画效果，如图 15-108 所示。

Step 08 在【动画】选项卡下【计时】组中可以设置动画播放的持续时间，如这里设置持续时间为“2 分钟”，如图 15-109 所示。

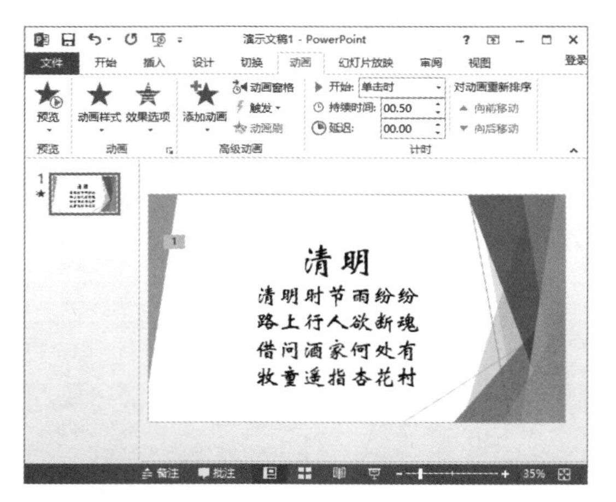

图 15-108　预览字幕动画

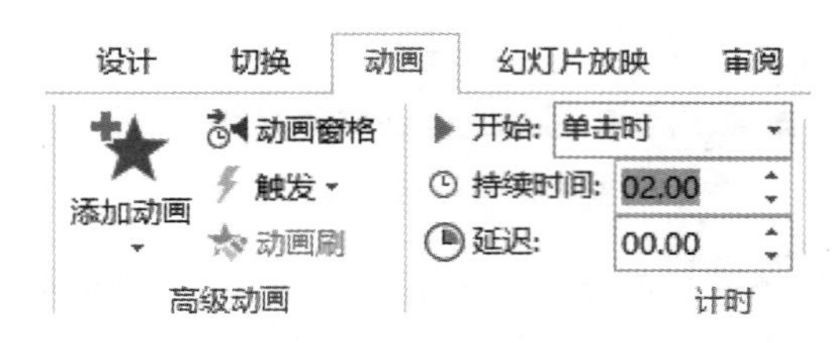

图 15-109　设置动画计时

15.6 课后练习与指导

15.6.1 创建个人电子相册

- **练习目标**

了解：插入电子相册的用途。

掌握：创建电子相册的方法。

- **专题练习指南**

01 新建相册。

02 插入照片。

03 插入艺术字或者文字。

04 插入背景音乐或多媒体文件。

15.6.2 调整图片的位置

- **练习目标**

了解：插入图片的过程。

掌握：插入图片的方法。

● 专题练习指南

01 启动 PowerPoint 2013，单击【开始】选项卡下【幻灯片】组中的【新建幻灯片】按钮，在弹出的下拉列表中选择【标题和内容】幻灯片。

02 新建一个“标题和内容”幻灯片。

03 单击幻灯片编辑窗口中的【插入来自文件的图片】按钮，或单击【插入】选项卡下【图片】组中的【图片】按钮。

04 弹出【插入图片】对话框，在【查找范围】下拉列表中选择图片所在的位置，然后在下面的列表框中选择需要使用的图片。

05 单击【插入】按钮即可。

06 选择要更改图片的位置，当指针在图片上变为✥形状时，按住鼠标左键拖曳，即可更改图片的位置。

第16章 展示制作的幻灯片——放映、打包和发布幻灯片

- **本章导读**

在日常办公中，我们通常需要把制作好的PowerPoint演示文稿在电脑上放映，在放映过程中可以设置放映效果，如果演示文稿过大可以进行打包，也可以将演示文稿发布到幻灯片库中以便重复使用这些幻灯片。

- **学习目标**

◎ 掌握幻灯片切换效果的设置
◎ 掌握打包与解包演示文稿的方法
◎ 掌握演示文稿的发布操作
◎ 掌握演示文稿的加密操作

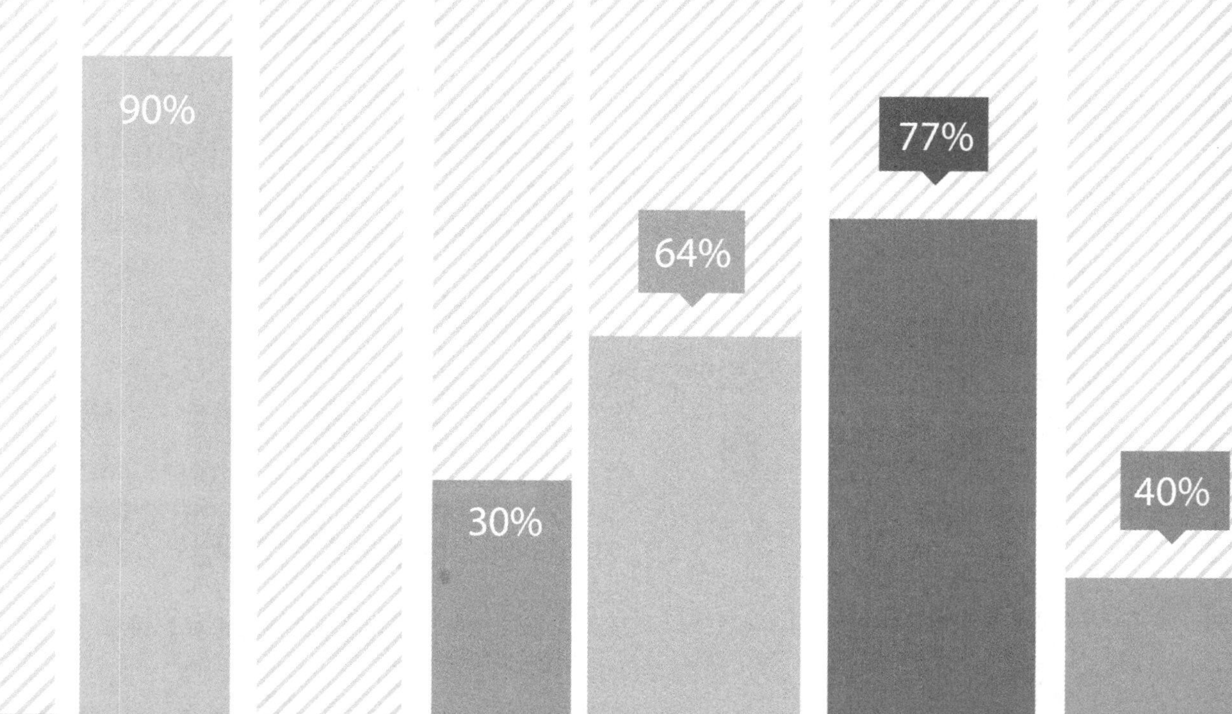

16.1 添加幻灯片的切换效果

当一个演示文稿完成后，即可放映幻灯片。在放映幻灯片时可根据需要设置幻灯片的切换效果，以使演示文稿在放映时更加形象生动。

16.1.1 添加细微型切换效果

为幻灯片添加细微型切换效果的具体操作步骤如下。

Step 01 打开演示文稿，选择一张需要添加切换效果的幻灯片，如图 16-1 所示。

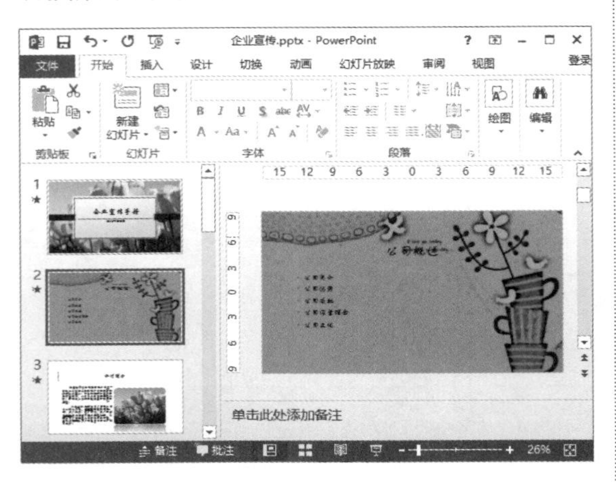

图 16-1 选择幻灯片

Step 02 单击【切换】选项卡下【切换到此幻灯片】组中的【其他】按钮，在弹出的下拉列表中选择【细微型】选项区域内的【擦除】选项，即可为选中的幻灯片添加擦除切换效果，如图 16-2 所示。

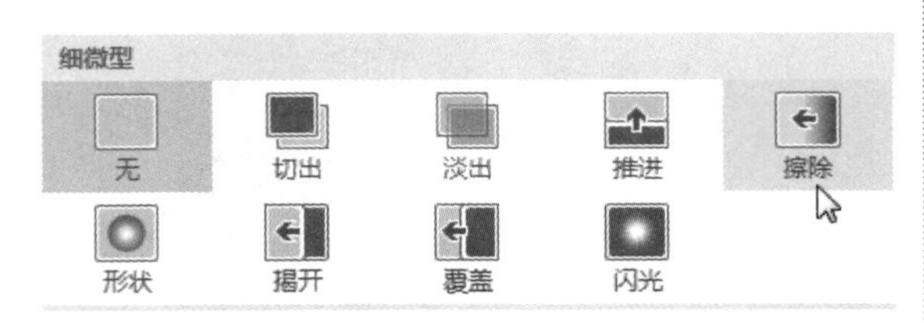

图 16-2 选择【擦除】选项

16.1.2 添加华丽型切换效果

除了可以为幻灯片添加细微型切换效果外，还可以为幻灯片添加华丽型切换效果。为幻灯片添加华丽型切换效果的具体操作步骤如下。

Step 01 打开演示文稿，选择一张需要添加切换效果的幻灯片，如图 16-3 所示。

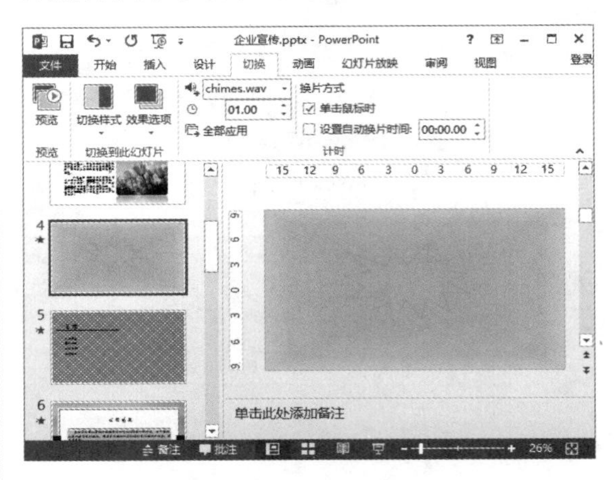

图 16-3 选择幻灯片

Step 02 单击【切换】选项卡下【切换到此幻灯片】组中的【其他】按钮，在弹出的下拉列表中选择【华丽型】选项区域内的【溶解】选项，即可为选中的幻灯片添加溶解切换效果，如图 16-4 所示。

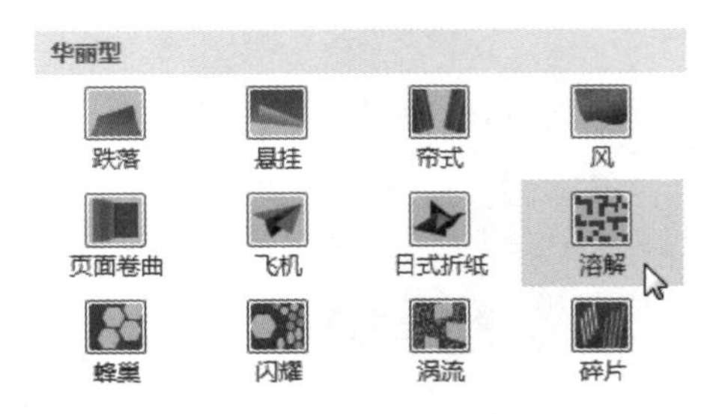

图 16-4 选择【溶解】选项

16.1.3 添加动态切换效果

接下来可以继续为幻灯片添加动态切换效果，为幻灯片添加动态切换效果的具体操作步骤如下。

Step 01 打开演示文稿，选中一张需要添加切换效果的幻灯片，如图 16-5 所示。

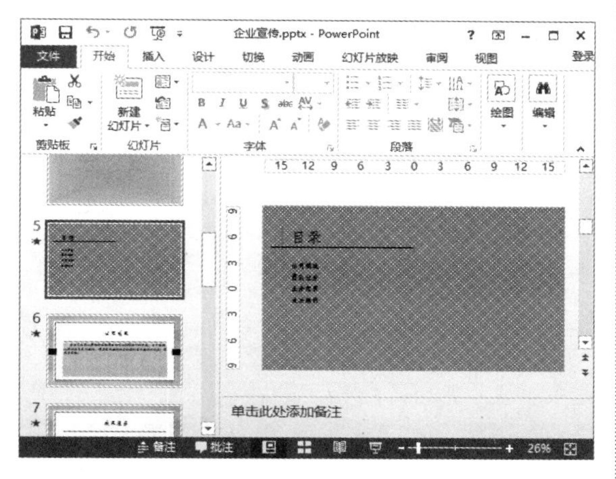

图 16-5　选择幻灯片

Step 02 单击【切换】选项卡下【切换到此幻灯片】组中的【其他】按钮，在弹出的下拉列表中选择【动态内容】选项区域内的【旋转】选项，即可为选中的幻灯片添加旋转切换效果，如图 16-6 所示。

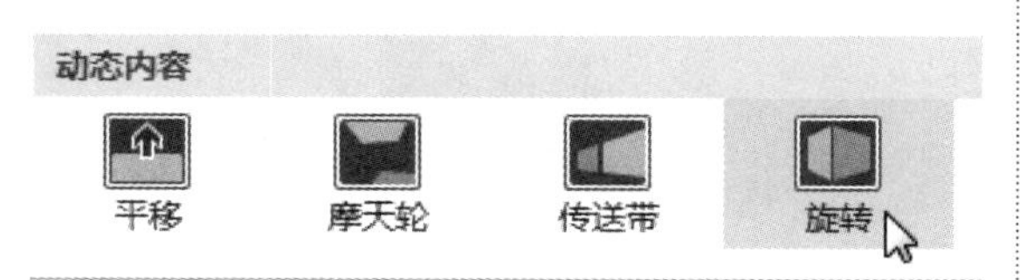

图 16-6　选择【旋转】选项

16.1.4 全部应用切换效果

除了能为每一张幻灯片设置不同的切换效果外，还可以把演示文稿中的所有幻灯片设置为相同的切换效果。将一种切换效果应用到所有幻灯片上的具体操作步骤如下。

Step 01 打开演示文稿，在左侧的幻灯片快速浏览区域单击第一张幻灯片的缩略图，从而选中第一张幻灯片，如图 16-7 所示。

图 16-7　选中第一张幻灯片

Step 02 单击【切换】选项卡下【切换到此幻灯片】组中的【其他】按钮，在弹出来的下拉列表中选择【华丽型】选项区域内的【日式折纸】选项，即可为选中的幻灯片添加日式折纸效果，如图 16-8 所示。

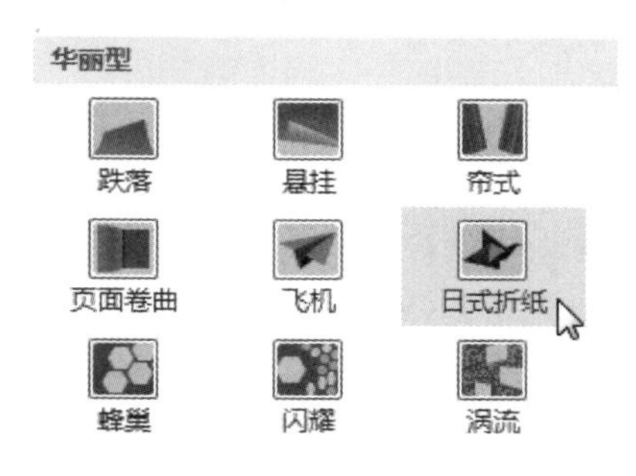

图 16-8　选择【日式折纸】选项

Step 03 单击【切换】选项卡下【计时】组中的【全部应用】按钮，即可为所有的幻灯片设置相同的切换效果，如图 16-9 所示。

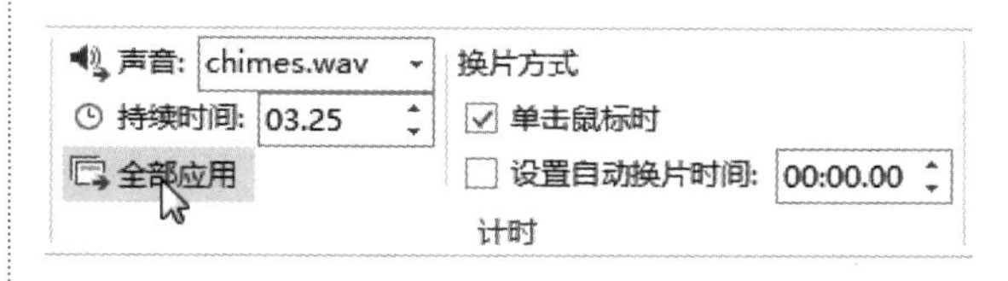

图 16-9　单击【全部应用】按钮

16.1.5 预览切换效果

为幻灯片设置切换效果后，除了可以在放映演示文稿过程中观看切换的效果外，还可以在设置切换效果后直接预览切换的效果。

预览切换效果的具体操作如下：单击【切换】选项卡下【预览】组中的【预览】按钮，然后在【幻灯片】窗格中预览切换效果，如图 16-10 所示。

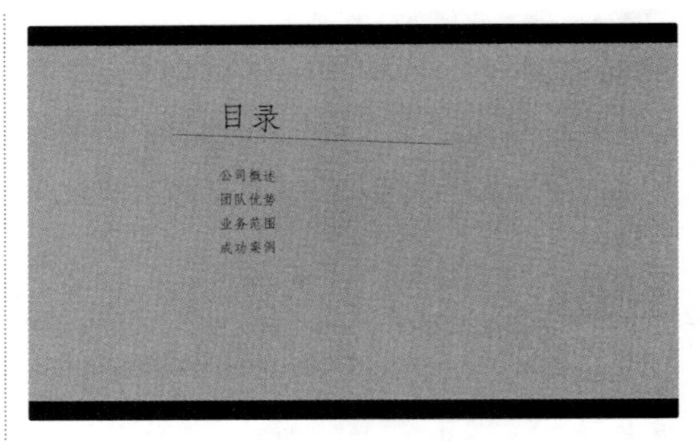

图 16-10　预览切换效果

16.2 设置切换效果

为幻灯片添加切换效果后，可以设置幻灯片切换效果的持续时间、添加声音效果以及对切换效果的属性进行自定义。

16.2.1 更改切换效果

如果对设置后的切换效果不满意时，还可以更改幻灯片的切换效果。更改切换效果的具体操作步骤如下。

Step 01 单击选中一张需要设置切换效果的幻灯片，如图 16-11 所示。

Step 02 单击【切换】选项卡下【切换到此幻灯片】组中的【其他】按钮，在弹出的下拉列表中选择【华丽型】区域内的【飞机】选项，如图 16-12 所示。

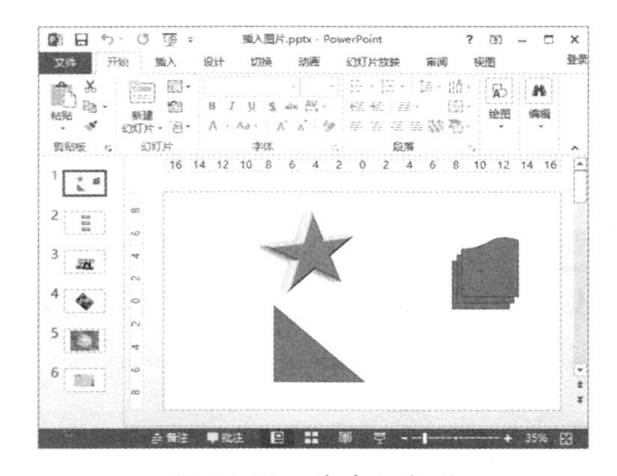

图 16-11　选中幻灯片

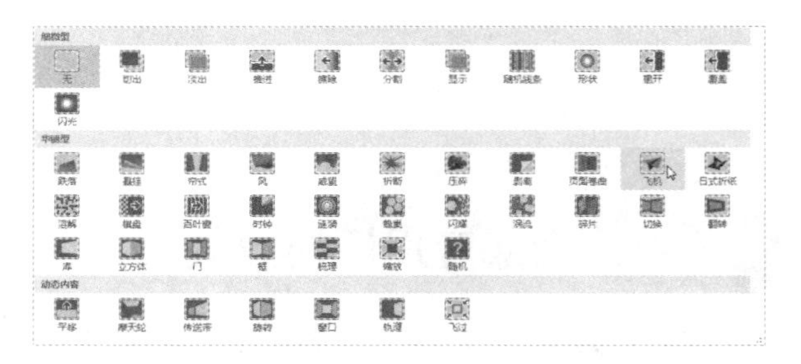

图 16-12　选择【飞机】选项

Step 03 预览切换效果不满意时，可以更改切换效果，如这里单击【切换】选项卡下【切换到此幻灯片】组中的【其他】按钮，在弹出的下拉列表中选择【华丽型】区域内的【页面卷曲】选项，即可更改幻灯片的切换效果，如图 16-13 所示。

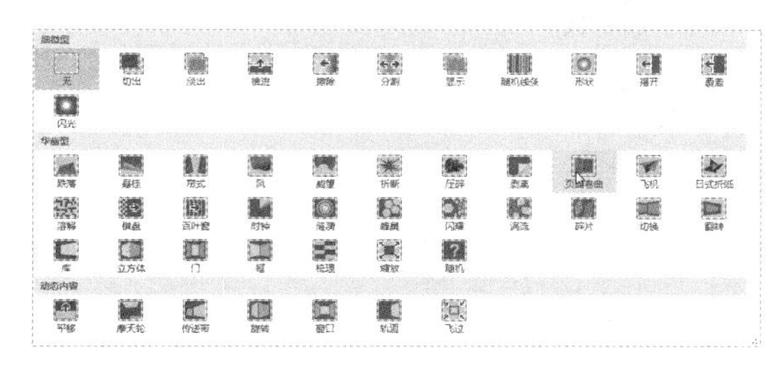

图 16-13　选择切换效果

16.2.2 设置切换效果的属性

在 PowerPoint 2013 中的一些切换效果具有自定义的属性，可以对这些属性进行自定义设置，具体操作步骤如下。

Step 01 单击选中一张需要设置效果属性的幻灯片，如这里选择第一张幻灯片，如图 16-14 所示。

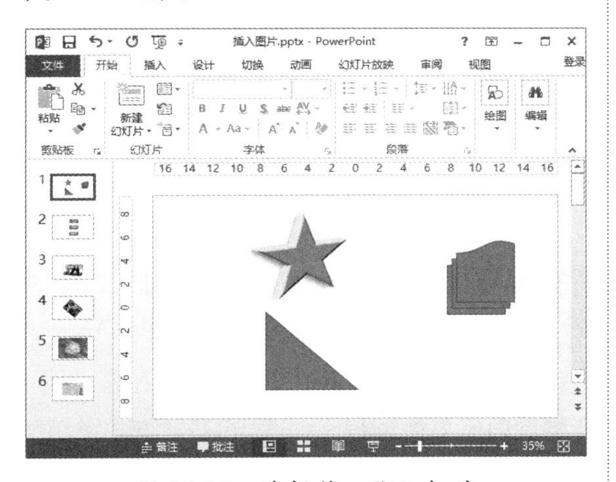

图 16-14　选择第一张幻灯片

Step 02 单击【切换】选项卡下【切换到此幻灯片】组中的【快速浏览】选项，如这里选择【随机线条】选项，如图 16-15 所示。

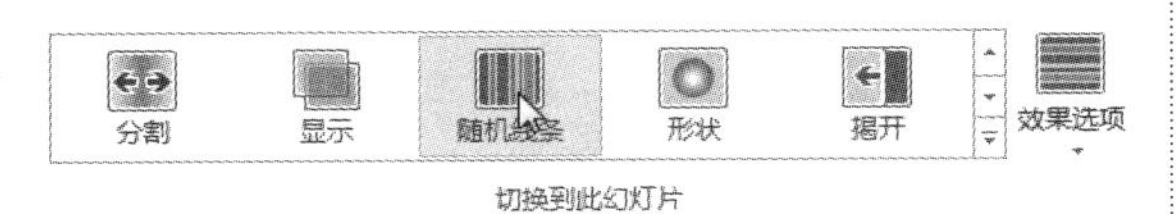

图 16-15　【切换到此幻灯片】组

Step 03 单击【效果选项】按钮，弹出来的选项中包括【垂直】和【水平】选项，此时随机线条切换效果默认的属性是垂直，可以单击【水平】选项更改切换效果的属性，如图 16-16 所示。

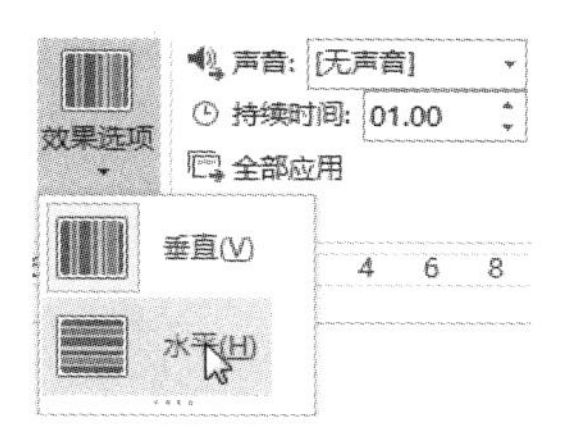

图 16-16　单击【水平】选项

16.2.3 为切换效果添加声音

为切换的效果添加声音可以使切换效果更加逼真，幻灯片切换效果添加声音的具体操作步骤如下。

Step 01 单击选中需要为切换效果添加声音的幻灯片，如这里选择第二张幻灯片，如图 16-17 所示。

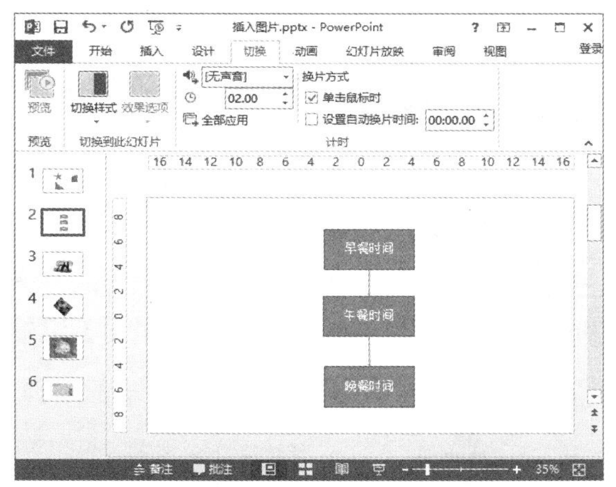

图 16-17　选择第二张幻灯片

Step 02 单击【切换】选项卡下【计时】组中的【声音】按钮，如图 16-18 所示。

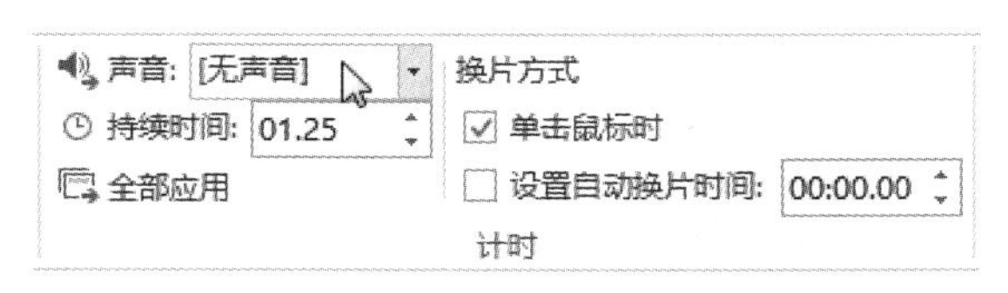

图 16-18　【计时】组

Step 03 从弹出的下拉列表中选择一种声音特效，如这里选择【风铃】选项应用到幻灯片的切换效果中，如图 16-19 所示。

Step 04 也可以单击选择【其他声音】选项来添加需要的声音特效，如图 16-20 所示。

Step 05 弹出【添加音频】对话框，在该对话框中选择本地计算机上的音频文件，单击【确定】按钮后即可将该音频文件添加到幻灯片的切换效果中，如图 16-21 所示。

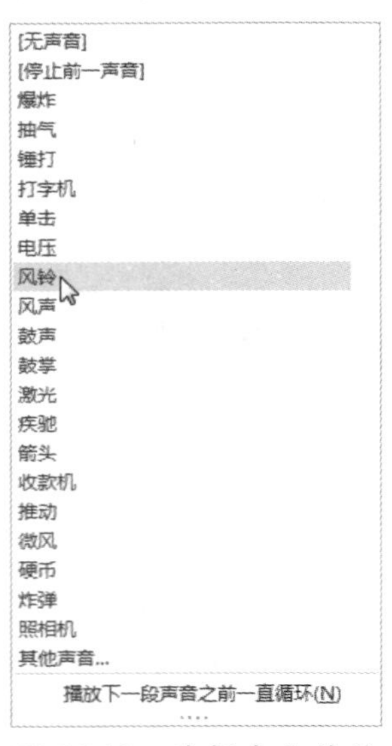

图 16-19　选择声音特效

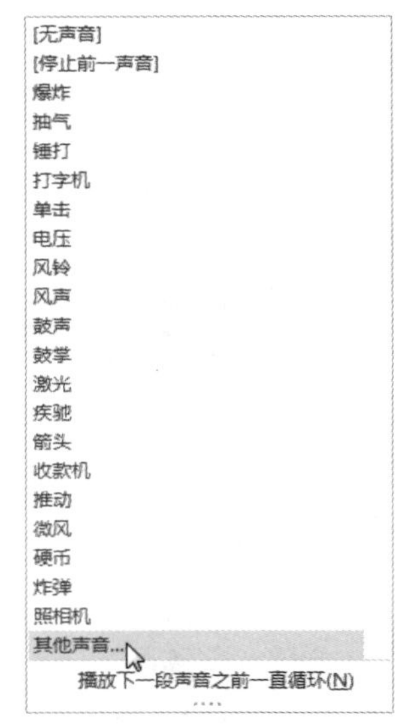

图 16-20　选择【其他声音】选项

图 16-21　【添加音频】对话框

16.2.4 设置切换效果的持续时间

在切换幻灯片中，用户可自定义幻灯片切换的持续时间，从而控制幻灯片的切换速度，以便观众有充裕的时间查看幻灯片的内容。为幻灯片切换效果设置持续时间的具体操作步骤如下。

Step 01 单击选中一张幻灯片，如这里选择演示文稿中的第一张幻灯片，如图 16-22 所示。

Step 02 单击【切换】选项卡下【计时】组中的【持续时间】微调框，如图 16-23 所示。

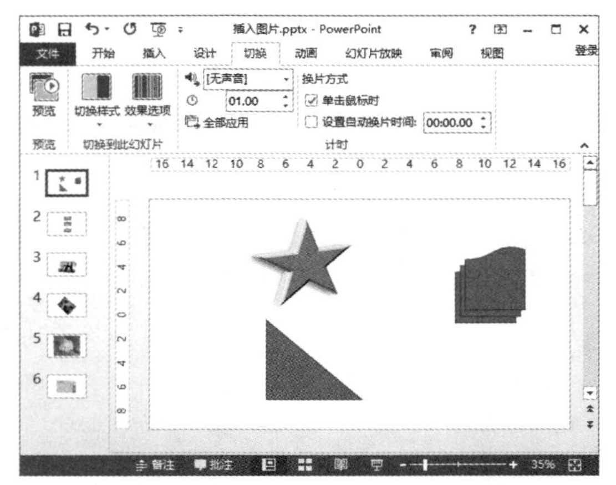

图 16-22　选择第一张幻灯片

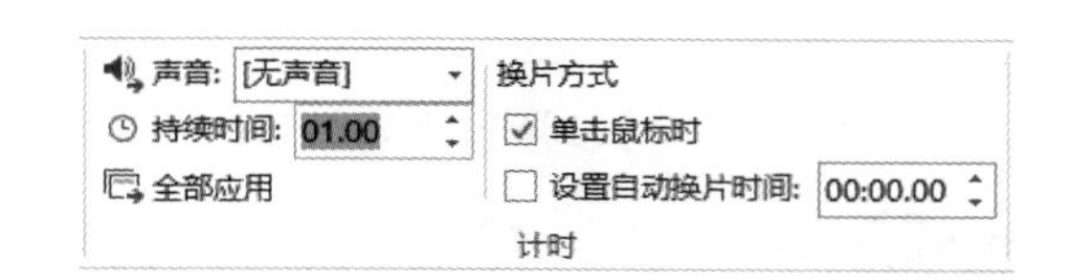

图 16-23　【计时】组

Step 03 在【持续时间】微调框内输入自定义的时间，如这里输入“03.00”，即可将幻灯片的切换时间设置为 3 秒，如图 16-24 所示。

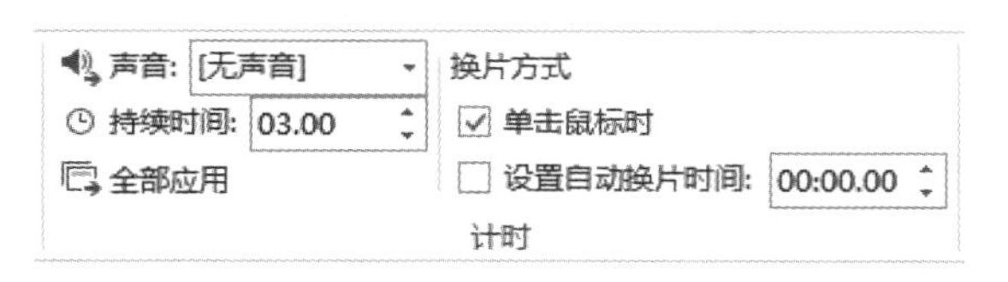

图 16-24　设置计时时间

16.2.5 设置切换方式

为幻灯片设置切换方式，以便在幻灯片放映时按着设置的方式进行切换。设置切换方式的具体操作步骤如下。

Step 01 单击选中需要设置切换方式的幻灯片，如这里选择第三张幻灯片，如图 16-25 所示。

图 16-25　选择第三种幻灯片

Step 02 在【切换】选项卡下【计时】组中的【换片方式】区域内选择【单击鼠标时】复选框，即可设置在该幻灯片内单击鼠标切换到下一张幻灯片，如图 16-26 所示。

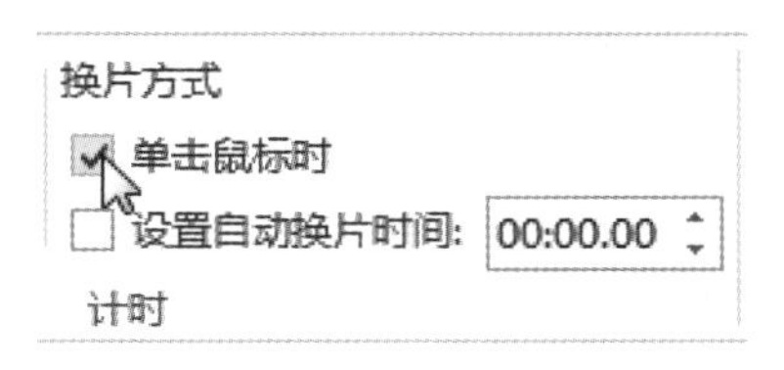

图 16-26　设置换片方式

Step 03 在【切换】选项卡下【计时】组中的【换片方式】区域内取消选中【单击鼠标时】复选框，选中【设置自动换片时间】复选框，即可自定义幻灯片切换的时间，如这里输入“10 秒”，如图 16-27 所示。

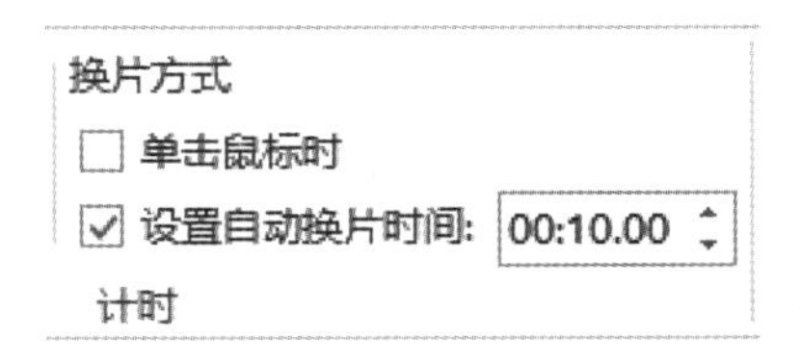

图 16-27　设置换片时间

Step 04 设置自动换片时间后，从第三张幻灯片切换到第四张幻灯片的时间为 10 秒。

16.3 放映幻灯片

用户可根据需要设置幻灯片的放映方式，如自动放映、自定义放映、排练计时放映等。

16.3.1 从头开始放映

一般情况下，幻灯片是从头开始放映的，设置幻灯片从头开始放映的具体操作步骤如下。

Step 01 打开本地计算机上的“插入图片 .pptx”演示文稿，如图 16-28 所示。

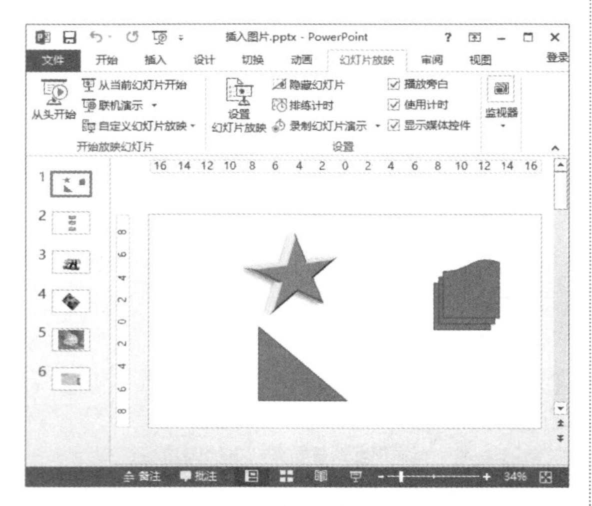

图 16-28 打开素材文件

Step 02 单击【幻灯片放映】选项卡下【开始放映幻灯片】组中的【从头开始】按钮，如图 16-29 所示。

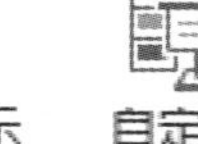

图 16-29 单击【从头开始】按钮

Step 03 系统开始自动放映幻灯片，如图 16-30 所示。

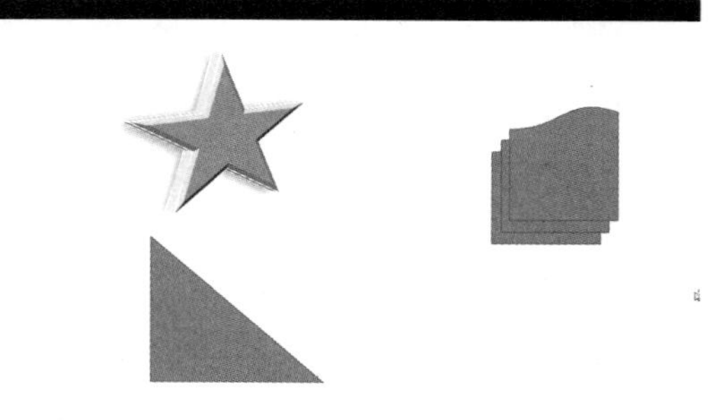

图 16-30 自动放映幻灯片

Step 04 单击鼠标或按空格键即可切换到下一张幻灯片，如图 16-31 所示。

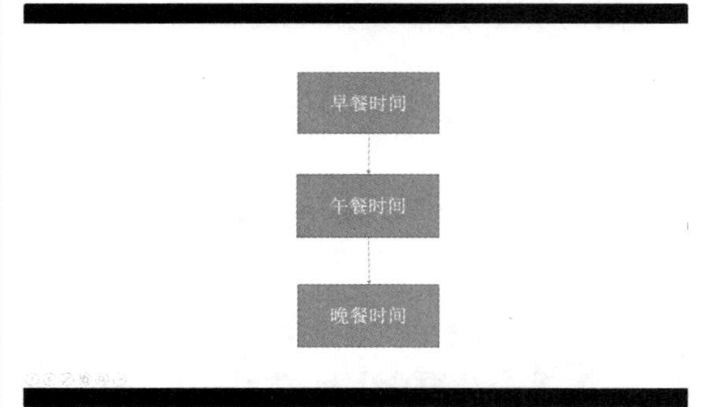

图 16-31 切换幻灯片

Step 05 按 Esc 键即可退出幻灯片放映。

16.3.2 从当前幻灯片开始放映

放映幻灯片时可以从任意一张幻灯片开始放映，具体操作步骤如下。

Step 01 打开创建好的演示文稿，选中需要从当前开始放映的幻灯片，如这里选择第三张幻灯片，如图 16-32 所示。

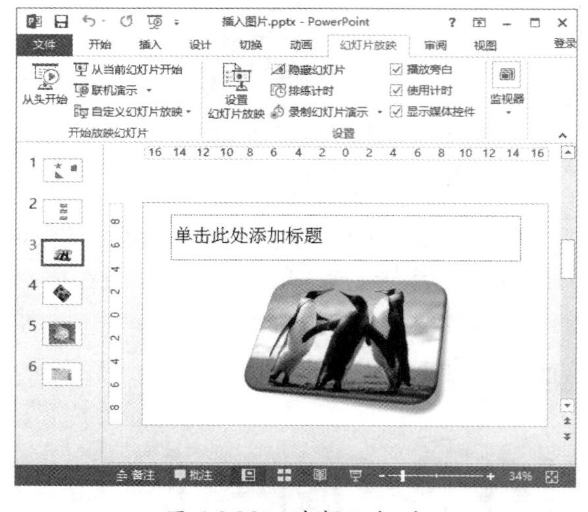

图 16-32 选择幻灯片

Step 02 单击【幻灯片放映】选项卡下【开始放映幻灯片】组中的【从当前幻灯片开始】按钮，如图 16-33 所示。

Step 03 系统即可从当前幻灯片开始放映，

如图 16-34 所示。

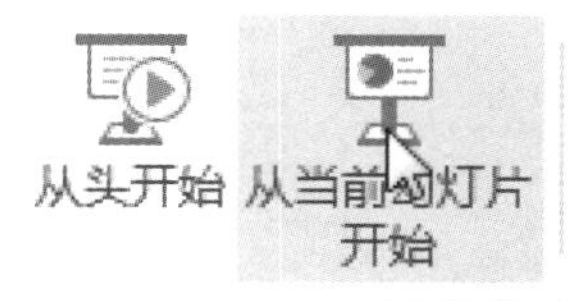

图 16-33　设置开始放映方式

图 16-34　从当前幻灯片开始放映

Step 04 单击鼠标或按空格键即可切换到下一张幻灯片，如图 16-35 所示。

图 16-35　切换幻灯片

Step 05 按 Esc 键即可退出幻灯片放映。

16.3.3 自定义幻灯片放映

放映幻灯片时，可以为幻灯片设置多种自定义放映方式。设置自定义幻灯片放映的具体操作步骤如下。

Step 01 打开创建好的演示文稿，如图 16-36 所示。

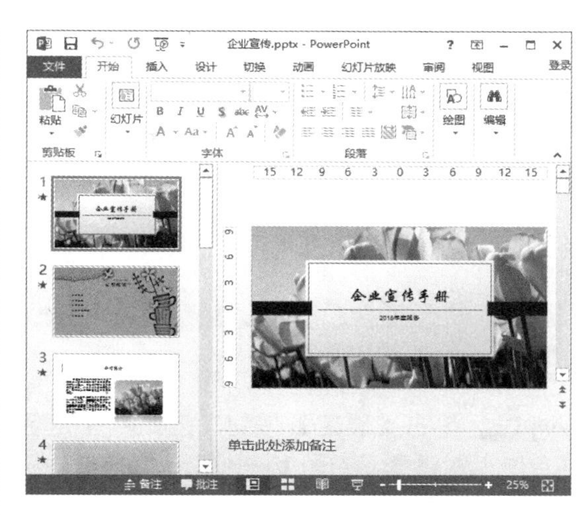

图 16-36　打开演示文稿

Step 02 单击【幻灯片放映】选项卡下【开始放映幻灯片】组中的【自定义幻灯片放映】按钮，从弹出的下拉列表中选择【自定义放映】选项，如图 16-37 所示。

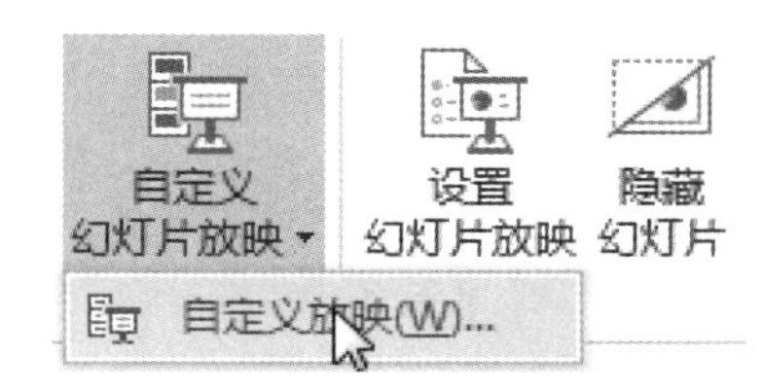

图 16-37　选择自定义放映

Step 03 弹出【自定义放映】对话框，单击【新建】按钮，如图 16-38 所示。

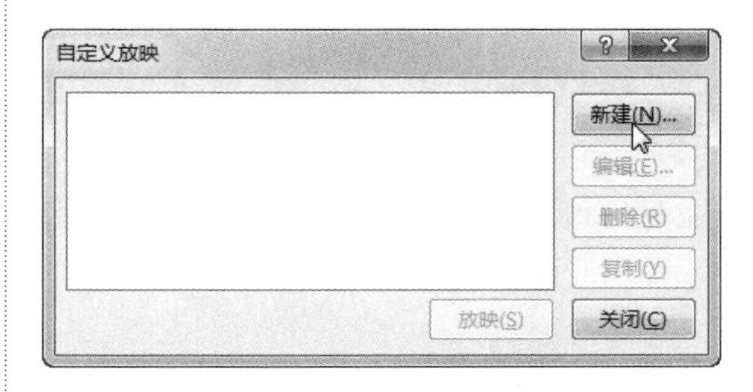

图 16-38　【自定义放映】对话框

Step 04 弹出【定义自定义放映】对话框，在【在演示文稿中的幻灯片】列表中选择需要放映的幻灯片，然后单击【添加】按钮，即可将选中的幻灯片添加到【在自定义放映中的幻灯片】列表中，如图 16-39 所示。

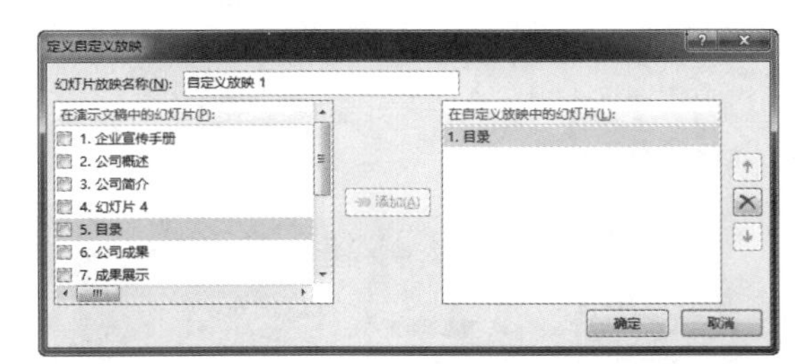

图 16-39　【定义自定义放映】对话框

Step 05 单击【确定】按钮，返回到【自定义放映】对话框，如图 16-40 所示。

Step 06 单击【放映】按钮，即可查看自定义放映的效果，如图 16-41 所示。

图 16-40　【自定义放映】对话框

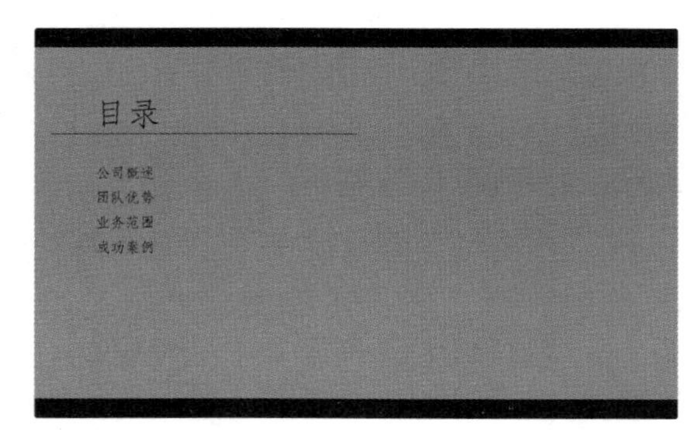

图 16-41　查看放映效果

16.3.4 放映时设置隐藏幻灯片

将演示文稿中的一张或多张幻灯片隐藏，在放映幻灯片时就可以不显示此幻灯片。设置隐藏幻灯片的具体操作步骤如下。

Step 01 打开创建好的演示文稿，选择需要设置为隐藏的幻灯片，如这里选择第二张幻灯片，如图 16-42 所示。

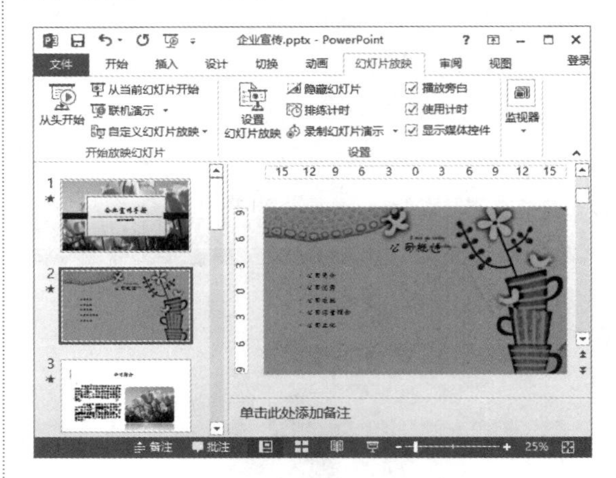

图 16-42　选择第二张幻灯片

Step 02 单击【幻灯片放映】选项卡下【设置】组中的【隐藏幻灯片】按钮，如图 16-43 所示。

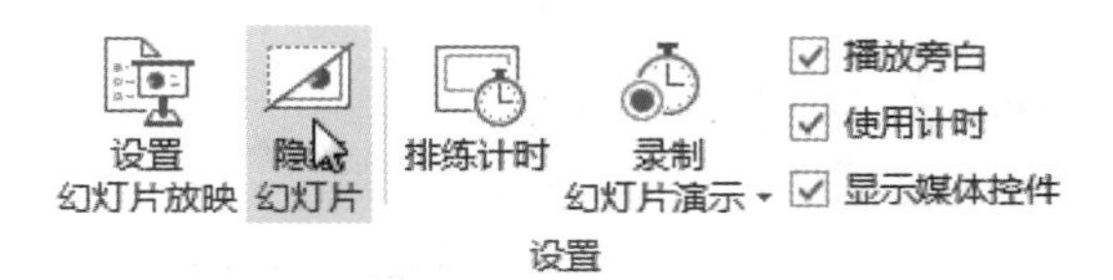

图 16-43　单击【隐藏幻灯片】按钮

Step 03 即可在左侧的幻灯片快速浏览区域内看到第二张幻灯片的编号处于隐藏状态，如图 16-44 所示。设置完成后，在放映幻灯片时第二张幻灯片将不再显示。

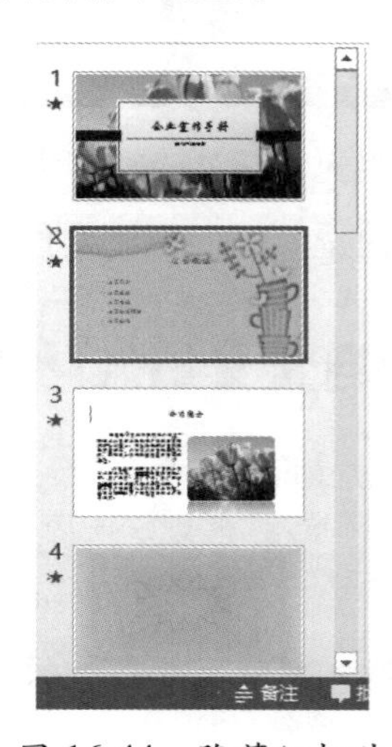

图 16-44　隐藏幻灯片

16.3.5 设置其他放映选项

在 PowerPoint 2013 中用户可以使用【设置幻灯片放映】的功能，自定义放映类型、放映选项、换片方式等参数。设置幻灯片放映方式的具体操作步骤如下。

Step 01 打开创建好的演示文稿，如这里打开已创建好的“企业宣传 .pptx”演示文稿，如图 16-45 所示。

图 16-45 打开演示文稿

Step 02 切换到【幻灯片放映】选项卡，单击【设置幻灯片放映】按钮，如图 16-46 所示。

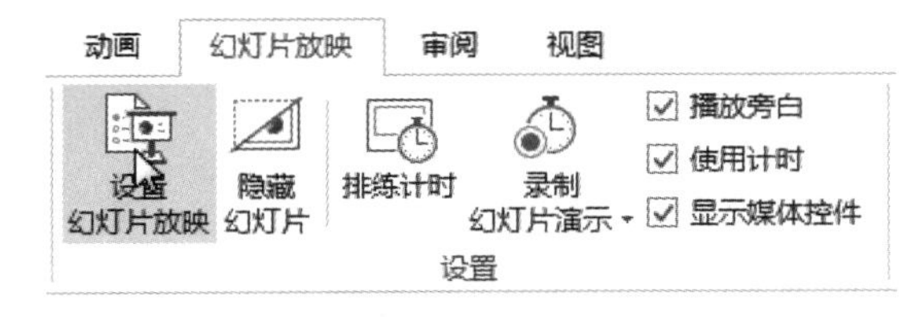

图 16-46 【幻灯片放映】选项卡

Step 03 弹出【设置放映方式】对话框，单击【放映选项】区域内的【绘图笔颜色】按钮，从弹出的列表中选择【标准色】区域内的【浅蓝】选项，如图 16-47 所示。

Step 04 选择【放映幻灯片】选项组中的第二个单选按钮，设置幻灯片放映的页数为“1~10”，如图 16-48 所示。

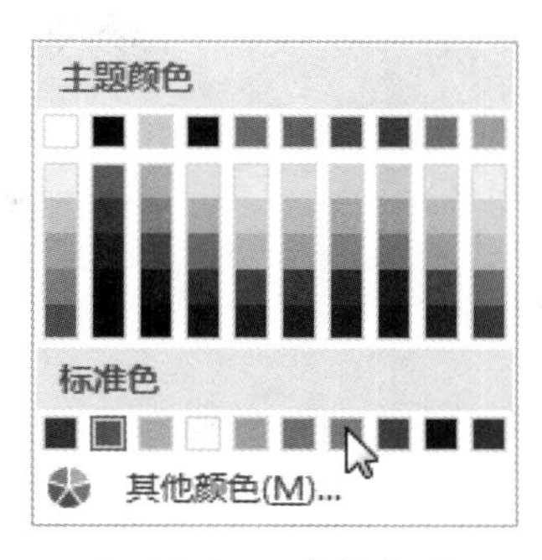

图 16-47 选择颜色

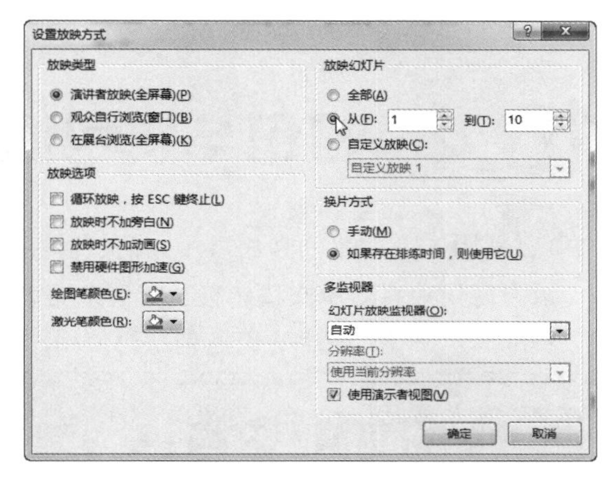

图 16-48 【设置放映方式】对话框

Step 05 单击【确定】按钮，退出【设置放映方式】对话框。单击【幻灯片放映】选项卡【开始放映幻灯片】组中的【从头开始】按钮，如图 16-49 所示。

图 16-49 单击【从头开始】按钮

Step 06 此时幻灯片进入放映模式，单击鼠标右键，从弹出的快捷菜单中选择【指针选项】子菜单中的【笔】命令，如图 16-50 所示。

Step 07 用户在屏幕上用鼠标写字，可以看到笔触的颜色会发生变化，同时在放映幻灯片时，只放映了从 1~10 页的幻灯片，如图 16-51 所示。

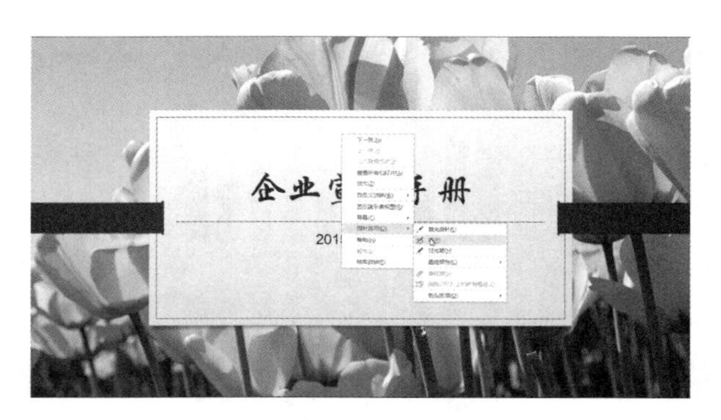

图 16-50　选择【笔】命令

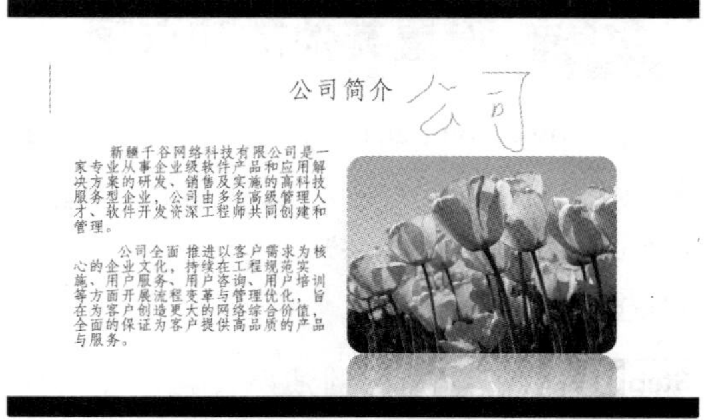

图 16-51　在幻灯片中写字

16.4 打包与解包演示文稿

利用打包功能可以将演示文稿（包括所有链接的文档和多媒体文件）压缩至硬盘或软盘，以方便用户将演示文稿转移至其他未安装 PowerPoint 软件的电脑上进行幻灯片播放。对打包的演示文稿，只需进行解包即可使用，非常方便。

16.4.1 打包演示文稿

打包演示文稿的具体操作步骤如下。

Step 01 单击【文件】选项卡，选择【导出】命令，然后在【导出】界面中选择【将演示文稿打包成 CD】选项，如图 16-52 所示。

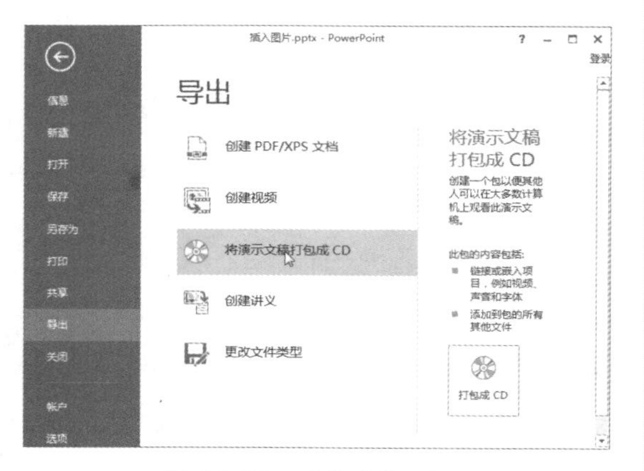

图 16-52　【导出】界面

Step 02 单击【打包成 CD】按钮，弹出【打包成 CD】对话框，在【将 CD 命名为】文本框中输入名称，如这里输入“插入图片 CD”，如图 16-53 所示。

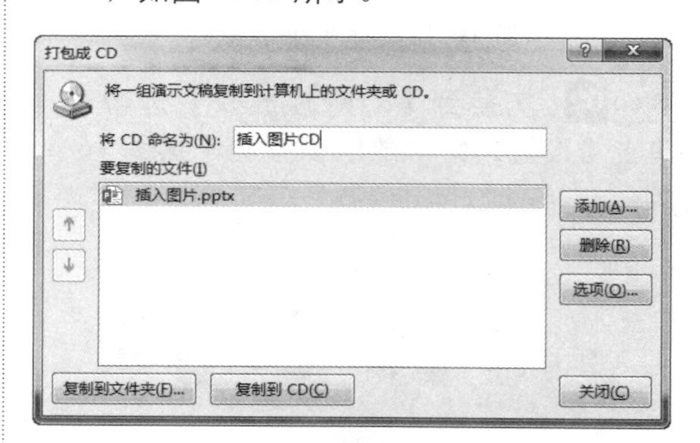

图 16-53　【打包成 CD】对话框

Step 03 单击【选项】按钮，弹出【选项】对话框，在该对话框中设置打包的相关选项并选择复选框，在【打开每个演示文稿时所用密码】文本框和【修改每个演示文稿时所用密码】文本框内分别输入自定义密码，如图 16-54 所示。

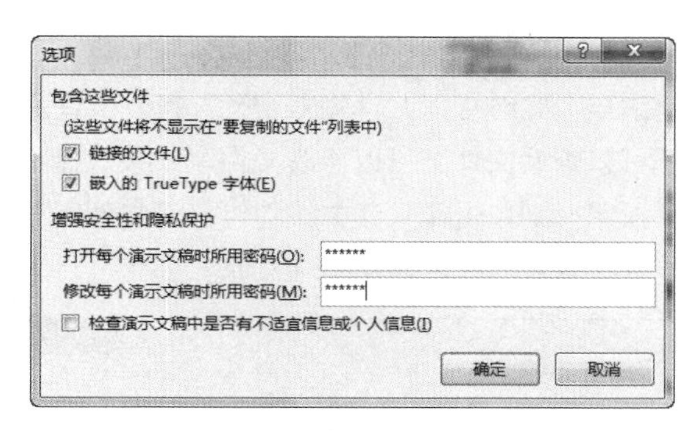

图 16-54 【选项】对话框

Step 04 单击【确定】按钮，弹出【确认密码】对话框，在【重新输入打开权限密码】文本框中输入刚刚设置的密码，如图 16-55 所示。

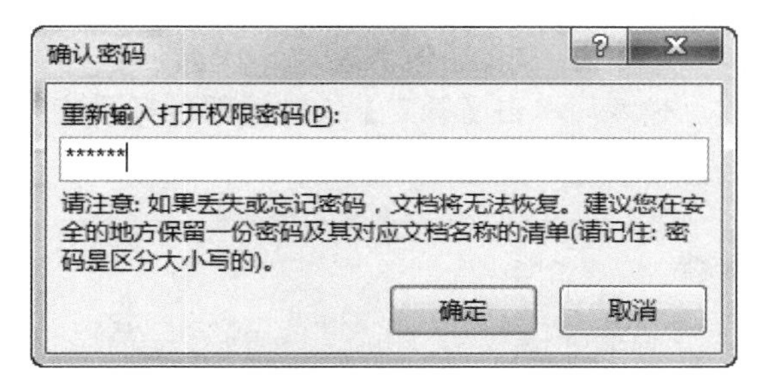

图 16-55 【确认密码】对话框

Step 05 单击【确定】按钮，弹出【确认密码】对话框，在【重新输入修改权限密码】文本框内输入刚刚设置的密码，如图 16-56 所示。

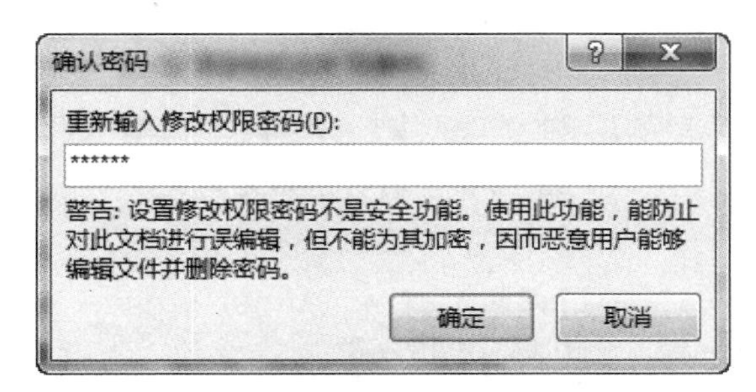

图 16-56 输入密码

Step 06 单击【确定】按钮，返回到【打包成 CD】对话框，在该对话框中单击【复制到文件夹】按钮，弹出【复制到文件夹】对话框，如图 16-57 所示。

Step 07 单击【浏览】按钮，弹出【选择位置】对话框，在其中选择文件的保存位置，如这里选择“桌面”作为文件的保存位置，如图 16-58 所示。

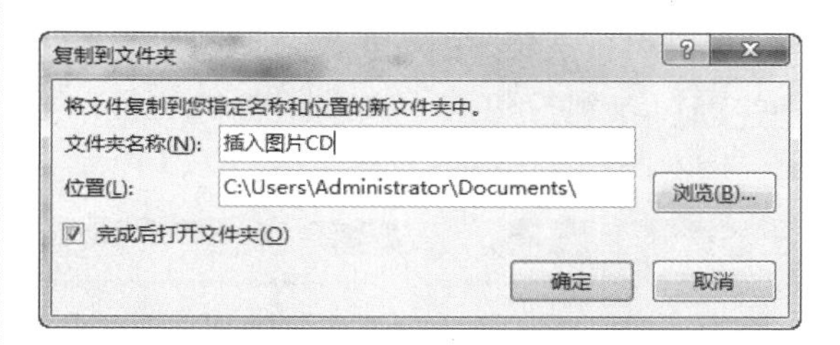

图 16-57 【复制到文件夹】对话框

图 16-58 【选择位置】对话框

Step 08 单击【选择】按钮后返回到【复制到文件夹】对话框，然后单击【确定】按钮，弹出信息提示框，单击【是】按钮后，即可开始复制文件，复制完毕后，单击【关闭】按钮，即可完成演示文稿的打包操作，如图 16-59 所示。

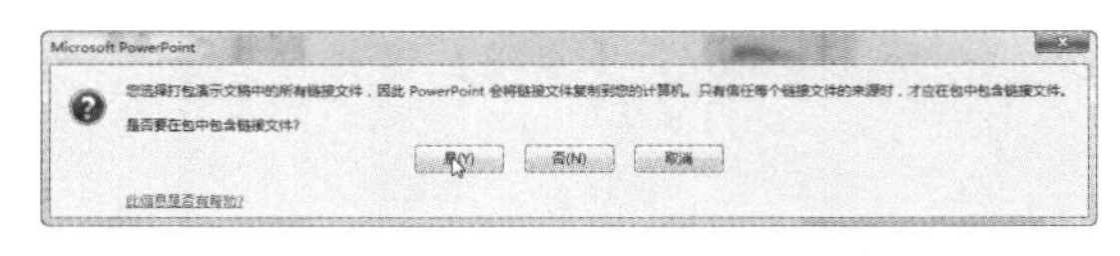

图 16-59 信息提示框

Step 09 打包完成后即可在桌面上看到“插入图片 CD”文件夹，如图 16-60 所示。

图 16-60 打包成的 CD

16.4.2 解包演示文稿

解包演示文稿的具体操作步骤如下。

Step 01 找到打包演示文稿所在的位置，双击"插入图片.pptx"文件，如图16-61所示。

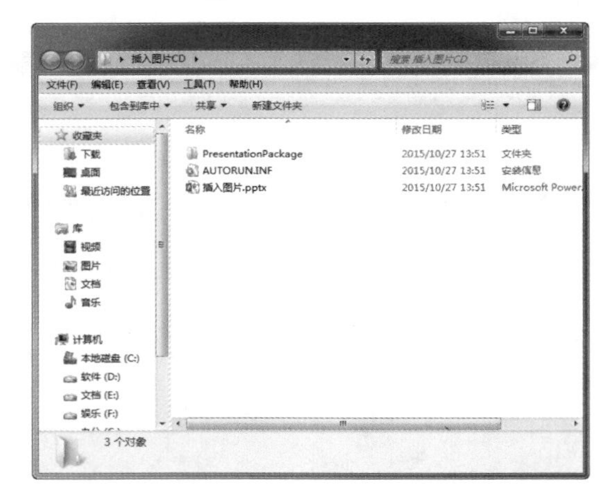

图 16-61 打开【插入图片CD】文件夹

Step 02 弹出【密码】对话框，在【密码】文本框内输入密码以打开该文件，如图16-62所示。

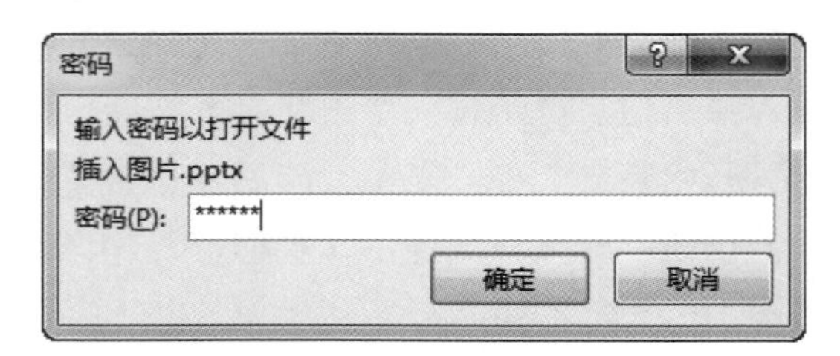

图 16-62 【密码】对话框

Step 03 单击【确定】按钮，弹出【密码】对话框，此时可以选择输入密码，打开文件后既可以查看文件又可以修改文件，如果选择不输入密码则单击【只读】按钮，打开文件后只能进行查看操作，如图16-63所示。

图 16-63 【密码】对话框

Step 04 这里选择输入密码，以方便进行修改，输入后单击【确定】按钮，即可打开该文件进行操作，如图16-64所示。

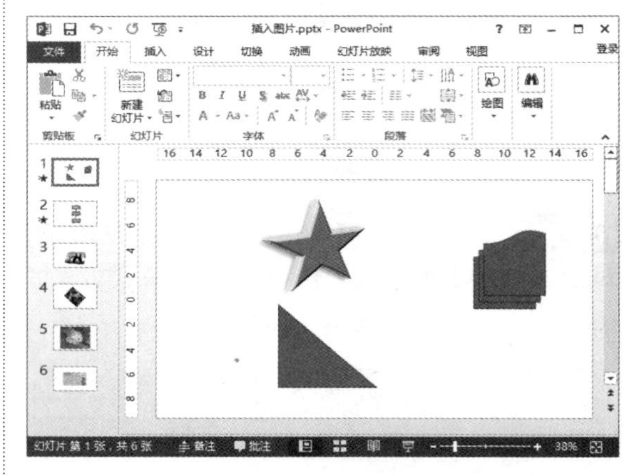

图 16-64 打开演示文稿

16.5 将演示文稿发布为其他格式

利用PowerPoint 2013软件中的导出功能，可以将演示文稿创建为PDF/XPS文档、视频或者讲义。

16.5.1 创建为PDF/XPS文档

将演示文稿创建为PDF/XPS文档的具体操作步骤如下。

Step 01 打开本地计算机上的“插入图片.pptx”演示文稿，单击【文件】选项卡，选择【导出】命令，然后选择【创建 PDF/XPS 文档】选项，如图 16-65 所示。

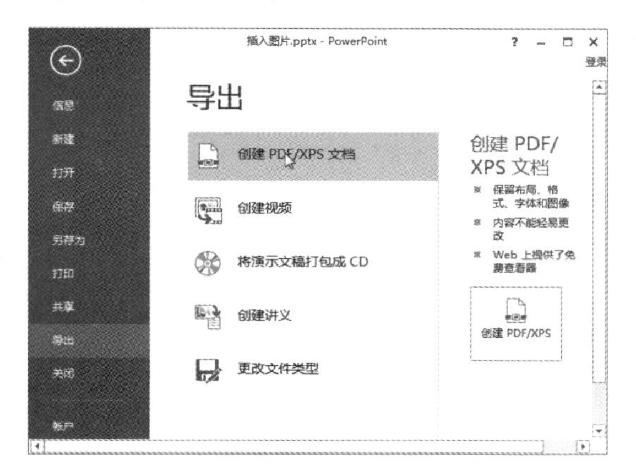

图 16-65　【导出】界面

Step 02 单击右侧的【创建 PDF/XPS】按钮，如图 16-66 所示。

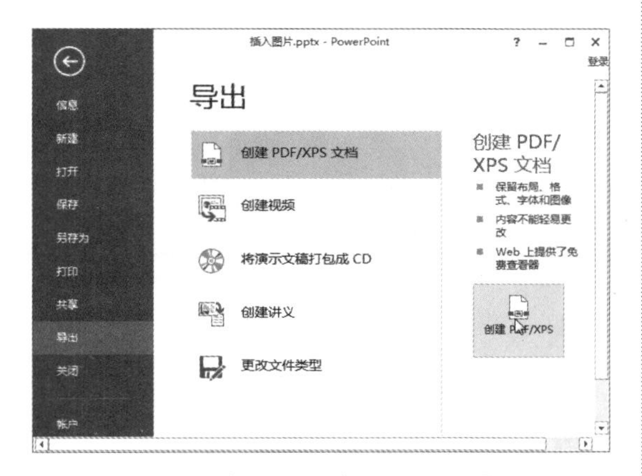

图 16-66　单击【创建 PDF/XPS】按钮

Step 03 弹出【发布为 PDF 或 XPS】对话框，在【文件名】文本框中输入文件名称，在【保存类型】下拉列表中选择保存的类型，如图 16-67 所示。

Step 04 单击【发布为 PDF 或 XPS】对话框右下角的【选项】按钮，弹出【选项】对话框，在该对话框内可设置保存的范围、发布的选项以及 PDF 选项等参数，如图 16-68 所示。

图 16-67　【发布为 PDF 或 XPS】对话框

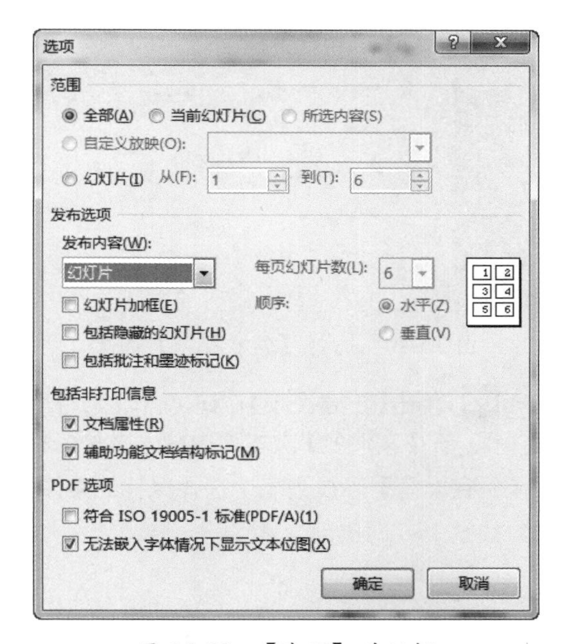

图 16-68　【选项】对话框

Step 05 单击【确定】按钮，返回到【发布为 PDF 或 XPS】对话框，单击【发布】按钮，系统开始自动发布幻灯片文件，即可将演示文稿创建为 PDF/XPS 格式的文档，如图 16-69 所示。

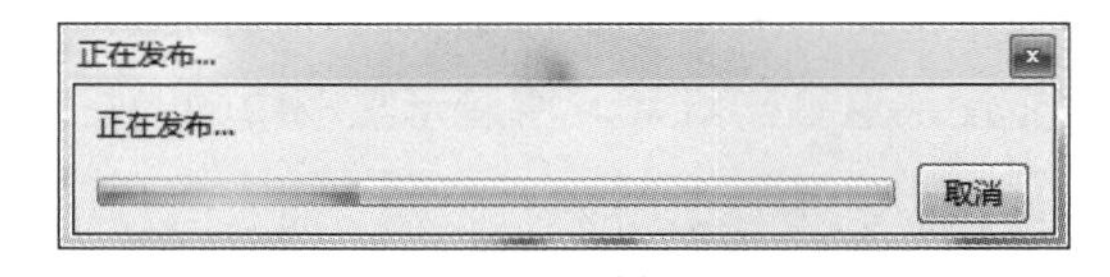

图 16-69　【正在发布】对话框

16.5.2 创建为视频

将演示文稿创建为视频的具体操作步骤如下。

Step 01 打开本地计算机上的“插入图片.pptx”演示文稿，单击【文件】选项卡，选择【导出】命令，然后选择【创建视频】选项，并在【放映每张幻灯片的秒数】微调框内设置放映每张幻灯片的时间，如图 16-70 所示。

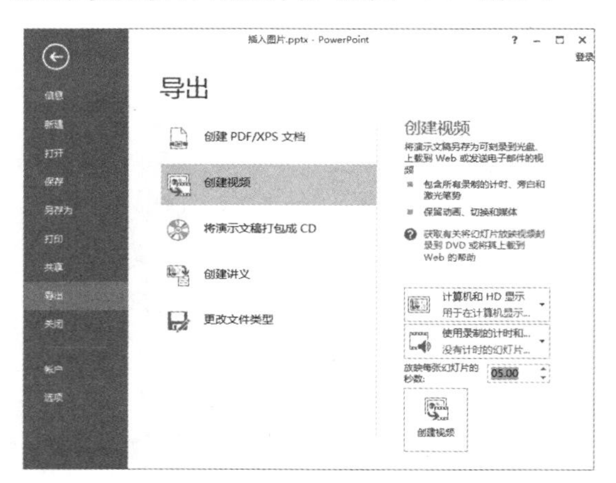

图 16-70 选择【创建视频】选项

Step 02 单击【创建视频】按钮，弹出【另存为】对话框。在【文件名】文本框内输入文件名称，在【保存类型】下拉列表中选择保存的文件类型，如图 16-71 所示。

图 16-71 【另存为】对话框

Step 03 单击【保存】按钮后，系统开始自动制作视频。制作完成后可根据路径找到制作好的视频文件，并播放该视频文件，如图 16-72 所示。

图 16-72 播放视频

16.6 高效办公技能实战

16.6.1 高效办公技能实战 1——将演示文稿发布到幻灯片库

在 PowerPoint 2013 中创建完演示文稿后，可以直接将演示文稿中的幻灯片发布到幻灯片库中。这个幻灯片库可以是 SharePoint 网站，也可以是本地计算机上的文件夹，这样能够方便地重复使用这些幻灯片，将演示文稿中的幻灯片发布到幻灯片库中的具体操作步骤如下。

Step 01 打开本地计算机上的“插入图片.pptx”演示文稿，单击【文件】选项卡，选择【共享】命令，然后选择【发布幻灯片】选项，如图 16-73 所示。

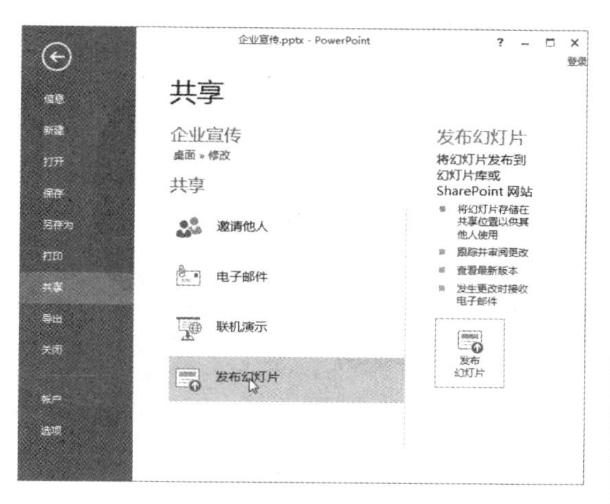

图 16-73　选择【发布幻灯片】选项

Step 02 单击右侧的【发布幻灯片】按钮，弹出【发布幻灯片】对话框，在该对话框中单击【发布到】文本框后的【浏览】按钮来选择发布的路径，如图 16-74 所示。

图 16-74　【发布幻灯片】对话框

Step 03 单击该对话框中的【全选】按钮，然后单击【发布】按钮，即可将演示文稿中的幻灯片发布到本地计算机上的文件夹内，如图 16-75 所示。

图 16-75　发布幻灯片

Step 04 根据发布的路径可以找到发布的幻灯片并查看幻灯片，如图 16-76 所示。

图 16-76　发布后的幻灯片

16.6.2　高效办公技能实战 2——将演示文稿转换为 Word 文档

将演示文稿创建为 Word 文档就是将演示文稿创建为可以在 Word 文档中进行编辑和设置的讲义。将演示文稿创建为 Word 文档的具体操作步骤如下。

Step 01 打开本地计算机上的“企业宣传.pptx”演示文稿，单击【文件】选项卡，进入到【文件】界面，在该界面中选择【导出】命令，然后选择【创建讲义】选项，单击【创建讲义】按钮，如图 16-77 所示。

Step 02 弹出【发送到 Microsoft Word】对话框，在该对话框中选择【只使用大纲】单选按钮，如图 16-78 所示。

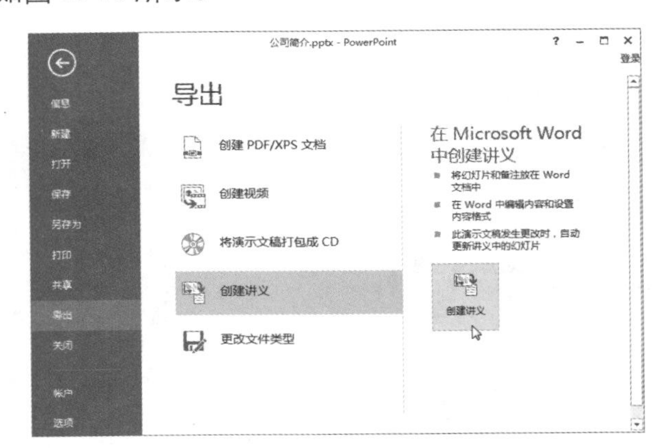

图 16-77　选择【创建讲义】选项

图 16-78　【发送到 Microsoft Word】对话框

Step 03 单击【确定】按钮，系统自动启动 Word，并将演示文稿中的字符自动转换到 Word 文档中，如图 16-79 所示。

Step 04 在 Word 文档中进行编辑并保存此讲义，即可完成 Word 文档的创建，如图 16-80 所示。

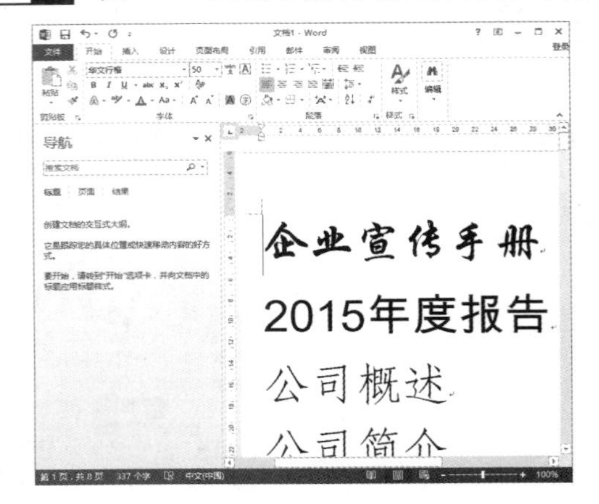

图 16-79　Word 文档

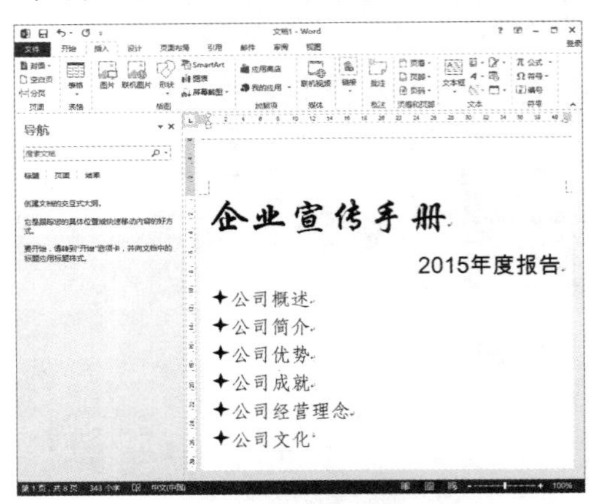

图 16-80　在 Word 中编辑讲义

16.7 课后练习与指导

16.7.1 添加幻灯片的切换效果

- 练习目标

了解：在幻灯片中添加切换效果的用途。

掌握：在幻灯片中添加切换效果的方法与技巧。

● 专题练习指南

01 打开一个制作好的演示文稿，选中需要添加切换效果的幻灯片。

02 选择【切换】选项卡，单击【切换到此幻灯片】组中的【其他】按钮，在弹出的下拉列表中选择切换效果。

03 即可为选中的幻灯片添加相应的切换效果。

16.7.2 设置幻灯片放映的切换效果

● 练习目标

了解：幻灯片放映切换效果的设置方法。

掌握：设置幻灯片放映切换效果的方法与操作技巧。

● 专题练习指南

01 单击【切换】选项卡，单击【切换到此幻灯片】组中的【其他】按钮，在弹出的切换效果面板中选择需要的切换方式。

02 单击【计时】组中的【声音】下拉列表，从弹出的菜单中选择需要的声音选项。

03 单击【计时】组中的【持续时间】数字微调框，可以从中设置幻灯片的持续时间。

04 单击【计时】组中的【全部应用】按钮，此时演示文稿中所有的幻灯片都会应用该切换效果。

第5篇

高效信息化办公

高效信息化办公正是被各个公司所追逐的目标和要求，也是对电脑办公人员最基本的技能要求。本篇将学习和探讨 Outlook 收发邮件，Word、Excel 和 PowerPoint 各个组件如何配合工作，现代网络高效办公应用和常见故障处理与系统维护等知识。

办公信件收发自如——使用 Outlook 2013 收发信件

- **本章导读**

通过本章介绍，读者可以快速了解 Outlook 2013 收发办公信件的基础知识，以及相关的基础操作，包括在 Outlook 2013 中创建账户并管理账户，以及利用该账户接发邮件和转发邮件等操作方法。

- **学习目标**

◎ 了解创建与管理电子邮箱账户的方法
◎ 掌握收发邮件的操作
◎ 掌握对于待收邮件的管理操作
◎ 掌握管理联系人的操作
◎ 掌握为电子邮件添加附件的操作

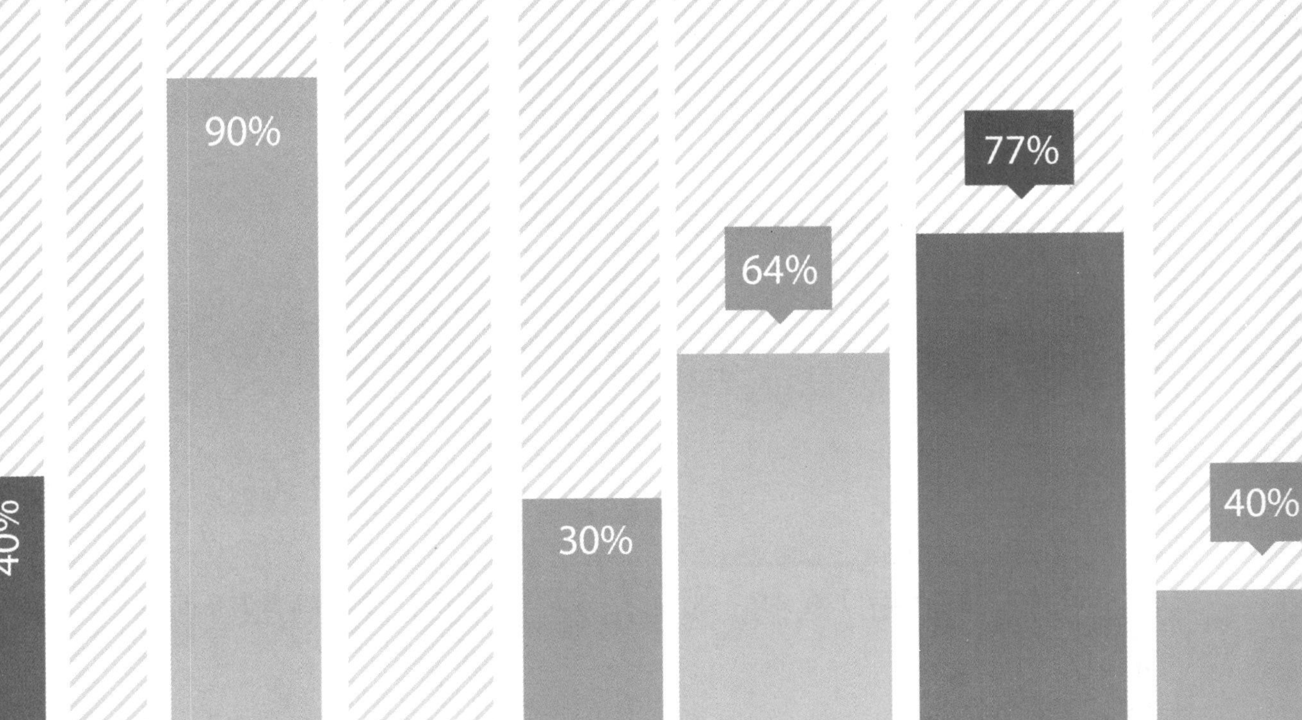

17.1 创建与管理账户

本节将介绍如何在 Outlook 2013 软件中创建一个电子邮箱账户，利用该账户进行收发邮件，以及对创建后的账户进行维护管理等操作。

17.1.1 创建与配置邮件账户

首次使用 Outlook 2013 软件需要创建一个电子邮箱账户，创建与配置邮件账户的具体操作步骤如下。

Step 01 打开 Outlook 2013 软件，单击【文件】选项卡，单击【添加账户】按钮，如图 17-1 所示。

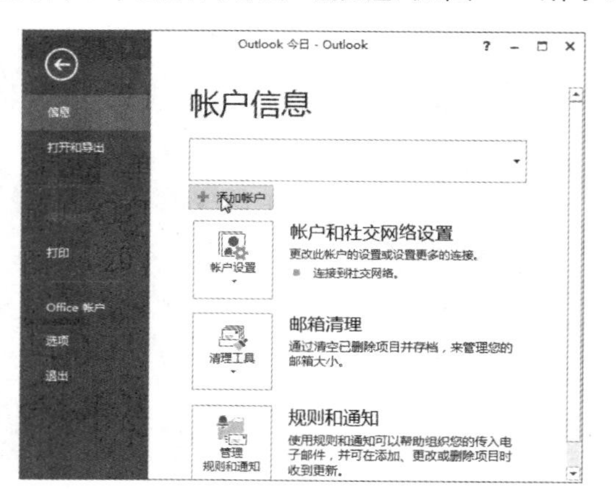

图 17-1 单击【添加账户】按钮

Step 02 弹出【添加账户】对话框，选择【电子邮件账户】单选按钮，然后单击【下一步】按钮，如图 17-2 所示。

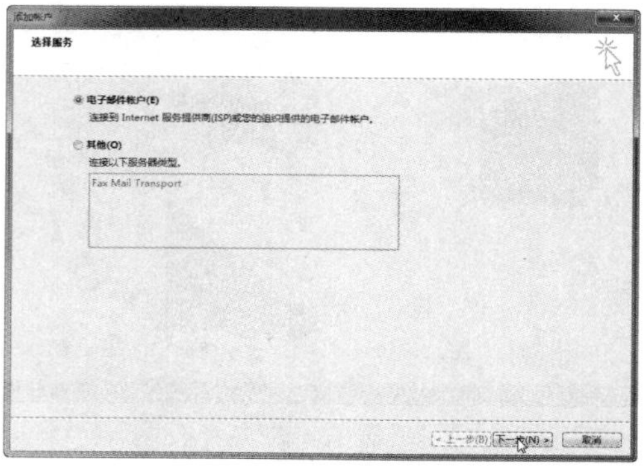

图 17-2 【添加账户】对话框

Step 03 选择【手动设置或其他服务器类型】单选按钮，如图 17-3 所示。

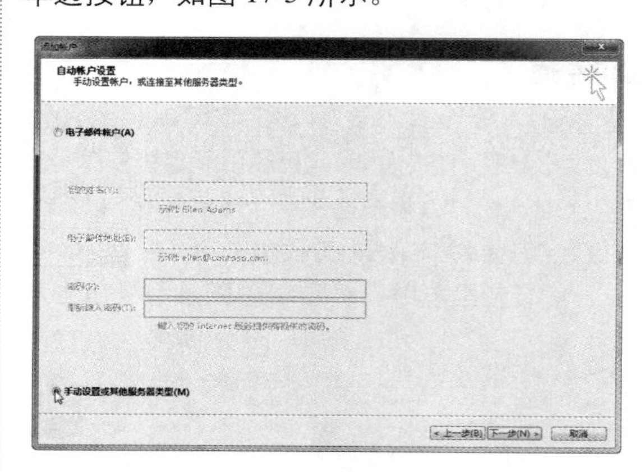

图 17-3 【自动账户设置】界面

Step 04 单击【下一步】按钮，在【选择服务】界面中选择【POP 或 IMAP(P)】单选按钮，如图 17-4 所示。

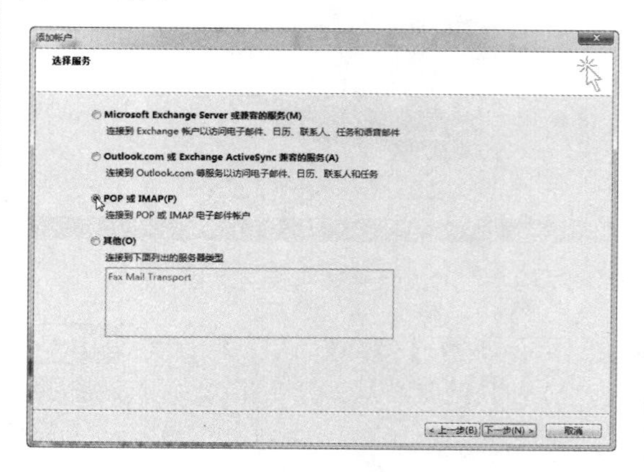

图 17-4 【选择服务】界面

Step 05 单击【下一步】按钮，根据提示设置用户信息、服务器信息、登录信息，如图 17-5 所示。

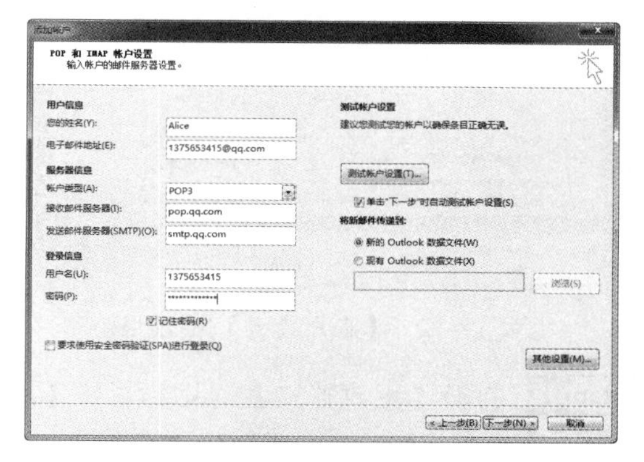

图 17-5　【POP 和 IMAP 账户设置】界面

Step 06 单击右下角的【其他设置】按钮，弹出【Internet 电子邮件设置】对话框，切换到【发送服务器】选项卡，然后选中【我的发送服务器 (SMTP) 要求验证 (O)】复选框，如图 17-6 所示。

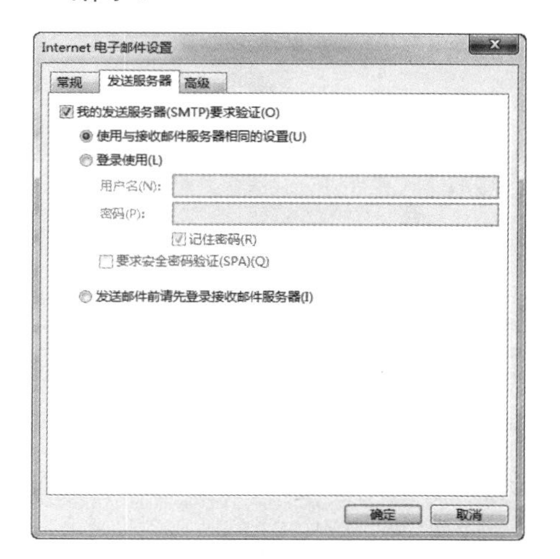

图 17-6　【Internet 电子邮件设置】对话框

Step 07 切换到【高级】选项卡，选中【此服务器要求加密连接 (SSL)(E)】复选框，在【发送服务器 (SMTP)(O)】文本框内输入“465”，在【使用以下加密连接类型】下拉列表中选择 SSL 选项，选中【在服务器上保留邮件的副本】复选框，如图 17-7 所示。

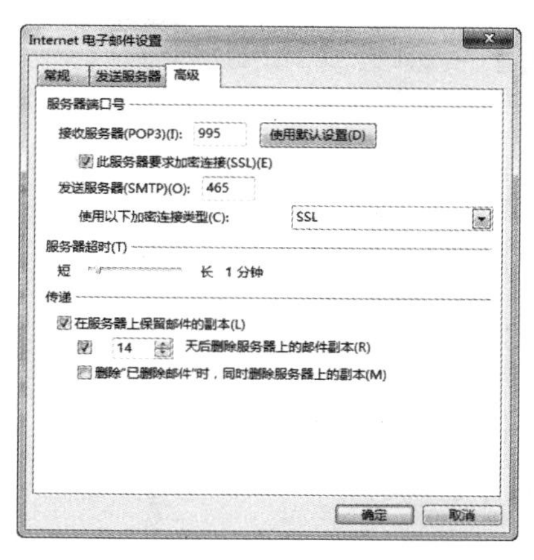

图 17-7　【高级】选项卡

Step 08 设置完成后单击【确定】按钮，返回到【添加账户】对话框，在该对话框中单击【下一步】按钮，弹出【测试账户设置】对话框，如图 17-8 所示。

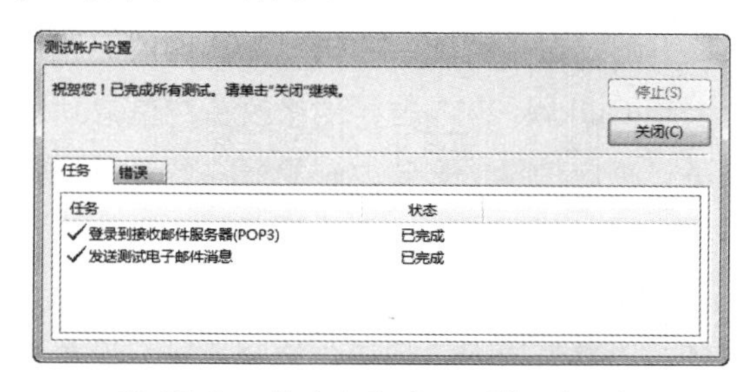

图 17-8　【测试账户设置】对话框

Step 09 在【状态】栏下面显示为【已完成】状态，说明创建邮件账户成功，单击【关闭】按钮后，可在【添加账户】对话框中显示【设置全部完成】信息，如图 17-9 所示。

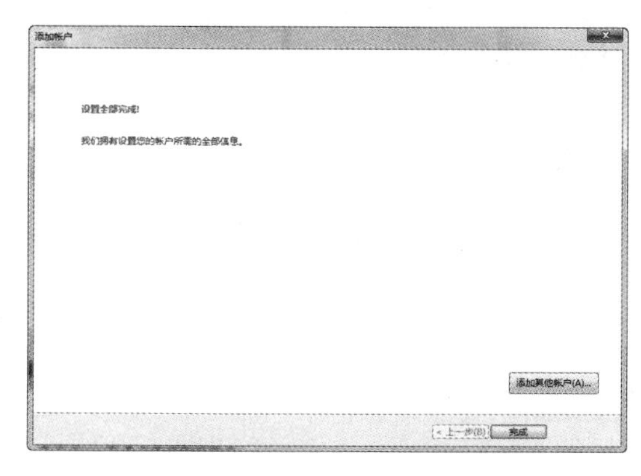

图 17-9　【添加账户】对话框

Step 10 单击【完成】按钮，即可在【账户设置】对话框中查看创建的账户，如图 17-10 所示。

图 17-10 【账户设置】对话框

17.1.2 修改邮箱账户

当邮箱账户中的一些信息需要修改时，可以利用 Outlook 2013 自带的修改账户信息功能来进行相应的操作。修改邮箱账户的具体操作步骤如下。

Step 01 选择【文件】选项卡，单击【账户设置】按钮，从弹出的下拉列表中选择【账户设置】选项，如图 17-11 所示。

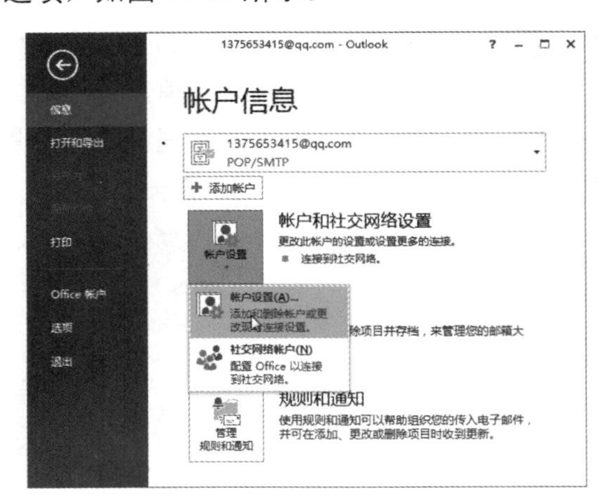

图 17-11 【账户信息】界面

Step 02 打开【账户设置】对话框，单击【电子邮件】区域内的【更改】按钮，如图 17-12 所示。

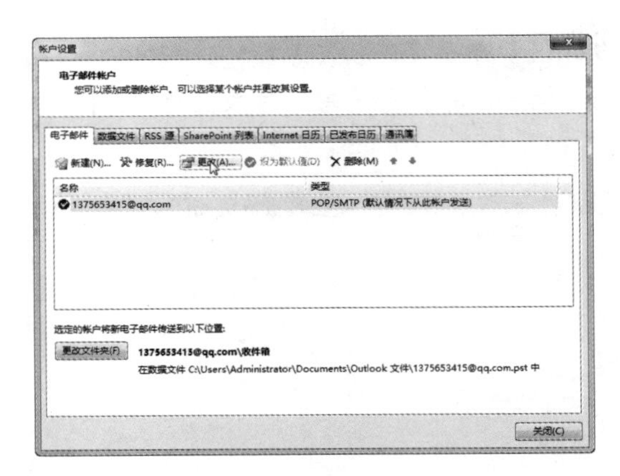

图 17-12 【账户设置】对话框

Step 03 打开【更改账户】对话框，在【用户信息】选项中根据需要进行相应的修改，如需要修改用户的姓名，可在【您的姓名】文本框中重新输入姓名，如图 17-13 所示。

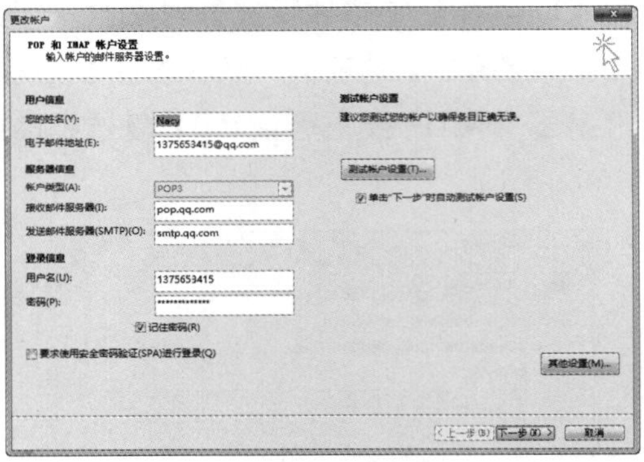

图 17-13 输入账户信息

Step 04 单击【下一步】按钮，打开【测试账户设置】对话框，在【状态】栏中显示已完成状态，说明测试账户成功，如图 17-14 所示。

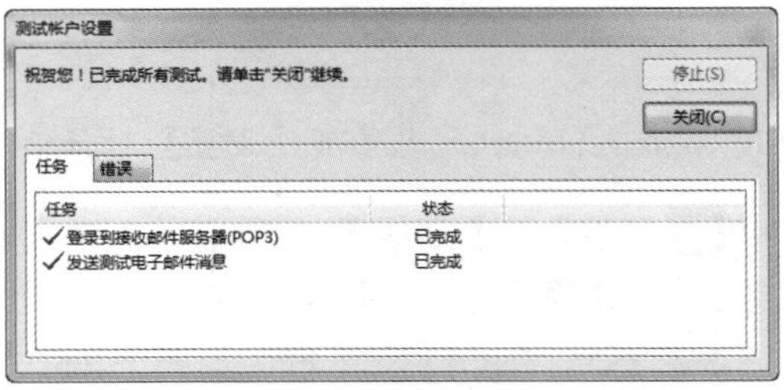

图 17-14 【测试账户设置】对话框

Step 05 单击【关闭】按钮，返回到【更改账户】对话框，在该对话框中单击【完成】按钮，即

可完成邮箱账户的修改操作，如图 17-15 所示。

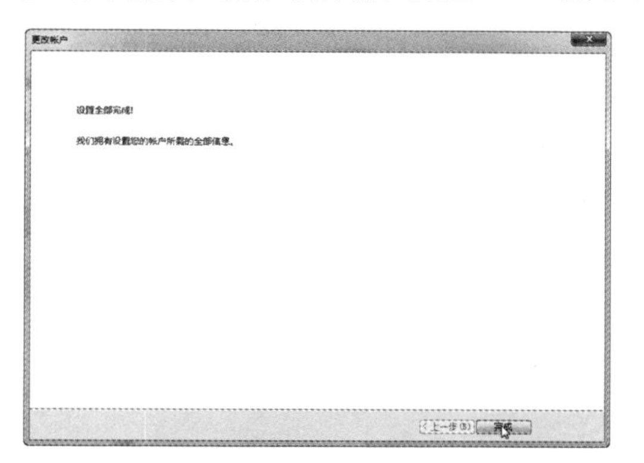

图 17-15　【更改账户】对话框

17.1.3　删除邮箱账户

删除邮箱账户有两种方式：一种是在账户设置中删除；另一种是直接选中该邮箱进行删除。

1. 通过账户设置删除

具体操作步骤如下。

Step 01 选择【文件】选项卡，单击【账户设置】按钮，从弹出的下拉列表中选择【账户设置】选项，如图 17-16 所示。

Step 02 打开【账户设置】对话框，切换到择【电子邮件】选项卡，在账户列表中选中需要删除的邮箱账户，如图 17-17 所示。

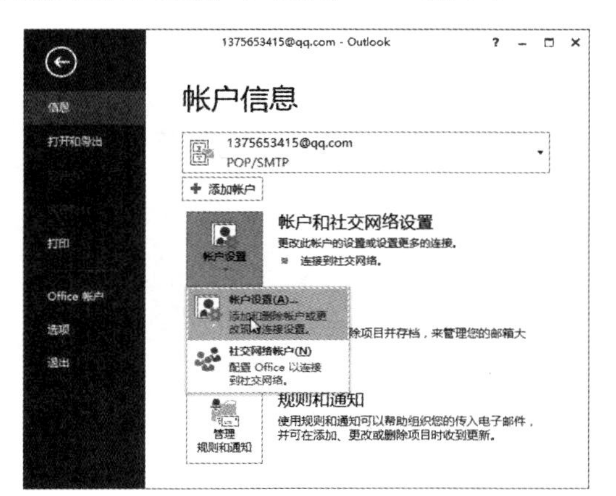

图 17-16　选择【账户设置】选项

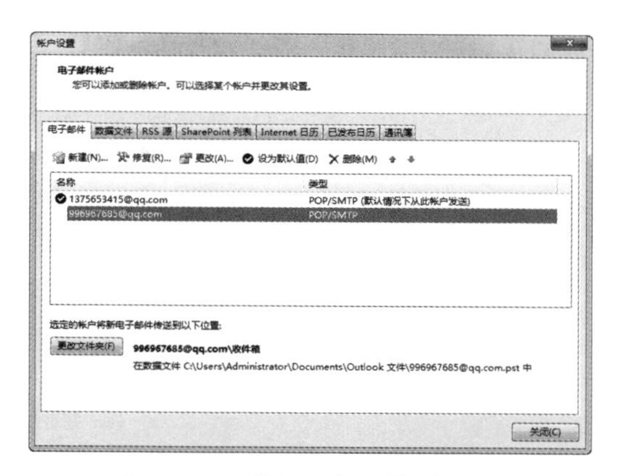

图 17-17　【电子邮件】选项卡

Step 03 单击【删除】按钮，弹出 Microsoft Outlook 消息框，如图 17-18 所示。

图 17-18　信息提示对话框

Step 04 单击【是】按钮，即可将该邮箱账户删除。

2. 通过选中邮箱账户进行删除

具体操作步骤如下。

Step 01 打开 Outlook 2013 软件，在左侧选中需要删除的账户，如图 17-19 所示。

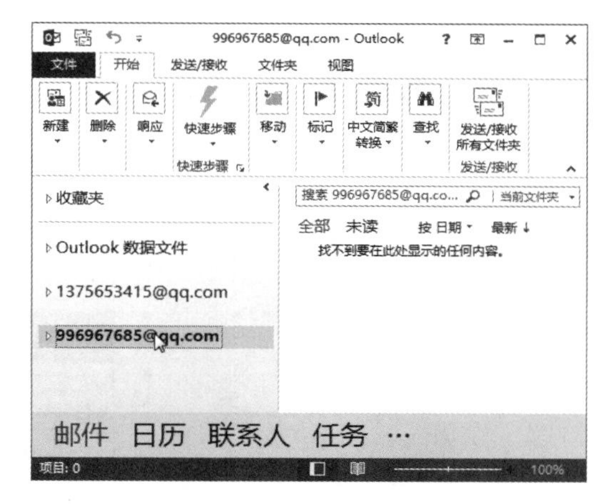

图 17-19　选择要删除的账户

Step 02 单击鼠标右键，从弹出的快捷菜单中选择【删除“996967685@qq.com”(R)】选项，如图 17-20 所示。

图 17-20　右键菜单列表

Step 03 弹出 Microsoft Outlook 消息框，单击【是】按钮，即可删除该账户，如图 17-21 所示。

图 17-21　信息提示对话框

17.2 使用Outlook收发信件

Outlook 的主要功能就是对邮箱账户的信件进行管理，包括发送邮件、接收邮件、回复邮件以及转发邮件等。

17.2.1 发送邮件

创建好账户后，可以给好友发送邮件，具体操作步骤如下。

Step 01 打开 Outlook 2013，单击【开始】选项卡下【新建】组中的【新建电子邮件】按钮，如图 17-22 所示。

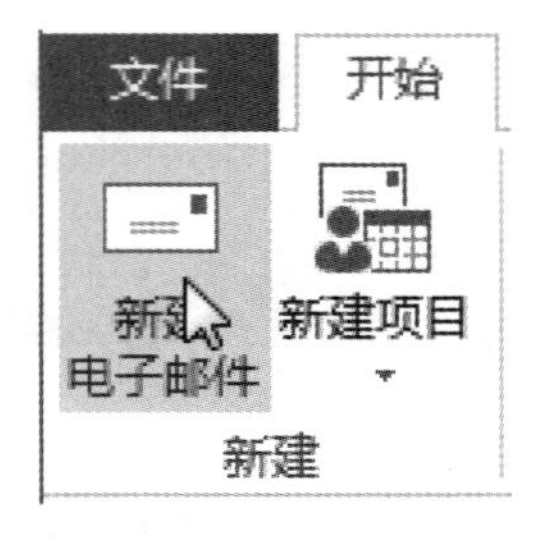

图 17-22　【新建】组

Step 02 在【收件人】文本框中输入收件人的电子邮箱地址，在【抄送】文本框中可以输入还需要发送的其他收件人的邮箱地址，在【主题】文本框中输入邮件的主旨内容，如图 17-23 所示。

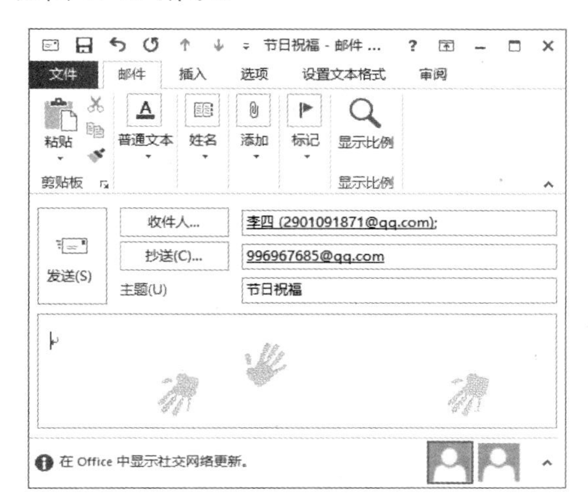

图 17-23　输入收件人信息

Step 03 在内容编辑框中开始输入正文，如这里输入"祝新的一年财源滚滚，阖家欢乐！"，然后单击【发送】按钮，如图 17-24 所示，即可将该邮件发送出去。

图 17-24　输入邮件信息

Step 04 在账户选项下选择【已发送邮件】选项，可以查看发送的邮件信息，如图 17-25 所示。

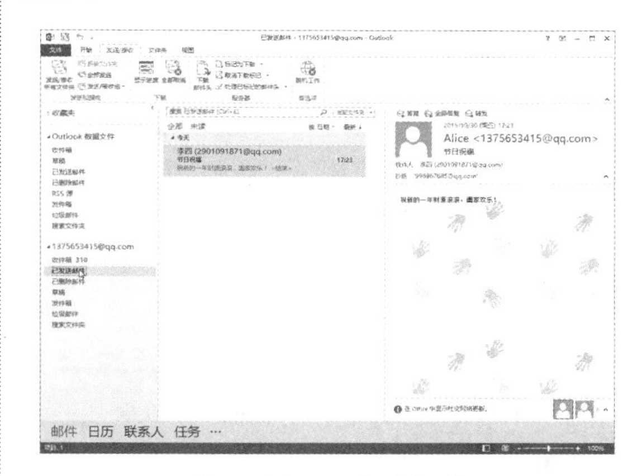

图 17-25　已发送邮件

17.2.2 接收邮件

当邮件收发量特别大时，查阅邮件会非常不方便，并有可能错过重要邮件。如果对接收的邮件进行分类，建立不同的文件夹来接收不同类型的邮件会大大提高阅读效率。设置接收邮件分类并接收邮件的具体操作步骤如下。

Step 01 选择【文件】选项卡，单击右侧的【管理规则和通知】按钮，如图 17-26 所示。

图 17-26　【账户信息】界面

Step 02 打开【规则和通知】对话框，如图 17-27 所示。

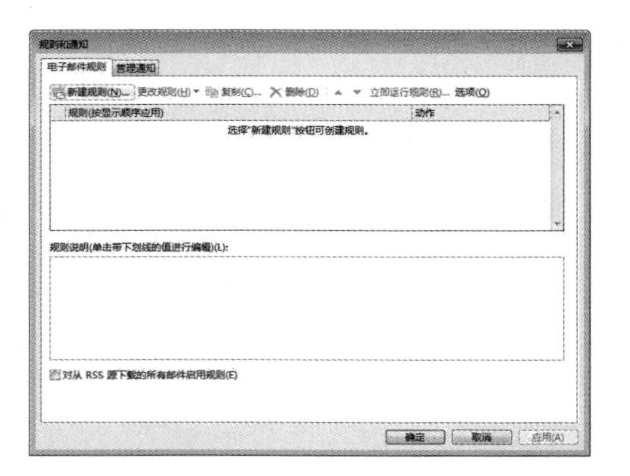

图 17-27 【规则和通知】对话框

Step 03 单击【新建规则】按钮，弹出【规则向导】对话框，如图 17-28 所示。

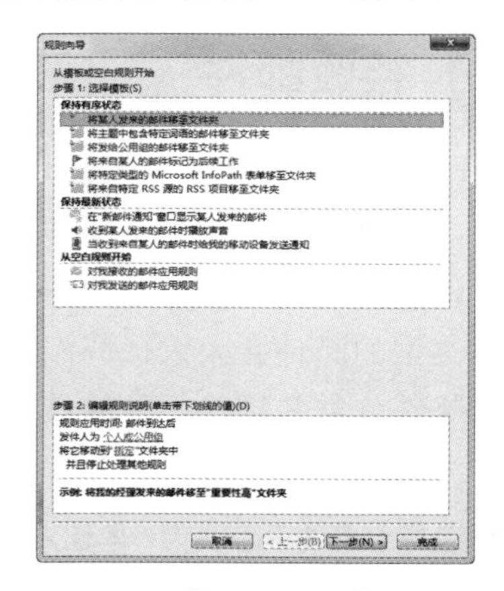

图 17-28 【规则向导】对话框

Step 04 选择【保持有序状态】选项区域内的【将某人发来的邮件移至文件夹】选项，如图 17-29 所示。

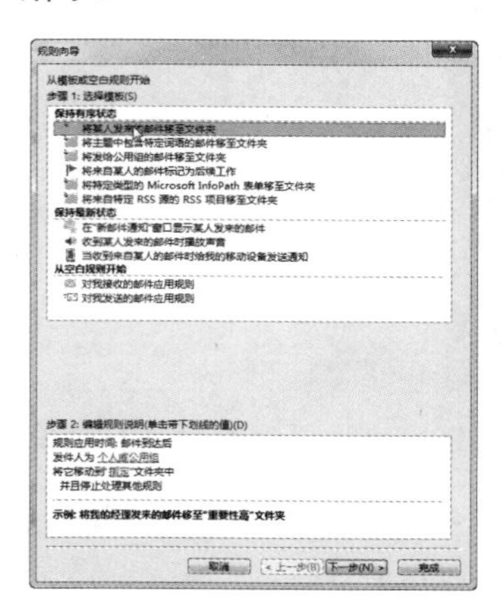

图 17-29 选择相关选项

Step 05 在【步骤 2：编辑规则说明（单击带下划线的值）(D)】区域内单击【个人或公用组】超链接，弹出【规则地址】对话框，在该对话框可以选择将联系人的邮件收到指定的文件夹中，如这里双击选中联系人“李四”，如图 17-30 所示。

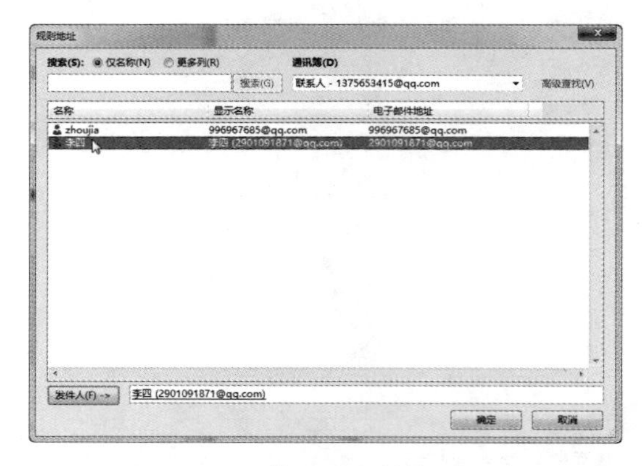

图 17-30 【规则地址】对话框

Step 06 单击【确定】按钮，返回到【规则向导】对话框，继续在【步骤 2：编辑规则说明（单击带下划线的值）(D)】区域内单击【指定】超链接，打开【规则和通知】对话框，如图 17-31 所示。

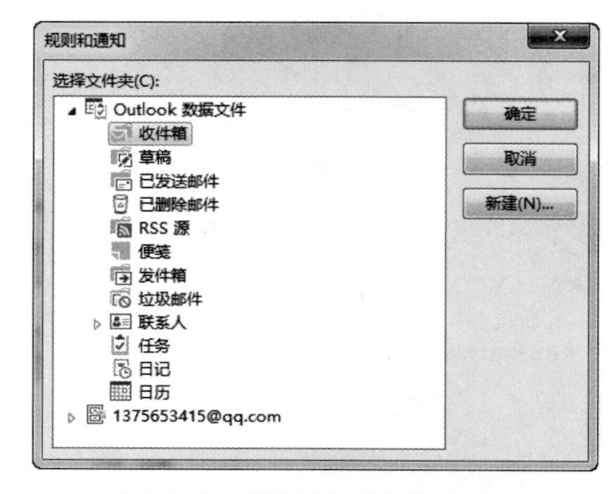

图 17-31 【规则和通知】对话框

Step 07 此时可以选择一个文件夹来接收指定的联系人“李四”发来的邮件，如这里选择该邮箱账户下的【朋友】文件夹，如图 17-32 所示。

图 17-32　选择文件夹

Step 08　单击【确定】按钮，返回到【规则向导】对话框，在该对话框中单击【完成】按钮，返回到【规则和通知】对话框，如图 17-33 所示。

图 17-33　【电子邮件规则】选项卡

Step 09　单击【应用】按钮，然后再单击【确定】按钮，即可完成接收邮件的规则应用。这样，如果当联系人“李四”发来邮件时，即可在邮箱账户下的【朋友】文件夹中查看。单击【朋友】文件夹，如图 17-34 所示。

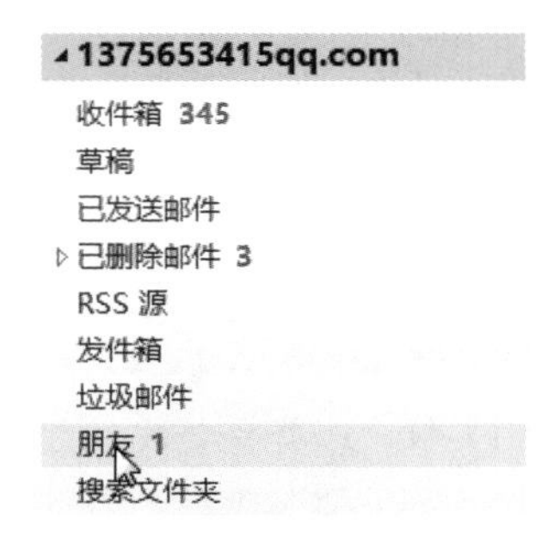

图 17-34　选择文件夹

Step 10　弹出联系人“李四”发来的邮件信息，如图 17-35 所示。

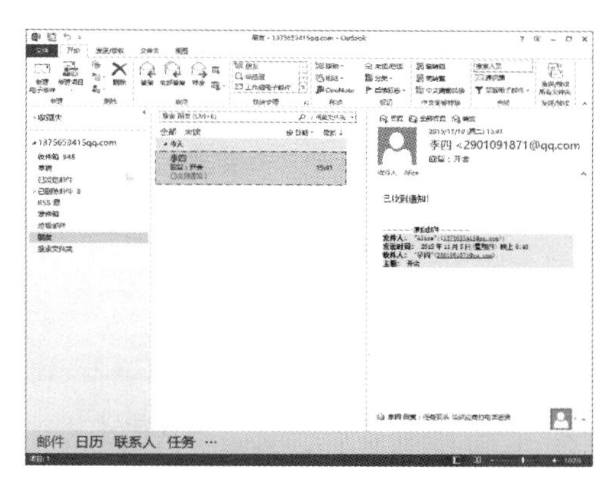

图 17-35　邮件信息

Step 11　此时可在右侧查看邮件信息，也可双击邮件箱列表中联系人“李四”发来的邮件，如这里选择双击邮件，进入回复邮件窗口查看邮件信息，如图 17-36 所示。

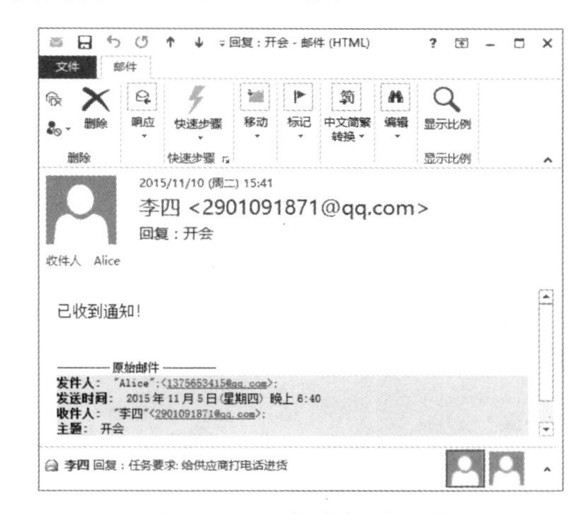

图 17-36　查看邮件信息

17.2.3 回复邮件

当收到邮件后，需要给对方回复邮件，回复邮件的操作步骤如下。

Step 01　打开 Outlook 2013，选中一封需要回复的邮件，如图 17-37 所示。

Step 02　单击右侧邮件浏览区域上方的【答复】按钮，如图 17-38 所示。

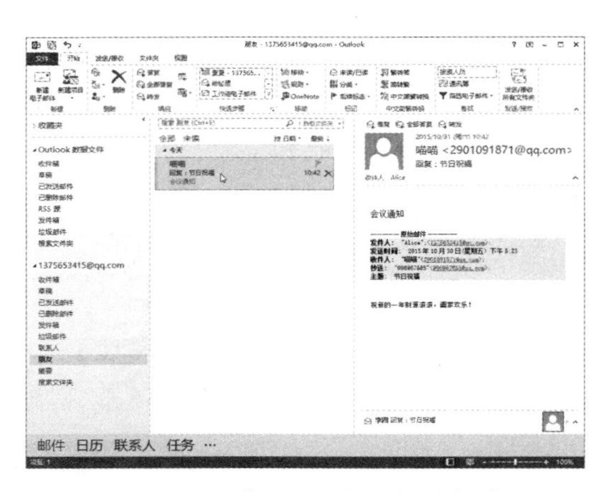

图 17-37　打开需要回复的邮件

图 17-38　单击【答复】按钮

Step 03 弹出邮件内容编辑框，可以在该编辑框内输入回复的内容，如图 17-39 所示。

图 17-39　输入回复的内容

Step 04 内容编辑完成后，单击【发送】按钮，即可完成邮件的手动回复，如图 17-40 所示。

图 17-40　发送回复的邮件

17.2.4 转发邮件

当接收到邮件后，如果该邮件的内容还需要其他人知道，这时可以将该信件直接转发给其他人，具体操作步骤如下。

Step 01 打开 Outlook 2013，选中一封需要转发的邮件，如图 17-41 所示。

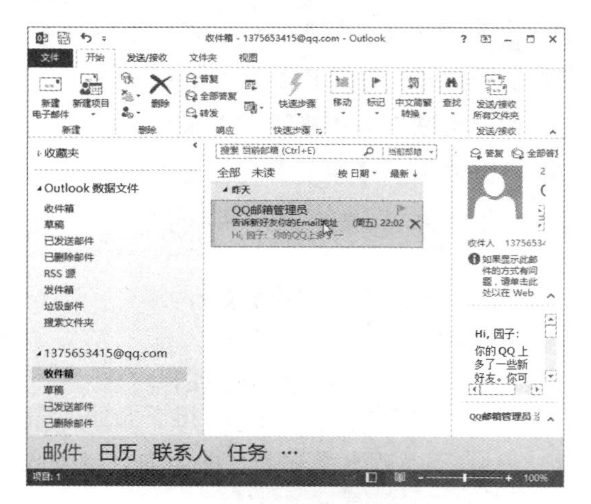

图 17-41　选择要转发的邮件

Step 02 单击右侧邮件浏览区域上方的【转

发】按钮，如图 17-42 所示。

图 17-42 单击【转发】按钮

Step 03 在转发邮件界面选中【收件人】文本框，然后单击【邮件】选项卡下【姓名】组中的【通讯簿】按钮，弹出【选择姓名：联系人】对话框，如图 17-43 所示。

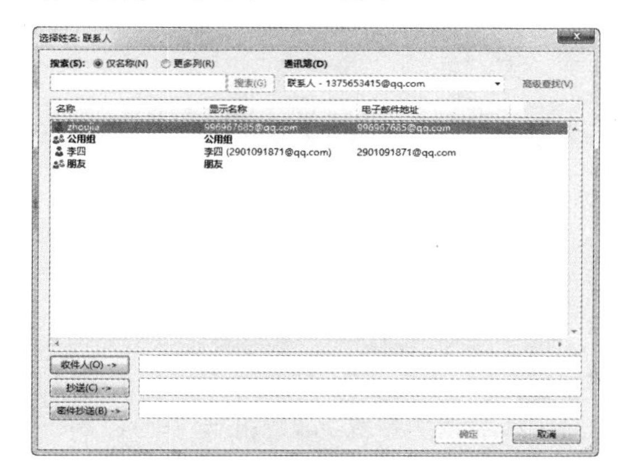

图 17-43 【选择姓名：联系人】对话框

Step 04 在该对话框中选择转发给个人的电子邮箱地址，如这里双击选中联系人“李四”，在下方的【收件人】文本框中自动添加联系人的电子邮箱地址，如图 17-44 所示。

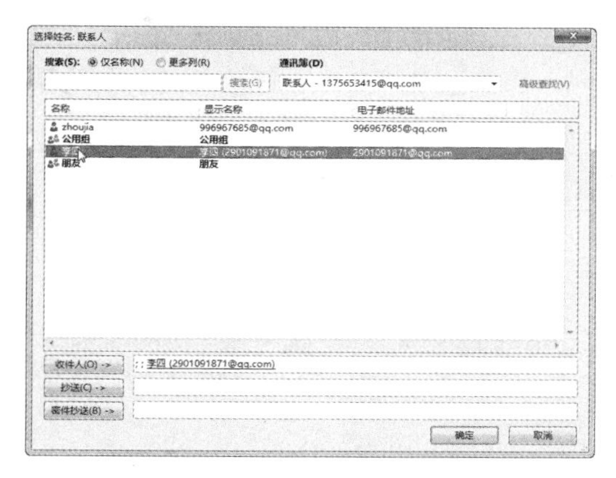

图 17-44 选择要添加的邮箱地址

Step 05 单击【确定】按钮，退出【选择姓名：联系人】对话框，在【转发邮件】界面中单击【发送】按钮即可将该封邮件转发给选中的联系人，如图 17-45 所示。

图 17-45 转发邮件

17.3 使用Outlook管理邮件

邮件众多会造成阅读烦琐、查找困难、类别混乱，因此对邮件进行管理非常重要。管理邮件后不仅可以帮助用户轻松地阅读邮件，还能帮助用户及时、高效地反馈邮件，本节将介绍对已收和待收邮件的整理、备份和恢复重要邮件以及邮件的权限设置等操作方法。

17.3.1 已收邮件的自动整理

可以对同一类的邮件进行整理，将这些邮件移至同一文件夹，当再次收到这类邮件时，会统一移到该文件夹中。已收邮件的自动整理具体操作步骤如下。

Step 01 选中一封邮件，如图 17-46 所示。

朋友 - 1375653415@qq.com - Outlook
文件
开始
发送/接收
文件夹
视图
收藏夹
Outlook 数据文件
收件箱
草稿
已发送邮件
已删除邮件
RSS 源
发件箱
垃圾邮件
搜索文件夹
1375653415@qq.com
周佳-
双十一折扣
邮件 日历 联系人 任务 …

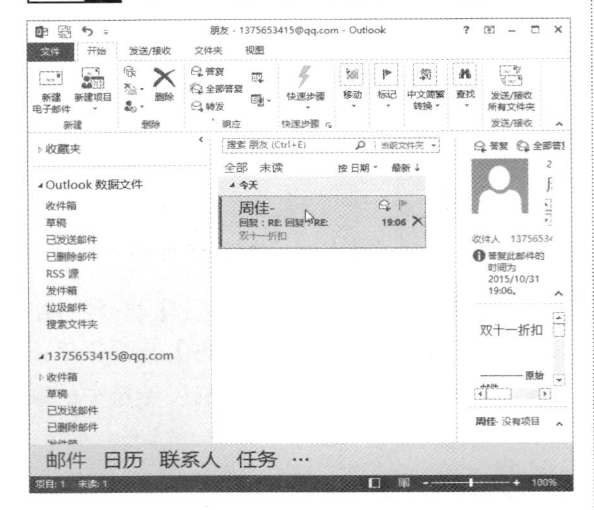

图 17-46 选中邮件

Step 02 单击鼠标右键，从弹出的快捷菜单中选择【移动】子菜单中的【总是移动此对话中的邮件】选项，如图 17-47 所示。

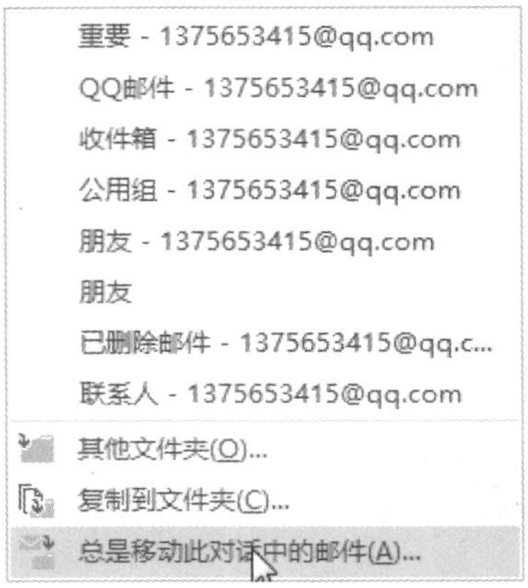

重要 - 1375653415@qq.com
QQ邮件 - 1375653415@qq.com
收件箱 - 1375653415@qq.com
公用组 - 1375653415@qq.com
朋友 - 1375653415@qq.com
朋友
已删除邮件 - 1375653415@qq.c...
联系人 - 1375653415@qq.com
其他文件夹(O)...
复制到文件夹(C)...
总是移动此对话中的邮件(A)...

图 17-47 右键菜单

Step 03 打开【始终移动对话】对话框，在该对话框中选择一个文件夹或新建一个文件夹用来接收此类邮件，如这里选择邮箱账户下的【垃圾邮件】文件夹，如图 17-48 所示。

始终移动对话
选择所选对话中所有当前和未来项目的目标文件夹:
任务
日记
日历
1375653415@qq.com
收件箱
草稿
已发送邮件
已删除邮件
发件箱
公用组
垃圾邮件
联系人
朋友 (1)
重要
确定
取消
新建(N)...

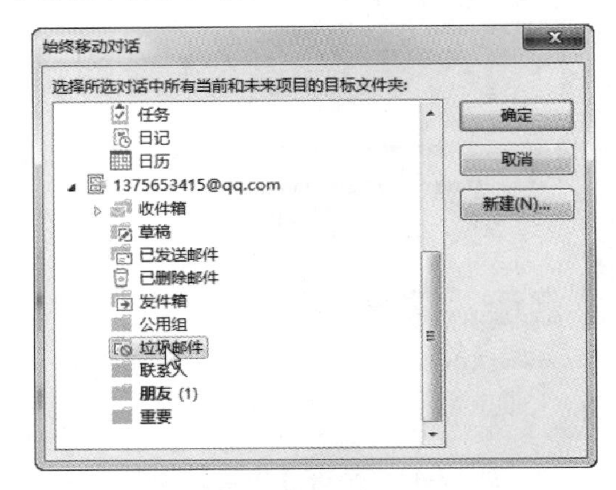

图 17-48 【始终移动对话】对话框

Step 04 单击【确定】按钮，返回到邮件信息界面，单击鼠标右键选中该邮件，从弹出的快捷菜单中选择【规则】子菜单中的【总是移动来自此人的邮件】选项，如图 17-49 所示。

总是移动来自此人的邮件: 周佳-
创建规则(U)...
管理规则和通知(L)...

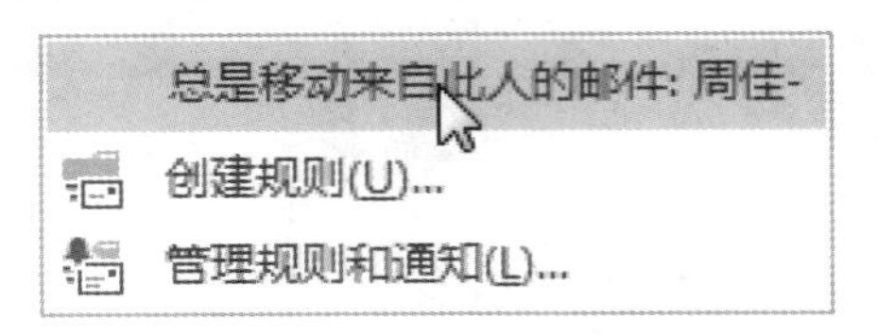

图 17-49 选择邮件整理规则

Step 05 即可将该邮件移到【垃圾邮件】文件夹中，当以后再收到此人的邮件时，系统会自动将其移至【垃圾邮件】文件夹中。

17.3.2 备份与恢复重要邮件

Outlook 2013 提供了两种备份与恢复重要邮件的方式，下面将介绍这两种方式的具体操作过程。

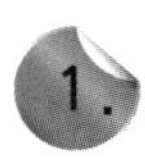

1. 通过账户设置来备份与恢复重要邮件

邮件已成为与客户沟通及工作安排等的

重要传输途径，邮件的重要性已不言而喻，因此定期备份邮件可以防止因邮件丢失而造成的重大损失。备份与恢复重要邮件的具体操作步骤如下。

Step 01 选择【文件】选项卡，单击【账户设置】按钮，从弹出的下拉列表中选择【账户设置】选项，如图 17-50 所示。

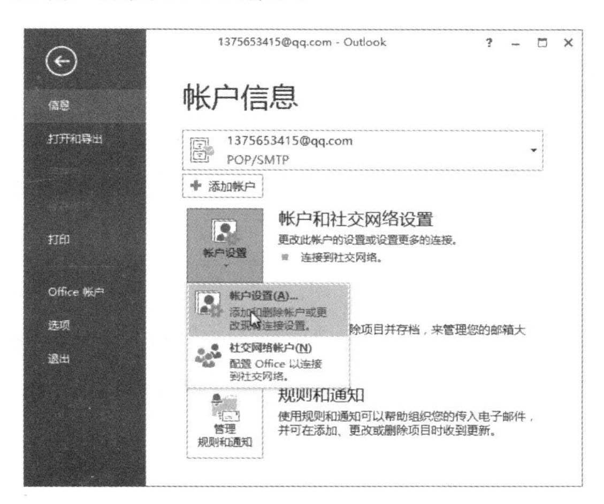

图 17-50　选择【账户设置】选项

Step 02 打开【账户设置】对话框，切换到【数据文件】选项卡，然后单击【打开文件位置】按钮，如图 17-51 所示。

图 17-51　【账户设置】对话框

Step 03 根据路径找到 Outlook 文件夹后将其复制即可备份邮箱内容，如图 17-52 所示。

Step 04 当电脑重装 Outlook 软件并且需要恢复这些邮件时，在【数据文件】选项卡中单击【添加】按钮，如图 17-53 所示。

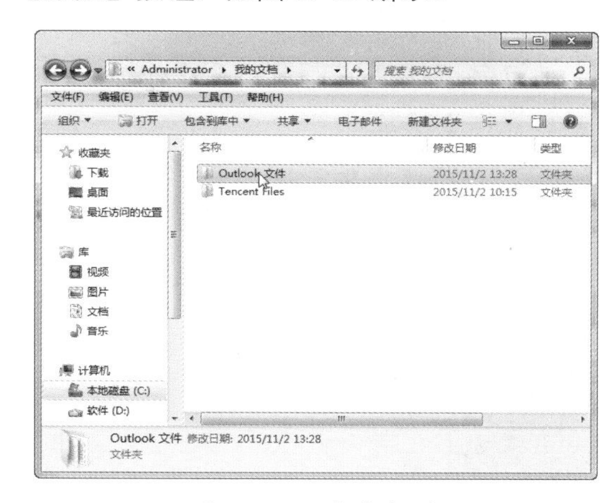

图 17-52　备份邮件

图 17-53　【数据文件】选项卡

Step 05 找到文件所在位置进行添加，即可恢复备份的邮件，如图 17-54 所示。

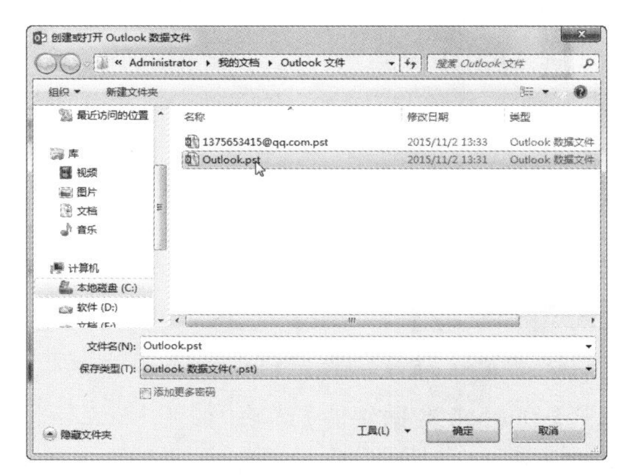

图 17-54　恢复邮件

2. 通过导入 / 导出功能备份与恢复重要邮件

通过导入 / 导出功能备份与恢复重要邮件的具体操作步骤如下。

Step 01 选择【文件】选项卡，选择【打开和导出】命令，选择【导入 / 导出】选项，如图 17-55 所示。

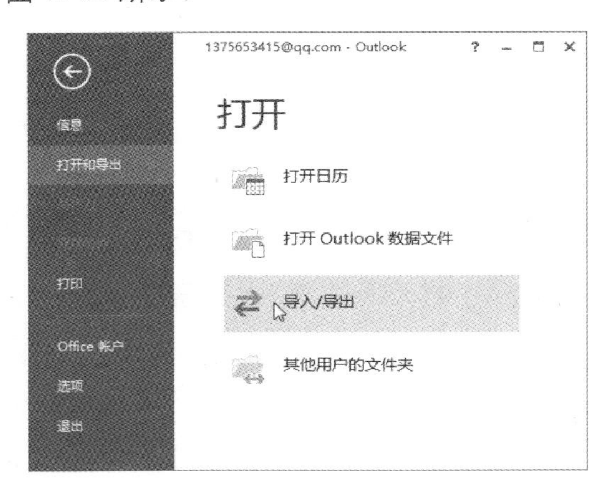

图 17-55 【打开】界面

Step 02 打开【导入和导出向导】对话框，在【请选择要执行的操作】列表框内选择【导出到文件】选项，如图 17-56 所示。

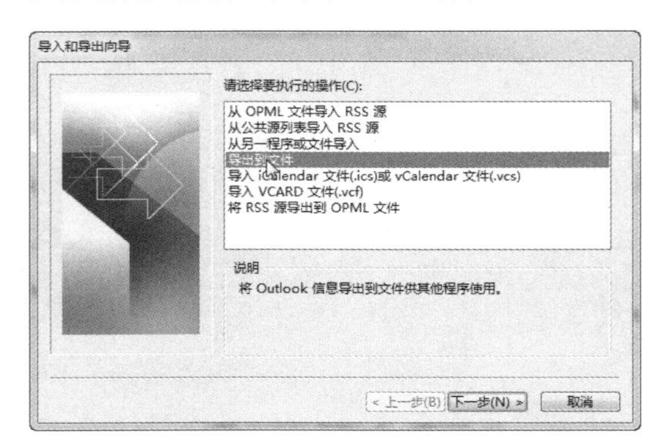

图 17-56 选择【导出到文件】选项

Step 03 单击【下一步】按钮，打开【导出到文件】界面，从【创建文件的类型】列表框中选择【Outlook 数据文件】选项，如图 17-57 所示。

Step 04 单击【下一步】按钮，打开【导出 Outlook 数据文件】对话框，选择要导出的【Outlook 数据文件】选项，如图 17-58 所示。

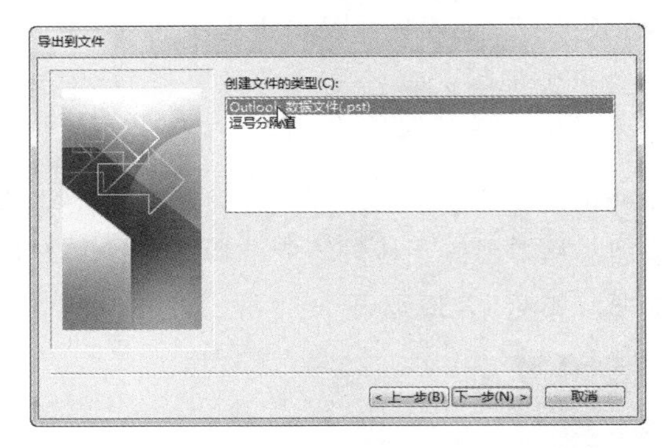

图 17-57 选择创建文件的类型

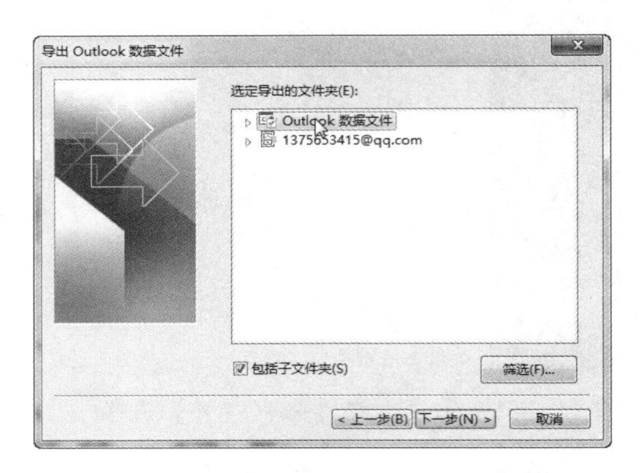

图 17-58 【导出 Outlook 数据文件】对话框

Step 05 单击【下一步】按钮，单击【将导出文件另存为】文本框右侧的【浏览】按钮，选择将该文件导出后需要放置的位置，如图 17-59 所示。

图 17-59 单击【浏览】按钮

Step 06 单击【完成】按钮，打开【创建 Outlook 数据文件】对话框，在【密码】和【验

证密码】文本框内输入设定的密码，如图 17-60 所示。

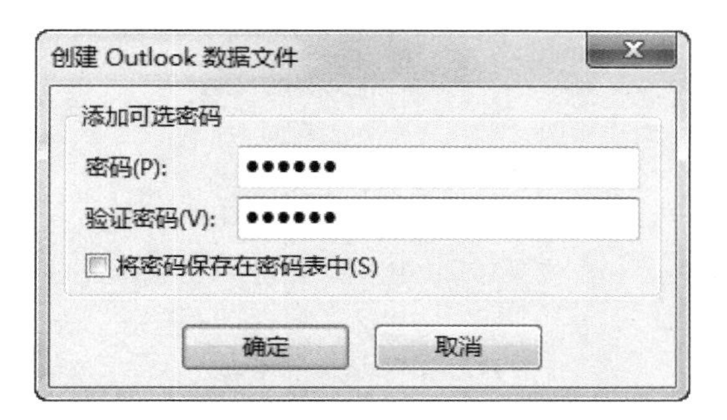

图 17-60　输入密码

Step 07 单击【确定】按钮，打开【Outlook 数据文件密码】对话框，在【密码】文本框内设定密码，单击【确定】按钮即可完成邮件的备份操作，如图 17-61 所示。

图 17-61　再次输入密码

Step 08 当需要恢复备份的邮件时，在【导入和导出向导】对话框中选择【从另一程序或文件导入】选项，如图 17-62 所示。

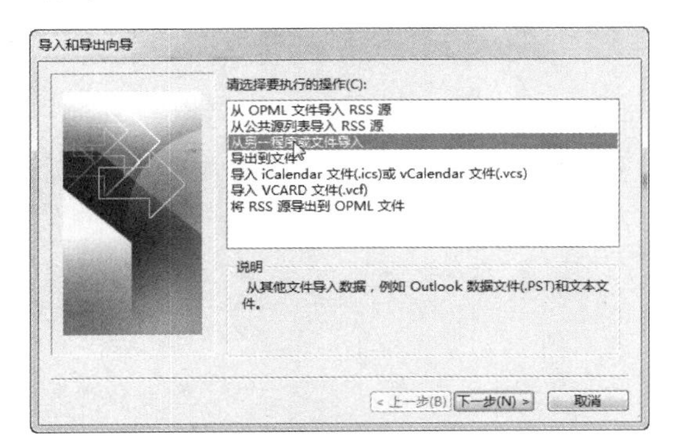

图 17-62　【导入和导出向导】对话框

Step 09 单击【下一步】按钮，打开【导入文件】界面，在【从下面位置选择要导入的文件类型】列表框内选择【Outlook 数据文件】选项，如图 17-63 所示。

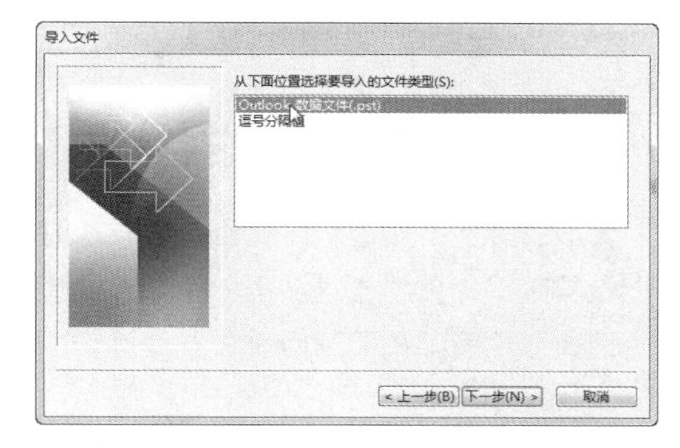

图 17-63　【导入文件】对话框

Step 10 单击【下一步】按钮，然后单击【导入文件】文本框右侧的【浏览】按钮，根据之前备份的文件路径找到该文件，如图 17-64 所示。

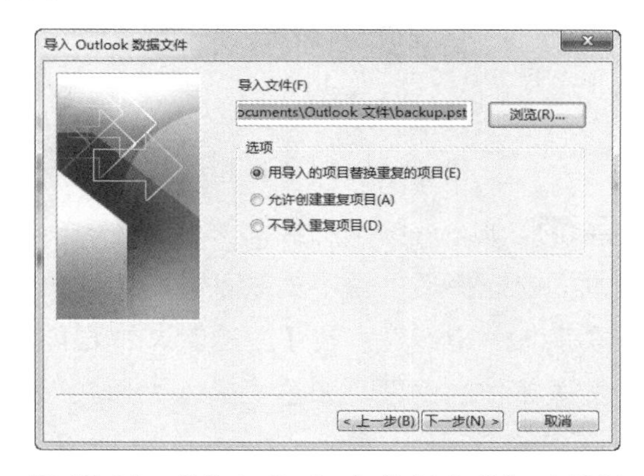

图 17-64　【导入 Outlook 数据文件】对话框

Step 11 单击【下一步】按钮，打开【Outlook 数据文件密码】对话框，在【密码】文本框内输入之前设定的密码，如图 17-65 所示。

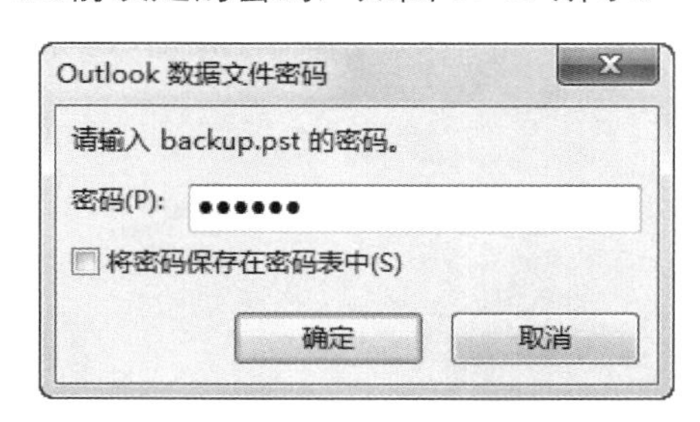

图 17-65　输入密码

Step 12 单击【确定】按钮，在弹出的【Outlook 数据文件密码】对话框中再输入一次密码，然后再单击【确定】按钮即可将备份的文件导入 Outlook 2013 中。

17.3.3 跟踪邮件发送状态

发出的邮件不知道对方是否接收成功时，可以设置跟踪邮件的发送状态，包括设置邮件送达回执和设置邮件阅读回执，具体操作步骤如下。

Step 01 单击【开始】选项卡下【新建】组中的【新建电子邮件】按钮，如图 17-66 所示。

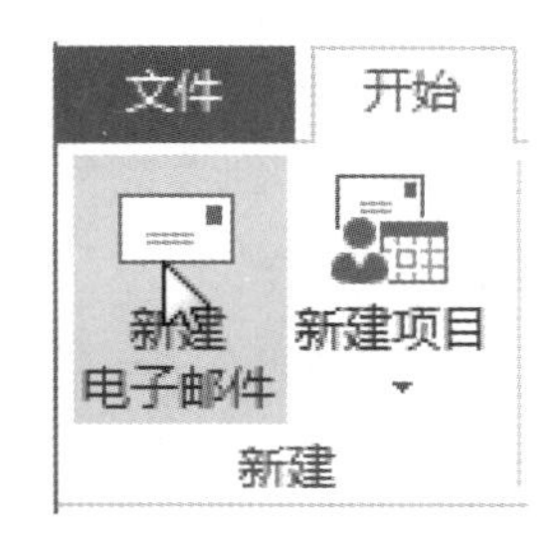

图 17-66 【新建】组

Step 02 进入发送邮件界面，在【收件人】文本框内选择通讯簿中的联系人，如这里选择联系人“李四”，在【主题】文本框内输入发送邮件的主题，如这里输入“通知”，如图 17-67 所示。

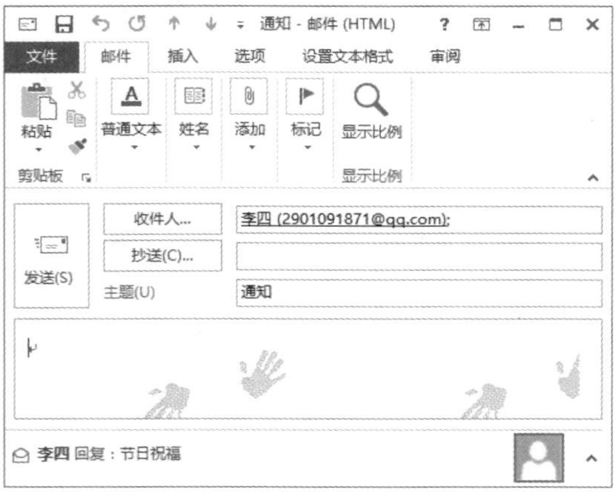

图 17-67 发送邮件界面

Step 03 在内容编辑框内输入邮件的内容，如图 17-68 所示。

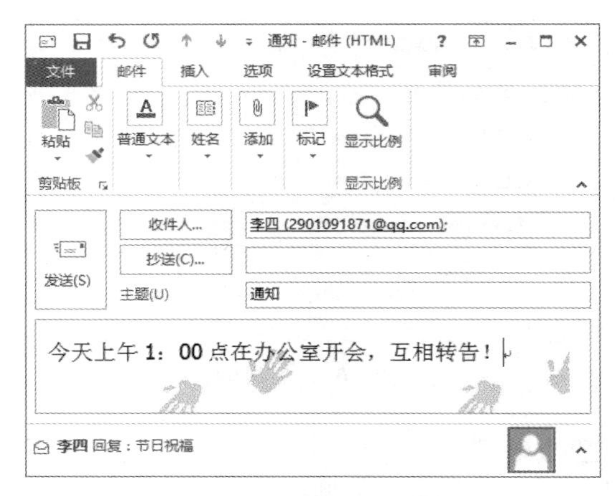

图 17-68 输入邮件信息

Step 04 同时选中【选项】选项卡下【跟踪】组中的【请求送达回执】复选框和【请求已读回执】复选框，如图 17-69 所示。

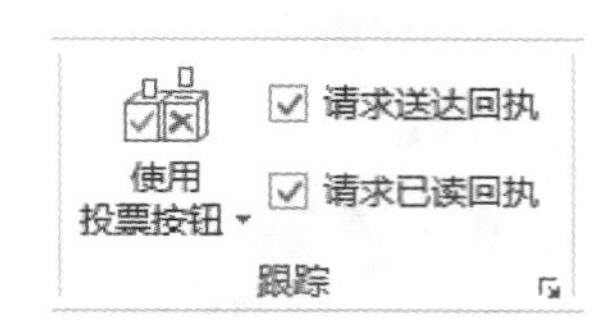

图 17-69 【跟踪】组

Step 05 单击【发送】按钮，即可将这封邮件发送给联系人“李四”，当对方收到并阅读后会向发件人发送回执，如图 17-70 所示。

图 17-70 跟踪信息

17.4 添加联系人

在 Outlook 2013 中添加联系人有三种方式，包括通过新建项目、联系人列表和通讯簿来添加联系人。本节将介绍这三种添加联系人方式的具体操作步骤。

17.4.1 通过新建项目添加联系人

通过新建项目添加联系人的具体操作步骤如下。

Step 01 单击【开始】选项卡下【新建】组中的【新建项目】按钮，从弹出的下拉列表中选择【联系人】选项，如图 17-71 所示。

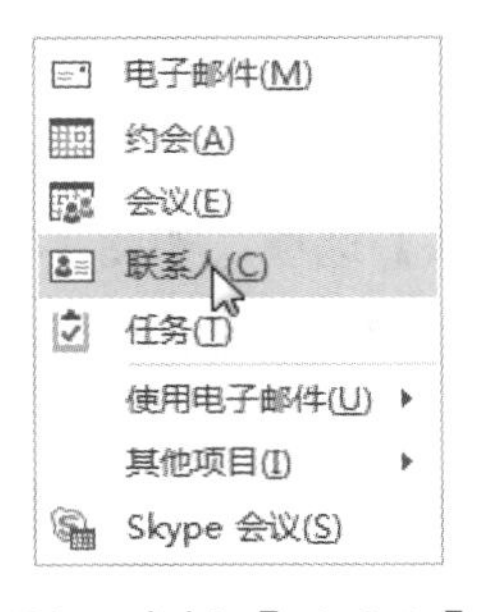

图 17-71　选择【联系人】选项

Step 02 在【联系人】界面中输入联系人的各项信息，然后单击【保存并关闭】按钮即可成功添加一个新的联系人，如图 17-72 所示。

图 17-72　输入联系人信息

17.4.2 通过通讯簿添加联系人

通过通讯簿添加联系人的具体操作步骤如下。

Step 01 单击【开始】选项卡下【查找】组中的【通讯簿】按钮，如图 17-73 所示。

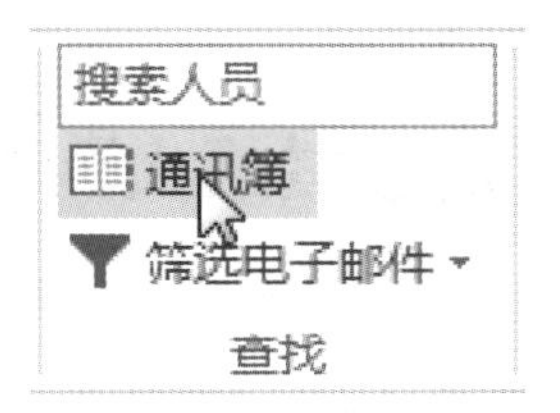

图 17-73　单击【通讯簿】按钮

Step 02 打开【通讯簿：联系人】窗口，在【文件】菜单中选择【添加新地址】命令，如图 17-74 所示。

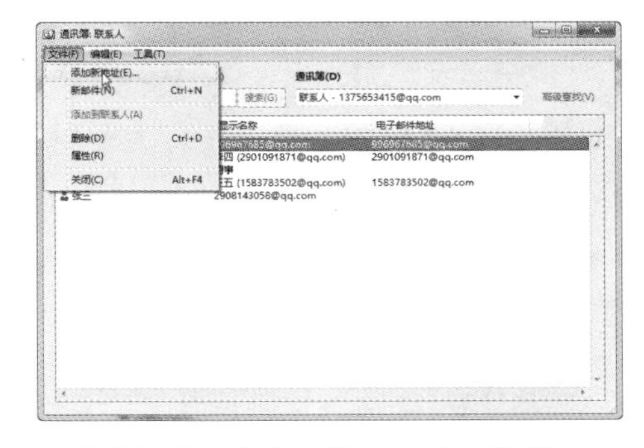

图 17-74　【通讯簿：联系人】窗口

Step 03 打开【添加新地址】对话框，从【选定地址类型】列表框中选择【新建联系人】选项，如图 17-75 所示。

Step 04 单击【确定】按钮，打开【联系人】界面，在该界面中输入联系人的基本信息，然后单击【保存并关闭】按钮即可添加一位新的联系人，如图 17-76 所示。

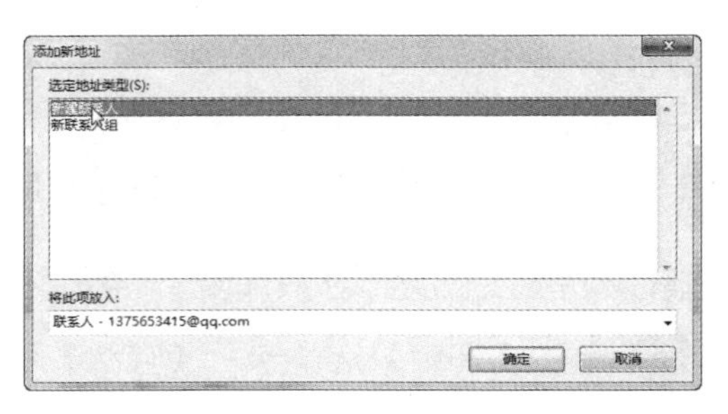

图 17-75 【添加新地址】对话框

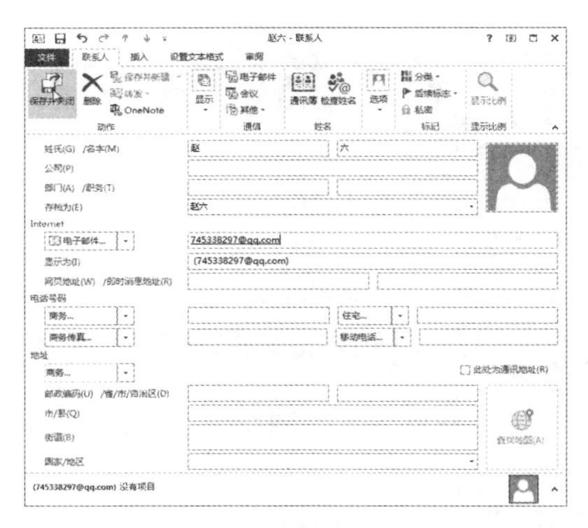

图 17-76 添加联系人

17.4.3 通过联系人列表添加联系人

通过联系人列表添加联系人的具体操作步骤如下。

Step 01 打开 Outlook 2013 软件，在打开的界面中选择【联系人】选项，如图 17-77 所示。

Step 02 弹出联系人列表，在该列表的空白处单击鼠标右键，在弹出的快捷菜单中选择【新建联系人】命令，如图 17-78 所示。

Step 03 打开【联系人】界面，在该界面中输入新建联系人的各项信息，单击【保存并关闭】按钮即可添加一位新的联系人，如图 17-79 所示。

图 17-77 选择【联系人】选项

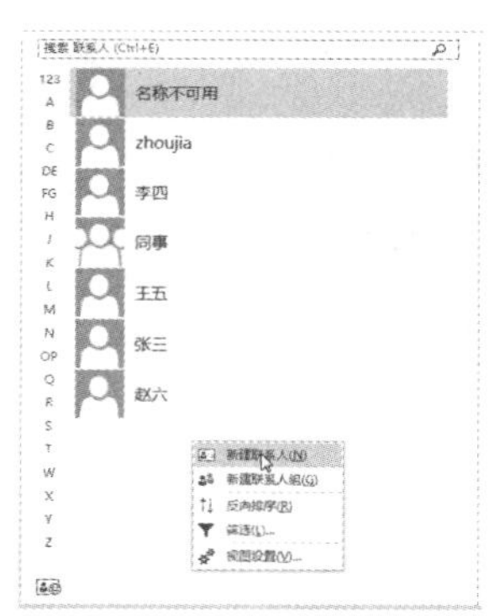

图 17-78 右键菜单列表

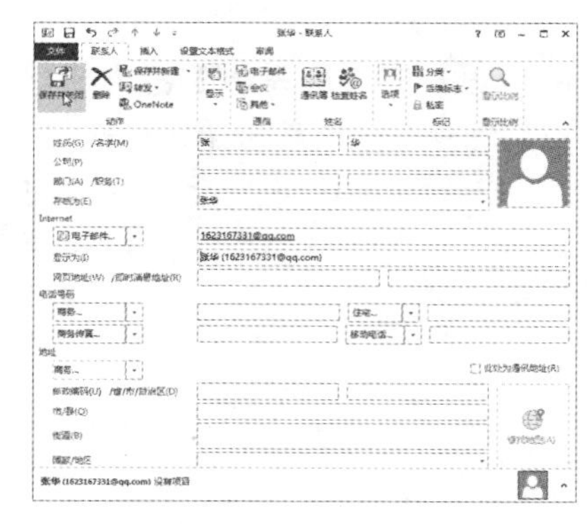

图 17-79 添加联系人

17.5 管理联系人

本节将介绍如何管理通讯簿中的联系人，包括修改或更新联系人的一些基本信息、导入 / 导出联系人以及对现有的联系人进行分组等内容。

17.5.1 修改联系人信息

当联系人的信息发生变动时，用户需要及时修改联系人的信息以确保该联系人的联系方式有效。修改联系人信息的具体操作步骤如下。

Step 01 单击【开始】选项卡下【查找】组中的【通讯簿】按钮，如图 17-80 所示。

Step 02 打开【通讯簿：联系人】窗口，选中需要修改信息的联系人，如这里选择联系人“王五”，然后单击鼠标右键，从弹出的快捷菜单中选择【属性】命令，如图 17-81 所示。

Step 03 打开【联系人信息】界面，对联系人信息进行修改或补充，然后单击【保存并关闭】按钮，即可完成该联系人的信息修改，如图 17-82 所示。

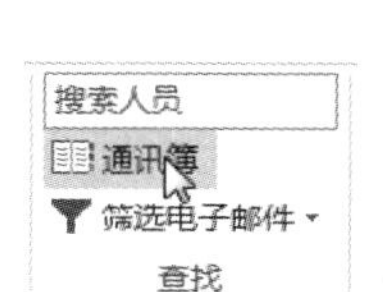

图 17-80　单击【通讯簿】按钮

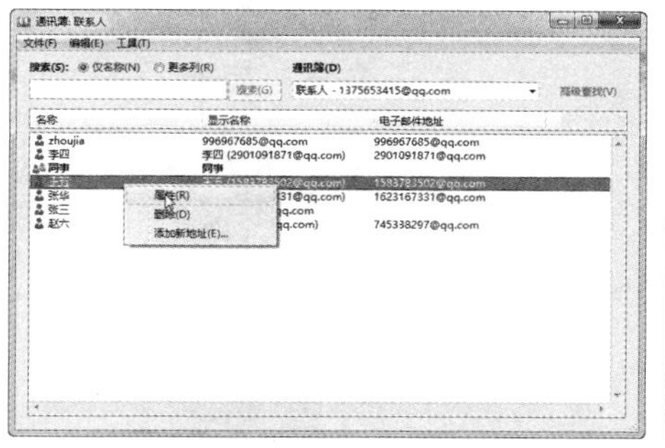

图 17-81　选择【属性】选项

图 17-82　修改联系人信息

17.5.2 联系人分组

对现有联系人进行分组，不仅方便用户查找联系人，还可以提高群发邮件的效率。在 Outlook 2013 中不必手动添加联系人进行分组，可以利用通讯簿选择联系人添加到同一组中，具体操作步骤如下。

Step 01 单击【开始】选项卡下【新建】组中的【新建项目】按钮，从弹出的下拉列表中选择【其他项目】子列表中的【联系人组】选项，如图 17-83 所示。

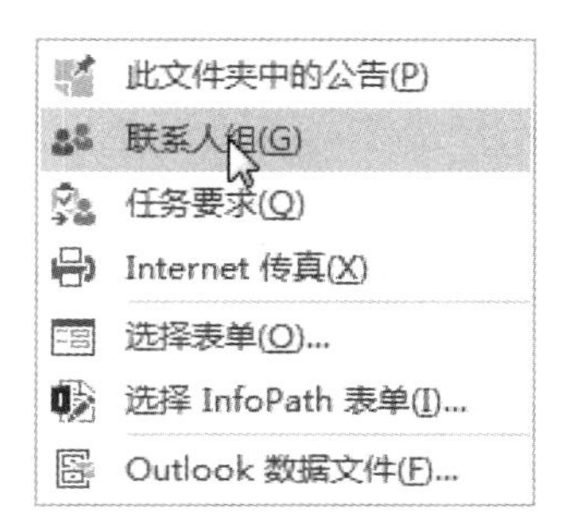

图 17-83　选择【联系人组】选项

Step 02 在【名称】文本框内输入新建联系人组的名称，如这里输入“我的同学”，如图 17-84 所示。

图 17-84　输入组信息

Step 03 单击【添加成员】按钮，从弹出的下拉列表中选择【从通讯簿】选项，如图 17-85 所示。

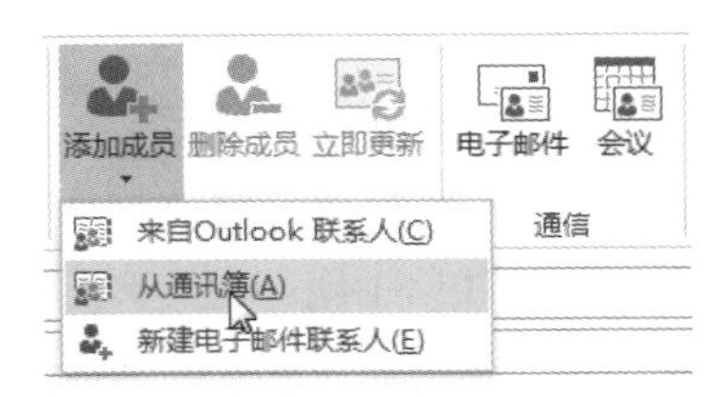

图 17-85 选择【从通讯簿】选项

Step 04 打开【选择成员：联系人】对话框，在通讯簿中双击需要添加到“我的同学”组中的联系人，联系人的电子邮箱地址会自动添加到【成员】文本框内，如图 17-86 所示。

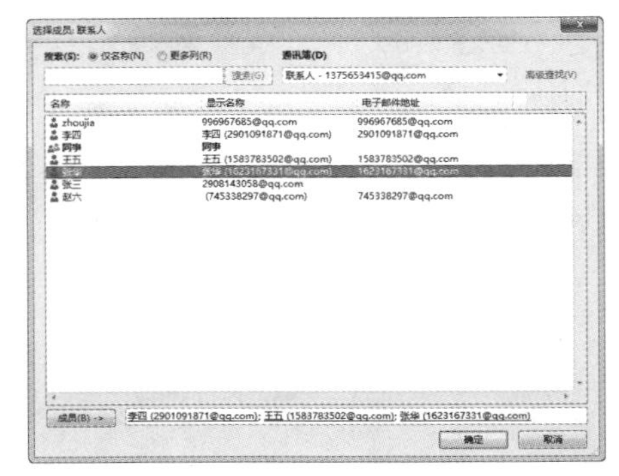

图 17-86 【选择成员：联系人】对话框

Step 05 单击【确定】按钮，返回到【我的同学-联系人组】窗口，在该窗口中单击【保存并关闭】按钮，即可完成对现有联系人的分组，如图 17-87 所示。

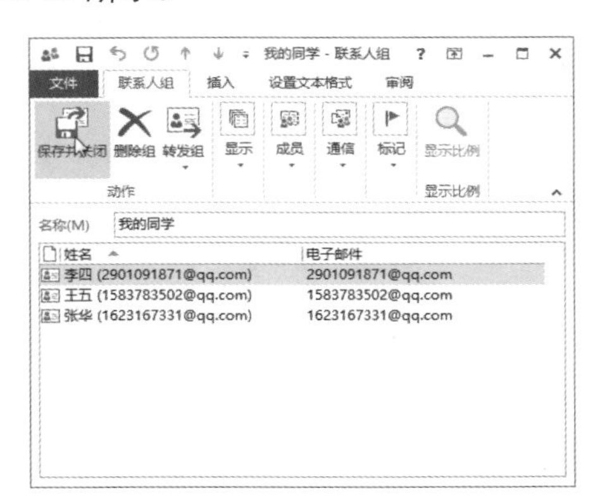

图 17-87 分组联系人

17.5.3 导入/导出联系人

有时为了防止联系人的联系方式丢失，经常需要将通讯簿中的联系人导出进行保存，当电脑重新安装 Outlook 软件或联系人丢失，就可以将保存的联系人导入到 Outlook 2013 中。

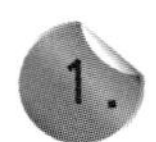 导出联系人

导出联系人的具体操作步骤如下。

Step 01 选择【文件】选项卡，选择【选项】命令，如图 17-88 所示。

图 17-88 【账户信息】界面

Step 02 打开【Outlook 选项】对话框，在左侧的选项区域内选择【高级】选项，在右侧窗格单击【导出】选项区域的【导出】按钮，如图 17-89 所示。

图 17-89 【Outlook 选项】对话框

Step 03 打开【导入和导出向导】对话框，在【请选择要执行的操作】列表框内选择【导出到文件】选项，然后单击【下一步】按钮，如图 17-90 所示。

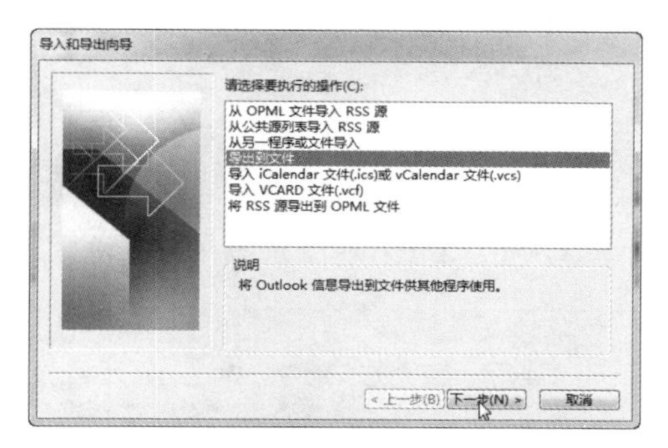

图 17-90　【导入和导出向导】对话框

Step 04 打开【导出到文件】对话框，在【创建文件的类型】列表框内选择【逗号分割值】选项，然后单击【下一步】按钮，如图 17-91 所示。

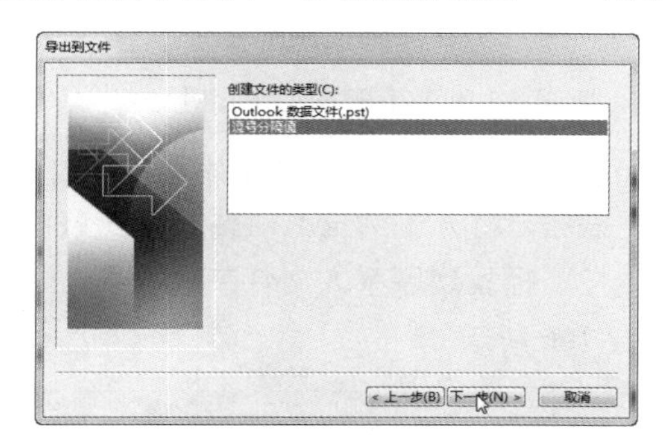

图 17-91　【导出到文件】对话框

Step 05 在【选择导出文件夹的位置】列表框内选择【Outlook 数据文件】选项下面的【联系人】选项，如图 17-92 所示。

图 17-92　选择导出文件夹的位置

Step 06 单击【下一步】按钮，然后单击【将导出文件另存为】文本框右侧的【浏览】按钮，如图 17-93 所示。

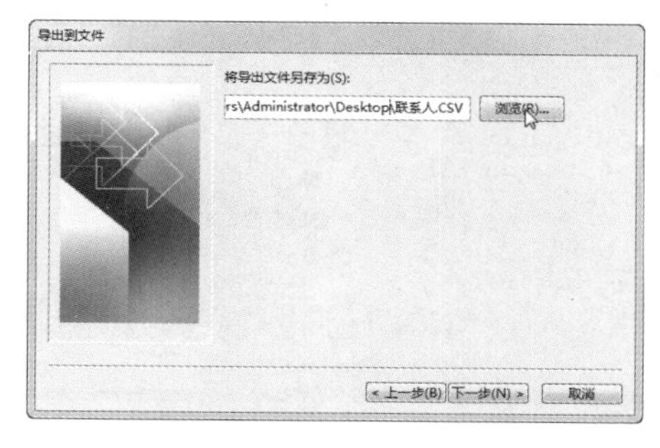

图 17-93　单击【浏览】按钮

Step 07 打开【浏览】对话框，选择文件需要保存的位置，如这里选择文件保存的位置为桌面，在【文件名】文本框内输入导出文件的名称，如这里输入“联系人”，然后单击【确定】按钮，如图 17-94 所示。

图 17-94　【浏览】对话框

Step 08 返回到【导出到文件】对话框，在该对话框中单击【下一步】按钮，如图 17-95 所示。

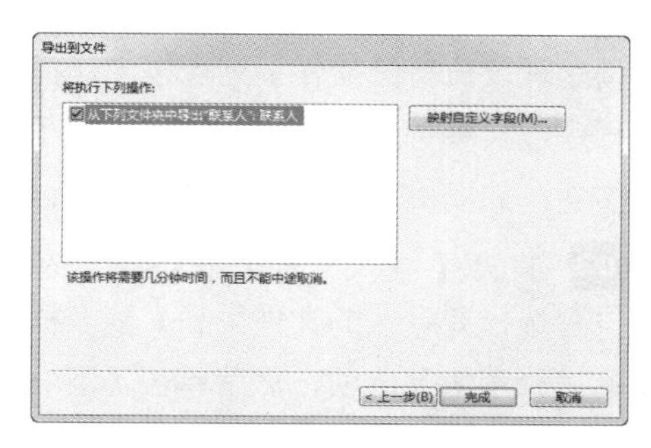

图 17-95　选择要执行的操作

Step 09 单击【完成】按钮，即开始导出联系人，并显示将联系人导出到文件夹的进程，如图 17-96 所示。

图 17-96　导出联系人

 导入联系人

导入联系人的具体操作步骤如下。

Step 01 选择【文件】选项卡，选择【打开和导出】命令，然后选择【导入 / 导出】选项，如图 17-97 所示。

图 17-97　【打开】界面

Step 02 打开【导入和导出向导】对话框，在【请选择要执行的操作】列表框内选择【从另一程序或文件导入】选项，然后单击【下一步】按钮，如图 17-98 所示。

Step 03 打开【导入文件】对话框，在【从下面位置选择要导入的文件类型】列表框内选择【逗号分割值】选项，然后单击【下一步】按钮，如图 17-99 所示。

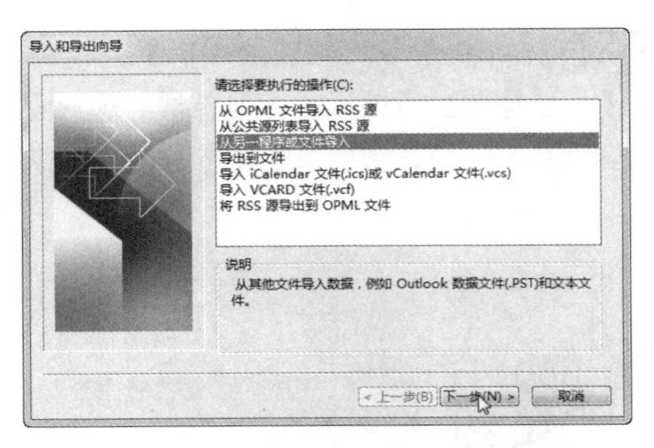

图 17-98　【导入和导出向导】对话框

图 17-99　【导入文件】对话框

Step 04 单击【导入文件】文本框右侧的【浏览】按钮，打开【浏览】对话框，在该对话框中按路径找到联系人文件夹进行导入，如图 17-100 所示。

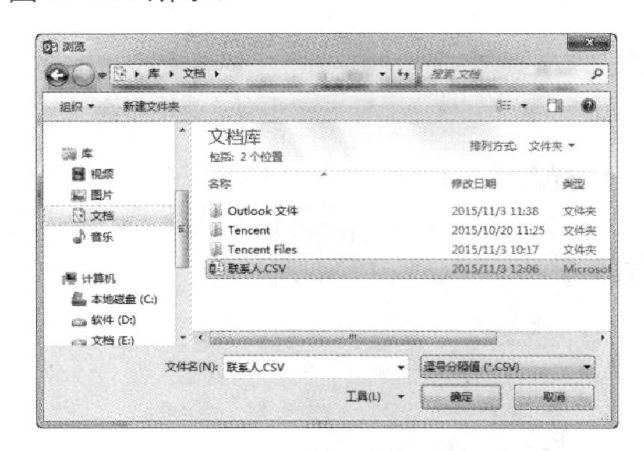

图 17-100　【浏览】对话框

Step 05 单击【确定】按钮，返回到【导入文件】对话框，在【选项】组中选择【允许创建重复项目】单选按钮，然后单击【下一步】按钮，如图 17-101 所示。

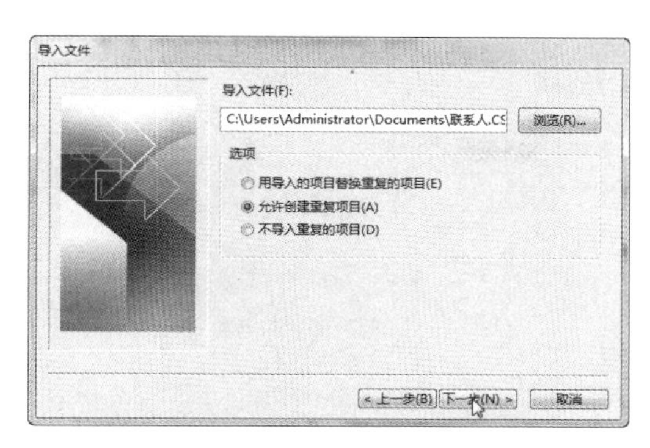

图 17-101　【导入文件】对话框

Step 06 在【选择目标文件】选项内选择【Outlook 数据文件】子列表中的【联系人】选项，如图 17-102 所示。

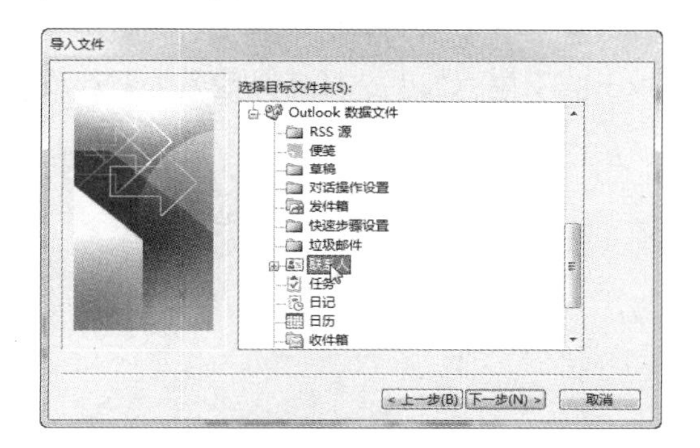

图 17-102　选择目标文件夹

Step 07 单击【下一步】按钮，进入如图 17-103 所示的界面。

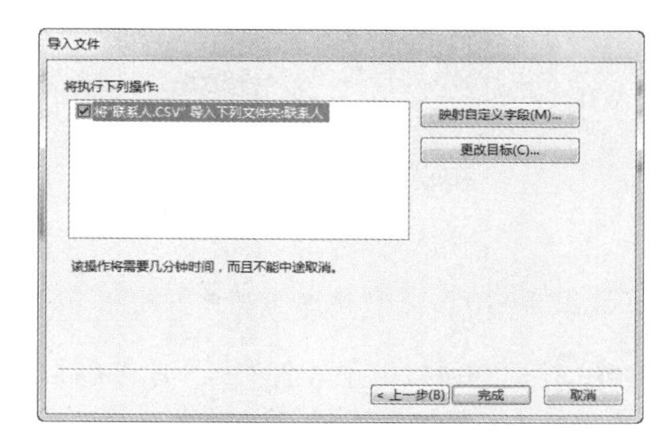

图 17-103　选择要执行的操作

Step 08 单击【完成】按钮，即开始导入联系人，并显示将联系人文件导入 Outlook 2013 中的进程，如图 17-104 所示。

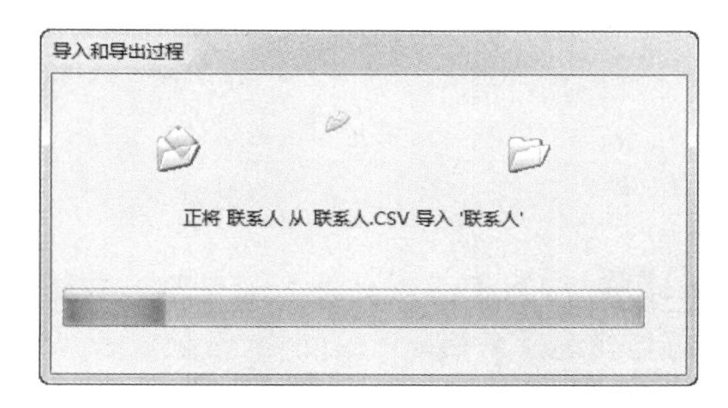

图 17-104　导入联系人

17.6 高效办公技能实战

17.6.1 高效办公技能实战 1——为电子邮件添加附件文件

电子邮件除了可以发送正文内的一些文本信息外，还可以将图片、声音、视频等附件文件发送到收件人的邮箱里，既满足了用户发送邮件的需求，又丰富了邮件的内容。

为电子邮件添加附件文件的具体操作步骤如下。

Step 01 新建一封电子邮件。单击【开始】选项卡下【新建】组中的【新建电子邮件】按钮，如图 17-105 所示。

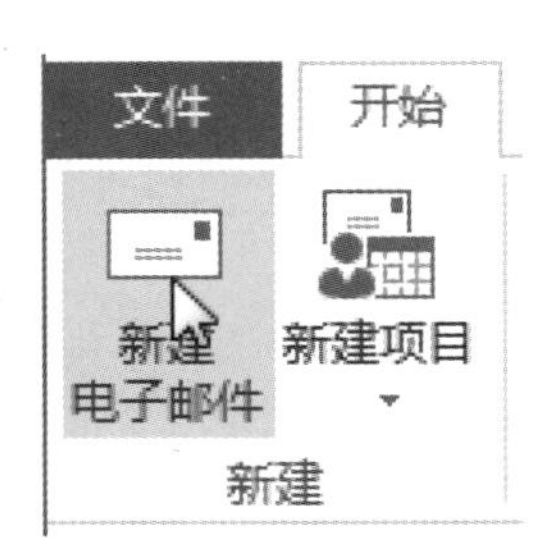

图 17-105 【新建电子邮件】按钮

Step 02 进入新建电子邮件界面，单击【插入】选项卡下【添加】组中的【附加文件】按钮，如图 17-106 所示。

图 17-106 单击【附加文件】按钮

Step 03 打开【插入文件】对话框，在该对话框查找选择需要插入的图片、音频或者视频，如这里选择插入一张图片，然后单击【插入】按钮，如图 17-107 所示。

图 17-107 【插入文件】对话框

Step 04 返回到新建电子邮件的界面，在【附件】文本框内显示插入的图片，如图 17-108 所示。

图 17-108 显示插入的图片

Step 05 除了图片、音频和视频可以作为附件发送给收件人外，还可以插入名片。单击【插入】选项卡下【添加】组中的【名片】按钮，从弹出的下拉列表中选择【其他名片】选项，如图 17-109 所示。

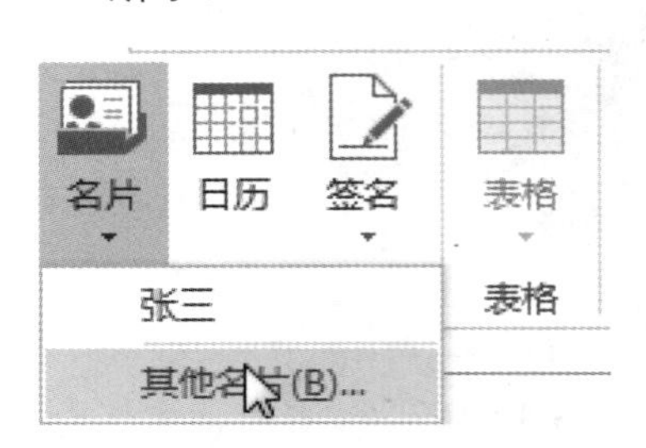

图 17-109 选择【其他名片】选项

Step 06 打开【插入名片】对话框，选择联系人的名片作为附件插入邮件中，如图 17-110 所示。

图 17-110 【插入名片】对话框

Step 07 单击【确定】按钮，即可将该名片添加到【附件】文本框内，如图 17-111 所示。

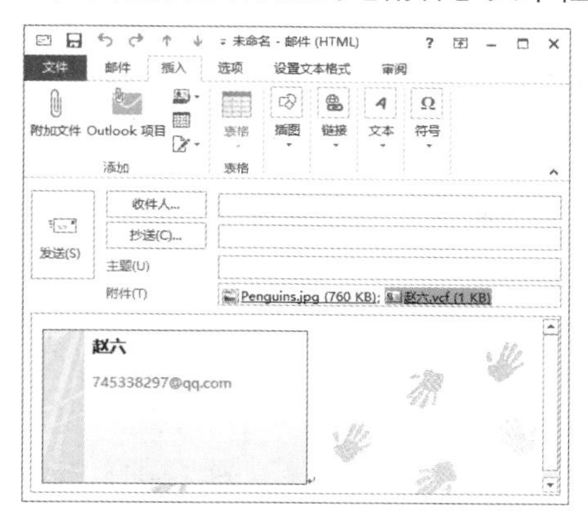

图 17-111 添加名片

Step 08 添加完附件后，输入收件人的地址和邮件内容，单击【发送】按钮，即可将该封带有附件的邮件发送给收件人。

17.6.2 高效办公技能实战 2——使用 Outlook 发出会议邀请

发出公司会议邀请的具体操作步骤如下。

Step 01 打开 Outlook 2013，在主界面中单击【开始】选项卡下【新建】组中的【新建项目】按钮，从弹出的下拉列表中选择【会议】选项，如图 17-112 所示。

Step 02 弹出发送会议邮件窗口，在【收件人】文本框内添加通讯簿中联系人的地址，单击【会议】选项卡下【与会者】组中的【通讯簿】选项，打开【选择与会者及资源：联系人】对话框，如图 17-113 所示。

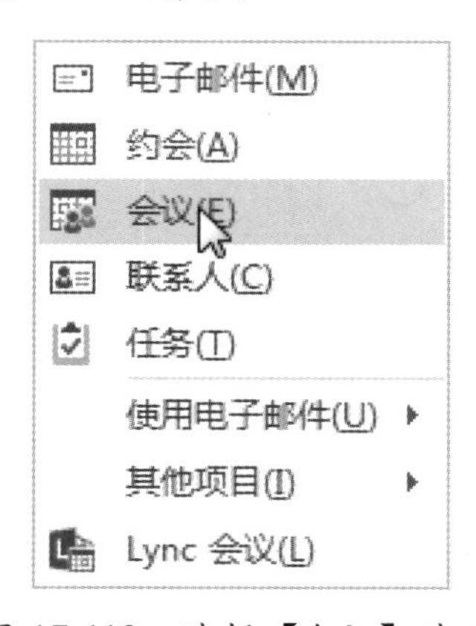

图 17-112 选择【会议】选项

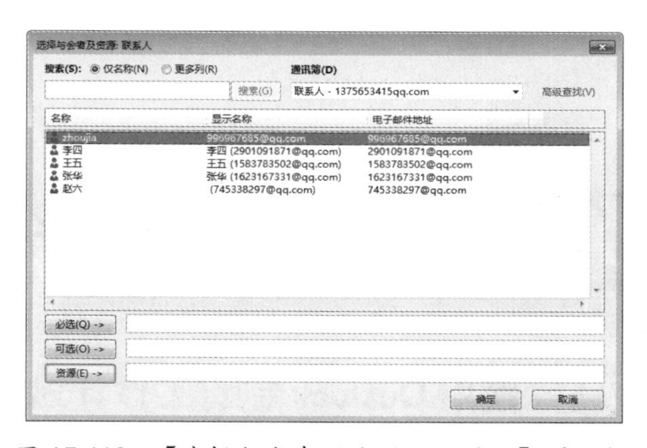

图 17-113 【选择与会者及资源：联系人】对话框

Step 03 当选择的与会者是必选时，可以单击该对话框下方的【必选】按钮，在其后面的文本框内添加联系人，如图 17-114 所示。

Step 04 除了必须选择参与会议的联系人外，用户还可以根据需要选择可选的与会者，选中联系人后，单击【可选】按钮，即可将联系人添加到【可选】文本框内，如图 17-115 所示。

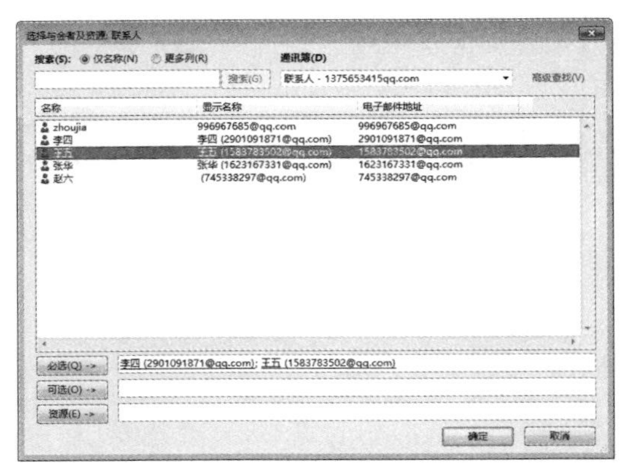

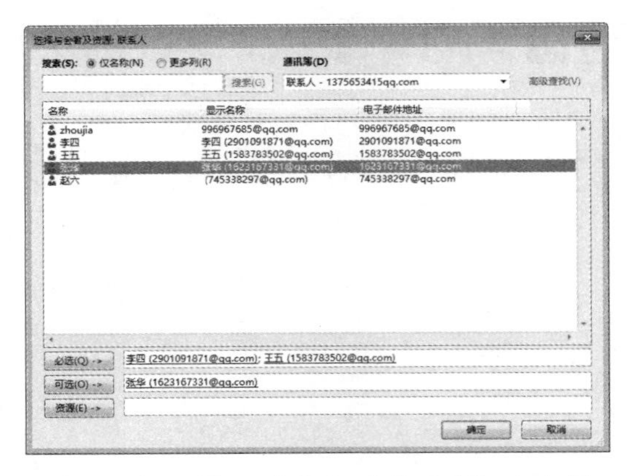

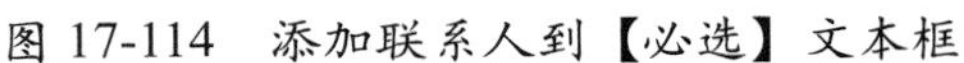
图 17-114　添加联系人到【必选】文本框

图 17-115　添加联系人到【可选】文本框

Step 05 单击【确定】按钮，返回到发送会议邮件的界面，在【主题】文本框内输入会议主题，在【地点】文本框内输入开会的地点，然后设置会议的开始时间和结束时间，如图 17-116 所示。

Step 06 单击【发送】按钮，即可将会议邮件发送给与会者，如图 17-117 所示。

图 17-116　输入邮件信息

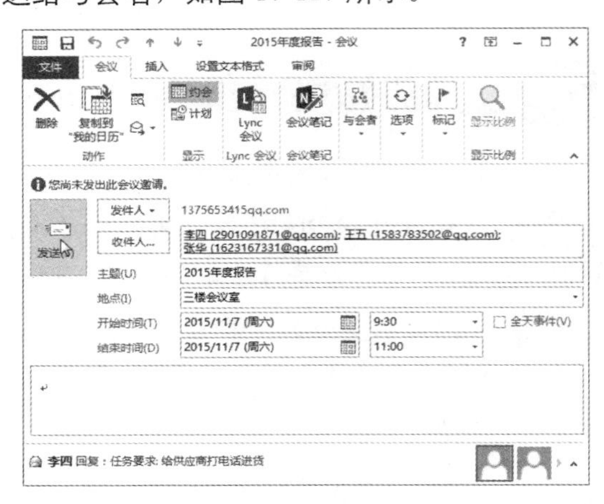

图 17-117　发送邮件

17.7 课后练习与指导

17.7.1 使用 Outlook 制订工作计划

- 练习目标

了解：Outlook 的日历功能。

掌握：使用 Outlook 的日历功能制订工作计划的方法。

- **专题练习指南**

01 打开 Outlook 2013，在左侧列表中选择【日历】选项，进入【日历】界面。

02 在需要添加计划的时间线上右击，在弹出的快捷菜单中选择相应的预订计划，如【新建约会】命令。

03 在弹出的【未命名 – 约会】窗口中添加“主题”“地点”“开始时间”“结束时间”以及“摘要信息”等。

17.7.2 自定义 Outlook 的导航窗格

- **练习目标**

了解：Outlook 导航窗格的功能。

掌握：灵活使用 Outlook 导航窗格的方法。

- **专题练习指南**

01 单击 Outlook 2013 主界面中的【文件】选项卡，选择【选项】命令，弹出【Outlook 选项】对话框。

02 选择【高级】选项，在【自定义 Outlook 窗格】设置区域单击【导航窗格】按钮。

03 弹出【导航窗格选项】对话框，在【按此顺序显示按钮】列表框中根据需要选中相应的复选框，通过单击【上移】和【下移】按钮，可以调整导航窗格中显示按钮的顺序。

04 在【自定义 Outlook 窗格】设置区域单击【阅读窗格】按钮，打开【阅读窗格】对话框，从中根据需要设置阅读窗格选项。

05 在【自定义 Outlook 窗格】设置区域单击【待办事项栏】按钮，打开【待办事项栏选项】对话框，根据需要设置待办事项栏选项。

06 设置完成单击【确定】按钮，保存设置。

办公软件的合作——Office 2013 组件间的协作办公

● **本章导读**

Office 组件之间的协作办公主要包括 Word 与 Excel 之间的协作、Word 与 PowerPoint 之间的协作、Excel 与 PowerPoint 之间的协作以及 Outlook 与其他组件之间的协作等。

● **学习目标**

◎ 掌握 Word 与 Excel 之间的协作技巧与方法

◎ 掌握 Word 与 PowerPoint 之间的协作技巧与方法

◎ 掌握 Excel 与 PowerPoint 之间的协作技巧与方法

◎ 掌握 Outlook 与其他组件之间的协作关系

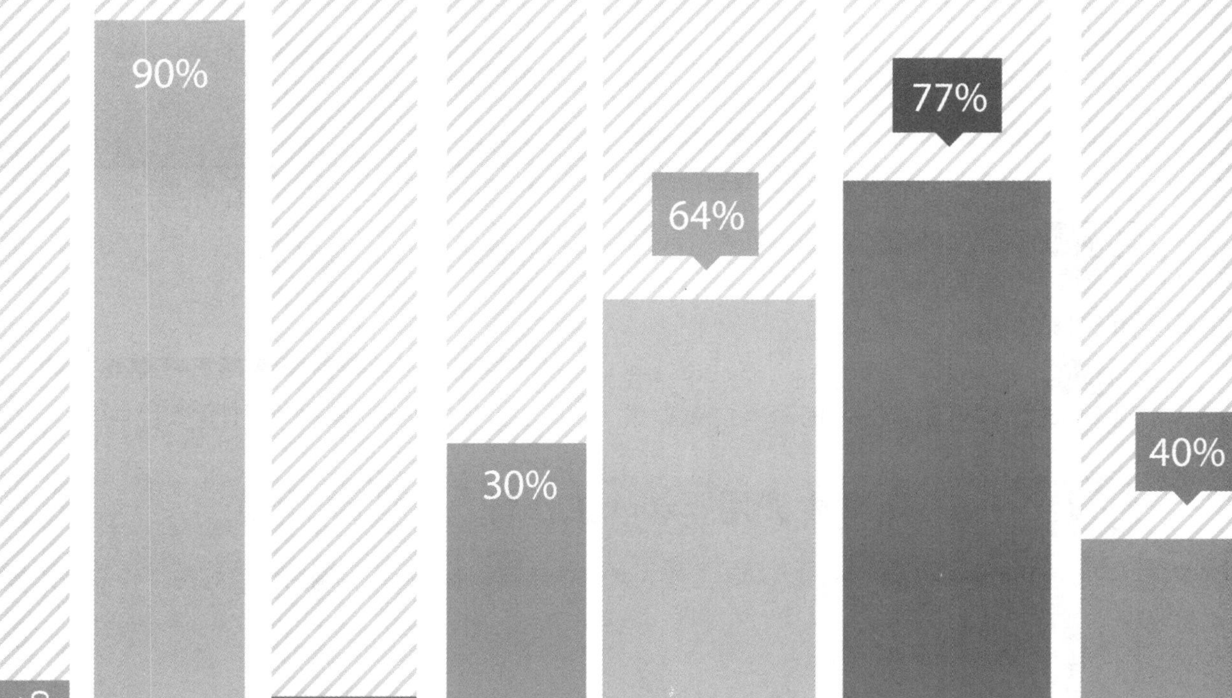

18.1 Word与Excel之间的协作

Word 与 Excel 都是现代化办公必不可少的工具，熟练掌握 Word 与 Excel 的协作办公技能可以说是对每个办公人员的要求。

18.1.1 在 Word 文档中创建 Excel 工作表

在 Office 2013 的 Word 组件中提供了创建 Excel 工作表的功能，这样就可以直接在 Word 中使用 Excel 工作表，而不用在两个软件之间来回切换进行工作了。

在 Word 文档中创建 Excel 工作表的具体操作步骤如下。

Step 01 在 Word 2013 的工作界面中选择【插入】选项卡，单击【文本】组中的【对象】按钮，如图 18-1 所示。

图 18-1　单击【对象】按钮

Step 02 弹出【对象】对话框，在【对象类型】列表框中选择【Microsoft Excel 工作表】选项，如图 18-2 所示。

Step 03 单击【确定】按钮，文档中就会出现 Excel 工作表的状态，同时当前窗口最上方的功能区显示的是 Excel 软件的功能区，然后直接在工作表中输入需要的数据即可，如图 18-3 所示。

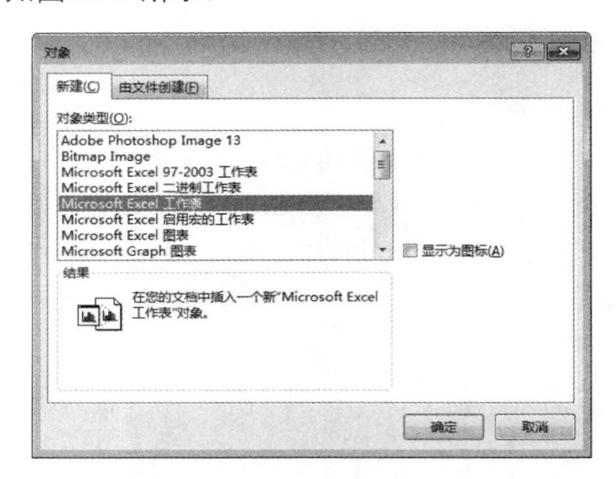

图 18-2　【对象】对话框

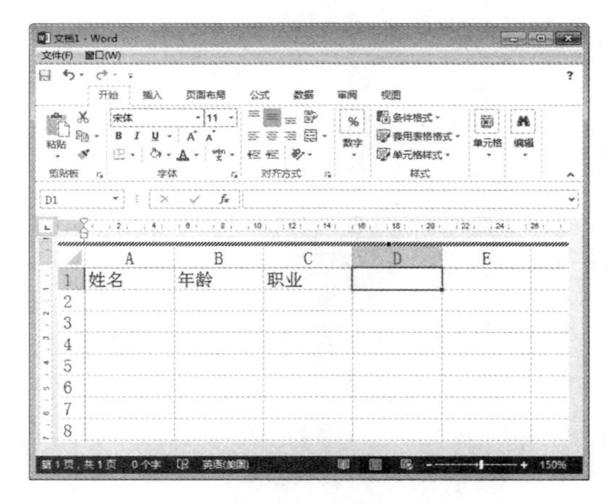

图 18-3　在 Word 中创建 Excel

18.1.2 在 Word 中调用 Excel 工作表

除了可以在 Word 中新建 Excel 工作表之外，还可以在 Word 中调用创建好的工作表，具体

操作步骤如下。

Step 01 打开 Word 软件，选择【插入】选项卡，单击【文本】组中的【对象】按钮，弹出【对象】对话框，切换到【由文件创建】选项卡，如图 18-4 所示。

Step 02 单击【浏览】按钮，在弹出的【浏览】对话框中选择需要插入的 Excel 文件，这里选择随书光盘中的“素材\ch18\社保缴费统计表.xlsx”文件，单击【插入】按钮，如图 18-5 所示。

图 18-4　【由文件创建】选项卡

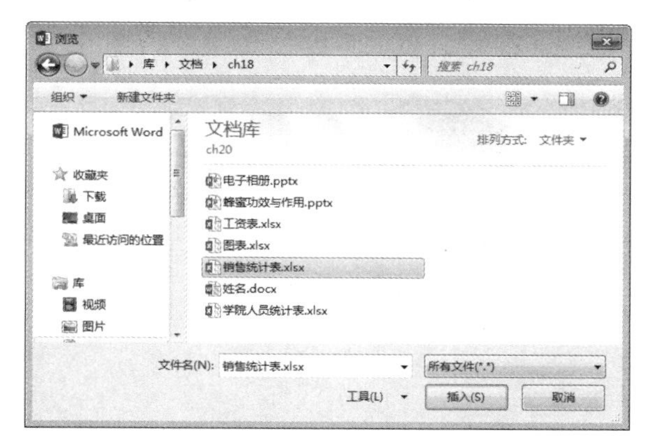

图 18-5　【浏览】对话框

Step 03 返回【对象】对话框，单击【确定】按钮，即可将 Excel 工作表插入 Word 文档中，如图 18-6 所示。

Step 04 插入 Excel 工作表以后，可以通过工作表四周的控制点调整工作表的位置及大小，如图 18-7 所示。

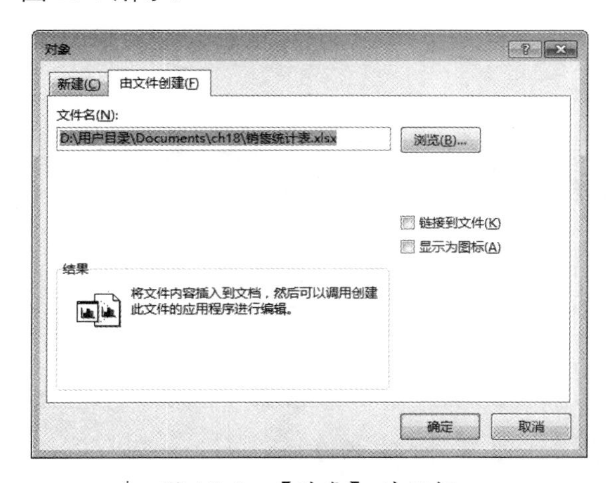

图 18-6　【对象】对话框

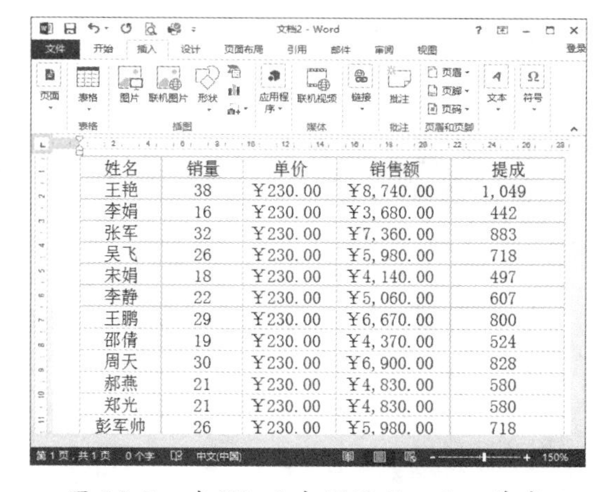

姓名	销量	单价	销售额	提成
王艳	38	￥230.00	￥8,740.00	1,049
李娟	16	￥230.00	￥3,680.00	442
张军	32	￥230.00	￥7,360.00	883
吴飞	26	￥230.00	￥5,980.00	718
宋娟	18	￥230.00	￥4,140.00	497
李静	22	￥230.00	￥5,060.00	607
王鹏	29	￥230.00	￥6,670.00	800
邵倩	19	￥230.00	￥4,370.00	524
周天	30	￥230.00	￥6,900.00	828
郝燕	21	￥230.00	￥4,830.00	580
郑光	21	￥230.00	￥4,830.00	580
彭军帅	26	￥230.00	￥5,980.00	718

图 18-7　在 Word 中调用 Excel 工作表

18.1.3 在 Word 文档中编辑 Excel 工作表

在 Word 中除了可以创建和调用 Excel 工作表之外，还可以对创建或调用的 Excel 工作表进行编辑操作。

具体操作步骤如下。

Step 01 参照调用 Excel 工作表的方法在 Word 中插入一个需要编辑的工作表，如图 18-8 所示。

Step 02 修改姓名为王艳的销售数量，如将“38”修改为“42”，这时就可以双击插入的工作表，进入工作表编辑状态，然后选择“38”所在的单元格并选中文字，在其中直接输入“42”即可，如图 18-9 所示。

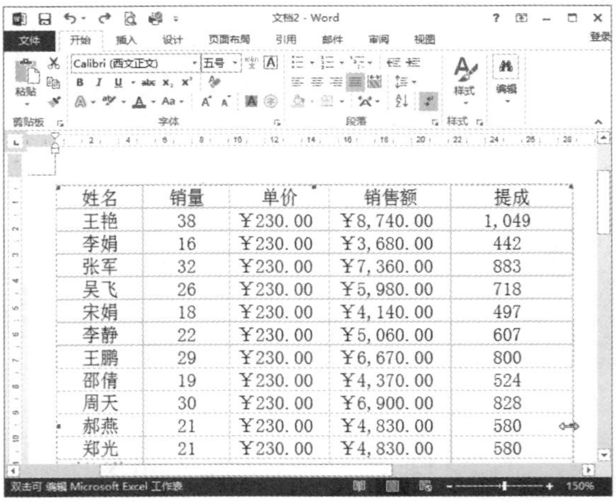

姓名	销量	单价	销售额	提成
王艳	38	￥230.00	￥8,740.00	1,049
李娟	16	￥230.00	￥3,680.00	442
张军	32	￥230.00	￥7,360.00	883
吴飞	26	￥230.00	￥5,980.00	718
宋娟	18	￥230.00	￥4,140.00	497
李静	22	￥230.00	￥5,060.00	607
王鹏	29	￥230.00	￥6,670.00	800
邵倩	19	￥230.00	￥4,370.00	524
周天	30	￥230.00	￥6,900.00	828
郝燕	21	￥230.00	￥4,830.00	580
郑光	21	￥230.00	￥4,830.00	580

图 18-8 打开要编辑的 Excel 工作表

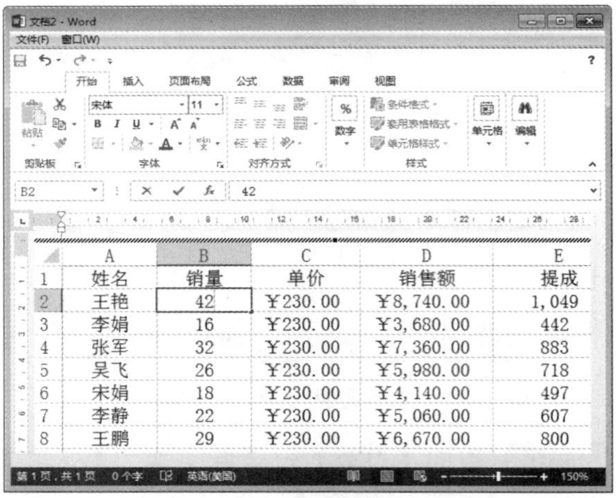

	A	B	C	D	E
1	姓名	销量	单价	销售额	提成
2	王艳	42	￥230.00	￥8,740.00	1,049
3	李娟	16	￥230.00	￥3,680.00	442
4	张军	32	￥230.00	￥7,360.00	883
5	吴飞	26	￥230.00	￥5,980.00	718
6	宋娟	18	￥230.00	￥4,140.00	497
7	李静	22	￥230.00	￥5,060.00	607
8	王鹏	29	￥230.00	￥6,670.00	800

图 18-9 修改表格中的数据

提示 参照相同的方法可以编辑工作表中其他单元格的数值。

18.2 Word与PowerPoint之间的协作

Word 与 PowerPoint 之间也可以协作办公，将 PowerPoint 演示文稿制作成 Word 文档的方法有两种：一种是在 Word 状态下将演示文稿导入 Word 文档中；另一种是将演示文稿发送到 Word 文档中。

18.2.1 在 Word 文档中创建 PowerPoint 演示文稿

在 Word 文档中创建 PowerPoint 演示文稿的具体操作步骤如下。

Step 01 打开 Word 软件，选择【插入】选项卡，单击【文本】组中的【对象】按钮，弹出【对象】对话框，在【新建】选项卡中选择【Microsoft PowerPoint 幻灯片】选项，如图 18-10 所示。

Step 02 单击【确定】按钮，即可在 Word 文档中添加一个幻灯片，如图 18-11 所示。

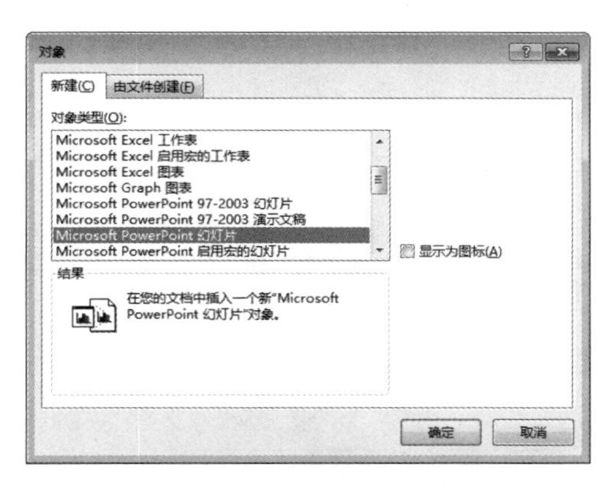

图 18-10　【对象】对话框

图 18-11　在 Word 中创建幻灯片

Step 03 在“单击此处添加标题”占位符中可以输入标题信息，如输入“产品介绍报告”，如图 18-12 所示。

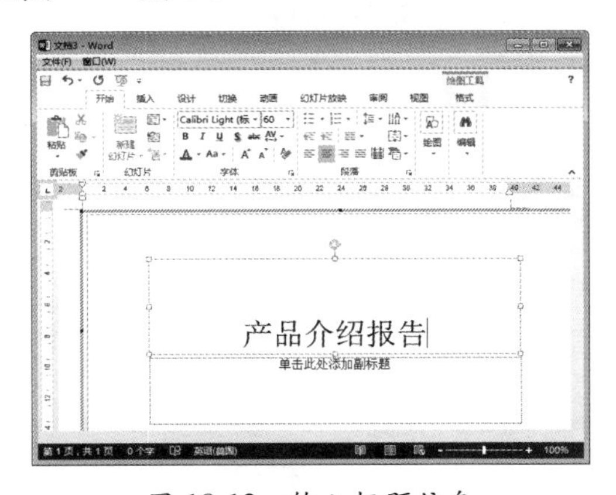

图 18-12　输入标题信息

Step 04 在“单击此处添加副标题”占位符中输入幻灯片的副标题，如这里输入“——蜂蜜系列产品”，如图 18-13 所示。

图 18-13　输入副标题信息

Step 05 右击创建的幻灯片，在弹出的快捷菜单中选择【设置背景格式】命令，如图 18-14 所示。

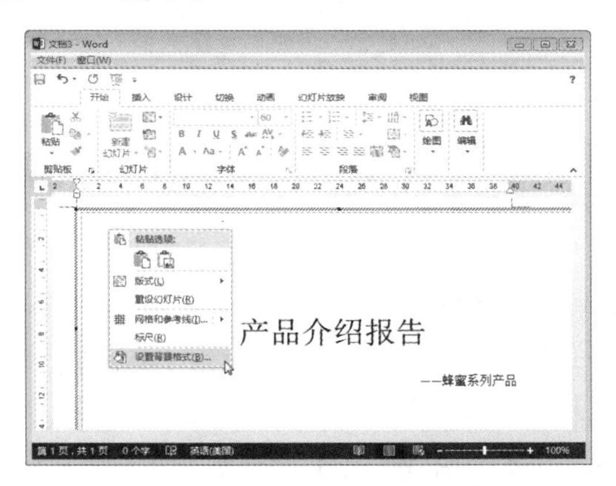

图 18-14　选择【设置背景格式】命令

Step 06 打开【设置背景格式】对话框，在其中将填充的颜色设置为“蓝色”，如图 18-15 所示。

图 18-15　选择蓝色作为填充颜色

Step 07 单击【关闭】按钮，返回到 Word 文档中，在其中可以看到设置之后的幻灯片背景，如图 18-16 所示。

Step 08 选中该幻灯片的边框，等鼠标指针变为双向箭头时，按下鼠标左键不放，拖曳鼠标可以调整幻灯片的大小，如图 18-17 所示。

图 18-16　添加的幻灯片背景颜色

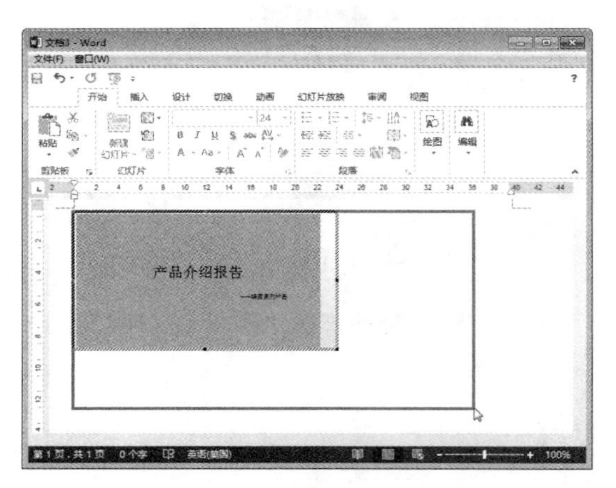

图 18-17　改变幻灯片的大小

18.2.2 在 Word 文档中添加 PowerPoint 演示文稿

在 PowerPoint 中创建好演示文稿之后，除了可以在 PowerPoint 中进行编辑和放映外，还可以将 PowerPoint 演示文稿插入 Word 软件中进行编辑及放映，具体的操作步骤如下。

Step 01 打开 Word 软件，单击【插入】选项卡下【文本】组中的【对象】按钮，在弹出的【对象】对话框中切换到【由文件创建】选项卡，单击【浏览】按钮，如图 18-18 所示。

Step 02 打开【浏览】对话框，在其中选择需要插入的 PowerPoint 文件，这里选择随书光盘中的“素材 \ch18\ 电子相册 .pptx”文件，然后单击【插入】按钮，如图 18-19 所示。

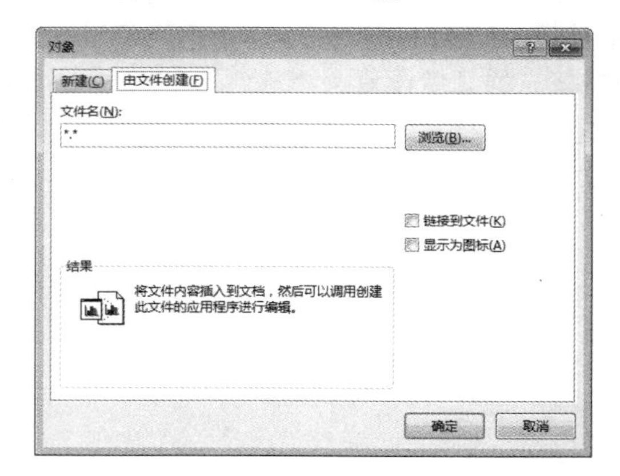

图 18-18　【对象】对话框

图 18-19　【浏览】对话框

Step 03 返回【对象】对话框，单击【确定】按钮，即可在文档中插入所选的演示文稿，如图 18-20 所示。

Step 04 插入 PowerPoint 演示文稿以后，可以通过演示文稿四周的控制点来调整演示文稿的位置及大小，如图 18-21 所示。

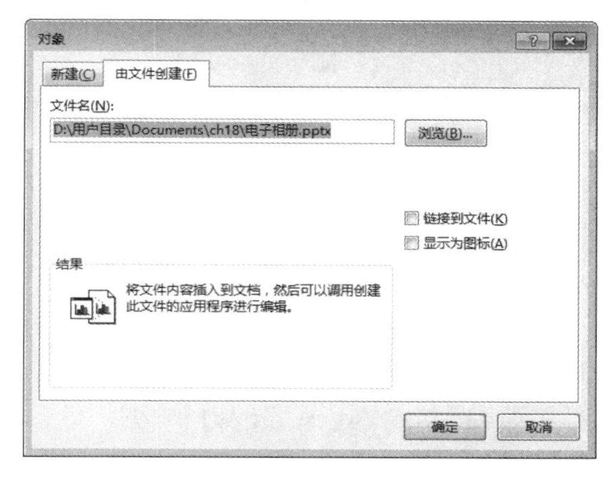

图 18-20 【对象】对话框

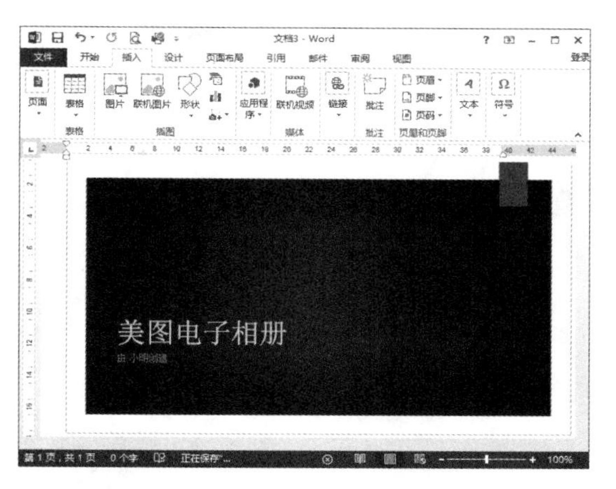

图 18-21 在 Word 中调用演示文稿

18.2.3 在 Word 中编辑 PowerPoint 演示文稿

插入 Word 文档中的 PowerPoint 幻灯片作为一个对象，也可以像其他对象一样进行调整大小或者移动位置等操作。

在 Word 中编辑 PowerPoint 演示文稿的具体操作步骤如下。

Step 01 参照上述在 Word 文档中添加 PowerPoint 演示文稿的方法，将需要在 Word 中编辑的 PowerPoint 演示文稿添加到 Word 文档中，如图 18-22 所示。

图 18-22 在 Word 中调用需要编辑的演示文稿

Step 02 双击插入的幻灯片对象或者在该对象上单击鼠标右键，然后在弹出的快捷菜单中选择【“演示文稿”对象】→【显示】命令，如图 18-23 所示。

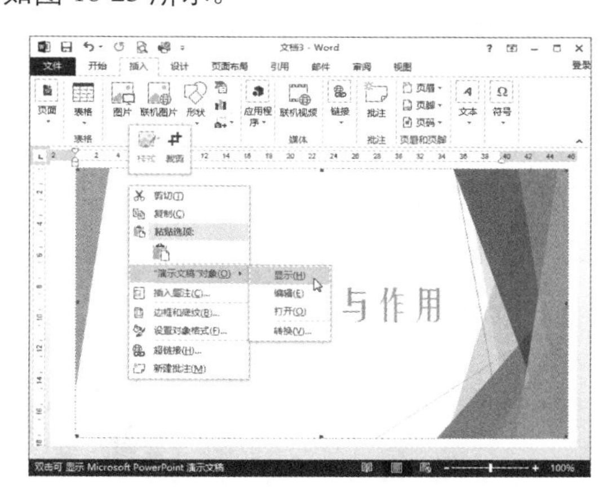

图 18-23 选择【显示】命令

Step 03 随机即可进入幻灯片的放映视图开始放映幻灯片，如图 18-24 所示。

Step 04 在插入的幻灯片对象上单击鼠标右键，在弹出的快捷菜单中选择【“演示文稿”对象】→【打开】命令，如图 18-25 所示。

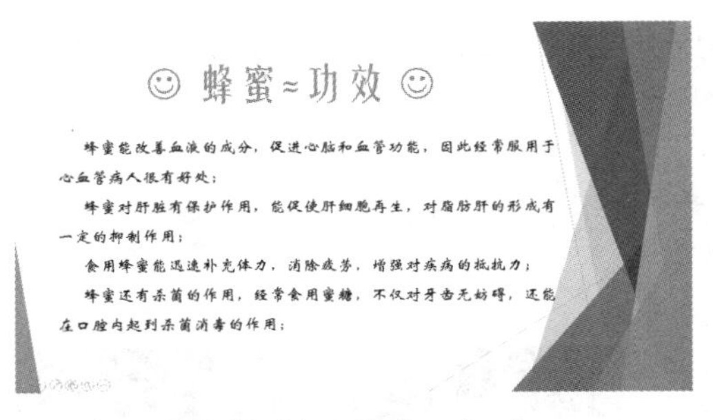

图 18-24　放映幻灯片

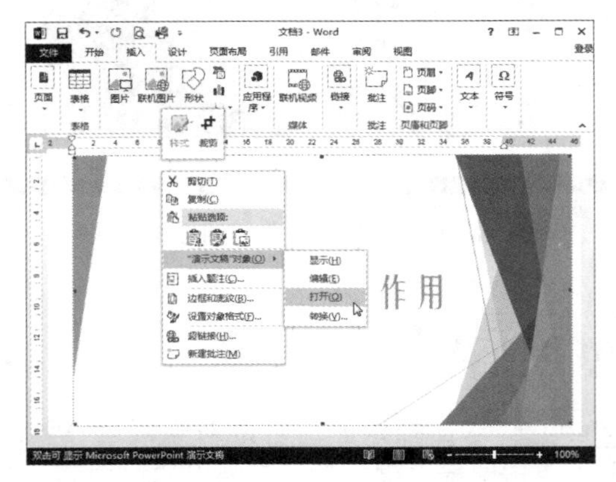

图 18-25　选择【打开】命令

Step 05 弹出 PowerPoint 程序窗口，进入该演示文稿的编辑状态，如图 18-26 所示。

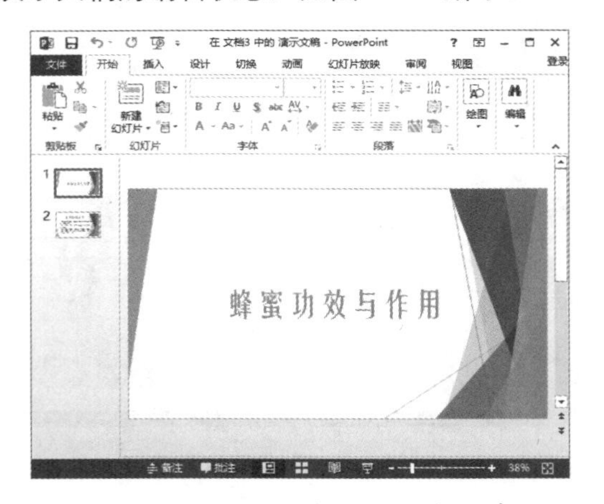

图 18-26　进入幻灯片的编辑状态

Step 06 右击插入的幻灯片，在弹出的快捷菜单中选择【“演示文稿”对象】→【编辑】命令，如图 18-27 所示。

Step 07 即可在 Word 中显示 PowerPoint 程序的菜单栏和工具栏等，通过这些工具可以对幻灯片进行编辑操作，如图 18-28 所示。

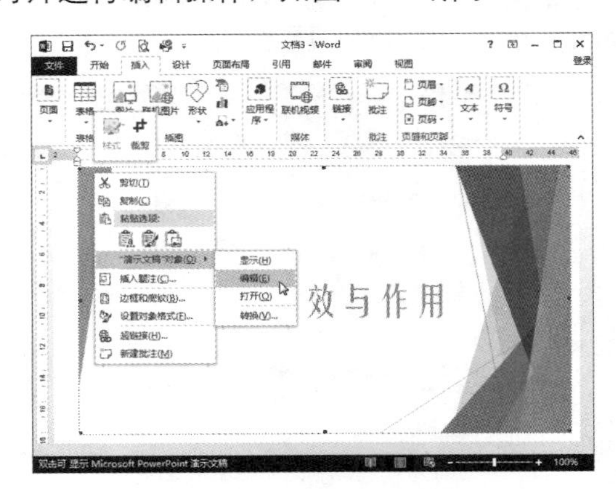

图 18-27　选择【编辑】命令

图 18-28　开始编辑

Step 08 右击插入的幻灯片，在弹出的快捷菜单中选择【边框和底纹】命令，如图 18-29 所示。

图 18-29　选择【边框和底纹】命令

Step 09 打开【边框】对话框，在【边框】选项卡中的【设置】列表框中选择【方框】选项，如图 18-30 所示。

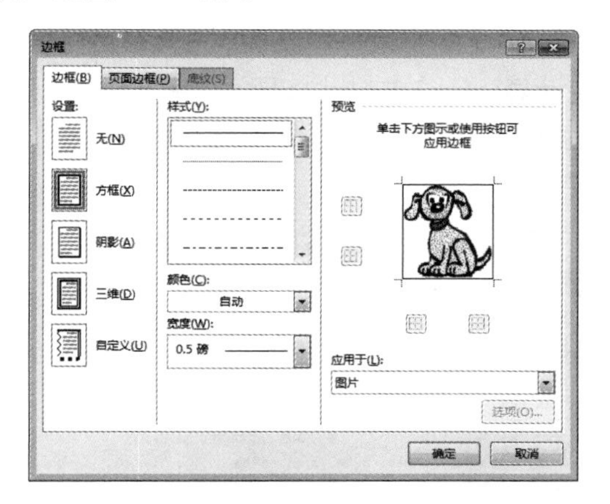

图 18-30　【边框】选项卡

Step 10 设置完成后，单击【确定】按钮，返回到 Word 文档中，即可看到为幻灯片对象添加的方框效果，如图 18-31 所示。

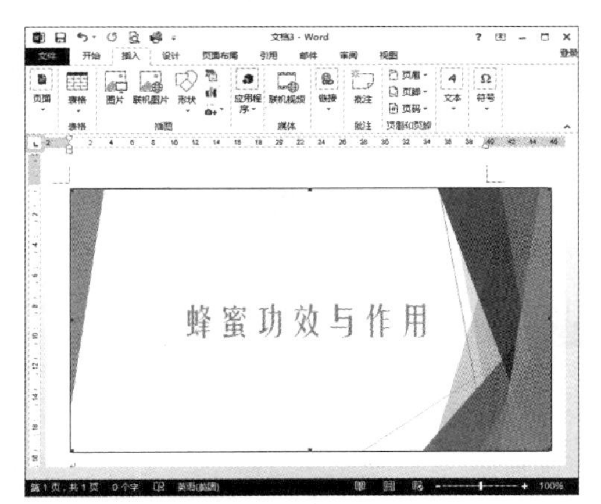

图 18-31　添加的边框效果

Step 11 右击插入的幻灯片，在弹出的快捷菜单中选择【设置对象格式】命令，如图 18-32 所示。

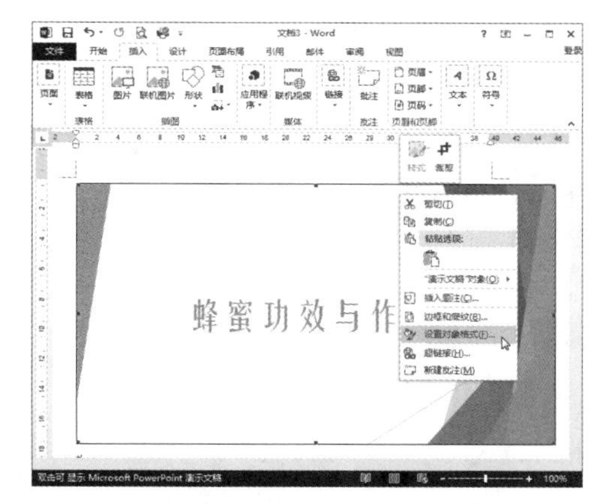

图 18-32　选择【设置对象格式】命令

Step 12 打开【设置对象格式】对话框，切换到【版式】选项卡，然后在【环绕方式】区域中设置该对象的文字环绕方式，最后单击【确定】按钮，如图 18-33 所示。

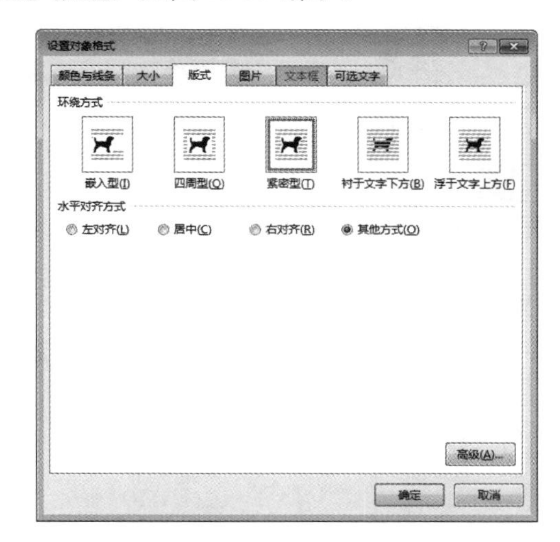

图 18-33　【设置对象格式】对话框

18.3 Excel和PowerPoint之间的协作

除了 Word 和 Excel、Word 与 PowerPoint 之间存在着相互的协作办公关系外，Excel 与 PowerPoint 之间也存在着信息的相互共享与调用关系。

18.3.1 在 PowerPoint 中调用 Excel 工作表

在使用 PowerPoint 进行放映讲解的过程中，用户可以直接将制作好的 Excel 工作表导入 PowerPoint 软件中进行放映，具体操作步骤如下。

Step 01 打开随书光盘中的“素材 \ch18\ 学院人员统计表 .xlsx”文件，如图 18-34 所示。

Step 02 将需要复制的数据区域选中，然后单击鼠标右键，在弹出的快捷菜单中选择【复制】命令，如图 18-35 所示。

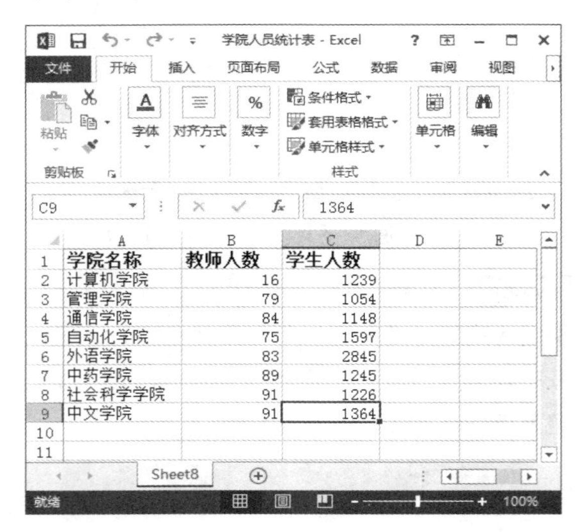

图 18-34　打开素材文件

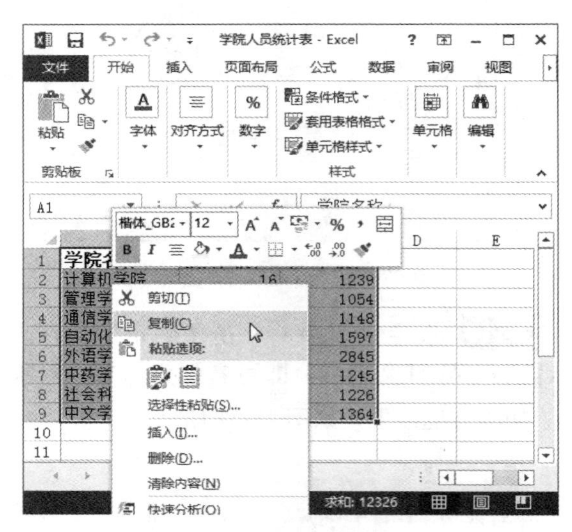

图 18-35　选择【复制】命令

Step 03 切换到 PowerPoint 软件中，单击【开始】选项卡下【剪贴板】组中的【粘贴】按钮，如图 18-36 所示。最终效果如图 18-37 所示。

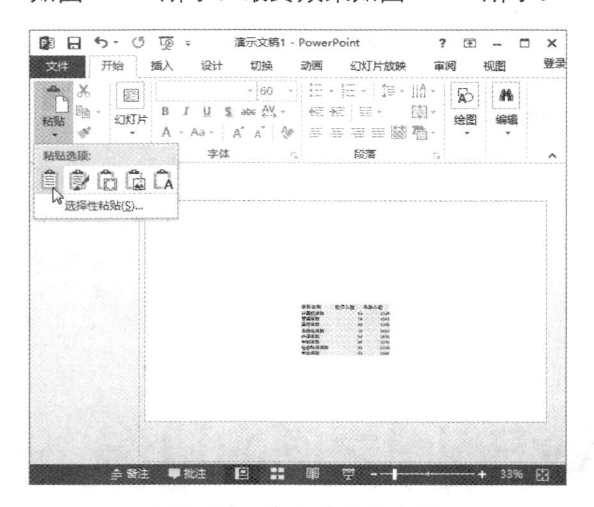

图 18-36　单击【粘贴】按钮

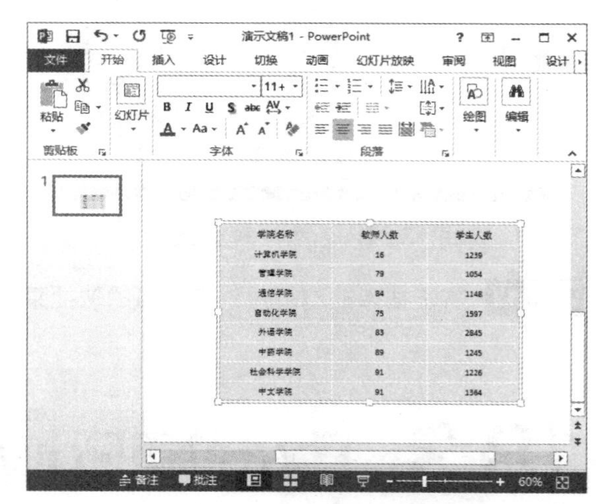

图 18-37　粘贴工作表效果

18.3.2 在 PowerPoint 中调用 Excel 图表

将 Excel 图表复制到 PowerPoint 中的具体操作步骤如下。

Step 01 打开随书光盘中的“素材 \ch18\ 图表 .xlsx”文件，如图 18-38 所示。

Step 02 选中需要复制的图表，然后单击鼠标右键，在弹出的快捷菜单中选择【复制】命令，如图 18-39 所示。

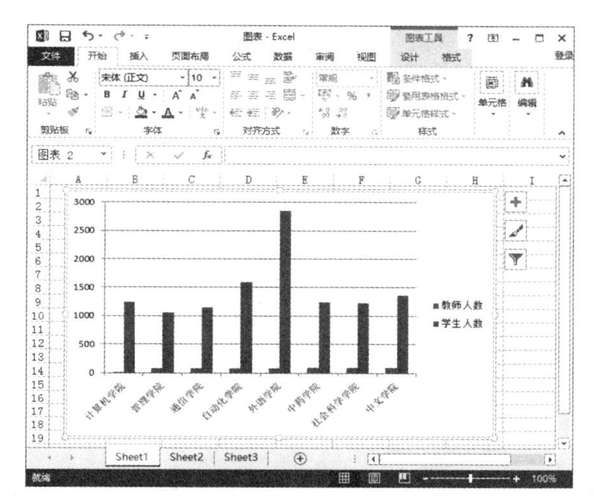

图 18-38　打开素材文件

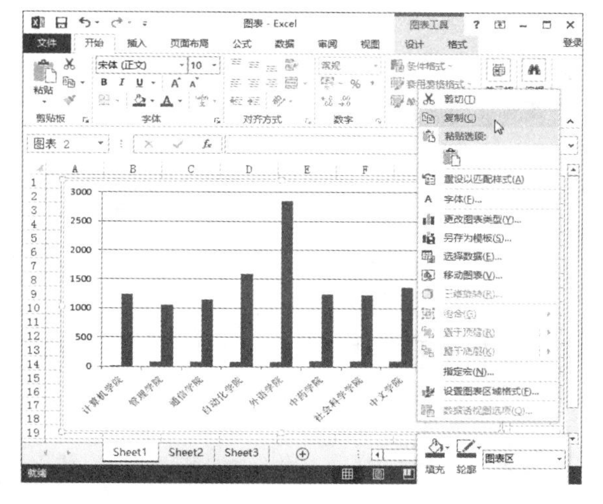

图 18-39　复制图表

Step 03 切换到 PowerPoint 软件中，单击【开始】选项卡下【剪贴板】组中的【粘贴】按钮，如图 18-40 所示。最终效果如图 18-41 所示。

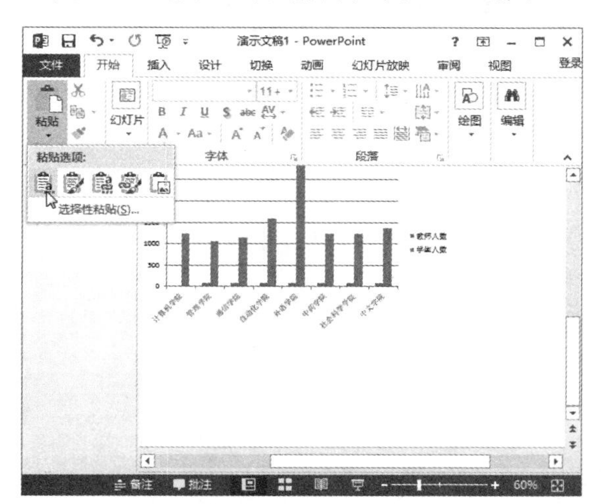

图 18-40　单击【粘贴】按钮

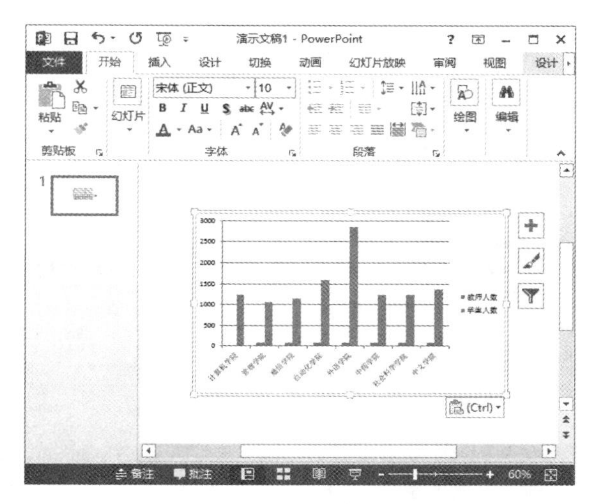

图 18-41　粘贴的最终效果

18.4 高效办公技能实战

18.4.1 高效办公技能实战 1——组合使用 Word 和 Excel 逐个打印工资表

本实例介绍如何综合使用 Word 和 Excel 逐个打印工资表。作为公司财务人员，能够熟练并快速打印工资表是一项基本技能，首先需要将所有员工的工资都输入 Excel 中进行计算，然后就可以使用 Word 与 Excel 的联合功能制作每一位员工的工资条，最后打印即可。

具体操作步骤如下。

Step 01 打开随书光盘中的“素材\ch18\工资表.xlsx”文件，如图 18-42 所示。

姓名	职位	基本工资	效益工资	加班工资	合计
张军	经理	2000	1500	1000	4500
刘洁	会计	1800	1000	800	3600
王美	科长	1500	1200	900	3600
克可	秘书	1500	1000	800	3300
田田	职工	1000	800	1200	3000
方芳	职工	1000	800	1500	3300
李丽	职工	1000	800	1300	3100
赵武	职工	1000	800	1400	3200
张帅	职工	1000	800	1000	2800

图 18-42 打开素材文件

Step 02 新建一个 Word，并按“工资表.xlsx”文件格式创建表格，如图 18-43 所示。

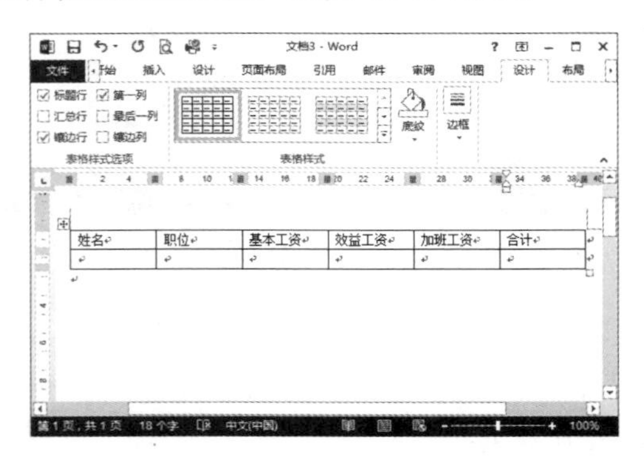

图 18-43 创建表格

Step 03 单击 Word 文档中的【邮件】选项卡下【开始邮件合并】组中的【开始邮件合并】按钮，在弹出的下拉列表中选择【邮件合并分布向导】选项，如图 18-44 所示。

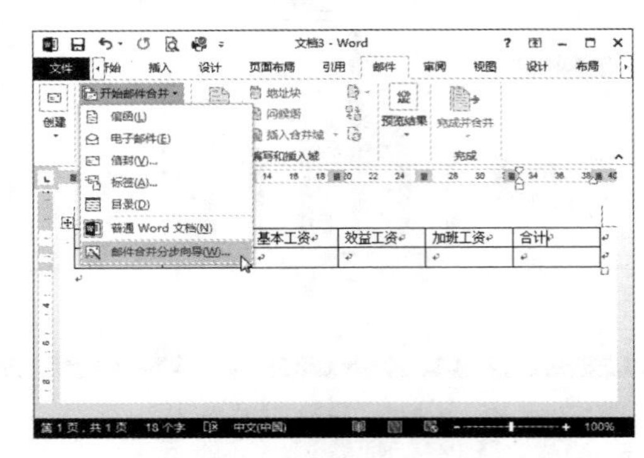

图 18-44 选择【邮件合并分步向导】选项

Step 04 在窗口的右侧弹出【邮件合并】对话框，选择文档类型为【信函】，如图 18-45 所示。

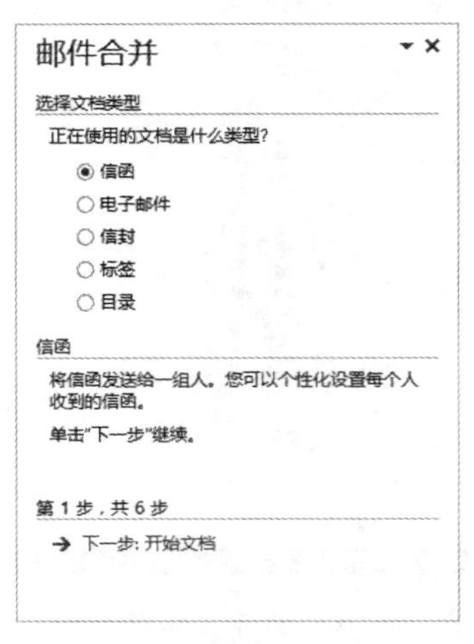

图 18-45 【邮件合并】对话框

Step 05 单击【下一步：开始文档】链接，进入邮件合并第 2 步，保持默认选项，如图 18-46 所示。

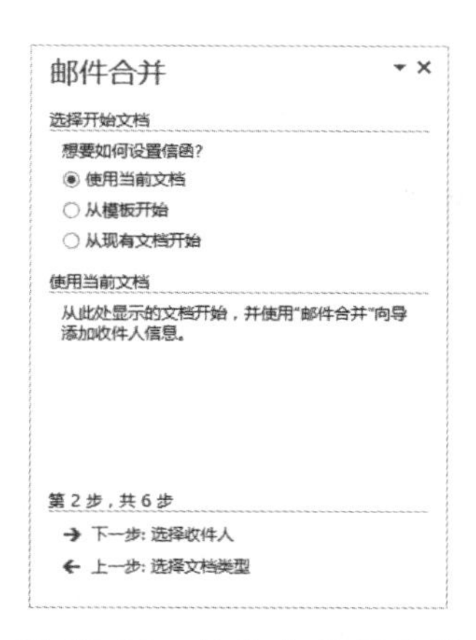

图 18-46　邮件合并第 2 步

Step 06 单击【下一步：选择收件人】链接，在“第 3 步，共 6 步”区域，单击【浏览】超链接，如图 18-47 所示。

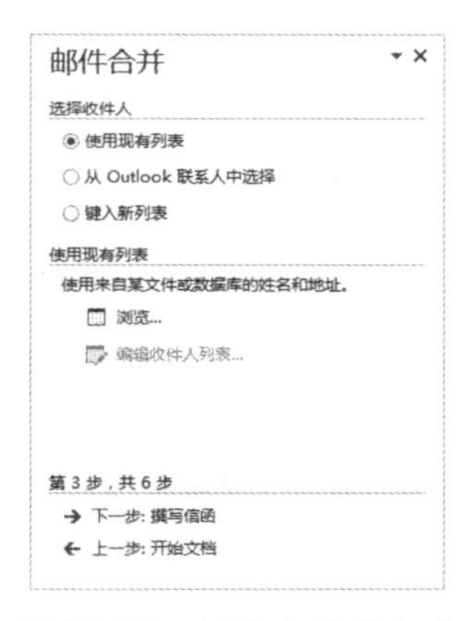

图 18-47　邮件合并第 3 步

Step 07 打开【选取数据源】对话框，选择随书光盘中的“素材\ch18\工资表.xlsx”文件，如图 18-48 所示。

图 18-48　【选取数据源】对话框

Step 08 单击【打开】按钮，弹出【选择表格】对话框，选择步骤 01 所打开的工作表，如图 18-49 所示。

图 18-49　【选择表格】对话框

Step 09 单击【确定】按钮，弹出【邮件合并收件人】对话框，保持默认，单击【确定】按钮，如图 18-50 所示。

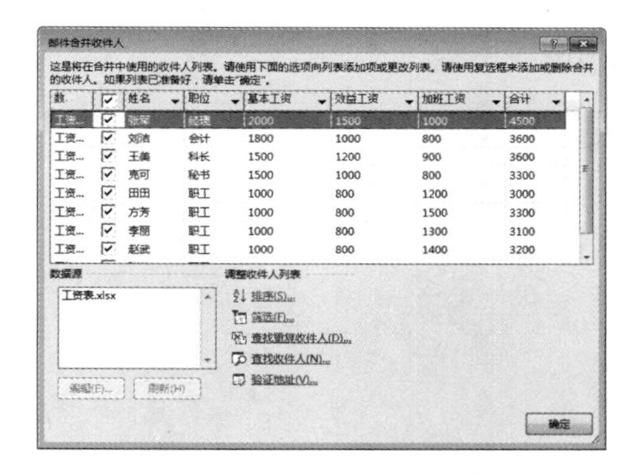

图 18-50　【邮件合并收件人】对话框

Step 10 返回【邮件合并】对话框，连续单击【下一步】链接直至最后一步，如图 18-51 所示。

图 18-51　【邮件合并】对话框

Step 11 单击【邮件】选项卡下【编写和

插入域】组中的【插入合并域】按钮，如图 18-52 所示。

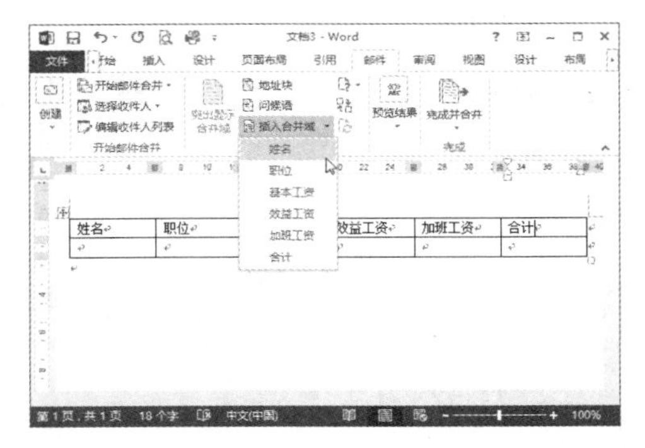

图 18-52 单击【插入合并域】按钮

Step 12 根据表格标题设计，依次将第 1 条“工资表 .xlsx”文件中的数据填充至表格中，如图 18-53 所示。

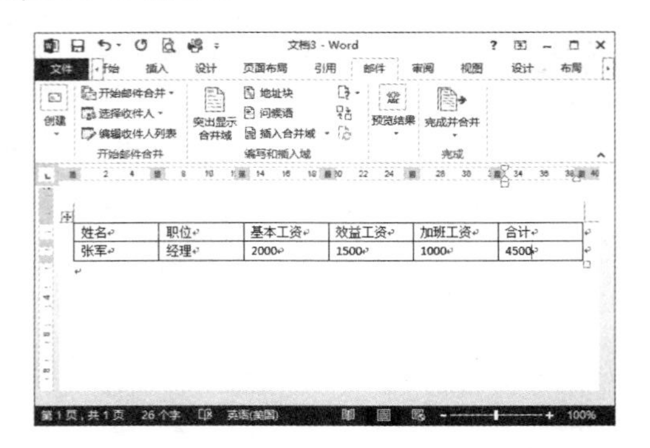

图 18-53 插入合并域的其他内容

Step 13 单击【邮件合并】对话框中的【编辑单个信函】超链接，如图 18-54 所示。

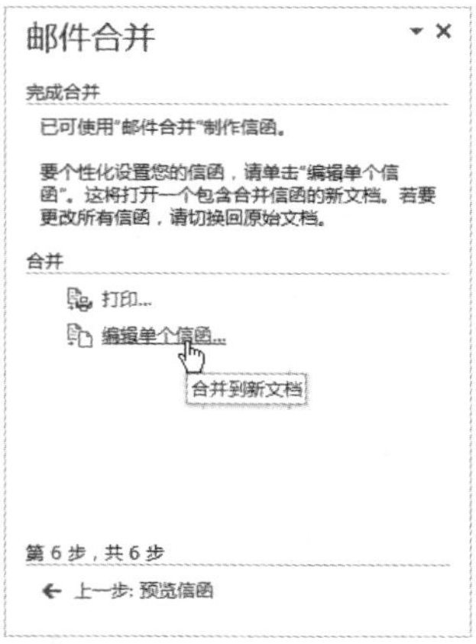

邮件合并

完成合并

已可使用“邮件合并”制作信函。

要个性化设置您的信函，请单击“编辑单个信函”。这将打开一个包含合并信函的新文档。若要更改所有信函，请切换回原始文档。

合并

打印...

编辑单个信函...

合并到新文档

第 6 步，共 6 步

← 上一步: 预览信函

图 18-54 单击【编辑单个信函】超链接

Step 14 打开【合并到新文档】对话框，选择【全部】单选按钮，如图 18-55 所示。

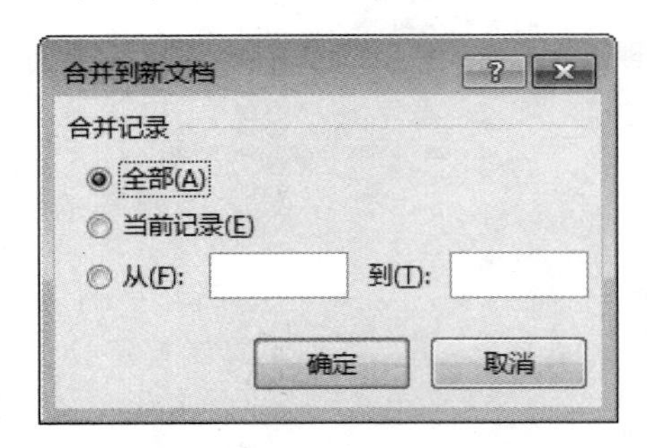

图 18-55 【合并到新文档】对话框

Step 15 单击【确定】按钮，将新生成一个信函文档，在该文档中对每一个员工的工资分页显示，如图 18-56 所示。

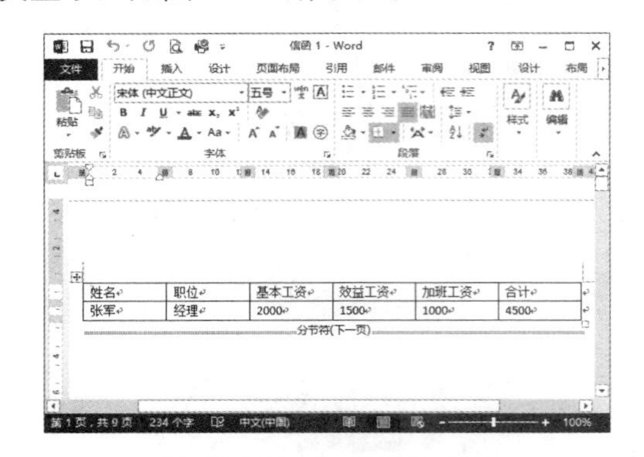

图 18-56 生成信函文件

Step 16 删除文档中的分页符号，将员工工资条放置在一页当中，然后就可以保存并打印工资条了，如图 18-57 所示。

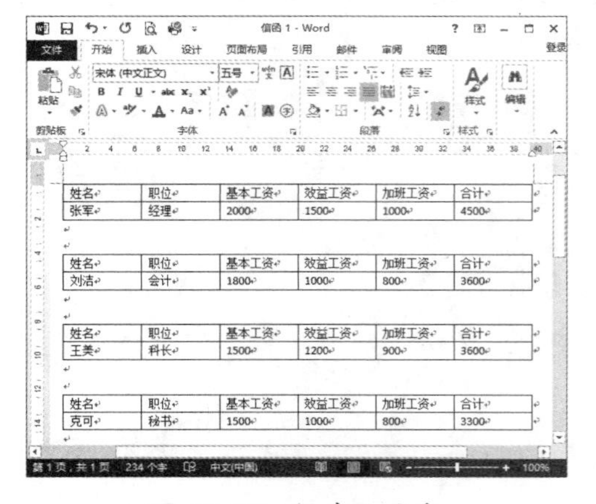

图 18-57 保存工资条

18.4.2 高效办公技能 2——Outlook 与其他组件之间的协作

Outlook 与 Word 的关系非常紧密，在 Word 中查找 Outlook 通讯簿的具体操作步骤如下。

Step 01 打开 Word 软件，单击【邮件】选项卡下【创建】组中的【信封】按钮，如图 18-58 所示。

Step 02 打开【信封和标签】对话框，在【收信人地址】文本框中输入对方的邮件地址，如图 18-59 所示。

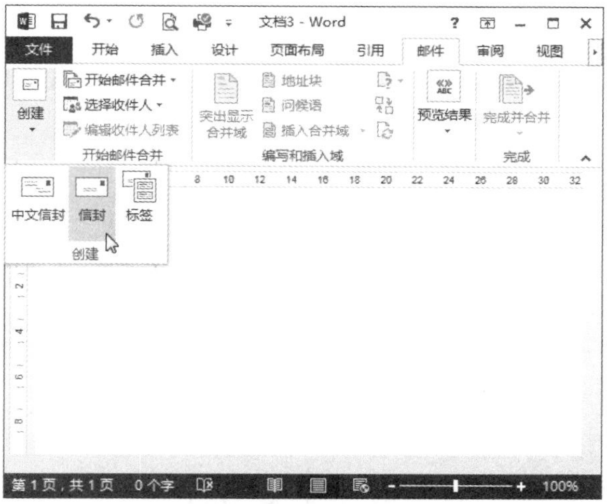

图 18-58　单击【信封】按钮

图 18-59　【信封和标签】对话框

> **提示**
> 在【信封和标签】对话框中单击【通讯簿】按钮，也可以从 Outlook 中查找对方的邮箱地址。

18.5 课后练习与指导

18.5.1 在 Word 中调用单张幻灯片

- **练习目标**

了解： Word 与 PowerPoint 的协作关系。

掌握： 在 Word 中调用幻灯片的方法。

- **专题练习指南**

01 打开制作好的演示文稿，并选中需要调用的单个幻灯片。

02 右击选中的单张幻灯片，在弹出的快捷菜单中选择【复制】命令。

03 切换到 Word 软件，单击【开始】选项卡下【剪贴板】组中的【粘贴】按钮，在弹出的下拉列表中选择【选择性粘贴】命令。

04 弹出【选择性粘贴】对话框，选中【粘贴】单选按钮，在右侧的【形式】列表框中选择【Microsoft PowerPoint 幻灯片对象】选项。

05 单击【确定】按钮，即可将选中的幻灯片粘贴到 Word 文档中。

18.5.2 在 Word 中调用 Excel 图表

● 练习目标

了解： Word 与 Excel 的协作关系。

掌握： 在 Word 中调用 Excel 图表的方法。

● 专题练习指南

01 打开 Word 软件，单击【插入】选项卡下【文本】组中的【对象】按钮。

02 在弹出的【对象】对话框中切换到【由文件创建】选项卡。

03 单击【浏览】按钮，在弹出的【浏览】对话框中选择需要插入的 Excel 图表文件。

04 单击【插入】按钮，返回【对象】对话框，单击【确定】按钮，即可将 Excel 图表文件插入 Word 文档中。

05 也可以使用复制粘贴的方法，将 Excel 图表文件插入 Word 文档中。

联网办公——实现网络化协作办公

- **本章导读**

作为办公室人员，需要充分使用网络上的资源，通过资源共享发挥资源的最大作用，从而给工作和生活带来更大的方便，有效地提高工作效率。

- **学习目标**

◎ 掌握共享局域网资源的方法

◎ 掌握共享打印机的方法

◎ 掌握在局域网中传输数据的方法

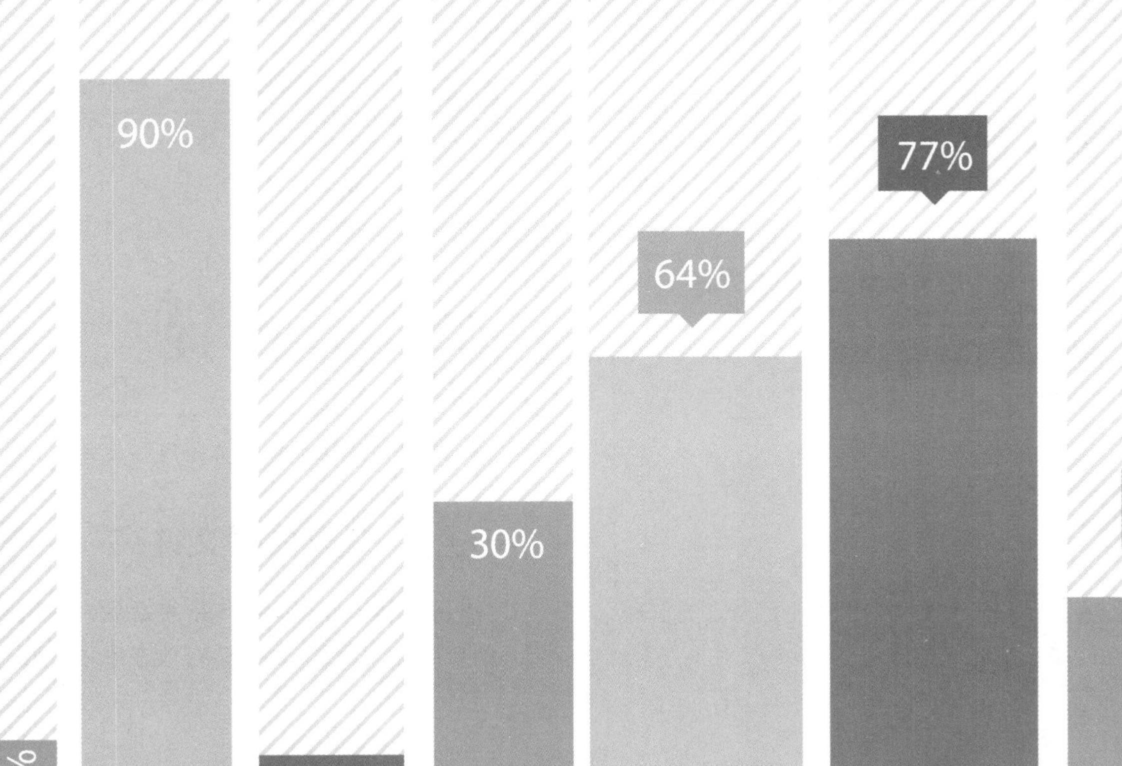

19.1 共享局域网资源

实现网络化协作办公的首要任务就是实现局域网内资源的共享，这个共享包括磁盘的共享、文件夹的共享、打印机的共享以及网络资源的共享等。

19.1.1 启用网络发现和文件共享

启用网络发现和文件共享功能可以轻松实现网络的共享。下面以在员工电脑上启用网络发现和文件共享为例进行讲解，具体操作步骤如下。

Step 01 双击桌面上【网络】图标，打开【网络】窗口，在其中提示用户网络发现和文件共享已经关闭，如图 19-1 所示。

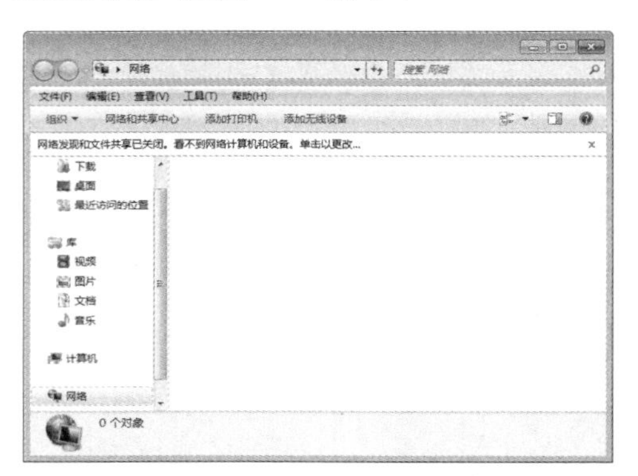

图 19-1　【网络】窗口

Step 02 单击其中的提示信息，弹出下拉列表，选择【启用网络发现和文件共享】选项，如图 19-2 所示。

图 19-2　选择【启用网络发现和文件共享】选项

Step 03 弹出【网络发现和文件共享】对话框，在其中选择【是，启用所有公用网络的网络发现和文件共享】选项，如图 19-3 所示。

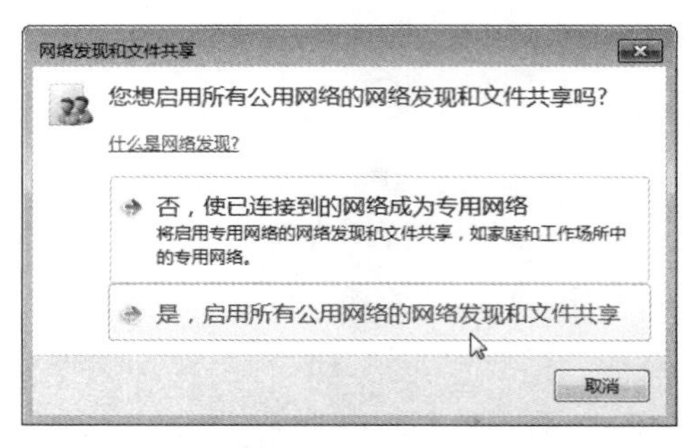

图 19-3　【网络发现和文件共享】对话框

Step 04 返回到【网络】窗口，在其中可以看到已经共享的计算机和网络设备，如图 19-4 所示。

图 19-4　显示计算机和网络设备

19.1.2 共享公用文件夹

安装好 Windows 7 操作系统之后，系统会自动创建一个公用文件夹，存放在库中。要想

共享公用文件夹，可以通过高级共享设置来完成，具体操作步骤如下。

Step 01 右击桌面上的【网络】图标，在弹出的快捷菜单中选择【属性】命令，弹出【网络和共享中心】窗口，单击【更改高级共享设置】链接，如图 19-5 所示。

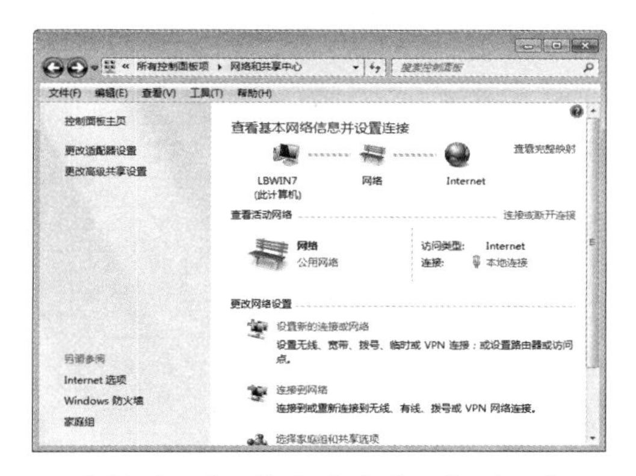

图 19-5 【网络和共享中心】对话框

Step 02 弹出【高级共享设置】窗口，选择【启用共享以便可以访问网络的用户可以读取和写入公用文件夹中的文件】单选按钮，如图 19-6 所示。

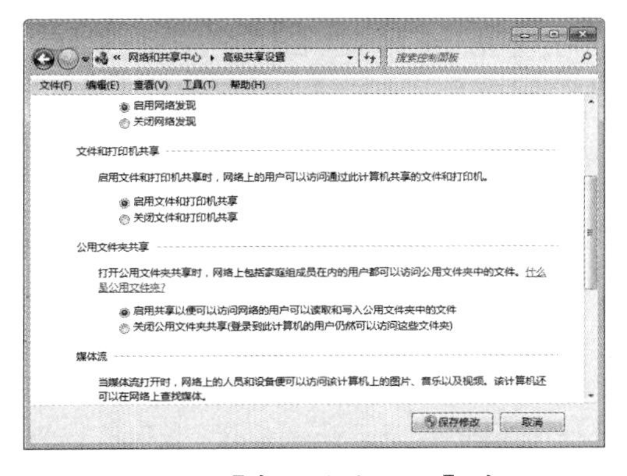

图 19-6 【高级共享设置】窗口

Step 03 单击【保存修改】按钮，即可完成公用文件夹的共享操作。

19.1.3 共享任意文件夹

任意文件夹可以在网络上共享，而文件不可以，所以用户如果想共享某个文件，需要将其放到文件夹中。共享任意文件夹的具体操作步骤如下。

Step 01 选择需要共享的文件夹，右击并在弹出的快捷菜单中选择【属性】命令，如图 19-7 所示。

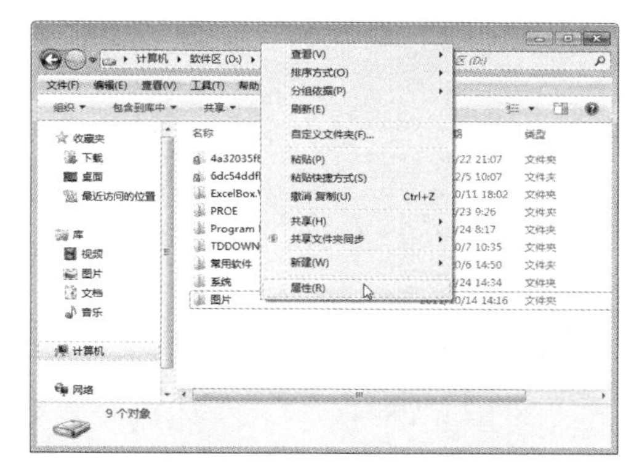

图 19-7 选择【属性】命令

Step 02 弹出【图片属性】对话框，切换到【共享】选项卡，单击【共享】按钮，如图 19-8 所示。

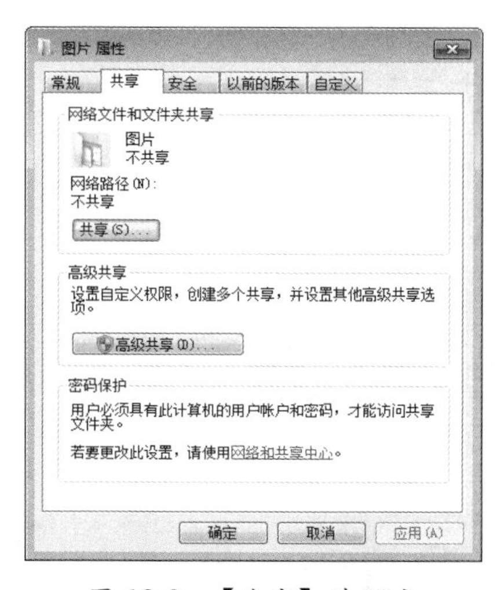

图 19-8 【共享】选项卡

Step 03 弹出【文件共享】对话框，单击【添加】左侧的下拉按钮，选择要与其共享的用户，本实例选择 Everyone 选项，如图 19-9 所示。

Step 04 单击【添加】按钮，即可将与其共享的用户添加到下方的用户列表中，如图 19-10 所示。

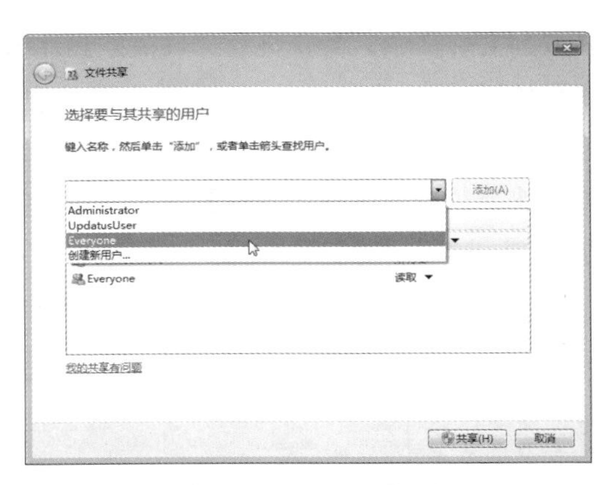

图 19-9 【文件共享】对话框

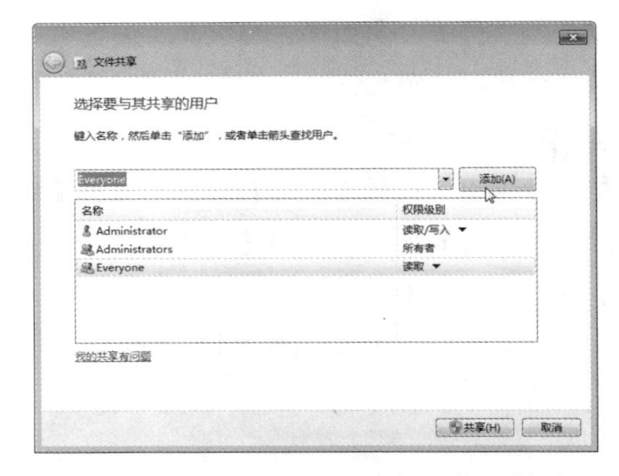

图 19-10 添加共享用户

Step 05 单击【共享】按钮，即可将选中的文件夹与任何一个人共享，如图 19-11 所示。

Step 06 单击【完成】按钮，即可成功将文件夹设为共享文件夹，如图 19-12 所示。

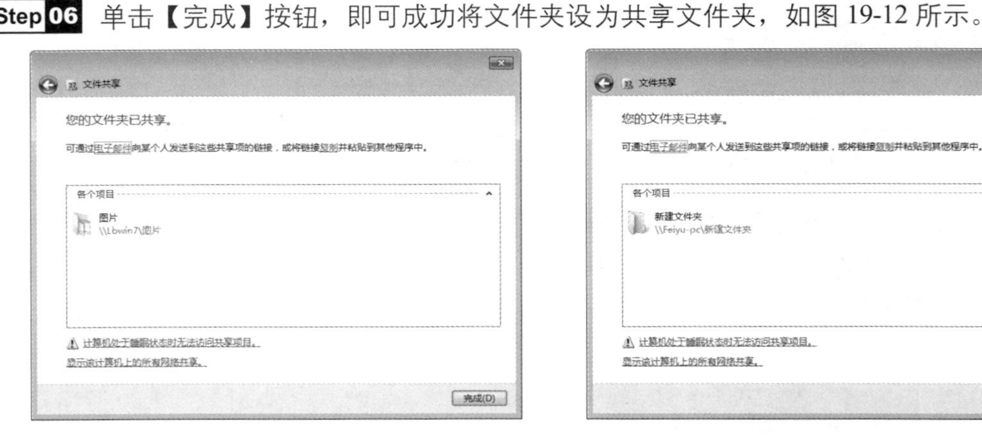

图 19-11 选中要共享的文件夹

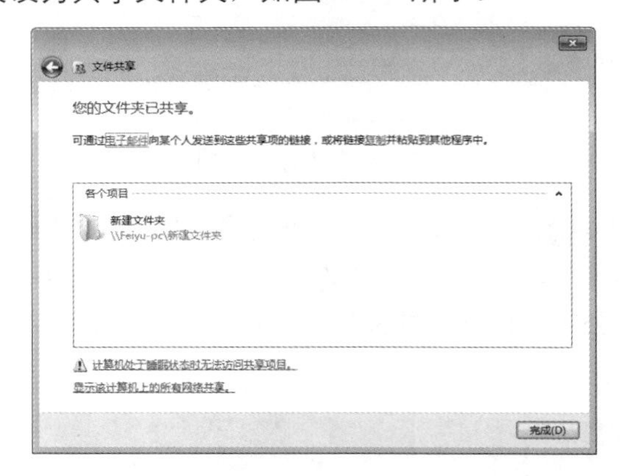

图 19-12 共享文件夹

19.2 共享打印机

通常情况下，办公室中打印机的数量是有限的，所以共享打印机显得尤为重要。

19.2.1 将打印机设为共享设备

要想访问共享打印机，首先要将服务器上的打印机设为共享设备，具体操作步骤如下。

Step 01 单击【开始】按钮，在弹出的【开始】菜单中选择【设备和打印机】命令，如图 19-13 所示。

Step 02 弹出【设备和打印机】窗口，选择需要共享的打印机并右击，在弹出的快捷菜单中选择【打印机属性】命令，如图 19-14 所示。

图 19-13　选择【设备和打印机】命令

图 19-14　选择【打印机属性】命令

Step 03　弹出【printer 属性】对话框，切换到【共享】选项卡，然后选择【共享这台打印机】复选框，在【共享名】文本框中输入名称“printer”，选择【在客户端计算机上呈现打印作业】复选框，如图 19-15 所示。

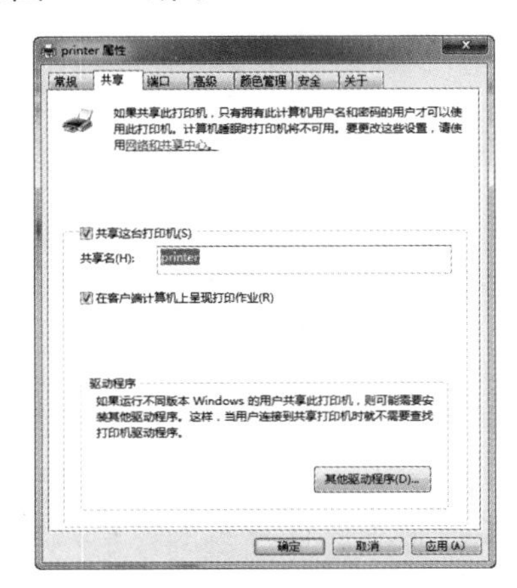

图 19-15　【共享】选项卡

Step 04　切换到【安全】选项卡，在【组或用户名】列表中选择 Everyone 选项，然后选中【Everyone 的权限】类别中的【打印】后的【允许】复选框，单击【确定】按钮，即可实现其他用户访问共享打印机的功能，如图 19-16 所示。

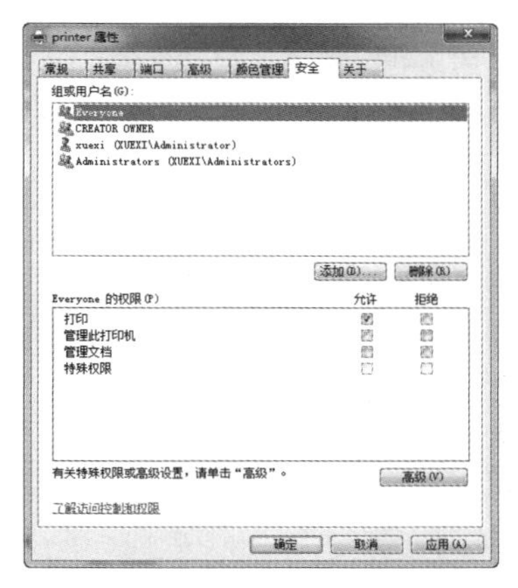

图 19-16　【安全】选项卡

Step 05　返回到【设备和打印机】窗口，可以看到选择共享的打印机上有了共享的图标，如图 19-17 所示。

图 19-17　共享打印机

19.2.2 访问共享的打印机

打印机设备共享后，网络中的其他用户就可以访问共享打印机了。访问共享打印机的具体操作步骤如下。

Step 01　单击【开始】按钮，从弹出的菜单中选择【设备和打印机】命令，打开【设备和打印机】窗口，如图 19-18 所示。

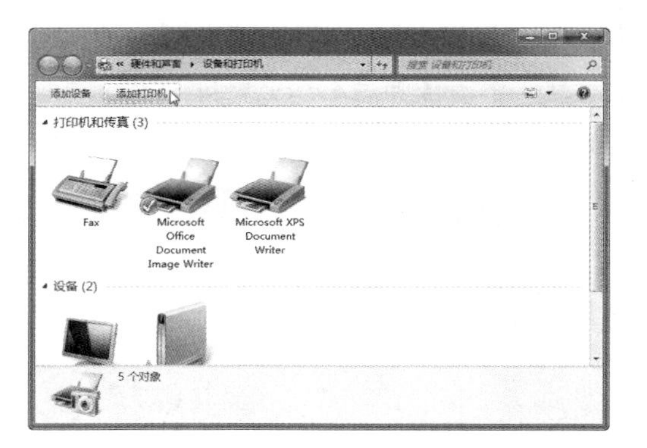

图 19-18　【设备和打印机】窗口

Step 02 单击【添加打印机】按钮，打开【添加打印机】对话框，如图 19-19 所示。

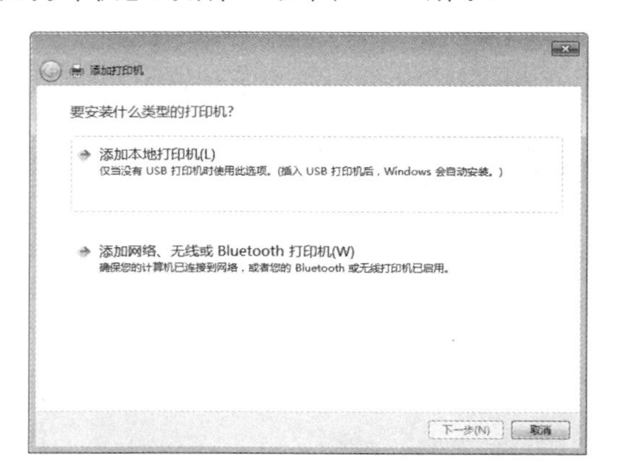

图 19-19　【添加打印机】对话框

Step 03 选择【添加网络、无线或 Bluetooth 打印机】选项，如图 19-20 所示。

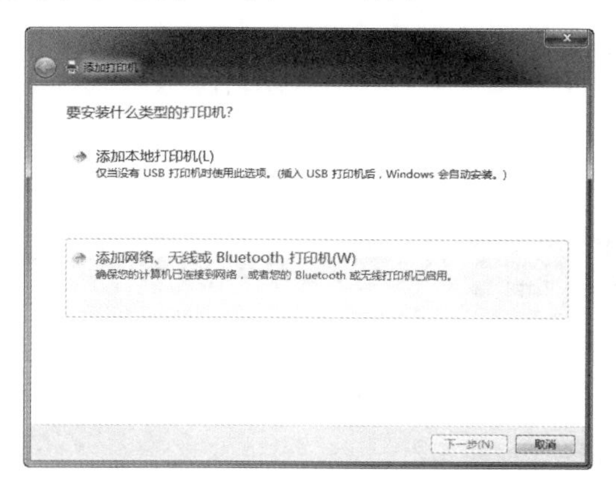

图 19-20　选择打印机类型

Step 04 弹出【正在搜索可用的打印机】界面，在【打印机名称】列表中选择搜索到的打印机，单击【下一步】按钮，如图 19-21 所示。

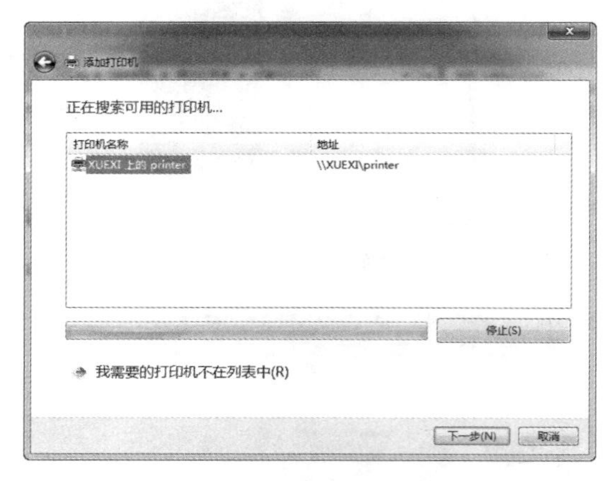

图 19-21　正在搜索可用的打印机

Step 05 弹出【已成功添加 printer】界面，在【打印机名称】文本框中输入名称“printer”，单击【下一步】按钮，如图 19-22 所示。

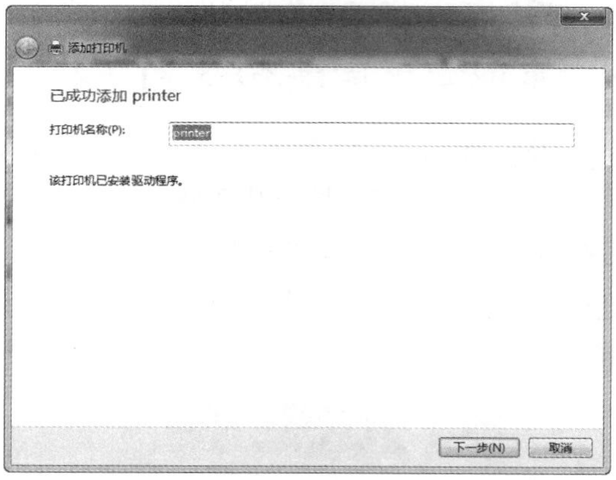

图 19-22　输入打印机的名称

Step 06 弹出【您已经成功添加 printer】界面，选择【设置为默认打印机】复选框，单击【完成】按钮，如图 19-23 所示。

Step 07 返回到【设备和打印机】窗口，即可看到局域网中的共享打印机 printer 已成功添加并被设为当前计算机的默认打印机，如图 19-24 所示。

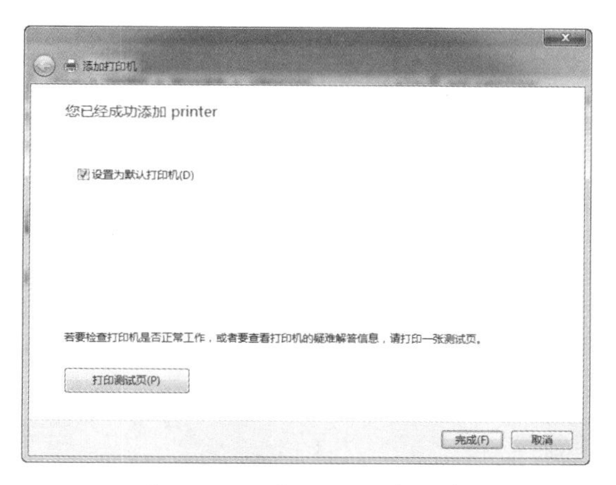

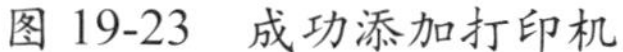

图 19-23 成功添加打印机

图 19-24 成功添加默认打印机

19.3 使用局域网传输工具传输文件

局域网传输工具有多种，常用的就是飞鸽传书。下面就以飞鸽传书为例介绍使用局域网传输工具传输文件的具体操作步骤。

Step 01 双击飞鸽传书可执行文件，即可打开如图 19-25 所示的对话框。

Step 02 选中需要传输文件的局域网用户并右击，在弹出的快捷菜单中选择【传送文件】命令，如图 19-26 所示。

图 19-25 飞鸽传书工作界面

图 19-26 选择【传送文件】命令

Step 03 弹出【添加文件】对话框，在其中选择要传输的文件，如图 19-27 所示。

Step 04 单击【打开】按钮，即可返回到【飞鸽传书】对话框中，在其中可以看到添加的文件，如图 19-28 所示。

图 19-27　选择要传送的文件

图 19-28　添加文件

Step 05 单击【发送】按钮，即可将文件传输给对方。

19.4 高效办公技能实战

19.4.1 高效办公技能实战 1——将同一部门的员工设为相同的工作组

本实例将介绍如何将同一部门的员工设为相同的工作组。如果电脑不在同一个组，用户访问共享文件夹时会提示“Windows 无法访问”的信息，从而导致访问失败，如图 19-29 所示。

将电脑设为同一个组的具体操作步骤如下。

Step 01 右击桌面上的【计算机】图标，在弹出的快捷菜单中选择【属性】命令，如图 19-30 所示。

图 19-29　【网络错误】对话框

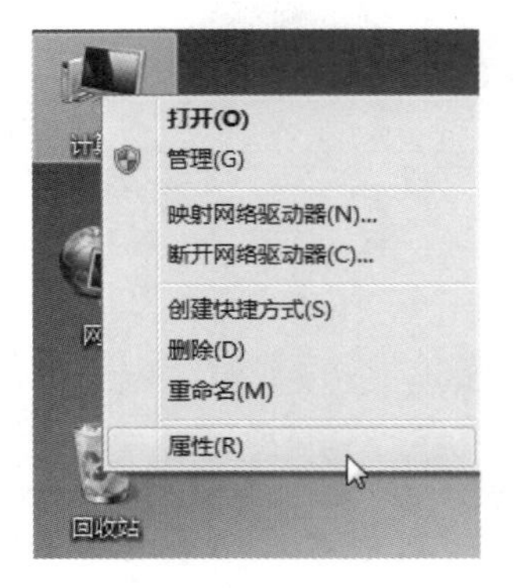

图 19-30　选择【属性】命令

Step 02 弹出【系统】窗口，单击【更改设置】按钮，如图 19-31 所示。

Step 03 弹出【系统属性】对话框，切换到【计算机名】选项卡，单击【更改】按钮，如图 19-32 所示。

Step 04 弹出【计算机名 / 域更改】对话框，在【工作组】文本框中输入相同的名称，单击【确定】按钮，如图 19-33 所示。

图 19-31　【系统】窗口

图 19-32　【系统属性】对话框

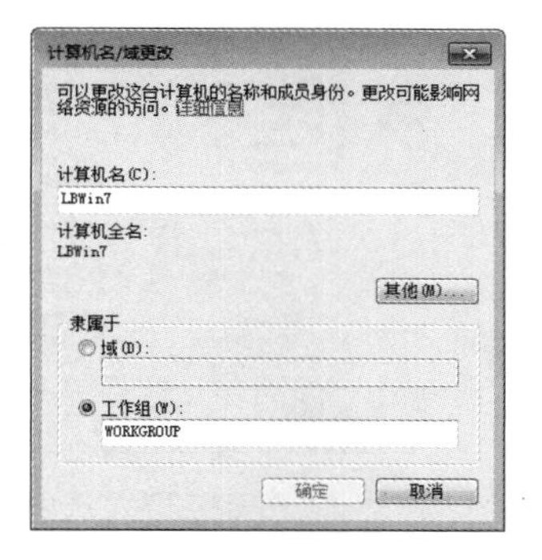

图 19-33　更改计算机名称

19.4.2 高效办公技能实战 2——让其他员工访问自己的电脑

本实例将介绍如何允许局域网中的用户访问自己的计算机，具体操作步骤如下。

Step 01 单击【开始】按钮，在弹出的【开始】菜单中选择【所有程序】→【附件】→【运行】命令，如图 19-34 所示。

Step 02 弹出【运行】对话框，在【打开】文本框中输入"gpedit.msc"命令，单击【确定】按钮，如图 19-35 所示。

Step 03 弹出【本地组策略编辑器】对话框，在左侧的窗格中选择【本地计算机 策略】→【计算机配置】→【Windows 设置】→【安全设置】→【本地策略】→【用户权限分配】选项，如图 19-36 所示。

图 19-34　选择【运行】命令

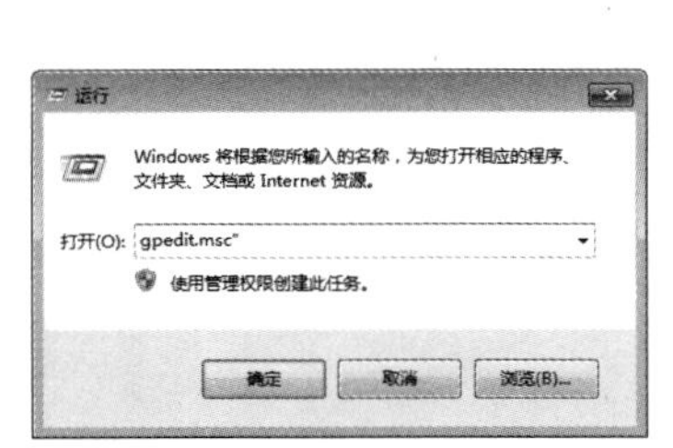

图 19-35　【运行】对话框

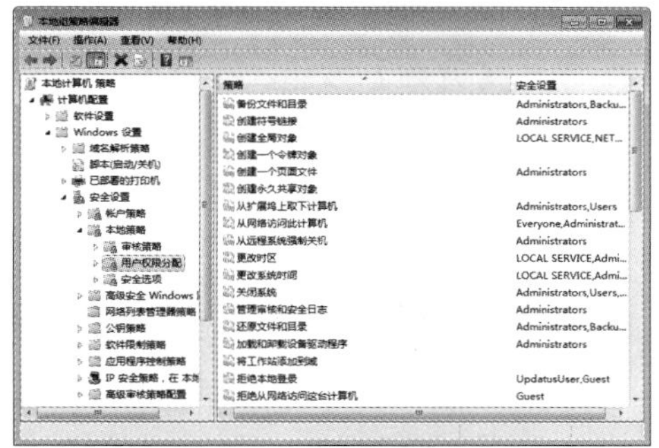

图 19-36　【本地组策略编辑器】窗口

Step 04 在右侧的窗格中选择【拒绝从网络访问这台计算机】选项，右击并在弹出的快捷菜单中选择【属性】命令，如图 19-37 所示。

Step 05 弹出【拒绝从网络访问这台计算机 属性】对话框，切换到【本地安全设置】选项卡，然后选择 Guest 选项，单击【删除】按钮，单击【确定】按钮即可完成设置，如图 19-38 所示。

图 19-37　选择【属性】命令

图 19-38　【本地安全设置】选项卡

19.5 课后练习与指导

19.5.1 快速访问共享资源

- **练习目标**

了解： 共享资源的原理。

掌握： 如何快速访问共享资源。

- **专题练习指南**

01 单击【开始】按钮，在弹出的菜单中选择【运行】命令。

02 在弹出的【运行】对话框的【打开】文本框中输入共享资源的网络地址，按 Enter 键确认，即可快速访问共享资源。

19.5.2 使用 QQ 工具传输文件

- **练习目标**

了解： QQ 工具传输文件的方法

掌握： 使用 QQ 工具传输文件的方法

- **专题练习指南**

01 登录自己的 QQ 账号。

02 在好友列表中双击好友头像，打开与好友聊天窗口。

03 选中需要传输的文件，按下鼠标左键不放，将其直接拖到聊天窗口。

04 等待对方接收，即可传输文件。

电脑安全攻略——常见故障处理与系统维护

- **本章导读**

在使用电脑的过程中，用户有时会不小心删除系统文件，或系统遭受病毒与木马的攻击等，这些都可能导致系统崩溃或无法进入系统，这时用户就不得不重装系统。如果用户对系统进行了备份，那么就可以直接将其还原，以节省时间。

- **学习目标**

◎ 了解电脑出现蓝屏与死机的原因

◎ 掌握一些网络故障的处理方法

◎ 掌握备份与还原系统的方法

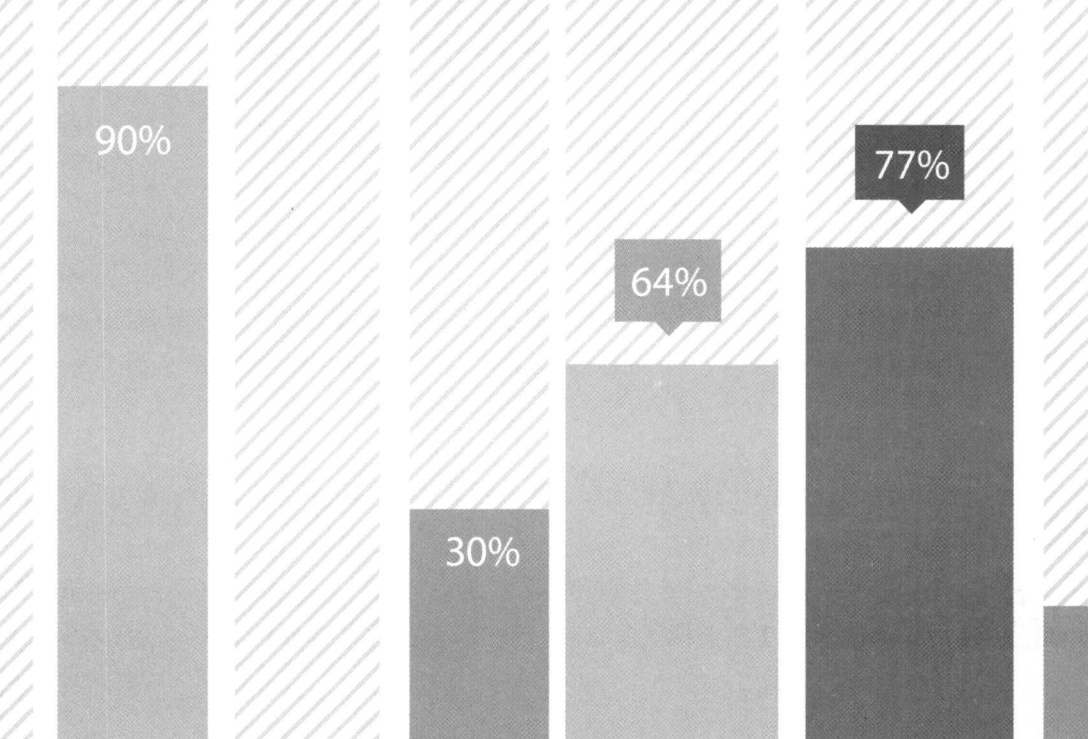

20.1 电脑蓝屏故障的处理

蓝屏是电脑常见的故障之一，那么蓝屏是什么原因引起的呢？电脑蓝屏和硬件关系较大，其主要原因有硬件芯片损坏、硬件驱动安装不兼容、硬盘出现坏道（包括物理坏道和逻辑坏道）、CPU 温度过高、多条内存不兼容等。

20.1.1 启动系统时出现蓝屏

系统在启动过程中出现如图 20-1 所示的显示信息，我们将其称作蓝屏。其中，Technical information 以上的信息是蓝屏的通用提示，下面的 0X0000000A 称为蓝屏代码，Fastfat.sys 是引起电脑蓝屏的文件名称。

```
A problem has been detected and windows has been shut down to prevent
to your computer.

IRQL_NOT_LESS_OR_EQUAL

If this is the first time you've seen this Stop error screen,
restart your computer. If this screen appears again, follow
these steps:

Check to make sure that any new hardware or software is properly installed.
If this is a new installation, ask your hardware or software manufacturer
for any windows updates you might need.

If problems continue, disable or remove any newly installed hardware
or software. Disable BIOS memory options such as caching or shadowing.
If you need to use Safe Mode to remove or disable components, restart
your computer, press F8 to select Advanced Startup Options, and then
select Safe Mode.

Technical information:

*** STOP: 0x0000000A (0x00000000,0xFAA339B8,0x00000008,0xC00000000)

***    Fastfat.sys - Address FAA339B8 base at FAA33000, DateStamp 36B016A3
```

图 20-1　系统蓝屏窗口

下面介绍几种导致电脑开机时出现蓝屏的常见故障原因及解决方法。

 1. 多条内存条互不兼容或损坏引起运算错误

这是个比较直观的现象，因为这个现象往往在开机的时候就会出现。不能启动电脑，并且画面提示内存有问题，电脑会询问用户是否要继续，造成这种错误的原因一般是内存条的物理损坏或者内存与其他硬件不兼容，这个故障只能通过更换内存条来解决。

 2. 系统硬件冲突

因系统硬件冲突导致蓝屏的现象也比较常见，经常遇到的是声卡或显卡的设置冲突，解决的具体操作步骤如下。

Step 01 开机后，在进入 Windows 系统启动画面之前按 F8 键，显示如图 20-2 所示的界面。

Step 02 使用方向键选择【安全模式】选项，按 Enter 键进入安全模式下的操作系统界面，

选择【开始】→【控制面板】命令，如图 20-3 所示。

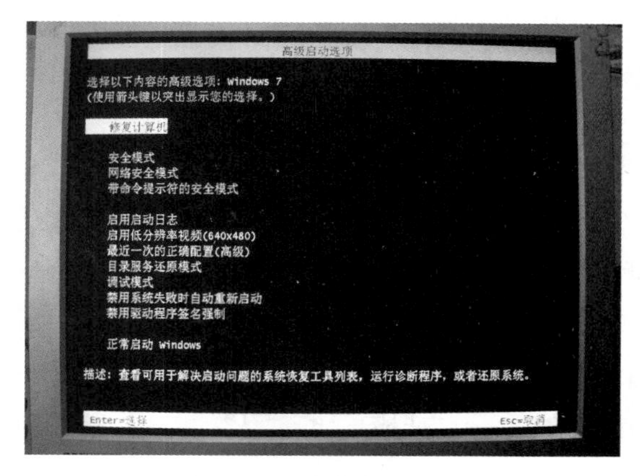

图 20-2 系统启动画面

图 20-3 选择【控制面板】命令

Step 03 在打开的【控制面板】窗口中选择【硬件和声音】选项，如图 20-4 所示。

图 20-4 【控制面板】窗口

Step 04 打开【硬件和声音】窗口，单击【设备管理器】超链接，如图 20-5 所示。

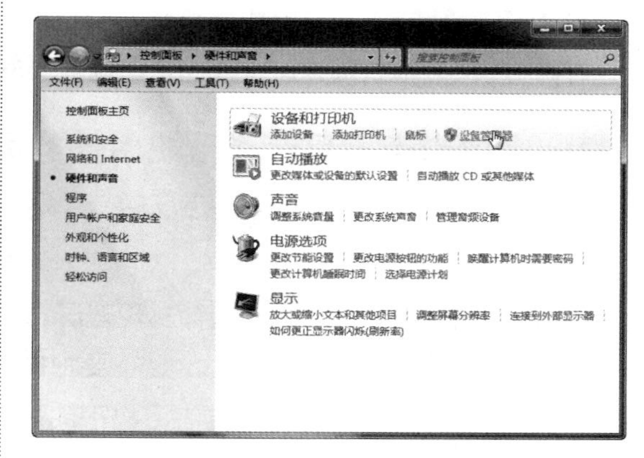

图 20-5 【硬件和声音】窗口

Step 05 打开【设备管理器】窗口，在其中的列表框中检查是否存在带有黄色问号或感叹号的设备，如果存在这样的设备，可先将其删除，然后重新启动电脑，如图 20-6 所示。

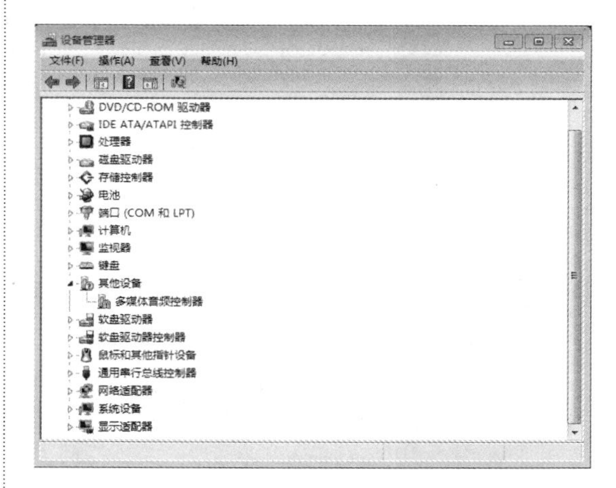

图 20-6 【设备管理器】窗口

提示 带有黄色问号表示该设备的驱动未安装，带有感叹号表示该设备的驱动版本安装错误。用户可以从设备官方网站下载正确的驱动包进行安装，或者在随机赠送的驱动盘中找到正确的驱动程序进行安装。

20.1.2 系统正常运行时出现蓝屏

系统在运行过程中由于某种操作，甚至没有任何操作就直接出现蓝屏，那么该如何解决呢？下面介绍几种常见的系统运行过程中出现蓝屏的原因及解决方法。

1. 虚拟内存不足造成系统多任务运算错误

虚拟内存是 Windows 系统所特有的一种解决系统资源不足的方法，一般要求主引导区的硬盘剩余空间是物理内存的 2~3 倍。但由于种种原因造成硬盘空间不足，导致虚拟内存因硬盘空间不足而出现运算错误，所以就会出现蓝屏。

要解决这个问题比较简单，尽量不要把硬盘存储空间占满，要经常删除一些系统产生的临时文件，从而释放存储空间，或者可以手动配置虚拟内存，把虚拟内存的默认地址转到其他的逻辑盘下。

虚拟内存的具体设置步骤如下。

Step 01 右键单击桌面上的【计算机】图标，在弹出的快捷菜单中选择【属性】命令，如图 20-7 所示。

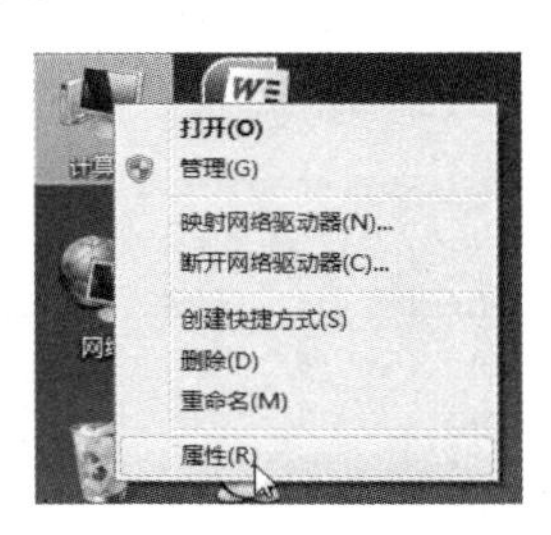

图 20-7 选择【属性】命令

Step 02 打开【系统】窗口，在左侧窗格中单击【高级系统设置】超链接，如图 20-8 所示。

图 20-8 单击【高级系统设置】超链接

Step 03 弹出【系统属性】对话框，切换到【高级】选项卡，然后在【性能】选项组中单击【设置】按钮，如图 20-9 所示。

图 20-9 【系统属性】对话框

Step 04 弹出【性能选项】对话框，其中包括【视觉效果】、【高级】和【数据执行保护】3 个选项卡，如图 20-10 所示。

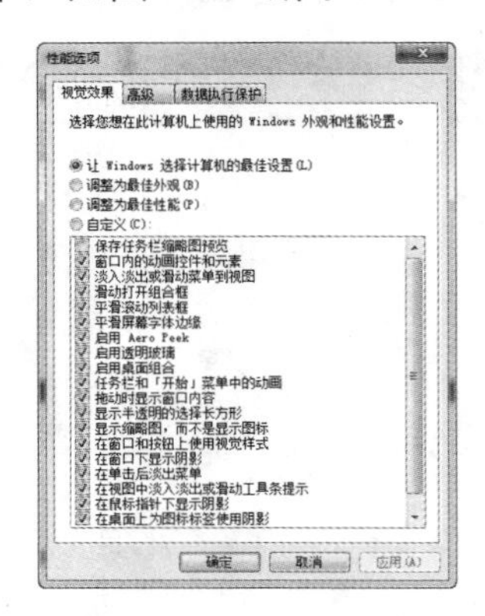

图 20-10 【性能选项】对话框

Step 05 切换到【高级】选项卡，在其中单

击【更改】按钮，如图 20-11 所示。

Step 06 弹出【虚拟内存】对话框，在其中设置系统虚拟内存选项，单击【确定】按钮，然后重新启动电脑，如图 20-12 所示。

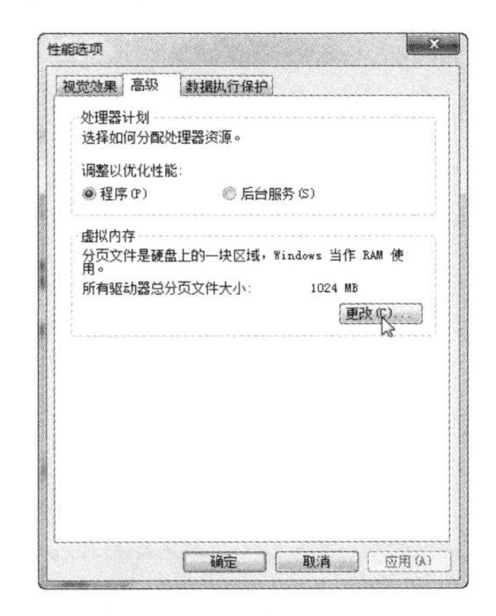

图 20-11　【高级】选项卡

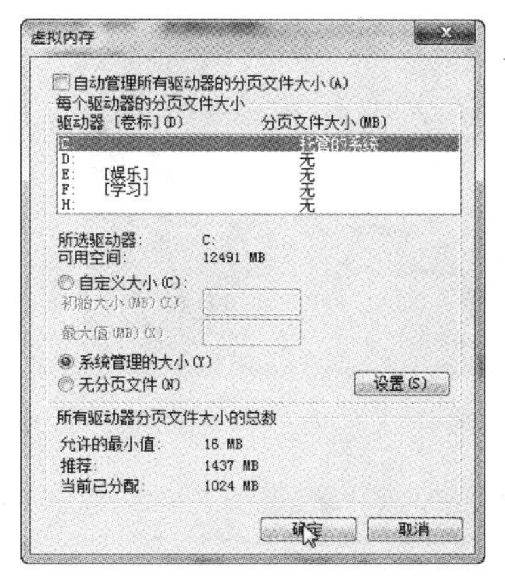

图 20-12　【虚拟内存】对话框

【虚拟内存】对话框中的参数含义如下。

- 【自动管理所有驱动器的分页文件大小】：选中该复选框，Windows 7 自动管理系统虚拟内存，用户无须对虚拟内存做任何设置。
- 【自定义大小】：根据实际需要在【初始大小】和【最大值】文本框中输入虚拟内存在某个盘中的最小值和最大值，然后单击【设置】按钮。一般虚拟内存的最小值是实际内存的 1.5 倍，最大值是实际内存的 3 倍。
- 【系统管理的大小】：选中该单选按钮，系统将会根据实际内存的大小自动管理系统在系统盘中的虚拟内存大小。
- 【无分页文件】：如果电脑的物理内存较大，则无须设置虚拟内存，可以直接选中该单选按钮，然后单击【设置】按钮。

2. 硬盘剩余空间太小或碎片太多

由于 Windows 运行时需要用硬盘作虚拟内存，这就要求硬盘必须保留一定的自由空间，以保证程序的正常运行。一般而言，硬盘最低应保证 100MB 以上的自由空间，否则会因为硬盘剩余空间太小而出现蓝屏，另外，硬盘的碎片太多也容易导致电脑蓝屏。因此，每隔一段时间进行一次碎片整理是必要的。下面详细介绍整理磁盘碎片的具体操作步骤。

Step 01 选择【开始】→【所有程序】→【附件】→【系统工具】→【磁盘碎片整理程序】命令，如图 20-13 所示。

Step 02 弹出【磁盘碎片整理程序】对话框，在其中选择需要整理碎片的磁盘，单击【磁盘碎片整理】按钮，如图 20-14 所示。

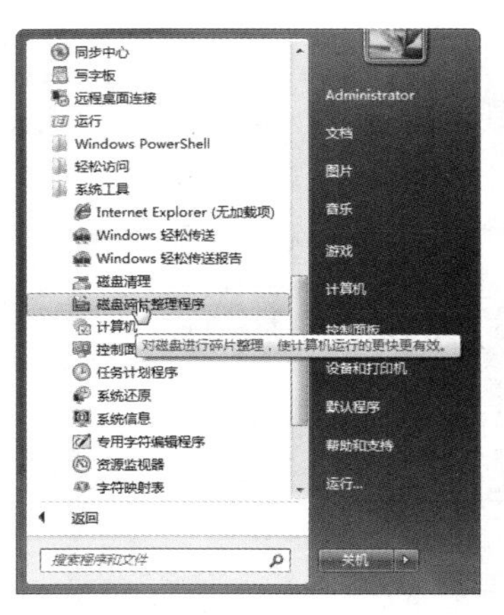

图 20-13　选择【磁盘碎片整理程序】命令

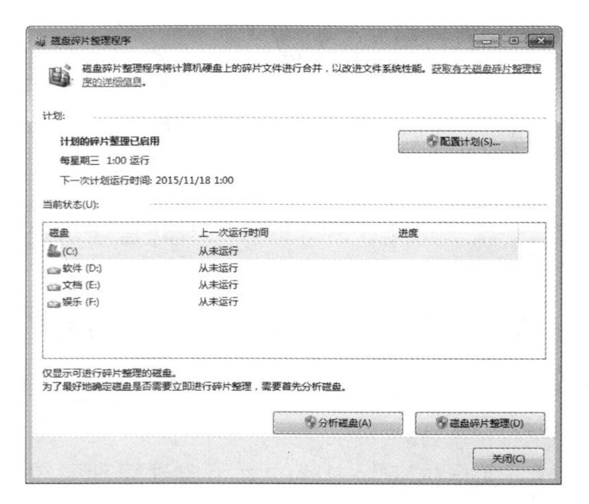

图 20-14　【磁盘碎片整理程序】对话框

Step 03 系统先分析磁盘碎片的多少，然后自动整理磁盘碎片，如图 20-15 所示。

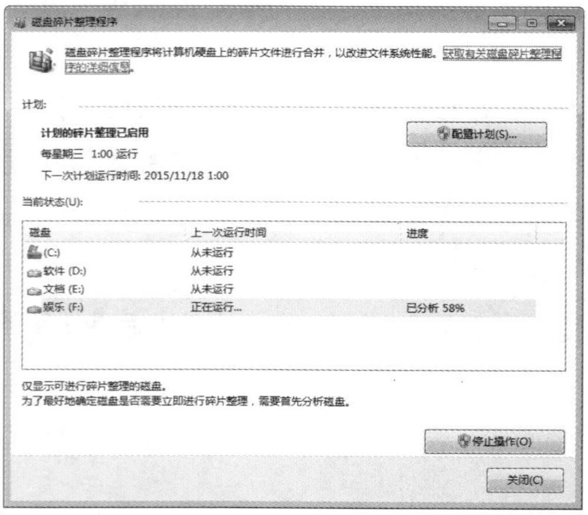

图 20-15　分析磁盘碎片

Step 04 磁盘碎片整理完成后，单击【关闭】按钮，如图 20-16 所示。

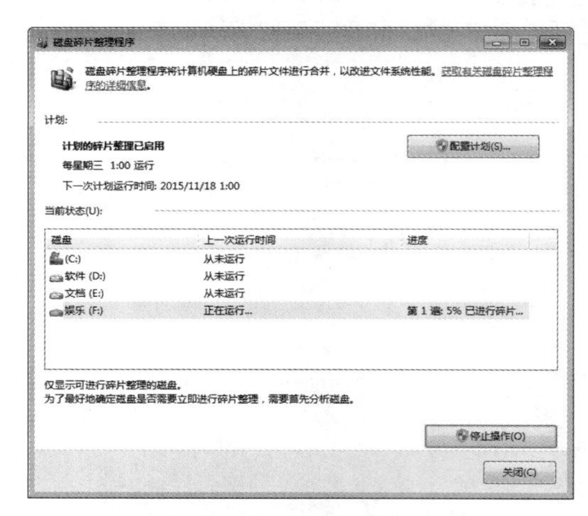

图 20-16　整理磁盘碎片

Step 05 单击【配置计划】按钮，打开【磁盘碎片整理程序：修改计划】对话框，在其中可以设置整理磁盘碎片的相关参数，如【频率】、【日期】、【时间】和【磁盘】等，最后单击【确定】按钮，系统会根据预先设置好的计划自动整理磁盘碎片，如图 20-17 所示。

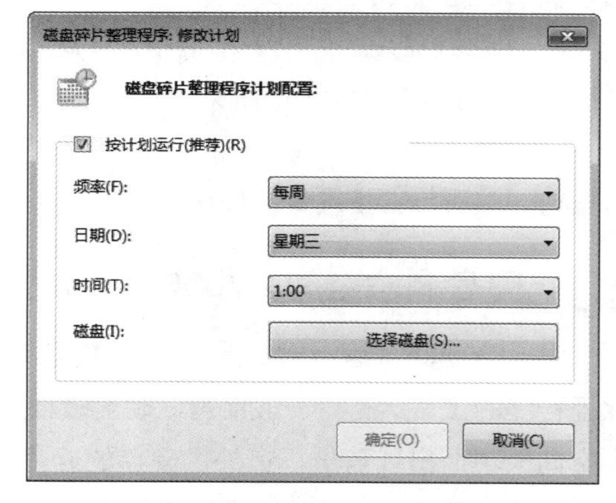

图 20-17　【磁盘碎片整理程序：修改计划】对话框

3. CPU 超频导致运算错误

CPU 超频在一定范围内可以提高电脑的运行速度，就其本身而言，就是在其原有的基

础上达到更高的性能。这对 CPU 来说是一种超负荷的工作，CPU 主频变高，运行速度变快，但由于进行了超载运算，造成其内部运算过多，使 CPU 过热，从而导致系统运算错误。

如果因为超频引起电脑蓝屏，应在 BIOS 中取消 CPU 超频设置，具体的设置根据不同的 BIOS 版本而定。

4. 温度过高引起蓝屏

由于机箱散热性问题或者天气本身比较炎热，机箱内 CPU 温度过高，电脑硬件系统出于自我保护停止工作。

温度过高的原因可能是 CPU 超频、风扇转速不正常、散热功能不好或者 CPU 表面上的硅脂没有涂抹均匀。如果不是超频的原因，最好更换 CPU 风扇或把硅脂涂抹均匀。

20.2 电脑死机故障的处理

死机是指系统无法从一个系统错误中恢复过来或系统硬件层面出现问题，以致系统长时间无响应，而不得不重新启动电脑的现象。它属于电脑运作的一种正常现象，任何电脑都会出现这种情况，其中蓝屏也是一种常见的死机现象。

20.2.1 “真死”与“假死”

电脑死机根据表现症状的不同分为“真死”和“假死”，这两个概念没有严格的标准。

“真死”是指电脑没有任何反应，鼠标、键盘也无任何反应。

“假死”是指某个程序或者进程出现问题，系统反应极慢，显示器输出画面无变化，但键盘、硬盘指示灯有反应，运行一段时间之后系统有可能恢复正常。

20.2.2 系统故障导致死机

Windows 操作系统的系统文件丢失或被破坏时，无法正常进入操作系统，或者“勉强”可以进入操作系统，但无法正常操作电脑，电脑容易死机。

对于一般的操作人员，在使用电脑时要隐藏受系统保护的文件，以免误删系统文件从而破坏系统。下面详细介绍隐藏受保护的系统文件的方法。

Step 01 双击桌面上的【计算机】图标，打开【计算机】窗口。在其中选择【组织】→【文件夹和搜索选项】命令，如图 20-18 所示。

Step 02 弹出【文件夹选项】对话框，如图 20-19 所示。

Step 03 切换到【查看】选项卡，在其下面的列表框中选中【隐藏受保护的操作系统文件】复选框，单击【确定】按钮，如图 20-20 所示。

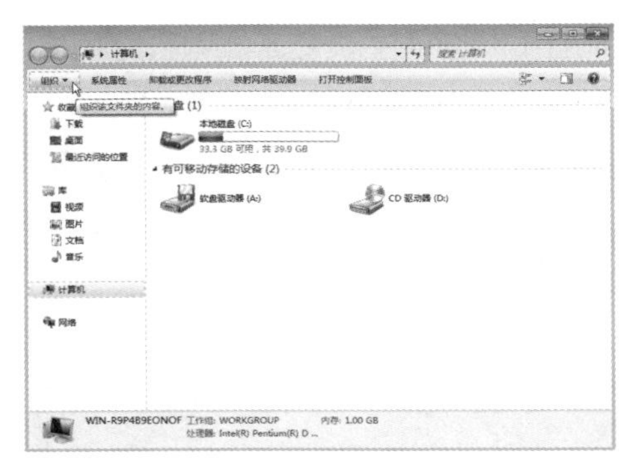

图 20-18 【计算机】窗口

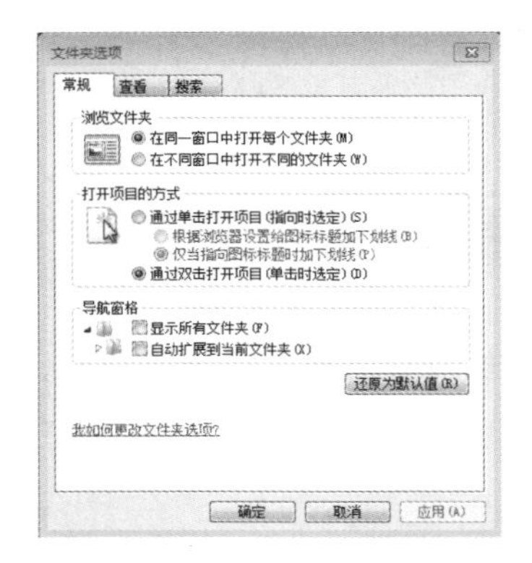

图 20-19 【文件夹选项】对话框

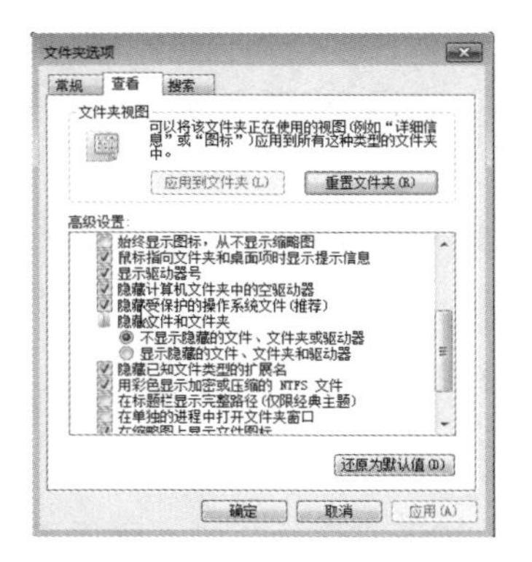

图 20-20 【查看】选项卡

20.2.3 特定软件故障导致死机

一些用户对电脑的工作原理并不是十分了解，为了保证电脑稳定地工作，甚至会在一台电脑中安装多个杀毒软件或多个防火墙软件，造成多个软件对系统的同一资源调用或者系统资源耗尽而死机。当电脑出现死机时，可以通过查看开机自启动项排查原因。因为许多应用程序为了用户方便，都会在安装完以后自动添加到 Windows 的自启动项中。下面介绍详细的操作步骤。

Step 01 选择【开始】→【运行】命令，如图 20-21 所示。

图 20-21 选择【运行】命令

Step 02 弹出【运行】对话框，在【打开】文本框中输入“msconfig”，单击【确定】按钮，如图 20-22 所示。

图 20-22 【运行】对话框

Step 03 弹出【系统配置】对话框，然后切换到【启动】选项卡。该选项卡中的加载项全部禁用，然后逐一加载，观察系统在加载哪个程序时出现死机现象，就能查出具体的死机原因，如图 20-23 所示。

图 20-23 【系统配置】对话框

20.3 电脑办公网络故障的处理

本节主要介绍常见的网络连接故障，包括找不到网卡、网线故障、无法连接、连接受阻和无线网卡故障。

20.3.1 无法上网

无法上网的原因可能有以下几种。

1. 找不到网卡

【故障表现】：一台电脑装有“微星 2010”的网卡，在正常使用过程中突然显示网络线缆没有插好，但是网卡的 LED 指示灯却是亮的。于是重新进行网络连接，正常工作一段时间后，同样的故障又出现了，而且提示找不到网卡。打开【设备管理器】窗口，多次刷新也找不到网卡。打开机箱更换 PCI 插槽后，故障依然存在。于是使用替换法，将网卡卸下，插入另一台正常运行的电脑，故障消除，如图 20-24 所示。

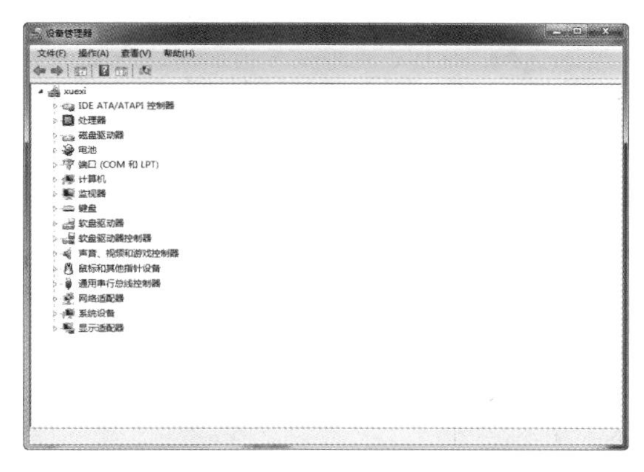

图 20-24　【设备管理器】窗口

【故障分析】：根据故障可以看出，故障发生在电脑上。一般情况下，网卡丢失后，可以通过更换插槽的方式重新安装，这样可以解决因为接触不良或驱动问题导致的故障。如果通过上述方法并没有解决问题，那么找不到网卡的原因应该与操作系统或主板有关。

【故障排除】：首先重新安装操作系统，并安装系统安全补丁。同时，在网卡的官方网站下载并安装最新的网卡驱动程序。如果不能排除故障，就说明是主板的问题。先为主板安装驱动程序，重新启动电脑后测试一下，如果故障仍然存在，建议更换主板，这样即可排除故障。

2. 网线故障

【故障表现】：公司的局域网内有 6 台电脑，相互访问速度非常慢，对所有的电脑进行杀毒处理，并安装了系统安全补丁后，相互访问速度非常慢的问题仍未解决，更换一台新的交换机后，故障依然存在。

【故障分析】：既然更换交换机仍然不能解决问题，说明故障和交换机没有关系，可以从网线和主机方面进行排除。

【故障排除】：首先测试网线，查看网线是否按照 T568A 或 T568B 标住制作。双绞线是由 4 对线按照一定的线序组合而成的，主要用于减少串扰和背景噪声的影响。在普通的局域网中，使用双绞线 8 条线中的 4 条，即 1、2、3 和 6。其中 1 和 2 用于发送数据，3 和 6 用于接收数据。而且 1 和 2 必须来自一个绕对，3 和 6 必须来自一个绕对。如果不按照标准制作网线，就会由于串扰较大，受外界干扰严重，从而导致数据丢失，传输速度大幅度下降。用户可以使用网线测试仪测试网线是否正常，如图 20-25 所示。

图 20-25　网线测试仪

其次，如果网线没有问题，可以检查网卡是否有故障。网卡损坏也会导致广播风暴，从而严重影响局域网的速度。建议将所有网线从交换机上拔下来，然后一个一个地插入，测试哪个网卡已损坏，换掉坏的网卡，即可排除故障。

3. 无法连接、连接受限

【故障表现】：一台电脑不能上网，网络连接显示连接受限，并有一个黄色叹号，重新建立连接后，故障仍然无法排除。

【故障分析】：首先需要考虑的问题是上网的方式，如果是指定用户名和密码，则需要首先检查用户名和密码是否正确，如果密码不正确，连接也会受限。重新输入正确的用户名和密码后如果还不能解决问题，可以考虑是否为网络协议和网卡的故障，重新安装网络驱动程序或换一台电脑试试。

【故障排除】：重新安装网络协议后故障排除，所以故障的原因可能是协议遭到病毒破坏。

4. 无线网卡故障

【故障表现】：一台笔记本电脑使用无线网卡上网时出现以下故障：在一些位置可以上网，另外一些位置却不能上网，重装系统后故障依然存在。

【故障分析】：首先检查无线网卡和笔记本电脑是否连接牢固，建议拔下再安装一次。操作后故障依然存在。

【故障排除】：一般情况下，无线网卡容易受附近电磁场的干扰，查看附近是否存在大功率的电器或无线通信设备，如果有，可以将其移走。干扰也可能来自附近的电脑，离得太近干扰信号也比较强。通过移动大功率的电器，故障可能会排除。如果此时还存在故障，可以换一个无线网卡进行测试。

20.3.2 能登录 QQ 但打不开网页

无法打开网页的主要原因有浏览器故障、DNS 配置故障和病毒故障等。

1. 浏览器故障

在网络连接正常的情况下，如果无法打开网页，首先需要考虑的问题是浏览器是否有问题。

【故障表现】：使用 IE 浏览器浏览网页时，IE 浏览器总是提示错误，并需要关闭。

【故障分析】：根据故障可以判断故障的原因是 IE 浏览器的系统文件被破坏。

【故障排除】：排除此类故障比较好的办法是重新安装 IE 浏览器，具体操作步骤如下。

Step 01 将系统盘插入光驱中，选择【开始】→【所有程序】→【附件】→【运行】命令，如图 20-26 所示。

Step 02 弹出【运行】对话框，在【打开】文本框中输入“rundll32.exesetupapi，InstallHinfSection Default InstallHinfSection Default Install 132%windir%\Inf\ie.inf”命令，单击【确定】按钮即可重装 IE 浏览器，如图 20-27 所示。

图 20-26　选择【运行】命令

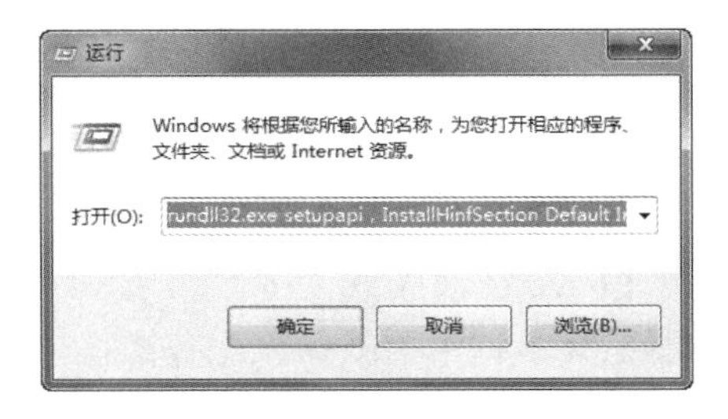

图 20-27　【运行】对话框

2. DNS 配置故障

【故障表现】：使用 IE 浏览器浏览网页时，IE 浏览器总是提示错误，并需要关闭。

【故障分析】：当 IE 浏览器无法浏览网页时，除了排除浏览器故障外，还可以尝试用 IP 地址来访问，如果可以访问，那么应该是 DNS 配置的问题。

【故障排除】：造成 DNS 配置出现问题的原因可能是连网时获取 DNS 出错或 DNS 服务器本身的问题，这时用户可以手动指定 DNS 服务。具体操作步骤如下。

Step 01 单击任务栏右侧的按钮，在弹出的列表中单击【打开网络和共享中心】超链接，如图 20-28 所示。

Step 02 打开【网络和共享中心】窗口，单击【更改适配器设置】超链接，如图 20-29 所示。

图 20-28 单击【打开网络和共享中心】超链接

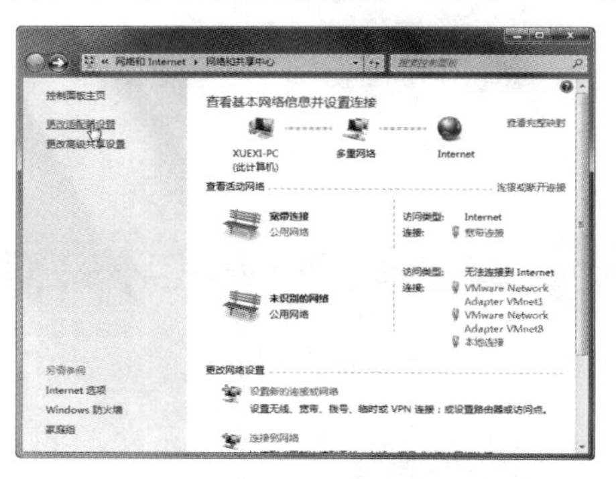

图 20-29 【网络和共享中心】窗口

Step 03 打开【网络连接】窗口，右键单击【本地连接】图标，在弹出的快捷菜单中选择【属性】命令，如图 20-30 所示。

Step 04 弹出【本地连接 属性】对话框，在【此连接使用下列项目】列表框中选择【Internet 协议版本 4 (TCP/IPv4)】选项，单击【属性】按钮，如图 20-31 所示。

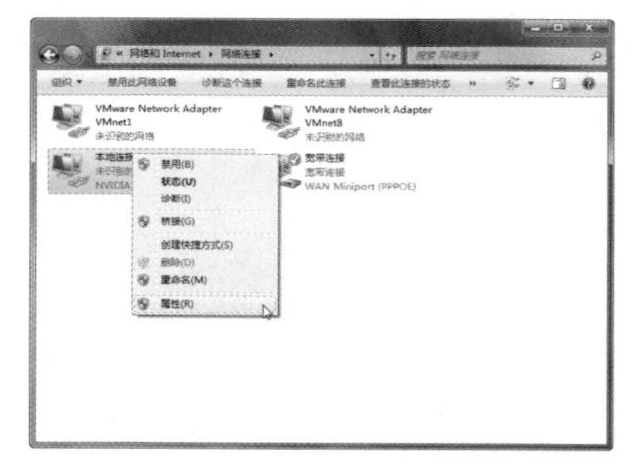

图 20-30 选择【属性】命令

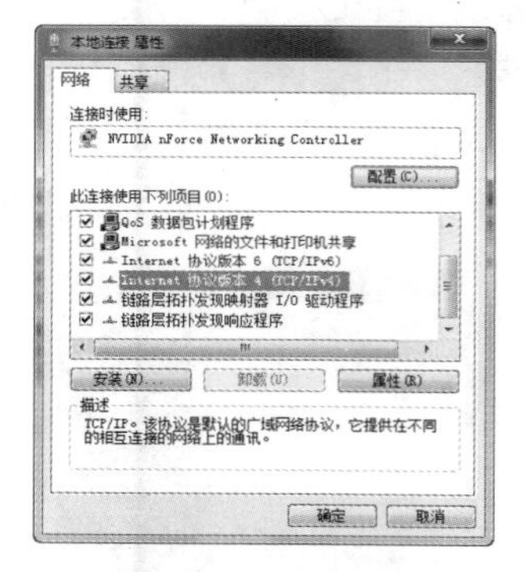

图 20-31 【本地连接属性】对话框

Step 05 弹出【Internet 协议版本 4 (TCP/IPv4) 属性】对话框，在【首选 DNS 服务器】和【备用 DNS 服务器】文本框中重新输入服务商提供的 DNS 服务器地址，单击【确定】按钮即可完成设置，如图 20-32 所示。

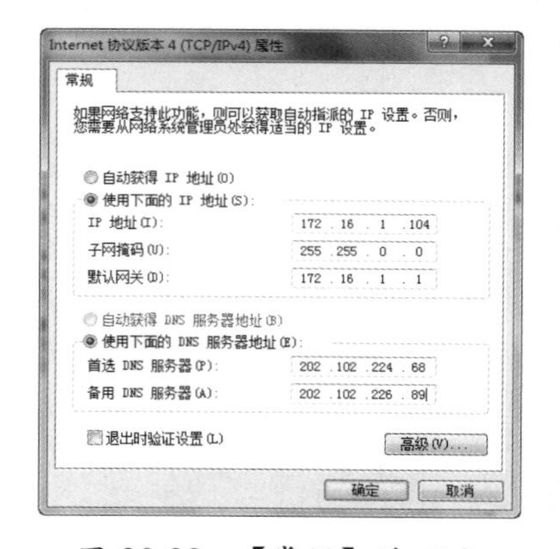

图 20-32 【常规】选项卡

提示 不同的 ISP 有不同的 DNS 地址。有时候是路由器或网卡的问题，导致无法与 ISP 的 DNS 服务器连接，这种情况下，可把路由器关一会再打开，或者重新设置路由器。

【故障表现】：经常访问的网站打不开，而一些没有打开过的网站却可以打开。

【故障分析】：从故障现象看，这是本地 DNS 缓存出现了问题。为了提高网站访问速度，系统会自动将已经访问过并获取 IP 地址的网站存入本地的 DNS 缓存中，如果用户再对这个网站进行访问，则不再通过 DNS 服务器，而直接从本地 DNS 缓存中取出该网站的 IP 地址进行访问。所以，如果本地 DNS 缓存出现了问题，就会导致经常打开的网站无法访问。

【故障排除】：重建本地 DNS 缓存，可以排除上述故障。具体操作步骤如下。

Step 01 选择【开始】→【所有程序】→【附件】→【运行】命令，如图 20-33 所示。

Step 02 弹出【运行】对话框，在【打开】文本框中输入“ipconfig/flushdns”命令，单击【确定】按钮即可重建本地 DNS 缓存，如图 20-34 所示。

图 20-33　选择【运行】命令

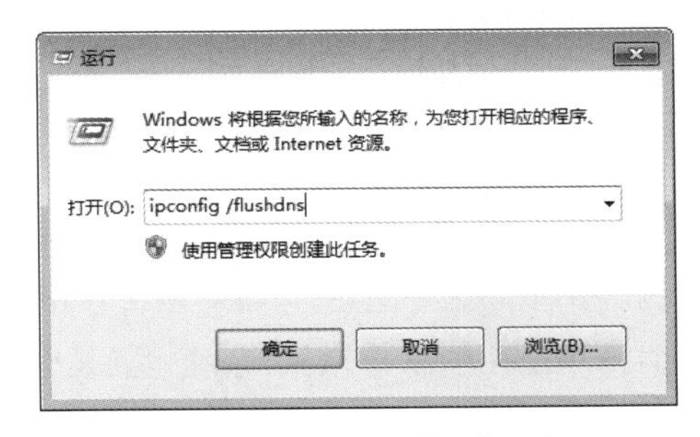

图 20-34　【运行】对话框

病毒故障

【故障表现】：一台电脑在浏览网页时，主页能打开，二级网页打不开，过一段时间后，QQ 能登录，但所有网页都打不开。

【故障分析】：从故障现象分析，主要是恶意代码（网页病毒）以及一些木马病毒在作怪。

【故障排除】：在任务管理器里查看进程，看看 CPU 的占用率如何。如果是 100%，就可以初步判断感染了病毒，这时就要检查哪个进程占用了 CPU 资源。找到后记录名称，然后结束进程。如果不能结束，可以进入“安全模式”，再把该程序结束。然后选择【开始】→【所有程序】→【附件】→【运行】命令，弹出【运行】对话框。在【打开】文本框中输入“regedit”命令，在打开的注册表窗口中查找记录的程序名称，然后将其删除即可。

20.3.3 网速慢

影响网速的原因有很多，下面介绍几种常见的影响网速的问题及解决方法。

1. 网络自身问题

用户想要连接的目标网站所在的服务器带宽不足或负载过大。处理办法比较简单，即换个时间段再上或者换个目标网站。

2. 服务器的原因

针对服务器的网络病毒会使网速变慢或网络瘫痪。要解决这问题，服务器的管理人员需要查杀网络病毒，保证服务器正常工作。

3. 网线问题导致网速变慢

在实践中发现不按正确标准 (T586A、T586B) 制作的网线存在着很大的隐患。因此，现在要求一律按 T586A、T586B 标准来压制网线。

提示 因不按正确标准制作网线引起的网速变慢，同时还与网卡的质量有关。一般台式电脑网卡的性能不如笔记本电脑网卡的性能好，因此，用交换法排除故障时，使用笔记本电脑检测网速正常并不能证明网线是否按标准制作这一问题。

4. 蠕虫病毒的影响

通过 E-mail 散发的蠕虫病毒对网络速度的影响越来越严重，危害性也比较大。因此，用户必须及时升级所用的杀毒软件。电脑也要及时升级并安装系统补丁程序，同时卸载不必要的服务，关闭不必要的端口，以提高系统的安全性和可靠性。

5. 防火墙的过多使用

防火墙的过多使用也会导致网速变慢，处理办法较为简单，卸载不必要的防火墙，只保留一个功能强大的防火墙即可。

6. 系统资源不足

用户可能加载了太多的应用程序在后台运行，请合理地加载软件或删除无用的程序及文件，释放资源，以达到提高网速的目的。

7. 系统使用时间过长

开机很长时间后突然出现网速变慢现象，此时可以重新启动电脑看看能不能解决问题。

20.4 查杀电脑病毒

目前常用的杀毒软件有很多，比如 360 杀毒、瑞星、金山等。360 杀毒采用双引擎的机制，拥有完善的病毒防护体系，不但查杀能力出色，对新产生的病毒和木马能够在第一时间进行防御，而且永久免费，无须激活码。

20.4.1 安装杀毒软件

360 杀毒是当前使用比较广泛的杀毒软件之一，它不但可以对系统进行全面的查杀，还可以对指定的文件进行查杀，要想使用 360 杀毒软件，首先需要下载并安装 360 杀毒软件，具体操作步骤如下。

Step 01 下载完毕后，双击 360 杀毒软件，打开如图 20-35 所示的界面。

图 20-35　360 杀毒安装界面

Step 02 单击【立即安装】按钮，开始安装 360 杀毒软件，如图 20-36 所示。

图 20-36　开始安装 360 杀毒软件

Step 03 安装完毕后，打开 360 杀毒软件工作界面，如图 20-37 所示。

图 20-37　360 杀毒软件工作界面

20.4.2 升级病毒库

病毒库其实就是一个数据库，里面记录着电脑病毒的种种特征，以便及时发现病毒并且查杀它们。只有拥有了病毒库，杀毒软件才能区分病毒和普通程序。

新病毒层出不穷，要想让电脑能够对新病毒有所防御，就必须保证本地杀毒软件的病毒库一直为最新版本。下面以升级 360 杀毒软件的病毒库为例进行介绍，具体操作步骤如下。

1. 手动升级病毒库

升级 360 杀毒软件病毒库的具体操作步骤如下。

Step 01 在 360 杀毒软件工作界面中单击【检查更新】超链接，如图 20-38 所示。

图 20-38　360 杀毒软件工作界面

Step 02 即可检测网络中的最新病毒库，并显示病毒库升级的进度，如图 20-39 所示。

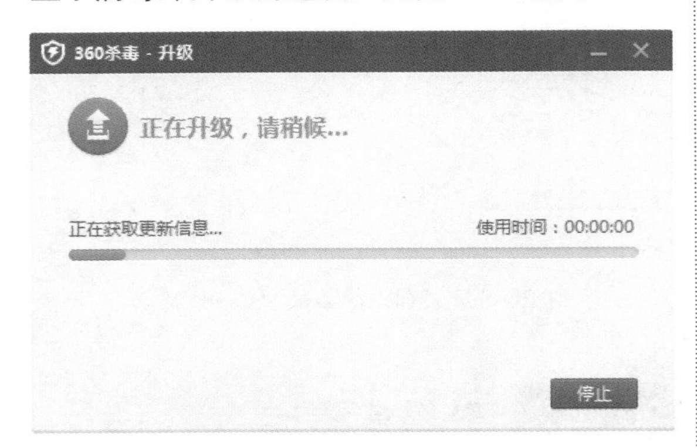

图 20-39　升级病毒库

Step 03 完成病毒库更新后，提示用户病毒库升级已经完成，如图 20-40 所示。

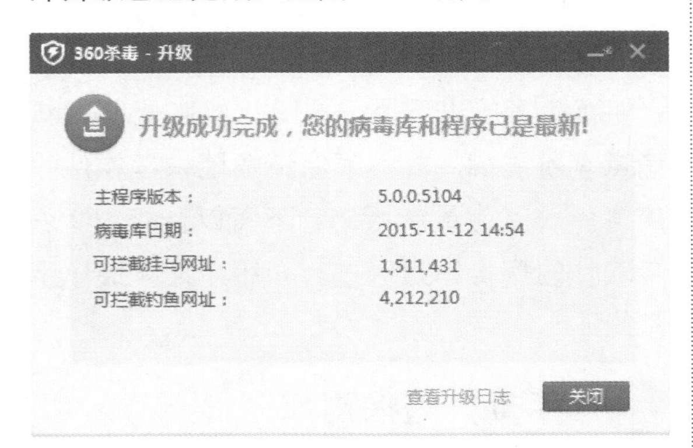

图 20-40　病毒库升级完成

Step 04 单击【关闭】按钮关闭【360 杀毒 - 升级】对话框，单击【查看升级日志】超链接，打开【360 杀毒 - 日志】对话框，在其中可以查看病毒升级的相关日志信息，如图 20-41 所示。

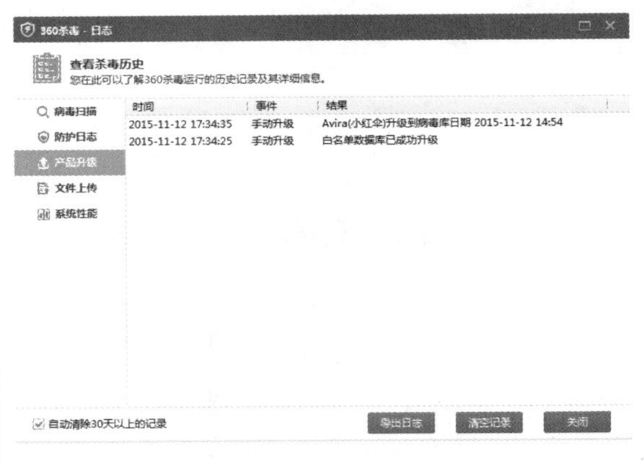

图 20-41　查看日志信息

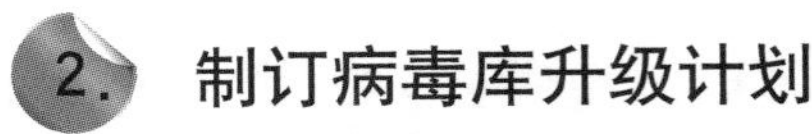

2. 制订病毒库升级计划

为了减少用户实时操心病毒库更新的麻烦，可以给杀毒软件制订一个病毒库自动更新计划。其具体操作步骤如下。

Step 01 打开 360 杀毒的主界面，单击右上角的【设置】超链接，如图 20-42 所示。

图 20-42　【360 杀毒】软件工作界面

Step 02 弹出【设置】对话框，通过选择【常规设置】、【病毒扫描设置】、【实时防护设置】、【升级设置】、【文件白名单】和【免打扰设置】选项，详细地设置杀毒软件的参数，如图 20-43 所示。

图 20-43　【设置】对话框

Step 03 选择【升级设置】选项，在弹出的对话框中可以进行自动升级设置和代理服务器设置，设置完成后单击【确定】按钮，如图 20-44 所示。

图 20-44　【升级设置】对话框

20.4.3 查杀病毒

如果发现电脑运行不正常，应首先分析原因，然后利用杀毒软件进行杀毒操作。下面以用 360 杀毒软件查杀病毒为例讲解如何利用杀毒软件杀毒。使用 360 杀毒软件杀毒的具体操作步骤如下。

Step 01 360 杀毒软件提供了 3 个查杀病毒的方式，即快速扫描、全盘扫描和自定义扫描，如图 20-45 所示。

图 20-45　360 杀毒软件工作界面

Step 02 这里选择快速扫描方式，单击 360 杀毒软件工作界面中的【快速扫描】按钮，即可开始扫描系统中的病毒文件，如图 20-46 所示。

图 20-46　快速扫描病毒

Step 03 在扫描的过程中如果发现木马病毒，则会在下面的列表框中显示扫描出来的木马病毒，并会列出其威胁对象、威胁类型、处理状态等，如图 20-47 所示。

图 20-47　扫描结果

Step 04 扫描完成后，选择【系统异常项】复选框，单击【立即处理】按钮，即可删除扫描出来的木马病毒或安全威胁对象，如图 20-48 所示。

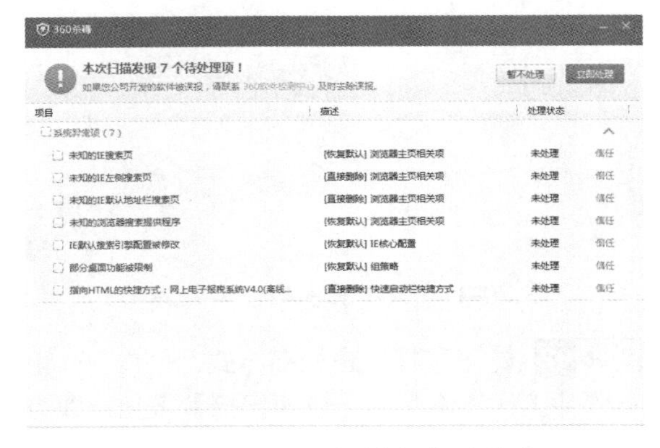

图 20-48　处理扫描出来的信息

20.4.4 设置定期杀毒

电脑经过长期的使用，可能会隐藏许多病毒程序。为了排除隐患，应该定时对电脑进行全面的杀毒。为了减少用户实时操心查杀病毒的麻烦，给杀毒软件设置一个查杀计划是很有必要的。下面以 360 杀毒软件为例进行介绍，具体操作步骤如下。

Step 01 在 360 杀毒主界面中单击右上角的【设置】超链接，如图 20-49 所示。

图 20-49　【360 杀毒】软件工作界面

Step 02 弹出【设置】对话框，在其中选择【病毒扫描设置】选项，然后在【定时查毒】选项组中进行设置，如图 20-50 所示。

图 20-50　【设置】对话框

20.5 高效办公技能实战

20.5.1 高效办公技能实战 1——修复系统漏洞

Windows Update 是系统自带的用于检测系统最新的工具。使用 Windows Update 可以下载并修复系统漏洞，具体操作步骤如下。

Step 01 单击【开始】按钮，从弹出的快捷菜单中选择【控制面板】命令。打开【控制面板】窗口，如图 20-51 所示。

图 20-51　【控制面板】窗口

Step 02 在【控制面板】窗口中选择 Windows Update 选项，即可打开 Windows Update 窗口，如图 20-52 所示。

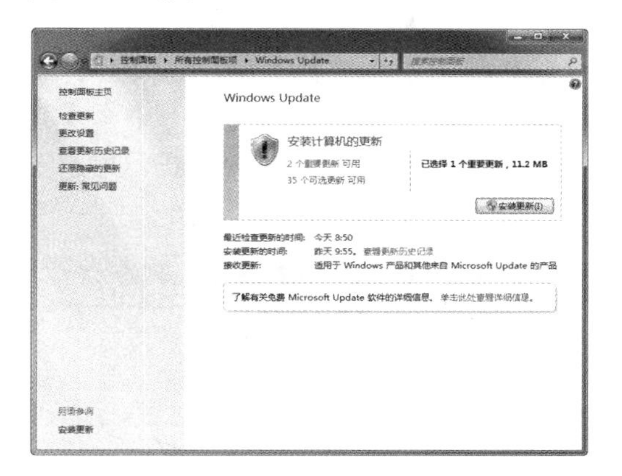

图 20-52　Windows Update 窗口

Step 03 在【控制面板主页】列表中选择【检查更新】选项，即可打开【检查更新】界面并显示正在检查更新提示，如图 20-53 所示。

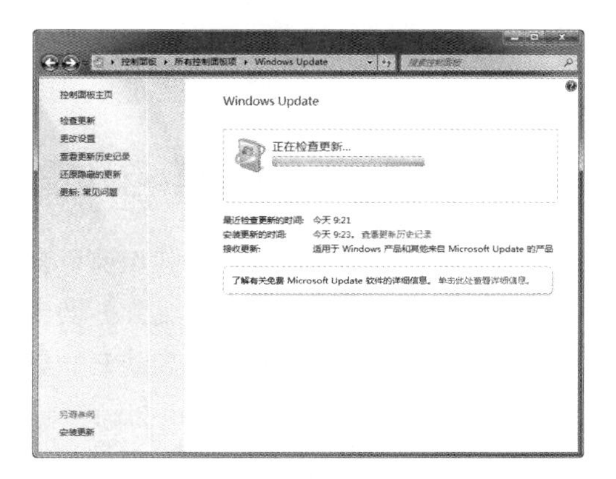

图 20-53　检查更新

Step 04 检查完毕后，即可显示出当前需要更新的相关漏洞信息，包括主要的更新和可选更新，如图 20-54 所示。

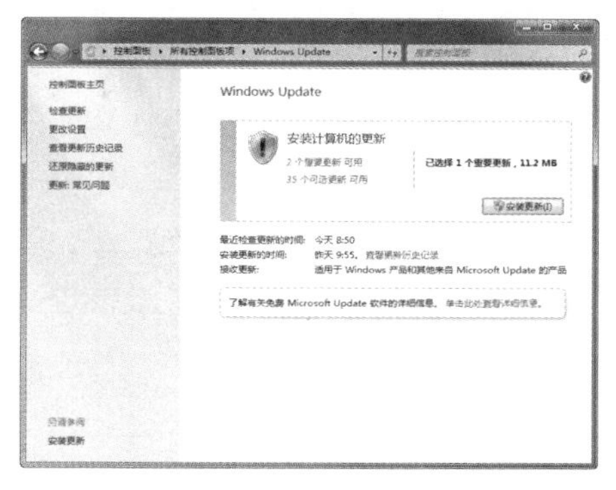

图 20-54　需要更新的漏洞信息

Step 05 单击【2 个重要更新 可用】超链接，即可打开【选择要安装的更新】窗口。在其中勾选相应的复选框，如图 20-55 所示。

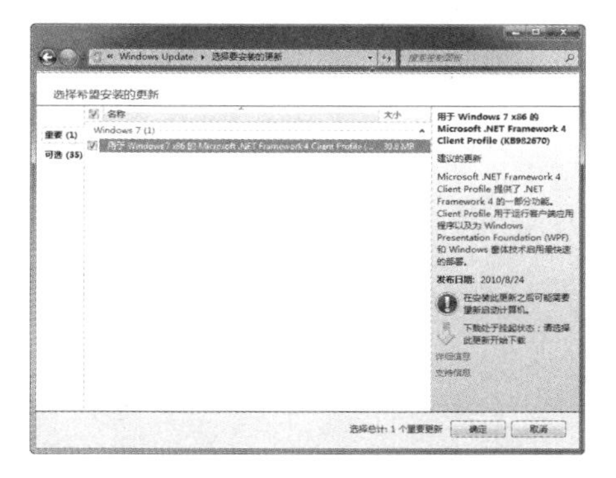

图 20-55　【选择要安装的更新】窗口

Step 06 单击【确定】按钮，即可返回到 Windows Update 窗口，如图 20-56 所示。

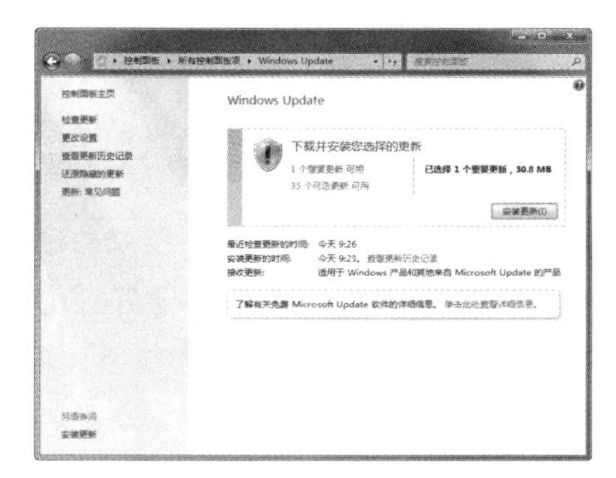

图 20-56　Windows Update 窗口

Step 07 单击【安装更新】按钮，即可开始下载选择的更新，如图 20-57 所示。

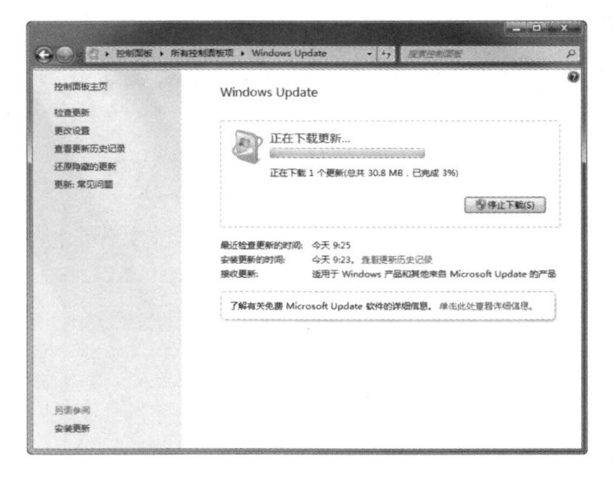

图 20-57 开始下载更新

Step 08 下载完毕后，即可安装更新，并显示安装的进度，需要安装的更新数目以及当前更新的作用等信息，如图 20-58 所示。

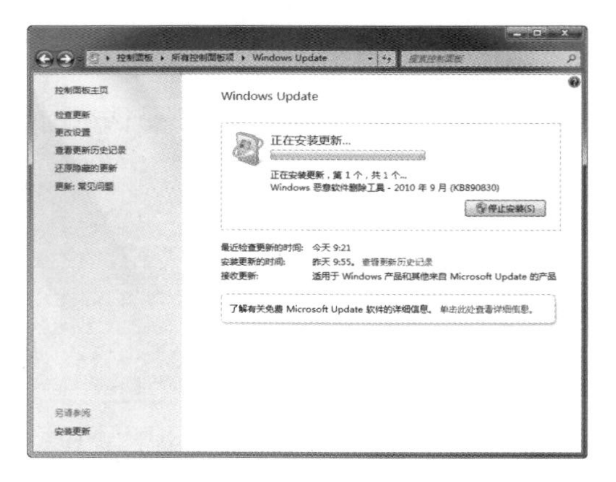

图 20-58 正在安装更新

Step 09 在安装的过程中，将会弹出某些更新的相关协议说明信息对话框。如图 20-59 所示就是 Windows 恶意软件删除工具的软件许可协议条款，在其中勾选【我接受许可条款】单选按钮。

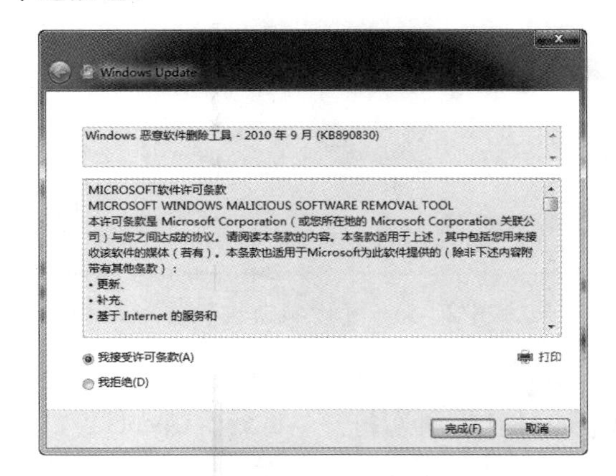

图 20-59 说明信息

Step 10 单击【完成】按钮，继续安装最新选择的补丁信息，安装完毕后，将弹出【成功地安装了更新】对话框，在其中提示用户已经成功安装了 1 个更新，如图 20-60 所示。

图 20-60 成功安装更新

20.5.2 高效办公技能实战 2——让 Windows 7 安装完补丁后不自动重启

一般情况下，在 Windows 7 每次自动下载并安装好补丁后，就会每隔 10 分钟弹出窗口要求重启启动，如图 20-61 所示。如果不小心单击了【立即重新启动】按钮，则有可能会影响当前计算机操作的资料。那么如何才能不让 Windows 7 安装完补丁后自动弹出【重新启动】的信息提示框呢？

具体操作步骤如下。

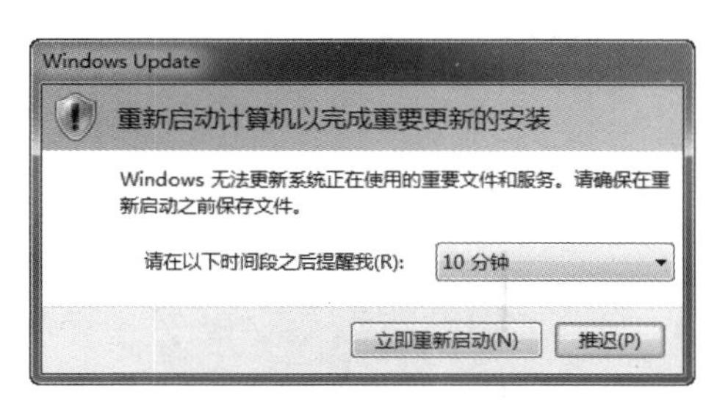

图 20-61　信息提示对话框

Step 01 单击【开始】按钮，在弹出的快捷菜单中选择【所有程序】→【附件】→【运行】命令，如图 20-62 所示。

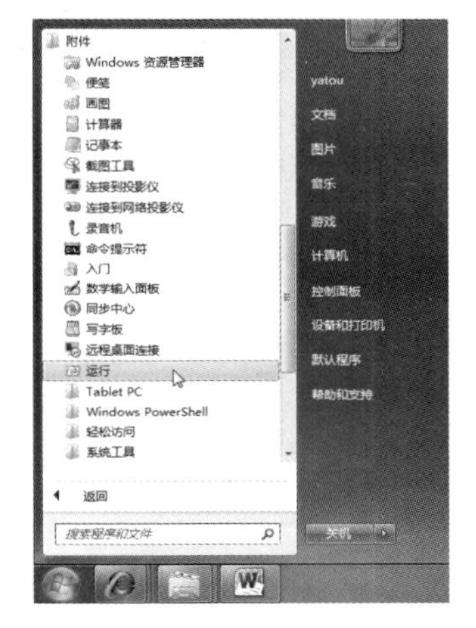

图 20-62　选择【运行】命令

Step 02 弹出【运行】对话框，在【打开】文本框中输入“gpedit.msc”，如图 20-63 所示。

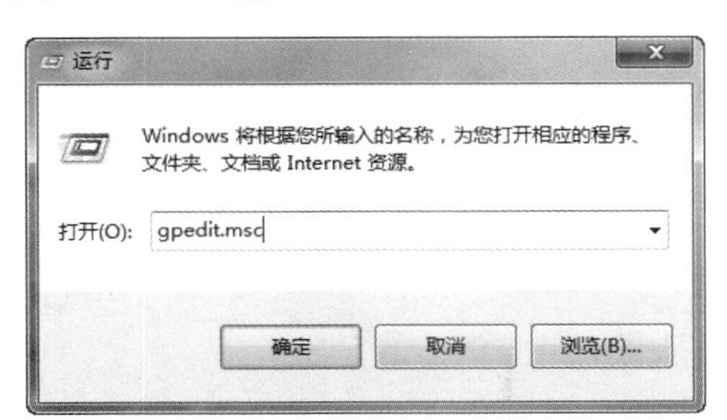

图 20-63　【运行】对话框

Step 03 单击【确定】按钮，即可打开【本地组策略编辑器】窗口，如图 20-64 所示。

Step 04 在窗口的左侧依次单击【计算机配置】→【管理模板】→【Windows 组件】选项，如图 20-65 所示。

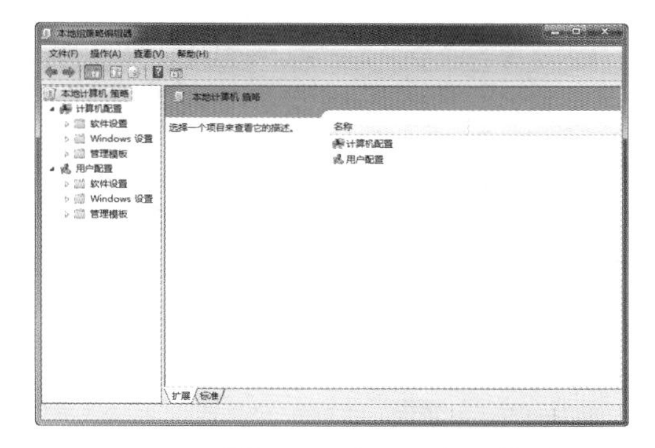

图 20-64　【本地组策略编辑器】窗口

图 20-65　【Windows 组件】界面

Step 05 展开【Windows 组件】选项，在其子菜单中选择 Windows Update 选项。此时，在右侧的窗格中将显示 Windows Update 的所有设置，如图 20-66 所示。

图 20-66　选择 Windows Update 选项

Step 06 在右侧的窗格中选中【对于有已登录用户的计算机，计划的自动更新安装不执行重新启动】选项并右击，从弹出的快捷菜单中选择【编辑】命令，如图 20-67 所示。

图 20-67 选择【编辑】命令

Step 07 打开【对于有已登录用户的计算机，计划的自动更新安装不执行重新启动】对话框，在其中勾选【已启用】单选按钮，如图 20-68 所示。

Step 08 单击【确定】按钮，返回到【本地组策略编辑器】窗口中，此时即可看到【对于有已登录用户的计算机，计划的自动更新安装不执行重新启动】的状态为【已启用】。这样，在自动更新完补丁后，将不会再弹出重新启动计算机的信息提示框，如图 20-69 所示。

图 20-68 选中【已启用】单选按钮

图 20-69 【本地组策略编辑器】窗口

20.6 课后练习与指导

20.6.1 电脑常见故障的处理

- 练习目标

了解：常见的电脑故障。

掌握：解决电脑故障的方法。

- 专题练习指南

01 电脑蓝屏故障的处理。

02 电脑死机故障的处理。

03 办公网络故障的处理。

20.6.2 查杀电脑病毒

- 练习目标

了解：电脑病毒的危害。

掌握：查杀电脑病毒的方法。

- 专题练习指南

01 下载并安装杀毒软件。

02 在杀毒软件的工作界面中选择查杀病毒的方法。

03 开始查杀病毒。

04 对于扫描出来的病毒进行处理。